도시해석

개정판

도시해석

Urban Geography and Urbanology

푸른길

『도시해석』 초판이 나온 지 벌써 13년이 흘렀다. 출간 당시 총 37편의 원고를 각 분야의 도시전문가 서른아홉 분에게 의뢰하여 하나의 책으로 묶어 놓은 방식은, 마치 미국 마블 스튜디오의 만화 시리즈 영웅들을 '어벤저스'라고 불리는 하나의 영화 속에 모아 놓음으로써 영화팬들의 판타지를 현실화시킨 방식과 매우 유사하다. 도시에 대한 연구자와 연구내용이 폭발적으로 증가하면서 한두 명이 도시를 이해하고 개괄하는 것이 더 이상은 현실적으로 불가능하게 되었다. 그러한 문제의식하에 각 분야별 전문가들이 각자의 지식을 각자의 개성에 따라 집필해서 제공하면, 그것을 보는 독자들이 각자 자기의 필요에 따라 취사선택할 수 있도록 해 주자는 것이 처음의 기획의도였다. 2006년 당시 40명에 가까운 저자들의 원고를 수합하고 편집 작업을 진행하는 것은 그 자체로도 거대한 하나의 연구 프로젝트였다. 다행히 시장에서의 평가는 나쁘지 않아서 현대 도시공간에 대한 지식을 갈구하는 전문 연구자와 지금 살고 있는 도시의 인문과 자연환경에 대해 조금은 심층적으로 알고 싶어 하는 일반 독자 모두에게 이 책은 꾸준히 인기를 유지해 올 수 있었다.

『도시해석』이 발간된 지 수년이 지난 때부터 주변에서 개정판에 대한 요청이 있었다. 하지만 쉽게 개정판이 나오지 못한 것은 『도시해석』이라는 책을 조금은 전문 학술서 쪽으로 무게중심을 두고 그때그때의 어떤 도시현상들을 신속하게 담아내는 역할보다는 이들 현상에 대한 학술적 해석이 어느 정도 축적된 후 이들을 포괄적인 관점에서 소개하고 정리해 주는 역할이 중요하다고 생각하였기 때문이다. 그럼에도 13년의 시간간격은 개정판의 발간시점으로서 많이 늦은 것이었음은 부인할 수 없으며, 그 점에서 『도시해석』 초판을 사랑해 주신 독자들에게 매우 송구하다.

『도시해석』 초판에서처럼 이 책의 기본적인 지향점은 동일하다. 현대의 도시는 매우 복잡하면서도 역동적인 공간이다. 인문사회적 요소들이 중심에 있는 공간이긴 하지만 자연환경적 요소들의 고려 없이는 인문사회·환경적 현상을 온전히 이해하기 힘들다. 이러한 점에서 『도시해석』은 종합적인 접근을 지향하고 있다. 도시의 인문사회적 요소와 자연환경적 요소를 같은 책 안에서 함께 다루어 줌으로써 요즘 유행하는 용어로 도시에 대한 융합적 이해를 추구할 수 있는 바탕으로 활용되도록 의도되었다. 아울러 각 장의 내용은 최근의 도시현상과 관련된 여러 가지 분야에 대해 심층적으로 잘 쓰인 언론매체의 전문기사 등을 통해 접할 수 있는 내용과 비교할 때, 좀 더 학술적 차원에서 이들 현상을 해석하고 이해하고자 하는 논의를 다루면서 차별성을 가지고자 하였다.

이 책에서는 먼저 각 분야별 핵심개념을 소개하고, 현재 가장 중요한 이슈들을 정리한 뒤, 이 책에 담긴 내용만으로는 부족하다면 추가적인 자료를 찾아볼 수 있도록 내용을 구성하였다. 도시 내 여러 부문의 특성들이 포괄적으로 망라되어 있다는 점에서 도시 분야 연구성과들을 비교적 용이하게 탐색해 볼 수 있는 학술 백과사전의 역할을 성실히 수행할 수 있다면 편집자의 의도가 잘 적용되었다고 할 수 있을 것 같다.

구성 측면에서 초판의 틀을 대체로 유지하되, 초판과 비교하여 가장 큰 변화는 도시연구 방법론에 해당하는 부분을 제외한 점이다. 방법론의 경우는 매우 빠르게 변화가 일어나는 부문이라 비교적 긴 호흡을 가지고 개정을 계획하는 점에 비추어 보면, 개정판이 발간되기 이전에 이미 구식이 되어 버릴 수 있는 우려가 있어 개정판에는 포함하지 않았다. 이를 제외하면 나머지는 이전과 동일하게 총 4부로 구성되어 있으며 각각 도시의 경제, 사회, 문화, 자연 환경을 다룬다. 각 부 안에서 보다 최근의 현상들에 대한 학술적 해석을 담기 위해 새로운 장들을 추가하였고, 이를 위해 부분적으로 내용구성상의 조정을 하였으며, 기존의 장들은 초판 이후에 새로이 연구된 내용을 부분적으로 추가하였다.

이 책이 성공적으로 발간될 수 있었던 데에는 서른두 분 집필진의 헌신적인 기여가 있었다. 연구성과에 대한 양적 평가가 만연하고 있는 현실 속에서, 단독 혹은 2~3인의 공동연구자가 쓰는 학술지 연구논문이나 저서 등의 연구성과물을 통해 더 높은 점수로 연구실적을 인정받을 수 있는 데 비해, 1/31의 성과밖에 인정받을 수 없는 『도시해석』은 그다지 매력적인 연구물 투고의 대안은 아님에도 불구하고 관심과 열정을 가지고 협조해 주신 모든 집필진 분들께 감사드린다. 아울러 개정판의 출간과정에서 착수시점부터 고비고비마다 지원과 격려를 아끼지 않아 주신 푸른길의 김선기 사장님과 지난한 편집과정에서 인내력을 가지고 꼼꼼히 작업을 진행해 주신 이선주 님께도 감사를 드린다. 교양으로서 도시인문학의 활성화 분위기 속에서 『도시해석』 개정판을 통해 도시에 대한 조금은 더 심층적인 이해에 관심을 가지는 독자들이 많이 늘어나길 기대해 본다.

2019년 6월

손정렬 · 박수진

• 초판 머리말 •

도시를 보는 시각은 다양하다. 도시를 '인류문명의 꽃'으로 찬사를 보내는 시각이 있는 반면, 도시를 '인류문명의 암'으로 혹평을 하는 시각도 있다. 도시의 실체에 대해 어떠한 철학적·인식론적 의미를 부여하든, 한 가지 분명한 사실은 우리의 생활은 결코 도시와 분리될 수가 없다는 것이다. 도시의 성장은 우리 사회에 경제적·사회적·정치적 다양성과 역동성을 불어넣었다. 이것은 곧 모든 사람들이 선망하는 새로운 문화와 기술, 그리고 직업을 창출하는 집적의 효과를 가져왔다. 도시가 제공하는 각종 기회들은 농촌의 목가적인 생활을 찬양하는 목소리를 누른 지 오래다. 하지만 그 이면에서는 범죄, 환경오염, 도시빈민, 위생 등의 수많은 부작용을 낳고 있다. 이러한 요소들은 사람들의 삶의 질을 저하시키는 위협요인들로 사람들을 괴롭히고 있다.

100년 전에는 도시에 거주하는 인구가 전 세계 인구의 10%에 지나지 않았다고 한다. 하지만 지난 2000년에 도시에 거주하는 사람 수가 전 세계 인구의 절반인 30억 명으로 늘어났다. 유엔은 2020년에 도시인구비율이 전 세계 인구의 65%를 넘을 것이라고 예측하고 있다. 우리나라의 경우는 어떤가? 1950년대에 25% 정도였던 도시인구비율이 1970년대에는 50% 내외로, 그리고 30년이 더 지난 지금은 90%대로 접어들고 있다. 불과 50년 사이에 나타나는 도시인구의 증가는 '폭발적'이라는 표현보다 더 적절한 수식어를 찾기 어렵다. 최근 유엔의 한 보고서에는 '도시혁명이 시작되었다. 도시의 관리에 인류의 미래가 달렸다'라는 문구가 나온다.

이렇게 급속한 도시의 성장과정에서 경제, 사회, 문화 그리고 자연환경 부분의 발전과 문제점들은 한두 사람이 쉽게 요약할 수 없는 성질의 것들이다. 특히 2000년대에 들어오면서 우리는 도시에 관한 패러다임의 변화를 목격하고 있다. 집중과 분산, 경제성장과 환경보전, 효율과 평등, 정부와 시민이라는 대립요소들이 서로 부딪치면서 다양한 갈등을 빚어내고 있다. 우리 사회는 농경사회에서 산업사회로 급속하게 전환되면서 경제성장 우선의 논리가 그 무엇보다 중요시되어왔다. 하지만 이러한 성장 위주의 개발논리는 최근의 국내 및 국제적인 여건의 변화와 더불어 인식의 전환이 요구되고 있다. 첫째, 지식정보화 사회의 도래는 과거 제조업 중심의 성장과는 전혀 다른 새로운 형태의 산업발전의 필요성을 증대시키고 있다. 급격한 산업구조 개편을 경험하고 있으며, 제조업뿐만 아니라 지식기반산업, 문화산업, 관광·레저산업, 건강산업 등이 새로운 성장의 동력이 되고 있는 추세이다. 둘째, 국토개발과정에서 환경의 중요성이 점차 증가하면서, 개발과 보전이라는 목표를 동시에 추구하는 지속가능한 개발의 개념이 보편화되고 있다. 셋째, 지방자치제도의 확립은 국토의 균형적인 발전에 대한 욕구를 증폭시키고 있다. 최근 진행되고 있는 지역 간의 불균형 해소를 위한 행정복합도시, 공공기관 지방 이전 움직임, 그에 따른 사회적 갈등은 균형발전이 우리 사회의 중요한 화두가 되었음을 잘 보여준다. 마지막으로 국제화의 물결은 우리 국토를 더 이상 고립된 국가 혹은 지역으로 간주할 수 없게 만들고 있다. 세계의 많은 국가 및 지역들과 지속적인 교류가 필요하고, 그 속에서 상대적인 경쟁력을 가지는 도시의 역할이 무엇보다도 중요해진 것이다.

이러한 변화 속에서 우리의 도시를 바라보는 시각은 매우 혼란스럽다. 그리고 앞으로 나아가야 할 도시의 모습을 그려보는 것도 쉽지가 않다. 쏟아지는 정보의 양이 증가하면서, 그 내용들을 요약하고 정리한다는 것이 힘겹게 되었다. 뿐만 아니라 지식의 통합이라는 시대적 조류 역시 과거 자신의 학문분야에 안주해 왔던 학자들에게 새로운 접근법을 요구하고 있다. 1960년대의 계량혁명 이후, 사회과학과 자연과학에서는 '전문화'와 '법칙추구의 원칙'이 우선시되었다. 이러한 개별 학문 위주의 접근법이 구체적인 자연 및 인문현상의 해석에서는 중요한 진보를 가져왔다. 하지만 다양한 자연·인문 요인들이 총체적으로 적용되는 실제 도시에서는 개별 이론들이 많은 한계를 가지는 것으로 판명되었다. 현실의 문제는 자연환경의 복잡성과 더불어 사회적·경제적·정치적 담론 속에서 분명한 요인과 그 인과관계를 진단하기 어려운 경우가 대부분이다. 이에 대한 해결방안으로 과거와 같은 전문화된 지식의 추구보다는 공동으로 연구를 진행하는 학제간의 통합을 중시하게 되었다. 그 결과 인류의 지속적인 발달은 개별 지식을 통합하고 관리할 수 있는 능력을 갖춘 사람들에 의해 이루어질 것이라는 예측이 나오고 있다.

이러한 배경하에서 뜻있는 사람들이 '도시'라는 하나의 주제에 대해 서로 다른 시각에서 글을 집필해 볼 수 있는 기회를 가진 것은 큰 행운이었다. 이 책이 발간되게 된 직접적인 계기는 서울대학교 사회과학대학 지리학과에서 33년을 봉직하신 김인 교수님의 정년퇴임이다. 김인 선생님은 평생을 도시연구로 일관하셨다. 연구의 내용은 도시체계를 비롯하여 환경, 도시마케팅 등 다양한 범위에 걸쳤지만 대상지역은 늘 도시였으며, 심지어 비도시지역을 다룰 경우에도 농촌보다는 농촌지역의 중심도시인 읍에 더 무게를 두셨다. 선생님의 도시에 대한 관심은 학계활동에서도 그대로 드러난다. 선생님이 관여하신 국내외 여러 학술단체 가운데 한국도시지리학회, 대한국토·도시계획학회, 세계지리학연합(IGU) 도시학술분과 등에서의 활동이 두드러지며, 한국도시지리학회에서는 회장을 지내시기도 하였다.

김인 선생님은 평소 지리학의 지킴이로서 스스로를 평가하셨고, 도시연구에 대한 자부심이 남다르신 분이다. 우리가 지리학의 모든 분야에서 도시를 다루는 책을 기획한 것은 그분에게 '우리는 도시를 이렇게 봅니다'라고 화답하는 것이 후배 및 동료로서의 예의라고 생각해서였다. 더불어 선생님이 미처 다루지 못하셨던 도시에 대한 새로운 시각을 제시해 보임으로써 한국 도시연구의 새로운 지평을 여는 계기가 될 수 있다고 보았다. 또한 이러한 접근법이 도시연구에서 절실히 요구되는 통합적 접근의 시작이 될 수 있을 것으로 믿는다.

이 책은 도시지리학에 대한 간략한 설명을 시작으로 모두 5개의 장으로 구성되어 있다. 각 장에서 다루는 주제는 1장 경제환경, 2장 사회환경, 3장 문화환경, 4장 자연환경, 그리고 5장 지도·지리정보시스템 분야이다. 전통적인 지리학의 분류방식에 의하면 1장에서 3장은 인문지리학, 4장은 자연지리학, 5장은 지도학 및 공간정보시스템 분야에 해당한다. 각 장마다 그 분야를 대표하는 6~8개의 소주제를 선정하여 각 분야의 전문가들이 집필을 맡았다. 이들의 전공은 도시학 혹은 도시지리학에 국한되지 않고 자연지리학, 인문지리학, 지리정보시스템과 같이 지리학의 계통분야가 총망라되는 것이다. 집필자들은 가능하면 자기 분야에서 도시를 어떻게 다루는지에 대해 자유롭게 썼다. 대신 관심이 있는 독자들이 추가로 접근할 수 있는 '더 읽을 거리'를 원고 마지막에 포함시켰다.

총 37편의 원고는 기획에서부터 책이 나오기까지 39명 저자들 공동의 산물이되 유환종 교수(1장), 김대영 교수(2장), 박수진 교수(4장, 5장), 진종헌 박사(3장)가 각 장을 맡아 편집을 진행하였다. 저자들로서는 책이 출판된 뒤 받을 평가가 무척이나 궁금하고 가슴이 떨린다. 중요하게 다루어야 할 주제가 빠진 것은 아닌지? 글의 내용이 미흡한 것은 아닌지? 편집하는 과정에서 크고 작은 실수를 저지르지는 않았는지? 우려와 두려움에도 불구하고 이 책이 '도시'라는 대상에 대해 다양한 분야의 전문가들이 보다 통합적인 시각을 가지려고 노력한 열정의 결실이라는 점을 자부하며 감히 독자들 앞에 내놓는다. 끝으로 출판을 허락해 준 (주)푸른길의 김선기 사장과 좋은 책을 만들려고 헌신해 준 이교혜 편집부장께 감사의 마음을 전한다.

2006년 3월

저자들을 대신하여 허우궁, 유환종, 김대영, 박수진, 진종헌

• 차 례 •

제3부 도시의 문화환경

제4부 도시의 자연환경

제1부.

도시의 경제환경

제1장

도시와 집적경제

손정렬

1. 도시의 형성

도시의 역사는 인류의 역사라고 할 만큼 도시는 오랜 시간에 걸쳐 인류와 함께 성장과 발전을 거듭해 왔다. 문명태동의 초기 인류의 경제활동은 수렵이나 채취 등이었는데 주 활동이 농업으로 옮겨 감에 따라 농작물의 지속적인 관리재배를 위해 일정한 장소에 정착할 필요성이 생기게 되었다. 농업에 종사하는 인구가 많아질수록 정착민의 수도 늘어나면서 원시적인 형태의 도시도 모습을 갖추어 왔다. 문명의 발상지 중 하나로 널리 알려진 메소포타미아 평원의 티그리스강과 유프라테스강 인근에서 세계 최초의 도시 중 하나로 추정되는 우르(Ur)도 이 과정에서 형성되었다고 볼 수 있다. 당시 도시들 중에는 그때의 기준으로 볼 때 제법 인구가 많은 도시도 있었으나, 기능적으로 볼 때 이들 도시는 종교·정치·군사적인 목적이 중요하게 고려되었다. 시간이 흘러 농업의 생산성 향상은 생산지에서의 소비량을 넘어서는 잉여생산물을 만들어 내는데, 지역별 비교우위를 반영하는 특화 및 전문화의 차이에 따라 잉여생산물의 종류에도 차이가 나타나게 된다. 초기에는 일대일 물물교환이 진행되었으나 보다 효율적인 방식으로 이들 생산물을 교환하기 위한 시장이 교통의 요충지를 중심으로 형성되었는데, 이를 통해 대량수송이 가능해지고 공회차가 감소하는 등 소위 운송에서의 규모의 경제가 만들어졌다. 거래를 위한 시장으로서의 도시가 산업혁명 이전 도시 형성의 중요한 축이라면 산업혁명 이후 제조업이 인류 경제활동의 주력산업이 되면서부터 집적경제를 통한 경제적 혜택을 누릴 수 있는 상품 생산지로서의 도시가 도시 형성과 성장에 중요한 역할을 수행해 왔다.

2. 규모의 경제와 집적경제

1) 규모의 경제

집적경제(agglomeration economies)의 작동원리를 설명하는 개념적 기반으로 규모의 경제(economies of scale)가 있다. 규모의 경제는 생산량이 증가하면 할수록 생산에 수반되는 단위 생산물당 평균비용은 감소하는 경제적인 혜택, 즉 생산규모가 커지면 생산의 경제성이 향상됨을 반영하는 개념이다. 〈그림 1〉에서 생산량의 증가는 x축을 따라 원점으로부터 멀어지는 방향으로의 이동으로 나타나는데, 이동의 거리가 멀어지면 멀어질수록 여기에 드는 생산비용, 보다 정확하게는 상품 1단위당 평균생산비용은 감소하게 된다. 생산량 증가에 따른 생산비용의 감소는 무한히 진행되는 것이 아니라 생산량이 일정한 수준에 도달한 후부터는 더 이상 일어나지 않고 오히려 그때부터는 생산비용이 늘어나는 상황이 발생하며, 이때 생산비용이 가장 저렴한 생산량의 수준(q)을 가장 비용효율적인 생산량이라고 정의할 수 있다.

규모의 경제가 발생하는 배경에는 여러 가지 요인이 있는데 일반화하면 크게 두 가지로 정리된다. 첫째, 노동력의 전문화 혹은 특화와 관련된 부분이다. 생산량이 적으면 투여되는 노동력의

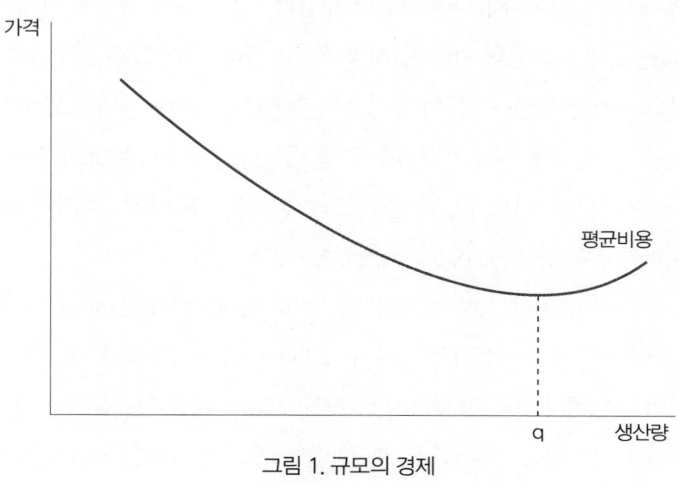

그림 1. 규모의 경제

규모도 적을 것이고, 따라서 노동자들은 작업공정에서 적어도 두 가지 이상의 다양한 업무를 수행하게 된다. 생산량이 늘면 투여되는 노동력도 늘고 노동자들 간의 업무 분화가 이루어질 수 있다. 업무의 분화는 배당받은 각 작업에 대해 노동의 전문화와 특화를 이룰 수 있는 기반이 된다. 각 작업공정별로 전문화를 통해 작업의 숙련도는 빠르게 향상되며, 이는 단위노동력당 생산성의 향상으로 이어지게 된다. 둘째, 불가분한 투입요소들 때문이다. 상품을 일정량만큼 생산하려할 때 필요한 노동력이나 자본의 투입량(예를 들면, 노동자의 수나 기계의 대수 등)은 그들 각각의 투입단위와 반드시 일치하지는 않는다. 이러한 상황에서 생산량이 적을 경우 필요한 생산량을 만들어 내기 위해 필요량보다 과다하게 요소의 투여가 이루어지는 상황이 발생하며, 생산량이 증가함에 따라 그러한 낭비의 규모는 줄어들게 된다.

규모의 경제를 추구하기 위해서는 생산량을 늘려야 하고, 생산량을 늘리기 위해서는 노동의 투입량을 늘려야 한다. 이는 공간적으로 볼 때 해당 지역의 고용기회가 증대됨을 의미하며, 고용기회를 얻고자 모여드는 잠재적 노동력, 즉 인구의 증가를 유발하게 된다. 이와 같은 일련의 과정 속에서 제조업에서 추구하는 규모의 경제를 통해 도시가 형성되고 또 성장하게 된다.

2) 집적경제와 그 유형들

어떤 기업들은 자체적 역량을 통해 생산량을 늘림으로써 규모의 경제를 취할 수 있는 데 비해, 어떤 기업들은 자체적으로는 그러한 혜택을 얻을 수 있는 역량을 가지고 있지 않다. 대부분 규모가 작은 기업들이 그러하다. 이들 소기업이 공간상에 가까이 입지하여 생산활동을 수행하는 과정에서 마치 이들 기업군이 하나의 거대기업이 생산활동을 하는 상황에서 발생하는 규모의 경제와 유사한 혜택을 누리게 되는데, 이를 집적경제라고 한다. 다시 말해 집적경제는 공간상에서 지리적으로 인접한 장소들에 생산자들이 집적하여 생산활동을 수행하면서 얻게 되는 경제적 혜택이라고 정의할 수 있다. 보통 규모의 경제는 기업 내부에서 일어나는 효과라는 점에서 내부성(internalities)이라고 본다면, 집적경제는 한 기업의 외부에서 일어나는 효과이므로 외부성(externalities) 혹은 외부경제(external economies)라고 부른다.

집적경제에는 두 가지 유형이 있다. 첫째 유형은 국지화 경제(localization economies)로, 동종 산업 내 기업들이 공간상에 가까이 입지하여 집적을 이룸으로써 얻을 수 있는 경제적 혜택이다. 이는 개별 기업 차원에서 같은 상품의 생산량을 늘릴 때 발생하는 규모의 경제 효과가 지역 수준에서 발생한다는 의미이다. 경제학적으로는 공간적으로 집적되어 있는 특정 산업 내 기업들의 생산비가 당해 산업의 총 생산량이 증가하면서 감소하는 현상이다. 생산량의 증가는 기업별로 각각 생산량을 늘리는 과정을 통해, 그리고 이 지역으로 새로운 기업들이 유입되어 생산에 참여하는 과정 등을 통해 이루어진다. 국지화 경제의 혜택이 발생하는 이유로는 여러 가지가 있다. 생산에 투입할 원료나 중간재를 구입하는 경우, 대량으로 구입하면 구입 평균 단가가 하락하여 규모의 경제 효과가 발생할 수 있다. 아울러 투입재 운송비의 차원에서도 단독으로 떨어져 입지하여 소량의 원료를 받는 것보다 여러 기업들이 모여 있는 곳으로 대량의 원료를 받는 것이 더 저렴한 운송비를 지출할 가능성이 높다. 노동시장의 측면에서는 동종의 기업들이 모여 있는 곳에 해당 산업의 전문직 고용기회가 많아지고, 그 지역의 국지 노동시장에 그러한 기회에 유인된 전문노동력의 풀이 커지게 된다. 기업의 입장에서는 해당 분야 전문직을 채용하는 데 보다 우수한 인력을 확보할 수 있는 여건이 형성되는 것이다. 지식의 파급효과 또한 집적지 내의 기업들 간에 활발하게 이루어질 수 있다. 특히 혁신을 위한 지식의 확산과정에서 중요하다고 알려진 암묵지의 경우, 공식적인 정보교환방식보다는 공동학습 등 비공식적인 사람 대 사람의 전달방식을 통해 이루어진다는 점에서 국지화 경제의 효과는 두드러진다.

집적해 있는 소기업들에 대한 국지화 경제의 혜택을 잘 보여 주는 설명방식이 인큐베이터 가설(incubator hypothesis)이다. 상품의 수명주기이론(product life cycle theory)에 따르면 상품의 생산활동은 초기단계-성숙단계-쇠퇴단계를 거치는데, 이 중 초기단계의 기업들은 규모가 작을 뿐만 아니라 상품도 제작되지 않은 단계이거나 혹은 제작되었더라도 시장에서 성공을 이루지 못한 단계에 있는 자생력이 약한 상태이다. 따라서 많은 경우에 주변의 도움 없이 독립적으로 일어서기보다는 유사업종이 많이 모여 있는 도시, 특히 대도시의 한 장소에 입지하는 경향을 보인다. 도시 내의 해당 지역들은 이들 자립성이 약한 기업에게 국지화 경제를 통한 여러 가지 혜택을 제공함으로써 독립적인 기업으로 성장하도록 자양분을 공급해 주는 일종의 미숙아를 위한 인큐베이터의 역할을 담당한다.

둘째 유형은 도시화 경제(urbanization economies)라는 혜택이다. 이는 서로 다른 업종에 속한 기업들이 공간상에 인접하여 입지함으로써 얻어지는 경제적 혜택으로 이해할 수 있다. 여기에는 규모의 경제 측면에서 서로 다른 부문의 여러 기업들의 총 생산량이 증가함에 따라 나타나는 효과와 함께 범위의 경제(economies of scope) 측면에서 얻어지는 다각화 혹은 다양화에 따른 효과를 함께 아우른다. 도시화 경제를 경제학적으로 정의한다면, 집적지에 있는 각 기업의 생산비가 해당 도시지역 전체의 생산량이 증가하면서 감소하는 현상을 말한다. 도시화 경제가 발생하는 이유 또한 여러 가지 차원에서 설명이 가능하다. 서로 다른 업종의 산업 중 어떤 산업은 생산과정의 전 혹은 후에 연계활동이 이루어지는 네트워크 관계를 형성하고 있다. 보통 이들을 생산–판매의 단계상에서 상품의 시장 방향으로 진행되는 전방연계(forward linkage)와 원료산지 방향으로 진행되는 후방연계(backward linkage)로 부른다. 이러한 산업 간 연계활동이 공간상의 인접한 장소에서 이루어질 때 운송비를 포함한 거래비용은 그렇지 않은 경우보다 더 저렴해진다. 한편, 국지화 경제와 유사한, 그렇지만 보다 포괄적인 범위에서의 효과도 존재한다. 생산에 필요한 투입재들 가운데 어떤 것은 해당 산업만에 특화되지 않은, 즉 여러 산업에서 공통적으로 쓰이는 범용의 투입재들도 있다. 업종이 다르다고 하더라도 공용의 투입재를 공유한다면 서로 간의 집적을 통해 투입재 구입에 들어가는 비용을 줄일 수 있다. 생산에 필요한 기반시설의 경우도 마찬가지이다. 공통적으로 필요한 인프라는 외딴곳에 입지하여 스스로 갖추는 것보다는 여러 기업들이 입지하여 관련 인프라가 잘 갖추어져 있는 도시지역이 더 비용효율적인 선택이다. 생산활동 과정에 필요한 전문직 이외의 인사, 관리, 재무 등 기업의 일반적 업무에 필요한 범용성을 가지는 노동력의 경우도 보다 양질의 노동력을 발굴하는 데 이들에 대한 구인의 수요가 많은 도시에 입지하는 것이 유리하다. 마지막으로 도시가 제공하는 다양성과 혁신성, 시장에의 근접성 등은 경제활동에 도움이 되는 국지적 환경(local milieu)을 제공함으로써 기업의 생산성 향상의 밑거름이 될 수 있다.

3. 집적경제의 측정

1) 경제활동의 공간적 집적도 측정

집적경제의 혜택을 추구하기 위해 많은 종류의 경제활동들이 공간적으로 밀집하여 입지하는 경향이 있다. 이러한 공간적 집적(spatial agglomeration)에는 국지화 경제를 지향하는 동종업종에 속한 경제활동들의 공동입지뿐만 아니라, 서로 다른 업종에 속하더라도 도시화 경제의 혜택을 추구하는 활동들이 나타내는 입지유사성이 모두 포함된다.

공간적 집적이 어느 정도의 수준인가를 분석하기 위해서는 공간분포 패턴을 측정하기 위해 개발되어 온 공간분석(spatial analysis) 혹은 공간통계(spatial statistics) 분야의 다양한 지수들을 고려할 필요가 있다. 지리적 혹은 공간적 분포가 지리학과 지역학(regional science) 등 공간분석을 담당해 온 분야의 주 관심대상이었던 만큼 그간 다양한 지수가 개발되어 왔고 이들은 대부분 분석이 이루어진 각각의 고유한 여건에서 수월성을 보여 주었으며, 이들 중 최근까지 많이 알려진 몇몇 지수들은 다양한 지역적 상황에서의 분석에 적용되어 검증을 통과한 비교적 일반화된 범용지수라고 할 수 있다.

현실세계에서 경제활동의 공간분포 패턴은 여러 가지 복잡한 요소들을 내재하고 있으므로 한 가지 방식으로 획일화하여 측정한다면 이를 통해 의미 있는 정보를 얻어 내기에는 무리가 있다. 일반화해 본다면, 공간적 집적의 측정에는 크게 두 가지 차원의 고려가 필요하다. 첫 번째 차원은 집적을 바라보는 대상이 동종의 활동인지 혹은 이종의 활동인지이다. 이들을 통해 집적경제가 공간상에서 실현될 때 국지화 경제와 도시화 경제의 힘 중 어떤 힘이 더 크게 작용하는지를 구분할 수 있다. 두 번째 차원은 영향력의 공간적 범위를 분석단위지역 내(예를 들면, 한 도시 내)로 국한하는지 혹은 주변지역에로의(혹은 주변지역으로부터의) 영향을 고려할 것인지이다. 이를 통해 집적을 통한 공간적 파급(spillover) 효과의 범위가 어느 정도인지를 가늠해 볼 수 있다. 이들 두 차원의 구분을 적용한 사례로, 우리나라의 180개 제조업부문이 162개 시군에서 나타내는 공간적 집적도를 측정한 최근의 한 연구(Sohn, 2014)에서는 동일 부문 한 도시 내 집적, 동일 부문 주변도시로의 집적, 서로 다른 부문 한 도시 내 집적, 서로 다른 부문 주변도시로의 집적 등 네 가지 방식의 공간적 집적 패턴 측정을 통해 산업유형별로 분포특성에 차이가 있음을 보여 주었으며, 이를 통해 공간적 집적 패턴에서 유사성을 보이는 다섯 유형의 산업을 구분할 수 있었다.

2) 집적경제 효과의 추정방법

개념적인 차원에서 직접경제의 효과는 비교적 잘 알려져 있으나 실제로 이러한 효과가 발현되고 있는지를 확인하기 위해서는 실제 자료를 이용한 분석모형이 필요하다. 효과추정모형에는 일반적으로 인과관계의 규명을 위해 이용되는 회귀모형 혹은 그 변형들이 이용된다. 식 (1)은 집적경제의 효과를 추정하기 위한 표준화된 모형이다(Melo et al., 2009).

$$Y_{it}=G_{it}(\cdot)F(X_{it}) \qquad \text{식 (1)}$$

Y_{it}=시점 t의 도시 i에서의 생산량

$G_{it}(\cdot)$=집적경제를 표현하는 항

$F(X_{it})$=투입재 X들 간의 조합이 이루어지는 기술함수

이 모형의 설정에서 특히 핵심적인 부분은 한 지역에서 집적경제의 정도를 어떻게 측정할 것인가, 그리고 집적경제의 효과는 어떻게 측정할 것인가이다. 집적경제의 측정은 국지화 경제와 도시화 경제를 구분함으로써 특정 산업과 전 산업의 집적 정도를 각각 고려하여 영향의 정도를 파악하기도 하고, 혹은 이들을 합쳐 집적경제의 전체적 효과에 집중하기도 한다. 측정의 방법도 기업의 수 혹은 고용량 등과 같이 절대 수를 중심으로 파악하는 방법이 있고, 한편으로 밀도나 특화도 등을 이용할 수도 있다. 집적경제의 효과를 측정하는 방법으로 보편적으로 쓰이는 것은 식 (1)에서처럼 생산함수를 통한 생산량의 증가나 혹은 이를 노동력의 투여량으로 표준화하여 노동 생산성의 향상을 파악하는 방법이다. 하지만 이외에도 임금수준의 변화를 측정하여 집적경제의 효과가 발현되었는지를 측정하기도 한다.

3) 집적경제 효과의 공간적 범위

집적경제의 효과가 공간적으로 어느 정도의 범위에서 영향을 미치는지는 지리학과 지역학의 연구자들에게 지속적인 관심의 대상이었다. 영국을 대상으로 한 연구에서 라이스 외(Rice et al., 2006)는 자동차 시간거리를 기준으로 볼 때 40분까지가 가장 큰 효과를 나타내고 있으며, 40~80분 구간대의 거리에 위치한 지역의 경우 40분 이내의 지역에 비해 영향력이 1/4로 줄고, 80분 이상의 거리에 있는 지역으로 가면 효과를 전혀 찾아볼 수 없음을 확인하였다. 80분 정도면 대략 대도시권의 경계까지를 반영하는 반경으로 볼 수 있고, 따라서 이 결과는 집적경제의 효과가 거리조락의 방식으로 대도시권 내에서는 작용하고 있음을 시사한다. 한편으로, 몇몇 연구들은 이보다 더 작은 크기의 영향면을 제시하기도 한다. 예를 들어, 디아다리오와 파타치니(Di Addario and Patacchini, 2008)의 경우는 이탈리아를 대상으로 연구를 수행하여 영향면의 반경이 12km 정도임을 보여 주었고, 로즌솔과 스트레인지(Rosenthal and Strange, 2008)는 미국에서의 연구를 통해 약 8km 정도를 넘어가면 사실상 영향력이 거의 소멸한다고 보고하였다. 이들 연구는 서로 다른 국가 내의 다양한 도시들을 사례로 분석을 수행하였기 때문에 그 결과치에는 편차가 존재하지만, 공통적으로 관통하는 함의는 집적경제의 효과에 도시권 내에서 거리조락성이 있다는 것과 그러한 거리감소 효과가 상당히 가파르다는 점이다.

좀 더 미시적인 공간자료를 활용한 연구들은 이러한 성향을 더 잘 드러낸다. 판소에스트 외(van Soest et al., 2006)는 네덜란드에서 평균적으로 6km^{2}의 면적을 가지는 우편번호 구역을 연구 단위지역으로 분석을 수행한 결과, 인근 단위지역에서의 효과들이 없지는 않지만 해당 단위

지역에서의 효과에 비하면 매우 약해서 실질적으로 집적경제 효과의 공간적 영향력의 범위는 우편번호 구역이었음을 보였다. 한편, 아르자히와 헨더스(Arzaghi and Henderson, 2008)은 미국 맨해튼에서 미시적인 공간규모에서의 분석을 수행하였는데, 그 결과 광고 관련 회사들의 집적경제 효과는 그 공간적인 규모가 훨씬 더 작아서 500m에 불과하였다.

이상의 연구들이 특정한 산업부문만을 중심으로 집적경제 효과를 파악하거나 혹은 공간적으로 볼 때 도시권 내의 미세한 공간단위들을 바탕으로 이를 파악하지 못한 데 비해, 앤더슨 외(Andersson et al., 2016)의 경우는 1km^{2}의 격자망을 분석단위로 이용하여 도시의 산업 전체적인 효과를 추정했다는 점에서 보다 일반화된 수준의 효과를 파악할 수 있는 장점이 있다. 연구의 결과는 (시장잠재력으로 측정된) 도시권 전체의 영향력도 1% 정도 있었으나 1km^{2}의 범위에서 인접한 장소들에서의 영향력이 3% 정도로 약 3배에 달하여, 앞선 예들의 경우에서처럼 집적경제가 효력을 발휘하는 공간적 범위가 매우 국지적임을 재차 보여 주었다.

4) 추정된 효과의 일반화?

그렇다면 과연 집적경제의 효과에 대한 추정을 수행한 다양한 연구결과들을 아우르는 보다 일반화된 결론을 도출할 수 있을까? 이 질문에 대한 답을 추구하기 위한 흥미로운 연구가 수행되었다. 멜로 외(Melo et al., 2009)는 그간 집적경제의 효과에 대한 실증적 연구들이 많았지만 이 결과값들을 정량적으로 비교한 연구는 없었다는 점을 지적하면서 이들 연구에 대한 메타분석(meta-analysis)을 수행하였다. 메타분석은 분석에 대한 분석이라는 의미로, 기존의 집적경제 효과추정 분석들을 분석의 대상으로 삼아 수행하는 분석이다.

연구에서 분석대상이 된 연구는 총 34편이었으며, 그 결과로 도출된 집적경제 효과 추정값은 729개였다. 연구의 시공간적 배경과 모형의 설정방식 및 추정방법, 집적경제 및 그 효과의 측정방법, 자료의 유형, 대상산업, 공간단위, 집적경제 유형의 구분 여부 등 다양한 측면에서의 차이를 포괄적으로 고려하여 비교분석이 수행되었는데, 연구의 결과는 연구들 서로 간의 상이성이 커서 집적경제가 대체적으로 양의 효과를 가진다는 점을 넘어서는 일반화를 도출하기에는 연구별 특성의 차이가 너무 크다는 것이었다. 특히 그러한 차이에 영향을 주었던 부분은 국가별 차이, 대상산업, 집적경제의 유형구분 여부 등이었다. 보다 구체적으로는 국가별로 볼 때 중국, 일본, 스웨덴의 경우는 비교적 낮은 값을, 프랑스나 이탈리아 등의 경우는 상대적으로 높은 값을 나타냈다. 한편, 대륙별로는 남아메리카에서는 높은 값을, 북아메리카에서는 낮은 값을 보였고,

산업부문별 차이를 보면 서비스업의 경우에 제조업보다 월등히 높은 혜택이 추정되고 있는 것으로 나타났다. 이는 통상적으로 집적경제가 생산활동을 중심으로 나타나는 경제적 혜택이라는 개념으로부터 출발하였고, 그런 관점에서 분석된 대다수의 연구들이 서비스업보다는 제조업에서의 효과를 추정하고자 했다는 점을 고려하면 흥미로운 결과이다.

아울러 이 연구에서 관심을 끄는 또 한 가지 결론은 실증연구들에서 집적경제의 긍정적인 파급 효과가 과대추정되었을 가능성이다. 이는 연구자들이 집적경제 효과를 추정하였을 때 그 결과가 의미 있는 정도의 양의 값으로 나오지 않을 경우 학술지 투고나 출판을 스스로 포기함으로써 발생하는 선택적 누락, 그리고 투고를 했을 경우라도 심사자들의 부정적 평가에 의해 걸러지는 과정 등을 거쳐 출판된 결과들은 실제 세계에서 발생하는 집적경제 효과 중 유의미한 효과가 나타나는 대상 중심으로만 알려지게 될 것이라는 점에서 주의가 필요하다.

4. 개념의 확장

1) 소비에서의 집적경제

집적경제 효과는 제조업에서만 발생하는 것이 아니며, 오히려 앞에서 언급된 것처럼 서비스업에서 그 효과가 더 크다고 볼 수도 있다. 소비에서의 집적경제는 생산에서의 그것과 유사하지만 동시에 나름의 고유한 점도 가지고 있다. 공간적인 측면에서 유사한 업종의 집적양상은 이들의 공통적인 특성이다. 동대문에 위치한 의류상가, 압구정과 청담동에 위치한 성형외과, 서초동에 위치한 자동차 대리점 등은 그러한 예에 해당한다. 유사하지 않은 업종이어도 종종 같은 공간 내에 집적하는 경우가 있다. 현대 도시사회의 전형적인 소비행태를 반영하는 대규모 쇼핑몰, 아웃렛, 대형마트 등이 여기에 포함된다(그림 2).

소비자 입장에서 보면 쇼핑을 하고자 할 때 선택의 폭이 매우 중요한 고려대상이 된다. 어떤 상점이 있는데 그곳에서만 물건을 살 수 있는 경우와 주변에 유사한 물건을 파는 다른 상점이 많아 고를 수 있는 물건이 많은 상태에서 구입하는 것 중 당연히 소비자는 후자를 선호하게 될 것이고, 따라서 이들 상점이 더 많이 모여 있는 곳으로 향할 것이다. 소비자가 그러한 행태를 보인다면, 판매자의 입장에서 홀로 떨어져 있는 경우와 여러 상점들이 모여 있는 경우에 잠재적 소비자의 방문빈도에 큰 차이가 있을 것이다. 따라서 판매자의 입장에서도 다른 상점들과 소비자의 풀을

그림 2. 싱가포르의 대표적인 쇼핑몰인 더숍스앳마리나베이샌즈

공유함으로써 잠재적 고객의 규모와 구매 가능성을 늘린다는 점에서 집적지를 선호하게 된다.

이와 같은 소비의 외부경제를 창출하기 위해서는 취급하는 상품이 다음과 같은 두 가지 유형의 상품 중 하나여야 한다. 첫째는 불완전대체재(imperfect substitutes)이다. 완전대체재는 말 그대로 완전히 대체될 수 있는 상품이다. 예를 들어, 대부분의 표준화된 공산품은 편의점에서 사든 대형마트에서 사든 동일한 상품으로 선택의 가치가 없는 유형의 상품이다. 반면, 불완전대체재는 대체는 되되 완전히 똑같은 방식으로 대체되지는 않는 상품이다. 의류나 음식 등이 여기에 해당되고, 이 경우 선택지가 많으면 많을수록 소비자의 취향에 더 맞는 물건을 고를 가능성이 높아진다. 둘째는 보완재(complementary goods)이다. 경제학 교과서에 많이 등장하는 커피와 설탕, 빵과 버터 등의 조합으로 하나를 살 때 보통 같이 구매가 이루어지는 물건이며, 소비자의 입장에서 구매통행의 횟수나 거리 등을 줄일 수 있는 경제성을 제공한다.

2) 특화도와 도시유형

도시 내 산업구성의 방식에 따라 특화도가 높은 도시와 다양성이 높은 도시를 구분할 수 있다.

이들 도시유형은 집적경제의 유형과도 밀접하게 연결된다. 일반적으로 국지화 경제의 성향이 강한 도시들의 경우에는 특정 산업에로의 집적지로서 성격이 강하게 나타나고, 반면에 도시화 경제의 성향이 강한 도시들의 경우에는 다양한 여러 산업이 비교적 고르게 입지하고 있어 특정 산업의 우세가 두드러지지 않는다.

도시성장 단계와 연결해 본다면 보통 초기에 도시가 형성되고, 성장이 이루어지는 단계에서는 소수 개의 주력산업들이 성장을 끌어가는 양상이 나타나며, 이때의 도시는 국지화 경제의 혜택이 잘 구현될 수 있는 도시환경을 지닌다. 도시성장이 궤도에 올라 일정 규모 이상의 대도시에 가까워지면 도시의 기본적 기능 유지와 관련된 다양한 산업부문도 성장하게 되고, 초기에 두각을 나타내었던 부문들의 특화도는 점점 떨어진다. 이러한 환경은 도시화 경제의 혜택이 잘 구현될 수 있는 도시환경이다. 따라서 일반적으로 중소도시의 경우는 상대적으로 국지화 경제, 그리고 대도시의 경우는 상대적으로 도시화 경제의 혜택이 큰 장소라고 이해할 수 있다.

5. 집적경제에 대한 대안적 시각들

집적경제는 현대 경제활동의 공간적 특성을 잘 설명해 주는 개념적 도구임에도 불구하고 점점 더 복잡화되어 가는 경제의 작동방식과 급변하는 경제환경에 따라 보다 정확한 현상의 설명에서 몇 가지 한계를 가진다. 첫째로, 집적의 경제가 있다면 집적의 불경제(agglomeration diseconomies)도 존재한다. 따라서 집적경제가 발휘하는 긍정적인 효과는 일정 규모까지만 작동한다고 볼 수 있으며, 이를 넘어설 경우 혼잡이나 환경오염 문제 등에 수반되는 불경제의 효과가 더 커지게 된다. 둘째로, 활동의 입지와 분포를 고려할 때 개별 시설의 입지가 아니라 기업 전체의 관점에서 이를 바라보는, 다시 말해 기업 차원에서의 산업조직과 공간조직을 함께 고려해야 활동의 입지 패턴을 정확히 해석할 수 있다. 현대 경제에서처럼 기업조직의 복잡성이 증가하는 상황에서는 그러한 필요성이 더욱 커지고 있다. 셋째로, 교통과 정보통신기술의 발달에 의한 원심력(centrifugal force)의 증대이다. 이전의 활동들이 도심과 같은 집적지를 지향하는 구심력(centripetal force)에 의해 움직였다면, 보다 저렴해진 운송비와 입지제약의 완화는 분산의 성향을 강화시킬 수 있다. 넷째로, 외부경제의 효과가 집적경제로부터 네트워크 경제(network economies)로 무게중심이 서서히 옮겨지고 있다는 점이다.

집적경제가 공간상 인접한 기업들이 모여서 얻는 경제적 혜택이라면, 네트워크 경제는 네트워크상에서의 연결성에 의한 경제적 혜택을 강조한다. 집적경제 등과 같이 지리적 거리를 바탕으로 하는 일반화모형인 중심지체계와 네트워크상의 연결성을 바탕으로 하는 네트워크 체계는 여러 가지 측면에서 차이를 보인다. 네트워크의 외부성을 추구할 수 있는 네트워크 체계에서는 중심성보다는 네트워크상의 상대적 위치와 관련되는 결절성이 중요하다. 중심지체계에서 도시의 규모가 도시의 영향력을 결정하는 중요한 인자인 데 비해, 네트워크 체계에서 규모는 크게 중요하지 않다. 더 나아가 네트워크 체계에서는 구성원들 간에 유연성과 상호 보완성을 가질 수 있으며 네트워크상의 흐름도 일방적이지 않다(Batten, 1995). 그러나 그렇다고 이것이 기존의 중심지적 계층관계가 전적으로 없어짐을 의미하기보다는 중심지체계와 네트워크 체계의 두 가지 특성이 실제 세계에서는 혼재하고 있음을 의미하며(Thompson, 2003), 그러한 점에서 경제활동의 공간분포에 대해 종합적이고 포괄적인 방식으로 이해를 추구할 필요가 있다.

참고문헌

Andersson, M., Klaesson, J. and Larsson, J. P., 2016, "How local are spatial density externalities? Neighbourhood effects in agglomeration economies", *Regional Studies*, 50(6), pp.1082-1095.

Arzaghi, M. and Henderson, J. V., 2008, "Networking off Madison Avenue", *Review of Economic Studies*, 75, pp.1011-1038.

Batten, D. F., 1995, "Network cities: creative urban agglomerations for the 21st-century", *Urban Studies*, 32(2), pp.313-327.

Di Addario, S. and Patacchini, E., 2008, "Wages and the city: evidence from Italy", *Labour Economics*, 15, pp.1040-1061.

Melo, P. C., Graham D. J. and Noland, R. B. A., 2009, "Meta-analysis of estimates of urban agglomeration economies", *Regional Science and Urban Economics*, 39(3), pp.332-342.

Rice, P., Venables, A. J. and Patacchini, E., 2006, "Spatial determinants of productivity: analysis for the regions of great Britain", *Regional Science and Urban Economics*, 36, pp.727-752.

Rosenthal, S. S. and Strange, W. C., 2008, "The attenuation of human capital spillovers", *Journal of Urban Economics*, 64, pp.373-389.

Sohn, J., 2014, "Industry classification considering spatial distribution of manufacturing activities", *Area*, 46(1), pp.101-110.

Thompson, G., 2003, *Between Hierarchies and Markets: The Logic and Limitations of Network Forms of Organization*, Oxford: Oxford University Press.

Van Soest, D., Gerking, S. and Van Oort, F. G., 2006, "Spatial impacts of agglomeration externalities", *Journal of Regional Science*, 46, pp.881-899.

더 읽을 거리

O'Sullivan, A., 2019, *Urban Economics(9th Edition)*, New York: McGraw-Hill Education.

⋯▸ 미국 대학의 도시경제학 과목에서 가장 인기 있는 교재 중 하나로, 도시를 경제학적 관점에서 설명하는 교과서들 중 특히 알기 쉬운 설명과 서술방식으로 인기가 많다. 이 책의 2부에 집적경제가 도시에 가지는 의미와 영향을 상세히 설명하고 있다.

Capello, R. and Nijkamp, P., 2004, *Urban Dynamics and Growth: Advances in Urban Economics*, Amsterdam: Elsevier.

⋯▸ 집적경제에 대해 보다 심층적인 이해를 추구하는 독자들에게 추천할 수 있는 책이다. 도시의 역동성과 성장을 크게 집적, 접근성, 공간적 상호작용, 도시계층, 도시경쟁력, 도시정책 등 여섯 가지의 관점에서 바라보는데 이 중 1부와 2부, 5부에 집적경제를 다루는 장이 있다.

Hall, P. and Pain, K., 2006, *The Polycentric Metropolis: Learning from Mega-City Regions in Europe*, London: Earthscan.

⋯▸ 유럽의 메가시티 리전(mega-city region)의 형성배경과 특성, 작동원리, 도시권들의 사례연구, 계획과 정책 등을 다루는 책으로, 네트워크 경제가 도시권 안에서 그리고 도시권들 간에 어떻게 작동하고 이를 통한 경제적 혜택을 만들어 내는지에 대한 이해를 향상시키는 데 도움을 줄 수 있는 학술서이다.

주요어 규모의 경제, 외부성 또는 외부경제, 국지화 경제, 도시화 경제, 범위의 경제, 공간적 집적, 불완전대체재, 보완재, 집적의 불경제, 네트워크 경제

제2장

도시와 혁신

정준호

도시는 인간의 중요한 정주공간이자 경제활동공간이다. 시장경제에서 산업화는 농촌인구를 유입시켜 자본주의 발전의 기반을 구축하는 도시화를 수반한다. 이러한 점에서 경제발전에서 도시는 중요한 역할을 담당한다. 도시는 다양하고 유능한 인재를 끌어들이고 전문적인 경제활동과 다양한 이질적인 요소를 결합하여 새로운 것을 만들어 낸다. 도시의 규모와 밀도는 생산과 소비라는 경제적 순환의 물적 토대이자 기술혁신이 용이하게 확산되게 하는 기반이기도 하다. 다양한 직종의 일자리와 중간재 공급 시장이 형성되면서 숙련과 노하우가 지리적으로 확산되고, 소비자는 이에 대해 새로운 아이디어를 제공하기도 한다.

경제성장의 주요 원천으로 기술혁신이 언급된다. 전술한 바와 같이 도시는 규모의 경제뿐만 아니라 다양성의 경제를 제공한다. 따라서 도시는 기술혁신을 수행하는 데 용이한 경제적·사회적 배치를 갖춘 장소이자 공간이다. 그렇다면 혁신과 도시공간의 논의를 어떻게 결합시킬 것인가? 이 장의 목적은 이러한 관계를 이해하기 위해 도시라는 장소이자 공간이 혁신에 어떠한 영향을 미치고, 다시 기술혁신이 도시에 어떠한 영향을 미치는지를 이해하는 데 있다.

이를 위해 이 장에서 다루고자 하는 몇 가지 질문들은 다음과 같다. 첫째, 경제성장의 원천으로서 기술혁신은 중요한가? 그렇다면 성장정책에는 어떠한 것들이 있는가? 둘째, 도시는 왜 혁신에 적합한 장소이자 공간인가? 지리적 근접성과 지식의 암묵성은 기술혁신의 지리적 제한성을 설명하는 데 강력한 요인인가? 셋째, 연산집약적인 디지털 기술과 결합된, 우버(Uber)와 에어비앤비(Airbnb)로 대표되는 최근의 공유경제는 이러한 지리적 제한성을 극복할 수 있는 것인가? 이 장은 도시와 혁신에 관련된 모든 문제를 다루기보다는 도시와 혁신을 이해하기 위한 기본이론에서부터 오늘날 지식정보사회에서 이해해야 할 큰 방향을 잡는 데에 초점을 둔다. 구체적인 사례들은 이 단원의 다른 장에서 다루게 될 것이다.

1. 도시성장의 원천으로서 혁신과 성장정책

신제품, 서비스, 공정, 비즈니스 모델을 창출하고 채택하는 과정으로서 혁신은 경제성장과 고용 및 소득증가를 추동하고 도시와 지역의 경쟁력을 높인다. 예를 들면, 모레티(Moretti, 2004)는 한 지역에서의 전반적인 교육수준의 향상이 그 지역에서 모든 근로자의 임금을 증가시키고 경제성장에 이바지한다는 연구결과를 보여 주고 있다. 이처럼 혁신이 성장을 추동하는 이유는 혁신적인 산업과 기업이 평균적으로 고임금을 지불하고 있기 때문이다.

경제학자 슘페터(J. Schumpeter)가 이야기한 창조적 파괴과정으로서 혁신은 생산성을 제고하고 고부가가치를 창출하는 새로운 경제활동과 기업을 자극함으로써 심대한 경제적 효과를 갖게 된다. 예를 들면, IT 기술의 채택과 사용으로 기업과 경제의 효율성이 크게 증가하였고, 또한 새로운 창업기업들이 나타남으로써 경제 전반의 활력이 제고될 수 있다.

경제성장의 원천으로 혁신이 부각되면서 지속가능한 지역과 도시의 성장을 위해서는 생산성, 혁신, 기업가정신 등과 같은 키워드들이 도시 및 지역 정책의 전면에 등장하고 있다. 앳킨슨(Atkinson, 2012: 5-10)에 따르면, 경합하는 경제학의 유파에 따라 네 유형의 성장정책이 경쟁하고 있다고 주장한다. 첫째는 일반적인 경제발전론이다. 이러한 주장에 따르면, 경제성장을 위한 최선의 수단은 조세감면과 보조금 등을 동원해서라도 특정 대기업의 분공장이나 자본을 유치해야 한다는 것이다. 이는 외생적인 도시 및 지역 발전전략을 가정한다. 둘째는 신고전파 입장이다. 이는 특정 기업이나 산업의 선별에 반대하는 대신에, 경제성장을 위해 기업에 대한 조세감면과 양호한 사업환경을 조성하기 위한 규제완화를 제시한다. 셋째는 네오케인지언(neo-Keynesian) 입장이다. 이는 누진적인 조세와 최저 임금제의 인상, 공공지출의 확대를 통해 주민의 소득을 직접적으로 개선하기를 바란다. 넷째는 혁신경제학의 입장이다. 이는 성장의 원천으로서 혁신을 강조하고, 창업을 통한 기업가정신의 발휘와 인적 자본의 축적 및 연구개발 등을 도

표 1. 네 유형의 경제성장 정책 비교

구분	경제발전론	신고전파	네오케인지언	혁신경제학
성장 원천	자본투자	자본투자	주민 소득	혁신과 조직학습
정책수단	기업(산업)특수적인 보조금을 통한 비용 절감	감세와 규제완화를 통한 비용 절감	누진적 과세와 공공지출을 통한 임금과 급여 증가	연구개발, 금융, 숙련개발 등의 지원과 인센티브를 통한 기업의 혁신 자극
정책대상	역외기업의 유치	역외기업의 유치	중소기업과 사회적 기업	고성장 기업가와 기존 기업
삶의 질	중요하지 않음	중요하지 않음	매우 중요함	숙련인력의 유치에 중요
정책목표	크다	크다	보통	역동적

출처: Atkinson, 2012, p.10의 Table 1에서 수정·보완함.

시 및 지역 발전의 핵심요인으로 간주한다(표 1 참조).

혁신경제학의 입장에 따르면 도시 및 지역 발전에서 규모가 혁신에 중요한 것은 맞지만 절대적으로 그렇다는 것은 아니다. 혁신이 규모에 비례해서 나타나는 것도 아니고, 규모가 같다고 해서 같은 정도의 혁신이 일어나는 것도 아니다. 플로리다(Florida, 2002a; 2002b)의 창조계급 또는 창조도시론의 논의가 시사하고 있듯이, 창조성이나 발명의 재능은 동일 규모의 도시라도 다를 수 있다. 현대도시에서 문화적 쾌적성과 다양성이 첨단기술산업의 입지에 중요한 요인이 된다는 점(Clark and Lloyd, 2000)도 바로 도시 규모만으로 혁신의 정도를 파악할 수 없음을 말해준다. 현대도시에서 성장의 엔진 역할을 하는 혁신은 기본적으로 인적 자본의 축적에 달려 있다(Park, 2004).

전술한 네오케인지언과 혁신경제학의 입장은 각각 최근 우리나라의 성장방식에 대한 논란을 불러일으킨 소득주도 성장론 및 혁신주도 성장론과 대체적으로 조응한다. 전자는 소득의 재분배가, 반면에 후자는 자원의 재배분이 핵심적인 고려사항이기 때문에, 두 입장은 쉽사리 합의점을 찾기가 어려운 것이 사실이다. 주류 경제학은 기본적으로 공급기반의 경제학으로서 혁신경제학의 입장을 수용한다. 이에 따라 혁신주도 성장론은 혁신의 걸림돌을 제거하고 자원의 재배분의 효율성을 달성하기 위해 노동시장의 구조개혁과 규제완화의 필요성을 강조한다.

2. 기술 확산의 거점으로서의 도시

도시는 혁신을 고무하는 공간이다. 다양한 배경을 가진 다수의 사람들이 조밀한 근접성을 두고서 일하고 거주하고 소통한다. 그리고 새로운 아이디어가 창발되고 급속하게 전파되는 중심지이다. 인간의 창조성은 이러한 지리적·사회제도적 환경에 크게 의존한다. 그러한 의미에서 도시는 혁신의 거점이다. 이는 도시가 이종의 다양한 경제활동과 특화된 경제활동을 포괄하고 있기 때문에 아이디어와 지식의 창출과 그것의 상업화에 잘 들어맞는다는 것을 함의한다.

도시공간의 밀도와 규모는 '공간적 근접성'을 극대화하고, 이는 기술 확산효과(spillover)를 창출하여 혁신가나 기업가가 중시하는 정보의 흐름을 배가시킨다. 이는 통상 이야기하는 집적경제 이득의 한 단면이다. 기술 확산효과는 중량이 없고 거의 0에 가까운 한계 수송비용을 가지는 무형 거래의 결과이기 때문에 이러한 설명은 설득력이 있다. 그러나 지식 생산물이 원격지에서 구득이 가능할지라도 그것을 생산하는 기업들의 중간재 공급자과 경쟁자는 서로 근접해 있다. 또한 이들 기업은 아이디어를 얻기 위해 고객 근처에 입지하는 것을 선호한다. 이러한 점에서 중량이 없는 지식 생산물의 공간적 이동(shipping)도 일정한 비용을 수반할 수밖에 없다(Leamer and Storper, 2001).

기업 간 숙련기술자들의 순환은 이러한 기술 확산효과를 명료하게 보여 준다. 이는 지식을 재조합하고 모범사례를 모방함으로써 제품의 질을 제고할 수 있는 기업의 역량을 배가시킨다. 사람들은 특정 산업의 숙련인력들과의 대면접촉을 통해 지식을 흡수·소화할 수 있으며, 사람들이 행하는 가능한 접촉의 수는 도시 규모의 체증 함수이다. 따라서 대도시는 학습을 고무하는데, 특히 학습에 따른 잠재적인 이득이 크게 기대되는 재능 있는 청년들에게는 매력적이다(Glaeser, 1999).

하지만 숙련기술자들은 국지적 연계만을 선호하는 것이 아니라 원거리 네트워크를 통해 숙련인력들을 구득하고 대면접촉의 기회를 만들 수 있다. 주지하듯이 기업 내 및 기업 간 원거리 기술 협력은 교통과 통신의 발전으로 일반적이다. 이러한 원거리 협력 네트워크는 장인기반 산업보다는 과학기반 산업에 더 잘 나타난다. 왜냐하면 후자의 경우 '스타 과학자'의 공간적 집중이 매우 심하고 이들과 선도적인 혁신기업과의 매우 긴밀한 관계가 형성되기 때문이다(Darby and Zucker, 2002).

전술한 논의에 따르면, 기술 확산은 샌프란시스코, 런던, 로스앤젤레스 등의 대도시에서 나타나는 높은 수준의 숙련인력의 이직에 따른 의도치 않은 부산물이다. 즉 혁신은 지리적 근접성에 의해 매개되는 공간적 전염효과의 산물이다. 기술 확산의 개념으로 도시와 혁신을 연결시키는 이와 같은 방식은 주로 경제학자가 선호하는 것이다. 이는 기술을 공공재나 준공공재로, 즉 기술 학습에는 매우 큰 비용이 들지 않는다고 사고하는 것이다(정준호, 2017b). 도시의 집중과 밀도에 따른 지리적 인접성이 여기에 크게 한몫을 한다.

3. 기술 학습의 거점으로서의 도시

제이컵스(Jacobs, 1969)가 주장한 바와 같이, 도시는 경제적·사회적 다양성에 의해 발생하는 비교우위(advantage)를 향유한다는 점에서 창조성의 장으로 기능한다. 이러한 다양성이 제한된 장소에 밀집되어 있기 때문에 사람들 간의 무계획적이고 뜻밖의 대면접촉이 발생할 수 있다. 플로리다(Florida, 2002)는 이러한 사고를 현대적인 맥락에 위치 지우면서 코즈모폴리턴 대도시에서 나타나는 다양성이 창조성을 고무한다고 주장한다. 그는 인적 자본의 진입장벽이 낮은 것으로 정의되는 다양성에 의해 인재들(talents)이 유인된다고 주장한다. 이는 진입장벽을 낮추는 어떠한 지역적 요인이 인재들을 끌어들이고 그곳에 남게 하는 환경을 조성하는 데 중요한 역할을 한다고 보았으며, 이러한 인재들을 끌어들이는 환경이 바로 혁신과 도시성장에 중요하다고 보는 것이다. 즉 다양성을 인정하고 인재들의 진입장벽이 낮은 환경의 도시에 인재가 많이 모이며, 그들이 기술혁신에 공헌하여 도시발전을 이루게 된다는 것이다.

이러한 대도시는 익명성과 개방성으로 인해 기존의 속박적인 전통을 타파할 수 있으며 개방적인 네트워크를 가질 수 있기 때문이다. 이것이 바로 '창조도시론'이다. 그러나 이러한 창조도시론은 도시 코즈모폴리터니즘(cosmopolitanism)이 어떻게 혁신의 위험을 분산하는지, 그리고 경제주체가 어떻게 다양성을 활용하는지에 대한 구체적인 설명을 제공하지 않는다(Storper and Venables, 2003: 7).

비공식적 또는 국지적으로 이전되는 지식의 성격, 즉 지식의 암묵성(tacitness)과 관련하여 도시와 혁신 간의 관계가 논의될 수 있다. 이는 전통적으로 경제지리학자 또는 사회학자, 제도주의 경제학자들이 선호하는 설명방식으로서 광의적으로 기술 학습론으로 일컬어진다. 지식의 암묵성이 함의하는 바는, 기술이나 지식은 비용이 없이는 확산되거나 학습이 일어날 수 없다는 것이다(정준호, 2017b).

지식은, 예를 들면 매뉴얼의 형태로 완전하게 형식화될 수 없기 때문에, 즉 암묵적인 성격을 가지기 때문에 제한적인 지리적 공간에서 지식의 소통과 학습이 발생하는 것이 효율적이다. 이에 따라 공간적 근접성에 기반한 대면접촉이 지식의 암묵성을 극복할 수 있다. 기존의 설명과 다른 것은 기술의 암묵성이 강조됨으로써 기술 확산의 지리적 경계가 제한될 수 있다는 것이다. 이에 대해 경제학자 마셜(A. Marshall)은 그의 산업지구론에서, 지식은 특정 전문 생산자 커뮤니티에 사회적으로 착근되어 특정 산업 내로 확산된다고 이야기하였다. 그는 '분위기'로 대변되는 지식의 지리·산업 특수성을 강조한 것이다. 따라서 기술 확산과 기술 학습의 지리적 범위는 국지화된다. 반면에 전술한 바와 같이 제이컵스(J. Jacobs)는 코즈모폴리턴적이고 비의도적인 도시의 삶을 강조한다. 그의 논의에 따르면, 대면접촉의 지리적 범위는 대도시로 확장될 수 있는 것이다.

시미(Simmie, 2001; 2003)는 산업지구론(또는 클러스터론)과 도시 다양성의 논의들이 OECD 국가의 혁신적인 도시의 역동성 전체를 설명할 수는 없다고 주장하였다. 즉 도시와 혁신을 결합하는, 일반적으로 수용되는 하나의 이론은 존재하지 않는다는 것이다. 그는 슈투트가르트, 밀라노, 암스테르담, 파리와 런던 등 유럽의 5개 도시에 관한 비교연구를 통해 장소에 기반한 혁신의 원천을 밝혀내고자 하였다. 혁신적인 도시를 좌우하는 기본적인 요인들은 다음과 같은 것이었다(Simmie, 2001). 첫째, 외부 사건에 대응하는 성공적인 적응과 재발명의 역사, 둘째, 대기업 및 기업 간 관계가 제공하는 전략적 자원, 셋째, 도시 규모, 밀도, 규모의 경제를 포함한 다양성, 교통 및 서비스 인프라에 대한 접근성, 광범위하고 다양한 지식의 원천 등에 기반한 도시화 경제, 넷째, 산업지구에 집적된 중소기업들 간의 네트워크로 구성되고, 전문적인 지식과 숙련 교환의 연속성과 시너지에 의해 유지되며, 공공기관과의 연계에 의해 편익을 얻는 국지화 경제, 다섯째, 국가 혁신체제 내의 강력한 위상 및 국가 도시체계에서의 상위 지위, 마지막으로, 전문 분야에서 세계 최고의 모범사례를 적응할 수 있는 도시 노동력의 전문지식 및 국제적 교환을 촉진하는 교통 및 통신 인프라에 의한 글로벌 연계 등이다.

동종 산업의 국지적 분위기는 슈투트가르트와 밀라노의 경우에 중요하지만, 반면에 런던, 파리, 암스테르담에서는 글로벌 맥락과 다양성의 경제가 중요한 역할을 수행한다는 것이다. 후자의 경우에는 국가 혁신체계, 국가 도시체계, 국지적 환경 및 소기업 네트워크보다는 대기업의 전략에 의해 더 강하게 영향을 받는다. 이 경우 혁신은 클러스터 이론가들이 주장하듯이 주로 생산자 주도적인 것이 아니라 복합재와 서비스를 위한 국제 서비스 수요에 의해 추동된다는 것이다. 즉 국제 수요에 대한 시간의 근접성이 생산에 대한 공간 근접성보다 더 중요하다. 이처럼 지리적·제도적 배치에 따라 도시에서 혁신의 원천이 상대적으로 다를 수 있다.

마찬가지로 도시공간상에서의 기술 학습은 지리적·사회적·제도적 배치에 따라 상이할 수 있다. 즉 기술혁신은 기업들이 입지한 도시의 제도적 환경의 영향을 받는다. 지역이 보수적이고 모험을 꺼리며 새로운 것을 도입하는 데 부정적일 경우 지역에서 기술혁신이 이루어지기는 쉽지 않다. 지역의 관습과 제도가 모험의식을 긍정적으로 지원하고, 벤처정신과 혁신적인 기업가정신을 높이 평가하며, 사업의 실패를 인생의 실패자로 여기지 않고 새로운 기회를 줄 경우 그 지역은 기술혁신의 잠재력이 높을 것이다. 또한 지역의 기업들 간에 상호 협력하는 전통이 있어서 상호 이익과 문제해결을 위해 협력하고 조정하며 불확실성을 줄이는 제도나 관습이 지역에서 뿌리를 내리고 있을 경우, 지역에서 경제주체 간의 상호작용이 활발해져서 기술혁신의 가능성이 높아진다. 여기에서 상호작용의 과정은 제도적 관행과 관습이 역할을 하는 가운데 이루어지는 공동학습으로 여길 수 있다. 이러한 공동학습의 중요성 때문에 OECD(2001)에서는 기술혁신을 촉진하기 위해 학습도시 및 학습지역을 형성하는 정책원리를 제안하고 있다. 이와 같이 인재를 유인하는 환경은 물론, 인재들 간 그리고 다양한 경제주체들 간의 상호작용을 통한 공동학습이 활발히 이루어질 수 있는 제도나 관습이 발달한 지역에서 혁신이 촉진될 수 있다. 이러한 혁신환경을 적절히 제공할 수 있는 도시가 성장하고 발전될 수 있음은 지식정보사회에서 흔히 볼 수 있다.

이제까지의 논의는 〈표 2〉에 요약되어 있다. 도시와 혁신을 연계하려는 논의들은 재화의 교역과 인적 자원의 네트워크로 발생하는 지식의 학습과 확산에 따른 집적경제의 효과에 집중하였다. 최근에는 동태적인 학습과정으로서 산업집적과 혁신이 부각되면서 이를 가능케 하는 창조적인 인적 자원의 계발을 위한 다양한 도시환경과 사회경제적인 특성을 규명하려는 노력들이 이루어지고 있다. 또한 여러 경험적 연구를 통해 혁신의 원천은 도시의 지리적·사회적·제도적 배치에 따라 상이하다. 글로벌 맥락이 강조될 경우에는 수요에 대한 시간 근접성이 혁신을 촉진하지만, 국지적 맥락이 중요할 경우에는 생산의 공간적 인접성이 혁신을 고무한다는 것이다.

표 2. 도시와 혁신: 기술 확산, 학습, 창조성의 메카로서의 도시

설명방식		주요 경제주체	인과 메커니즘	경제효과	설명의 한계
기술 확산	산업 내 기업 간	사람: 정보	높은 이직률과 대도시의 노동시장을 배경으로 한 전문가의 네트워크	효율성과 혁신 이득	암묵적 지식이 강하지 않다면 장거리의 전문가 네트워크 가능, 산업 간의 확산효과를 설명하지 못함
	시장에서의 재화 교역	재화(교역): 정보	재화는 정보를 수반(시장)	매우 전문적인 재화는 제한적인 지리적 공간에서 유통되고 이는 선점자 이익 발생	장거리의 재화 유통의 시간 지체는 거의 사라져서 확산효과가 국지화되지 않음
기술 학습	기술 학습과 창조성	사람, 기업, 대상, 환경	다양성과 예측 불가능성은 창조성을 유도	다각화된 경제는 창조적이고 생산적	개념의 애매모호성과 인과적 메커니즘 불분명, 따라서 검증이 힘듦
	기술 학습: 사회경제학	사람과 기업이 '분위기' 공유	기업 간의 공간적 근접이 연계를 낳고, 이는 혁신을 창출하고 지식을 확산시키는 네트워크 형성	혁신적이기 때문에 공간적 집적은 동태적	경험적 증거가 더 필요, '지역분위기'의 기능방식과 그것의 필연성에 대한 설명 애매모호

자료: Storper and Venables, 2003, p.4의 Table 1에서 수정·보완함.

4. 도시적인 현상으로서의 디지털 공유경제[1]

2016년 세계경제포럼(World Economic Forum, WEF)에서 클라우스 슈바프(K. Schwab)는 연산 집약적인 디지털 기술, 로봇, 유전학, 3차원 프린팅, 빅데이터, 사물인터넷 등의 새로운 범용기술의 사회경제적 효과를 지칭하기 위해 '4차 산업혁명' 담론을 제기하였다. 특히 인공지능(AI), 기계학습 등 연산 집약적 자동화 기술이 초연결성(hyper-connectivity)과 초지능성(hyper-intelligence)을 가능케 한다는 점에서 '4차 산업혁명'은 기존 범용기술의 사회경제적 효과와는 차원이 근본적으로 다를 수 있다는 것이다. 가령 (정규직) 노동의 종말과 불안정한 시간제 일자리 양산에 따른 프레카리아트(precariat)의 등장을 이야기하고 있다.

대용량 인터넷 기술과 네트워크가 구축되고, 이것이 연산 집약적인 디지털 기술과 결합되면서 우버와 에어비앤비로 상징되는 디지털 공유경제가 나타나고 있다. 이는 콘텐츠-플랫폼-네트워크-디바이스 등으로 구성되는 디지털 생태계에 기반하고 있다. 디지털 기반의 플랫폼은 공급자와 소비자로 구성되는 양면(two-sided) 또는 다면(multi-sided) 시장을 창출한다. 최근의 디지털 기술과 새로운 비즈니스 모델의 결합으로서 플랫폼 기업이 경제적인 성공의 가능성을 보여주면서 여기에 대량의 벤처 자본이 유입되고 있다. 디지털 플랫폼상에서 협업적인 소비, 학습, 생산, 자금 조달, 인력 구득 등이 가능하다(Langley and Leyshon, 2016).

공유경제를 단도직입적으로 정의를 내리기는 쉽지 않지만, 이는 대체적으로 개인이 타자와의 재화와 서비스의 구매·임대·교환하기 위한 기회를 창출하기 위해 디지털 기술 기반의 중간 플랫폼을 활용하는 광범위한 경제활동을 가리킨다(Schor, 2014). 따라서 현재의 공유경제는 디지털 공유경제에 다름 아니다. 디지털 공유경제에서 많이 나타나는 네 가지 범주의 경제적 활동들은 '재화의 재순환'(예: eBay, Craigslist 등), '내구재 활용의 증대'(예: Uber, Airbnb 등), '서비스의 교환'(예: Task Rabbit, Zaarly 등), '생산적 자산의 공유'(예: hackerspaces, makerspaces 등) 등이다. 또한 디지털 공유경제에는 가치와 운동의 차원과 비즈니스 모델 양자가 공존하고 있다. 전자는 공유와 협력을 인간의 본성으로 생각하며 궁극적으로 공유경제의 공유화(commoning)를 추구한다. 반면에 후자는 양면시장의 디지털 플랫폼을 이용하여 내구재의 이용과 노동력의 교환을 비즈니스 기회로서 바라본다.

---

1. 이 부분은 건축도시공간연구소에 제출한 정준호(2017a), "경제구조의 전환과 건축서비스산업"의 일부 내용을 본고의 목적에 따라 일부 발췌하고 수정·보완한 것임을 밝혀 둔다.

디지털 공유경제는 디지털 기반의 플랫폼이 소비자와 공급자의 수요와 공급을 매칭시켜 주고, 그러한 거래의 신뢰성을 담보하기 위해 평판평가(즉 댓글 달기)를 수행한다. 이를 통해 공간 구속적인 공유와 협력 활동이 익명성을 기반으로 한 디지털의 세계로 확대된 것이다. 따라서 디지털 플랫폼은 규모 확대와 신뢰 구축을 가능케 한다.

데이비드슨과 인프란카(Davidson and Infranca, 2016)는 디지털 공유경제가 도시적인 현상이라고 주장한다. 그들은 도시의 지리적 요소와 사회적 요소가 디지털 공유경제의 작동에 잘 들어맞는다는 것이다. 주지하는 바와 같이, 근접성에 따른 교통비용 저하, 노동시장의 풀링, 아이디어의 확산은 도시 집적경제의 이득을 제공한다. 도시의 밀도와 규모는 혁신을 고무한다. 도보가 가능한 도시 근린은 어메니티와 접근성을 제공하여 단기 임대를 용이하게 하고, 차량공유 서비스는 혼잡비용을 줄여 준다. 소비시장이자 노동시장으로서 다각화된 경제활동을 영위하는 도시의 특성으로 인해 디지털 플랫폼에 의한 서비스의 수요와 공급 간의 매칭 가능성이 높아지고 주문형(on-demand) 서비스의 생산과 전달이 용이하다. 그리고 정보와 지식의 외부효과의 진원지로서 도시는 사회적 상호작용을 강화하고 익명성과 평판효과를 생성한다. 이에 따라 디지털 공유경제가 제공하는 서비스의 평가가 도시의 익명성과 지식 및 정보의 확산효과로 인해 용이할 수 있다.

공유경제가 디지털 기술과 결합되면서 공유와 협력이라는 지리적 한계를 극복할 수 있을 것으로 기대되지만, 도시라는 지리적·사회적 배치는 디지털 공유경제와 잘 부합되고, 이는 지리적인 차이를 낳는다. 따라서 디지털 세계가 현실에 내파하더라도 지리의 종말을 기대하기는 당분간 힘들 것으로 보인다.

디지털 공유경제는 개방과 협업 기반의 혁신경제를 지향한다. 클라크와 무넨(Clark and Moonen, 2015)은 혁신이 도시적인 현상이 되어 가고 있음을 지적한다. 혁신적인 디지털 기업가는 유연적인 공간의 임대, 굿 디자인(good design)의 개방형 작업공간, 양질의 장비와 기술, 성장·이동 공간(grow on/move on space), IP를 보호하는 시스템, 협업 기회, 복합용도의 공간 서비스 등을 바라며, 이러한 조건들을 충족할 수 있는 공간이 도시라는 것이다. 디지털 공유경제가 확산되고 혁신을 뒷받침하기 위해 도시공간 배치와 이용은 다음과 같이 변하고 있다(Clark and Moonen, 2015).

첫째, 사무공간의 공유와 대여이다. 예를 들면, 매리엇(Marriott) 호텔 체인의 아태지역 담당자는 2012년 온라인 작업공간(workspace) 예약 플랫폼인 리퀴드스페이스(LiquidSpace)와 시범사업을 하는 것을 제안하였다. 이는 워싱턴D.C.와 샌프란시스코의 40개 매리엇 호텔 회의실이 비어 있는 경우 사무실로 전환하여 대여하는 것이었다. 이는 기존 유휴공간을 유연하게 이용함으로써 해당 공간의 수익성을 제고하고 부가적으로 고객들을 호텔 내로 유치하는 것을 겨냥하였다. 이는 성공하여 그 이후 이러한 유형의 공간 이용은 매리엇 호텔 내에서 확대되었다. 이외에도 기존 호텔, 카페, 식당 등을 활용하여 단기적으로 운영되는 임시 매장인 팝업 스토어 매장이 나타나고 있다.

둘째, 작업공간의 혁신이다. 예를 들면, 22@Barcelona는 넓은 공간, 높은 천장, 자연 채광의 건축 디자인과 더불어 낮은 임대료 및 복합용도 개발을 통해 구산업공간을 개선한 사례이다. 여기서 건축 디자인은 사회적 상호작용, 협력, 집단의 공동작업(co-working)을 염두에 두고 이루어졌다. 이러한 공간배치는 혁신적인 기업가들을 수용하기 위한 것이었다. 최근의 혁신경제를 수용하기 위한 공간의 쓰임새는 24/7 공간개방, 공동작업, 단기의 유연적인 공간이용 등의 키워드를 담고 있다. 따라서 사회적 상호작용을 용이하게 하는 라운지, 개방적인 러닝 존(learning zone), 연구방비의 공유 등이 어우러지는 복합적인 공간 배치와 이용이 요구되고 있다. 이는 집단작업을 용이하게 하고 단기적 공간이용을 가능케 하여 비용을 축소할 수 있게 한다. 이처럼 상업용 부동산은 '단기 임대' 및 '성장(grow-on)'과 '이동(move-on)' 공간으로 이용되는 경향이 늘어나고 있다. 따라서 공유경제에서 공간은 '서비스(space-as-a-service)'로서 수용되고 있다(PwC and Urban Land Institute, 2016).

셋째, 공간은 쉽게 전용 가능(convertible)해야 한다는 점이다. 즉 상황에 따라 복합적이고 대안적인 이용이 가능해야 한다. 이는 '게릴라 개발(guerrilla development)'의 활성화로 이어진다. 예를 들면, 주거용으로 개발될 예정이었으나 상황에 맞추어 오피스 용도로 개발하는 것이다. 경제적 수요에 따라 건물 용도의 신속한 재조정이 요구되는 것이다. 이를 뒷받침하기 위해 이동이 불가능한 콘크리트 구조물 대신에 경량의 모듈러(modular) 구조물이 개발되고 있다(Google Official Blog, 2015). 하지만 새로운 건물이 혁신적인 산업의 수요에 적응을 요구하면서 기존의 용도지구를 우회하거나 이를 넘어서서 규제 회피 및 이에 따른 재산권 분쟁 현상이 나타날 가능성이 크다.

넷째, 폐쇄적인 주거공간의 쇠퇴이다. 이는 젊은 세대의 수요를 반영한다. 이들은 폐쇄적인 개인적인 공간 대신에 다양한 사회적 시설이 완비되어 이를 공유할 수 있는 공간을 선호한다. 예를 들면, 체육시설, 키친, 거실, 오피스 공간이 한 건물 내에 있기를 바란다. 물론 이러한 공간의 지속성 여부에 대해서는 일부 개발업자들 사이에서 논쟁 중이다(PwC and Urban Land Institute, 2016). 하지만 분명한 것은 디지털 세대는, 전술한 바와 같이 개방형 레이아웃, 공유된 편의시설

(예: 커피, 초고속 Wi-Fi)을 갖춘 멤버십 기반의 커뮤니티 공간을 선호한다는 점이다.

요약하면, 부동산의 수요 측면에서 일시적인 공유 약정과 같은 단기 유연성이 강조되고 있으며, 공급 측면에서는 부동산공간이 경제적·사회적 삶을 영위하는 필요한 시설들의 일부, 즉 복합적인 이용을 가능케 하는 패키지의 일부로서 제공되어야 한다는 것이다.

그렇다면 이러한 공간 이용과 배치가 가지는 함의는 무엇일까? 예를 들면, 에어비앤비가 제공하는 단기 공간임대 서비스가 주거용 부동산시장에 영향을 미치고 있다. 이는 주거지역에서 호텔 서비스를 제공하는 것으로 기존 용도지구를 넘어서고 있다. 이처럼 단기 임대업은 해당 지역의 관광업 활성화에 기여하고, 이로 인해 그 지역의 젠트리피케이션도 가능하다. 부가 수입을 위한 단기 임대는 서비스로서 공간 이용을 극대화하지만 공간 이용의 지리적 불균등성을 강화한다. 거래는 가상적으로 이루어지지만 실제 효과는 지역별로 차별적이다. 이처럼 공유경제는 사적 이용의 자산과 상업용 자산 간의 구분을 넘나들게 한다. 이에 따라 기존 자산에 대한 이해도 변화할 필요가 있다. 예를 들면, 크레이처레비(Kreiczer-Levy, 2016)는 '연결의 연쇄'로서 자산의 소비를 이해해야 한다고 주장한다.

하지만 디지털 공유경제가 기존 용도지역을 넘어서서 공간의 복합적인 이용을 부추기면서 도시 부동산 개발이 주거용 부동산과 상업용 부동산 간의 교차점에 집중될 수 있다는 것이다. 즉 점이적인 공간에서 게릴라 개발이 활성화될 가능성이 크다. 예를 들면, 주택 소유자가 사무실 사용 공간을 임대할 수 있게 해 주는 것이다. 이는 규제를 회피하여 난개발을 야기할 수도 있다.

참고문헌

박삼옥, 1999, 『현대경제지리학』, 아르케.

정준호, 2017a, "경제구조의 전환과 건축서비스산업", 건축도시공간연구소 제출 원고.

정준호, 2017b, "기술혁신과 경제성장 연구의 현황과 과제: 한국에 대한 논의를 중심으로", 『기술혁신연구』, 25(4), pp.47-78.

Atkinson, R., 2012, "Innovation in Cities and Innovation by Cities", Information Technology and Innovation Foundation.

Clark, G. and Moonen, T., 2015, *Technology, Real Estate, and the Innovation Economy*, London: Urban Land Institute.

Clark, T. and Lloyd, R., 2000, *The City as an Entertainment Machine*. Chicago: University of Chicago Press.

Darby, M. and Zucker, L. G., 2002, "Growing by leaps and inches: creative destruction, real cost reduction, and inching up", Cambridge, MA: NBER Working Paper No.8947.

Davidson, N. M. and Infranca, J. J., 2016, "The Sharing Economy as an Urban Phenomenon", *Yale Law and Policy Review* 34(2), pp.215-279.

Florida, R., 2002a, "The Economic Geography of Talent", *Annals of the Association of American Geographers* 92, pp.743-755.

Florida, R., 2002b, *The Rise of the Creative Class*, New York: Basic Books.

Glaeser, E. L., 1999, "Learning in cities", *Journal of Urban Economics*, 46, pp.254-277.

Google Official Blog, 2015, "Rethinking office space", February 27 2015(http://googleblog.blogspot.co.uk/2015/02/rethinking-office-space.htm).

Jacobs, J., 1969, *The Economy of Cities*, New York: Random House.

Kreiczer-Levy, S., 2016, "Consumption Property in the Sharing Economy", *Pepperdine Law Review* 43(1), pp.61-124.

Langley, P. and Leyshon, A., 2016, "Platform capitalism: The intermediation and capitalisation of digital economic circulation", *Finance and Society*, Early View, pp.1-21.

Leamer, E. and Storper, M., 2001, "The Economic Geography of the Internet Age", NBER Working Paper No, 8450.

Moretti, E., 2004, "Estimating the Social Return to Higher Education: Evidence from Longitudinal and Repeated Cross-Sectional Data", *Journal of Econometrics*, 121, pp.175-212.

OECD, 2001, *Cities and Regions in the New Learning Economy*, Paris: OECD.

Park, Sam Ock, 2004, "The Impact of Business-to-Business Electronic Commerce on the Dynamics of Metropolitan Spaces", *Urban Geography*, 25(4), pp.289-314.

PwC and Urban Land Institute, 2016, *Emerging Trends in Real Estate® Asia Pacific 2017*, Washington D.C.: PwC and the Urban Land Institute.

Schor, J., 2014, "Debating the Sharing Economy", Great Transition Initiative.

Simmie, J. (ed.), 2001, *Innovative Cities*, London: Spon Press.

Simmie, J., 2003, "Innovation and urban region as national and international nodes for the transfer and sharing of knowledge", *Regional Studies*, 37(6&7), pp.607-620.

Storper, M. and Venables, J., 2003, "Buzz: face-to-face contact and the urban economy", Paper to be presented at the DRUID Summer Conference 2003 on creating, sharing and transferring knowledge: the role of geography, institutions and organizations, Copenhagen June 12-14, 2003.

더 읽을 거리

박삼옥, 1999, 『현대경제지리학』, 아르케.

···› 세계화와 정보화 과정에서 세계경제공간이 재조직되고 있는 원리와 사례를 볼 수 있는 책이다. 특히 지역과 도시에서 경제활동이 전개되는 과정과 공간조직의 재편을 이해하는 데 도움이 될 것이다.

에드워드 글레이저(이진원 옮김), 2011, 『도시의 승리: 도시는 어떻게 인간을 더 풍요롭고 더 행복하게 만들었나』, 해냄출판사.

···› 도시경제학 분야에서 세계적 권위를 인정받고 있는 저자는 도시가 '인류 최고의 발명품'이라고 주장하고 있다. 또한 도시와 연관된 여러 복잡한 문제들을 저자의 실증연구를 통해 설득력 있게 제시하고 있다. 이러한 점에서 이 책은 도시경제에 관심이 있는 사람이라면 꼭 한번 읽어 볼 만한 책이다.

엔리코 모레티(송철복 옮김), 2014, 『직업의 지리학: 소득을 결정하는 일자리의 새로운 지형』, 김영사.

···› 저자는 저명한 미국의 도시경제학자이다. 그는 기술혁신이 가속화되면서 지리의 종말을 예견하는 것이 아니라 도리어 지리적 맥락의 중요성을 강조하고 있다. 예를 들면, 혁신의 중심지는 교육, 소득, 기대수명 등 여러 가지 영역에서 다른 지역과 큰 격차를 낳고 있다는 것이다. 이 책은 기술혁신과 세계화의 맥락에서 일자리의 변동과 그에 따른 인적 자본의 축적이 도시 및 지역 발전에서 중요하다는 것을 실증적으로 보여 주고 있다. 기술진보와 세계화에 따른 도시 및 지역 변동에 관심이 있다면 꼭 한번 읽어 볼 만한 책이다.

주요어 혁신, 기술 확산, 기술 학습, 근접성, 암묵성, 공유경제, 플랫폼, 매칭, 평판평가

제3장

도시와 (생산자) 서비스업

김대영

1. 도시에서 서비스업의 의미

1) 도시와 서비스업

도시 내에는 다양한 기능들이 복합적으로 구성되어 있으며, 각 기능들은 상호작용의 과정을 거치면서 도시에 독특한 공간구조를 형성시키고 있다. 그러나 도시를 구성하고 있는 각 기능들은 시대별로 다른 영향을 미치면서 도시를 성장시켜 왔다. 전 산업시대에는 배후지역의 잉여농산물에 기반을 둔 중심지로서의 역할을 수행하였으나, 산업사회로 변하면서 제조업 중심의 도시들이 급격하게 성장하였다. 후기 산업사회에 들어서서는 제조업 위주의 기능보다는 도시민과 주변지역을 위한 서비스 기능이 도시의 주요 기능으로 등장하게 되었다. 즉 예전에 비해 도시 특성과 구조가 변화하기는 했지만 도시의 본래 특성인 서비스센터로서의 기능이 도시구조를 형성하는 데 중요한 영향을 미치고 있는 것이다.

경제적 발달을 전체 경제부문의 성장과 후퇴를 반영하는 일련의 구조적 변화라고 한다면, 대도시경제에서 가장 극적인 경제적 발달의 한 측면은 서비스업 고용의 성장과 제조업 고용의 후퇴이다. 이러한 변화는 거의 전 세계 대도시에서 공통적으로 나타나고 있는 현상이다. 이와 관련하여 1980년대 이후 세계경제에서 특정 도시의 역할을 이해하기 위해서는 두 가지 중요한 프로세스를 이해해야 한다. 첫 번째는 경제활동의 범세계화의 확대이다. 경제활동의 세계화는 국제 거래의 규모와 복잡성을 증대시켰다. 이는 최상위 수준의 다국적기업 본사의 성장과 기업을 위한 서비스업의 성장, 특히 생산자 서비스업의 성장을 야기하였다. 두 번째는 모든 산업조직에서 서비스 투입의 확대이다. 이는 기업에 의한 서비스의 수요 증대를 야기하였으며, 기업들이 빠르게 변화하는 경제환경에 능동적으로 적응하는 것을 용이하게 하였다. 그러나 도시경제와 관련한 중요한 프로세스는 기업에 의한 서비스의 수요 증대라는 사실과 더불어 대도시가 그런 서비스를 생산하는 장소로서 선호되는 곳이라는 사실이다. 대도시는 기업을 위한 서비스 생산의 중요한 장소이며, 이에 모든 산업조직에서 서비스 투입의 증가는 대도시지역 특성 전반에 중요한 영향을 미치고 있다.

서비스업은 도시 경제활동의 가장 중요한 부분이다. 산업사회에서 후기 산업사회로 변화하면서 경제활동의 기반이 '재화의 제조(manufacturing of goods)'에서 '서비스의 제공(provision of services)'으로 옮겨 갔고, 이에 따라 서비스업의 지역경제 발전에 대한 공헌이 새롭게 평가되고 있다. 이전까지는 서비스업을 지역 경제활동과는 무관한 것으로 보았으나, 최근에는 도시성장의 자극체이며 변화의 원동력임을 인식하게 되었다.

서비스업은 거의 대부분의 국가와 지역에서 총생산의 절반 이상을 차지하고 있으며, 고용 측면에서도 중요성이 더욱 증가하고 있다. 그리고 경제환경의 변화에 따라 경제활동의 소프트화·서비스화가 이루어지고 있는데, 이는 새로운 생산형태하에서 기업과 소비자의 요구가 변화하는 것과 관련이 있다. 경제의 서비스화는 서비스 고용 및 서비스 생산의 증대 등 서비스업 자체의 양적인 성장뿐만 아니라 산업 전반에 질적인 변화를 가져오고 있다. 지식과 정보의 산업화라는 용어가 의미하듯이 재화(goods)의 가치보다는 부가되는 지식, 정보 등의 가치 비중이 증대되고 있다. 결국 기업과 소비자의 요구 변화는 물적 투입보다는 서비스의 투입 비중을 높이는 결과로 나타나고 있으며, 경제활동의 성장이라는 측면에서도 서비스 부문의 확대는 지역성장의 상당 부분을 설명하고 있다.

경제에서 서비스업의 역할이 증대하고 있음에도 일부 학자들은 서비스업으로의 거대한 이동이 산업사회의 기본적인 틀을 변화시킬 것임을 계속 부인하고 있다. 서비스업의 중요성을 평가절하하거나, 서비스업의 중요성을 인식한다 하더라도 서비스업을 제조업의 특징과 같은 논리나 법칙에 적용시키려 하고 있다. 이것은 제조업을 기반(basic)기능으로 간주하는 경제성장의 수출기반 관점을 반영하는 것이다. 제조업은 수출에 중요한 기여를 하는 것으로 본 반면에, 서비스업은 다른 산업이나 소비자의 수요에 의존하는 비기반(non-basic)기능으로 취급한 것이다. 제조업 중심의 관점은 서비스 활동을 제조업의 변화에 이끌리거나 반응하는 것으로 암묵적으로 가정하는 것이다. 그러나 서비스업은 생산의 특성, 자본과 노동관계의 형태, 노동과 생산 간의 형태, 생산과 소비 간의 관계가 제조업과는 상당히 다르다. 따라서 제조업의 논리로 서비스업을 보는 데는 한계가 있으며, 경제의 서비스화가 진행되면서 서비스업에 대한 견해가 새롭게 정립되고 있다. 즉 서비스업을 수동적인 기능이 아닌 경제구조와 다른 산업에 영향을 줄 수 있는 능동적 기능으로 인식하게 되었다. 특히 서비스 입지의 가장 특징적인 현상은 수위도시로의 공간적 집중이며, 이러한 집중은 다른 기능의 전반적인 분산에도 불구하고 지속되고 있다. 이는 공간적 불평등 발달을 야기하는 데 서비스업이 차지하는 위치가 중요할 수 있다는 것이다.

2) 서비스업의 정의와 분류

(1) 서비스업의 정의와 문제점

현재 서비스부문 연구에서 가장 중요한 문제는 서비스의 개념과 범주를 적절히 확정하는 것이다. 경제활동의 대상에는 재화와 서비스가 있는데, 서비스라는 용어는 의미하는 바가 광범위하고 다양하여 경제재로서 서비스를 정의하는 것은 쉽지가 않다. 서비스는 '노예 상태에서의 봉사'라는 어원을 지니고 있는 라틴어에서 유래된 말로, 사전적 측면에서 서비스는 상대방의 만족을 위해 봉사하는 행위를 그 본질로 하고 있다.

서비스업에 대한 정의는 학자마다 다르지만, 대체로 서비스업은 '물질적 사물을 생산하거나 변형하지 않고 구매대상이 비물질적·일시적이고 인간에 의해 주로 생산되는 활동'이라고 정의할 수 있다. 서비스의 일반적인 정의는 산출물의 형태를 기준으로 이루어지는데 산출물이 재화와 반대로 무형적이고 일시적이며, 가치가 현물 형태로 보전되지 않기 때문에 생산되는 순간 소비되어 버린다. 그래서 서비스는 시공간상 이동이 불가능하고 결국 생산자와 소비자가 직접 참여해야만 거래가 가능하다. 이러한 서비스의 특성은 생산자와 소비자를 시공간상에 함께 묶어 두는 역할을 하게 된다.

서비스는 물질적 속성을 지니지 않는 활동이며, 서비스의 생산은 생산자의 노동과 소비자의 참여가 결합되어 이루어진다. 즉 서비스의 생산과정은 생산자와 소비자의 상호작용 과정으로 이해된다. 또한 서비스, 서비스의 생산자, 서비스의 소비자는 모두가 동시에 존재하며 이 중 하나가 독립되어 존재할 수 없다. 결국 서비스의 생산과정과 소비과정은 서로 융합되어 있다고 할 수 있다.

일반적으로 서비스업은 농어업(1차 산업), 광공업(2차 산업)을 제외한 모든 경제활동을 지칭한다. 그러나 이러한 구분 자체가 경제와 기술의 변화에 따라 모호해지는 측면이 있어서, 도대체 서비스업이란 무엇인가라는 의문이 새롭게 증가하고 있다. 즉 1차 산업과 2차 산업 내에서도 서비스적 활동의 증가로 인해 서비스업의 특성이 많이 희석되고 있는 실정이다. 과거에는 전통적으로 서비스업을 인구와 제조업의 영향에 수동적인 부문으로 보았다. 그러나 점차 서비스업의 입지가 인구와 제조업의 입지에 영향을 미치고 있음을 논의하게 되었다. 서비스업과 다른 부문과의 상호의존성이 증가함에도 불구하고 대니얼스(P. Daniels)는 서비스업을 분리하여 논의해야 한다고 주장하였다. 그는 서비스업의 입지적·물리적·거래적 특성이 다른 부문과 구별된다고 주장하였다. 그러나 서비스업이 극히 다양하다는 것은 인식해야 할 것이다. 서비스업의 업종 간 차별성을 소홀히 하는 것은 서비스에 대한 논의에 커다란 장애가 될 수 있다.

(2) 서비스업의 분류

서비스부문의 계속적인 성장으로 포함되어 있는 활동들이 본질적으로 차별적이라는 것이 확실히 드러나고 있지만 이를 분석적으로 개념화하는 데 어려움을 겪고 있다. 그러한 가운데 서비스 연구에서 분류 및 분석 방법으로 각광을 받고 있는 것은 소비자 서비스업과 생산자 서비스업으로 분류하는 것이다.

생산자 서비스업과 소비자 서비스업으로 서비스업을 구분하는 방식은 그린필드(H. Greenfield)의 1966년 논문인 "생산자 서비스의 노동력과 성장(Manpower and the Growth of Producer Services)" 이후 널리 이용되고 있다. 그러나 이러한 분류는 쿠즈네츠(S. Kuznets)가 재화를 생산재와 소비재로 분류한 개념을 서비스에 똑같이 적용한 것으로 사실 제조업에서 '빌려 온 개념(borrowing terms)'이다. 생산자와 소비자 서비스업 간의 구별 근거는 서비스에 대한 수요의 차이에 있다. 생산자 서비스업은 다른 경제적 주체들이 요구하는 중간매개물(intermediate)을 제공하는 반면에, 소비자 서비스업은 가구나 개인에게 제공되는 최종(final) 서비스로 구분된다. 일반적으로 소비자 서비스의 공급과 수요는 인구와 구매력의 공간적 분포에 크게 의존하기 때문에 입지적으로 일치할 것으로 고려할 수 있으나, 생산자 서비스업은 교류가 가능하기 때문에 한 지역의 경제활동에 의존하는 정도가 적을 것으로 생각할 수 있다. 그 밖에 다른 학자들도 생산자와 소비자 서비스업에 대해 개념을 정리하고 있으나, 대체로 생산자 서비스업은 재화나 서비스를 생산하는 사업체를 대상으로 서비스를 공급하는 활동이며, 소비자 서비스업은 개인 소비자를 대상으로 서비스를 공급하는 활동으로 요약된다. 지리적 중요성에서 볼 때 소비자 서비스업에 비해 생산자 서비스업은 입지적으로 유연성이 훨씬 크고 지역의 범위를 넘어 소득을 창출할 수 있기 때문에 한 지역의 경제적 성장에 공헌하는 바가 큰 것으로 보고 있다.

그러나 이러한 구분이 가지는 실제적인 문제점이 몇 가지 있다. 첫 번째는 혼합 업종(금융, 보험, 부동산, 운송, 통신, 도매 등)의 처리이다. 아직 이에 일치된 대답을 내리지 못하고 있다. 우리나라의 기존 연구에서도 자료 이용의 용이성으로 인해 금융·보험·부동산·사업 서비스를 무비판적으로 생산자 서비스업으로 분류하고 있는 실정이다. 그중 그린필드가 분류했듯이 금융의 경우 배타적으로 생산자 서비스업으로 취급하고 있다. 예를 들어, 은행업의 경우 이윤의 상당 부분이 대출로부터 얻어진다는 것에 기반하여 생산자 서비스업으로 구분한다. 그러나 은행업의 많은 부분이 예금과 송금 서비스와 관련되어 있는데 왜 대부만을 강조하는지에 대해서는 명확한 설명이 없다. 그래서 산출이라는 관점에서는 은행업을 생산자 서비스업으로 볼 수 있으나, 고용이라는 관점에서는 고용의 상당 부분이 최종 소비자를 위한 것이기 때문에 소비자 서비스업이라고 해야 할 것이다. 두 번째는 공공서비스의 경우 경제적인 메커니즘보다도 정치적인 것이 크게 좌우하기 때문에 분석에 포함시킬 것인지 배제시킬 것인지의 문제가 있다. 세 번째는 개별 연구에 따라 분류범위가 일치하지 않는다는 것이다. 가장 많은 논란이 되고 있는 것이 도·소매업과 운송·통신 등 유통부문이다. 연구자에 따라 범주 구분이 상이하다. 유통 서비스업을 생산자 서비스업에 포함시키는 학자들(Greenfield, Stanback 등)이 있는 반면에 유통 서비스업으로 따로 구분하는 학자들도 있으며(Gershuny, Miles 등), 도매업은 생산자 서비스업에, 소매업은 소비자 서비스업에 포함시키기도 한다.[1]

일반적으로 서비스업은 시장 성격에 따라 시장 및 비시장 서비스업으로, 수요자 특성에 따라

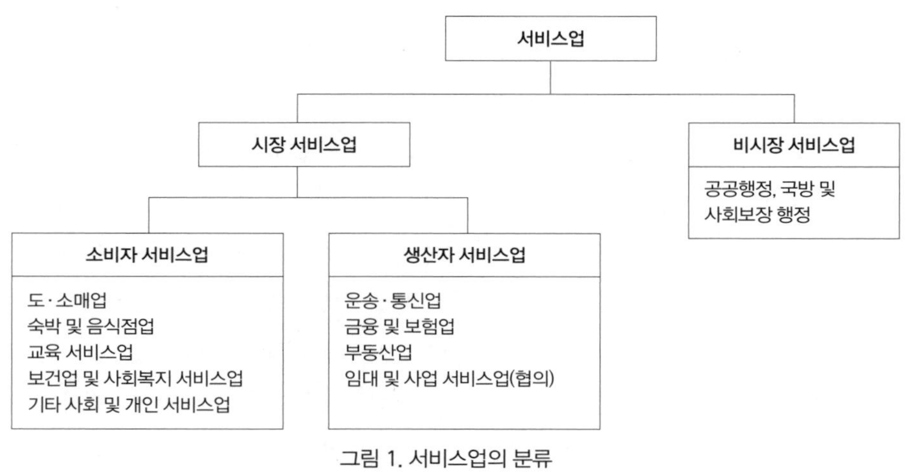

그림 1. 서비스업의 분류

소비자 및 생산자 서비스업으로 분류된다. 시장 서비스업은 민간에서 수요자와 공급자가 시장 가격을 매개로 거래가 이루어지는 서비스업으로 비시장 서비스업을 제외한 모든 서비스업을 포괄한다. 생산자 서비스업은 '임대 및 사업 서비스업'에 국한한 협의 개념과 운송·통신업, 금융 및 보험업, 부동산업까지 포괄하는 광의의 개념으로 분류한다.

2. 서비스업의 역할과 특성 변화

1) 서비스업의 성장과 공간적 변화

서비스업에 대한 논의는 스티글러(Stigler, 1956), 그린필드(Greenfield, 1966), 푹스(Fuchs, 1968)의 초기 연구 이후 1970년대 말경부터 컬럼비아 대학교를 중심으로 이루어졌다(Stanback, 1979; Noyelle and Stanback, 1984). 스탠백(T. Stanback)은 이들 연구에서, 미시적 측면에서 미국 노동시장의 변화를 연구하여 점차 전국적 수준으로 관심사를 확대함으로써 서비스 경제로의 변화가 노동시장 변화와 고용창출의 중요한 요인이 되고 있음을 지적하였다. 이후 서비스업 중에서 특히 생산자 서비스업의 급격한 성장의 원인을 찾고자 하는 연구들이 상당히 진행되었다. 그중 상당한 설명력을 보인 것이 제조업에 의한 외부화의 논의이다. 이 논의는 탈산업화 접근방법의 한 부분으로 생산자 서비스의 수요 증가는 부분적으로 제조업의 투입조건 변화로 설명할 수 있다는 것이다. 이는 제조업 내에 고용되어 있는 화이트칼라 노동자 비율의 감소 추세로 설명되고 있다. 1980년대까지 제조업의 생산성 증대와 판매 및 기획에 대한 강조는 제조업 내 화이트칼라의 비중을 증대시켰다. 그러나 이후 점차 비중이 감소하고 있는 추세이다. 더욱이 노동에 대한 자본의 대체는(특히 정보통신기술) 부분적으로 이러한 역전현상을 설명해 주고 있으며, 제조업의 경우 비핵심 서비스 기능의 하청이나 외부화의 경향이 함께 이루어졌다.

서비스업의 성장을 보는 시각은 매우 다양하다. 한편 근래 서비스업의 구조적·공간적 모습 또한 다양한 변화를 경험하고 있다. 지금까지 논의되었던 변화의 내용을 정리하면 크게 세 가지로

---

1. 서비스업의 분류는 연구자마다 상당한 차이를 보인다. 마셜 외(Marshall et al., 1987)는 생산자 서비스, 소비자 서비스, 혼합 서비스로, 브라우닝과 싱글만(Browning and Singlemann, 1975)은 개인 서비스, 사회 서비스, 생산자 서비스, 유통 서비스로, 스탠백 외(Stanback et al., 1981)는 유통 서비스, 소매 서비스, 사회 공공서비스, 생산자 서비스, 소비자 서비스, 정부 관련 서비스로 구분하였으며, 이희연(1990)은 생산자 서비스, 소비자 서비스, 유통 서비스로 구분하고 있다.

요약할 수 있다.

첫 번째는 수요의 변화이다. 수요의 변화는 서비스업의 성장과 공간적 패턴에 중요한 영향을 미친다. 경제적·기술적 복잡성의 증대, 경쟁의 증가는 좀 더 전문화된 서비스(연구개발, 디자인, 마케팅, 교육 등)의 이용을 확대시킨다. 특히 생산자 서비스업 수요의 증가는 기업들이 단순한 서비스를 외부화하는 경우가 증가하는 것과 관련이 있다. 수요 패턴의 이러한 변화는 공간 변화를 수반한다. 수요가 증가함에 따라 이전에는 고차의 서비스를 공급받기에 불충분했던 낮은 계층의 도시에까지 서비스업의 임계치가 도달할 만큼 '하향여과과정(downfiltering)'이 발생할 수도 있으며, 서비스업의 외부화 경향은 대도시지역에 입지한 서비스 기업의 확장을 자극하여 서비스업의 계속적인 집중을 야기하기도 한다.

경제발전과 생활수준의 향상으로 소비자 니즈가 다양화되면서 제조업체들도 다양한 제품 디자인, 기능, 품질, 차별화 등 고부가가치화 전략을 채택하는 경향이 두드러지고 있다. 이에 따라 제품 공급사슬상 중류에 해당하는 생산부문보다는 연구개발, 기획, 설계, 판매 등 상류 및 하류부문의 중요성이 상대적으로 커지고 있다. 또한 IT 기술의 활용 등을 통한 생산기술의 혁신이 이루어지면서 중간투입에 해당하는 생산자 서비스부문의 비중이 확대되고 있다. 제조업체들이 이러한 구조 변화에 대응하는 방법에는 기업 내부조직의 재편을 통해 대응하는 방법과 증가하는 서비스 투입 수요를 아웃소싱 등을 통해 외부화하는 방법이 있다. 이 중에서도 특히 서비스 투입의 외부화는 제조업 생산과정에서 필요한 서비스 중간재의 투입을 증가시킴으로써 투입구조에 변화를 가져오고, 이는 직간접적으로 서비스업의 성장을 견인하는 효과를 가지게 된다.

두 번째는 조직적 변화이다. 서비스업의 중요한 경향은 대규모 기업의 성장이다. 이와 더불어 소규모 기업 또한 성장을 함으로써 규모의 양극화가 진행되고 있다. 규모의 증가와 더불어 규모의 양극화가 진행되고 있는 것이다. 대기업의 증가는 서비스업의 입지에 중요한 의미를 가진다. 즉 대도시의 공간적 집중을 설명할 수 있게 한다. 이것은 대기업의 본사가 고차의 서비스 기능이 있는 곳에 입지하기 때문이다. 일반적으로 서비스업의 본사는 제조업보다 집중도가 더 높다. 따라서 서비스업의 규모 확대는 중심부로의 집중을 증대시킬 가능성이 있다. 그리고 대기업은 서비스의 상당 부분을 내부화하고, 외부용역을 받는 기업들은 이들 본사에 근접하여 입지하는 경향이 있다. 이것은 서비스업의 집중화를 더욱 초래하는 원인이 된다.

세 번째는 기술적 변화이다. 백오피스(back office)의 재배치를 가능하게 한 요인들 중 하나는 기술적 변화이다. 새로운 기술의 도입은 서비스업의 노동생산성을 증대시킴으로써 도시 중심부 외 지역에서도 경쟁력을 가질 수 있게 하였다. 신기술의 공간적 영향은 대체로 역설적으로 나타난다. 집중화와 분산화가 동시에 진행되고 있는 것이다. 중요한 조정·의사결정 기능은 집중되지만 자료처리 및 단순 업무 부문은 분산화되는 것으로 나타나고 있으나, 대체로 대도시지역 내에서 이루어지고 있다. 그 이유는 정보통신 기능의 이용을 위해서는 막대한 투자가 필요한데 통신시설의 상당 부분이 대도시에 집중되어 있기 때문이다.

2) 서비스업의 공간적 역할

서비스업의 공간적 역할에 대한 논의는 서비스업의 성장을 긍정적으로 보는 부문론적 이론과 부정적으로 보는 조절론적 이론으로 구별할 수 있다.

(1) 부문론적 이론(sector theory)

전통적인 접근방법으로서 서비스업의 성장에 대해 긍정적으로 보는 관점이다. 기업수요 변화라는 측면에서 서비스 주도적인 경제발전을 설명하고 있다. 그러나 이 접근방법은 서비스업의 여러 부문 중에서 생산자 또는 정보 서비스에 초점을 맞추고 있으며, 경제구조의 변화를 서비스 부문 자체의 변화에만 한정하여 설명하는 경향이 있다. 또한 각 서비스부문의 개별적 요인들을 전체 서비스부문으로 일반화함으로써 여러 서비스업이 경제변화에서 담당하는 다양한 역할들을 충분히 평가하지 못하고 있다.

부문론적 접근은 일반적으로 생산자 서비스업은 서비스 고용성장에 주도적인 역할을 했으며, 지역경제의 기반을 형성하는 데 중추적인 역할을 하고 있음을 강조하고 있다. 특히 생산자 서비스업은 수요와 공급이 지리적으로 일치할 필요가 없고 한 지역의 경제활동 수준에 의존하지 않기 때문에 공간적 불평등 해소에 중요한 역할을 하는 것을 강조한다. 이 연구들은 서비스업을 중심으로 하여 지역 및 경제 변화를 분석하고 있으나, 생산자 서비스업을 차별성이 없는 집단으로 다루는 경향이 있다. 더구나 공간 불평등의 핵심으로 생산자 서비스업에만 초점을 맞추고 있기 때문에 소비자 및 사회 서비스를 포함하는 여러 서비스의 지리적 특성을 무시하는 경향이 있다. 그리고 중요한 것은 경제발전에서 서비스업의 역할을 생산자 서비스업이란 매개체를 통해 간접적으로만 다루고 있다는 것이다.

부문론적 접근은 기업의 중요한 최상층 활동(통제와 조정기능)이 공간발전에 중요한 역할을 한다는 종래의 인식을 기반으로, 경제 내 서비스업의 공간적 성격을 설명할 때 기업의 특성에 초점을 맞춘 '기업지리적 접근'을 발전시켰다. 기업적 접근(coorporate approach)은 일련의 경영조직을 서로 다른 장소에 입지시키는 기업 공간조직의 계층적 특성이 서비스업 입지형태를 결정한다고 주장한다. 그러므로 대기업 본사의 주요 기능은 주요 대도시에 입지하고 지방 도시들은 지사나 회사 내 내부연계에만 의존한다는 것이다. 이것은 지역 내 서비스업, 특히 전문 서비스부문의 성장을 저해하는 것으로 인식하였다. 생산자 서비스업에서 이루어진 기업 관련 연구는 현재의 변화가 핵심과 주변부 지역 간의 관계를 재조직화할 것인가 하는 것을 포함한다. 연구내용의 상당 부분은 서비스 기능의 외부화, 비통합에 대한 것이다.

이러한 연구는 기업의 공간적 발전에 대한 지식을 향상시켰다. 기업 본사와 지사의 운영은 일반적으로 서비스업의 공간적 활동에 대한 연구에서 중심적 위치에 있다. 그러나 초기 부문적 접근에서와 마찬가지로 기업조직을 광범위한 경제변화와 연결시키는 데 실패했다는 점에서는 마찬가지이다.

(2) 조절론적 이론

마르크스주의론적 관점으로 종래의 생산방식을 붕괴시키고 새로운 생산방식을 창출하는 데 자본의 역할을 강조하고 있다. 최근 연구에서는 고용성장과 직업창출에 대한 서비스업의 기여를 강조하고 있다. 그러나 이 연구들은 경제변화의 원동력으로 제조업 생산의 재구조화를 여전히 강조하여 서비스업의 지원적·의존적 역할만을 강조하는 측면이 있다.

그리고 서비스업의 성장을 대량생산 체제의 쇠퇴에 대한 대체물로서 새로운 이윤기회 모색의 한 단면으로 본다. 이러한 접근방식의 대표적인 것이 구조재편 접근(restructuring approach)인데, 아직은 미숙하지만 서비스업에 적용이 이루어지고 있다. 이 접근은 경제·사회 변화와 서비스업의 공간구조 간의 복잡한 관계에 초점을 맞추고 있으며, 전통적 접근에서 흔히 적용하는 서비스업의 일반적인 범주 사용을 비판한다. 구조재편 연구의 주요 공헌은 서비스 산업에 의해 제공된 고용유형에 관한 것이다. 자본가 계층과 노동자 계층 사이에 사회중산층으로서 전문가 및 기술자로 구성된 서비스 계층(service class)의 출현이 중요한 주제이다(Urry, 1987), 또한 구조재편 이론은 초기 연구자보다는 특히 청소 소매 서비스 같은 업종에서의 임시직, 미숙련 서비스 노동력의 팽창으로 인한 서비스 고용의 양극화 현상에 더 많은 관심을 기울이고 있다.

조절론적 관점은 서비스업이 다른 곳에서 창출된 부의 가치를 실현하는 데 도움을 줄 수 있을 뿐 실제로 경제 내에 부를 추가하지는 못하기 때문에 서비스업은 본질적으로 기생적이라고 주장한다. 이와 관련하여 자동차 혹은 전자 산업 같은 제조업부문들을 마치 경제의 속도를 조절하고 변화시키는 경제의 핵심으로 간주한다. 조절론자 중 몇몇은 서비스업의 급격한 증가에 관심을 보이지만 여전히 제조업을 중요시하고 있으며, 서비스 고용성장이 선진경제에서 탈산업화의 효과를 완전히 개선시킬 것 같지는 않다고 제시한다. 결국 서비스업의 변화를 제조업의 변화와 결부시켜 설명하고자 하는 경향이 강하며, 서비스업에 기초를 둔 변화에 대해서는 무시하는 측면이 있다.

결국 부문론적 접근은 서비스업의 연구를 통해 경제변화를 이해하고자 하는 반면에, 조절론적 접근은 경제변화 특히 제조업의 변화를 통해 서비스업의 변화를 이해하고자 한다. 서비스업에 대한 연구는 이러한 양쪽 견해를 적절히 연결시킴으로써 극대화할 수 있다고 생각된다. 서비스업에 대한 전통적인 연구들은 다양한 서비스업의 특성을 전체로서의 서비스부문으로 과도하게 일반화함으로써 문제를 복잡하게 만드는 측면이 있으며, 조절론적 연구는 서비스 고용성장의 양극화에 초점을 맞추고 서비스부문의 다양성에 대해 다루기는 하나 구조변화라고 하는 광범위한 개념하에 서비스업을 보려고 하여 서비스업을 의존적인 부문으로 취급하는 측면이 있다. 서비스업의 도시 및 지역에 미치는 영향을 이해하기 위해서는 경제변화에서의 서비스업의 중심적 역할과 서비스업과 다른 경제활동과의 상호의존성에 대한 평가가 동시에 요구된다.

3. 도시 간 서비스업의 입지특성

1980년대 후반부터 생산자 서비스업의 도시 간 집중과 분산은 도시와 지역 발달에서의 역할을 평가하는 데 중요한 주제로 등장하였다. 연구내용은 주로 생산자 서비스업의 대도시로의 과도한 집중과 원인에 관한 것이었다. 생산자 서비스업의 공간적 양극화는 국가적·지역적 규모 모두에서 중요한 연구대상이었다. 중요한 개념적 방향은 코피와 폴스(Coffey and Polese, 1989)에 의해 설정되었다. 그들은 주변지역으로의 생산자 서비스업의 이심화(decentralization)와 대도시 주변지역으로의 이집화(deconcentration)로 구분하였으며, 생산자 서비스업의 분포 변화의 상당 부분은 후자, 즉 대도시지역 내에서의 확대로 나타남을 확인하였다.

생산자 서비스업의 대도시로의 집중이 계속되는 상황이 지속됨으로써 이 부분에 대한 연구는 대부분 대도시로의 집중 원인을 밝히는 데 중점을 두고 있으며, 한편으로 정보통신기술이라는 새로운 변수가 과연 이러한 분포에 어떠한 영향을 미칠 것인가 하는 논쟁으로 이어지게 된다. 생산자 서비스업의 입지에 대한 정보통신기술의 역설적 영향은 중소도시의 서비스업 성장의 경향을 예측하는 것을 한층 복잡하게 한다. 예를 들어, 만일 정보통신기술이 외부시장에의 접근을 가능하도록 한다면 생산자 서비스업은 분산화될 수 있을 것이나, 한편으로 정보통신기술은 투입비용의 감소로 인해 일상적인 저차기능의 중소도시로의 선택적 분산과 함께 대도시로의 고차기능의 계속적인 집중을 야기할 것이다.

생산자 서비스업의 대도시 집중의 원인을 이해하는 데 중요한 요소는 집적경제, 특히 국지화 경제(localization economies)이다. 국지화 경제는 생산자 서비스업을 대도시로 유인하는 요인 중의 하나이다. 생산자 서비스 기업은 도시화 경제와 도시 기반시설에서 도움을 얻을 수 있다. 그러나 정보와 노동력 같은 국지화 경제에 대한 접근은 생산자 서비스업의 입지에 도시화 경제보다 상대적으로 더 중요하다. 생산자 서비스업의 공간적 집중에서 노동집적과 정보 하부구조는 매우 중요하다. 이러한 요소들은 고객과 시장에 대한 접근을 용이하게 해 준다. 이러한 집적이익은 거래비용을 감소시키고 범위의 경제를 제공하며 정보와 혁신에의 접근을 용이하게 하고, 생산성 증가를 통해 서비스 기업의 경쟁력을 향상시킨다. 이러한 이익은 주변지역에 있는 기업에서는 항상 이용할 수 있는 것이 아니다. 따라서 중소도시에서 생산자 서비스업의 입지는 제한을 받게 된다.

지금까지 생산자 서비스업의 도시 간 분포에 대한 여러 연구들은 대부분 생산자 서비스업의 고용이 대도시지역에 계속 집중되고 있으며, 분산의 범위는 논쟁의 여지가 있다는 것을 보여 주고 있다. 이러한 결과에도 불구하고 상당한 낙관론이 비대도시지역의 장기적인 경제적 발전의 문제를 해결하는 데 도움을 줄 수 있는 생산자 서비스업의 잠재력에 대해 정책부문에서 논의되고 있다. 이러한 낙관론의 근원은 생산자 서비스업을 상대적으로 입지자유형으로 보는 관점 때문이다. 즉 생산자 서비스업은 전통적으로 제조업이 투자하는 데 상대적으로 비매력적이었던 곳이 가지고 있는 입지적 제한점에서 자유롭다는 사고이다. 그래서 선진국에서는 지역경제 문제에 영향을 주는 생산자 서비스업의 능력을 제고시키는 정책들을 다각적으로 고려하고 있다.

그러나 새로운 서비스 경제의 출현이 실제적으로 비대도시지역의 경제적 문제에 어느 정도 희망을 줄 수 있을까? 코피와 폴스(Coffey and Polese, 1989)는 생산자 서비스업이 주변지역에 또는 적어도 대도시지역 외부에 입지하는 데 충분히 입지자유형인가 하는 점을 연구하였다. 그들은 경험적·개념적 관점에서 세 가지 문제, 즉 기업 소유와 조정의 패턴, 기업 내 기능의 공간적 분화, 정보통신기술의 영향을 고찰하였다. 그들이 내린 결론은 비대도시지역의 경제적 문제의 수준에 영향을 미치는 생산자 서비스업의 능력에 대한 낙관론의 여지가 거의 없다는 것이다. 사실 오히려 새로운 기술이 경제활동의 양극화를 증대시킬 수 있으며, 대부분의 전문 고차기능들이 정보가 풍부한 대도시지역에 입지하려는 경향은 계속될 것이다.

4. 도시 내 서비스업의 입지특성

1) 서비스업의 입지특성

서비스업들의 시장에의 접근 확대, 다양한 노동기술 및 관련 시설에의 의존성 증가 등은 공간적으로 더욱 집중할 것을 요구하고 있다. 지금까지의 연구내용은 주로 대도시 내로의 집중과 특히 도심부에 상당 부분이 집중해 있는 것으로 나타났다. 이것은 역설적이지만 통신기술의 향상과 더불어 서비스업의 교류 가능성이 증가되면서 촉진되고 있다. 공간적 집중경향에 비추어 서비스를 보면, 유연적 생산에 관한 논의와 일치한다. 그러나 집적에 대한 압력은 물질적 생산조직의 변화도 중요한 요인이지만, 서비스 투입의 증대와 다른 활동들의 서비스에 대한 의존성 증가도 중요하다. 이러한 경향은 경제활동이 더욱 복잡해지고 시장지향적이 됨에 따라 기업 내 지원기능 수행에 드는 비용을 절약하기 위해 그리고 고객수요에 부응하기 위한 다양한 전문지식을 공급받기 위해 서비스 투입이 증가하면서 강화될 것이다.

좀 더 넓은 의미에서 서비스업의 입지추세는 점차적으로 경제 전반의 입지경향을 주도할 것으로 기대된다. 서비스 고용의 현저한 증가와 제조업을 포함한 여타 활동들의 서비스에 대한 의존성 증대는 그러한 경향을 암시하는 것이다. 지금까지 도심에의 기업 서비스의 공간적 집중은 공간적 분업이라고 하는 제조업에서 빌려 온 개념으로 논의되고 있다. 즉 대면접촉(face to face contact)이 요구되는 고차기능은 계속해서 도심부에 집중하고 일상적인 단순기능은 비용절감을 위해 분산한다는 것이다. 제조업과의 차이점이 있다면 분산이 대도시 내에서 이루어진다는 것이다.

지금까지의 논의를 정리하면, 서비스업의 도시 내 입지특성은 여러 가지 요인에 의해 몇 단계로 구분할 수 있다(그림 2).

1단계: 창업기-한정된 자본과 소규모 시장지역으로 입지선택이 제한을 받는다. 창업기업의 시장지역은 대개 도시의 일부 지역으로 한정된다. 그러나 기업의 나이가 필수적으로 각 단계와 일치하지는 않는다. 왜냐하면 많은 기업들이 초기단계를 넘어서서 진행되지 못하기 때문이다. 상당수의 창업기 기업들은 제한된 시장지역을 가진다. 그러나 시장지역을 성공적으로 확보한 기업들은 넓은 오피스 공간을 필요로 하게 되고, 차츰 제한된 시장이나마 여러 지역으로 분산 이동한다. 1단계에서는 창업기로 협소한 시장과 제한된 자본으로 인해 고객보다는 관련 업무와의 접근 또는 정보에 대한 의존이 높은 편이다. 결국 도심지역이 강하게 선호될 것이다.

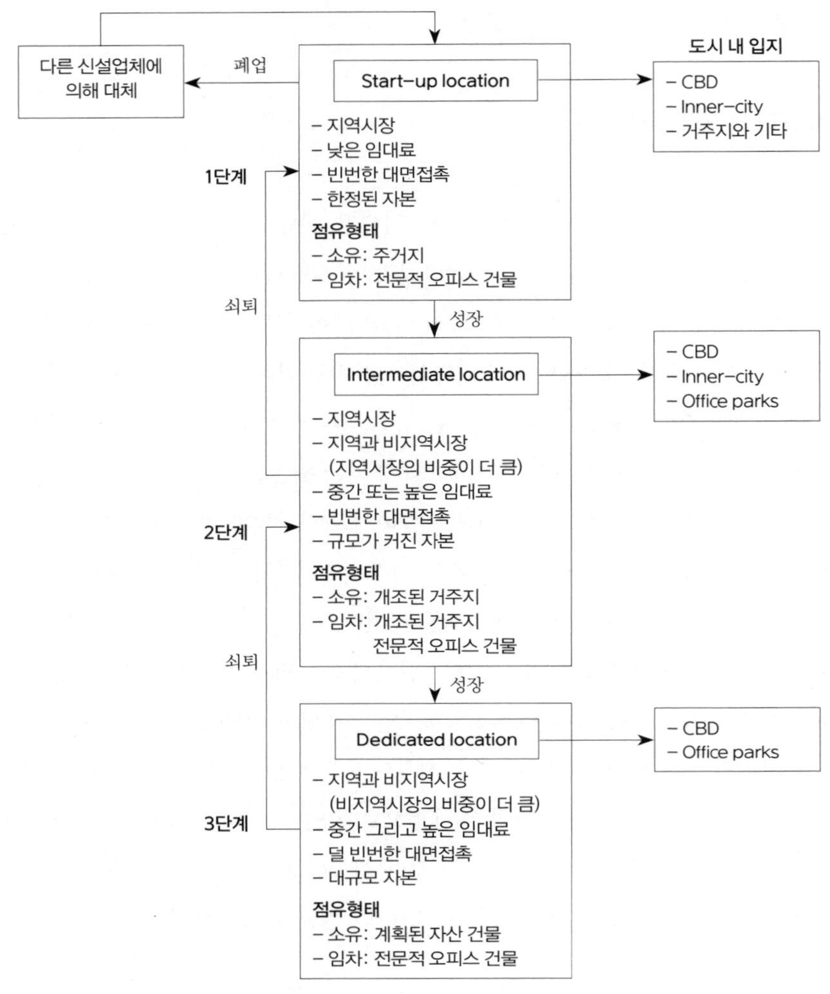

그림 2. 서비스업의 도시 내 입지특성과 단계

일반적으로 서비스업은 제조업보다 새로운 사업의 시작이 용이하다. 고정자본에 대한 투자비중이 낮기 때문이다. 그리고 이것은 서비스업의 규모가 소규모인 것과 연결된다. 업체가 소규모일수록 빠르게 변화하는 시장에 적응하기가 용이하고 낮은 임금으로 효율적으로 경쟁할 수 있다. 그리고 새로 사업을 시작하는 업체들은 주로 기존의 업체 주변에서 시작하는 경우가 많으며, 이는 신규개설 업체의 비율이 높은 업종의 경우 도심에의 집중이 높다는 가설과 연결된다.

2단계: 성장기-이 단계에서 기업들은 좀 더 큰 시장지역을 가진다. 어떤 기업은 전체 지역시장과 몇몇은 외부 지역시장까지 확대된다. 그리고 자본의 규모가 커짐에 따라 보다 넓은 오피스 공간을 필요로 하게 된다. 2단계에서는 자본과 시장 규모가 커짐에 따라 CBD(중심업무지구)와 외곽 업무지역이 선호된다. 몇몇 서비스업은 업무에 맞게 변형이 가능한 도심 인접지를 선택할 것이다. 1단계처럼 정보에 대한 요구가 강한 기업들은 CBD와 도심 인접지에 입지하며, 외곽 업무지역은 관련 업무와의 연계보다는 다른 요인이 중요시되는 기업에 의해 선호된다.

3단계: 성숙기-이 단계에서는 자본이 충분하여 업무에 적합한 오피스 건물을 구매하거나 용도에 맞게 건물을 건축한다. 외부 지역시장이 중요한 이윤의 근원이 되며, 지역시장의 감소 때문에 대면접촉의 중요성이 줄어들어 그 결과 기업들은 적합한 오피스 시설이 있는 교외지역을 선택할 수도 있다. 이는 관련 업무의 내부화와 더불어 입지에 유동성이 증가하는 것과 연관된다. 3단계에서는 기업이 제공하는 서비스의 형태에 좌우된다. 이 단계에서 서비스업은 시장 규모가 커짐에 따라 고객에 대한 접근이 중요한 문제로 등장하게 된다. 그리고 필요로 하는 업무공간도 넓어진다. 결국 넓은 업무공간을 임차할 수 있는 도심 인접지나 업무성격에 부합하는 새로운 건물을 외곽 업무지역에 건설하여 입지하게 된다.

2) 서비스업의 입지요인

서비스업의 입지는 다양한 요인들이 고려되며 서비스업 자체의 이질적 특성 때문에 전반적으로 적용할 수 있는 입지결정 모델을 도출하기가 어렵다. 생산과정, 시장형태, 필요 노동력, 필요 건물공간의 다양성으로 도시 내 서비스업의 입지는 매우 복잡한 형태를 보인다. 최종 소비시장에 의존하는 서비스업은 인구분포와 비슷한 방식으로 분포하지만, 중간소비시장에 의존하는 서비스업의 입지는 분산된 대도시시장을 서브하기 위해 다양한 투입-산출(input-output) 연계를 필요로 하기 때문에 인구분포보다는 덜 직선적이라는 것이 일반적으로 인정되고 있다.

생산자 서비스업의 도시 내 입지에 대한 관심은 사실 상당한 역사를 가지고 있다. 이와 관련된 문헌 중에서 가장 중요한 주제는 입지결정에서 대면접촉의 중요성을 언급한 헤이그(Haig, 1926)의 논의이다. 투입요소의 획득(보완적 서비스에 대한 후방연계)과 제품의 고객에의 전달(전방연계)에서 대면접촉의 중요성은 전통적으로 주로 CBD지역에 존재하는 집적경제 최대화와 거래비용 최소화라는 개념으로 유도되었다. 생산자 서비스업의 경우 접촉비용은 제조업에서의 운송비와 비슷한 역할을 한다. 생산자 서비스업의 경우 다양한 대면접촉 필요성이 중요한 역할을 하게 되면서 CBD의 '접촉풍부' 업무환경이 '정보풍부'라는 것과 연결되었다.

대도시 내 서비스업의 입지요인은 다양한 특성을 가진다. 그중 고객의 입지는 중요한 요인으로 상정되고 있다. 고객과의 밀접한 상호작용은 서비스업의 일반적인 특정이다. 고객과의 밀접한 상호작용은 서비스의 생산과정과 제공과정에서 필요하다. 서비스를 구매하는 고객의 입장에서는 재화의 선택과는 달리 몇 가지 불확실성이 있다. 서비스의 특성상 고객은 구매할 서비스를 공급자가 요구되는 질로 공급할 수 있는지를 판단하기가 어려우며, 이는 서비스라는 상품이 공급자와 고객 간의 밀접한 상호작용을 통해 창출된다는 것이다. 제조업의 경우 원료연계와 제품 수송비를 입지이론의 중요한 구성요소로 취급하고 있으나, 서비스업의 경우 운송비 최소화는 별로 관련이 없다. 좀 더 중요한 것은 전문노동력과 정보이다. 따라서 서비스업의 입지요인은 크게 세 가지, 즉 고객과의 접촉비, 전문노동비, 정보·연계비로 요약할 수 있다. 이에 따라 세 가지의 주요 입지 풀(pull)을 상정시킬 수 있다.

그중 노동비는 내부적으로 이용하는 것이며, 나머지 두 요인은 외부적인 요인이라 할 수 있다. 여기에서 정보·연계비라는 것은 사업상 필요로 하는 정보 외에 관련 업무와의 연계비용을 포함한다. 물론 전문화된 노동 풀이 집중되어 있고 이동하기가 어렵다면, 이 지점의 입지유인은 다른 비용요인을 압도할 것이다.

노동비와 정보·연계비는 투입비용(input cost)에 해당한다. 고객과의 접촉비는 소비자에게 서비스를 전달하는 데 들어가는 비용이다. 이 비용은 개인적인 전달체계를 요구하는 서비스업의 특성상 민감한 부분으로 볼 수 있다. 만일 고객과의 접촉비가 가장 낮은 지역이 투입비용이 가장 낮은 지역과 일치하지 않는다면 기업은 생산과정을 분절화시키려고 할 것이다. 또한 고객과의 접촉비가 낮은 곳이 있다면 업체는 최소 투입비 지역에 입지를 할 것이다. 만일 기업의 본사가

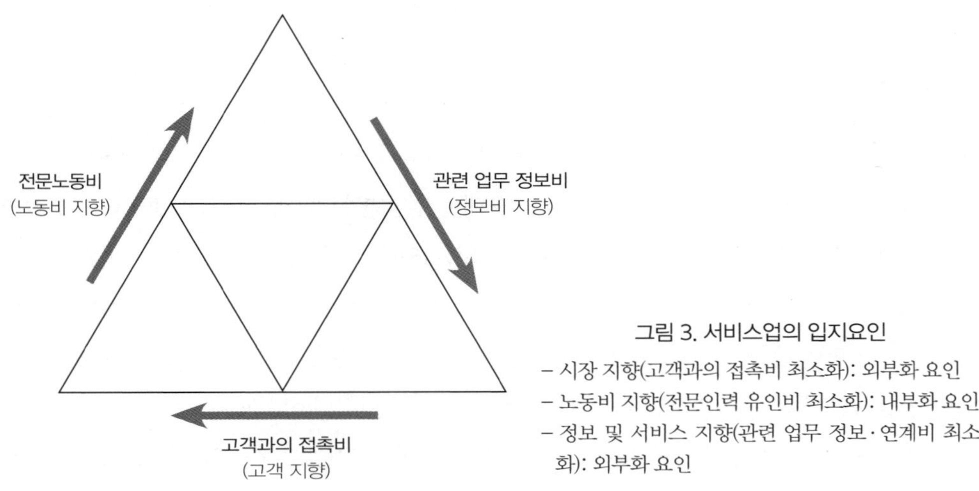

그림 3. 서비스업의 입지요인

- 시장 지향(고객과의 접촉비 최소화): 외부화 요인
- 노동비 지향(전문인력 유인비 최소화): 내부화 요인
- 정보 및 서비스 지향(관련 업무 정보·연계비 최소화): 외부화 요인

서비스의 중요한 구매자라면 본사가 있는 곳이 고객과의 접촉비를 최소화할 수 있는 상당한 유인지역이 될 것이다. 서비스업의 상당 부분이 서비스업 내 자체의 구매와 연관이 있음을 고려할 때, 대개 고객과의 접촉비의 최소지역과 정보·연계비의 최소지점은 일치하는 것으로 알려져 있다. 결국 업종에 따라 입지에 영향을 미치는 요인이 다르게 나타나며, 입지는 시장요인, 전문노동력, 도시 외부성(연계) 간의 트레이드오프(trade-off)로 이해할 수 있을 것이다.

고차의 관련 서비스와의 연계는 외부업체를 통한 구매와 관련되며(외부화), 전문노동력은 내부에서 발생한다(내부화). 이 두 요소는 모두 인적 자원과 관련이 있기 때문에 대체의 가능성이 존재한다. 외부에서의 서비스 구매는 수요의 비표준화와 예측 불가능성의 정도, 비용의 과다 등 여러 가지 요인에 달려 있다. 전문노동력은 업체의 내부적인 투입요소로 이 부문을 중요시하는 업종의 대표적인 예가 컴퓨터 서비스와 전문화된 공학 관련 서비스업이다. 이들 업종은 전문적인 노동력의 투입이 업무성격상 중요하다. 이에 비해 정보·연계비는 업무가 다양하고 전문적인 노동력을 필요로 하는 것과 연관이 있다. 이것을 모두 내부적으로 제공할 수 있는 업체는 거의 없다. 이것은 집적이나 외부경제의 한 부분으로 생각할 수 있다. 정보·연계비는 매우 비표준화되어 있고, 따라서 투입구조가 항상 변할 수 있는 비용이다.

5. 연구의 전망

생산자 서비스업은 제조업이나 다른 소비자 서비스업과 구별되는 몇 가지 입지적 특성을 가지고 있다. 첫째, 소비자나 수요 시장과의 지리적 근접성은 생산자 서비스업의 중요한 입지요인이다. 서비스업은 산출물이 표준화되어 있지 않기 때문에 서비스 공급자와 고객 간의 높은 수준의 상호작용이 필수적이다. 특히 교환되는 상당한 정보와 지식은 암묵적 형태를 가지기 때문에 고객과의 대면접촉이나 의사소통을 용이하게 하는 물리적 접근성은 생산자 서비스업의 경쟁력에 영향을 미친다.

둘째, 지식과 정보의 투입 비중이 높은 생산자 서비스업의 경우 종종 특정 지역에 지리적으로 집중하는 경향을 보인다(Keeble and Nachum, 2002). 일반적으로 생산자 서비스업은 지식과 정보의 신속한 교환과 집단적 학습활동이 혁신에 중요한 요인으로 작용한다. 따라서 유사한 업종에 속한 기업이나 관련 조직들 간의 긴밀하고 원활한 상호작용을 위해 지리적으로 서로 가까이 입지하려고 하는 경향이 강하다고 볼 수 있다.

셋째, 대체로 생산자 서비스업은 풍부한 정보와 지식이 존재하는 대도시, 특히 중심부에 대한 입지 지향성이 강하다. 생산자 서비스업에서 전문 지식과 기술을 갖춘 우수한 인력은 서비스의 품질 경쟁력을 좌우하는 핵심적 요소이다. 새롭고 다양한 정보와 지식에 대한 접근성은 생산자 서비스 입지에 필수적이다. 대도시는 이에 필요한 노동력, 지식 네트워크, 주요 고객에의 용이한 접근성을 제공하는 적합한 조건을 갖추고 있다. 이러한 입지특성으로 인해 생산자 서비스업은 대도시를 중심으로 모여들어 전문화된 집적지를 형성하기도 한다. 이러한 집적지의 고도화는 궁극적으로 해당 지역의 경제적 번영과 혁신에 중요한 영향을 미치는 요인이 된다는 점에서 큰 의미를 지닌다.

서비스업의 경제적 중요성이 확고함에도 불구하고 이들 기능에 대한 성장과 입지 관련 연구는 아직 총론적 수준에 머무르고 있다는 느낌이다. 예를 들어 생산자 서비스 부문의 입지행태가 총론적 측면에서는 제시되고 있으나 개별 하위부문의 입지행태는 세부적으로 검토되고 있지 않다. 생산자 서비스업을 구성하고 있는 개별 하위부문은 성장률, 입지요인, 입지경향 등에서 매우 이질적이다. 따라서 생산자 서비스부문을 전체적으로 똑같이 취급하는 것은 문제가 있다.

특히 생산자 서비스업 중에서 전문지식집약 서비스업은 입지특성이나 생산과정에서 독특한 면을 보이고 있다. 특히 세계경제 질서의 변화와 경제의 세계화에 따른 도시경제구조의 변화를 이해하는 데 중요한 요소가 되는 것이 전문지식집약 서비스업이다. 그러나 전문지식집약 서비스업에 대해서는 생산되는 방식 및 과정에 대한 연구가 거의 없는 실정이다. 이는 전문지식집약 서비스업의 생산체계와 배분체계가 어떻게 상호작용하는지, 서비스 기업 간 공간적 분업 및 연계가 어떻게 이루어지고 있는지에 대한 연구가 소홀히 되고 있기 때문이다. 앞으로 이 부분에 대한 연구가 계속해서 진행되어야 할 것이다.

참고문헌

김대영, 2000, "서울시 고차생산자 서비스업의 입지와 생산네트워크의 공간적 특성", 서울대학교 박사학위 논문.

김대영, 2009, "인천시 생산자 서비스업의 분포패턴 변화: 창업시기를 중심으로", 『국토지리학회지』, 43(3), pp.387-398.

김대영, 2010, "수도권 생산자 서비스업 입지패턴 변화 분석", 『인천연구』, 4, pp.33-46.

김동현·임업, 2010, "서울시 생산자 서비스의 공간적 집중", 『國土計劃: 대한국토·도시계획학회지』, 45(5), pp.217-228.

박삼옥, 1994, "첨단산업과 신산업지구 형성: 이론과 실제", 『대한지리학회지』, 29(2), pp.117−136.

박삼옥·남기범, 1998, "서울 대도시지역 생산자 서비스 활동의 발전과 공간구조의 변화", 『지역연구』, 113(2), pp.1−23.

이희연, 1990, "생산자서비스산업의 차별적 성장과 공간적 분업화에 관한 연구", 『지역연구』, 6(2), pp.123−127.

이희연, 1998, "서비스 경제화와 공간적 변용", 『한국경제지리학회지』, 1(1), pp.33−56.

Bailly, A. S. and Coffey, W. J., 1992, "producer services and systems of flexible production", *Urban Studies*, 29, pp.857-868.

Beyers W. B., 1993, "producer services Progress report", *Progress in Human Geography*, 17, pp.221-231.

Browning H. L. and Singlemann J., 1975, *The Emergence of a Service Society*, Springfield: National Technical Information Services.

Coffey, W. J. and Polese, M., 1989, "producer Services and Regional development", *Papers of the Regional Science Association*, 67, pp.13-27.

Coffey, W. J. and Shearmur, R. G., 1997, "fhe growth and location of high order services in the Canadian urban system, 1971-1991", *Professional Geographer*, 49(4), pp.404-418.

Daniels, P. W., 1991, *Services and Metropolitan Development lnternational Perspectives*, Routledge.

Daniels, P. W., 1995, "The locational geography of advanced producer seπice Firms in the United Kingdom", *Progress in Pianning*, 43, pp.23-138.

Fuchs, V., 1968, *The service economy*, Columbia University Press.

Greenfield, H. I., 1966, *Manpower and the Growth of Producer Services*, Columbia University Press.

Haig, R. M., 1926, "Toward an Understanding of the Metropolis: I. Some Speculations Regarding the Economic Basis of Urban Concentration", *The Quarterly Journal of Economics*, 40, pp.179-208.

Keeble, D. and Nachum, L., 2002, "Why do business service firms cluster? Small colsultancies, clustering and decentralization in London and south England", *Transactions of the Institute of British Geographers*, 27(1), pp.67-90.

Illeris, S., 1996, *The service economy: a geographical approach*, John Wiley and Sons.

Marshall, J. N., Damesick, P., Wood, P., 1987, "Understanding the location and role of producer services in the UK," *Environment and Planning A*, 19, pp.575-595.

Marshall, J. N. and Wood, P. A., 1995, *Service and Space*, Longman Scientific & Technical.

May, N., 1993, "services and Space: A Few Research Prospects", *The Service Industries Journal*, 13(2), pp.144-155.

Noyelle, T. J. and Stanback, T. M., 1984, *The Economic Transformation of Cities*, Rowman and Allenheld.

Perry., 1990, "Business services specialization and regional economic change", *Regional Studies*, 24, pp.195-209.

Singelmann,]., 1979, *From Agriculture to Services*, Beverley Hills: Sage.

Stanback, T. M., 1979, *Understanding the Service Economy: Employment, Productivity, Location*, John Hopkins University Press.

Stanback, T., Bearse, P., Noyelle, T. J., Karasea, R., 1981, *Services: The New Economy*, Allanheld Osmun.
Stigler, G., 1956, *Trends in employment in the service industries*, Princeton University Press.
Urry,]., 1987, "Some social and spatial aspects of services", *Environment and PIanning D*, 5, pp.5-26.
Wood, p., 1991, "Conceptualising the role of services in economic change", *Area*, 23, pp.66-72.

더 읽을 거리

Daniels, P. W., 1985, *Service Industries: A geographical appraisal*, Methuen.

⋯› 서비스업과 도시의 관계를 지리학적 시각에서 최초로 정리한 책이다. 서비스업의 정의와 공간적 의미를 실제적으로 분석하고 있으며, 서비스업 성장의 사회경제학적 의미에 대해서도 제시하고 있다. 서비스업의 입지를 중심지이론과 그 외 다양한 이론으로 설명하고 있으며, 소비자 서비스업과 생산자 서비스업의 도시 내 입지특성과 신기술과 서비스업 입지의 관계에 대해서도 서술하고 있다.

Daniels, P. W., Moulaert, F., 1991, *The changing geography of advanced producer services: Theoretical and empirical perspectives*, Belhaven Press.

⋯› 생산자 서비스업에 대한 논의를 모아 놓은 책이다. 그동안 진행되었던 다양한 논의들을 정리하는 데 상당한 도움을 준다. 생산자 서비스업의 생산과 공급과정, 생산자 서비스업의 입지와 지역개발 및 개발전략들, 생산자 서비스업과 공간경제의 성장과의 관계, 서비스업과 신산업 전략, 불평등 발달과의 관계 등 다양한 논의들이 체계적으로 분석되어 있어 생산자 서비스업을 바라보는 시각을 넓히는 데 도움이 될 것이다.

Illeris, S., 1996, *The Service Economy: A GeographicaI Approach*, John Wiley & Sons.

⋯› 서비스업 전반에 대한 내용을 지리학적으로 서술한 종합서로 서비스업의 역할과 특성, 서비스업의 발달, 서비스업의 도시 내 및 도시 간 입지와 지역개발과의 관계, 서비스업의 국제적 비교 등을 담고 있다. 특히 생산자 서비스업과 소비자 서비스업의 전반적인 내용을 서술하고 있으며, 마지막 부분에는 공학 컨설턴트, 컴퓨터 서비스, 경영 컨설턴트를 대상으로 사례 분석한 내용이 있다.

주요어 서비스업, 생산자 서비스업, 소비자 서비스업, 부문론적 이론, 조절론적 이론, 외부화, 구조재편 접근, 집적경제, 국지화 경제

제4장

도시발전과 토지의 정치경제

김용창

1. 자본주의 도시발전과 토지문제

1) 토지의 사회경제적 의미

인간의 모든 일상생활과 경제활동은 예외 없이 공간상에서 이루어진다. 그러한 공간의 물리적 토대가 바로 토지이다. 이러한 토지는 인간이 만들어 낸 것이 아니라 자연의 선물이다. 그럼에도 자본주의 사회에서 토지는 시장에서 거래되는 상품이고, 토지의 사용·수익·처분에는 돈이 필요하다. 사용가치 관점에서 토지와 부동산, 그리고 공간은 인간 생활에 필수적인 생활공간과 생산공간으로서 의미를 갖지만, 교환가치의 관점에서는 거래를 통해 단지 이득을 추구하는 상품일 뿐이라는 추상적 성격만 갖는다.

토지는 대량생산되는 일반 상품과 달리 동일한 표준이나 특성을 갖기보다는 입지마다 다른 특성들로 구성되어 있다. 그렇기 때문에 토지에 대한 소비결정은 토지의 입지에 따라 달라지는 다양한 종류의 편익시설 및 지역 공공재, 기타 시장에서 거래되지 않는 재화와 서비스에 대한 접근성을 결정하는 것과 마찬가지이다. 그리고 상품으로서 토지라는 성격이 갖는 의미는 다른 상품과 마찬가지로 토지자원 배분도 시장에서 이루어진다는 것을 말한다. 바로 토지시장은 토지 관련 조세 및 토지이용 규제, 지역 공공재 및 편익시설의 가치 등 토지를 둘러싼 여러 특성들을 자본화, 즉 가격으로 전환시켜 거래 가능한 상태로 만들어 주는 곳이다. 그렇기 때문에 토지시장의 작동은 물적 객체로서 토지의 배분 및 가격 형성을 넘어 거주민의 생활경험, 복지수준 및 생활 기회에 대한 접근성에 영향을 미친다. 한마디로 토지는 기회의 지리 형성에서 가장 기본적인 토대이다. 따라서 토지 상품화와 토지개발은 공공이 공급하는 광범위한 생활환경 자원(교육, 치안 등), 시장공급 재화, 자연생태환경 자원 등에 대한 접근성에 영향을 미치고, 이에 기반하여 실질 소득의 분포, 주거지분화 패턴, 경제적 효율성에 커다란 영향을 끼친다(Cheshire and Sheppard, 2004).

이처럼 토지 및 부동산의 생산·공급은 사회경제적 실수요(공간시장), 투자대상으로서 성격에 기초한 자산적 수요(자산시장 및 자본시장), 사회복지 자원의 공간적 배분에 따른 이해관계 등이 복합적으로 얽혀서 이루어진다. 따라서 토지 이용과 개발, 이에 기초한 공간의 생산 및 소비 문제는 항상 해당 시대의 계급·계층적 갈등과 경쟁의 대상이고, 사회적 관심사일 수밖에 없다.

그렇다면 자본주의 경제체제에서 잉여가치의 한 부분인 지대소득을 가져가는 근거가 되는 토지소유(landed property)에 대해 자본은 어떠한 이해관계를 가질 것인가? 자본주의에서 자본과 토지소유 사이의 관계는 기본적으로 대립과 모순 관계이다. 예컨대 토지와 자본이 결합한 토지자본의 축적과정은 지대와 토지가격의 상승을 가져와 자본성장 또는 경제성장에 장애로 작용한다. 이러한 장애를 극복하기 위해 자본은 새로운 위치 이점과 공간을 적극적으로 생산하지만 여전히 새로운 차원에서는 새로운 지대관계가 성립하며, 잉여가치의 일정 부분을 늘 수취한다. 그리고 자본들 사이 경쟁 때문에 어느 한 곳의 토지 이점이 영구적으로 고정될 수도 없고, 계속해서 차별적으로 다시 만들어진다. 토지소유 모순을 극복하기 위한 자본의 노력은 그 자체로 또 다른 장벽을 생산하는 과정인 셈이다. 결국 이러한 모순을 해결하기 위해 자본 스스로 토지소유자가 되어 지대수입 증대를 적극적으로 추구한다. 하지만 이러한 방법은 개별 자본 입장에서의 해결 방법일 뿐이며, 전체 경제 차원에서는 여전히 지대와 토지가격이라는 경제적 범주가 성립한다. 그리고 지대와 토지가격은 계속해서 새로운 투자와 경제발전에 장애로 작용한다. 따라서 근대적 토지소유는 자본과의 모순관계 속에서 움직이며, 지대는 하나의 모순적인 사회경제 형태가 된다(Massey and Catalano, 1978; 김홍상, 1992).

이처럼 토지와 부동산 문제는 항상 사회의 변화와 함께 새로운 형태로 탈바꿈한다. 자본주의 초기에는 대부분의 토지문제가 농업지대에 치중했던 것처럼 주로 농업적 토지이용을 둘러싸고 일어났다. 그 이후 공업이 발전하면서는 비농업의 도시적 토지(이용)문제로 더욱 확대되었다. 특히 오늘날의 거대자본은 공간을 직접 생산할 수 있는 능력을 보유하고 있고, 이를 통해 과거 토지

자본 분파가 독립적으로 수취하던 이익을 독점하고 있다. 현대 거대도시의 지대 증가를 전통적인 자연적 희소성이 아니라 새로운 공간의 능동적 생산을 통한 독점지대의 전유, 자본의 점증하는 선택적 공간집중에서 찾으면서 토지지대가 자본축적에 장애가 된다는 사고는 수정되어야 한다는 주장도 있다(Krätke, 1992).

인간이 오랜 역사에 걸쳐 자신의 지리를 만들어 왔던 것처럼 토지와 토지이용 역시 역사의 변화에 따라 부여받는 의미는 변하고 있다. 오늘날에는 삶의 터전으로서의 의미만이 아니라 재산증식의 수단으로서의 의미도 중요하여 그만큼 더 큰 관심대상으로 자리하고 있다. 토지의 사용가치, 즉 유용성은 역사적으로 특정한 생산관계에 따라 달라진다. 마르크스(K. Marx)는 『잉여가치학설사』에서 토지의 사용가치를 노동생산물의 속성을 중시하여, ① 생산이 이루어지는 요소(농경지), ② 사용가치를 함유하고 있는 저장소(광산), ③ 생산조건의 하나(건물부지) 등 세 가지로 구분하고 있다. 이 가운데 현대사회의 토지이용은 세 번째 속성, 즉 위치로서의 토지를 가장 중요하게 여긴다. 이처럼 토지의 사용가치와 그 쓰임새, 토지소유를 둘러싼 관계와 쟁점 역시 시대의 변화에 따라 변하기 마련이다. 이러한 토지소유의 역사적 구체성에 대해 마르크스는 프루동(Proudhon)을 비판하면서 "각 역사적 시기마다 소유는 각각 다르게 발전해 왔고, 일련의 전혀 다른 사회적 관계하에서 전혀 다른 모습을 보여 준다. … 소유를 독립된 관계, 고립된 범주, 영속적인 관념으로 정의하는 것은 단지 형이상학이나 법률학의 환상일 뿐이다."라고 말함으로써 토지소유를 구체적인 사회적 관계의 관점에서 분석해야 한다고 주장한다(Marx, 1978; 石見尙, 1966; 김홍상, 1992).

2) 토지문제와 인식의 시대적 변화

마르크스의 말처럼 물질로서의 토지는 영원한 범주이지만 사회경제적 관계가 달라지면서 상대화된다. 토지의 자본주의적 특수성은 결국 자본주의 사회관계에서 토지, 즉 근대적 토지소유(토지라는 물리적 특성 자체가 아니라 자본에 대응하는 범주로서의 토지소유)로서 해석해야 한다는 것이다. 이때의 근대적 토지소유는 봉건제처럼 과거 낡은 토지소유의 여러 형태가 자본주의적 생산양식의 발전에 맞추어 이 생산양식에 적응하는 형태로 바뀐 것이다. 근대적 토지소유가 갖는 특성은 다음과 같다. 첫째, 소유권을 자유롭게 사고팔 수 있다. 둘째, 토지소유자는 생산의 적극적 주체에서 분배의 비생산적 주체로 바뀐다. 셋째, 지대 수입은 생산노동자로부터 직접 나오는 것이 아니라 자본가의 손을 거쳐서 지불된다. 넷째, 토지소유는 과거의 정치·사회적 권력을 박탈당한다(김용창, 1998).

자본주의 역사에서 토지문제에 대한 사회적 관심과 학문적 관심은 크게 세 시기로 나눌 수 있다. 먼저 자본주의 발전 초기에는 지대(rent)와 토지소유 문제가 이론적·정치적 논쟁의 중심으로 떠올랐다. 애덤 스미스(Adam Smith)는 일찍부터 지대소득 계층을 사회의 기생충 같은 존재로 간주하고 있었고, 지대소득의 누적적 증대를 경제성장의 근본적 장애로 보았다. 데이비드 리카도(David Ricardo)는 그의 주저인 『정치경제학과 조세의 원리(Principles of Political Economy and Taxation)』의 상당 부분을 지대 논의에 할애하였고, 그의 여생 대부분을 토지에 기초한 권력에 반대하는 운동에 바쳤다. 영국 공리주의 전통의 입장에서 지대를 불로소득으로 보는 제임스 밀(James Mill)은 토지 국유화를 통한 사적 토지소유의 철폐를 주장하여, 당시 고전학파 경제학자들의 견해를 대변하였다. 헨리 조지(Henry George)의 토지단일세 주장 역시 당시의 분위기를 반영한 것이었다. 경제불황의 근본원인을 토지투기에 두고 이를 해결하기 위해 토지세를 강화해야 한다는 그의 이론은 토지축재와 토지투기 종식의 혜택이 이윤과 임금 모두에 돌아간다는 결론을 유도하였다(김용창, 1998; 이정전, 1991).

이러한 19세기 토지문제와 관련하여 고전파 경제학자들의 토지 국유화 논의는 자본주의의 자유로운 발전을 위해 부르주아가 제시할 수 있는 가장 급진적인 형태이다. 마르크스의 표현을 빌리면 "토지소유자에 대해 산업자본가들이 품고 있는 증오의 솔직한 표현"이며, "산업자본가들의 눈에 토지소유자들은 부르주아 생산체계에서 하나도 쓸모없는 무용지물"로 생각한 것이다(Marx, 1978).

두 번째 시기는 제2차 세계대전 후 자본주의 역사에서 가장 안정적이었던 20여 년간의 번영이 종료되는 시점인 1960년대 말과 1970년대 초이다. 주로 선진국의 도시문제와 관련된 것으로 이른바 포디즘(Fordism) 위기가 본격적으로 드러나면서 일어났다. 전후의 경제성장이 도시 팽창 및 교외화와 더불어 진행되면서 도시 주변지역의 농업용 토지에 대한 투기와 도시개발이 활발하게 일어났다. 반면에 쇠퇴하던 도심에서는 교외지역 생활양식의 한계에 기반하여 부동산부문 주도의 도심재생(property-led urban regeneration) 과정이 시작되었다. 따라서 이 당시 주요 토지문제는 도시생활의 질이라는 측면에서 위기와 관련된 것이다. 토지이용의 두 가지 주요 변화는 도시 주변지역의 농지전용, 기성 시가지에서 도시적 토지이용의 재순환을 나타내는 재개발과 재생을 들 수 있다.

가장 최근의 시기는 1980년대 말 주택과 투자용 부동산시장 모두에서 부동산가격이 정점에 도달한 이후 1990년대에 들어 전후 최악의 침체국면으로 접어든 시기이다. 주요 선진국에서

1980년대는 부동산가격의 신화(myth of property prices)를 바탕으로 이른바 거품경제(bubble economy)라 일컬어질 정도의 열광적인 부동산 붐의 시기였다. 이 시기의 가장 큰 특징은 주요 선진국의 부동산시장 작동경로가 비슷하다는 것이다. 이는 부동산부문의 충격과 그 충격이 퍼지는 전달경로를 일정하게 공유한다는 것을 의미한다. 따라서 이러한 국제적 전달 메커니즘이 무엇인가를 설명하는 것이 중요한 문제로 대두되었다. 이러한 부동산부문의 세계화는 금융의 증권화 메커니즘과 결합되면서 그 영향력이 2000년대 이후 더욱 커지고 있다. 그리고 자국 실물경제의 변동을 넘어 글로벌 금융위기가 부동산시장과 토지이용, 도시개발에 직접적인 영향을 미치고 있다(Ball, 1994; 김용창, 2017).

2. 토지문제의 접근방법

학문적으로 토지와 토지소유의 문제를 다루는 방법에는 기본적으로 두 가지의 대립되는 입장이 있다. 정통 신고전파 경제학은 토지 및 토지를 둘러싼 사회적 관계를 독립적인 이론적 대상으로 다루는 것을 부정한다. 즉 일반적인 신고전파 이론은 토지를 자본과 유사한 것으로 다룬다. 또한 신고전파 도시경제학자들은 지대 입찰개념과 시장 메커니즘에 초점을 둠으로써 토지와 토지소유의 특수한 성격을 중요하게 고려하지 않는다. 이에 반해 제도학파와 정치경제학적 접근은 기본적으로 토지와 토지소유에 특수한 성격을 부여한다(김용창, 1998).

그러나 두 입장 사이에는 공통점도 있다. 신고전파 접근의 경우도 토지는 외부성의 문제와 관련하여 자본과 일정한 차이가 있다는 것을 인정한다. 이 경우 시장 메커니즘에 대한 자신들의 견해를 수정하고, 외부성과 공공재 성격으로 인한 왜곡과 불균형이 있다고 본다. 토지시장이 일반 상품시장과 다르다는 것은 주로 제도학파나 정치경제학적 접근에서 연구되었다. 기본적으로 이들 접근은 토지시장이 공급자의 시장이고, 토지소유자는 독점력을 행사하기 때문에 토지공급 스케줄이 다른 일반 상품의 그것과는 다르다고 본다. 그리고 토지시장은 성격상 위치의 영향을 크게 받는 국지적 시장이며, 토지 필지만큼이나 많은 토지시장이 존재한다. 그렇기 때문에 단일시장과 시장논리보다는 여러 종류의 시장이 있고, 그 각각은 특유의 자기논리와 제약을 가지고 있다는 것이 주된 입장이다.

한편 토지의 특수성을 강조한다고 해서 토지와 상품, 토지와 자본 사이의 유사성을 완전히 배제하는 것은 아니다. 토지상의 개량은 통상적인 상품은 아닐지라도 하나의 상품(또는 의사 상품)

으로 본다. 더 나아가 토지를 의제자본(fictitious capital)의 한 형태로 간주한다. 현대 경제에서 이와 같은 토지성격의 변화는 토지에 대한 두 입장의 명쾌한 구분을 어렵게 하며, 그만큼 어느 특정 관점으로만 토지문제에 접근하는 것을 더욱 어렵게 만든다(Haila, 1991).

좀 더 구체적으로 토지문제에 대한 접근방법을 구분하자면 크게 네 가지로 나눌 수 있다. 첫 번째는 가장 오래된 방법으로 생태학적 접근이다. 이 접근방법은 공간을 둘러싼 경쟁과 그 결과로 생기는 공간질서는 인간사회를 구성하는 문화적 수준에도 불구하고, 일차적으로는 생태적 질서의 산물로 본다. 도시 내부 토지이용 모형연구와 사회생태학이라는 계량적 연구로 확대되었으며, 기본적으로 형태 기술적 특성을 지니고 있다.

두 번째는 가장 지배적인 접근방법으로 신고전파 접근이 있다. 주어진 환경 내에서 소비자와 생산자의 개별 의사결정에 중점을 두며, 환경의 변화는 이론적 대상으로 보지 않는다. 시장을 통한 경쟁이 토지시장의 균형을 가져다줄 것으로 가정하며, 토지와 부동산에 대한 수요가 공간구조를 규정한다고 본다. 마르크스의 지대론이 특정 토지이용을 전제하는 부문 내 토지이용에 관한 것이라면, 신고전파 접근을 대표하는 알론소(W. Alonso)의 입찰지대론은 기본적으로 토지이용 간 경쟁을 다루는 것이다. 즉 공간적 측면을 반영한 지대론이라고 할 수 있다. 그러나 토지와 부동산의 특수성에 대한 고려가 미흡하고, 역사적 변화를 분석대상에서 제외하는 한계가 있다.

세 번째는 1970년대 이후 활발히 연구되고 있는 정치경제학적 접근이 있다. 토지이용 변화를 자본주의 체제의 발전과 연관 속에서 분석할 수 있는 여지를 마련하고 있고, 토지소유자, 자본가, 노동자들 사이의 사회적 관계를 분석대상으로 삼는다. 그러나 지대론에 대한 추상적 이론 논쟁 자체에서 여전히 벗어나지 못하면서 실천적인 정책대안을 제시하지 못하는 약점이 있다. 그리고 풍부한 논쟁에 비해 경험적 연구성과가 적고, 생산자본의 논리를 지나치게 중시한다는 비판을 받는다.

끝으로 신베버주의 사회학에 기원을 두면서 1980년대 들어 주목을 끌고 있는 제도주의 접근이 있다. 정치경제학적 접근과 신고전파 접근 모두를 기능주의적 접근으로 규정하며, 토지이용에 개입하는 다양한 행위주체와 제도, 이들 간 상호작용의 성격과 영향을 중시한다. 토지시장의 이질성을 논의의 중심으로 삼으며, 주어진 환경 내의 최적 배분이 아니라 제도와 행위주체의 기능과 역할을 분석하는 데 중점을 둔다. 그러나 행태주의로 흐를 가능성이 다분하며, 행위주체의 상대적 한계와 저변의 변화 동력에 대한 고려가 미흡하다(김용창, 1998).

3. 토지에 대한 자본투자와 공간의 생산

1) 공간의 생산과 자본투자전환

토지에 대한 자본투자와 그 결과물로서 부동산 및 공간의 생산은 어떻게 이루어지는가? 하나는 인간 노동이 아니라 '자연의 산물'이라는 토지가 어떻게 자본주의적 상품경제 시스템으로 포섭되는가의 문제이고, 다른 하나는 어떤 경로와 방법을 통해 자본투자가 이루어지는가이다. 먼저 전자의 측면에서는 토지의 성격을 상품화와 자본화 경향으로 구분해서 파악해야 한다. 토지가 상품이 되고 토지시장은 상품시장이 된다는 표현은 익명의 시장을 위한 건설(토지이용의 결과)이 구체적 필요에 의한 건설을 대체하는 것을 지칭하며, 생산물 시장논리에 따른 토지이용 변화를 지칭한다. 상품화가 토지를 시장에서 거래할 수 있는 상품으로 만든다면, 자본화는 토지를 수익청구권을 갖는 자산으로 만드는 것이다. 상품화만으로는 토지의 소유와 이용에서 봉건적 제약을 모두 제거하지 못하며, 자본시장과 완전한 통합이 가능한 경제적·제도적 변화가 있을 때만 가능하다. 자본화 경향은 바로 토지가 순수한 금융자산으로 변하는 경향을 말하며, 토지와 관련된 특수한 성격의 많은 부분을 상실하는 것이다(Haila, 1988; 1991).

다음으로 두 번째 측면인 토지와 부동산, 공간생산에 유입되는 자본과 관련해서 오랫동안 쟁점이 되었던 주장이 산업부문 간 자본투자전환(capital switching) 이론이다. 자본투자전환 이론의 기본적 사고는 한때 프랑스공산당 이론가이자 철학자였던 르페브르(H. Lefèbvre)에서 찾을 수 있다. 그는 부동산부문(투기, 건설, 부동산 개발)과 산업부문을 구분하고 공황 시기에 자본은 부동산부문으로 유입한다고 제시하였다. 이후 하비(D. Harvey)가 정교하게 구성한 이 이론은 기본적으로 토지와 부동산에 대한 투자를 다른 산업부문으로부터의 투자철수로 설명한다. 토지와 부동산에 대한 투자는 이 부문이 여타 산업부문에 비해 선호되기 때문에 이루어지는 것이 아니라, 일시적으로 여타 산업부문에 대한 투자기회가 없기 때문에 이루어진다는 것이다. 주로 생산부문에서 자본의 과잉축적(자본순환의 위기 및 과잉유동성의 형성)이 있을 때 토지와 부동산부문으로 투자전환이 일어난다고 본다. 바로 자본주의 경제위기 국면에서 공간을 이용한 잠정적인 해결[공간적 조정(spatial fix)]을 위해 물리적 축적환경(built environment)으로 자본투자를 전환한다는 사고이다. 하비는 물리적 축적환경의 생산이 "과잉축적 자본의 흡수를 위해 하늘이 준 선물(godsend)로서 출현한다."라고 말한다(Harvey, 1982; Charney, 2001; 김용창, 2012).

이러한 투자전환 이론이 제시하는 가장 큰 장점은 공간 및 부동산 문제를 생산부문과의 관계

속에서 분석할 수 있는 실마리를 제공하는 데 있다. 토지와 부동산으로 유입하는 투기적 금융자본의 중요성이 커진다는 것은 의심의 여지가 없지만, 세계적 수준에서 본다면 생산영역에서 과잉축적이 없으면 궁극적으로는 금융자본의 영역이 커질 수 없다는 것이다. 생산부문에 대한 상대적 자율성이라는 입장에서 토지와 부동산부문으로 금융자본의 유입을 파악해야 한다는 시각을 제시해 준다.

2) 자본투자전환과 부동산부문의 자율성

이상과 같은 자본투자전환 이론은 전통적인 마르크스주의 관점에서 토지투자와 공간생산을 생산부문 및 주기적 자본주의 공황과 관련시켜 설명하는 것이다. 반면에 이러한 논리에 대한 수정과 비판으로부터 나온 대안들은 부동산부문 고유의 역동적 논리를 강조하는 것이다. 이러한 관점은 부동산부문에 고유한 자본유인의 근거와 경기순환을 밝히는 것이다. 부동산부문으로 자본이 유입하는 것은 생산부문에서 투자기회가 없기 때문이 아니라 부동산부문이 투자를 유인하는 고유의 속성을 가지고 있기 때문이라고 설명한다. 이러한 논의에서 부동산부문 고유의 투자유인으로 들고 있는 것이 토지가 주식과 같은 금융자산으로 간주되는 상황이다. 이러한 상황에서 토지에 근거한 수익청구권이 투자의 대상이 되고, 청구권에 대한 투기적 투자가 바로 부동산부문의 내적 동태성을 확립한다는 논리이다(Coakley, 1994).

이 논리에 따르면 생산부문의 외적 법칙이 아니라 부동산부문의 내적 법칙이 토지·부동산 부문으로 화폐 흐름의 많고 적음을 결정한다. 필요나 수요에 따라 투자가 계획되는 것이 아니다. 금융자산으로서 토지와 부동산이라는 새로운 성격 부여는 이 부문을 적절한 투기적 투자대상으로 만들었고, 자본이 유입할 수 있는 새로운 기회를 제공하였다. 이러한 새로운 분위기에서 토지나 부동산 투기는 더 이상 비난받는 대상이 아니라 오히려 다른 어떤 종류의 사업보다 이익을 볼 수 있는 것으로 인정을 받는다.

이러한 자본투자전환 이론 및 부동산부문의 상대적 자율성 논의들을 종합하자면, 토지·부동산 부문의 완전 자율성을 상정하기보다는 토지와 부동산에 대한 투자근거는 지대소득과 자본이득 두 가지가 혼합되어 있다고 말할 수 있다. 그리고 부동산시장과 금융시장의 대체가능성이 커지는 상황에서 투기적 이익에 근거한 부동산부문으로 자본유입 가능성이 그만큼 커지면서 부동산부문 고유의 논리, 부동산부문의 독자논리가 성립할 수 있다. 특히 부동산의 증권화가 이루어지면 주식처럼 단순한 투기적 판매차익으로도 이윤을 얻을 수 있다. 이는 실물부문으로부터 수요가 없거나 임대수익률이 하락하는데도 빌딩 건축 붐이 지속되거나 매매가격이 하락하지 않는 이유를 설명해 준다. 이러한 현상은 투기성 금융자본이 공간상의 특정 결절지역이나 중심지를 집중 공략할 경우 국지적으로도 일어날 수 있다.

부동산부문의 자율성을 더욱 높이는 또 다른 이유는 부동산의 세계화(globalization of real estate)이다. 부동산 개발금융과 자본시장의 밀접한 관계 형성, 개발 프로젝트를 집행하는 새로운 초국적 조직의 출현이라는 두 현상을 가리켜 부동산의 세계화라고 한다. 우선 투자의 관점에서 자국시장 규모와 관계없이 해외시장에서 보다 나은 투자기회(수익성)를 찾는 경우가 증가하고 있다. 그 이유는 해외시장의 경우, 본국시장과는 다른 부동산 발전 패턴 및 부동산 경기 동향을 보이기 때문에 투자기회를 확대할 수 있는 계기를 만들 수 있다. 아울러 수익 흐름이 서로 상이하게 움직이는 다수의 세계 부동산시장에 투자함으로써 위험을 분산시킬 수 있는 이점이 토지와 부동산에 있다.

그리고 자본조달의 관점에서 부동산금융을 자본시장과 결합시키는 새로운 메커니즘으로 등장한 것이 증권화(securitization)이다. 증권화의 매력은 부동산의 비유연성과 비유동성을 풀어줌으로써 부동산 투자에 필요한 돈을 쉽게 끌어들일 수 있게 하며, 누구나가 부동산 개발과정에 투자할 수 있는 기회를 제공한다는 데 있다. 이제는 국지적인 부동산을 개발하는 데 증권화 방법으로 국가적·세계적 자본시장에서 자금을 조달할 수 있게 되었다(김용창, 2001; Logan, 1993).

4. 도시발전과 토지개발

1) 도시재생과 사적 이익을 위한 강제수용

인류역사에서 많은 도시들이 태어났다 소멸했듯이 현대의 모든 도시 역시 생성, 발전, 소멸의 과정 속에 있다고 할 수 있다. 즉 도시화 과정은 자본주의 경제발전 과정의 역동적 변화만큼이나 형태와 내용 면에서 끊임없는 변화를 거친다. 도시의 외형적 성장 패턴을 도시생애주기 관점에서 구분하면, 도시는 일반적으로 도시화, 교외화, 반도시화, 재도시화의 경로를 밟는다. 대량생산·대량소비 체제에 근거하여 거대도시화를 이끌었던 교외화와 무분별한 팽창적 도시확장이 각종 비효율을 낳으면서 기성 시가지나 도심지역이 새삼 주목을 받는 재도시화(reurbanisation)가 일어난다. 이른바 도시회생 단계이며, 이 단계에서는 국가와 도시정부의 강력한 도시재생정책이 뒤따른다.

오늘날 도시에 대한 연구와 정책 모두에서 가장 많이 유행하는 말이 도시재생이다. 본디 도시재생사업은 1970년대 이후 선진국 산업도시의 탈공업화와 교외화에 따라 발생한 도시 내 퇴락지역(blighted area)에 활력을 불어넣고, 도시경제 성장을 촉진하기 위한 의도를 갖고 있었다. 그러나 지금은 그 의미가 확장되어 접근성은 좋지만 과소이용 상태에 있는 도심부나 도시지역을 다시 개발하여 새로운 공간을 창출하고, 증가한 가치를 사유화하는 도시정책을 포장하기 위한 말로서 거의 대부분의 국가와 도시에서 사용되고 있다. 본래적 의미에서 퇴락지역은 탈산업화 과정에서 발생한 공지 또는 버려진 토지와 주택, 공업화 시대의 유산으로서 오염 토지, 토지와 시설의 장기간 과소이용, 장기침체를 겪고 있는 지역경제, 낙후된 공공서비스 환경 등의 특징들을 가지고 있다. 그러나 도시재생사업을 위해 실무적인 차원에서 퇴락지구를 지정하는 것은 도시정부와 도시 상황에 따라 매우 자의적으로 이루어지고 있으며, 권력의 보호를 받지 못하는 사회적 약자들의 공간이 주 대상이 되고 있다(김용창, 2017).

그리고 도시재생사업에서 핵심적인 절차인 토지정리 과정은 공적 사용[공익(public use)]이라는 명분 아래 국가 주권을 동원한 강제수용[공용수용(eminent domain)] 방식으로 이루어지며, 이 방식은 토지와 주택을 비롯한 사유재산권의 박탈과 이전을 수반한다. 그러나 도시재생사업에서 실제 토지수용이 이루어지는 경우를 보면, 대다수는 공익개념이 단지 명목적 명분일 뿐 사적 이익을 위한 일종의 위장수용이라는 비판을 받는다. 즉 사적 자본의 이익을 위한 공용수용이며, 이를 일컬어 사익을 위한 공용수용, 사적 공용수용(private–public taking)이라고 한다. 오늘날 이러한 공적 편익으로 꼽는 대표적인 목록이 글로벌 도시경쟁력 강화, 지역경제 회생, 일자리 창출, 조세기반 강화 또는 조세수입 증가, 지방재정 확충 등이다. 이러한 사업효과를 내세우면 공익사업에 해당하기 때문에 비록 사적 자본의 이익을 위한 개발사업이라고 하더라도 공권력을 동원한 강제적인 개인 재산권 박탈도 합헌이고 정당하다는 것이다. 또 다른 큰 문제는 해당 사업의 시행으로 실제 이러한 효과를 달성하는가도 불확실하다는 것이고, 사업효과의 이행을 강제할 방법도 없는 상태에서 사회적 약자의 강제적 재산권 박탈이 먼저 이루어진다는 데 있다. 이렇게 해서 만들어진 새로운 도시공간은 고급 사무업무공간, 스펙터클 도시경관, 거대 쇼핑몰, 호텔, 거대 주상복합건물, 고급 주거단지 등 매우 다양하며, 대부분 도시경쟁력 확보의 상징으로 표상된다. 도시재생이 사유재산제 보호를 중심으로 하는 자본주의 사회에서 도시 낙후지역의 재활성화를 목적으로 한다고 하지만, 실상은 토지재산권 보호에서 사회적 약자를 배제하는 차별적 도시재생으로 귀결되는 경우가 많다(김용창, 2017).

2) 토지개발과 개발이익 환수

급속하게 팽창하는 단계의 도시화나 도시재생으로 대표되는 재도시화 단계 모두 토지개발과 공간생산 과정에서 개발이익이 발생한다. 여기서 말하는 개발이익은 본래 공공투자에 따른 편익증진(melioration, betterment), 개발사업의 인허가에서 초래된 계획이익(planning gains), 토지개발 및 건축행위에서 발생한 개발이익(development gains), 기타 사회경제적 여건 변동으로 얻은 자본이득 및 우발이익(capital gains, windfalls) 등을 총괄하는 개념이다. 이들 다양한 용어를 '개발이익'이라는 하나의 용어로 번역·사용하면서 개발이익의 성격을 주로 물리적이고 직접적인 개발행위와 연계된 것으로 이해해 왔다. 그러나 개발이익의 기본성격은 토지소유자의 노력이나 투자를 제외한 부분, 즉 불로소득(不勞所得, unearned capital gains) 또는 비노동소득(unearned income)이라는 의미를 갖는다. 이처럼 개발이익이란 보통 지가상승분에서 토지소유자의 직접적인 투자를 제외한 가치증가분으로 정의한다. 이러한 개념정의에는 토지소유자의 노력과 투자를 동반하지 않은 토지가치의 증가는 개인이 향유할 것이 아니라 그 가치를 창출한 사회가 모두 공유하여야 한다는 사고가 밑에 깔려 있다(Ministry of Works and Planning, 1942; 김용창, 2006; 김용창 외, 2015).

우리나라에서 실정법상 개발이익의 개념은 '개발이익 환수에 관한 법률'에서 찾을 수 있다. 이 법 제2조에서 개발이익이란 개발사업의 시행이나 토지이용계획의 변경, 그 밖에 사회적·경제적 요인에 따라 정상지가 상승분을 초과하여 개발사업을 시행하는 자(사업시행자)나 토지소유자에게 귀속되는 토지 가액의 증가분을 말한다고 규정하고 있다. 그리고 제5조에서는 개발이익은 '개발부담금'으로 징수하며 그 대상사업을 택지개발사업, 산업단지개발사업, 도시개발사업, 지역개발사업 및 도시환경정비사업 등 법으로 열거하고 있다.

앞서의 정의처럼 개발이익은 불로소득 성격을 갖고 있기 때문에 공공의 환수대상이 되는 것이 일반적이며, 우리나라 헌법재판소의 판결도 이러한 점을 지지하고 있다. 헌법재판소는 공익사업의 시행으로 지가가 상승하여 발생하는 개발이익은 토지소유자의 노력이나 자본에 의하여 발생한 것이 아니라고 규정하면서 궁극적으로는 국민 모두에게 귀속시켜야 한다고 본다. 불로소득적인 개발이익이 생긴 경우, 이를 사업시행자에게 독점시키지 않고 국가가 환수하여 그 토지가 속하는 지방자치단체 등에 배분함으로써 경제정의를 실현하고 토지에 대한 투기를 방지하며, 토지의 효율적인 이용의 촉진을 도모할 것을 요구한다. 그리고 공익적 효과에 비해 개발부담금의 부과대상인 토지재산권에 대한 부담이 더 큰 것이 아니기 때문에 헌법상의 재산권 보장에 관한 규정을 침해하지도 않는다고 본다(김용창, 2010).

개발이익 환수방법은 조세를 이용하는 방법과 조세 이외의 방법으로 구분할 수 있다. 먼저, 조세를 이용한 방법에는 토지증가세형과 토지보유세형이 있다. 토지증가세형은 토지가격의 증가에 따른 자본이득에 과세하는 것으로서, 토지를 처분한 후에 실현된 자본이득에 과세하는 방법과 일정기간 동안 양 시점의 토지가격을 정기적으로 평가하여 실현되지 않았지만 증가한 이득에 대해 과세하는 방법으로 나눌 수 있다. 대부분의 나라에서는 실현된 경우의 자본이득을 환수하는 방법을 택하고 있다. 토지보유세형은 토지의 보유 단계에서 토지가격 전체에 대해 과세하는 것으로 재산세, 고정자산세, 지가세 등 나라마다 명칭이 다양하지만 대부분의 국가에서 보유세를 채택하고 있다. 다만 대부분 보유세를 개발이익 환수제도의 하나로 여기지는 않는다. 조세 이외의 개발이익 환수수단은 수익환수 부담형, 공공시설 설치 부담형, 기타 공공감보제도를 포함할 수 있다. 수익환수 부담형의 전형적인 수단은 수익자 부담금제와 개발 부담금제 그리고 재건축 부담금제를 들 수 있다. 공공시설 설치 부담제도와 공공감보제도를 흔히 광의의 환수제도로 분류하고 있지만, 이들 제도가 지가 상승과 연계되지 않는다는 특성을 고려하면 엄밀한 의미에서 개발이익 환수제도로 보기 어렵다(김용창 외, 2015).

5. 향후 연구의 전망

신고전파 접근, 마르크스주의 접근, 생태주의 접근, 제도주의 접근 등 토지와 부동산을 연구하는 갈래들이 다양한 만큼 분석하는 영역과 추상수준이 서로 다르고, 설명력에도 각각 일정한 한도가 있다. 또한 1980대 이후 연구 경향은 특정 접근을 순수하게 구분할 수 없을 정도로 서로 혼합되어 있고, 실제 토지이용 상황도 산업구조의 변화, 자본의 세계화 경향 등과 맞물리면서 특정한 단일 접근의 가정이나 원리로는 설명하기 어려울 정도로 복잡하게 전개되고 있다. 따라서 새로운 사회경제적 프로세스를 반영하는 다양한 접근과 복합적 접근이 필요하다.

그리고 토지 및 부동산 개발전략 차원에서 종래와 같은 표준적인 대규모 교외지역 토지개발전략은 한계를 맞고 있기 때문에 기존 도시 내 토지의 재활용과 도시재생, 스마트 성장 전략으로의 전환에 대한 연구가 활기를 띨 것이다. 그리고 금융의 증권화가 보편적인 자금조달 방법으로 자리하면서 토지개발에서 증권화 방법도 더욱 확대되고, 거대개발 프로젝트 또한 보다 용이하게 시도될 것이다. 그만큼 토지개발과 도시공간의 생산은 글로벌 금융위기의 영향을 직접적으로 받게 될 것이다. 나아가 무엇보다도 토지 및 부동산 개발전략에서 근본적인 변화를 가져올 구조적인 변화는 인구구성의 변화(고령화, 소수 자녀화 등), 공유경제 확대, 생활양식의 변화, 사물 인터넷과 스마트 도시 환경으로의 기술적 전환, 생태주의 개발전략 등이 중요하며, 이러한 변화들이 어떻게 토지 및 부동산 개발에 영향을 줄 것인가에 대한 연구가 탄력을 받을 것이다. 그리고 개발과정에서 개발이익의 향유를 둘러싼 토지의 사회적 공익성과 기속성에 대한 쟁점은 19세기 초반 자본주의 시대만큼이나 재연될 것이며, 이에 기초한 도시공유자원(urban commons)의 확립도 새로운 도시개발전략으로 주목받을 것이다.

참고문헌

김용창, 1998, "토지지대에 대한 정치경제학적 접근", 『감정평가논집』, 8, pp.115-140.

김용창, 2001, "부동산증권화와 도시개발금융의 증권화", 『한국공간환경』, 2(2), pp.113-128.

김용창, 2006, "택지개발사업의 개발이익 추계에 대한 연구", 『한국지역지리학회지』, 12(5), pp.595-613.

김용창, 2010, "개발이익 환수제도 운영과정의 법적쟁점과 사법적 판단", 『토지공법연구』, 48, pp.269-295.

김용창, 2012, "왜 시·공간 통합적 사고가 필요한가?: 데이비드 하비 『자본의 한계』", 『사회과학 명저 재발견 3』, 서울대학교 출판문화원, pp.353-385.

김용창, 2017, "신자유주의 도시 인클로저와 실존의 위기, 거주자원의 공유화", 『희망의 도시』, 서울연구원 엮음, 한울, pp.176-215.

김용창·김승종·어명소, 2015, "개발이익환수와 개발손실보상정책", 『토지정책론』, 부연사, pp.323-367.

김홍상, 1992, "현대 토지문제에 대한 지대론적 해명", 서울대학교 경제학과 박사학위논문.

이정전, 2006, 『토지경제론』, 박영사.

久留島陽三 외 편, 1984, 『地代·收入; 資本論體系 7巻』, 有斐閣.

石見尙, 1966, 『土地所有の經濟法則』, 未來社.

Ball, M., 1994, "The Property Boom", *Environment & Planning A*, 26(5), pp.671-695.

Charney, I., 2001, "Three Dimensions of Capital Switching within the Real Estate Sector: a Canadian Case Study", *International Journal of Urban and Regional Research*, 25(4), pp.740-758.

Cheshire, C. and Sheppard, S., 2004, "Land Markets and Land Market Regulation: Progress towards Understanding", *Regional Science and Urban Economics*, 34(6), pp.619-637.

Coakley, J., 1994, "The Integration of Property and Financial Markets", *Environment & Planning A*, 26(5), pp.697-713.

Haila, A., 1988, "Land as a Financial Asset: the Theory of Urban Rent as a Mirror of Economic Transformation", *Antipode*, 20(2), pp.79-101.

Haila, A., 1991, "Four Types of Investment in Land and Property", *International Journal of Urban and Regional*

Research, 15(3), pp.343-365.

Harvey. D., 1982, *The Limits to Capital*, Blackwell, 최병두 옮김, 1995, 『자본의 한계』, 한울.

Krätke, S., 1992, "Urban Land Rent and Real Estate Markets in the Process of Social Restructuring: the Case of Germany", *Environment & Planning D*, 10(3), pp.245-264.

Logan, J., 1993, "Cycles and Trends in the Globalization of Real Estate", in P. L. Knox(ed), *The Restless Urban Landscape*, Prentice Hall.

Marx, K., 1978, *Das Elend der Philosophie*, Roderberg, Dietz, 강민철·김진영 옮김, 1989, 『철학의 빈곤』, 아침.

Massey, D and Catalano, A., 1978, *Capital and Land: Landownership by Capital in Great Britain*, Edward Arnold.

Ministry of Works and Planning, 1942, *Expert Committee on Compensation and Betterment: Final Report*, Her Majesty's Stationery Office, 서순탁·변창흠·채미옥·정희남 옮김, 2007, 『영국의 우트와트 보고서』, 국토연구원.

더 읽을 거리

이정전, 2006, 『토지경제론』, 박영사.

⋯▸ 토지경제학 기초, 지대론, 토지조세, 토지정책 등 토지와 관련한 주제에 대해 경제학적으로 설명한 교과서이다. 토지·부동산 분야에 대한 체계적인 입문서이면서 전문연구에도 아주 유용하다. 경제학에 대한 기초적인 지식이 필요하다.

정희남·한만희·김채규 외(편저), 2015, 『토지정책론』, 부연사.

⋯▸ 토지정책의 모든 분야를 포괄하는 입문서이자 전문연구성과를 반영하고 있다. 토지정책과 개념을 비롯하여 토지소유와 거래, 토지이용 계획과 규제, 토지개발과 공급, 개발이익 환수와 개발손실 보상, 토지조세, 토지관리, 토지정보, 통일 후 한반도 토지정책에 대한 주제로 구성되어 있다.

久留島陽三 외 편, 1984, 『地代·收入; 資本論體系 7巻』, 有斐閣.

⋯▸ 일본에서 지대론 논쟁을 종합 정리한 전문연구서이다. 자본주의 경제체제에서 토지와 토지소유의 의미, 토지지대의 경제학적 의미, 지대의 원천, 지대에 대한 논쟁과 쟁점 등 자본주의적 토지문제와 지대발생 구조에 대해 전문적으로 정리하고 있다.

Healey, P. et al.(eds), 1992, *Rebuilding the City: Property-led Urban Regeneration*, E & FN Spon.

⋯▸ 도시생애주기에서 탈산업사회로의 전환이 이루어짐에 따라 도시 토지이용에 급격한 전환이 발생한다. 신자유주의 이념과 개발, 계획과정과 행위주체, 개발방법, 장소 마케팅, 부동산투자 수익률 등 부동산을 기반으로 도시공간 구조의 전반적 전환과정을 이해하는 데 유용하다.

Geltner, D. and Miller, N. G., 2000, *Commercial Real Estate Analysis and Investments*, Prentice Hall.

⋯▸ 공간개념과 부동산을 통합적으로 이해하는 데 유용한 기초적인 입문서이다. 도시지리학의 기본적인 주제

를 모두 포괄하면서 부동산 관련 기본개념을 이해할 수 있게 해 준다. 공간시장과 자본시장의 통합이라는 관점과 투자용 부동산 분석이라는 기본적인 관점을 유지하고 있다.

Zietz, E. N. and Sirmans, G. S., 2004, "An Exploration of Inner-City Property Markets", *Journal of Real Estate Literature*, 12(3), pp.323-360.

···› 교외화 및 탈산업화 과정에서 발생하였던 기존 도시 내 방기부동산(inner−city property)의 재생과 재활용이 중요한 토지자원으로 부상하고 있다. 이 논문은 그동안 연구동향을 5개 분야로 나누어 정리하고 해당 논문에 대한 개요를 소개하고 있다.

주요어 토지소유, 자본투자전환, 도시재생, 사적 공용수용, 개발이익

제5장

도시와 금융

박원석

1. 도시경제 활성화와 금융의 역할

금융부문이 실물경제 성장에 영향을 미친다는 사실은 이론적으로나 경험적으로 이미 많은 연구결과를 통해 입증된 바 있다. 금융부문이 경제성장에 미치는 역할로는 소액자금을 수집하여 대규모화하는 역할, 투자 프로젝트를 평가하여 가장 유망한 프로젝트를 선별하는 역할, 저축을 기업에 이전하여 유동성을 늘리는 역할, 자본을 효율적으로 배분하는 역할 등을 들 수 있다. 이와는 반대로 실물경제의 성장이 금융부문의 발달을 가져올 수 있다. 따라서 각국의 금융발달 수준이 경제성장과 깊은 관련성을 가지며 지속적인 경제성장을 위해서는 금융의 발달이 필요하다.

지금까지 금융이 경제성장에 미치는 효과에 대한 연구는 주로 국가경제 전체를 대상으로 이루어졌다. 여기에는 한 국가 내에서는 자금이동의 제한이 없기 때문에 금융시장의 균형은 국가 범위에서 결정되고, 어느 지역 또는 도시에서나 균형금리 수준에서는 자금공급이 무한 탄력적으로 제공될 수 있다는 인식이 깔려 있다. 이러한 견해를 취할 경우 도시경제의 활성화에서 금융부문의 역할은 국가 전체 금융부문의 효율성에 좌우된다고 하겠다. 그러나 현실적으로 보면 한 국가 내에서도 지역 간, 도시 간 금융부문의 여건에 차이가 있으며, 이러한 금융 여건의 차이가 도시경제 성장에 차별적으로 영향을 미치고 있다는 점이다.

따라서 국가경제와 마찬가지로 도시경제 역시 금융부문의 활성화가 경제 활성화를 위한 중요한 관건이 된다. 따라서 금융부문의 여건이 도시 간에 차이가 크다면, 도시 금융부문의 효율성에 따라 도시경제 성장률에 차이가 나고, 도시 간 경제적 격차도 벌어지게 될 것이다. 다시 말하면, 금융이 건전하고 활성화된 도시, 즉 효율적인 금융 시스템으로 금리수준도 낮고 신용공급도 원활하며 차입자의 신용도도 높은 도시에서는 도시의 투자활동을 자극하고, 그 결과 도시경제 성장을 가속화(Samolyk, 1994)시킬 수 있을 것이다.

지방자치제가 본격적으로 실시되고 '지방화'라는 화두가 우리 사회의 중요한 이슈로 부각됨에 따라, 도시 및 지역 경제를 활성화하고 지역 간 불균형 해소를 위한 방편으로 '도시개발사업'에 대한 관심이 증가하고 있다. 도시개발사업은 지역의 생산활동을 원활히 하고 주민의 삶의 질 향상을 위한 각종 사회간접자본(SOC)은 물론 산업부문을 포함한 지역의 고용과 소득을 일으키는 전반적인 물리적 개발사업을 의미한다고 할 수 있다.

그런데 지역개발사업을 추진하는 데 가장 큰 문제는 투자자금을 어떻게 확보하는가이다. 교통, 물류, 생산지원 등 상당수의 도시개발사업은 공공재적 성격이 강하기 때문에 주로 중앙정부와 지방자치단체 등 공공부문의 주도하에 추진되고 있으며, 투자재원 조달도 정부의 조세, 국공채 등 재정자금을 통해 이루어지고 있다. 그러나 도시개발에 대한 수요가 급증하면서 공공부문의 재원만으로는 도시개발사업의 수요에 효과적으로 대응하기에는 많은 한계가 있게 되었다. 특히 많은 개발 프로젝트들이 대형화되고 있으며, 높은 서비스 수준과 고도의 기술을 필요로 하는 프로젝트들이 증가하는 추세에 있어, 그 소요자금도 천문학적 수치에 이르고 있다.

급증하는 도시개발 수요에 효과적으로 대응하고 도시경제를 활성화시키기 위해서는 이를 위한 재원조달 방안을 모색하는 것이 중요한 문제로 대두된다. 즉 도시개발, 도시경제의 활성화를 위해서는 다양한 금융자금원을 확보하는 것이 중요하다. 이러한 맥락에서 이 글에서는 도시경제 활성화를 위해 활용할 수 있는 다양한 자금조달원, 즉 금융자금을 소개하고, 이러한 금융자금을 도시개발사업에 효과적으로 활용할 수 있는 금융기법을 살펴보기로 한다.

2. 도시개발과 자금조달 방안

도시경제 활성화를 위한 개발수요에 효과적으로 대응하기 위해서는 적절한 재원조달 방안을 모색해야 하며, 실제로 많은 도시개발사업에서 다양한 자금조달원을 활용하고 있다. 도시개발사업은 사회간접자본을 포함하여 공공재적 성격이 강하기 때문에, 중앙정부와 지방자치단체 등 공공부문이 제공하는 자금이 일차적으로 활용될 수 있다. 여기에는 국세, 지방세 등 조세수입은 물론 각종 세외수입과 기금 등을 통해 공공부문이 자기자본으로 조달하는 자금과, 국고채와 지방채를 발행하여 공공부문이 타인자본으로 조달하는 자금을 들 수 있다. 이러한 공공자금은 도시개발사업에 범용적으로 사용될 수 있는 자금은 물론, 특별한 개발사업에 특정하여 조달하는 기금 등이 있을 수 있다.

한편 민간부문에서 조달하는 자금도 도시개발사업에 광범위하게 활용할 수 있다. 실제로 공공재적 성격이 비교적 약한 도시개발사업에 대해 수익자 부담원칙을 실현하고 민간의 창의성과 효율성을 도입한다는 목적하에 전 세계적으로 민간의 자본 및 사업 참여가 이루어지고 있으며, 이를 위해 도시개발사업에 투자 또는 융자를 담당하는 다양한 금융자금이 활용되고 있다. 우선 자기자본을 투자하는 지분형 자금으로는 개인이나 기관투자가 등 직접투자자를 통해 조달되는 자금과 부동산 펀드 등 간접투자자금으로 조달되는 자금을 들 수 있다. 도시개발사업에 직접투자자금을 제공하는 주요한 기관투자가들로는 연기금, 보험회사 등을 들 수 있다. 이들 기관투자가에게 도시개발사업은 장기간에 걸쳐 안정적인 자산운용이 가능한 적절한 자금운용처를 제공해줄 수 있다.

이와 아울러 금융기관과 투자회사에서 모집한 다양한 간접투자상품을 활용할 수 있다. 도시개발사업에 활용 가능한 간접투자상품은 주로 부동산 투자와 관련된 상품이라 할 수 있는데, 우리나라에서 이러한 부동산 관련 간접투자상품으로는 부동산투자회사, 부동산 펀드, 계약형 부동산 투자신탁 등을 들 수 있다. 이러한 부동산 간접투자상품들은 주요 투자대상이 부동산인 만큼, 도시개발사업 중에서도 부동산 개발의 성격이 강한 주택사업, 복합단지 개발사업, 산업단지 개발사업 등에 주로 활용할 수 있다.

부동산투자회사(Real Estate Investment Trusts, REITs)는 다수의 투자자들로부터 금전을 출자받아 부동산에 투자하고, 그 부동산으로부터 발생하는 수익을 투자자들에게 배당하는 회사를 말한다. REITs 제도는 부동산 간접투자의 가장 핵심적이고 보편적인 형태라 할 수 있다. 우리나라에서는 2001년 4월 미국의 REITs를 근거로 하는 '부동산투자회사법'의 제정을 통해 부동산투자회사(REITs) 제도가 도입[1]되었다. '부동산투자회사법'은 몇 차례 개정되어, 현재 부동산투자회사는 자기관리형 REITs, 구조조정형 REITs, 위탁관리형 REITs라는 세 가지 형태로 존재하고 있다.

---

1. 이는 미국의 REITs 제도가 별도의 특별법이 아닌 세법의 조항에 근거한다는 점에서 차이가 있다. 즉 1960년 내국세법 개정을 통해 일정한 요건을 갖춘 부동산에 투자하는 회사, 신탁, 조합에 대해 법인세를 면제해 주는 조항을 둠으로써 REITs 제도가 태동하게 되었다.

계약형 부동산투자신탁이란 고객들로부터 금전을 위탁받아, 부동산과 부동산 관련 유가증권에 투자한 다음 그 이익금을 투자자들에게 배당하는 신탁상품이다. 계약형이라는 의미는 부동산투자신탁이 실체적인 회사의 형태를 갖지 않고 신탁계정을 근간으로 발행되는 수익증권의 형태를 갖고 있다는 것이다. 계약형 부동산투자신탁은 1998년 '신탁업법 시행령'의 개정에서 비롯되었다. 정부는 '신탁업법 시행령'의 금전신탁자금 운용방법에 '부동산의 매입 및 개발'을 추가하였고, 이에 따라 신탁겸영은행에 한해 부동산투자신탁의 모집이 허용되었다. 투자자들은 신탁계정을 근간으로 발행되는 수익증권에 투자를 하게 되는데, 현행법상에서는 금전신탁 업무를 취급할 수 있는 신탁겸영은행에 한해 상품의 판매가 가능하다.

'간접투자자산운용업법'상의 부동산 펀드(부동산간접투자기구)도 도시개발사업에 활용될 수 있는 금융상품이다. '간접투자자산운용업법'은 자산운용업의 발전을 도모하기 위해 동일한 기능을 수행하는 투자기구는 투자기구의 법적인 형태에 관계없이 동일한 수준의 규제를 받아야 한다는 맥락에서 자산운용업에 적용되었던 4개의 법률을 하나로 통합하여 단일법으로 제정되었다. '간접투자자산운용업법'에 의해 설립되는 자산운용사가 운용할 수 있는 투자대상 자산으로는 유가증권 외에도 부동산, 실물자산, 파생상품에까지 포괄적으로 규정되었는데, 특히 이 법에 따라 부동산에 전문적으로 투자하는 간접투자기구로서 부동산간접투자기구(이하 부동산 펀드로 지칭함)의 설립이 가능하게 되었다. 부동산 펀드는 자산운용을 부동산 직접투자뿐만 아니라 부동산 개발사업에 대한 대출로 운용이 가능하며, 만기가 있는 신탁형 펀드가 주류를 이루고 있다는 점에서 주택 개발금융으로 활용하기에 적합한 금융상품이라 할 수 있다.[2] 실제로 2003년 이후 설정된 부동산 펀드의 상당수가 실물투자보다는 주택 개발을 비롯한 부동산 개발에 대한 대출로 자산운용을 하고 있음을 볼 수 있다.

한편 타인자본으로 조달하는 부채형 자금으로는 은행, 보험회사, 연기금 등 금융기관에서 제공하는 각종 대출자금을 들 수 있다. 특히 보험회사와 연기금 등의 경우 장기적인 자금운용이 필요한 만큼, 도시개발사업에 대한 자금융자는 이들 금융기관에 안정적인 자산운용처를 제공해 줄 수 있다.

이와 아울러 MBS(Mortgage Backed Securities), CMBS(Commercial Mortgage Backed Securities)[3] 등 자산유동화증권에 대한 투자자금이 도시개발사업의 부채형 자금으로 활용될 수

2. 이는 '부동산투자회사법'상 부동산투자회사의 경우 자산운용 대상이 실물 부동산에 제한되어 있어 사실상 주택 개발금융으로 활용하기 어려운 점과 대조되는 점이다.
3. MBS와 CMBS에 대한 보다 구체적인 내용은 '부동산 증권화 기법'에서 다루기로 한다.

있다. MBS와 CMBS는 금융기관이 담보대출(도시개발사업에 대한 대출)을 통해 설정한 주택용 저당채권(mortgage)이나 상업용 저당채권(commercial mortgage)을 유동화한 증권을 말하는데, 이렇게 2차 저당시장을 통해 저당채권의 유동화가 가능할 경우, 유동화 채권투자자가 도시개발사업에 대한 부채형 자금의 궁극적인 조달원이 된다.

3. 도시개발사업에 활용 가능한 금융기법

도시개발사업에는 공공부문과 민간부문에서 제공하는 다양한 금융자금을 활용할 수 있다. 그런데 도시개발사업은 일반적으로 초기 자금조달 부담이 크고 회수기간이 길며 수익성이 높지 않기 때문에, 이러한 자금을 끌어들이기에는 상당한 장벽이 존재한다. 이에 도시개발 과정에서 금융공학과 새로운 위험-수익 배분기법을 활용하여 다양한 금융자금을 활용하는 방안들이 꾸준히 개발되어 왔다. 대표적인 것으로 프로젝트 금융 방식, 부동산 증권화 방식, 민간투자사업으로서 BTO 방식, 조세증가기반금융 방식을 들 수 있다.

1) 프로젝트 금융

프로젝트 금융(project finance)이란 사업주와 법적으로 독립된 프로젝트로부터 발생하는 미래 현금흐름을 상환재원으로 하여 자금을 조달하는 금융기법을 의미한다. 즉 프로젝트 금융은 별도의 재원이 아닌 자금을 동원하는 기법을 의미한다. 프로젝트 금융은 프로젝트의 사업성에 의해 금융을 일으키기 때문에 사업주(모기업)의 담보나 신용에 근거하여 자금을 조달하는 기존의 기업금융(corporate finance) 방식과는 구별된다.

프로젝트 금융은 사업주가 프로젝트 회사에 대해 차입금 상환보증을 하지 않기 때문에 대출약정 과정에서 대출상환 위험을 회피할 수 있는 위험보증장치를 마련해야 한다. 프로젝트 위험을 분담하기 위한 장기 구매계약, 장기 판매계약 등 프로젝트의 미래 현금흐름에 영향을 줄 수 있는 이해당사자들과의 각종 계약, 보험, 결제위탁계정(escrow a/c) 활용, 사업주 보증, 정부 보증 등이 활용된다. 따라서 프로젝트 금융은 자금조달을 약정하는 대출약정과 위험보증장치를 포괄하는 패키지적 구조라 할 수 있다.

프로젝트 금융을 통해 도시개발사업에 자금을 제공하는 금융기관은 사업주체의 신용과 프로젝트를 법률적으로 분리시킴으로써 주택사업자의 파산 위험으로부터 프로젝트를 보호할 수 있다. 또한 사업주체의 모든 사업에 대한 신용평가를 할 필요 없이 당해 프로젝트에 대한 사업성 검토만 하면 되기 때문에 정보의 비대칭성 문제가 감소하며, 프로젝트 금융을 선호할 가능성이 크다. 사업주체의 입장에서도 프로젝트 금융이 제한적 소구 금융이기 때문에 주택사업자는 프로젝트 실패 시에 원리금 상환의무가 경감되며, 프로젝트 금융으로 조달한 차입금은 부외금융(off-balance sheet)으로 회계처리상 사업주의 대차대조표상에 부채로 계상되지 않아 채무수용능력이 제고된다. 또한 사업주가 금융기관으로부터의 대출한도를 소진하거나 법규상 대출에 제한을 받는 경우에도 사업주와 독립된 당해 프로젝트에는 대출이 가능하며, 주택사업 전 공정기간 동안 안정적으로 자금조달이 가능하다는 등의 이점이 있다.

반면 프로젝트 금융을 활용할 경우 극복해야 할 단점도 있다. 우선 프로젝트 금융은 긴 협상기간, 수수료, 보험료, 위험 프리미엄 등으로 인해 기업금융보다 금융비용이 높다. 또한 계약관계가 복잡하고 협상당사자들 간의 위험배분 및 참여조건의 결정에 많은 시간과 비용이 소모된다. 특히 프로젝트 금융 협상과정에서 발생하는 이해관계는 당사자 간에 매우 첨예한 것이기 때문에, 이해당사자 간의 조정이 매우 어려운 문제점(박원석 · 최진우, 1997)이 있다. 결국 이해당사자가 프로젝트 금융을 통해 누릴 수 있는 이점이 문제점을 상쇄하고도 남는 상황에서 프로젝트 금융을 활용할 수 있다고 하겠다.

우리나라에서 프로젝트 금융은 1990년대 중반 '민자유치촉진법'의 도입 이후 도로, 항만, 물류사업 등 SOC(Social Overhead Capital) 민자유치사업의 자금조달 방안으로 활용되고 있다. 실제로 많은 민자 고속도로들이 프로젝트 금융 방식을 활용하여 자금조달을 한 바 있다. 특히 2000년대 들어 부동산경기 활성화와 맞물려 주택 및 부동산 개발금융을 위한 자금조달 기법으로 프로젝트 금융이 적극적으로 활용되고 있다.

2) 부동산 증권화

자산담보부증권(Asset Backed Securities, ABS)이란 금융기관과 기업이 보유한 비유동성 자산을 판매 가능한 형태로 변환시킨 유가증권을 말한다. 다시 말하면 금융기관 또는 기업이 보유하고 있는 자산을 집합화하여 특수목적회사(SPC)에 양도함으로써, 그 자산을 담보로 증권을 발행하여 자금을 조달하고, 당해 자산의 관리 또는 처분에 의해 발생하는 수익을 투자자에게 배분하는 증권이다. 이러한 자산담보부증권 발행에서 중요한 관건은 자산 보유자의 위험을 기초자산

(담보자산)으로부터 완전히 분리하는 것이며, 증권의 신용등급을 상향시키기 위해 각종 신용보완조치도 필요하다.

우리나라에서는 외환위기 이후 기업과 금융기관의 부실채권 정리를 위해, 1998년 '자산유동화에 관한 법률' 제정을 통해 자산유동화제도를 도입하였다. '자산유동화에 관한 법률'에 의하면, 유동화 자산의 종류는 채권, 부동산 등 포괄적으로 규정하였다. 따라서 도시개발사업의 경우, 프로젝트 또는 관련 부동산 지분을 직접 유동화할 수도 있고, 도시개발사업에 대한 담보부 대출을 유동화할 수도 있다. 도시개발사업의 지분을 유동화한 ABS는 부동산 간접투자 펀드를 통한 자금조달과 유사한 형태라 할 수 있다.

저당채권의 유동화는 금융기관이 개발사업을 담보로 한 저당대출을 근거로 자산담보부증권을 발행하는 형태로, 금융기관이 보유한 저당채권을 직접 매각하거나 증권화하여 대출자금을 조기에 현금화함으로써 개발사업에 필요한 자금을 조달하는 것을 말한다. 이를 위해 금융기관은 1차 저당시장에서 개발사업 수요자에게 자금을 대출하여 저당채권을 설정하고, 2차 저당시장에서 보유한 주택저당채권을 직접 매각하거나 이를 근거로 MBS를 발행하여 주택금융에 필요한 자금을 조달한다. 따라서 주택저당증권이란 금융기관이 보유한 주택저당채권을 담보로 발행하는 증권을 말한다. 즉 이율, 만기, 상환방식 등이 비슷한 주택저당채권을 대량으로 집합화(pooling)하고, 여기에서 발생하는 현금흐름(대출금 상환원리금)을 근거로 증권을 발행하는 것이다. 일반적으로 저당채권이 주택을 담보로 하는 경우에 발행되는 유동화증권을 MBS, 오피스나 쇼핑센터 등 상업용 부동산을 담보로 하는 경우에 발행되는 유동화증권을 CMBS라 한다.

도시개발사업을 담보로 한 유동화증권은 자본시장 투자자들에게 새로운 투자상품을 제공할 수 있다. 높은 분양수익이 예측되거나 안정된 수입이 예상되는 도시개발사업의 경우 현금흐름이 비교적 예측 가능하기 때문에, 자본시장에서 투자자를 유인할 수 있어 부동산 증권화의 성공 가능성이 높다. 또한 변제 우선순위를 달리하는 여러 층의 증권을 발행하여 자본시장에서 다양한 투자자의 필요에 맞는 상품을 제공할 수 있다.

도시개발 사업주체의 입장에서는 부동산 증권화제도를 활용함으로써 자본시장을 통해 안정적인 자금조달 수단을 마련할 수 있다. 개발사업의 예상 현금흐름과 연동하는 유동화증권을 발행하여 자금을 조달하므로 안정적인 사업진행이 가능하게 된다.

3) BOT 방식

도로, 철도, 항만 등 공공재적 성격이 강한 도시개발사업에서는 민간자본을 유치하기 위한 방법으로 BOT(Build–Operate–Transfer) 방식이 널리 활용되고 있다. BOT 방식이란 프로젝트의 사업주가 필요한 자금을 조달하여 시설(설비)을 완공(Build)한 후 일정 기간 동안 당해 프로젝트를 운영(Operate)하여 그 수익으로 채무상환 및 지분출자자에 대한 배당을 실시하고, 운영기간이 종료되면 발주자에게 양도(Transfer)하는 기법을 말한다. 여기서 프로젝트 시공 및 운영을 위한 자금조달 및 상환은 전적으로 프로젝트 전담회사의 책임이다.

BOT 방식은 정부의 재정지원을 최소화하면서 적시에 자금부족으로 제공할 수 없는 프로젝트를 시행할 수 있고, 민간부문의 효율성을 적극적으로 도입할 수 있어서 SOC 시설과 같이 공공재적 성격을 지닌 정부 영역의 도시개발사업에 민간자본을 유치하는 방법으로 많이 이용되고 있다. 특히 개발도상국의 경우 외국투자와 신기술 도입을 추진할 수 있다는 점에서 많이 추진되고 있다.

BOT 방식에서 중요한 것은 공공부문과 민간사업자 간의 역할분담 및 정부의 보증이다. 이러한 관계는 정부와 민간사업자 간의 양허협정(concession agreement)을 통해 결정된다. 양허협정을 통해 공공부문은 수익성을 보증하거나, 개발사업의 위험 일부를 인수하는 등의 민간사업자를 위한 혜택을 제공한다. 대표적인 것으로 도로사업에서 운영기간 동안 통행량이 예상 통행량에 미치지 못할 경우, 통행료의 일정 수준을 보증하는 것을 들 수 있다. 한편, BOT 방식은 프로젝트의 특성에 따라 여러 가지 변형들이 개발되었는데, 우리나라의 민간투자사업에서는 BOT 방식 외에 BTO, BOO, BTL 방식 등이 활용되고 있다.

4) TIF 방식[4]

조세증가기반금융(Tax Increment Financing, TIF)이란 SOC 개선 등 도시개발사업에 자금을 지원받는 지역이 향후에 창출될 것으로 예상되는 재산세의 미래 증가분을 담보로 하여 자금을 조달하는 기법을 말한다. TIF 방식은 성장이 정체되어 있거나 마이너스 성장을 보이는 지역을 자치단체가 세수를 증대시키지 않고 재개발하기 위한 자금조달 수단으로 활용되고 있는 기법이다.

4. 여기에 대한 내용은 김용창, 2005, "공간–자본시장의 통합과 도시개발금융의 다양화 방법", 『지리학논총』, 45, 서울대학교 국토문제연구소를 주로 참조하였다.

TIF 방식은 미국에서 활발하게 활용되고 있는데, 탈산업화에 따라 도심부의 공장이 이전하면서 발생한 대규모 이전적지와 오염된 쇠퇴부지를 재개발하기 위한 방법으로 사용되고 있다. 초기에는 도시의 쇠퇴지역을 소극적으로 철거하기 위한 수단으로 활용되었으나, 최근에는 보다 적극적으로 새로운 도시개발사업을 수행하기 위한 자금조달 기법으로 활용되고 있다.

우리나라의 경우 자산유동화제도(ABS)가 도입되어 있는 만큼, TIF 방식을 활용할 수 있는 제도적 기반은 이미 갖추어져 있다. 즉 자치단체가 개발 대상지역의 장래의 재산세 증가분이라는 현금흐름을 담보로 ABS를 발행하여 투자자를 모집하는 방법을 통해 TIF 방식을 활용할 수 있는 것이다. 이를 위해서는 미래 현금흐름 추정기법의 발전, 자치단체의 신인도 등이 중요한 요소가 될 것이다.

4. 나오면서

지금까지 도시경제 활성화를 위해 금융부문의 활성화가 중요한 관건임을 살펴보았다. 이러한 맥락에서 도시개발 수요에 효과적으로 대응하며 도시경제 활성화를 위해 활용 가능한 자금조달원을 소개하고, 이러한 금융자금을 도시개발사업에 효과적으로 활용할 수 있는 금융기법을 소개하였다. 앞서 살펴본 바와 같이, 우리나라도 외환위기 이후 금융시장과 자본시장의 선진화 차원에서 많은 제도들이 도입되었으며, 이러한 제도들이 도시개발사업의 자금조달을 위한 금융기법으로 활용되고 있음을 볼 수 있었다.

그런데 이러한 금융기법을 활용하는 데 제도적으로 보완해야 할 부분이 많으며, 금융시장과 자본시장의 여건도 충분히 성숙되어 있지 못한 측면이 있다. 특히 도시개발사업의 적절한 위험분석과 효과적인 위험배분의 측면에서도 개선이 필요하다. 결론적으로, 도시경제 활성화를 위한 도시개발사업의 적절하고 효과적인 진행을 위해서는 금융의 역할이 중요하며, 이를 위한 연구와 개선이 꾸준히 이루어져야 할 것이다.

참고문헌

권주안 외, 2000, 『주택건설 프로젝트금융 활성화 방안』, 주택산업연구원.
김용창, 2005, "공간-자본시장의 통합과 도시개발금융의 다양화 방법", 『지리학논총』, 45, 서울대학교 국토

문제연구소.

박원석, 1998, "지역금융 활성화와 지역경제", 김익수 외 편, 『전환기의 지역경제정책』, 삼성경제연구소.

박원석, 1999, "지역개발사업을 위한 개발금융 활성화 방안", 『한국경제지리학회지』, 2(1-2), 한국경제지리학회.

박원석·박재룡, 1990, 『후분양제도 정착을 위한 주택 개발금융 활성화 방안』, 삼성경제연구소.

박원석·박재룡·김범식, 1999, 『주택저당채권 유동화제도의 도입이 주택시장에 미치는 영향』, 삼성경제연구소.

박원석·최진우, 1997, 『지역개발사업에서 프로젝트 파이낸싱 활용방안』, 삼성경제연구소.

서후석, 1998, "부동산 증권화와 건설 개발 금융의 활성화 모색", 홍성웅 편저, 『자산 디플레이션과 부동산 증권화』, 한국건설산업연구원.

양철원·조우성, 2002, 『부동산프로젝트금융시장 환경변화와 은행의 전략』, 하나경제연구소.

윤주현, 1998, "주택저당채권 유동화제도의 도입 방안", 홍성웅 편저, 『자산 디플레이션과 부동산 증권화』, 한국건설산업연구원.

Brueggeman, W. D. and Fisher, J. D., 2015, *Real Estate Finance and Investment*, McGraw-Hill Education.

Samolyk, K. A., 1994, "Banking conditions and regional economic performance: evidence of a regional credit channel", *Journal of Monetary Economics*, 34(2), pp.259-278.

더 읽을 거리

박동규, 2005, 『부동산 개발사업의 파이낸싱과 투자』, 명경사.

⋯› 이 책은 부동산 개발사업에 대한 프로세스를 기술하고, 프로젝트 금융을 중심으로 한 개발사업의 파이낸싱 메커니즘을 분석한 전문서적이다. 부동산 개발금융과 투자에 대한 실무 지침서로 활용할 수 있다.

김규진 외 옮김, 2017, 『부동산 금융과 투자』, 맥그로힐에듀케이션코리아.

⋯› 이 책은 Brueggeman, W. D. and Fisher, J. D., 2015, *Real Estate Finance and Investment*, McGraw-Hill Education을 번역한 책이다. 저당대출에서부터 포트폴리오 투자에 이르기까지 부동산 금융과 투자론 전반에 대한 이론적·실무적 내용들이 담겨 있어, 부동산 금융과 투자 전공자를 위한 이론서의 역할을 할 수 있다.

Porteous, D. J., 1995, *The Geography of Finance*, Avebury.

⋯› 이 책에서는 금융지리학 분야의 대표적인 연구결과들을 리뷰하고, 관련된 주요 이슈를 이론적으로 정리하고 있다. 금융지리학 분야에 관심이 있는 전공자를 위한 이론서로서의 역할을 할 수 있다.

주요어 금융, 자금조달, 간접투자상품, 부동산투자회사, 부동산투자신탁, 자산유동화증권, 프로젝트 금융, 부동산 증권화, BOT 방식, 조세증가기반금융

제6장

도시와 통근

이 욱

1. 도시와 통근: 배경

도시 내부와 도시들 사이에 일어나는 공간적 현상들은 지리학의 주요 연구대상이 되어 왔다. 이 중 대표적인 연구주제가 통근(commuting)에 관한 것이다. 통근이란 노동자의 주거지와 직장의 불일치에 의해 발생하는 공간적 이동을 총칭하는 개념으로, 통근자의 사회 및 경제적 특성, 도시 내부의 공간구조, 교통수단의 다양성 등 여러 요인에 의해 영향을 받는다. 통근은 의무적 통행으로 간주되며, 여가활동 및 구매통행 등 자발적 통행과는 구별된다. 통근은 매일 특정 시간대에 주기적으로 발생하여 심각한 교통체증을 유발하기 때문에 도시교통뿐 아니라 주거지의 교외화, 고용의 입지적 패턴, 토지 및 주택 가격의 변화 등 사회 전반에 걸쳐 지대한 영향을 미친다.

1980년대 이후 통근에 관한 연구는 지리학과 도시계획 분야에서 활발하게 진행되어 왔는데, 대표적인 주제들을 간단히 나열하면 다음과 같다.

- 도시팽창과 통근의 관계
- 사회경제적 요인이 통근에 미치는 영향
- 토지이용 패턴과 통근의 관계
- 교통수단의 선택과 접근성(accessibility)
- 주거지와 직장 입지 변화에 따른 접근성과 이동성(mobility)의 문제

- 주거지와 직장의 공간적 재배치를 위한 분배 · 재분배 모델 개발
- 직주균형(jobs–housing balance)의 문제
- 통근의 효율성과 이에 따른 정책적 의미
- 수학적 모델링을 통한 도시교통 및 통근연구에 필요한 계량적 지표 개발

통근과 불가분의 관계를 가지는 것이 직주균형의 개념인데, 이는 도시 내부의 한 지역이 얼마나 자족적인 기능을 가졌는가를 노동자의 수요와 공급의 관점에서 보는 것이다. 접근성의 경우 고용기회에 대한 잠재력이 통근 패턴에 직간접으로 영향을 미친다고 밝혀져 왔으며, 도시공간 구조를 이해하는 데 중요한 요인으로 작용한다. 자가용 통행이 주를 이루는 북아메리카의 경우 초과통행과 직주균형, 그리고 접근성은 지리학뿐만 아니라 도시와 관련된 사회과학, 도시 및 교통 계획, 도시공학 등 여러 분야의 핵심적 연구주제로 집중 부각되고 있다.

이 글에서는 지리학자와 도시계획학자들이 관심을 가져온 통근연구에서 기본적인 이론적 배경이 된 개념들, 즉 초과통근(excess commuting), 직주균형, 접근성 및 이동성 등을 살펴보고, 이 개념들을 기반으로 어떻게 도시의 통근효율성(commuting efficiency)이 계량적으로 측정되는지 알아보고자 한다.

2. 주요 이론적 개념

1) 초과통근

현대도시의 심각한 문제 중 하나인 교통체증은 주로 출퇴근 시간대에 집중적으로 발생하고 사회적 비효율성을 생산하게 된다. 도시민들의 사회경제적 관계가 복잡 · 다양화되고 자가용 소유가 보편화되면서 도시의 통근효율성도 점차 줄어드는 경향을 보이고 있다. 초과통근(excess commuting)에 관한 연구는 주로 미국, 일본, 유럽의 도시들을 대상으로 진행되었는데, 도시 및 교통 지리학 분야뿐만 아니라 도시계획과 도시경제학 등 관련 분야에 많은 함의를 가진다.

초과통근은 한 도시의 통근 패턴과 이론적 최적 패턴을 비교하여, 각 도시의 통근효율성을 측정하는 한 방법이다. 초과통근은 직장과 주거지의 입지적 불일치로 인해 발생하는 통근의 잉여분을 측정한다. 기본적인 가정은 실제 통근 패턴이 최적의 상태가 아니며, 이론상 최적의 상태는 직장과 주거지 간의 통근거리가 최소화된 상태라는 것이다. 하지만 실제로는 도시 내부구조,

사회경제적 여건, 각 가구의 특성 등으로 인해 이와 같은 최적의 시나리오는 존재하기가 불가능하다.

초과통근 개념은 해밀턴(Hamilton, 1982)과 화이트(White, 1988)에 의해 제시되었는데, 해밀턴은 경제학적 모델을 기반으로, 화이트는 선형계획 모델을 이용하여 각각 초과통근을 측정하였다. 해밀턴(1982)은 처음으로 도시경제학의 단핵도시 모델을 기반으로 통근 패턴을 예측하였는데, 실제 평균 통근거리가 이론적 최소 평균거리보다 크다는 것을 밝혔다. 그는 평균 통근거리와 이론적 최소 평균 통근거리의 차이를 '낭비통근(wasteful commuting)'으로 지칭하였는데, 80% 이상의 도시 내부의 통근이 낭비적이며 고용과 주거지의 지리적 재분배를 통해 이러한 낭비통근을 줄일 수 있다고 주장하였다. 이후 화이트는 해밀턴의 단핵도시 모델이 현대의 다핵도시 구조를 설명하는 데 한계가 있다고 지적하면서, 선형계획 모델을 이용하여 이론적 최소 평균 통근 패턴을 계산하였다. 화이트는 통근거리 대신 통근시간을 이용하였으며, 선형계획법을 통해 통근자의 지리적 위치를 재분배하여 최적의 통근 패턴을 얻어 냈다. 그 뒤 방법론적 발전이 활발히 이루어지면서 화이트의 선형계획 모델이 널리 이용되어 왔으며, 수많은 연구들의 기초가 되었다.

여기서도 화이트의 선형계획 모델을 중심으로 어떻게 초과통근이 측정되는지 알아본다. 먼저 초과통근을 측정하기 위해서는 다음과 같은 자료가 요구된다.

- 공간이동 행렬(T): 통근자 수가 행렬에 기록되며, 각 거주지(출발지)는 행에, 각 직장위치(도착지)는 열에 배열한다.
- 통근비용 행렬(C): 각 지역 간의 통근비용(통근거리 혹은 통근시간)이 행렬에 기록된다.
- 총 통근자 수(N): 공간이동 행렬의 총합

위의 두 행렬을 각 원소끼리 곱하여 총 통근자 수(N)로 나누면 한 도시 전체 통근자의 평균 통근거리를 얻을 수 있다.

평균 통근거리(X)=(T×C)/N

초과통근은 한 도시의 평균 통근거리(X)와 최소 평균 통근거리(Y)와의 차이를 나타내는 개념으로, 한 도시의 전체 통근자가 평균적으로 이동하는 거리(X)와 이론적으로 최적 상태의 통근 패턴, 다시 말하면 전체 통근자가 가장 짧게 이동할 수 있는 거리(Y)를 비교하여 측정한다(White, 1988; Small and Song, 1992). 초과통근은 다음과 같은 식을 통해 백분율로 표현한다.

초과통근(Z)=[(X−Y)/X]×100

이 최소 통근거리를 얻기 위해 최적화기법(optimization) 중 하나인 선형계획기법을 주로 이용한다. 최적화기법은 주어진 목적함수를 제약조건에 따라 최대화 혹은 최소화시키는 분석방법을 말한다. 최적화 문제를 풀기 위해서는 목적함수와 제약조건을 지정한 후 특정 알고리듬을 통해 최적치를 찾아내는데, 이를 위해 이용되는 최적화 소프트웨어로는 LINGO, CPLEX, GAMS 등이 있다. 이들은 선형 및 비선형 최적화 문제를 풀어내는 수리 프로그램으로서 각 프로그램 안에 설정된 알고리듬을 통해 최적치를 찾아낸 후 분석결과를 출력한다. 목적함수와 제약조건들을 입력하는 방식은 각 프로그램마다 다른데, LINGO가 프로그램 안에서 수식을 풀어 입력한다면, GAMS의 경우 수학공식을 직접 입력한다. CPLEX는 선형계획 문제에 특화되어 있는데, 주로 외부의 다른 프로그램에서 코딩된 인풋 파일을 읽고 최적화 문제를 풀게 된다.

최소 통근거리(Y)=극소화: $\frac{1}{T}\sum_{i=1}^{n}\sum_{j=1}^{m}T_{ij}C_{ij}$

제약조건: $\sum_{j=1}^{m}T_{ij}=O_i$

O_i = 지역 i에 거주하는 총 노동자 수

$\sum_{i=1}^{n}T_{ij}=D_j$

D_j = 지역 j에 고용된 총 노동자 수

$T_{ij}\geq 0$

위의 극소화 문제는 이론적으로 최소 통근거리를 찾도록 통근 패턴을 재분배하게 되는데, 각 제약조건들은 도시 내 각 지역의 거주노동자 수와 고용노동자 수를 유지해야 함을 의미한다. 처음의 제약조건은 도시 내 각 지역의 실제 총 거주노동자 수가 최적 상태의 패턴에서도 유지되어야 함을 나타내며, 두 번째 제약조건은 도시 내 각 지역의 실제 총 고용노동자 수가 변하지 않아야 함을 나타낸다. 주의할 것은, 이 극소화 문제는 공간적 이동 패턴을 재분배하는 것이지, 도시 내 각 지역의 노동자의 수를 인위적으로 바꾸는 것이 아니라는 것이다.

초과통근은 백분율로 표시된 한 도시의 통근효율성의 척도로서, 한 도시가 얼마나 최적 상태의 통근 패턴과 가까운가를 나타낸다. 이론적인 이해를 돕기 위해 다음의 〈그림 1〉을 보자. 초과통근은 백분율로서 0%에서 100%까지 나타낸다.

한 예로 〈표 1〉과 같은 결과를 얻었다고 가정하자.

〈표 1〉을 보면 도시 1이 평균 통근거리가 가장 길고, 도시 3이 가장 짧게 나타난다. 그러나 이 결과만을 보고 도시 3이 도시 1보다 통근효율성이 높다고 말할 수는 없다. 왜냐하면 각 도시는 각기 다른 도시공간 구조로 인해 직장과 거주지의 분포가 다르게 나타나기 때문이다. 이런 문제

초과통근(%) 0 ------------------------------ 100

최대 통근효율성 최소 통근효율성

그림 1. 통근효율성의 척도로서 초과통근

표 1. 통근거리와 초과통근 사례

구분	평균 통근거리(X)	최소 통근거리(Y)	초과통행(Z)
도시 1	30km	20km	33.3%
도시 2	20km	10km	50.0%
도시 3	10km	3km	70.0%

를 초과통근을 비교함으로써 해결할 수 있다. 도시 1이 가장 긴 평균 통근거리를 보였지만 실제 33.3%만이 초과통근이었으며, 반면 도시 3이 70%의 초과통근을 보임으로써 세 도시 중 가장 비효율적인 통근 패턴을 나타내고 있다. 초과통근이 높으면 높을수록 통근효율성이 낮은 것으로 이해하면 된다.

2) 직주균형

직주균형(jobs-housing balance) 개념은 도시팽창이 급격하게 이루어지는 북아메리카 도시들을 대상으로 한 연구와 정책에 적용되어 왔다. 이러한 직주균형 정책의 목적은 도시의 자족성을 증대시킴으로써 궁극적으로 통근거리 혹은 통근시간을 줄이는 동시에 복합적 토지이용을 장려하는 데 있다. 도시의 자족성을 측정하는 가장 간단한 방법은 직주균형비(jobs-housing balance ratio)를 계산하는 것으로, 한 지역에서 일하는 노동자 수를 그 지역에 실제 거주하는 노동자 수로 나눈 비로 나타낸다.

직주균형비=지역 총 고용노동자 수/지역 총 거주노동자 수

이론적으로 직주균형비가 1에 가까우면 그 지역의 고용노동자와 거주노동자의 수가 일치하는 것으로, 즉 자족성이 가장 이상적으로 이루어진 것으로 본다. 직주균형비가 1보다 현저히 높은 경우, 고용노동자의 수가 거주노동자의 수보다 많기 때문에 외부에서 유입되는 통근이 늘어나게 된다. 일반적으로 도시 중심업무지구(Central Business District, CBD)나 대규모 쇼핑센터와 업무단지 주변 그리고 산업시설 주변에서 볼 수 있다. 이러한 곳에서 일하는 노동자들은 거주시설

이 취약하기 때문에 먼 거리를 통근하게 된다. 반대로 직주균형비가 1보다 현저히 낮은 경우, 고용기회가 적기 때문에 거주노동자가 외부로 유출되는 통근 패턴이 나타난다. 서울 외곽의 침상도시 등 교외 거주지역에서 흔히 볼 수 있는 현상이다.

직주균형비 > 1(도시 중심업무지구, 교외 업무지구)
직주균형비=1(자족도시, edge city)
직주균형비 < 1(주거지 밀집지역, 교외 거주지역)

직주불균형의 요인을 몇 가지로 정리하면 다음과 같다.

- 도시의 성장: 도시가 외연적으로 성장하면서 도시민들은 교외지역으로 보다 나은 거주환경을 따라 이동하고, 이에 따라 기존에 직주균형 상태를 유지했던 지역들에 불균형이 오게 된다. 이러한 도시성장 과정에 따라 일어나는 직주불균형을 자연적인 결과로 보는 시각도 있다.
- 지가보다 낮은 통행비용: 도시 통근자들이 먼 통근거리와 시간을 감수하면서 매일 직장으로 출퇴근하는 것은 그만큼 통근비용이 주택이나 토지 가격보다 저렴하다는 것이다. 우리나라의 경우 주택가격이 워낙 비싸기 때문에 대부분의 사람들이 먼 거리로의 통근을 당연히 감수하는 경향이 있다.
- 노동시장의 변화: 여성들이 직장을 가지는 비율이 증가하면서 통근거리를 줄이는 일이 예전보다 더욱 어렵게 되었고, 따라서 한 가구 내 두 통근자의 합의에 의해 거주지의 위치를 정하는 것이 일반화되었다.
- 정부의 정책과 규제: 서울 및 수도권의 경우 새로운 일자리의 창출은 종류에 따라 규제되고 있으며, 신규 주택의 건설 또한 정부의 정책에 의해 결정된다. 이러한 정부의 정책이 직주불균형의 다른 요인이 되기도 한다.

직주균형에 관한 연구에서 많이 언급되는 이론적인 가정은 노동자의 직장위치와 거주지가 가까울수록 통근거리가 짧아지고, 따라서 교통체증이 줄어들 것이라는 것이다. 하지만 여기에서 염두에 두어야 할 것은 통근을 발생시키는 원인은 단순히 직장과 거주지의 입지적 요인만이 아니라 가구소득, 교육수준, 자녀의 수와 같은 사회경제적 요인 및 지가수준, 접근성, 교통수단의 다양성 등 다른 비입지적 요인들과도 밀접한 관련이 있는 것으로 나타났다는 것이다. 현재 직주균형에 관한 연구들에서는 이러한 계량적 지표와 비계량적인 요인들을 동시에 고려하려는 노력이 계속 이루어지고 있다.

3) 접근성과 이동성

접근성(accessibility)은 지리적 공간에서 잠재적 목적지(destination) 혹은 잠재적 기회(opportunity)에 도달할 수 있는 용이성을 계량하여 나타내는 개념이다. 접근성에 관한 정의는 상호작용의 유형과 공간통행의 특성에 따라 달라지지만, 일반적으로 기회의 총량(잠재적 고용기회), 교통비용(거리 혹은 시간), 그리고 이동성(mobility)에 따라 좌우되며, 공간마찰을 극복할 수 있는 정도로 설명할 수 있다. 이동성은 두 지리적 위치 사이를 신속하게 이동할 수 있는 능력을 지칭하는데, 접근성보다는 좁은 개념으로 주로 교통수단과 거리에 따라 영향을 받는다. 현대 도시에서 직주 간 거리가 증가함에 따라 접근성은 이동성과 더욱 밀접한 관계를 보임이 증명되었다. 접근성은 도시팽창, 교외화, 도시의 다핵구조와 같이 통근 및 교통체증과 직접적인 관련이 있는 요인들을 분석하는 데 유용한 척도로 쓰인다. 통근의 측면에서 보면, 접근성은 도시민들이 그들의 직장에 어느 정도 가까이 위치해 있는가 하는 입지의 문제와 통근 거리나 시간을 어떻게 줄일 수 있는가 하는 통근비용의 문제에 결정적인 역할을 한다.

가장 많이 이용되는 접근성 지표로는 핸슨(Hansen, 1959) 지표가 대표적이다.

접근성 $A_i = \sum_j W_j f(c_{ij})$

A_i = 한 지역(i)에서 다른 모든 지역(j)으로의 접근성

W_j = 다른 지역의 기회들(j)

c_{ij} = 지역 간의 거리비용

$f()$ = 거리조락함수

위의 접근성은 도시 내 각 소지역별로 측정되는데, 고용기회의 접근성이 높은 지역일수록 외부에서 유입되는 통근자가 많으며, 반대의 경우 외부로 유출되는 통근자가 늘어나게 된다. 이 접근성의 개념은 북아메리카를 중심으로 토지이용, 교통계획, 도시정책의 핵심적인 지표로 쓰이고 있으며, 통근과 같은 사람들의 공간행태를 연구하는 중요한 척도로 이용된다. 미국의 경우, 접근성은 도시계획의 핵심적인 개념으로 등장하고 있다. 기존의 도시계획이 이동성(mobility planning)을 증가시키는 데 초점을 맞춰 왔다면, 새로운 대안으로 떠오르는 것은 접근성에 기반한 도시계획이다(accessibility planning). 이동성에 기반한 전통적인 계획이 도시 교통시설의 건설이나 통행료를 징수하는 등 교통체증 완화를 위한 대증적인 요법에 의존하는 것이었다면, 접근성에 기반한 계획은 복합적 토지이용을 통해 직장과 거주지의 거리를 줄여 줌으로써 통근거리를 궁극적으로 감소시키고 직주균형과 통근효율성을 높이는 데 그 목적이 있다.

3. 통근연구의 경향

초과통근, 직주균형, 접근성에 관한 연구는 앞으로도 도시 및 교통 지리학, 도시 계획 및 정책 분야에서 활발하게 연구될 것으로 예상된다. 2000년 이후 통근연구의 한 축은 수학적 모델링을 통한 통근 패턴 연구였다. 그중 대표적인 것으로 호너(Horner, 2002), 오켈리와 리(O'Kelly and Lee, 2005), 루와 추(Loo and Chow, 2011)의 연구를 들 수 있다. 호너는 그동안 최소화 문제를 푸는 데 국한되어 왔던 초과통근의 개념을 수용량(carrying capacity) 패러다임의 측면에서 확장시켰다. 즉 실제 통근 패턴을 이론적 패턴들과 동시에 비교함으로써 한 도시의 효율성이 그 도시가 수용할 수 있는 한계상황에 얼마나 근접한지를 측정하였다. 오켈리와 리는 기존의 선형계획 모델을 기반으로 도시 내 각 지역의 입지뿐만 아니라 노동자의 직업군에 따른 통근의 이동 패턴을 예측하는 모델들을 만들었다. 특히 오켈리와 리의 모델들은 다양한 사회경제적 변수들에 적용될 수 있는 방법론적 발전으로 직업군뿐만 아니라 교육수준, 소득수준 등 다양한 통근자의 특성에 적용될 수 있는 기본적인 틀을 제공하였다. 루와 추(2011)는 고용입지 재분배와 인구 재배치 정책이 기존의 통근효율성을 향상시킬 수 있음을 실증적으로 연구하였다. 교외화가 이루어진 도시의 경우 고용을 교외로 재분배하는 정책을 통해 기대되는 효과가 통근비용뿐 아니라 환경적으로도 도시 전체에 유익할 수 있음을 계량적으로 보여 주었다. 2010년 이후 주목할 만한 개념으로는 사회적 상호작용 잠재력(social interaction potential, SIP)에 관한 것으로 현재 활발한 연구가 진행되고 있다.

통근연구는 보통 방대한 양의 통근자료와 거리행렬을 필요로 하는데, 다른 분야의 연구에서와 마찬가지로 GIS를 통해 자료를 관리·분석하게 된다. 통근연구뿐 아니라 전반적인 교통계획에 이용되는 교통지리정보시스템(GIS-T)으로는 TransCAD와 TransModeler가 있다. TransCAD는 탁월한 행렬연산 기능과 공간적 상호작용 모델링, 중력 모델링, 통행발생, 통행배분, 교통분단, 노선배정 등 모델링 기능을 가지고 있다. TransModeler는 교통시뮬레이션 프로그램으로 교통공학적인 적용에 특화된 소프트웨어이다.

통근효율성은 도시의 지속가능한 개발(sustainable development)의 문제와 직간접적으로 연결된다. 지속가능한 개발은 1980년대에 처음 등장한 개념으로 '현세대의 개발요구를 충족시키는 동시에 미래세대의 개발능력을 훼손하지 않는 개발'을 의미한다. 실질적으로 지속가능한 개발은 사회·경제·환경 차원의 문제를 아우르는 포괄적인 접근방법으로 볼 수 있다. 이런 맥락에서 많은 연구들이 계량화된 척도를 통해 도시의 지속가능성을 측정해 왔다. 자주 이용되는 척도로는

1인당 통행거리를 들 수 있는데, 이를 통해 도시민들이 얼마나 많은 양의 통행량을 발생시키는가를 알 수 있다. 블랙(Black, 2003; 2010)은 도시의 지속가능성을 저해하는 다섯 가지의 요인으로 첫째, 유한한 석유자원에의 높은 의존도, 둘째, 자동차 배기가스로 인한 대기오염, 셋째, 교통사고, 넷째, 교통체증, 다섯째, 도시팽창을 꼽았다. 최근 지속가능한 교통문제를 연구하는 학자들의 수가 계속 증가하면서 도시의 지속가능성을 연구하는 컨소시엄들이 만들어졌다.

통근의 맥락에서 보면, 블랙의 다섯 가지 저해요인 중 교통체증과 도시팽창의 문제는 도시의 환경·사회·경제적 건강성을 해치는 직접적인 원인들로서 통근연구의 타당성을 제공한다. 다시 말하면, 도시 통근연구를 통해 얻어진 연구결과의 축적을 기반으로 도시 내 교통문제의 반지속가능성에 대한 현실을 인식하고 통근효율성을 증대시키는 정책을 추진하는 문제를 심도 있게 다룰 수 있다. 도시의 지속가능성은 앞에서 살펴본 초과통근과 직주균형을 통해 측정할 수 있는데, 초과통근이 높을수록 통근효율성이 줄어들며 도시 내 노동자들의 통근거리가 증가되고 교통체증이 가중되면서 결과적으로 도시의 지속가능성을 저해하게 된다. 초과통근은 단순히 통근효율성을 계량화한다는 것을 넘어서 도시의 지속가능성을 측정하는 한 지표로 사용될 수 있다. 이와 더불어 직주균형의 문제도 같은 맥락에서 이해될 수 있는데, 직주균형을 이루기 위해서는 다양한 복합적 토지이용이 장려되어 궁극적으로 한 지역 내에서 도시민들이 일하는 동시에 거주하는 환경이 조성되어야 한다. 이 경우 지역 내 거주자들이 외부지역으로 통근하는 것을 줄일 수 있고, 따라서 교통체증을 완화시키는 결과를 가져올 수 있다. 통근과 도시의 지속가능성에 관한 연구는 환경적 차원뿐만 아니라 교통체증과 도시팽창의 문제 등 도시문제의 다양한 측면과 연관되어 있다.

참고문헌

Black, W. R., 2003, *Transportation: A geographical analysis*, The Guildford Press.

Black, W. R., 2010, *Sustainable Transportation: Problems and Solutions*, The Guildford Press.

Cervero, R., 1997, "Paradigm shift: from automobility to accessibility planning", *Urban Futures*, 22, pp.9-20.

Giuliano, G. and Hanson, S. (eds.), 2017, *The Geography of Urban Transportation* (4th edition), The Guildford Press.

Hamilton, B. W., 1982, "Wasteful commuting", *The Journal of Political Economy*, 90, pp.1035-1053.

Hansen, W. G., 1959, "How accessibility shapes land use", *Journal of the American Institute of Planners*, 25, pp.73-76.

Horner, M. W., 2002, "Extensions to the concept of excess commuting", *Environment and Planning A*, 34, pp.543-566.

Levine, J., 2002, Transportation and metropolitan form: more miles or more destinations, PORTICO, Taubman College of Architecture and Urban Planning, University of Michigan.

Loo, B. P. Y. and Chow, A. S. Y., 2011, "Jobs-housing balance in an era of population decentralization: An analytical framework and a case study", *Journal of Transport Geography*, 19, pp.552-562.

O'Kelly, M. E. and Lee, W., 2005, "Disaggregate journey-to-work data: Implications for excess commuting and jobs-housing balance", *Environment and Planning A*, 37, pp.2233-2252.

Peng, Z. R., 1997, "The Jobs-housing Balance and Urban Commuting", *Urban Studies*, 34(8), pp.1215-1235.

Small, K. A. and Song, S., 1992, "Wasteful commuting: A resolution", *The Journal of Political Economy*, 100, pp.888-898.

White, M. J., 1988, "Urban commuting journeys are not 'wasteful'", *The Journal of Political Economy*, 96, pp.1097-1110.

더 읽을 거리

Giuliano, G. and Hanson, S. (eds.), 2017, *The Geography of Urban Transportation* (4th edition), The Guildford Press.

⋯▸ 도시교통의 다양한 주제들을 지리학적인 시각에서 논의한 책으로, 이론적인 배경뿐만 아니라 실제 정책적인 측면의 내용들까지 포함되어 있다.

Black, W. R., 2010, *Sustainable Transportation: Problems and Solutions*, The Guildford Press.

⋯▸ 교통지리학을 지속가능한 개발의 측면에서 다룬 책으로 현재 당면한 문제들을 이론적·정책적 관점에서 논의한다. 특히 교육, 기술적 측면들을 기존 논의에 연결시키고 있다.

Taaffe, E. J., Gauthier, H. G. and O'Kelly, M. E., 1996, *Geography of Transportation*, Prentice Hall.

⋯▸ 교통지리학의 대표적인 책으로 기본적인 개념이 잘 정리되어 있다. 공간적 상호작용 모델, 분배·재분배 모델, 네트워크 분석 등의 다양한 기법이 자세히 설명되어 있다.

Greene, R. P. and Pick, J. B., 2006, *Exploring the Urban Community: A GIS Approach*, Pearson Prentice Hall.

⋯▸ 도시의 역동성에 초점을 두고 도시구조와 이동성, 산업입지, 환경문제, 도시 및 지역 계획을 상세히 설명한 책이다. 도시의 다양한 문제와 이슈들을 다루며, 각 장마다 GIS를 이용한 실제 응용문제를 포함하고 있다.

주요어 도시의 지속가능한 개발, 접근성, 직주균형, 초과통근, 최적화, 통근

제7장

도시와 ICT

김태환

1. 정보통신기술과 도시적 삶

도시는 역사적으로 교류와 유통의 중심지로서 그 의미를 찾을 수 있다. 도시가 발생하고 성장하는 데 소통의 장소로서의 도시의 기능은 매우 중요한 역할을 해 왔다. 현재의 도시도 사람과 정보와 지식이 교류하고 교환되는 중심지로서의 본질적 기능을 수행하고 있다. 이러한 점에서 도시의 발달과 정보통신기술(ICT)의 진전은 불가분의 관계에 있으며, 정보통신은 현대도시의 핵심 기반시설(infrastructure)로 자리 잡고 있다.

현대도시에서 도시의 형태와 발달과정, 도시민의 생활을 정보통신과 분리하여 생각하는 것은 더 이상 불가능하다. 컴퓨터나 인터넷과 같은 정보통신기술의 급속한 발달은 도시 내 제반활동의 입지와 도시민의 생활공간에 영향을 미친다. 이러한 측면에서 정보통신의 발달과 도시공간의 변화는 동일한 과정의 두 측면으로 이해된다.

전기나 전화 네트워크처럼 디지털 네트워크는 도시의 곳곳을 연결하여 어느 곳에서나 네트워크에 접속하고 이용할 수 있게 될 것이다. 디지털 네트워크의 발달은 이미 기존의 도시기능에 많은 변화를 초래하고 있는데, 예를 들어 디지털 네트워크를 통한 원격구매, 금융, 전자상거래의 등장은 주거지 인근의 동네 소매상, 비디오 가게, 영화관, 은행지점, 여행대리점 등의 기능을 위협하는 강력한 대체물로 나타나고 있다.

도시는 이미 그 자체가 정보통신망과 정보의 흐름에 기초하고 있으며, 도시와 정보통신 자체가 하나의 통합된 복합적 실체로 이루어지고 있다. 도시는 더 이상 물리적 공간만으로 구성되지 않는다. 도시와 정보통신의 결합은 도시 내 다양한 형태의 스펙트럼을 보여 주는데, 완전히 물리적 공간으로만 구성된 전통적인 도시공간에서부터 물리적 공간과 가상공간이 밀접히 결합된 형태(예를 들어, 무선통신망이 깔려 있는 스마트 빌딩이나 대학 캠퍼스 등)뿐 아니라 물리적 공간과 별도로 정보통신망상의 커뮤니티, 지역, 공간과 같은 가상공간(cyber-space 또는 virtual space)도 형성된다. 기존 사회·경제 활동의 상당 부분이 고도의 정보통신망을 활용한 가상공간에서 이루어지고 있으며, 앞으로 이러한 경향은 더욱 확대될 것으로 예측된다(김현식 외, 2002).[1]

이러한 도시와 일체화된 정보통신의 발달은 도시를 새로운 소통, 교류, 교환의 중심으로서 개념 짓도록 요구하고 있다.[2] 하나의 독립된 물리적 공간으로서의 도시는 물리적인 것뿐 아니라 가상의 것까지를 포함하여 다차원적 이동성이 이루어지는 공간이다. 물리적 도시경관이나 가시적인 도시공간의 형성과 변화는 전자적 상호작용을 가능하게 하는 정보통신 시스템과 결합하여 전자적인 흐름에 의해 매개된다. 즉 전자적 흐름에 의해 도시의 물리적 관계가 매개됨에 따라 중심-주변의 관계, 접근성-원격성의 관계, 도심부-교외의 관계, 만남-헤어짐의 관계, 공적 공간(public space)-사적 공간(private space)의 관계가 모두 새롭게 만들어진다. 도시와 농촌의 개념이 허물어지고 있으며, 도시경계에 제한받지 않고 전 세계와 연결될 수 있게 되어 세계(global)와 지방(local)이 즉시적으로 연계된다.

2. 정보통신기술의 발달과 공간 변화

정보통신기술이 공간에 미치는 영향은 정보통신 수용자의 태도, 조직원리와 형태, 공간적 관성의 차이 등 여러 가지 매개변수에 의해 각기 다양한 모습으로 나타나므로, 정보통신기술만을 따로 떼어 내어 확인하는 것은 매우 어려운 일이다. 또한 현재 정보통신기술은 모든 산업활동에 폭넓게 응용되고 있으며 여타 사회·경제·문화적 요인들과 복합적으로 작용하여 영향을 미치기

---

1. 도시의 일상화된 삶이 이러한 전자적 환경 속에 통합된 모습을 미첼(Mitchell, 1999)은 e-topia로 묘사하고 있다.
2. 케언크로스(Cairncross, 1977)는 정보화의 영향으로 도시의 개념이 재정립될 것으로 예상하였다. 도시의 기능이 산업사회의 고용창출지에서 문화와 여가의 중심지로 변화하게 되고, 원격의료나 원격교육의 발달로 도시의 상대적 편리성이 감소하여 주거환경이 양호한 교외지역으로의 광역화 현상이 확산될 것으로 보았다.

때문에, 이러한 영향들 속에서 정보통신기술의 영향만을 따로 분리하여 확인하는 작업은 현실적으로 쉬운 일이 아니다. 이러한 이유로 정보화와 공간에 관한 연구는 실증적 분석으로서는 많은 한계를 가졌고, 단편적 전망이나 일반적인 가설이 많은 부분을 차지하였다.

정보화가 공간에 미치는 영향을 논한다고 하더라도 이것을 일반화하는 것 또한 매우 조심스러운 과제이다. 정보화의 영향은 지역의 속성이나 개별 지역을 구성하는 사회경제적 관계와 밀접한 관련을 가지며, 그로 인해 획일적으로 어떠한 영향을 미친다고 주장할 수 없기 때문이다. 따라서 다음에 소개되는 논의는 정보화와 공간 변화에 대한 일반적으로 받아들일 수 있는 명제라기보다는 유사한 지역적·사회적 조건을 가정할 경우의 공간적 함의로서 받아들일 수 있을 것이다.

이와 더불어 정보사회의 사회경제적 모습은 결코 '기술' 자체에 의해 조건 지어지는 것은 아님에 유념할 필요가 있다. 기술의 발달이 경제적 기회를 제공한 것은 사실이지만 개별 장소에 대해 특정한 경제적 결과를 규정짓는 것은 아니다. 즉 새로운 기술의 경제적·공간적 영향은 많은 정치적·경제적 인자들의 실제적인 의사결정의 결과일 뿐이다.

정보통신기술 또는 정보화와 공간구조 간의 관계를 논의하기 이전에 정보통신기술 자체의 공간적 속성에 대해 이해할 필요가 있다. 정보통신기술은 많은 양의 정보를 순식간에 처리·전달하며 그 비용도 절감시킨다. 즉 최소한 정보이동에서 거리, 시간, 양의 문제가 더 이상 제약요인으로 작용하지 못하게 되었다. 이는 정보통신기술이 근본적으로 모든 인간의 활동에서 거리, 시간의 개념에 일대 변화를 초래함을 의미한다.

이론상으로 볼 때 정보통신의 무차별적 속성으로 인해 시간적으로는 '즉시적 연결'과 공간적으로는 '즉각적인 공간통합'이 가능하다. 거리의 단축은 시간의 단축을 의미하므로 전송속도의 획기적 발달에 의한 거리단축 효과는 곧 이에 비례하는 시간의 단축을 의미하여, 결국 정보통신기술의 발달은 시간과 공간의 수렴(time-space convergence) 효과를 낳는다.[3] 그 효과는 정보의 거의 실시간(real-time) 전달을 가능하게 한다. 즉 정보통신기술의 획기적 발전으로 통신망이 깔려 있는 곳은 언제 어느 곳이든 시간과 공간을 초월하여 동일한 시공간으로 통합시킬 수 있게 되었다. 정보화의 진전이 공간 변화와 관련을 가지는 것은 정보통신기술의 이러한 속성에 기인한다.

정보통신기술은 이와 같이 '거리의 축소'를 실현하는 잠재력을 발휘하고 있다. 그러나 이것이

---

3. 시간-공간 수렴의 의미는 장소 간 시간거리와 비용거리의 변화라는 개념에서 출발하였다(Abler, 1975). 그러나 하비(Harvey, 1989)는 시·공 통합을 보다 포괄적으로 자본주의의 발달과정에서 기본조건이 근본적으로 변화하는 한 측면으로 이해하였다.

'공간의 소멸', 즉 모든 지역을 동질의 공간으로 만든다는 것과는 거리가 있다. 오히려 정보통신은 장소 간의 차이를 더욱 부각시키고 경제행위 주체들이 장소 간의 차이를 더욱 다양하게 활용할 수 있는 가능성을 열어 주었다(Robins and Gillespie, 1992).

공간과 관련된 정보통신기술의 핵심적 역할은 우선 그것이 멀리 떨어진 지역 간의 접근수단으로 광범위하게 활용된다는 것이다. 교통과 더불어 통신의 발달은 거리의 증가에 따른 마찰을 획기적으로 줄여 지역 간 상호작용의 가능성을 확대하였다. 예를 들어, 컴퓨터 통신망의 활용은 기업들이 도달할 수 있는 시장이나 노동의 지리적 범위를 상당 부분 확대시켜 준다.

두 번째로 핵심적인 역할은 정보통신이 두 장소 간에 생산성 이득을 이전할 수 있게 한다는 것이다. 즉 예전에는 일정 장소에서 노동과 자본을 모두 동원하여 생산성을 그 장소에서 산출하였으나, 정보통신의 발달로 말미암아 노동과 자본을 합리적으로 사용하기 위해 시간과 공간의 제약을 받지 않고 다양한 조합이 가능할 뿐 아니라 개별 지역에서 산출된 생산성 이득을 장소 간에 쉽게 이전할 수도 있게 한다.[4]

이러한 특성에 따라 정보통신기반은 도시, 지역 및 국가 발전에서 점차 확대된 역할을 수행하며 정보화시대의 필수적 부분이 되고 있다. 물질의 생산을 기반으로 하는 산업사회의 특성에 입각하여 발달한 기존의 인프라는 재화의 생산과 수송을 위한 기반시설로서 절대적 중요성을 가졌다. 이와 유사하게 정보통신기반은 정보화사회로의 변화에 따라 정보, 기술, 지식, 서비스의 생산과 소비를 원활하게 촉진하는 새로운 인프라로 등장하고 있다. 따라서 새로운 인프라와 경제활동을 적절하게 연결하는 것은 향후 도시, 지역 경쟁력을 높이는 일에 매우 중요한 사안이 된다.

3. 정보화와 도시공간 변화에 대한 다양한 관점

'정보통신기술의 발달이 도시공간 변화에 미치는 영향'을 개념화하고 미래를 전망하는 데 이론적으로 크게 3개의 관점으로 나누어 살펴볼 수 있다(Graham, 2004).

먼저 유토피아론으로, 정보통신기술의 발달은 거리를 극복하는 속성으로 인해 물리적 이동과

4. 장소 간의 생산성 이전은 공간적 변동, 특히 지역의 발전에 매우 중요한 역할을 한다. 기업은 정보통신의 발전을 활용하여 생산이득을 최대로 실현하기 위해 지리적 운영범위를 확대할 수 있다. 보다 확장된 공간에서 기업들은 공통으로 필요로 하는 비용을 각 사업장 사이에 분산·공유하면서 생산과 분배의 비용을 최대한 낮출 수 있다. 결과적으로 정보화에 의한 공간적 포섭구조는 지역성장의 명암과 밀접한 관련을 갖게 된다(Gillespie and Williams, 1988).

같은 인간 활동의 많은 부분을 대체하고 궁극적으로 도시의 존립기반을 허물어 버린다고 주장한다.

'정보통신기술의 발달에 의한 도시 변화'에 대한 초기의 논의들은 주로 기술결정론적인 전망이 우세하였다. 매클루언(McLuhan, 1964)은 도시체계는 분산된 도시형태가 될 것이며, 이는 원격근무(telecommuting)에 의해 지탱될 것으로 예상하였다. 이와 유사하게 마틴(Martin, 1978)은 도시의 기능이 더 이상 지리적으로 집중될 필요 없이 전자적으로 분산되어 연결될 것이며, 가상도시(virtual cities)가 도래할 것임을 예언하였다. 이외에도 기존의 정주체계를 지지하던 공간원리의 해체와 분산된 형태의 발달을 주장하는 많은 연구들이 나왔다. 망으로 연결된 균등분포의 도시체계, 비도시사회의 출현, 도시의 해체와 반도시(antipolis)의 출현 등 다양한 전망이 등장하였다(Webber, 1968; Goldmark, 1972; Gottman, 1977).

이러한 경향은 1980년대에도 주변부 지역의 르네상스 시대를 전망하여 인간 활동의 반집중적 현상이 보편화될 것으로 예견되었다(Toffler, 1980). 1980년대 후반에는 더 나아가 인프라주의가 유행하여 새로운 정보통신 서비스의 접근을 가능하게 하는 정보 인프라는 정보사회의 기초를 모든 지역에 확산시킨다는 논리를 제공하였다. 『디지털이다(Being Digital)』의 저자 네그로폰테(Negroponte, 1995)는 정보화는 지리적 한계를 완전히 없애 버릴 것으로 예언하였다. 즉 디지털 기술은 시간과 공간에 대한 의존도를 점차로 줄이며 '장소' 자체까지 전달할 수 있는 경지에 이를 것으로 전망하였다.[5] 1990년대 후반 이후 현재까지도 이러한 관점은 기술 변화의 능력에 대한 과신을 바탕으로 정보통신과 도시의 발달에 관한 예측에서 여전히 장밋빛 전망의 기초를 형성하고 있다.[6]

다음은 상호 진화의 관점으로, 정보통신과 도시의 발달에 대한 1960년대 이래의 많은 선구적 전망과 달리 도시 특히 대도시의 발달은 정보통신의 진보와 상호 의존하는 관계에 있음을 보여주고 있다(Graham and Marvin, 1996). 이 관점에서는 물리적 공간이나 구체적인 장소가 전자적 공간 및 정보통신 네트워크와 서로 영향을 주고받는다고 주장한다. 따라서 상호 진화의 관점은 전통적인 공간과 사이버 공간을 상호 병렬적으로 놓고 이들 간의 관계에 주목한다. 이들 간의

5. 디지털 기술은 궁극적으로 물리적 장소를 완전히 대체할 수 있다며, "보스턴의 거실에 앉아 전자창문을 통해 스위스의 알프스를 바라보며, 젖소의 목에서 울리는 방울소리를 듣고, 여름날의 (디지털) 건초내음을 맡을 수 있다."라고 주장한다(Negroponte, 1995).

6. 최근에 유행하는 유비쿼터스 도시(Ubiquitous-city)의 논의에서도 최첨단 정보통신기술을 활용하여 지역균형발전을 이루고, 원격업무, 원격교육, 첨단 교통정보, 전자 환경관리 등에 의해 도시공간 구조가 분산될 것이며, 편리하고 안전하며 쾌적한 도시의 발달이 도래하고 있다고 주장한다.

상호작용은 정치적·경제적 맥락 내에서 일어나고 이러한 맥락에서 해석되어야 한다는 것이다.

하비(Harvey, 1989)는 정보통신 발달의 속성을 시공압축(time-space compression)의 개념으로 파악하고 교통, 금융, 자본의 흐름과 더불어 시간적·공간적 장애를 극복하는 힘으로 작용함을 강조하였다. 자본주의하에서 본질적으로 작용하는 고착(fixity)과 흐름의 긴장을 정보통신이 해결한다는 것이다. 즉 새로운 이윤과 자본축적을 위해 정보, 서비스, 노동력, 자본, 상품이 상호 순환되어야 하는데, 정보통신이 이를 용이하게 하여 광범위하게 펼쳐져 있는 생산, 소비, 교환이 서로 통합되고 통제 가능하게 된다. 이처럼 새로운 정보통신 인프라는 자본과 정보의 이동을 가속화시키고, 팽창과 조정활동에 제약적인 공간적·시간적 장벽을 완화하는 데 기여한다.

세계적인 차원에서 도시계층 체계의 형성은 이러한 정보통신 네트워크를 통한 도시 간 포섭과 연계의 측면에서 이해될 수 있다. 이 관점에 따르면 정보통신 인프라의 발달은 도시들이 장소의 경계를 넘어 서로 연계되도록 하는 한편, 지역 간에는 서로 분리되는 이중구조를 유도하게 된다(Castells, 1996). 즉 지역의 명암은 네트워크에 연결되느냐 통과해 버리느냐에 달려 있게 되며, 점차 연결되어 번성하는 도시와 분리되어 소외되는 지역 간의 분리가 명확해진다는 것이다.

상호 진화의 관점은 이전의 유토피아론과는 달리 도시와 정보통신의 관계를 이해하는 데 정치적·경제적 논리를 드러내 보인다는 점에서 유용하다. 그러나 이 관점 또한 도시와 정보통신 간의 복잡한 사회-기술적 관계를 지나치게 단순화하고 기술결정론적으로 해석한다는 점에서 비판받고 있다. 특히 정보통신에 의한 도시의 변화를 단순히 세계와 지방(global-local)의 관계에서만 파악하여 다양한 지리적 관계에서 펼쳐지는 일상의 변화를 파악하는 데는 한계를 보이고 있다(Graham, 2004: 68).

세 번째 관점은 도시와 정보통신의 관계를 구조적으로 접근하기보다는 보다 미시적으로 접근하는 재결합론이다. 이 관점은 기술과 사회의 상호 관련성에 관심을 가지는 인자-네트워크(actor-network) 이론의 영향을 받고 있다. 절대적인 시간과 공간을 상정하는 대신 기술의 영향 자체를 특정 사회적·문화적 맥락에서 발생하는 관계적 과정으로 파악하는 것이다.[7] 기술 변화를 독립된 것으로 인식하는 것이 아니라 상황과 사회적 관계 속에 매개된 것으로 이해한다. 이 관점에서는 기술적 과정과 사회적 과정을 통합적으로 바라보는데, 이들 사이의 관계를 파악하기 위

7. 이러한 관점에서는 어떠한 기술도 사회적 관계 속에서 따로 떨어져 작용하지 않는다고 본다. 즉 서로 연관된 기술과 사회적 관계 속에서 이해한다. 또한 기술 그 자체의 의미도 매우 상황적인 것으로서 상황에 따라 서로 다른 의미를 내포하고 있다고 파악한다. 예를 들어, 사무실에서의 전화와 가정에서의 전화는 매우 다른 의미를 내포하고 아주 다르게 사용된다는 것이다(Thrift, 1996).

해서는 사회적인 것과 기술적인 것을 동시에 고려해야 한다.

또한 이 관점은 정보통신 네트워크의 다양성, 다의성에 주목하여 케이블, 전화망, 위성, 무선망, 광통신 등 서로 다른 정보통신 인프라가 만들어 내는 인자-네트워크 간의 관계에 관심을 가진다. 이러한 측면에서 사이버 공간은 분절되고 나누어지고 상호 경쟁적이며 또한 이질적인 다양한 인프라와 인자-네트워크의 관계로 이해된다. 수많은 사적인 기업 네트워크는 말할 것도 없이 인터넷도 수많은 가상공동체를 형성한다.[8]

이처럼 다양한 기술과 다양한 네트워크에 의해 인자-네트워크 관계는 일시적이며 항상 새롭게 형성된다. 이러한 관계는 공간적으로 결코 보편적이지 않으며, 늘 특정의 개인이나 집단 또는 조직의 사회적 관계에 고착된다. 이 같은 일정의 사회-기술적 네트워크가 그 자체에만 귀속되고, 물리적 공간과 사이버 공간의 관계도 이러한 구체적인 관계성, 상호 연관성 속에서 의미를 가진다. 여기에서는 거시적인 기술혁신에 관심을 가지기보다는 사회적 행동의 다의성, 우연성을 강조한다. 인간을 구조적인 조건에 영향을 받는 피조적인 성격으로서가 아니라 인자-네트워크 상의 주체로서 자리매김하고 있다.

재결합론은 기존 이론에 비해 많은 장점을 가지고 있음에도 불구하고, 정치적·사회적 권력관계의 불균형성을 간과했다는 비난에서 벗어나지 못한다. 관계를 형성하는 상황이나 맥락을 중요시하면 그 상황 자체가 불균등한 권력관계에 종속되어 있음을 충분히 고려하지 못했다고 비판받는다. 또한 기술이 사회적으로 형성된다는 측면을 강조하면서도 기술적 시스템이 사회 시스템에 영향을 미치는 것은 충분히 고려하지 못하는 한계를 가진다.

4. 디지털 기술의 발달과 스마트시티

1990년대에 들어 도시와 기술의 발달과 관련하여 e-city, electronic city, intelligent city, u-city, cyber city, media city, digital city 등 다양한 용어가 등장하였다. 이는 인터넷과 다른 기술의 융합이 발생하고 정보통신 네트워크가 도시생활의 다양한 측면에서 응용되면서 일어났다. 오

8. 도시생활의 대부분이 이러한 다양한 응용 네트워크를 통해 이루어진다. 예를 들어, 신용카드 사용을 위한 은행금융 서비스망, 여행 서비스 판매와 같은 특정 상품과 관련된 유통망, 증권정보망, 기업 간 EDI망, 원격교육, 원격진료망 등 무수히 많은 정보통신망이 형성되어 있다. 동일한 정보도 전화망, 위성망, 방송망, 케이블망 등 다양한 네트워크를 통해 전달되기도 한다.

늘날에는 스마트폰이나 인터넷 등의 기술을 도시생활과 따로 떼어 놓고 생각할 수 없는 단계에 이르렀다. 디지털 기술의 발전으로 인해 도시민의 생활은 디지털 기술과 서로 밀접하게 엮이고 연계되어 있다. 이와 같은 측면에서 디지털 기술의 발전은 도시의 여러 특징을 다시 규정하고 있으며, 또한 반대로 이러한 도시의 제 양상의 변화도 디지털 기술의 변화를 규정하기도 한다.

정보통신기술의 진보와 도시의 발달과 관련하여 가장 많이 사용되는 용어는 '디지털'이라는 용어인데, 디지털은 의미상으로 전자화된 정보를 뜻하지만 일반적으로 사람과 기계장치를 연결하는 기술의 의미로 사용된다. 1990년대 초부터 디지털이란 용어가 도시와 관련하여 표현되기 시작했는데, 이는 디지털 기술이나 정보통신 네트워크를 통해 도시가 변모하는 것으로 사용되었다. 도시에서 디지털화가 진행된다는 것은 도시의 유무선 정보통신 인프라를 통해 사람이나 도시가 점점 더 연결되는 현상을 말하기도 한다. 이와 더불어 디지털 도시라 할 때 실제 도시의 의미보다는 가상공간상의 도시이거나 새로운 형태의 거버넌스를 지원하는 온라인 플랫폼 등의 의미로도 사용된다.

정보통신기술의 발전과 이것이 도시와 관련된 특성을 이해하기 위해 다양한 용어가 사용되어 왔다(표 1 참조). 여기에 제시된 다양한 용어의 도시들은 시기적으로 기술발달과 궤를 같이한다. 케이블이나 위성통신과 같은 정보고속도로에 기초하여 쌍방향 비디오 서비스를 제공할 수 있는 '유선망도시(wired city)'에서부터 사물인터넷 기술을 도시관리 및 공공서비스 제공 등에 활용하는 '사물인터넷 도시'까지 발달하기에 이르렀다. 이러한 용어는 기술이 도시에서 수용되는 사회정치적 맥락을 보여 준다고 할 수 있으며, 많은 경우 상호 치환되어 사용할 수 있는 측면이 있다. 또한 도시의 거버넌스, 경제적 활용, 이동 패턴, 도시 디자인이나 계획에 활용되는 형태 등 도시와 기술이 상호작용하는 다양한 형태를 보여 주기도 한다.

2000년대 이후부터는 '스마트'란 용어가 더 많이 사용되었는데, '스마트시티'란 네트워크 인프라를 기반으로 제반 기능의 효율성 증가를 통해 도시발달이 가능하게 되는 도시로 이해된다. 즉 모바일, 인터넷, 정보통신 등의 디지털 기술들을 도시의 관리운영 시스템 내에 활용하여 통합된 시스템에 의해 더욱 효율적이고 지속가능하게 변모하는 도시를 개념 짓는 것으로 사용되기 시작하였다.

'스마트'란 단어가 의미하는 것처럼 이러한 도시의 각종 시스템이 보다 잘 작동될 가능성에 주목하여 주로 긍정적으로 묘사되고 있다. 도시의 교통시설이나 정보통신 인프라에 의해 도시의 효율성이 제고되고 삶의 질이 향상될 수 있다는 것이다. 예를 들어, 원격조정장치(remote sensing devices)나 GPS 분석 등으로 실시간 교통량을 분석하여 대기오염 감소, 통행시간 감축 등을 통한 대중교통 네트워크의 효율성을 높인다. 또한 모바일앱의 활용은 실시간으로도 시정보 플랫폼에 정보가 제공되어 시민들이 변화되는 도시의 모습을 더 잘 이해할 수 있다. 이러한 시스템은 다른 도시정보(CCTV 이미지, 기후 데이터, 사회경제 자료)와 통합된 도시관리 시스템에 의해 홍수, 폭동, 단전 등 도시재난의 경우에도 잘 대응할 수 있는 수단이 된다.

'스마트시티[9]'가 비교적 광범위하게 쓰이기 시작한 것은 2008년에 이르러서이다. 즉 센서, 모니터링 기술이나 기기, 플랫폼을 통해 대규모의 정보를 실시간으로 활용할 수 있게 되어 도시의 관리 등에 사용되면서이다. 도시의 중앙관제센터에서 CCTV나 교통카메라 등을 통해 효과적으로 도시를 관리해 나가는 것 등이 대표적인 사례이다. 이후 스마트시티는 국가나 도시 차원에서 대규모 스마트시티 프로젝트가 진행 중이며, '스마트시티'의 개념도 진화를 거듭하고 있다.

스마트시티의 개념은 최근 들어 보다 확장되고 있다(박준·유승호, 2017). 초기 정보통신기술

표 1. 정보통신기술의 발달과 도시에 관한 유사 용어

유선망도시 (wired city)	광대역 통신망과 같은 새로운 기술의 정보고속도로 인프라를 통해 가정과 사업장에 직접 고도의 정보통신 서비스를 제공할 수 있는 도시	정보도시 (informational city)	새로운 정보통신기술과 사회·문화 정보의 상호작용으로 이루어지는 새로운 형태의 사회조직을 공간적으로 표현한 개념
인텔리전트시티 (intelligent city)	경쟁력을 확보하기 위해 활용 가능한 정보통신기술과 네트워크가 구비된 도시	원격도시 (telecity)	상대작용 원격(정보통신) 서비스를 통해 연결된 개인이나 가구, 기업, 공공기관 등이 집중된 형태
사이버시티 (cybercity)	컴퓨터상의 가상공간과 현실의 물리적 공간 사이의 공간	가상도시 (virtual city)	실제 도시의 지리나 지형의 형태로 표현되며, 웹상에서 소프트웨어나 멀티미디어를 활용하여 상호작용이 가능하도록 만들어진 디지털 도시
네트워크 도시 (network cities)	새로운 형태의 글로벌 도시를 말하는 것으로, 고도의 인터넷 집중으로 인해 경제활동에서 정보나 지식의 이동이 자유로운 도시	디지털 도시 (digital city)	사람들이 교류하고 정보를 교환하며 다양한 경험을 주고받는 지역 커뮤니티를 기반으로 하며, 도시에 살거나 도시를 방문하는 사람들을 위해 인터넷을 통해 다양한 도시정보와 공공공간을 결합하는 도시
유비쿼터스 도시 (Ubiquitous city)	유시티(U-city)는 고도의 정보 인프라를 활용하여 행정정보 제공, 교통정보, 범죄 예방, 안전, 홈네트워킹 등의 서비스를 일괄적으로 제공할 수 있는 미래형 도시	사물인터넷 도시 (IoT city)	물리적 시설 등이 인터넷을 통해 서로 연계되어 있어 이전에 제공받지 못하던 정보와 서비스를 향유할 수 있는 도시

출처: Willis and Aurigi, 2018, Table 1.3을 참조하여 재정리함.

9. 스마트시티가 이전의 디지털 도시 등의 개념과 차이를 보이는 점은 이것이 보다 포괄적으로 접근하고 있다는 측면이 있으나 근본적으로 뚜렷한 차별성을 나타내는 것은 아니다(Willis and Aurigi, 2018).

을 활용한 도시문제 해결 차원은 통합적인 도시운영을 지향하는 도시로 대체되고 있으며, 통신기기와 네트워크를 통해 이해관계자와 시민참여, 시민주도의 정책결정 등 효과적인 도시 거버넌스의 구현이 가능한 도시로 사용되기도 한다. 이와 더불어 최근 스마트시티의 논의에는 도시성장관리 차원에서 도시의 사회적·환경적 지속가능성을 지원하는 도시 또는 그것을 구현하는 도시를 포함하기도 한다. 개발도상국가에서는 급속한 도시화에 효과적으로 대응하기 위한 수단으로 인식되어 계획적인 도시개발이나 도시 기반시설의 공급을 목적으로 스마트시티를 지향하는 모습을 보인다.

이처럼 지난 30년 동안 다양한 용어가 등장하고 유행한 것은 기술 변화와 함께 이것이 도시에 미치는 함의도 변화되어 왔다는 것을 알 수 있다. 각각의 정보통신기술 도시에 대한 이해는 이러한 도시와 기술의 상호 의존적 관계에 대한 다양한 해석에 기초한다. 다시 말해, 정보통신기술 도시와 관련된 다양한 개념의 발전은 기술 발전이 변화하고 이것이 도시공간이나 도시 시스템에 미치는 영향의 속성이 변화하는 측면을 보여 준다고 하겠다. 결국 정보통신기술과 관련된 도시의 개념이 변화하는 것은 디지털 기술이 사회 전반 및 도시에 미치는 영향과 연관이 있다. 지금까지의 기술 발달과 도시와의 관계성에 비추어 볼 때 스마트시티란 용어도 새로운 기술의 발달에 의한 새로운 용어의 등장에 그 자리를 비켜 줄 수 있다고 본다.

참고문헌

김승남·임미화·김성길, 2018, "스마트시티 정책동향과 과제", 『도시정보』. pp.3-16.

김정미·정필운, 2005, "u-City로 바라보는 미래도시의 모습과 전망", 『유비쿼터스사회연구시리즈』, 8, 한국전산원.

김현식·진영효·이영아·강현수, 2002, 『정보화시대 도시정책 방향과 과제에 관한 연구』, 국토연구원.

박준·유승호, 2017, "스마트시티의 함의에 대한 비판적 이해: 정보통신기술, 거버넌스, 지속가능성, 도시개발 측면을 중심으로", 『공간과사회』, 27(1)(통권 59), pp.128-155.

장환영·이재용, 2015. "해외 시마트스시티 구축동향과 시장 유형화", 『한국도시지리학회지』, 18(2). pp.55-66.

주성재·김태환, 1998, 『정보화시대의 국토정책과제』, 국토개발연구원.

Abler, R., 1975, "Effects of space adjusting technologies on the human geography of the future", in R. Abler, D. Jannelle, A. Philbrick and J. sommer, eds., *Human Geography in a Shring World*, North Scituate, MA: Duxburg Press.

Brun, S. and Leinbach, T.(eds.), 1991, *Collapsing Space and Time; Geographic Aspects of Communications and Information*, London: Harper.

Cairncross, K., 1977, "The Role of technology and natural resources in the development process", KIEI Seminar Series; ss-77-06.
Castells, M., 1989, *The Informational City*, London: Basil Blackwell.
Castells, M., 1996, The Rise of tne Network Society, 2nd ed., Oxford: blackwell.
Castells, M., 2001, *The Internet Galaxy*, Oxford: Oxford University Press.
Gillespie, A. and Williams, H., 1988, "Telecommunications and the reconstruction of regional comparative advantage", *Environment and Planning A*, 20, pp.1311-1321.
Goldmark, P. C., 1972, "Communication and Community", *Scientific American*, 227, pp.143-150.
Gottman, J., 1977, "Megapolis and Antipolis", in I. Pool, ed., *The Social Impace of the Telephone*, Cambridge MA: MIT Press.
Graham, S.(ed.), 2004, *The Cybercities Reader*, London: Routledge.
Graham, S. and Marvin, S., 1996, *Telecommunications and the City: Electronic Spaces, Urban Places*, London: Routledge.
Harvey, D., 1989, *The Condition of Postmodernity*, Oxford: Blackwell.
Hepworth, M., 1989, *Geography of the Information Economy*, London: Belhaven Press.
Hubbard, P., 2018, *City*, New York: Routledge.
Kellerman, A., 1993, *Telecommunications and Geography*, London: Belhaven.
Martin, J., 1978, The Wired Society, Englewood Cliff: Prentice Hall.
Marvin S., Luque-Ayala A., Mcfarlane C., 2016, *Smart Urbanism: Utopian vision or False Dawn*, New York: Routledge.
McLuhan, M., 1964, *Understanding Media*, Abacus.
Mitchell, W., 1999, *E-Topia: Urban Life Jim, But Not as We Know It*, Cambridge, MA: MIT Press.
Negroponte, N., 1995, *Being Digital*, London: Hodder and Stoughton.
Robins K. and Gillespie, A., 1992, "Electronic Spaces: new technologies and the future of cities", *Futures*, April, pp.155-176.
Thrift, N., 1996, "New urban eras and old technological fears: reconfiguring the goodwill of electronic things", *Urban Studies*, 33(8), pp.1463-93.
Toffler, A., 1980, *The Third Wave*, New York: Morrow.
Webber, M., 1968, "The Post-city age", *Daedlus*, 97(4), pp.1091-1110.
Wheeler, J., Aoyama, Y. and Warf, B.(eds.), 2000, *Cities in the Telecommunications Age: the Fracturing of Geographies*, New York and London: Routledge.
Willis, K. and Aurigi, A., 2018, *Digital and Smart Cities*, New York: Routledge.

더 읽을 거리

Castells, M., 1996, *The Rise of the Network Society*, 2nd ed., Oxford: Blackwell.

⋯ 보다 거시적인 관점에서 정보통신혁명과 경제·사회의 관계에 관한 인식을 제공한다. 정보통신의 활용에 따른 흐름의 공간(space of flow)과 장소의 공간(space of places) 간의 긴장이 경제·사회 및 지리적 발달에 미치는 영향을 분석하고 있다.

Graham, S. and Marvin, S., 1996, *Telecommunications and the City: Electronic Spaces, Urban Places*, London: Routledge.

⋯ 정보통신기술의 빠른 변화를 도시의 발달, 도시관리 및 도시계획의 관점에서 체계적으로 접근한 입문서이다. 정보통신기술이 도시경제, 사회·문화적 생활, 도시환경, 도시기반시설과 물리적 시설의 변화에 미치는 영향을 기술하고 있다.

Graham, S.(ed.), 2004, *The Cybercities Reader*, London: Routledge.

⋯ 정보통신과 도시의 관계에 대한 종합적 개론서이다. 지리학, 사회학, 도시계획, 커뮤니케이션 분야 및 건축 등 다양한 분야의 사이버시티를 탐색한다. 사이버시티의 역사, 현재, 미래에 대한 편자의 상세한 해제와 필독 논문을 소개하고 있다.

Marvin S., Luque-Ayala A., Mcfarlane C., 2016, *Smart Urbanism: Utopian vision or False Dawn*, New York: Routledge.

⋯ 스마트시티 논의에 대한 다양한 접근을 소개하고, 각 접근을 뒷받침하는 논거들을 비판적으로 검토하고 있다. 또한 시마트시티의 발전과 관련된 긍정적 측면뿐 아니라 스마트시티 발전의 사회기술적 영향 및 거버넌스 등 정치적 측면의 함의도 살펴보고 있어, 균형된 관점에서의 스마트 도시화와 관련된 이슈를 제시하고 있다.

Wheeler, J., Aoyama, Y. and Warf, B.(eds.), 2000, *Cities in the Telecommunications Age: the Fracturing of Geographies*, New York and London: Routledge.

⋯ 정보통신의 발달과 지리적 변화에 대한 최근의 주요 이슈를 다양하게 소개하고 있다. 도시공간 변화에 대한 인식의 틀에서부터 물리적 공간과 사이버 공간의 관계, 사이버 공간의 속성, 정보통신 인프라와 도시계획 등에 대한 이론적·경험적 논의 및 사례연구를 포함하고 있다.

Willis, K. and Aurigi, A., 2018, *Digital and Smart Cities*, New York: Routledge.

⋯ 기술 변화가 도시에 미치는 영향에 대해 다양한 관점에서 탐구하고 있다. 세계 여러 나라의 실제 사례를 통해 스마트시티에 대한 이론적·역사적 접근을 하고 있다. 도시에 대한 보다 통합적이고 사람 중심적인 도시발달의 관점에서 스마트시티의 발달을 해석하고자 한다.

주요어 정보화사회, ICT(정보통신기술), 흐름의 공간과 장소의 공간, 공간적 불균형, 교통-통신 대체, 디지털 기술, 공간의 소멸, 스마트시티

제8장

도시와 세계화

유환종

1. 세계화의 공간적 의미

21세기 이후 우리 주변의 사회·경제·정치적 환경은 급변하고 있다. 이러한 변화를 주도하는 흐름은 세계화(globalization)와 지식기반경제의 성장이며, 경제·사회뿐만 아니라 문화와 환경 등 다양한 분야에서 새로운 세계질서가 확립되고 있다. 이전과는 달리 국가의 주체성이 약화되면서 지리적으로 분산된 다양한 활동들이 국경을 넘어 전 지구적 차원에서 기능적으로 통합되며, 국가의 조절능력도 초국적기업이나 국제기구, 지방정부 등으로 이전되는 경향을 보인다. 도시나 지역의 성쇠도 세계화에 통합되는 정도와 역할에 따라 차별화되고 있다.

오늘날 세계경제는 정보화와 교통·통신의 발달, 국가경제의 개방화에 따른 자본의 자유로운 이동과 자본주의의 구조조정에 의해 급속히 통합되고 있다. 초국적기업의 영향력이 증대하고 생산기능이 세계적으로 분업화되며, 정보통신기술이 발달하면서 국가의 도시체계와 대도시의 공간구조에 구체적이고 강력한 영향을 미치게 된다. 기존 국가 단위의 폐쇄적인 도시체계를 벗어나 전 세계를 기능적으로 연결한 도시들의 네트워크가 형성되고, 그러한 세계적인 도시 네트워크의 정점에서 통제와 조정의 역할을 수행하는 세계도시(global city)가 등장한 것이다. 이처럼 전 세계적인 통제와 관리 기능을 수행하는 초국적기업의 본사와 국제금융 및 고차의 지식기반 서비스가 집중되어 있는 장소가 바로 세계도시이며, 이들의 기능적 연계망이 세계도시 네트워크이다.

또한 경제활동 공간이 초국적으로 전개되면서 국가 간의 경쟁보다는 도시와 지역이 통합된 광역적 대도시지역(metropolitan area) 간 경쟁체제로 전환되고 있다. 세계적 경쟁력을 지닌 대도시지역과 이를 효율적으로 지원할 수 있는 거버넌스 체제가 세계화 시대의 새로운 실체로서 재조명되고 세계경제의 중심으로 떠오르고 있다. 도시 연구도 과거 국가의 중심지였던 대도시지역의 개념을 세계경제로 연계하고 초국적으로 확대되는 경향을 보인다. 세계도시 지역(global city-region), 세계적 메가시티 지역(mega-city region) 또는 메가 지역(mega-region) 등으로 개념화된 광역적 거대도시 지역의 중요성이 새롭게 인식되며, 도시지역 간 네트워크 경제의 이점을 극대화한 다중심 도시지역(polycentric urban region)도 세계화 시대 국가와 지역의 경쟁력 강화를 위한 주요 관심의 대상이 되고 있다.

2. 세계도시의 등장과 공간적 특성

1) 세계도시의 개념

'세계도시'라는 개념은 1915년 게디스(P. Geddes)가 세계에서 가장 중요한 업무를 수행하는 일부 대도시를 표현하는 데 처음 사용했으며, 홀(P. Hall)은 『세계도시(The World Cities)』(1966)에서 대도시지역의 미래지향적인 계획을 설정하는 과정에 전 세계의 경제·정치 중심지로 역할하는 대도시를 세계도시로 언급하였다. 1980년대와 1990년대에 와서 세계도시는 새로운 도시화 과정과 대도시 공간구조 변화를 설명하는 주요 개념이 되었다. 이는 세계도시의 개념을 세계경제의 구조재편과 연결하여 대도시의 성쇠를 조명한 프리드만(J. Friedmann) 등 여러 학자들의 경험적인 연구를 기반으로 한다. 세계도시는 세계경제의 의사결정지이며 세계 자본이 집중되고 축적되는 중심지로서, 세계적인 기업·금융·무역·정치력이 조화롭게 결합되는 장소이다. 또한 세계도시는 전 세계적인 교통·통신·정보·문화의 생산과 전달의 중심지로 자본이나 정보흐름의 결절점이며, 세계적인 투자 대상지로 부각된다. 여러 연구에서 런던, 뉴욕, 도쿄 등이 세계도시 계층의 최정점에서 세계경제를 통제하고 조절하는 최고차 세계도시로 확인된다. 이들은 세계적인 정보와 자본, 투자의 순환과정에서 주요 결절지 역할을 한다. 사센(Sassen, 2001; 2012)은 이러한 도시를 '글로벌시티(global city)'로 명명하고 후기 산업사회의 생산입지(postindustrial production site)로서 전략적인 장소로 평가하였다.

오늘날 세계도시라는 용어는 경제적 차원뿐만 아니라 사회 전반으로 확대되어 사용되고 있다. 세계도시는 정보와 혁신의 중심지로서 지식기반경제의 성장을 주도하며, 경제뿐만 아니라 정치·사회·문화적 차원에서 전 세계의 이목을 집중시키고 있다.

2) 세계도시의 공간적 특성

세계도시는 세계경제의 중심지이자 전 세계의 국가와 지역 경제를 세계경제로 통합하는 결절지이다. 세계도시에는 초국적기업의 본사, 관련 고차의 업무기구, 세계적 금융기관이 기능적 복합체를 형성하며 집중된다. 그 결과 전 세계적인 관리와 통제 기능을 수행하는 고차 지식기반 서비스 부문이 성장하는데, 금융, 법률, 컨설팅, 광고, 정보 서비스업 등이 대표적이다. 또한 고차 지식기반 서비스 부문에 종사하는 고소득층을 대상으로 하는 고급 외식업, 레저 및 문화 산업, 인테리어 산업 등 고급 소비자 서비스업이 발달하며, 일부 도시형 첨단산업도 성장하고 있다. 전통적으로 대도시 경제의 핵을 이루던 대규모 제조업이 쇠퇴하거나 외부로 분산·이전되면서 제조업이 차지하는 비중은 급격히 저하된다. 즉 대규모 탈공업화가 진행되는 가운데 새로운 산업이 성장하는 것이다. 이처럼 도시경제가 재편되면서, 기존 중산층의 성장이 둔화되거나 해체되고 새로운 산업에 종사하며 높은 보수를 받고 높은 생활수준을 누리는 고소득 전문 관리계층이 성장한다. 반면 이들에게 일상 서비스를 제공하거나 도심의 영세 소기업에 종사하는 저소득계층과 세계도시로 유입되는 제3세계 이민자들을 중심으로 한 극빈층의 구성비가 상대적으로 높아지면서 사회경제적 양극화 현상이 심화된다.

이러한 양상은 사회·문화·경관적인 측면으로 이어진다. 과거와 같은 중산층 중심의 대중문화와 소비행태는 점차 사라지고, 새로이 재개발된 도심부의 콘도미니엄, 고급 레스토랑이나 전문 미식요리점, 고급 부티크 등이 성황을 이루며, 이는 포스트모던적인 도시경관을 통해 구체적으로 표출된다. 이러한 과정은 공간적인 측면에서 기존의 도심 부근 낙후지역이 새로운 성장산업을 위한 업무공간, 고소득 전문 관리계층을 위한 생활공간으로 탈바꿈하는 젠트리피케이션(gentrification)으로 나타난다. 이 과정은 기존에 거주하던 저소득 주민들이 내몰리는 현상(displacement)도 수반한다. 최근 이러한 현상은 더욱 심화되고 있다. 뉴욕과 런던 등 최고차 세계도시의 일부 지역은 글로벌 금융이나 기업에 종사하는 세계지향적인 고학력의 최상류 계층(global class of super-rich individuals)을 위한 배타적인 최고급 공간으로 다시 조성된다. 이를 '슈퍼젠트리피케이션(super-gentrification)'이란 용어로 차별화하기도 한다(Beaverstock et al., 2011).

그런 와중에 도시정부는 기업가주의적인 도시정책을 추진한다. 이동성이 강한 초국적 자본을 유치하기에 유리한 환경을 조성하는 데 정책의 우선순위를 둠으로써, 세계도시의 양극화를 더욱 촉진하는 경향을 보인다. 결국 양극화된 사회계층들은 같은 대도시에 기능적으로 결합되어 있으면서도 서로 상이한 소비양식과 문화양식을 지니게 되며, 세계도시 내부의 경제·사회적 양극화는 공간·문화·정치적 양극화로 이어져 도시 전체적으로 이중도시(dual city)로 나아간다.

3. 세계도시 네트워크의 형성과 계층구조

1) 세계도시 네트워크의 형성

도시는 규모와 기능, 영향력에 따라 계층구조를 띤다. 이러한 계층은 국가나 지역적 차원뿐만 아니라 세계적 차원에서도 존재한다. 세계화가 심화되고 경제활동이 초국적으로 전개되면서, 주요 대도시들은 세계경제의 중심 도시들과 기능적으로 더욱 강하게 연계되어 세계도시 네트워크를 형성하게 된다. 세계도시 네트워크를 구성하는 도시들은 세계도시 네트워크에서의 위상에 따라 각각의 역할에 맞게 자본과 정보가 순환하는 결절지가 된다. 초국적기업, 국제 금융업무, 고차의 지식기반 서비스 기능이 집중되며, 국제회의, 전시회, 인적·물적 교류가 활발히 이루어진다. 또한 이러한 도시활동을 수용할 수 있는 고도의 정보통신 네트워크와 새로운 교통체계를 운용할 수 있는 대규모의 최첨단 국제공항을 보유하게 된다.

마이어(D. R. Meyer)는 초국적기업의 본사 기능과 세계적인 사업 서비스의 역할, 정보통신기술의 발달에 중점을 두고 거래비용이나 시장의 차별화 등을 통해 경쟁한 결과, 국가 대도시 중심의 도시체계가 세계적인 네트워크 체계로 발전하는 과정을 5단계로 모식화했다(그림 1). 3단계까지는 주로 국가적 차원에서 상위의 대도시들이 하위 도시들을 포섭하며 성장한다. 4단계를 거쳐 마지막 5단계는 제조업 생산의 세계화, 대도시의 탈공업화가 진행되는 시기이다. 생산과 자본의 세계화와 함께 신국제분업 체제가 이루어지고, 고차의 지식기반 서비스경제 부문이 급성장하면서 새로운 세계경제 질서로 재편된다. 특히 세계 자본이 집중되고 정보통신기술에 바탕을 둔 조정과 통제의 중심지, 즉 세계도시가 등장하면서 세계도시를 중심으로 도시들 간의 네트워크가 구축되고 여기에 새로운 계층구조가 형성된다.

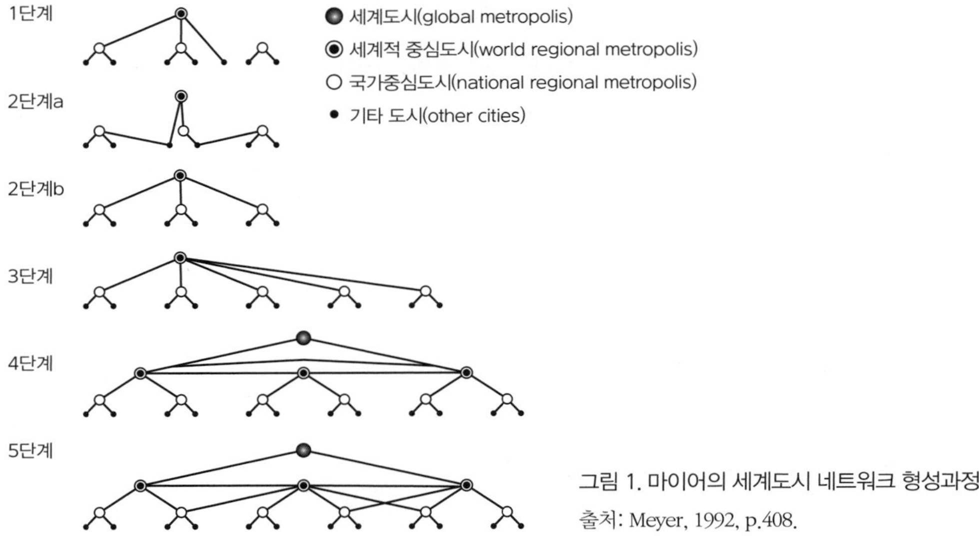

그림 1. 마이어의 세계도시 네트워크 형성과정
출처: Meyer, 1992, p.408.

2) 세계도시 네트워크의 계층구조

세계도시 네트워크는 이를 구성하는 도시들의 위상과 역할에 따라 계층구조를 형성한다. 이러한 세계도시 네트워크의 계층구조를 분석하는 방법은 주로 도시의 관련 지표들을 시계열적으로 비교하여 상대적 계층성을 파악하는 것이다. 일반적으로 경제적 변수, 인적 자원 및 물리적 하부구조, 사회적 변수들이 분석지표로 사용되고 있다. 프리드만(J. Friedmann)은 주요 대도시들을 대상으로 세계적 금융 중심지, 초국적기업의 본사 입지, 국제기구의 입지, 사업 서비스 부문 성장도, 제조업 중심지, 교통·통신의 결절지, 인구규모 등 7개 지표를 중심으로 세계도시 네트워크의 계층구조를 연구하였다. 그는 전 세계의 중심부와 반주변부 지역에 있는 1차 및 2차 세계도시들의 연계된 계층을 구분하였다(그림 2). 이러한 세계도시를 기능적 특성에 따라 유형을 구분하고 비교함으로써 보다 유용한 분석틀을 제공할 수 있다. 테일러(P. Taylor)는 이를 더욱 발전시켜 세계도시 네트워크를 상위의 세계도시(global city)와 하위의 세계도시(world city)로 구성되는 다층적 네트워크로 구분하고, 기능적인 측면에서 경제·정치·사회·문화 등 전문적 기능으로 특화된 세계도시와 이들 기능을 종합적으로 유지하고 있는 세계도시 유형으로 나누어 설명하였다(표 1).

그러나 지표와 속성을 중심으로 세계도시 네트워크의 계층적 구조를 파악하는 것은 다분히 기술적이고 정적이어서 계층구조의 변화과정을 이해하는 데는 제한적이다. 테일러는 카스텔(M. Castells)의 세계적인 흐름의 공간(global space of flow)에 근거한 네트워크 이론을 참고하여 세계도시 네트워크에서 도시들 간의 상호 연계와 연결성이 중요하고, 이에 대한 경험적 분석이 필요함을 강조하였다. 이는 영국의 러프버러 대학교에 센터를 둔 'GaWC 연구네트워크(Globalization and World Cities Research Network)'에 의해 정교하게 진행되었다. 지난 20년간 GaWC 연구네트워크는 '인터로킹 네트워크 모델(Interlocking Network Model)'에 기반하여 도시들의 '세계적 네트워크 연결성(Global Network Connectivity, GNC)'을 분석함으로써 세계도시의 순

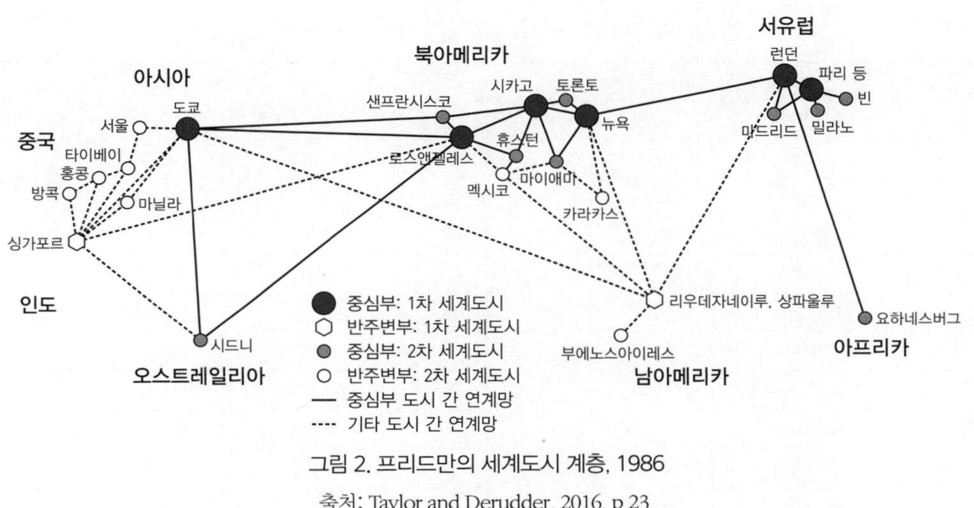

그림 2. 프리드만의 세계도시 계층, 1986

출처: Taylor and Derudder, 2016, p.23.

표 1. 테일러의 세계도시 유형구분

상위 세계도시 (global cities)	종합 기능적 세계도시	(1) 최고: 런던, 뉴욕 (2) 중간: 로스앤젤레스, 파리, 샌프란시스코 (3) 저위: 암스테르담, 보스턴, 시카고, 마드리드, 밀라노, 모스크바, 토론토
	전문 기능적 세계도시	(1) 경제: 홍콩, 싱가포르, 도쿄 (2) 정치 및 사회: 브뤼셀, 제네바, 워싱턴
하위 세계도시 (world cities)	준기능 집적 세계도시	(1) 문화: 베를린, 코펜하겐, 멜버른, 오슬로, 로마, 스톡홀름 (2) 정치: 방콕, 베이징, 빈 (3) 사회: 마닐라, 나이로비, 오타와
	세계적 세계도시	(1) 경제: 프랑크푸르트, 마이애미, 뮌헨, 오사카, 싱가포르, 시드니, 취리히 (2) 비경제: 아비장, 아디스아바바, 애틀랜타, 바슬, 바르셀로나, 카이로, 덴버, 하라레, 리옹, 마닐라, 멕시코시티, 뭄바이, 뉴델리, 상하이

출처: Taylor, 2005, p.1606.

위와 시계열적인 변화를 규명하였다. 여기에는 전 세계 500개 이상의 도시와 세계도시 네트워크 형성의 고차생산자 서비스 기능(175개 회계·광고·금융보험·컨설팅 기업) 자료가 활용되었다. GNC를 기준으로 세계도시 네트워크의 도시별 순위 목록을 작성하고 세계도시 네트워크로의 통합수준에 따라 세계도시의 계층 알파(++, +, 0, −), 베타(+, 0, −), 감마(+, 0, −) 수준의 세계도시군과 아직 세계도시는 아니지만 충분한 자족능력을 지닌 세계적 도시군으로 분류하였다(표 2). 이 분류에서 우리나라의 대도시는 서울을 제외하면 아직까지 세계도시군에 포함되지 않는다. 아시아에서는 도쿄, 홍콩, 싱가포르, 상하이, 두바이, 베이징이 알파플러스급 이상의 최상위 세계

표 2. 세계도시 네트워크상의 순위 및 연결성 변화, 2000~2012

2000년				2012년			
순위	도시	GNC	등급	순위	도시	GNC	등급
1	런던	100.00	알파++	1	런던	100.00	알파++
2	뉴욕	97.63		2	뉴욕	93.89	
3	홍콩	70.69	알파+	3	홍콩	77.91	알파+
4	파리	69.91		4	파리	72.44	
5	도쿄	69.06		5	싱가포르	67.63	
6	싱가포르	64.53		6	도쿄	65.22	
7	시카고	61.55	알파	7	상하이	64.52	
8	밀라노	60.36		8	두바이	63.14	
9	로스앤젤레스	59.95		9	시드니	62.91	
10	토론토	59.46		10	베이징	62.19	
11	마드리드	59.45		11	시카고	59.80	알파
12	암스테르담	59.01		12	뭄바이	59.42	
13	시드니	57.84		13	밀라노	59.30	
14	프랑크푸르트	56.73		14	토론토	58.18	
15	브뤼셀	55.71		15	프랑크푸르트	57.92	
16	상파울루	54.09		16	상파울루	57.79	
17	샌프란시스코	50.75		17	모스크바	57.49	
18	멕시코시티	48.60	알파−	18	로스앤젤레스	56.33	
19	취리히	48.48		19	마드리드	55.37	
20	타이베이	47.71		20	멕시코시티	54.37	
41	서울	41.45	베타+	23	서울	53.42	알파−

출처: Derudder and Taylor, 2016, p.628.

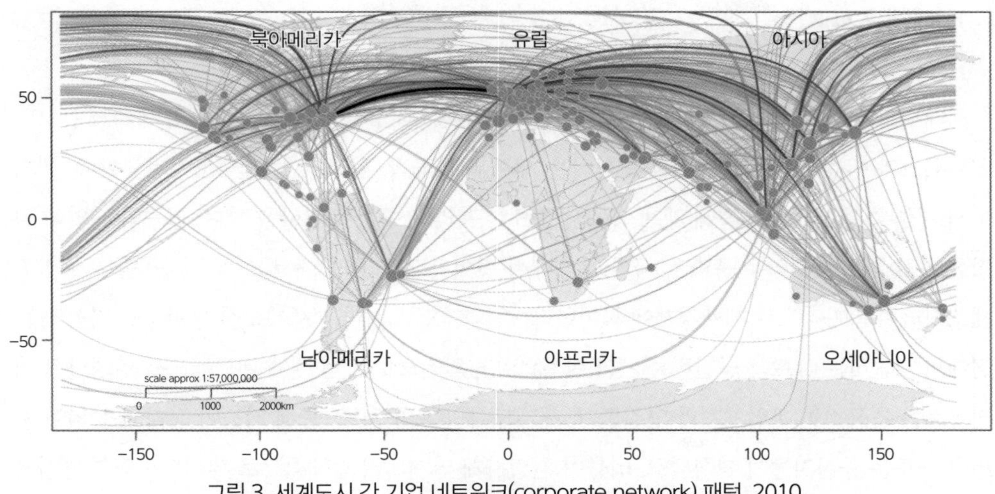

그림 3. 세계도시 간 기업 네트워크(corporate network) 패턴, 2010

출처: Liu et al., 2014, p.62.

도시로 평가되었으며, 중국 대도시들의 부상이 큰 특징으로 나타났다. 그러나 여전히 세계도시의 분포가 서유럽과 북아메리카, 최근 떠오르는 아시아 권역에 집중해 있어 세계화의 영향이 불균등하게 작용함(uneven globalization)을 알 수 있다.

〈그림 3〉은 GaWC의 세계도시 네트워크 모델을 사용하여 2010년 세계도시들 간의 연계성을 시각화한 것이다. 북아메리카, 서유럽, 아시아에 세계도시 클러스터가 형성되어 있으며, 뉴욕과 런던의 연계성이 가장 강하게 유지되고 있다. 또한 세계도시 네트워크에서 아시아의 상하이와 베이징의 성장이 두드러지며, 두바이의 성장과 유럽 도시들과의 연계성이 강하게 나타난다.

4. 세계지향적 거대도시 지역의 출현

세계화와 지식기반경제로의 전환으로 세계경제가 초국가적으로 통합되면서, 경제활동이 실제로 집적되어 있는 대도시지역의 경쟁력이 더 중요해졌다. 세계경제의 중추 역할을 하는 세계도시들도 세계도시를 핵으로 주변의 중심도시와 주변지역을 일체화하고, 광역적인 시너지 네트워크를 구축하여 경쟁력을 강화하고 있다. 이러한 흐름 속에서 새로운 공간단위인 세계지향적 거대도시 지역들이 주목을 받고 있으며, 이를 해석하기 위한 주요 개념으로는 세계도시 지역, 세계적 메가시티 지역 또는 메가 지역, 다중심 도시지역 등이 있다.

1) 세계도시 지역

세계도시 지역은 세계도시와 기능적으로 연계된 주변 배후지역으로 구성되며, 세계적 규모의 네트워크와 광범위한 공간범위를 포함하는 새로운 초국적·협력적 형태의 도시지역이다. 세계도시 지역은 통합된 세계경제 체제 속에서 중요한 지리적 중심축 역할을 한다. 인구와 산업이 밀집한 주요 대도시지역은 종래의 국가 통제에서 벗어나 지역 차원에서 스스로 자원을 동원하고 재조직하여 독자적으로 세계경제에 참여한다. 즉 세계도시 지역은 세계도시의 기능을 지역적 관점에서 접근하는 새로운 공간적 실체라 할 수 있다. 외적으로는 전 세계 네트워크를 형성하고 내적으로는 초국적인 분업체계와 연결된다. 세계도시의 고차 정보·통제 기능이 점차 분산되어 주변에 새로운 중심지들이 형성되고, 이들이 긴밀하게 연계되어 전체적으로 세계도시와 주변지역이 일체화된 다중심적 구조를 이룬다.

세계도시 지역의 특성은 다음과 같다. 첫째, 경제적으로 세계경제를 선도하는 고차의 글로벌 통제와 의사결정 기능, 첨단 정보기술산업, 전문 지식기반 서비스업, 문화산업 등과 관련된 기업이 집중되어 있다. 거래비용을 줄이고 지식·정보를 공유하기 위해 유기적인 네트워크를 바탕으로 클러스터를 형성한다. 둘째, 사회적으로 세계화의 진전에 따라 초국적인 인구이동이 활발해지면서 거대도시 지역은 문화적·인종적으로 다양하고 이질화가 심화된다. 셋째, 공간구조적으로 단일 중심에서 벗어나 다중심적인 형태를 띤다. 넷째, 정치적으로 국가 내에 포함된 지역임에도 중앙정부의 간섭과 통제에 대해 상당 수준의 자율권과 자치권을 확보하고, 다수의 자치단체 혹은 초국적 연계를 효율화할 수 있는 거버넌스 체제를 갖추게 된다.

세계도시 지역의 대표적인 유형은 뉴욕, 런던, 도쿄 등과 같이 주요 세계도시가 주변 배후지역과 연계하여 광역적 대도시지역을 형성하고 점차 세계도시 지역으로 성장하여 세계경제를 주도하는 경우이다(Scott, 2001). 이외에도 인접한 대도시들이 기능적으로 연계되면서 배후지역이 공간적으로 중첩·수렴되어 세계적인 연담도시 지역을 형성하거나 초국가적 도시연합의 형태로 전개된다. 대표적인 사례로 네덜란드의 란드스타트 지역을 들 수 있으며, 이러한 유형은 대도시들이 네트워크 체계에 기반하여 다중심 도시지역으로 발전한 사례로 해석할 수 있다.

2) 세계적 메가시티 지역 또는 메가 지역

새로운 거대도시 지역을 설명하는 세계도시 지역과 유사하게, 메가시티 지역도 기존 도시지역

(city-region)의 개념을 바탕으로 세계적인 초광역적 대도시지역으로 구체화한 세계도시 지역이다. 세계적 대도시 주변에 있는 여러 도시들이 새로운 기능적 분업과 클러스터를 형성하여 거대한 경제적 시너지를 발휘하는 다중심적 거대도시 지역이다. 이는 집적경제와 네트워크 경제에 기반을 두며, 초고속 연계망과 정보통신망을 통해 인적 자원 및 정보의 흐름이 이루어진다. 실제로 중국의 홍콩과 광저우로 이어지는 주장강 지역뿐만 아니라 미국과 유럽 등에서도 나타난다. 미국의 메갈로폴리탄 지역(megalopolitan area)이나 유럽 POLYNET 연구의 대상지역인 북서유럽의 8개 다중심적 거대도시 지역 등에서도 확인된다. 이 중 런던을 중심으로 100마일 반경 내에 있는 30~40개 도시들이 시스템적으로 연계되어 형성된 영국 남동부의 메가시티 지역이 대표적이다(Hall and Pain, 2006).

플로리다 외(Florida et al., 2008)는 메가 지역의 개념으로 설명하였다. 전 세계 40개 메가 지역을 확인하고 세계경제에서 메가 지역의 역할과 의미를 강조하였다(그림 4). 40개 메가 지역은 모두 1000억 달러 이상의 경제규모를 가지고 있으며, 세계인구의 17.7%가 거주하지만 전 세계 생산액의 66.0%, 전 세계 특허권의 85.6%를 점유하고 있음을 밝혔다. 북아메리카에서 가장 대표적인 메가 지역인 보스턴–워싱턴(Bos–Wash) 메가 지역은 최상위 세계도시인 뉴욕을 중심으로 보스턴에서 워싱턴D.C.에 이르는 초광역적 거대경제권으로 1960년대 고트만(J. Gottmann)이 연구했던 메갈로폴리스 지역이다. 미국 전체 인구의 18%가 거주하며, 경제규모는 2조 2000억

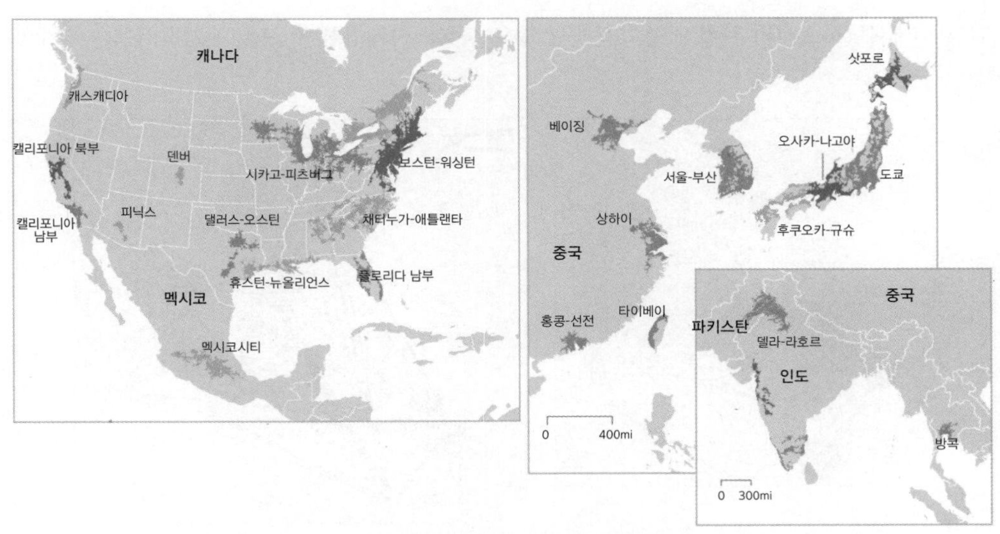

그림 4. 북아메리카와 아시아의 메가 지역

출처: Florida et al., 2008, pp.21–23.

USD(지역생산액 기준)로 프랑스나 영국보다 많고 인도나 캐나다의 두 배 수준이다. 아시아의 도쿄(Greater Tokyo) 메가 지역은 인구 5500만 명으로 인구규모 4위, 경제규모 2조 5000억 USD로 지역생산액 기준 1위를 차지하여 전 세계 메가 지역 순위 1위의 지역이다. 최상위 세계도시인 도쿄를 중심으로 한 대도시지역으로 금융, 디자인, 첨단기술 산업 분야에서 세계 정상급이다. 또한 중국의 메가 지역들이 급성장하고 있어서 앞으로 세계경제와 메가 지역의 지형 변화에 큰 영향을 미칠 것으로 예상된다.

3) 네트워크 기반 다중심 도시지역

세계도시 지역과 메가시티 지역 등은 기본적으로 다중심 도시지역의 개념을 전제로 한다. 세계화의 영향으로 서로 근접한 대도시들이 기능적으로 상호 보완적인 도시 네트워크를 형성하여 세계적 경쟁력을 구축하려는 경향이 있다. 이는 다중심적 도시집적체로서 교통과 인프라를 기반으로 다수의 독립적인 중심도시들이 기능적으로 서로 협력하고 범위의 경제를 달성하는 데 기본 의의가 있다. 네트워크를 맺고 있는 도시들은 결절지로 기능하며, 전문화·보완관계·공간분업이 이루어지고 외부경제 시너지 효과가 일어난다. 각 중심도시들 간에 존재하는 자본, 정보, 지식, 기술, 인력, 제품 등의 흐름이 상호 관계를 형성하며, 탈수직적 네트워크를 통해 보완적 네트워크 및 시너지 네트워크로 전환된다. 이러한 네트워크 기반의 다중심 도시지역은 서유럽처럼 최상위 세계도시로서의 지위가 다소 부족한 주요 중심도시들이 많이 분포하는 지역에서 세계화

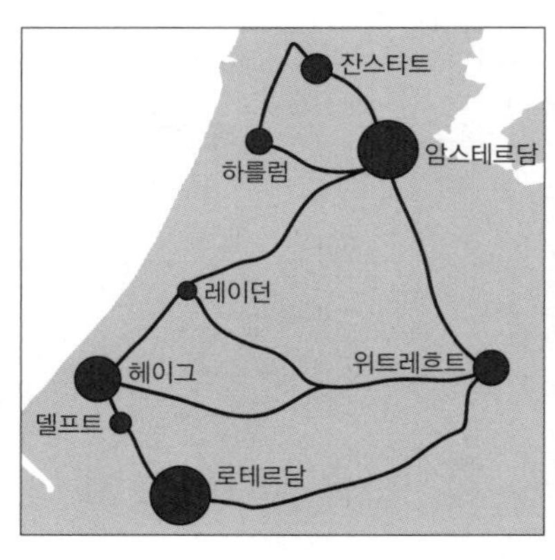

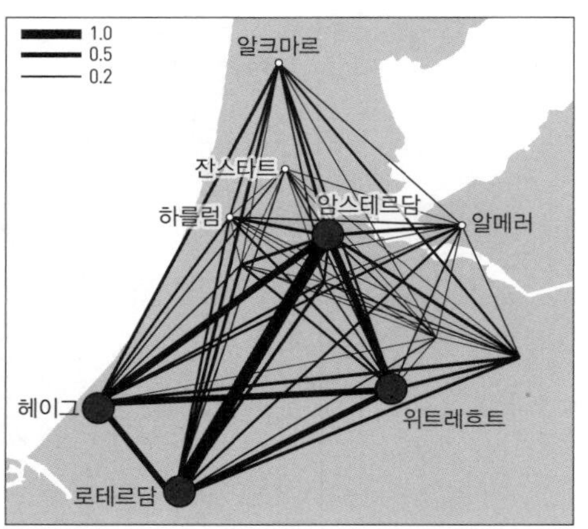

그림 5. 란드스타트 지역의 주요 도시와 업무기능 네트워크를 통한 지역 내 연계망

출처: Hall and Pain, 2006, p.143.

시대의 경쟁력을 강화하는 데 주로 적용된다. 대표적인 사례로, 네덜란드의 란드스타트 지역은 4개의 중심도시인 암스테르담, 로테르담, 헤이그, 위트레흐트 간의 기능적 특화에 의한 강력한 연계체제를 구축하고 주변 도시들과 회랑을 형성하는 대표적인 네트워크 기반의 다중심 도시지역이다(그림 5).

5. 향후 연구의 전망

오늘날 도시를 둘러싼 환경은 과거와는 전혀 다른 특징을 나타내고 있다. 경제활동의 세계화와 정보화가 진행되면서 시간과 공간이 수렴되는 글로벌화가 진행되고 있다. 이러한 세계화가 도시공간에 미치는 가장 큰 영향은 세계적 중추기능을 수행하는 세계도시의 출현과 세계도시 네트워크의 형성, 그리고 세계도시를 중심으로 한 다중심적이고 초국적인 광역화이다. 일부 비판적 견해도 있지만, 지난 20여 년간 초기 가설적 연구에서 점차 세계도시와 세계도시 네트워크에 대한 실증적 분석을 통해 세계화가 도시공간에 미치는 현상을 규명하려는 노력이 꾸준히 이어졌다. 또한 세계화 시대의 개방적 세계도시 네트워크에서 출현하는 거대도시 지역에 대한 개념화와 실증연구도 지역성장 및 정책적 관점에서 진행되고 있다. 향후에는 고차생산자 서비스 기업뿐만 아니라 다양한 행위주체를 중심으로 세계도시와 네트워크에 대한 이론적·실증적 연구가 보완될 것이며, 세계도시의 공간구조 재편과 그로 인해 발생하는 사회·경제·정치적 문제 등에 대한 연구로 이어질 것이다. 또한 세계화와 관련된 도시의 삶의 질과 지속가능한 발전, 선진국의 최상위 세계도시뿐만 아니라 세계도시로 성장하는 도시들에 대한 경쟁력 제고 등 다양한 주제들이 연구과제로 등장할 것이다.

참고문헌

권용우 외, 2012, 『도시의 이해』, 박영사.

김인, 2005, 『세계도시론』, 법문사.

손정렬, 2011, "새로운 도시성장 모형으로서의 네트워크 도시: 형성과정, 공간구조, 관리 및 성장전망에 대한 연구동향", 『대한지리학회지』, 46(2), pp.181-196.

Beaverstock, J. V. et al., 2011, "Globalization and the City", *GaWC Research Bulletin*, 322.

Derudder, B and Taylor, P. J., 2016, "Change in the World City Network, 2000-2012", *The Professional Geographer*, 68(4), pp.624-637.

Florida R. et al., 2008, "The Rise of the Mega-Region", *CESIS Electronic Working Paper Series*, 129, pp.1-29.

Friedmann, J., 1986, "World City Hypothesis", *Development and Change*, 17(1), pp.69-83.

Hall, P. and Pain, K.(eds.), 2006, *The Polycentric Metropolis: Learning from Mea-City Regions in Europe*, Earthscan.

Liu, X., Derudder, B., Taylor, P., 2014, "Mapping the evolution of hierarchical and regional tendencies in the world city network, 2000-2010", *Computers, Environment and Urban Systems*, 43, pp.51-66.

Meyer, D. R., 1992, "Change in the World System of Metropolises: The Role of Business Intermediaries", *Urban Geography*, 12(5), pp.393-416.

Sassen, S., 2001, *The Global City: New York, London, Tokyo*, 2nd ed., Princeton University Press.

Sassen, S., 2012, *Cities in a World Economy*, 4th ed., SAGE, 남기범 외 옮김, 2016, 『사스키아 사센의 세계경제와 도시』, 푸른길.

Scott, A. J.(ed.), 2001, *Global City-Regions: Trends, Theory, Policy*, Oxford University Press.

Taylor, P. J., 2005, "Leading world cities: empirical evaluations of urban nodes in multiple networks", *Urban Studies*, 42(9), pp.1593-1608.

Taylor, P. J. and Derudder, B., 2016, *World City Network: A global urban analysis*, 2nd ed., London: Routledge.

더 읽을 거리

김인, 2005, 『세계도시론』, 법문사.

⋯› 세계도시 연구에 관한 이론과 실제를 집대성한 입문서이자 세계도시로서 서울을 분석한 연구서이다. 도시 연구의 새로운 패러다임으로 세계도시론을 정립하고, 세계도시 체계와 세계도시 내부구조 재편과정을 이론적 준거뿐만 아니라 경험적 연구사례를 중심으로 심도 있게 논의하였다. 이를 바탕으로 서울 대도시권의 세계도시화 전략을 제시하였다.

Sassen, S., 2012, *Cities in a World Economy*, 4th ed., SAGE, 남기범 외 옮김, 2016, 『사스키아 사센의 세계경제와 도시』, 푸른길.

⋯› 세계도시론의 고전인 *The Global City: New York, London, Tokyo*(2001)와 함께 저자의 대표 저서이다. 세계경제 변화를 중심으로 경제·정치·문화적 세계화가 도시에 미치는 영향을 다양한 관점에서 개념적·실증적으로 분석한 책이다. 세계화로 비롯된 도시 간·도시 내 불평등, 금융위기, 노동시장, 이민, 젠더, 환경 등 그동안 저자의 방대한 연구주제들이 전략적 장소인 세계도시로 함축되어 체계화되었다. 또한 최상위 세계도시뿐만 아니라 세계도시로 성장하는 도시들에 대한 사례도 포함하여 세계화와 세계도시의 다양성과 그 이면을 들여다볼 수 있다.

Taylor, P. J. and Derudder, B., 2016, *World city network: a global urban analysis*, 2nd ed., Routledge.

⋯▸ 세계화와 세계도시 네트워크에 대한 이론과 실제를 종합적이고 체계적으로 분석한 연구서이다. 세계 금융위기를 포함한 2000~2012년 동안 175개 글로벌 서비스 기업과 512개 도시를 대상으로 도시 간 네트워크 연계성을 분석하여 세계도시 네트워크의 특성을 규명하고 시계열적 변화를 설명하였다. 특히 지난 20여 년간 저자들이 주도한 GaWC 연구그룹의 광범위한 실증분석을 기반으로 세계도시 네트워크 관점에서 세계도시 분석의 방법과 모델, 새로운 글로벌 공간경제학, 지속가능한 도시 네트워크 등을 제시하고 있다.

주요어 세계도시, 사스키아 사센, 세계도시 네트워크, 피터 테일러, GaWC 연구네트워크, 세계도시 지역, 메가시티 지역, 메가 지역, 다중심 도시지역

제2부.

도시의 사회환경

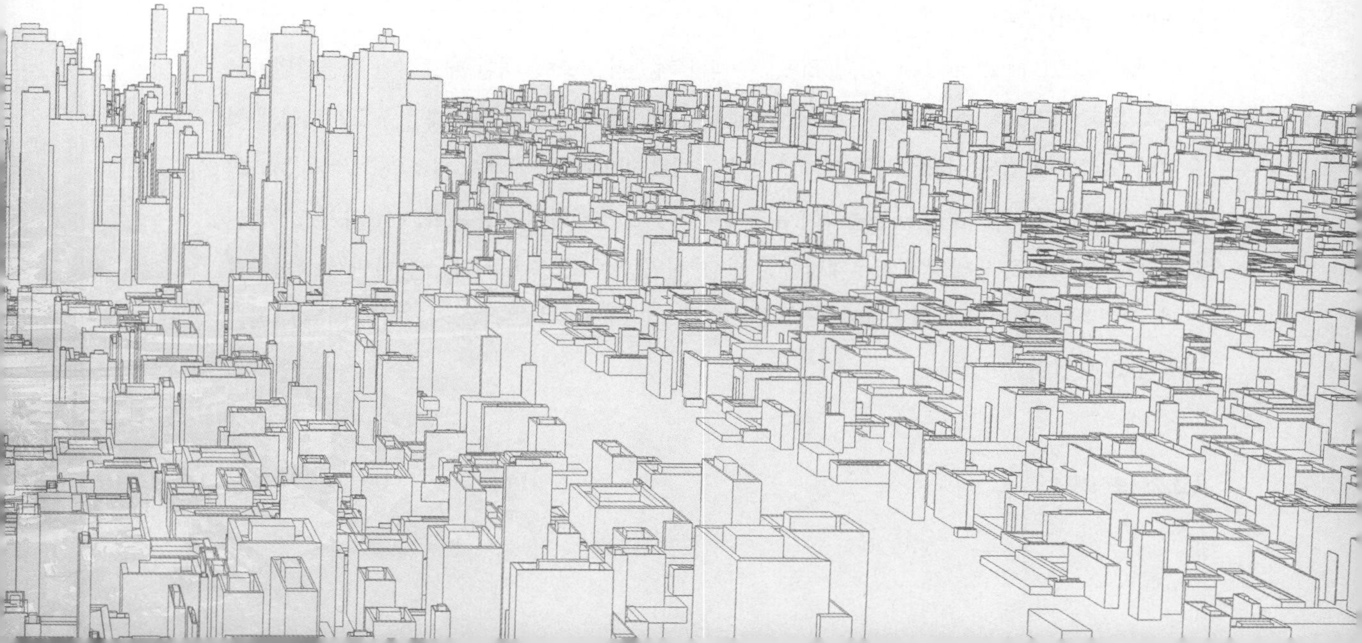

제9장

도시와 주거

류연택

1. 도시 주택 및 거주지 구조에 대한 접근법

도시구조의 주요 구성요소인 거주지역을 이루는 주택의 의미와 기능은, 첫째, 거주자에게 주거공간으로서 가구에게 필요한 사회적 서비스뿐만 아니라 물질 서비스를 갖춘 물리적 시설 단위 또는 구조물, 둘째, 시장에서 거래·교환되며 투자의 대상이 되는 경제적 재화 또는 상품, 셋째, 사회구조와 일련의 사회관계상의 요소로서의 사회적·집합적 재화(social or collective good), 넷째, 거주지 입지 및 주변 사회환경에 따른 근린 서비스 수요를 포함하는 일련의 서비스를 제공, 다섯째, 고정자본의 구성요소, 부를 창출하는 수단, 그리고 정부의 경기조절 수단이다(Bourne, 1981).

바셋과 쇼트(Bassett and Short, 1980)는 주택과 거주지 구조에 대한 대표적인 접근방법들을 구분하였다. 시카고학파를 기원으로 하는 생태학적 접근에서는 생태학적 개념을 도시모형에 적용시켜 도시를 독립된 실체로서의 자기조절적 체제로 파악하며, 거주지 구조와 거주지 분화의 공간적 패턴에 초점을 두었다. 생물학적 유추에서 비롯된 생태학적 접근은 도시를 자기조절적인 생물체로 간주하고, 생태학의 기본개념들인 경쟁, 침입, 천이 등을 도시에 적용하면서 성립하였으며, 각기 특성을 지닌 사회집단이 도시의 어디에 입지하는가와 그러한 지역의 상태는 어떠한가가 주요 관심대상이었다.

신고전적 접근에서는 경제학에서의 효용개념을 빌려 도시 내부 공간구조의 형성을 설명하고자 주택시장에서의 개별 수요자 측면에서 효용극대화를 분석하고자 하였다. 즉 개별 가구의 선호와 주택수요 측면을 강조하면서 개별 가구의 효용극대화라는 가정하에서 신고전경제학을 바탕으로 도시구조를 설명하고자 하였다. 행태적 접근은 이주 시 개별 가구의 의사결정 과정, 즉 가구행태 분석에 초점을 두어, 브라운과 무어(Brown and Moore)의 연구(1970)를 비롯한 주거 이동성(residential mobility)에 관한 수많은 연구들이 행해졌다. 행태적 접근은 개별 가구의 자율성을 바탕으로 한 거주지 입지 선택에 초점을 두었다.

사회집단 간 갈등과 자본과 노동 간 갈등이 표출되어 주택 및 도시 내부 공간구조에 대한 기존의 접근 방법론에 문제를 제기하면서 생태학적 접근과 신고전적 접근의 성격과는 다르게 주택 및 도시 내부 공간구조를 분석하려는 접근이 바로 제도적 접근과 마르크스주의적 접근이다. 제도적 접근에서는 주택 공급과 수요 프로세스에 관여하는 에이전트(agent)와 도시관리자(urban manager)의 주택에 대한 역할을 중시하였으며, 개별 가구에 대한 주택제약의 성격과 권력집단 간의 갈등에 초점을 두었다. 즉 권력과 갈등을 둘러싼 토지 및 주택시장의 제도적 구조에 관심을 둔 것이다. 제도적 접근은 개별 가구에게 부과되는 주택제약의 측면, 그리고 갈등과 관련된 주택계층(housing class) 및 주택시장에 개입하는 에이전트 또는 도시관리자의 영향력을 중시하였다. 즉 주택시장 내에서의 입지적 갈등과 이로 인한 갈등의 공간적 반영, 그리고 도시관리자의 역할을 중요한 주제로 다루었다. 이와 같이 균형과 자기조절을 특징으로 하는 이전의 도시에 대한 관점과는 다르게 권력과 갈등이 일어나면서 도시가 성장 및 변화한다고 보았던 것이다. 한편, 팔(Pahl)은 보통 도시관리주의(urban managerialism)로 대표되는데, 그는 주택의 공급 및 배분에 참여하는 도시(주택)관리자의 영향력에 관심을 두었으며, 다양한 유형을 지닌 가구들의 생활기회(life chance)에 영향을 미치는 제약요인들을 고려해야 한다고 주장하였다. 도시관리주의는 누가 희소한 자원인 주택을 소유하는지 그리고 누가 주택의 분배 및 할당을 결정하는지에 대한 연구라 할 수 있다.

마르크스주의적 접근에서는 상품 생산체계 내에서 상품으로서의 주택과 노동력 재생산의 기초 혹은 필수적 요소로서의 주택의 역할을 중시한다. 마르크스주의적 접근은 상품으로서의 주택과 노동력 재생산 및 사회관계 재생산의 원천으로서의 주택, 주택의 생산, 소비, 교환에 매개 혹은 작용하는 권력, 갈등, 이데올로기를 논의의 초점으로 하고 있다. 도시구조 및 주택에 관한 마르크스주의적 접근에서는 지역사회의 권력구조와 도시정치학적 의미를 파악하고자 하며, 주택문제를 자본주의 생산양식과 연결시키고자 하였다.

표 1. 거주지 구조와 주택에 대한 대표적 접근

접근	특색	단점	예
생태학적 접근	생태학적 개념을 도시모형에 적용시켜 도시를 독립된 실체로서의 자기조절적 체제로 파악하며, 거주지 구조와 거주지 분화의 공간적 패턴에 주로 관심을 둠.	거주지 구조의 공간적 형태에 관심을 표명함으로써 상대적으로 사회 과정, 구조, 제약 등을 간과함.	시카고학파
신고전적 접근	개별 가구의 효용극대화라는 가정하에서 신고전경제학을 바탕으로 도시구조를 설명하고자 함.	사회구조의 성격을 간과하였으며, 모형으로 도시의 복잡한 주택 및 토지 시장을 설명하려 함.	알론소(Alonso)
행태적 접근	개별 가구의 의사결정 과정, 즉 가구행태의 분석(주거이동성, 도시 내의 가구 이동)을 중시함.	개별 가구의 자율성을 바탕으로 한 거주지 입지 선택에 초점을 맞춤으로써 사회구조가 가구에게 부과하는 구조적 제약의 측면을 간과함.	브라운과 무어(Brown and Moore), 머리(Murie)
제도적 접근	개별 가구에게 부과되는 주택제약의 측면, 주택시장에서의 갈등, 권력, 접근성과 관련된 주택계층, 주택시장에 개입하는 에이전트와 도시관리자의 역할(영향력)을 중시함.	개별 가구의 자율적 선택을 상대적으로 간과함.	렉스와 무어(Rex and Moore), 팔(Pahl)
마르크스주의적 접근	주택과 도시 내부 공간구조를 자본주의 사회의 생산양식 그리고 노동력 재생산, 사회관계 재생산이라는 심층적 사회구조와 연결시키고자 함.	사회경제적 구조 분석에 치우쳐 상대적으로 공간구조와 공간관계를 간과함.	카스텔(Castells), 하비(Harvey)

출처: Bassett and Short, 1980의 내용을 재구성함.

2. 사회지역분석

사회지역분석(Social Area Analysis)은 논리실증주의 도시지리학 시기에 도시 내부구조를 모델링한 가장 대표적인 요인생태학적 연구 분석기법으로서, 요인분석을 통해 도시의 사회적 공간(social space)을 나타내는 세 가지 지표, 즉 1) 경제적 지위(economic status), 2) 가족적 지위(family status), 3) 인종적 지위(ethnic status)가 있음을 밝혀냈다. 논리실증주의 지리학 시기에 도시지리학자들은 도시 내 비교적 동질적인 하위지역(subarea), 즉 사회지역(social area)을 밝혀내기 위한 분석기법으로 사회지역분석을 사용하였다. 사회지역분석 연구에 사용되었던 변수들을 살펴보면, 경제적 지위 지표와 관련된 변수로는 학력, 직업, 소득, 주택의 질, 주택가격 또는 집세가 있고, 가족적 지위 지표와 관련된 변수로는 연령, 가족 수, 출산율, 결혼지위, 주택유형이 있으며, 인종적 지위 지표와 관련된 변수로는 인종구성이 있다. 논리실증주의 도시지리학 시기에 북아메리카의 많은 도시지리학자들은 실증적 연구로서 다양한 사회지역분석을 통해 북아메리카 도시의 주거구조 모델을 수립하였다. 북아메리카 도시의 주거구조 모델에 따르면, 경제적 지위는 선형 패턴(sectoral pattern)을, 가족적 지위는 동심원 패턴(concentric pattern)을, 인종적 지위는 다핵 패턴(multiple nuclei pattern 또는 clustered pattern)을 지닌다(그림 1).

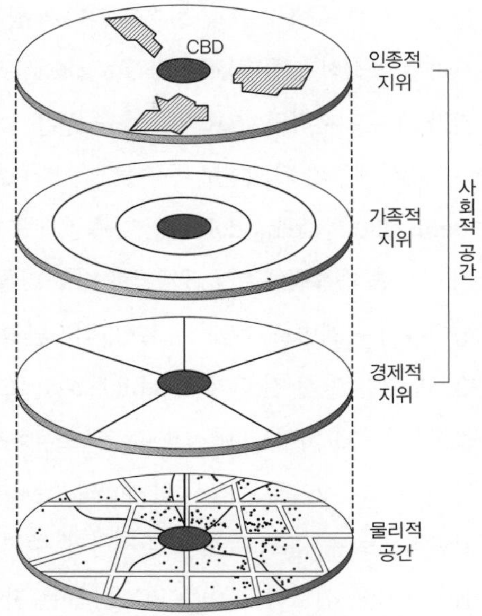

그림 1. 도시생태 구조에 관한 이상적 모델
출처: Murdie, 1969, p.8.

인구통계학적 및 사회경제적 변수들을 사용한 사회지역분석 및 북아메리카 도시의 주거구조 모델과 관련하여 사회적 공간(경제적 지위, 가족적 지위, 인종적 지위)과 물리적 공간을 중첩하여 비교적 동질적인 하위지역(homogeneous subarea), 즉 사회지역을 밝혀냄으로써 도시 내 거주지 분리(residential segregation) 현상을 파악할 수 있다.

도시주거 구조는 이주 및 이민에 의해 영향을 받아 보다 역동성을 지니며, 도시 내 서로 다른 특색을 지닌 다양한 주거지역들은 문화적 정체성을 지니게 되고, 분화 또는 차별화된 근린지구들의 모자이크 패턴을 지니면서 거주지 분리가 나타난다. 또한 거주자의 동화(assimilation) 정도가 도시주거 구조의 변화에 영향을 미치고, 도시 내 차별화된 사회적 하위지역들의 재구조화가 나타나기도 한다.

3. 거주지 분리

거주지 분리 현상은 1) 사회경제적 지위(socioeconomic status), 2) 가구유형(household type), 3) 민족 또는 인종, 4) 라이프스타일(lifestyle)의 차이에 의해 나타난다고 할 수 있다. 거주지 분리에 영향을 미치는 첫 번째 요인인 사회경제적 지위는 가구의 학력, 직업, 소득의 차이와 관련이 있다. 거주지 분리에 영향을 미치는 두 번째 요인은 가구유형인데, 서로 다른 가구유형에 따라 서로 다른 주택 요구(housing needs) 및 선호를 지니게 된다. 유사한 가구유형을 지닌 가구들은 유사한 주택 요구 및 선호를 지니게 됨으로써 도시 내에서 공간적으로 특정 지역에 모여 거주하는 공간적 집합(spatial congregation)이 발생하여 거주지 분리로 나타난다. 즉 가족생애주기가 거주지 분리의 한 요인이 될 수 있다는 것이다.

가족생애주기 단계별로 주택선호가 다르게 나타나는 것을 모델화한 것이 가족생애주기 모델(family life cycle model)이다. 가족생애주기 모델은 중산층 가구를 표본으로 만든 모델인데, 이에 따르면 가족생애주기 단계별로 서로 다른 공간 요구(space needs)를 지니고, 더 나아가 가족생애주기 단계별로 주택소유유형, 입지환경, 이주성향에 대한 서로 다른 선호를 지닌다는 것이다. 1단계는 출산 전 단계(prechild stage)로서 주거공간 요구가 크게 중요하지 않지만 직장과의 근접성은 중요하다. 일반적으로 주택소유유형은 임차이며, 주거입지 선호와 관련하여 도심 근처를 선호한다. 2단계는 임신 단계(childbearing stage)로서 주거공간 요구의 중요도가 증가한다. 일반적으로 주택소유유형은 임차이며, 주거입지 선호와 관련하여 도시 내부의 중간 및 외부 동심원 지대를 선호하고, 이주 빈도는 높은 편이다. 3단계는 자녀 양육 단계(childrearing stage)로서 소득의 증가와 함께 교외의 신주택으로 이주하는 경우가 많아지는 단계이다. 주거공간 요구는 중요하며, 주택소유유형은 일반적으로 자가이고, 주거입지 선호와 관련하여 도시 외곽 또는 교외를 선호한다. 4단계는 자녀 독립 단계(postchild stage)로서 주거공간 요구는 감소하며, 주택소유유형은 일반적으로 자가이고, 이주 빈도는 낮다. 5단계는 노후 생활 단계(later life stage)로서 노년층을 위한 실버타운으로 이주해 가거나 대도시권 외곽에 거주하는 경우가 많다. 가족생애주기 모델은 중산층을 표본으로 한 이상주의적 모델로서 이주 제약을 지니는 노동자층 가구에 대해서는 적용이 어렵다는 한계를 지닌다.

거주지 분리에 영향을 미치는 세 번째 요인은 민족 또는 인종인데, 이는 종교, 국적, 문화와도 연관되어 있다. 소수민족 집단의 도시로의 이민 또는 이주가 거주지 분리에 영향을 미친다. 미국 도시의 경우 백인의 앵글로·색슨(Anglo-Saxon) 민족이 주류사회 집단(charter group)을 형성하고 있다. 이러한 주류사회 집단과 소수민족 집단 간의 사회적 거리(social distance)가 동화의 정도로 나타난다. 특권집단의 규범과 가치를 획득해 가며 주류사회에 적응하는 것을 행태적 동화라고 한다. 소수민족 거주지는 두 가지 기능을 가지는데, 첫 번째는 지지(support)기능이고, 두 번째는 문화보존기능이다. 소수민족 거주지의 지지기능과 관련하여, 소수민족 거주지는 도시로의 이민자 유입 통로 및 안식처 기능을 지닌다고 할 수 있다. 소수민족은 소수민족 거주지에 밀집하여 거주함으로써 상호 협력을 도모한다. 또한 소수민족 거주지에 분포하는 소수민족 기관은 소수민족에게 실질적 또는 정신적 지원을 제공하기도 한다. 소수민족 거주지 내에 국지적 또는 비공식적 자조 네트워크가 형성되거나 소수민족을 위한 복지기관이 입지하기도 한다. 소수민족 거주지는 소수민족 기업활동의 적소, 소수민족 집단 구성원 간 결속의 공간적 표출, 소수민족의 사회경제적 진출 수단으로서의 의미를 지닌다고 할 수 있다. 소수민족 거주지의 문화보존기능과 관련하여, 소수민족이 도시 내 특정 지역에 밀집하여 소수민족 거주지를 형성하는 경우가 소수민족이 분산하여 거주하는 경우보다 소수민족의 독특한 문화전통 보존 및 증진에 보다 유리하다는 것이다.

소수민족 거주지 분리의 세 가지 유형으로, 1) 거류지(colony), 2) 엔클레이브(enclave), 3) 게토(ghetto)를 들 수 있다. 이민자 소수민족 집단의 이민 유입 통로 역할을 하는 소수민족 거주지를 개념적으로 거류지라고 한다. 또한 자발적인 공간적 집중으로 형성된 소수민족 거주지를 개념적으로 엔클레이브라고 한다. 반면에 비자발적인 공간적 집중으로 형성된 소수민족 거주지를 개념적으로 게토라고 하는데, 이는 엔클레이브와 상반된 유형으로서 주류사회 집단의 태도 및 차별이라는 제약으로 형성되며, 주택시장의 작용에 의해 제도화된다. 게토라는 용어는 르네상스 때 베네치아에서 처음으로 사용되었는데, 유대인들의 강제 주거지구를 일컫는 용어였다. 현대적인 맥락에서의 대표적인 게토로는 뉴욕의 할렘과 같이 미국 대도시 내에서 저소득층 흑인이 공간적으로 집중하여 거주하는 지역을 예로 들 수 있다. 엔클레이브 및 게토와 관련하여 특정 소수민족 거주지가 얼마나 자발적 또는 비자발적인 공간적 집중으로 형성되었는가를 규명하는 것은 매우 어려운 일이다. 따라서 엔클레이브와 게토를 이분법적 범주로 생각하기보다는 하나의 연속체로 생각하는 것이 보다 현실적이라고 말할 수 있다(Knox and Pinch, 2010).

거주지 분리에 영향을 미치는 네 번째 요인은 라이프스타일인데, 비슷한 라이프스타일을 추구하는 사람들은 공간적으로 집중하는 경향이 나타나고, 공간적 집중으로 인해 비슷한 라이프스타일을 추구하는 사람들 간의 사회적 거리가 줄어듦으로써 거주지 분리를 유도하게 된다. 예를 들어, 라이프스타일의 차이에 따라 사람을, 1) 가족주의자(familist), 2) 커리어 지향주의자(careerist), 3) 소비주의자(consumerist)로 분류해 볼 수 있다. 가족주의자는 거주지 선정 시 자녀의 교육환경 등을 중요시하여, 미국 대도시의 경우 거주지로 도심보다는 교외를 선호한다. 커리어 지향주의자는 거주지로 직장과 근접한 지역 또는 교통결절지를 선호한다. 소비주의자는 도시 내 생활 편의시설의 입지를 중요시하여, 미국 대도시의 경우 결절중심지 또는 생활 편의시설이 풍부한 교외에 집중하여 거주하는 경향이 있다. 미국 대도시 교외의 경우 일반적으로 사회적 지위는 중산층, 가구유형은 어린 자녀가 있는 부부로 구성된 가구, 인종은 백인, 라이프스타일 측면에서는 가족주의자로 나타난다.

거주지 분리에 영향을 미치는 최근의 사회경제적 변화를 살펴볼 필요가 있다. 고임금 직업의 수 증가, 저임금 직업의 수 증가, 중간임금 직업의 수 감소로 인해 직업 양극화가 나타나고, 가구 소득상 불균형 정도가 심화되어 도시구조적으로 이중도시(dual city)화가 진전되고 있는 추세이다. 더 나아가 세계화가 진전되면서 글로벌 스케일에서의 국제적 노동력의 흐름, 이민 및 국제적 이주가 급증하여 도시 내 소수민족(인종)의 거주지 분리 현상이 더욱 심화되고 있다. 미국 도시의 경우 유럽으로부터의 이민은 감소한 반면에 아시아 및 라틴아메리카로부터의 이민이 증가하였다. 이로 인해 미국 대도시 내 아시아계 및 라틴아메리카계의 소수민족 거주지 분리 현상이 심화되고 있다고 할 수 있다. 예를 들어 로스앤젤레스, 시카고, 샌디에이고, 휴스턴, 엘패소의 경우 멕시코인의 거주지 분리가, 뉴욕의 경우 자메이카인, 중국인, 도미니카인의 거주지 분리가, 샌프란시스코의 경우 필리핀인과 중국인의 거주지 분리가 현저히 나타난다.

새로운 사회계층의 등장도 거주지 분리에 영향을 미친다. 신 부르주아지(new bourgeoisie) 및 프티부르주아지(petite bourgeoisie)의 출현은 도시 내 고급 주거지역에 대한 수요의 확대로 이어졌다. 이는 물질주의 확대 및 새로운 라이프스타일을 추구하는 문화적 변화와 맞물려 도시 내에 모자이크식 문화 및 라이프스타일 커뮤니티의 등장을 가져왔다. 이러한 새로운 사회계층의 등장, 물질주의 확대 및 새로운 라이프스타일을 추구하는 문화적 변화는 도심 근린지구에 다양한 디자인 테마, 웰빙 라이프스타일, 생활 편의시설로 포장된 젠트리피케이션(gentrification)의 발생을 가져왔다.

반면에 사회경제적 양극화가 심화됨으로써 도시의 노동시장과 관련하여 저임금, 고용조건 및 근로환경 빈약, 직업 안정성 낮음, 근로혜택 및 승진 가능성 거의 없음을 특징으로 갖는 이차적 노동시장(secondary labor market)의 증가가 나타나 도시 내 저소득층 주거지역에 대한 수요의 확대도 가져왔다. 이러한 이차적 노동시장의 확대는 제조업의 감소 및 비숙련 서비스업 증가의 산물이라 할 수 있다. 도시 내 사회경제적 양극화로 인해 일시적 비정규직 직업이 증가하였으며, 실업 및 빈곤의 위기가 심화되었다. 또한 일시적 비정규직 직업의 다수는 상대적으로 여성이 더 많이 종사하는 양상을 띠게 되었다.

사회경제적 양극화는 도시구조적으로 사회적 약자 및 소외계층의 공간적 격리(spatial isolation)의 심화로 표출되었다. 한편, 빈곤의 여성화(feminization of poverty)가 나타났는데, 미국의 경우 특히 흑인 여성과 연관되어 있다. 미국 대도시 슬럼의 경우 커뮤니티 내 높은 실업률이 나타나고, 10대 미혼모의 증가도 나타나게 되었다. 또한 임금수준의 젠더(gender) 간 격차도 심화되었고, 사회적 약자 및 소외계층에 대한 사회적 배제도 심화되었다. 최저생계수준 미만의 소득을 지니는 가구가 증가함으로써 극빈층(underclass)이 등장하게 되었다. 미국의 경우 대다수의 흑인 가구는 여성이 가장인 가구의 비율이 높게 나타나고 생활보조비 수당에 의존하는 경우가 많다. 이러한 현상들로 인해 공간적으로 임팩티드 게토(impacted ghetto)가 형성되었는데, 임팩티드 게토란 극빈층이 공간적으로 격리 또는 분리되어 집중하는 주거지역을 의미한다. 미국 대도시의 경우 임팩티드 게토는 주로 흑인으로 구성되어 있으며, 여성 가장 가구의 비율이 높다. 사회적 약자 및 소외계층의 공간적 격리 또는 분리가 심화되고 무주택자(the homeless)의 비율이 증가하면서 대도시 내 절망의 경관(landscape of despair)이 확대되어 나타나게 되었다.

4. 주택시장 및 하위주택시장

주택시장은 주택 공급과 수요 그리고 일련의 제도와 과정을 포함하며, 주택 공급자와 수요자, 주인과 임차인, 건축업자, 개발업자, 부동산업자 등의 행위자들이 매개되어 있는 역동적이고 공간적인 의미를 지니는 개념이다. 주택시장의 공간적 표출은 토지소유주, 개발업자, 부동산업자, 주택관리자와 같은 에이전트들의 의사결정과 행위에 영향을 받으며, 이들의 동기(motivation)와 행위는 주택공급을 조정하여 가구의 주거 선택 및 수요에 영향을 미친다. 주택공급은 정치적·경제적·이데올로기적 요인 등의 상호작용에 의해 이루어지며, 주택공급의 메커니즘에 의해 도시 거주공간의 사회적 생산이 이루어지는 것이다(Knox and Pinch, 2010).

하위주택시장(housing submarket)은 국지적 수준에서의 주택시장으로서 제한된 공간적 영역 내에서 규정되는 실체이며, 이주, 근린지구의 변화, 거주지 분화·분리 등 도시공간 구조의 형성 및 변화의 기저로서 함의하는 바가 크다. 주택시장은 분절화되어 공간적 하위주택시장들이 형성된다. 본(Bourne, 1981)은 공간적 하위주택시장이, 1) 주택재고상의 주택의 규모와 이질성, 2) 가구의 주택수요의 다양성, 3) 시장 자체의 불균형, 4) 각종 제약들로 인해 나타난다고 보았다.

하위주택시장을 구분하기 위한 기준과 하위주택시장의 유형에 관한 연구는 매우 다양하게 전개되어 왔지만, 전통적으로 하위주택시장은 주택재고상의 특성(점유형태, 주택유형, 주택의 가치 또는 가격)과 가구의 특성(소득, 가족유형, 인종)에 의해 분류된 경우가 많다(그림 3). 사회경제적 상위계층은 주택시장에서 유동성을 지니며, 이주 패턴도 자주 그리고 먼 거리를 이주하는 경향을 보인다. 반면에 하위계층은 국지적 범위 내에서 그리고 가끔 이주하는 경향을 나타낸다. 이와 같이 이주 패턴은 사회경제적 계층과 직업상의 지위에 따라 다르게 나타난다.

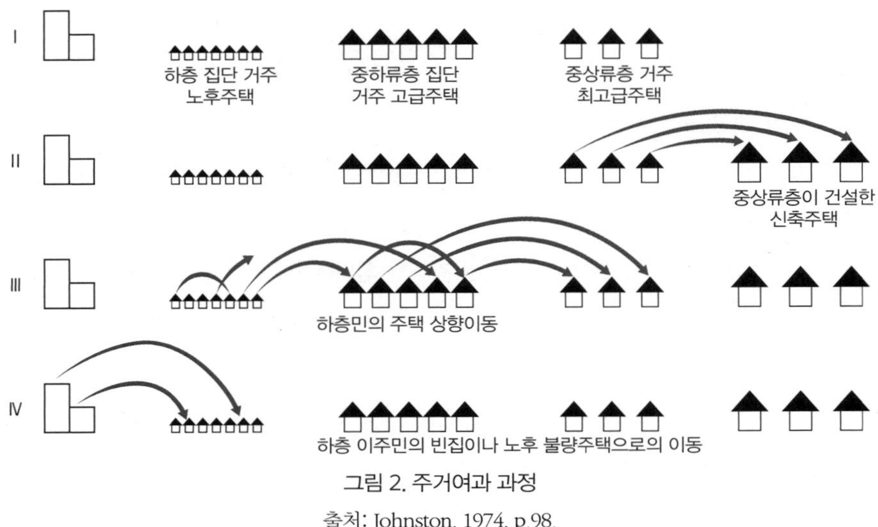

그림 2. 주거여과 과정

출처: Johnston, 1974, p.98.

5. 사회적 게이트키퍼로서의 부동산 에이전트 및 주택금융 관리자

사회적 게이트키퍼(gatekeeper)로서의 부동산 에이전트 및 주택금융 관리자에 대한 논의는 도시 거버넌스 양식상 관리주의(managerialism)와 관련된다. 먼저 사회적 게이트키퍼로서의 부동산 에이전트에 대해 논하면 다음과 같다. 부동산 에이전트는 주택거래 전문가로서 사회적 게이트키퍼 역할을 지니며 건조환경(built environment)의 사회적 생산에 영향을 미친다. 미국의 경우 부동산 에이전트들이 특정 인종 또는 소수민족 집단을 대상으로 주택 차별(housing discrimination)을 관행적으로 하는 경우가 많았다. 사회적 게이트키퍼로서의 부동산 에이전트의 첫 번째 관행으로 스티어링(steering)이 있다. 스티어링이란 특정 근린지구에 이주해 오는 것을 방지함으로써 동질적인 유형의 가구로 구성된 근린지구가 유지되는 것을 의미한다. 미국의 경우 주로 흑인을 대상으로 부동산 에이전트가 이주 가능한 주택의 정보를 제공하지 않는 관행이 있었다. 만약 근린지구로 거주자들이 원하지 않는 주택구매자가 이주해 옴으로써 초래될 수 있는 주택가격 하락 및 주택매매 중개수수료 감소를 부동산 에이전트가 원하지 않기 때문이다. 따라서 부동산 에이전트에게 가장 안전한 방법은 동질적인 유형의 가구로 구성된 근린지구가 유지될 수 있도록 기존 거주자들과는 비동질적인 유형의 가구가 근린지구로 이주해 오는 것을 막는 것이다. 스티어링은 주로 중산층 백인 근린지구를 대상으로 행해지는 경우가 많았다.

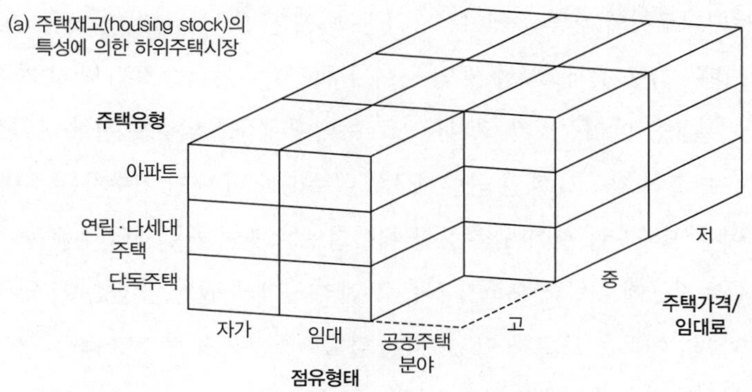

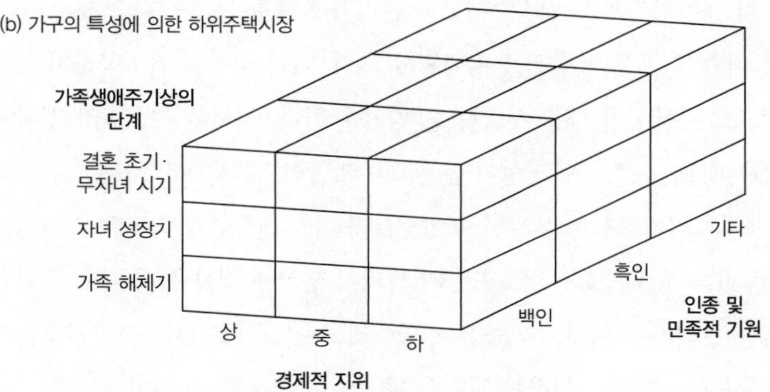

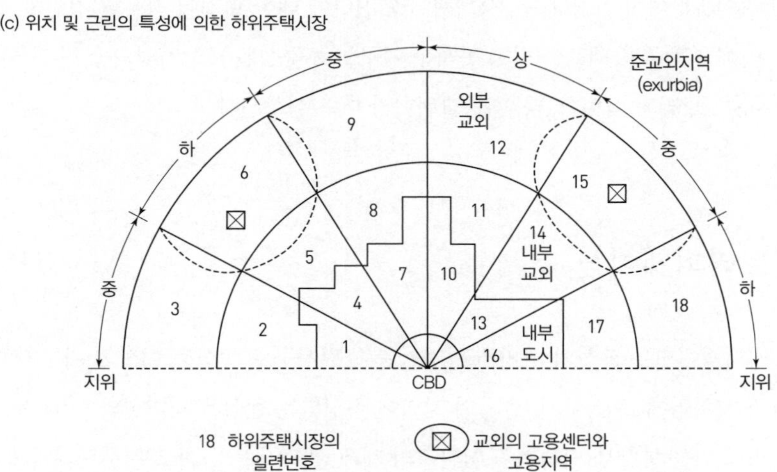

그림 3. 도시 내 하위주택시장: 전통적 정의

출처: Bourne, 1981, Fig. 4.9, p.89.

사회적 게이트키퍼로서의 부동산 에이전트의 두 번째 관행으로 블록버스팅(blockbusting)이 있다. 소수민족(인종) 가구가 저소득층 백인 근린지구로 이주해 옴으로써 백인 거주자의 이주를 촉진시키기 위해 부동산 에이전트가 고의적으로 주택매매가를 낮추는 관행을 블록버스팅이라고 한다. 예를 들어, 흑인 가구가 백인 근린지구로 이주해 오면 백인 거주자는 주택을 하락한 가격에라도 팔고 이주하려고 할 것이며, 부동산 에이전트는 백인 거주자의 주택을 하락한 가격에 구입하여 백인 근린지구에 이주해 오고자 하는 흑인 가구에게 훨씬 더 높은 가격에 판매하여 주택매매 중개수수료의 이득을 보고자 할 것이다. 블록버스팅은 주로 저소득층 백인 근린지구를 대상으로 행해지는 경우가 많았다(Knox and Pinch, 2010).

다음은 사회적 게이트키퍼로서의 주택금융 관리자에 대해 논하면 다음과 같다. 주택금융 관리자는 주택금융 대출 및 배분 결정권을 지니고 있으며, 위험(risk)을 최소화하기 위해 가구의 소득 안정성을 기반으로 주택금융 대출 시 신용도 평가를 한다. 위험을 최소화하기 위해 주택금융 관리자는 주택금융 대출 시 소득 안정성이 높은 화이트칼라, 즉 사무직 가구를 선호하는 경향을 지닌다. 사회적 게이트키퍼로서의 부동산 에이전트와 마찬가지로 주택금융 관리자는 주택금융 대출 및 배분 결정권을 지님으로써 건조환경의 사회적 생산에 영향을 미친다. 주택금융 대출과 관련하여 주택금융 관리자가 위험도가 높은 지역이라고 인지하고 있는 근린지구를 지정하여 대출 결정의 근거로 사용하였는데, 이러한 관행을 레드라이닝(redlining)이라고 한다. 레드라이닝은 소수민족(인종), 여성 가장 가구, 사회적 소외집단에 대한 편견이 작용한 것이다. 레드라이닝 관행으로 인해 주택금융 대출을 받지 못하는 가구들로 구성된 도심지역의 근린지구는 부동산 가치가 하락하며, 물리적 쇠퇴화, 낙후화, 슬럼화가 더욱 심화된다.

6. 젠트리피케이션

젠트리피케이션은 도심의 과거 노동자계층 근린지구로 중산층 이상의 가구가 이주해 오면서 쇠퇴한 도심지역에 고급 주거 및 상업 지역이 형성되는 현상을 의미한다. 상대적으로 부유한 사회집단의 유입을 통해 쇠퇴하는 도심환경의 개조 및 재생을 가져오는 젠트리피케이션으로 인해 주택가격이 상승하며, 도심 내 신상가가 형성되고, 도시정부 입장에서는 조세재원이 확대된다. 한편, 젠트리피케이션을 발생시키면서 이주해 오는 사회집단을 젠트리파이어(gentrifier)라고 한다.

젠트리피케이션의 발생요인으로 1) 경제적 요인, 2) 문화적 요인, 3) 정치적 요인을 들 수 있다. 첫 번째 경제적 요인과 관련된 이론은 닐 스미스(N. Smith)의 지대격차이론(rent gap theory)이다(그림 4). 지대격차이론에 따르면, 도심에 위치한 주택이 현재 지니는 실제 지대(actual rent)와 재개발 이후에 지닐 수 있는 잠재적 지대(potential rent) 간의 차이인 지대 격차가 가장 크기 때문에 젠트리피케이션이 발생한다는 것이다. 개발업자 또는 주택 공급업자의 입장에서 본다면 도심 재개발 후의 고급 주거지역에 대한 중산층 이상 가구의 수요만 충족된다면 도심의 노후화된 주택을 저렴하게 구입하여 재개발한 후 비싼 가격에 주택을 공급함으로써 이윤을 많이 얻을 수 있다는 것이다. 또한 지대격차이론에 따르면 도심에서의 지대 격차가 교외에서의 지대 격차보다 더 크기 때문에 도심에서 젠트리피케이션이 발생한다는 것이다. 지대격차이론은 주택 공급 측면의 개발업자 입장에서 지대 격차라는 경제적 요인으로 젠트리피케이션의 발생요인을 설명하고자 한 것이다. 또한 이에 따르면 젠트리피케이션은 교외로의 자본 이동이 도시로 회귀한 것이다(Smith, 1996).

두 번째 문화적 요인과 관련하여, 데이비드 레이(David Ley)는 포스트모던 사회로의 문화적 변동과 함께 새롭게 형성된 사회집단으로서의 여피족(yuppies) 등장을 젠트리피케이션의 발생요인으로 보았다. 여피족은 젊으면서도 도시풍의 전문직 종사자 집단을 의미한다. 레이의 주장에 따르면, 포스트모던 사회가 되면서 포스트모던 문화적 감수성을 지닌 여피족이 등장한 것이 젠트리피케이션을 가져온 주요 요인이라는 것이다. 포스트모던 문화적 감수성을 지닌 여피족은 역사, 휴먼 스케일, 민족(인종)적 다양성, 건축적 다양성이 깃든 도심을 주거지로 선호한다는 것이다. 레이는 교외지역의 단조로운 생활양식에 대한 대안적 생활양식을 추구하는 여피족의 도심지역으로의 재진입을 젠트리피케이션의 발생요인으로 보았던 것이다. 또한 여피족은 후기 산업사회에서 급속히 성장하고 있는 생산자 서비스업에 주로 종사하여 경제적 여유가 있는 전문직 종사자 및 새로운 중산층으로서 직장이 주로 도심에 위치하는 경우가 많기 때문에 직장과 가까운 도심 주변지역을 주거지로 선호한다는 것이다(Ley, 1996). 더 나아가 여피족의 경우 딩크(double income no kids, DINK)족인 경우가 많은데, 딩크족의 경우 자녀가 없기 때문에 주거지 선정 시 자녀를 위한 교육환경의 질이 중요하지 않다. 북아메리카 도시의 경우 자녀를 위한 교육환경의 질은 일반적으로 도심보다 교외가 더 높게 나타난다. 따라서 여피족이면서 딩크족인 경우 주거지로서 직주근접도 및 문화적 다양성 측면에서 교외보다 도심을 주거지로 선호한다는 것이다.

세 번째 정치적 요인은 부수적인 요인으로서 도시정부는 젠트리피케이션으로 인해 조세재원

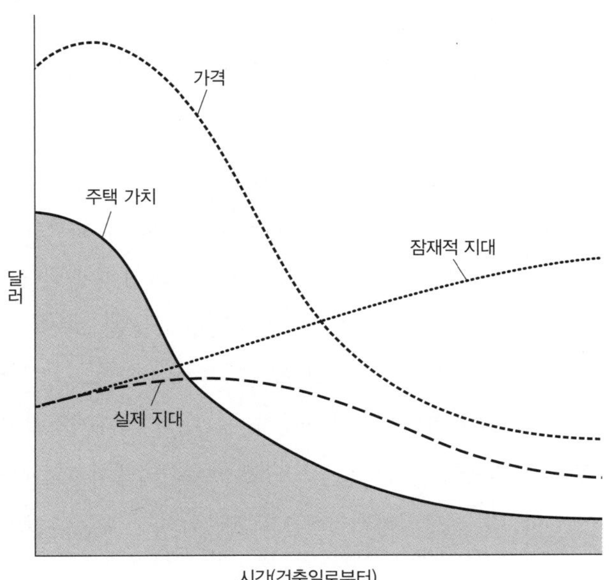

그림 4. 미국 도시에서의 지대격차 발생에 관한 닐 스미스의 모델
출처: Smith, 1996, Fig. 3.2, p.65.

이 확대되는 장점이 있기 때문에 개발업자에 대한 인센티브 제공 등을 통해 젠트리피케이션 발생을 유도한다는 것이다. 급속한 인구, 상업, 공업, 고용의 교외화로 인해 조세재원이 급격히 감소하였던 기업가주의(entrepreneurialism) 도시정부로서는 젠트리피케이션 및 재도시화를 반대할 이유가 없다는 것이다.

젠트리피케이션을 발생시키는 요인들 중에서 경제적 요인과 문화적 요인의 상대적 중요도에 대한 격렬한 논쟁이 있어 왔다. 젠트리피케이션에 대한 기존 연구결과로부터 분명히 알 수 있는 바는 바로 경제적 요인 및 문화적 요인의 상대적 중요도는 도시마다 다르게 나타난다는 점이다. 한편, 젠트리피케이션의 장점으로는 쇠퇴해져 가는 도심의 물리적 환경의 개선 등을 들 수 있다. 반면에 단점으로는 도심 원주민의 경우 대부분 빈곤층 또는 소외계층 가구가 주를 이루는데, 젠트리피케이션으로 인해 퇴거당하는, 즉 둥지 내몰림 현상이 나타난다는 것이다. 북아메리카 도시의 경우 점이지대에 해당하는 도심 주변지역의 주택 가격이 가장 낮은 점을 감안해 볼 때, 젠트리피케이션으로 인해 퇴거당하는 저소득층 원주민의 경우 도시 내에서 거주 가능한 지역이 더욱 축소되어 나타난다는 도시사회지리적 함의를 지닌다.

참고문헌

Bassett, K. and Short, J., 1980, *Housing and Residential Structure: Alternative Approaches*, London: Routledge and Kegan Paul.

Bourne, L., 1981, *The Geography of Housing*, New York: V. H. Winston and Sons.

Brown, L. and Moore, E., 1970, "The intra-urban migration process: a perspective", *Geografiska Annaler*, 52B, pp.1-13.

Johnston, R., 1974, *Urban Residential Patterns: An Introductory Review*, London: G. Bell.

Knox, P. and McCarthy, L., 2005, *Urbanization: An Introduction to Urban Geography*, 2nd edition, Upper Saddle River, New Jersey: Prentice Hall.

Knox, P. and Pinch, S., 2010, *Urban Social Geography: An Introduction*, 6th edition, New York: Prentice Hall.

Ley, D., 1996, *The New Middle Class and the Remaking of the Central City*, Oxford: Oxford University Press.

Murdie, R., 1969, *Factorial Ecology of Metropolitan Toronto, 1951-1961*, Research Paper No. 116, Department of Geography, University of Chicago.

Smith, N., 1996, *The New Urban Frontier: Gentrification and the Revanchist City*, London: Routledge.

더 읽을 거리

Bassett, K. and Short, J., 1980, *Housing and Residential Structure: Alternative Approaches*, London: Routledge and Kegan Paul.

⋯▸ 도시 주택 및 거주지 구조에 대한 대표적인 접근방법인 생태학적 접근, 신고전적 접근, 행태적 접근, 제도적 접근, 마르크스주의적 접근방법에 대해 이론적으로 다루고 있다.

Ley, D., 1996, *The New Middle Class and the Remaking of the Central City*, Oxford: Oxford University Press.

⋯▸ 젠트리피케이션의 발생요인에 대해 새로운 직업적 사회집단 또는 전문직 계층의 변화하는 소비 패턴의 중요성을 강조하였다. 캐나다 도시를 사례로 도심지역의 젠트리피케이션을 생산자 서비스업의 성장 및 새로운 가치와 열망을 지니고 있는 중산층의 형성과 연결하여 설명하고자 하였다.

Smith, N., 1996, *The New Urban Frontier: Gentrification and the Revanchist City*, London: Routledge.

⋯▸ 뉴욕을 사례로 젠트리피케이션을 자본주의적 경제발전 과정의 일부로서 인식하며, 특히 이윤 폭의 감소를 저지하기 위한 자본의 이동에 의해 나타난 것으로 보고 있다. 탈규제, 사유화, 신자유주의적 개혁과 함께 자본의 이동을 사회 기득권층이 1960년대 사회개혁 이후 나타난 도시적 삶의 도덕적·경제적 후퇴에 대해 보복하는 것으로 간주하여 보복주의 도시(revanchist city)라는 용어를 사용하였다.

주요어 시카고학파, 사회지역분석, 사회적 공간, 거주지 분리, 소수민족 거주지, 하위주택시장, 주거여과, 사회적 게이트키퍼, 젠트리피케이션, 지대 격차, 기업가주의

제10장

도시와 소외[1]

최병두

"도시적 소외는 소외의 다른 모든 형태들을 담고 있으며, 또한 이들을 지속시킨다" (Lefebvre, 2003: 92).

1. 소외란 무엇인가?

자본주의적 경제성장과 이에 따른 물질적 풍요에도 불구하고, 도시인들은 자신이 통제할 수 없는 어떤 소원한 외적 힘에 의해 점점 더 강하게 억압된다는 느낌을 가진다. 즉 오늘날 도시인들은 점점 더 깊어 가는 소외 속에서 살아가고 있다. 도시공간에서 우리는 이러한 압박에 대한 적대감으로 인해 유발되는 다양한 사회공간적 병리현상들을 자주 목격하게 되었다. 물론 현대 도시공간에서 나타나는 소외의 현상과 양태는 매우 다양하다. 저임금 노동(실질임금의 저하)과 고용불안(실업과 비정규직화), 세분화된 분업과 고도화된 기술에 의한 통제(탈숙련화), 점점 심화되는 소득·자산의 양극화, 광고와 대중매체에 의해 강제되는 과시적 소비, 급증하는 부채와 투기적 부동산·금융자본의 압박, 낯선 도시경관과 이해하기 어려운 기호, 인위적으로 조작된 도시문

1. 이 글은 최병두, 2016, "사적 소외와 정의로운 도시", 『한국지역지리학회지』, 22(3), pp.576-598; 최병두 외, 2017, 『희망의 도시』, 한울아카데미, pp.72-107에 게재된 원고를 축약한 것임.

화, 그리고 빈번한 재해와 자연으로부터의 거리감, 이 모두는 도시공간에서 다양한 유형의 소외를 유발하는 요소이거나 그 현상들이다.

소외란 인간의 사회적 활동에 의한 산물이지만, 인간이 이를 통제하지 못하고 오히려 외적 강제력으로 지배되는 상태를 의미한다. 르페브르에 의하면,

> 벌거벗겨져 그 자신의 바깥으로 내쫓긴 인간은 어떤 힘, 사실 인간에서 시작했으며, 인간적이지만 찢겨져 탈인간화된 힘의 자비에 내맡겨져 있다. 이러한 소외는 경제적(노동의 분업, '사적' 소유, 경제적 물신들 즉 화폐, 상품, 자본의 형성)·사회적(계급의 형성)·정치적(국가의 형성)·이데올로기적(종교, 형이상학, 도덕적 교리)이다. 소외는 또한 철학적이다. … 사유적(형이상학적) 용어로, 철학 자체가 인간 소외의 일부이다. 그러나 인간은 오직 소외를 통해서만 발전한다(Lefebvre, 1991a: 249).

이와 같이 소외란 인간이 자신이 만들어 냈지만 탈인간화된 힘에 의해 지배되는 현상 또는 과정이라고 할 수 있다. 이러한 소외는 사회의 모든 부문들, 즉 경제적·사회적·정치적·이데올로기적 부문들, 그리고 심지어 철학적 사유 자체도 인간의 보편적 소외의 일부로 이해되며, 나아가 인간 자체는 소외된 존재로 규정된다. 또한 하비(2014: 267)의 규정에 의하면, 소외는 법률용어(재산권의 양도), 사회적 관계(애착이나 신뢰의 정치적 제도화), 그리고 심리적 상태(고립 또는 억압감이나 적개심)와 관련된다. 하지만 이러한 소외는 자본주의의 정치경제적 배경에서 유발된다. 즉 소외는 한편으로 타자와의 소원한 관계 또는 어떤 사물에 대한 상실감에 따른 심리적 상태나 사회제도 및 관계 자체와 관련되지만, 그 근원은 특히 자본축적에 내재된 모순 또는 자본주의의 확대재생산에 의한 사회의 지배에 뿌리를 두고 있다.

소외에 관한 철학적 논의는 헤겔과 마르크스의 초기 저술로 소급된다(콕스, 2009; 무스토, 2011). 이들은 소외를 인간 노동과 관련된 보편적 현상으로 파악했지만, 후기 저술에서 마르크스는 소외의 개념 대신 상품의 물신성(fetishism) 개념을 강조했으며, 이 개념은 루카치의 사회적 물상화(reification) 개념에 반영되었다. 이들의 소외론은 임금노동에 의해 생산과정에서 발생하는 소외, 즉 경제적 측면의 소외에 초점을 두었다. 르페브르는 마르크스의 초기 저서와 하이데거의 후기 연구에서 제시된 소외의 개념을 결합시키고, 생산영역의 소외된 노동과 상품 물신화와 관련된 개념에서 인간의 존재론적 조건이며 특히 일상생활의 모든 생활영역들로 확장된 개념으로 전환시켰다. 프랑크푸르트학파(특히 마르쿠제와 프롬)도 소외를 인간의 보편적 조건 또는 일

반적 감정으로 이해했으며, 포스트모던 사회이론가들(드보르, 보드리야르 등)도 소외의 개념에 관심을 가지고 현대사회에서 만연한 비물질적 생산과 소비와 관련시켜 연구했다는 점에서, 소외는 경제적 영역에서 사회 전체로 확대된 것으로 이해된다.

이러한 철학자 및 사회이론가들의 연구는 물론 사회 전반에서 심화되고 있는 소외를 이론화하고 있다고 할지라도 오늘날 도시적(그리고 공간적) 배경에 적용될 수 있을 것이다. 특히 이들 가운데 르페브르의 소외연구가 가지는 유의성 가운데 하나는 그의 소외이론이 명시적으로 오늘날 도시를 배경으로 구축되었다는 점이다. 그에 의하면, "도시적 소외는 소외의 다른 모든 형태들을 담고 있으며, 또한 이들을 지속시킨다."라고 주장된다(Lefebvre, 2003: 32). 사실 소외연구가 정점을 이루었던 1970년대에는 '도시적 소외'를 다룬 연구들도 다수 발표되었다(Seeman, 1971; Fischer, 1973).[2] 하지만 당시 도시적 소외에 관한 연구는 소외현상들이 도시에서 집중적으로 드러날 뿐만 아니라 도시 그 자체가 소외를 유발하는 결정적 장 또는 매체가 된다는 점을 제대로 이해하지 못했다. 그뿐만 아니라 1960~1970년대에 정점을 이루었던 소외에 관한 연구는 이후 철학자나 사회이론가들의 관심에서 멀어졌다(Yuill, 2011).

그러나 최근 소외현상과 이에 관한 개념이 새롭게 관심을 끌기 시작했다는 점에 주목할 필요가 있다. 이러한 연구는 르페브르 이론에 대한 지리학자 및 도시공간 연구자들의 연구에서 비롯된 점도 있지만(예로 Fraser, 2015), 다른 한편으로 탈산업자본주의 사회에서 소외가 더욱 심화되고 광범위하게 확산되었으며, 또한 새로운 유형의 소외가 나타나고 있기 때문이라고 할 수 있다. 즉 하비(2014: 104)가 '보편적 소외(universal alienation)' 개념을 제시하면서 주장한 바와 같이, "갈수록 많은 사람들이 문명이 직접 빚어낸 야만에 넌더리를 내며 외면함에 따라 보편적인 소외감이 훨씬 위협적인 수준으로 증폭하고" 있다고 주장된다. 이러한 점에서 이 장은 산업자본주의 및 탈산업자본주의의 도시에서 나타나고 또한 이를 통해 매개되는 다양한 소외 양상을 세부 주제들과 관련시켜 고찰하고자 한다. 또한 이러한 도시적 소외를 극복하기 위해, 르페브르와 하비가 주장한 '도시에 대한 권리' 개념을 중심으로, 탈소외된 도시로서 정의로운 도시가 어떻게 전망되고 구현될 수 있는가라는 물음에 답하고자 한다.

---

2. 1970년대 '도시적 소외'에 관한 논의들은 워스(Wirth)의 '생활양식으로서 도시성(urbanism)' 연구가 이의 개념화에 우선 기여한 것으로 이해한다. 지멜(Simmel)과 파크(Park)의 저서들에 바탕을 두었던 워스의 도시성 연구에 의하면, 다양한 사람의 엄청난 집괴가 개인적 무력감의 현실과 인식을 창출하며, 이로 말미암아 사회적 연대가 파괴되고, 도시인들은 고립된 상황으로 내몰리며 다른 사람들로부터 두려움을 느끼고, 또한 이로 인해 그 사람들에게 적대적인 감정을 가진다고 인식된다(Fischer, 1973). 그러나 파커(Parker, 1978)에 의하면, 도시성이 사회에 대한 소외를 증대시킨다고 흔히 주장되지만 경험적 연구들을 검토해 보면, "소외는 도시성 자체보다는 도시화 과정과 더 관련된다."라고 주장된다.

2. 근대도시의 발달과 소외의 근원

인간의 역사에서 도시의 건설은 기본적으로 자연 속에서 인간의 집단적 거주지를 만드는 과정이다. 이러한 도시공간은 잉여물의 전유를 위해 점차 그 주변 공간(즉 농촌 공간)과 갈등 관계에 들어가면서 계급사회의 등장배경이 되었다. 이러한 도시/시골 간의 갈등은 봉건제하에서 다소 완화되지만, 자본주의의 발달과 더불어 근대도시들이 새롭게 등장하면서 도시 주변에서 나아가 전체 사회공간을 도시화시키게 되었다. 이러한 자본주의 도시는 잉여가치를 추출하기 위한 활동이 가장 먼저 활발하게 이루어진 곳이기도 하지만, 생태적 손상을 가장 심각하게 입은 장소이기도 하다. 즉 근대도시의 발달은 우선 인간과 자연 간 신진대사적 상호 행위를 교란시켰다. 도시인의 필요를 충족시키기 위해 농산물의 생산이 가속적으로 증가하여 도시로 공급되었지만, 도시인들이 버린 폐기물들은 자연으로 되돌아가지 못했다. 도시 노동자들의 노동 및 주거 환경은 점차 악화되었을 뿐만 아니라 농촌 노동자들의 경작 양식의 변화와 더불어 자연의 파괴가 초래되었다.

그러나 근대도시의 발달은 단지 자연의 순환과정과 이로 인한 인간의 생산 및 생활 조건을 물리적으로 악화시키는 것만이 아니었다. 인간의 본성은 기본적으로 '사회적'이며 동시에 '자연적'이다. 자연과의 상호 관계에서 인간은 다른 종들과는 달리 능동적이며, 인간이 능동적으로 자연과 관계를 가지도록 하는 것은 바로 노동이다. 노동과정에서 인간은 자신의 신체적·정신적 본성을 (재)생산하고, 사회를 (재)구성·발전시키게 된다. 인간은 대상적 세계, 즉 자연에 대한 그의 노동을 통해 자아를 실현하고 유적 존재임을 확인할 수 있다. 그러나 근대 자본주의 도시의 발달은 인간의 생활과 생산활동을 자연으로부터 점점 더 멀어지게 함으로써, 유적 존재로서 자아실현의 기회를 점점 더 박탈하게 된다. 근대도시에서 자연으로부터의 소외는 단지 자연으로부터 멀어짐, 즉 거리감 그 자체라기보다는 자연으로부터 인간 본성의 괴리에 따른 것이다. 이러한 점에서 근대 도시화 과정에 내재되어 있는 자연으로부터의 소외는 인간 본성으로부터의 소외를 동반한다.

이러한 자연의 구성요소들 가운데 인간 생활과 자본축적 과정에 가장 밀접하게 연계되어 있는 자원이 토지이다. 토지는 기본적으로 자연의 일부로서 '자연의 공여물'이며, 따라서 모든 사람들이 공유하고 공동으로 이용하는 공유재로 인식된다. 그러나 사적 소유제의 확립과 이에 기반을 둔 자본주의 경제의 발달과정은 토지의 물신화와 이에 따른 도시적 소외의 주요 근원이 되었다. 역사적으로 공유지의 사유화 과정은 봉건제에서 자본주의로의 전환과정에서 나타났던 인클로저(enclosure, 울타리치기)와 이에 따른 '시원적 축적'과정에서 대규모로 이루어졌다. 즉 16~17세기 장원체제에서 근대적 토지소유 관계로의 전환을 촉진했던 인클로저는 단순히 농촌 공동체의 해체나 장소성의 상실에서 나아가 생산 및 생존 수단이었던 토지로부터 농업노동자들을 분리시키고 소외를 심화시키는 물상화 과정이며, 또한 명목상 자유로운 주체가 도시의 노동시장과 자본축적의 객체로 전환하는 소외과정이었다(Amaral, 2015). 인클로저에 의한 토지의 탈취과정은 단지 자본주의 초기단계, 즉 시원적 축적단계에서 나타났다가 사라진 것이 아니라, 현대 대도시에도 만연해 있다(김용창, 2015). 오늘날 선·후진국을 막론하고 도시공간 전역에서 일어나고 있는 도시 재개발과정은 이러한 인클로저의 현대판이라고 간주된다.

자본주의 도시에서 소외를 유발하는 배경이 이와 같은 자연과 토지로부터의 소외라면, 가장 근본적 요인은 인간 노동의 소외이다. 토지로부터 분리되어(즉 생산수단을 상실하여) 농촌을 떠나온 도시 노동자들은 생존을 위해, 즉 필요를 충족시키기 위한 임금을 받기 위해 자신의 유일한 소유물인 노동력을 자본가에게 팔지 않으면 안 된다. 노동시장에서 노동력이 팔리기(즉 양도되기) 위해, 우선 화폐에 의한 노동의 측정과 상품화가 전제된다. 이 과정에서 구체적 노동은 시간 단위로 측정되는 추상적 노동이 된다. 또한 노동력을 양도한 노동자는 생산과정에서 자신의 노동에 대한 통제권을 가지지 못하고 소외된다. 그뿐만 아니라 생산과정에서 창출된 잉여가치의 대부분은 자본가에게 이윤으로 전유되는 반면, 노동자들은 이 과정에서 생산된 상품들에 대해 아무런 통제권을 가지지 못하고 소외된다. 이러한 점에서 마르크스에 의하면, 소외는 생산과정에서 임금노동에 의해 유발되며, 그 결과로 사람들 간의 사회적 관계가 상품(사물)들 간 관계로 전환하고, 이에 의해 지배되는 과정을 의미한다.

자연과 노동의 상품화와 이에 따른 소외는 이들 간의 관계에 개입하는 기술 및 분업의 발달에 의해 더욱 심화된다. 기술은 노동의 효율성을 향상시키고, 노동에 수반된 고통과 시간을 줄이는 방향으로 사용될 수 있다. 그러나 자본주의 사회에서 기술은 자연을 도구적 대상으로 간주하고, 노동을 그 부속물로 전락시킨다. 즉 기술은 그 자체로는 양면성을 가지지만, 자본축적의 과정에서 생산성과 잉여가치의 증대에 동원되는 기술은 자연을 더 많이 지배하고 또한 이를 위해 인간의 노동과정, 나아가 인간의 삶 전체를 지배하고자 한다. 특히 산업혁명의 핵심적 요인으로 기계의 발달과 가내수공업에서 공장제공업으로의 전환은 노동자들을 기계시간에 맞추어 일하도록 강제할 뿐만 아니라 노동자의 노동시간의 장소(작업장)와 비노동(여가)시간의 장소(일상생활의 장소)를 분리시켰다. 노동자들이 작업장에서 수행하는 자신의 노동을 자신의 삶을 위한 것이 아니라고 느끼는 만큼, 작업장은 소외된 공간이 된다. 기계시간에 맞춘 작업장 출근은 도시인들을 이러한 소외의 공간으로 들어가도록 하는 것이다.

산업혁명에 따른 공장제 기계공업의 발달과 이로 인한 소외의 증대는 구상기능(본사와 연구소)과 실행기능(분공장) 간 기능적·공간적 분화를 촉진하였던 포드주의적 축적체제하에서 더욱 증대했다는 점은 일반적으로 인정된다. 그러나 포드주의에서 포스트포드주의로의 전환에 따른 노동의 유연적 전문화는 '인간화된 노동', 즉 소외가 경감되거나 해소된 노동으로 나아가고 있는 것처럼 보이도록 하였다(Archibald, 2009). 최근 대도시를 중심으로 진행되는 첨단기술의 발달은 노동과정에서 노동자의 자율성을 확대시키고 도시인들의 삶을 더 풍요롭게 할 것으로 기대되었다. 그러나 자본주의에서 과학과 지식의 발달, 기술과 정보의 역동성은 인간 창조성이 상품화되어 잉여가치를 창출할 경우에만 유의한 것으로 왜곡시킴으로써 자아 상실감을 오히려 촉진하고 인간의 실존적 영역을 축소시키는 것으로 비판될 수 있다. 그뿐만 아니라 르페브르에 의하면, 기술의 발달은 이에 내재된 도구적 합리성과 이를 추동하는 기술관료적 계획에 의해 도시적 소외를 촉진한다. 즉 오늘날 도시공간의 계획과 재편은 도시인의 삶을 배제하고 자본과 권력이 지배하는 추상공간을 만들어 냄으로써 도시인을 소외시킨다.

기술의 발달이 자연과 인간 간의 노동과정에 물리적으로 개입하는 방식을 고도화하는 것이라면, 분업의 발달은 노동과정의 효율성을 증대시키기 위해 사회적 관계를 조직하는 방식을 체계화하는 것이라고 할 수 있다. 분업은 인간의 개별적·사회적 조건에 근거를 두지만 또한 자원이나 생산설비의 지리적 분포에 근거하는 생산의 지역적 특화와 이에 따른 생산물의 교환, 즉 노동의 공간적 분업도 생산성의 증대와 경제발전에 지대한 기여를 한다. 하지만 공간적 분업 역시 생산과 소비의 공간적 분리, 생산체계의 공간적 분화, 그리고 이에 따른 교환에 전제되는 사적 소유와 상품화의 촉진 등을 통해 자연과 노동의 소외를 심화시켜 왔다. 우선 사회공간적 분업의 발달은 특정 지역에 특정한 생산과 소비를 촉진함으로써 생산지역의 자원 고갈과 소비지역의 폐기물 누적을 초래한다. 또한 생산과 소비의 사회공간적 분리는 특정 집단이나 지역에서 생산된 상품이 다른 어떤 집단이나 지역에서 소비될 것인가를 알기 어렵게 하고, 소비의 경우 역시 마찬가지이다. 이로 인해 생산자는 소비에 대해, 소비자는 생산에 대해 소외되도록 한다.

오늘날 노동의 사회공간적 분업은 생산체계의 분화로 더욱 촉진되었다. 즉 상품의 생산체계가 원료 생산에서 부품이나 중간재의 생산, 그리고 완제품의 생산에 이르는 다양한 단계들로 분화되고 특히 상품을 기획하고 연구·개발하는 구상기능과 이를 직접 생산하는 실행기능 간 분화가 발달하고 있다. 이에 따라 사무실 공간에서 구상기능을 담당하는 노동자들은 작업장 공간에서 실행기능을 담당하는 육체노동자들에 비해 노동의 물리적 강도는 약화되고 노동시간과 이에 대한 자율성이 어느 정도 보장된 것처럼 보이게 되었다. 그러나 공장 노동자들이 기계의 부속품처럼 노동하는 것과 같이, 오늘날 사무실 노동자들도 컴퓨터와 각종 전자사무기기에 의해 얽매인 노동을 하고 있다. 요컨대 노동자들은 갈수록 복잡해지는 분업체계 안에서 자신이 생산하고자 하는 상품이 무엇인지, 누구를 위해 생산을 하는지 알지 못한 채, 분업체계 내의 한 지점에 붙들려서 파편화된 객체로 전락하게 된다. 이로 인해 노동자는 고립·개별화되고, 경쟁과정에서 서로에게 소외되며, 전체에 대한 느낌이나 의식을 상실하게 된다.

3. 탈산업도시와 소외의 심화

산업자본주의에서 탈산업자본주의로의 전환은 소외를 완화시켰는가 또는 더 심화시켰는가에 대한 논란이 있었다(Archibald, 2009). 일부 학자들은 작업장에서 소외된 노동이 오늘날 높은 소비수준에 의해 보상되고 있을 뿐만 아니라 학력의 상승과 기술의 체화로 노동과정에 대한 노동자의 통제력이 증가함에 따라 소외가 점차 줄어들거나 사라지게 되었다고 주장한다. 그러나 탈산업사회로의 전환에도 불구하고, 소외가 줄어들었다기보다는 오히려 심화되었다는 증거가 더 많다. 즉 탈산업도시에서 노동자들은 노동시장과 작업장에서 피고용자의 지위 향상이나 노동조건의 개선으로 소외를 줄였다기보다는 오히려 더욱 심각하게 실업과 고용 불안을 겪으면서 소외된 노동을 벗어나지 못하고 있다. 그뿐만 아니라 자본주의 경제의 지구지방화, 소비 및 여가, 나아가 일상생활 전반의 상품화, 비물질적 생산과 소비의 역할 증대, 도시 건조환경을 통한 자본순환의 확대, 그리고 금융자본의 발달과 도시공간의 금융화 등에 의해 더욱 심화된 소외에 봉착하게 되었다.

우선 자본주의 경제의 세계화 또는 지구지방화로 인해 상품뿐 아니라 자본과 노동이 세계적으로 이동하게 되면서 생산과 소비 간 관계, 생산체계의 각 부문들 간 연계, 그리고 자본과 노동 간의 관계가 세계적 규모로 확대되었으며, 이에 따라 소외의 메커니즘은 지구적 맥락으로 확장되었다. 소외란 단순히 물리적으로 멀리 떨어져 있기 때문에 느끼는 소원함을 의미하는 것은 아니지만, 생산과 소비 간 물리적 거리의 확장은 상품의 기능적 관계를 강화시킴으로써 사회적 관계가 상품들 간의 관계로 치환되는 것을 더욱 촉진한다.[3] 이러한 자본주의 경제의 지구지방화 과정

3. 이와 관련하여 하비(2014: 196)는 다음과 같은 의문을 제기한다. "무엇보다 노동자들이 매일 아침 식사를 차리기 위

에서 사회공간적 분업은 지구적 규모로 확장되고 다규모화된다. 특히 교통통신기술의 발달에 따른 시공간적 압축에 따라 진화한 글로벌 생산체계의 구축은 상품생산의 각 과정이나 단계를 담당하는 공장들을 세계의 어떤 지점이든지 간에 이윤을 극대화할 수 있는 곳으로 이전하도록 한다. 이러한 분공장 또는 다공장 체제의 운명은 지역경제와 지역 노동자들과는 무관하게 역외 초국적기업에 의해 좌우된다.

이와 같은 자본주의 경제의 지구지방화 과정은 세계도시 체계의 발달 또는 '행성적 도시화(planetary urbanization)'로 지칭되는 세계적 규모의 도시화 과정을 동반하였다. 중심-준주변-주변 도시들 간의 포섭 관계를 나타내는 세계도시 체계는 오늘날 대도시들이 인접한 주변도시들보다는 세계적으로 더 큰 대도시들과 연계되어 있음을 보여 준다. 행성적 도시화란 "지구적 규모의 광대한 영역들이 도시적 공간 편성의 확장을 통해 지구적 노동분업 속으로 재설계되고 통합되는 과정"을 의미한다(Merrifield, 2013). 이러한 도시체계의 발달이나 도시화 과정에서 세계의 모든 도시들은 신자유주의적 전략에 따라 이윤극대화를 추구하는 초국적자본(이들의 분공장이나 금융자본)에 의해 불균등하게 통제되고 있다(최병두, 2012). 그리고 노동자들은 고용기회와 임금에 따라 낯선 환경으로 이주하게 되었으며, 이들의 의식은 단절화·파편화되면서 자신의 존재로부터 행성적 차원에서 소외되었다.

탈산업자본주의에서 도시적 소외는 자본주의적 생산체계 그리고 생산-소비 관계의 지구적(외연적) 확장뿐만 아니라, 자본에 의한 소비영역의 지배와 생산영역에서 물질적 생산뿐만 아니라 비물질적 생산의 (내포적) 포섭에 의해 더욱 심화되고 있다. 자본에 의한 소비영역의 지배는 생산과정(즉 잉여가치의 생산)에 기본적으로 근원을 두었던 소외가 잉여가치를 실현하기 위한 소비의 촉진과 소비과정 및 여가생활 자체의 상품화를 통한 일상생활의 소외를 동반하게 되었다. 대도시에서의 소비는 개인의 물질적 필요의 충족에서 나아가 서로 차별화하거나 다른 사람들과의 비교를 통해 자신을 드러내기 위한 과시적 소비의 경향을 띠게 되었다. 다양한 방식의 광고와 마케팅 홍보를 통해, 자본은 소비자들에게 특정 상품의 구매가 사치스러움과 여유, 행복감과 신분감을 높여 준다는 식으로 인식하도록 만든다. 이러한 충동소비 또는 과시적 소비는 인간의 필요나 욕구의 충족과는 별로 관계가 없고, '보상심리 해소용'에 불과하다.

이러한 점에서 자본에 더 필요한 것은 도시인들의 필요(사용가치로 파악되는)의 충족이라기보

해 멀리 떨어져 있는 낯선 이들에게 이렇게도 깊이 의존하고 있는 상황에서 어떻게 자신의 운명을 직접 지배하고 있다는 느낌을 갖기를 기대할 수 있을까?"

다 필요(교환가치로 비교되는)의 새로운 창출이다. 도시인들은 자본에 의해 창출된 이러한 필요를 스스로 통제하지 못하고 어떠한 수단과 방법으로라도 충족시키고자 한다. 이러한 소외된 소비를 위해 (즉 자신의 필요에서 소외된) 도시인들은 과도한 장시간 노동도 마다하지 않지만, 반면 금전적 보상이 없는 활동은 더 이상 수용하지 않는다. 이러한 과시적 소비는 소비상품에 대한 경쟁을 통해 개인주의를 부추김으로써 사회적 연대와 결속력을 해체하는 데도 기여한다. 그러나 이러한 소비주의는 과잉생산에 따른 상품시장의 포화, 임금 억제로 인한 유효수요(구매력)의 감소, 기술발달과 생산설비의 자동화에 따른 대규모 실업 등으로 인해 발생하는 소비시장(잉여가치 실현)의 한계를 해결하기 위한 자본의 전략과 관련된다.[4]

이러한 소비자본주의의 발달로 인한 소외의 심화는 물질적으로 생산된 상품의 소비뿐만 아니라 특히 비물질적 생산과 소비 과정에서의 소외에도 더 많은 관심을 기울이도록 한다. 드보르는 이미지들에 의해 매개되는 사람들 간의 사회적 관계를 스펙터클로 개념화하고, "스펙터클의 사회적 기능은 구체적인 소외 생산"이며, 스펙터클을 통해 "상품의 물신숭배는 … 궁극적으로 실현된다."라고 주장한다(Debord, 2002: 11–12). 이러한 상황에서 소외는 개인들이 자본에 의해 창출된 필요의 충족을 위해 소비하도록 만들기 때문에, 개인들을 자신의 실제 필요의 충족, 실제 자신의 존재로부터 더욱 멀어지도록 한다. 보드리야르도 드보르와 유사하게 소외의 개념에 초점을 두고 탈산업자본주의의 소비사회를 비판한다(Baudrillard, 1998; 김남희, 2002). 그에 의하면, 오늘날 (도시)사회에서 일상적 삶은 상품의 생산보다 기호(또는 코드)의 생산에 더 많이 의존하게 되었으며, 특히 상품의 교환가치가 사용가치로부터 분리됨에 따라 소외를 유발한 것처럼, 특정 기호가 그 지시대상으로부터 분리됨에 따라 소외를 유발한다.

산업도시들에서 자본축적이 대규모 생산설비와 거대한 사회간접시설 등에 물적 기반을 두었다면, 탈산업자본주의의 포스트모던 도시들은 상징적 가치들이 도시공간을 뒤덮은 화려한 스펙터클의 생산과 소비를 자랑한다. 즉 과거 물질적 생산(그리고 소외된 노동)이 작업장(공장)에 한정되었다면, 오늘날 비물질적 생산과 소비는 공장을 벗어나 가정(사적 공간)이나 거리(공적 공간)를 막론하고 심지어 사이버공간을 포함하여 도시공간 전체로 확산되었다. 이로 인해 도시공간에서 생산과 유통, 소비의 구분이 어렵게 되었고, 생산에서 소비에 이르는 일련의 과정 전체가

4. 이러한 점에서 드보르(Debord, 2002: 13; 무스토, 2011: 98 재인용)는 다음과 같이 서술한다. "업무시간이 끝나면 노동자는 갑자기 생산의 조직과 감시의 모든 측면에서 그토록 노골적으로 가해지던 총체적 멸시로부터 벗어나 소비자라는 이름으로 지극히 공손하게 어른 취급을 받게 된다. 바로 이 순간 상품의 휴머니즘은 노동자의 '여가와 인간성'을 책임지는데, 그 이유는 단지 정치·경제가 이제 이러한 영역들을 지배할 수 있게 되었고 또 지배해야 하기 때문이다."

소외되었다. 예로 거리의 화려한 전자 광고판은 끊임없이 상징적 언어들을 생산하고, 그 옆을 지나가는 사람들에게 바로 유통되고 소비된다. 그러나 이러한 비물질적 생산과 소비는 생산과 소비의 주체 없이 무작위로 작동한다는 점에서 물신화의 극치를 이루면서 도시인들을 소외시킨다(하트와 네그리, 2014: 349–363).

물론 이러한 도시공간에서 비물질적 생산 및 소비의 역할과 이로 인한 소외에 관한 관심 증대는 도시의 경제활동과 사회생활에서 물적 토대의 역할이 감소했음을 의미하는 것은 아니다. 오히려 도시의 물질적 건조환경을 통한 자본순환의 메커니즘과 이에 내재된 모순은 도시적 소외를 심화시키는 데 중요한 역할을 하게 되었다. 특히 도시의 건조환경을 통한 자본순환 경로의 확장과 이와 관련된 금융자본의 발달 및 도시공간의 금융화를 통한 축적, 즉 하비가 지칭한 '탈취에 의한 축적'을 통해 축적을 지속시키고자 한다. 그러나 이와 같은 건조환경을 통한 자본의 순환 그리고 탈취에 의한 축적을 위한 도시공간의 재편은 도시공간의 생산에서 소외와 건조환경의 물상화를 더욱 심화시킨다(Amaral, 2015).

도시 재개발과정(도시 재생, 또는 도시 젠트리피케이션 등으로 지칭되는)은 도시의 공적 공간을 사유화하거나 사적 토지를 공적 목적을 명분으로 내세워 수용한 후 토지이용을 고도화하고, 토지소유권의 전환과 건조환경을 통한 자본축적을 촉진시키고자 한다. 이로 인해 도시의 서민과 영세상인들은 토지 소유와 이용권을 박탈당하고 생산 및 생활 수단으로부터 분리됨으로써 소외를 심화시키게 된다. 이러한 도시 건조환경의 재편은 도시공간이 분명 도시인들(보다 분명히 말해, 도시 노동자들)의 생산물임에도 불구하고 자본에 의해 사적으로 전유되고, 일반 도시인들은 통제할 수 없는 생산과 생활의 객관적 조건으로 대상화된다. 건조환경을 통한 자본축적은 이와 같이 도시인들로 하여금 자신이 소유 또는 이용하던 토지나 공적 공간으로부터 축출되어 소외될 뿐만 아니라 자신들이 만들어 낸 도시 건조환경(이에 부착된 경관도 포함하여)은 자본의 통제하에 물상화되어 일반 도시인들에게는 억압적 조건이 된다.

도시 건조환경을 둘러싼 자본축적(특히 탈취에 의한 축적)과정은 건설 및 부동산 자본에 의해서만 작동되는 것이 아니라 금융자본과 국가의 개입에 의해 뒷받침되어야 한다. 도로나 철도, 기타 인프라 등 도시 건조환경의 구축과 운영은 기본적으로 공공적 목적을 전제로 하며, 투자의 규모가 클 뿐만 아니라 그 성과가 나오기까지 상당한 시간이 소요되기 때문에 산업자본주의에서는 주로 국가에 의해 관리되었다. 그러나 오늘날 도시 건조환경은 금융자본이 뒷받침하는 건설 및 부동산 자본에 의해 조성·운영되고 있다. 그러나 예로 금융대출을 통한 주택 구매자들은 자신의 미래 수입 일부에 대해 통제권을 상실하게 된다. 특히 2000년대 후반 발생했던 미국의 서브프라

임모기지 사태처럼, 부동산시장의 위기 국면에서 주택 구매자는 자신의 미래 수입에 대한 통제권의 상실뿐만 아니라 주택에 대한 소유권을 박탈당하게 된다.

이와 같이 도시 건조환경에서 작동하는 금융자본은 기본적으로 대출한 원금에 이자가 붙어 환수되기를 기대하고 투입되는 '의제적(ficticious)' 자본이다. 이러한 의제적 자본의 작동은 신용체계의 발달에 기반을 둔다. 창출된 잉여가치가 실현되기 위해서는 신용체계의 발달이 필수적이다. 소비자들은 예로 신용카드를 사용하여 가전제품과 같은 내구성 소비재뿐만 아니라 고가의 자동차와 같은 과시적 소비상품들을 구매할 수 있다. 이러한 신용체계에 바탕을 둔 소비는 창출된 잉여가치의 실현을 원활하게 함으로써 자본의 확대재생산을 지속시킨다. 그러나 이러한 의제적 자본의 순환과 이를 뒷받침하는 신용체계의 발달은 상품세계의 물신화를 촉진하고 도시인들의 소외를 더 이상 감당하기 어려울 지경까지 고조시킨다. 이러한 금융 메커니즘은 일상생활의 모든 곳들로 침투하고 있다. 주택 구입에서부터 학자금 대출이나 생계유지를 위해 가속적으로 증가한 도시 서민들의 부채는 이런저런 형태의 사회적 문제들을 유발하고, 심지어 미래의 노동과 삶의 조건까지 억압하고 있다.

4. 도시권과 정의로운 도시

산업도시에서 탈산업도시로 전환하면서 도시적 소외는 줄었다기보다는 생산에서 소비의 영역으로, 현재의 노동과 삶에서 미래의 노동과 삶의 조건으로 오히려 확대되었다고 할 수 있다. 이러한 도시적 소외를 어떻게 이해하고 어떻게 극복할 것인가의 문제는 도시 연구자들뿐만 아니라 도시에서 살아가는 모든 사람들에게 중대한 관심사라고 할 수 있다. 소외의 문제와 탈소외 방안은 헤겔과 마르크스, 그리고 그 이후 많은 학자들에 의해 심각하게 제기되었음에도 불구하고 소외가 지속적으로 심화되어 온 것은 물론 근본적으로 자본축적의 지속적 확장에 기인한 것이며, 소외에 대한 진정한 의식의 부족과 더불어 이를 경감 또는 억제하기 위한 자본과 국가의 전략에 기인한다고 할 수 있다. 이러한 점에서 르페브르는 (도시 또는 추상공간에서의) 일상생활이 기술관료적 생산주의에 종속되어 있지만, 또한 이에 저항적이며, 따라서 소외의 영역이면서 동시에 가능한 '탈소외'의 자리가 될 수 있다고 주장한다. 특히 『공간의 생산(The Production of Space)』에서 그가 추상공간에서 차이공간으로의 전환을 요청한 것은 추상공간의 소외에 관한 비판과 더불어 차이공간에서 탈소외의 가능성을 모색한 것이라고 할 수 있다(Wilson, 2013).

르페브르가 제시한 탈소외 공간으로서 차이공간은 자율성 또는 자주관리(autogestion)와 이를 위한 차이의 정치 등에 바탕을 둔 것이다. 그의 이러한 주장은 때로 '혁명적 낭만주의'라고 지적되기도 하지만, 보다 구체적으로 그가 주장한 '도시에 대한 권리'의 개념과 긴밀하게 연계된다(강현수, 2010). 그에 의하면, "도시는 그 자체가 작품(oeuvre)이다. 즉 화폐와 상업, 교환과 제품을 추구하는 경향과 반대되는 특성을 가지고 있다. 작품은 사용가치이고 제품은 교환가치이다." 그러나 현대 자본주의 도시에서 사용가치보다 교환가치가 중시되고 이로 인해 집합적 작품인 도시가 소외되고 있다. 도시에 대한 권리는 도시 거주자들이 공동작품으로서 도시에 대한 권리를 되찾는 것이다. "도시에 대한 권리는 … 도시생활에 대한 권리, 부활된 도시중심성에 대한 권리, 만남과 교류의 장소에 대한 권리, 생활리듬과 시간 사용에 대한 권리, 완전하고 완벽한 시간과 장소의 사용을 가능하게 하는 권리"라고 규정된다(Lefebvre, 1996: 66-67).

르페브르의 도시에 대한 권리 개념은 최근 하비의『반란의 도시(Rebel Cities)』에서 재조명되면서 대안적 도시를 모색하는 연구자와 실천가들의 많은 관심을 끌고 있다. 하비에 의하면, 도시권은 기본적으로 도시화 과정에서 전개되는 "잉여의 생산과 이용의 민주적 관리"에 관한 권리이다(하비, 2014: 56). 그에 의하면, 도시화는 잉여가치를 끊임없이 생산해야 할 뿐만 아니라 생산한 잉여생산물을 지속적으로 흡수하는 역할을 수행한다. 이러한 점에서 도시권은 도시공간의 형성과 재편 과정에서 이루어지는 잉여의 생산과 배분, 재투입에 관한 집단적 권리로 이해된다. 특히 하비에 따르면, 도시권은 도시인들이 공동으로 생산한 공유재에 대한 집단적 권리이며, 이론적이라기보다 현장에서 실천되어야 할 개념으로 간주한다. 그러나 르페브르의 도시적 소외 개념이 일상생활의 비판에서 도출된 것처럼, 하비의 도시권 개념은 신용체계의 발달과 의제자본의 순환과정, 공유재로서 도시공간의 사유화 등을 배경으로 이해되어야 한다.

또한 탈소외된 도시의 추구 또는 이를 위한 도시권의 요구는 탈소외를 위한 정의로운 도시의 개념화와 관련된다고 주장할 수 있다. 최근 '도시에 대한 권리'의 개념을 중심으로 '공간적 정의' 또는 '정의로운 도시'에 대한 관심이 부활하고 있지만, 이들은 소외 및 탈소외의 개념을 간과하고 있을 뿐만 아니라 '정의로운 도시'의 개념을 체계적으로 재구성하지는 못했다. 예로, 소자(Soja, 2010: 6)는 오늘날 도시화에 대한 비판적 관점은 르페브르에서 기원한 '도시에 대한 권리'를 둘러싸고 투쟁하기 위한 '공간적 정의'의 모색과 연계되어 있다고 주장한다. 그러나 부정의한 지리(도시공간)의 생산에 관한 비판이나 공간적 정의에 대한 이론적 요구에서도 르페브르가 논의한 소외/탈소외에 관한 개념을 전혀 언급하지 않는다. 다른 한편, 히프토셀 외(Yiftochel et al., 2009)는 도시적 정의의 핵심요소로 인정(recognition)의 개념을 강조한다. 그러나 이들은 이러한 인정의 정의 개념을 주로 인정과 재분배 간 관계를 둘러싼 논쟁과 관련시켜 이해하면서, 이 개념이 소외에 관한 헤겔의 연구에서 기원함을 간과한다.

탈소외로서 정의로운 도시의 관점에서 도시권의 개념은 도시의 불평등 해소를 위한 정당한 분배의 요구, 즉 분배적 정의를 내포한다. 도시 서민들이 필요를 충족시킬 수 있도록 충분한 소득(노동에 대한 정당한 임금)이 주어져야 하며, 또한 개인적 소득만으로 충분하지 않을 경우 국가에 의한 재분배가 적정하게 이루어져야 한다. 그뿐만 아니라 도시공간의 배타적 사적 소유와 이용을 지양하고 도시 공유재를 공동으로 활용할 수 있는 방안이 모색되어야 한다. 예로, 도시 인클로저나 젠트리피케이션 과정을 통한 도시공간의 소유권 이전이나 공적 공간의 사유화는 통제·근절되어야 한다. 이러한 과정은 사실 새로운 부를 생산하기보다는 기존에 생산된 사회적 잉여가치를 사적으로 전유함으로써 분배적 부정의와 도시적 소외를 초래하는 전형적인 메커니즘이라고 할 수 있다. 또한 금융화 과정에서 급증하고 있는 엄청난 부채는 미래의 노동까지도 소외시키고 있다는 점에서 체계적으로 관리·완화되어야 한다.

오늘날 도시적 소외는 이러한 분배적 정의의 새로운 방안들의 모색만으로 극복되기 어렵다. 자본주의적 도시 소외의 핵심은 노동 및 생산과정에 있다. 노동은 인간이 물질세계와 관계를 맺는 과정이며, 이를 통해 자기 자신을 계발할 뿐만 아니라 사회적 관계를 형성한다. 이러한 노동은 자본주의 사회에서 잉여가치의 창출을 위한 임금노동으로 전락함으로써 소외의 가장 핵심적인 요인이 되고 있다. 따라서 생산과정에서 노동이 소외되지 않도록 하기 위한 생산적 정의가 필요하다. 생산적 정의란 노동자가 자신의 능력에 따라 일할 수 있는 기회를 보장하고, 노동을 통해 자신의 자존감과 자아실현을 성취할 수 있도록 보장하는 것이다. 이를 위해 예로 노동자들이 자신의 능력에 따라 일할 수 있는 기회가 보장되어야 하며, 임금을 줄이기 위한 비정규직화나 해고의 유연성은 축소되어야 한다. 또한 기술은 노동자가 스스로 통제할 수 있는 '기능'으로 체화되어야 하며, 분업은 노동자들이 자신의 노동이 생산체계 전체에서 어디에 위치해 있는가, 또는 자신의 생산이 누구에 의해 소비되는가를 이해하고 관리될 수 있는 정도로 한정되어야 한다.

끝으로, 도시적 소외의 극복은 인정의 정의를 요구한다. (상호) 인정은 타자와의 대상적 관계 속에서 자신의 정체성을 획득하는 상호 보완적 과정이며, 자기의식은 상호 보완적 행동의 구조, 즉 '인정을 위한 투쟁'의 결과로 이해된다. 만약 이러한 투쟁에서 상호 인정이 아니라 타자의 삶을 억누르고 거부하게 되면, 자아는 자기 삶의 불충분, 즉 자신으로부터 소외를 경험하게 된다. 헤겔은 이러한 상호 인정을 통해 소외(즉 대상화)의 한계 또는 지배와 피지배(주인과 노예) 관계가 극복될 수 있다고 주장한다. 이러한 인정의 정의는 자연과 인간의 관계뿐만 아니라 인간 주체들의 관계도 매개하는 노동이 매개 대상물들의 상호 인정, 즉 자연에 대한 인간의 배려와 더불어 물신화된 사회적 관계를 인간적 관계로 재전환시켜 줄 수 있다.[5] 이러한 인정의 정의는 특히 도시를 구성하는 다양한 개인과 집단들이 가지는 정체성이나 차이의 상호 인정을 촉진한다는 점에서 의의를 가질 뿐만 아니라, 분배적 정의와 생산적 정의가 기본적으로 사회적 관계에서 상호 인정을 전제로 한다는 점에서 유의성을 가진다.

참고문헌

강현수, 2010,『도시에 대한 권리-도시의 주인은 누구인가』, 책세상.

김남희, 2002, "자본주의와 후기 자본주의, 그리고 인간 소외",『한국시민윤리학회보』, 15, pp.321-343.

김용창, 2015, "신자유주의 도시화와 도시 인클로저 (1): 이론적 검토",『대한지리학회지』, 50(4), pp.431-449.

데이비드 하비(황성원 옮김), 2014,『자본의 17가지 모순』, 동녘(Harvey, D., 2014, *Seventeen Contradictions and the End of Capitalism*, Profile Books).

무스토, 2011, "마르크스 소외 개념에 대한 재논의",『마르크스주의 연구』, 8(2), pp.85-113 (Musto, M., 2010, "Revisiting Marx's concept of alienation", *Socialism and Democracy*, 24(3), pp.79-101).

최병두, 2009,『비판적 생태학과 환경정의』, 한울.

최병두, 2012,『자본의 도시: 신자유주의적 도시화와 도시 정책』, 한울.

콕스, 2009, "마르크스의 소외론",『마르크스 21』, 3, pp.189-220(Cox, J., 1998, "An introduction to Marx's theory of alienation", *International Socialism*, 79).

하트와 네그리(정남영·윤영광 옮김), 2014,『공통체: 자본과 국가 너머 세상』, 사월의 책(Hardt, M. and Negri, A., 2009, *Commonwealth*, Harvard Univ. Press).

Amaral, C., 2015, Urban enclosure: Contemporary strategies of dispossession and reification in London's spatial production, http://www.enhr.net/pastwinners.

Archibald, W. P., 2009, "Marx, globalization and alienation: received and underappreciated wisdoms", *Critical Sociology*, 35(2), pp.151-174.

Baudrillard, J., 1998, *The Consumer Society*, Sage, 보드리야르, 이상률 옮김, 2015,『소비의 사회』, 문예출판사.

Debord, G., 2002, *The Society of the Spectacle*, Hobgoblin, 드보르, 유재홍 옮김, 2014,『스펙타클의 사회』, 울력.

Fischer, C. S., 1973, "On urban alienations and anomie: powerlessness and social isolation", *American Sociologi-*

5. 이러한 사고는 호네스가 주장한 것처럼 마르크스의 노동 개념에 암묵적으로 내재되어 있다. 즉 "생산함에서 한 사람은 그 자신을 실현할 … 뿐만 아니라 또한 동시에 그의 상호 행위 상대자들 모두가 필요를 가진 공동주체일 것이라고 기대하기 때문에 이들을 애정 깊게 인정하게 된다"(최병두, 2009: 330 재인용).

cal Review, 38, pp.311-326.

Fraser, B., 2015, "Urban alienation and cultural studies: Henri Lefebvre's recalibrated Marxism", in Fraser, B. (ed), *Toward an Urban Cultural Studies: Henri Lefebvre and the Humanities*, London: Palgrave McMillan, pp.43-67.

Lefebvre, H., 1991a[1948], *Critique of Everyday Life* (vol.1), London: Verso.

Lefebvre, H., 1991b[1974], *The Production of Space*, London: Blackwell, 양영란 옮김, 2011, 『공간의 생산』, 에코리브르.

Lefebvre, H., 1996, *Writings on Cities*, London: Blackwell.

Lefebvre, H., 2003[1970], *The Urban Revolution*, Univ. of Minnesota Press.

Merrifield, A., 2013, "The urban question under planetary urbanization", *International Journal of Urban and Regional Research*, 37(3), pp.909-922.

Parker, J. H., 1978, "The urbanism-alienation hypothesis: a critique", *International Review of Modern Sociology*, 8(2), pp.239-244.

Seeman, M., 1971, "The urban alienations: Some dubious theses from Marx to Marcuse", *Journal of Personality and Social Psychology*, 19(2), pp.135-143.

Soja, E., 2010, *Seeking Spatial Justice*, Univ. of Minnesota Press.

Wilson, J., 2013, "The devastating conquest of the lived by the conceived: the concept of abstract space in the work of Henri Lefebvre", *Space and Culture*, 16(3), pp.364-380.

Yiftochel, O., Goldhabar, R., and Nuriel, R., 2009, "Urban justice and recognition: affirmation and hostility", in Marcuse, P. et al.(eds), *Searching For the Just City*, Routledge, pp.130-143.

Yuill, C., 2011, "Forgetting and remembering alienation theory", *History of the Human Sciences*, 24, pp.103-119.

더 읽을 거리

최병두, 2017, "도시적 소외와 정의로운 도시", 최병두 외, 『희망의 도시』, 한울아카데미, pp.72-107.

⋯▸ 이 장의 글을 축약하기 전 원 논문으로, 소외 및 탈소외 개념의 철학적 논의에 대한 보다 자세한 내용들을 서술하고 있다.

데이비드 하비(황성원 옮김), 2014, 『자본의 17가지 모순』, 동녘(Harvey, D., 2014, *Seventeen Contradictions and the End of Capitalism*, Profile Books).

⋯▸ 자본의 축적과정에 내재된 모순을 17가지 유형으로 구분하여 서술한 저서로, 특히 마지막 열일곱 번째 모순으로 '인간 본성의 반란: 보편적 소외'를 논의하고 있다.

강현수, 2010, 『도시에 대한 권리-도시의 주인은 누구인가』, 책세상.

⋯▸ 르페브르의 도시권 개념뿐만 아니라 도시권에 관한 법 제정 및 이와 관련된 실천운동, 도시권 주장의 유용

성과 한계, 우리나라 도시권 운동이 가능성과 과제 등을 논의하고 있다.

주요어 도시적 소외, 자연으로부터 소외, 토지 인클로저, 소외된 노동, 기술과 분업, 지구지방화, 건조환경, 금융자본(부채)에 의한 소외, 정의로운 도시, 탈소외, 생산적 정의, 도시권

제11장

도시 쇠퇴와 도시재생

이영아

2000년대 초반 도시재생(urban regeneration)이 새로운 도시정책 수단으로 등장하여 점차 확대되고 있다. 우리나라에서 이루어지는 도시재생사업은 구시가지 정비방식 중 하나이다. 지리학적 용어로는 내부도시(inner city)라고도 표현되는 구시가지의 쇠퇴한 지역에서 도시재생이 이루어지기 때문에, 도시재생은 도시재개발(redevelopment)과 유사한 개념으로 이해되기도 하지만 재개발과 구분하여 사용되는 경우가 대부분이다.

도시재생은 일시적이고 특정한 도시정책을 의미하나 동시에 도시공간의 생산을 둘러싼 실천 전략으로 이해되기도 한다. 이 장에서는 구시가지 정비방식인 도시재생의 등장배경으로서 도시 쇠퇴와 함께, 쇠퇴에 대응하기 위해 도시재생이 추구하는 가치를 살펴봄으로써, 도시재생이 구시가지를 경제적 효율성 중심에서 사회적 효과성을 중시하는 방식으로 도시공간 기능을 전환하고자 하는 수단임을 설명하고자 한다.

1. 도시재생의 등장배경

1) 구시가지(내부도시)의 정의와 특징

도시재생이 일어나는 지역은 도시 내 구시가지(old town)이다. 구시가지는 기성시가지(built-up area), 내부도시(inner city, 도심부, 도심 주변부, 도시 중심부, 내부 시가지) 등 다양한 이름으로 불린다. 기성시가지는 '도시의 중심부에 위치하며 접근성이 양호하여 시가지 형성이 비교적 빨리 이루어진 지역으로 현재는 노후화된 지역'이라고 정의된다(박정은 외, 2012).

현대 도시에서 구시가지(내부도시)는 버제스(Burgess) 모형에서는 도심의 CBD 주변을 둘러싼 '도심 주변지대'인 점이지대(transition zone)의 시가지 성격을 이해하기 위한 개념이다(Johnston et al., 1992). 그러나 구시가지가 점이지대처럼 CBD와 노동자 주거지대 사이의 명확한 위치나 공간적 경계를 의미하는 것은 아니다. 이 경계는 위치의 개념을 가진 공간이라기보다는 구시가지의 이용 상황에 따라 구분된다는 점에서 사회공간으로서의 성격이 강하다.

점이지대로서 구시가지는 '많은 문제를 가지고 있는 지역'으로 인식된다. 김창석 외(2000: 149-150)는 구시가지(도심 주변 내부 시가지)는 "점이지대, 슬럼, 노후 건물 등의 용어와 관련되며, 성장보다는 쇠퇴, 새로움보다는 노후화라는 것과 연결된다."라고 그 성격을 규정한다. 서구 도시에서 내부도시는 찰스 디킨스 소설의 배경이 되는 곳, 엥겔스가 공업도시인 맨체스터에서 도시 및 주택 문제가 집중되었다고 인식했던 곳으로 연상된다. 특히 서구 도시에서는 사회·경제 분야의 활력 저하가 나타나고 사회 치안도 악화되는 곳이며, 이주민 거주 비율이 높고, 도시 전체에서 차지하는 세수기여도가 낮은 데 비해 사회 서비스 수요는 높은 문제지역으로 묘사된다(권용우 외, 2016).

또한 구시가지는 토지이용 변화과정에서 최대한 이용되지 않아 다른 곳으로 전환될 가능성이 높은 곳으로 설명되기도 한다. 그리핀과 페터슨(Griffin and Peterson, 1966)은 점이지대를 토지이용 전환 가능성 정도에 따라 적극적인 융화가 일어나는 곳, 소극적인 융화작용이 일어나는 곳, 융화가 일어나지 않는 곳으로 구분하기도 하였다. 점이지대 중 간선도로와의 접근성이 높은 곳은 공공 업무기능과 실적 수준이 높은 상업기능으로 적극적인 융화가 일어날 가능성이 크다. 소극적인 융화작용이 일어나는 곳은 토지이용 변화가 상대적으로 적고 질적으로 낮은 주거기능, 상업기능, 경공업, 도매업, 창고업으로 전환되는 특징을 가진다. 끝으로 융화가 일어나지 않는 곳은 질적 수준이 낮은 공동주택이나 중공업, 낡은 공공시설이 있는 특징을 가진다고 한다(김영

표 1. 도시 쇠퇴지역 선정을 위한 지표

인구	인구가 현저히 감소하는 지역	최근 30년간 인구 최대치 대비 현재 인구가 20% 이상 감소하거나, 최근 5년간 3년 이상 연속으로 인구가 감소한 경우
산업	총 사업체 수의 감소 등 산업의 이탈이 발생되는 지역	최근 10년간 총 사업체 수 최대치 대비 현재 5% 이상 감소하거나, 최근 5년간 3년 이상 연속으로 총 사업체 수가 감소한 경우
노후 건축물	노후 주택의 증가 등 주거환경이 악화되는 지역	전체 건축물 중 20년 이상 지난 건축물이 50% 이상인 경우

출처: 도시재생 활성화 및 지원에 관한 특별법 시행령 제17조.

근, 2005).

이렇듯 구시가지를 도시생태학의 점이지대와 동일한 개념으로 이해하면, 이곳은 다양한 도시문제를 안고 있으며 효율적인 토지이용이 이루어지지 않는 곳이다. 이러한 시각에 입각하여 구시가지에 대규모의 전면적인 재개발사업 추진이 이루어졌다.

그러나 우리나라에서 구시가지는 사회문제 발생지역이거나, 비효율적 토지이용보다는 접근성은 좋지만 노후한 쇠퇴지역이라는 특성이 강조된다. '도시재생 활성화 및 지원에 관한 특별법'에 명시된 도시활성화계획[1]을 수립할 필요가 있는 '쇠퇴한 지역'이란 인구 급감 지역, 사업체 이탈이 발생하는 지역, 주거환경이 악화되는 지역을 의미한다. 구시가지 쇠퇴지역 중 이 조건 가운데 두 가지를 만족할 경우 도시재생의 대상지역이 될 수 있다.

인구 고령화와 저성장 문제를 가지고 있는 일본의 구시가지는 서구 도시의 점이지대보다는 우리나라의 구시가지 특성과 유사하다. 김창석 외(2000)에서는 그 증거로 도시에서 경제성장률이 저하되기는 했으나 이를 쇠퇴라고 보기는 어려우며, 사회적 불이익이 구시가지에 집적되어 있다고 하기 어렵다는 점을 들고 있다. 특히 구시가지에 소수인종(민족) 문제가 크게 부각되지 않는다는 점에서 서구와 같은 사회문제가 나타난다고 보기 어렵다고 한다. 오히려 일본의 구시가지는 전통적인 지역사회의 붕괴, 지역 생활환경의 악화, 사회간접자본 유휴화 등의 문제를 가지고 있다고 하여, 구시가지의 고령인구 문제 및 기반시설과 물리적 환경의 노후화로 인한 활력 감소와 쇠퇴가 강조되고 있음을 알 수 있다.

1. 우리나라 도시에서 도시재생을 추진하기 위해서는 기본구상에 해당하는 '도시재생전략계획'과 실행계획인 '도시재생활성화계획'을 수립해야 한다. 도시재생전략계획은 지방자치단체에서 전체 도시를 대상으로 수립하는 10년 단위 계획이다. 도시재생전략계획에서 도시재생 대상지역을 찾아내며, 도시재생이 이루어지는 해당 지역에 대해서는 별도의 '도시재생활성화계획'을 수립한다.

2) 구시가지의 쇠퇴요인

도시발전단계론에 따르면, 도시는 도시화, 교외화, 탈도시화, 재도시화 단계를 거친다. 도시발전단계와 인구이동을 결합한 모형을 제시한 베르그(Berg, 1982)에 따르면, 구시가지의 쇠퇴는 도시가 교외화, 탈도시화 단계에 이르렀을 때 나타난다. 베르그의 중심도시(core)란 CBD와 내부도시 개념이 포함된 것이다. 따라서 중심도시 인구가 빠져나가면서 마이너스(−)로 표시되는 교외화 단계부터 인구가 재유입되기 시작하는 재도시화 전단계까지 구시가지의 쇠퇴가 발생한다.

발달단계	도시화 유형	인구변동 특징			비고
		중심도시	외곽	도시권	
도시화	절대적 집중	++	−	+	전체 성장 (집중)
	상대적 집중	++	+	+++	
교외화	상대적 분산	+	++	+++	
	절대적 분산	−	++	+	
탈도시화	절대적 분산	− −	+	−	전체 쇠퇴 (탈집중)
	상대적 분산	− −	−	− − −	
재도시화	상대적 집중	−	− −	− − −	
	절대적 집중	+	− −	−	

인구가 구시가지를 떠나 교외화, 탈도시화됨으로써 발생하는 도시 내부 공간구조가 변화하고 쇠퇴되는 현상은 어떠한 요인이 작동한 결과인가? 이에 관해서는 도시정비의 불균형을 강조하는 도시정책요인론, 일자리 감소를 원인으로 보는 도시경제침체론, 이러한 요인이 복합적으로 작용한 결과로 보는 견해로 구분된다(김창석 외, 2000).

도시정책요인론은 도시정책이 미흡하고 도시 기반시설을 개선하려는 노력이 부족하여, 구시가지가 투자에서 제외됨에 따라 쇠퇴된다는 입장이다. 이는 교외 신도시개발 위주의 정책의 결과로 이해된다. 교외 신시가지 위주의 개발은 구시가지 기반시설의 노후로 이어지며, 이로 인해 구시가지에서는 도시기능 저하, 주차문제, 교통 혼잡 등 도시문제가 발생한다. 이러한 구시가지의 생활환경 악화는 주거지로서의 매력이 떨어지고, 결국 인구가 빠져나가는 구조적 침체가 나타난다고 보는 입장이다. 김현태와 우명제(2014)는 교외지역의 신시가지 개발이 구시가지의 쇠퇴를 가져왔음을 실증적으로 분석하고 있다.

도시경제침체론에서는 구시가지에서 탈투자로 인한 고용 감소를 원인으로 설명한다. 구시가지에서 주를 이루었던 제조업이 산업구조조정에 따라 사라지고, 그 지역에 새로운 투자가 이루어지지 않음에 따라 구시가지가 쇠퇴되었다고 보는 입장이다.

마지막 입장에서는 위의 두 가지 원인이 작동하여 결과적으로 구시가지에 불평등한 사회자원 배분이 이루어진 것이 쇠퇴의 또 다른 원인이 된다고 인식한다. 낮은 개인적 성취, 집단적인 기회 결여 등으로 교육수준이 낮고 경제적 성취도가 낮은 가구의 집중, 기술적·경제적 낙후와 물리적 노후화에 따른 집단적 쇠락화, 이민자와 소수인종의 유입 등이 다시 상호 연관되어 원인과 결과가 순환된다고 설명한다.

2. 도시재생의 정의

쇠퇴한 구시가지에 대한 대응은 과거에는 주로 철거를 통한 재개발이었다. 전면 철거재개발은 구시가지의 비효율적 토지이용, 다양한 사회문제의 집중지역 문제를 일시에 해소하기 위한 수단이었다. 그러나 점차 구시가지를 철거가 당연한 지역이라고 인식하기보다는 특정 계층의 거주지로서 인식하게 되었으며, 그곳에서 살아가는 사람들의 주거권을 보장하며 환경을 개선하고자 하는 대안적 방식으로 도시재생이 등장하였다.

도시재생에 대한 정의와 재생에 대한 이해는 여러 나라에서 추구하는 목적에 따라 다양하다. 포터와 쇼(Porter and Shaw, 2009)에 따르면, 여러 나라의 도시재생 전략은 매우 다양하지만, 이를 종합하여 일관성 있게 포괄하는 재생이라는 개념을 정의할 수 있다고 한다. 그들이 정의하는 재생이란 '투자가 중단된 이후에 어떤 장소에 대한 재투자'라고 한다. 그들은 이러한 구시가지에 대한 재투자과정으로서 재생은 계층 변화를 의도할 수도 있고 의도하지 않을 수도 있다고 한다. 계층 변화를 의미하는 젠트리피케이션을 수반하는 도시재생은 재개발(renewal), 재활성화(revitalization), 회춘(rejuvenation), 부흥(renaissance)과 비슷한 개념으로 이해된다. 그러나 도시재생을 다룬 대부분의 연구에서는 도시재생사업이 추진되는 과정에서 발생할 수 있는 젠트리피케이션을 문제점으로 인식하고 있으며, 도시재생의 결과가 원주민의 이주나 배제를 가져오지 않는 방안을 다양하게 제안하고 있다는 점에서, 도시재생은 젠트리피케이션과는 달리 공간 복지적 성격을 가진 개념으로 이해하고 있다고 볼 수 있다.

3. 도시재생의 이론적 관점

1) 대안으로서 도시재생을 이해하는 입장

대안으로 도시재생을 이해하는 입장은 크게 두 가지로 구분된다. 하나는 사회공간으로 구시가지를 보고, 쇠퇴한 구시가지에 대한 통합적 전략으로 도시재생의 역할을 이해하는 입장이다. 다른 하나는 쇠퇴한 구시가지를 사용가치가 실현되어야 하는 공간으로 이해하고, 이를 위해 국가 역할 및 공공성을 강조하는 수단으로 도시재생을 이해하는 입장이다.

(1) 쇠퇴지역 문제에 대한 통합적 해결을 위한 전략

기존에 구시가지에 대한 정비가 물리적 환경 개선에 초점이 맞추어져 있었다면, 도시재생은 주택, 교육, 실업, 보건, 사회 문제의 통합적인 재생을 강조한다(이광국·임정민, 2013). 이는 구시가지를 물리적으로 쇠퇴한 곳이 아닌, 주민의 주거권이 보장되는 생활공간으로 인식하는 것이다. 따라서 통합적 재생의 핵심은 물리적 환경 개선이 효과를 보기 위해서는 그곳에 살고 있는 사람에 대한 투자가 함께 이루어져야 한다는 것이다. 환경 개선과 함께 사람에 대한 투자가 동시에 이루어지지 않으면, 물리적 개선을 통해 나아진 환경에 대한 적절한 비용을 지불하기 어려운 기존 주민의 둥지 내몰림(displacement)이 발생하게 된다. 즉 도시재생법에서는 사회적 활성화와 함께 물리적·환경적 활성화도 도시재생의 목표로 제시되어 있지만, 여기서 물리적·환경적·경제적 활성화란 해당 지역 주민의 삶과 직결된 것이다.

쇠퇴지역 문제를 통합적으로 해결하기 위해 도시재생법에서는 지역(주민) 역량강화, 새로운 기능의 도입 및 창출, 지역 자원의 활용을 제시하고 있다. 이는 지역이 가지고 있는 자원의 가치를 발견하고 그 지역을 지원하기 위한 적절한 기능을 도입하여 지역 정체성을 강화하는 것을 의미한다. 보다 중요한 것은 주민의 역량을 강화시켜 도시재생에 적극적으로 참여하도록 유도하는 것이다. 과거 도시재개발과 같은 도시개발사업이 철거 위주의 물리적 시설 공급에 치우쳐 있었던 것과는 달리, 도시재생에서는 기존 자원을 활용하고 이를 발굴하고 관리하기 위한 주민 참여를 주요 수단으로 이해하고 있는 것이다. 과거 도시재생과의 핵심적인 차이는 쇠퇴한 구시가지를 사회공간으로 이해하기 때문에 그 안에 살고 있는 사람을 중요하게 강조한다는 점이다.

(2) 젠트리피케이션에 대한 대안으로서 공공성이 강조된 도시재생

1970년대부터 1980년대까지 기성시가지 개발에서 주를 이루었던 재개발, 주거환경개선사업, 1990년대 계획적인 개발을 위한 뉴타운사업 등 다양한 도시정비사업은 정도의 차이는 있으나 도시토지의 교환가치 논리에 따라 개발이 이루어졌다. 재개발사업은 도시 내에서 잠재적으로 토지의 지대가 높아질 가능성이 있는 곳에 민간이 투자를 하는 방식이기 때문에, 일단 사업이 시작되면 비효율적으로 도시토지를 이용하고 있다고 인식되는 원거주민의 주거권은 중요하게 다루어지지 않는다. 도시재개발은 그런 점에서 거주자의 계층이 변화하는 젠트리피케이션을 야기하였다.

반면, 도시재생을 대안으로 이해하는 입장에서는 도시토지의 교환가치 논리에 따라 개발되지 않는 곳, 민간의 투자가치가 떨어지는 곳이 도시재생의 대상이 된다고 본다. 도시 내에서 사업성이 없다고 판단되는 지역이란 토지 소유관계 및 권리관계가 복잡한 곳, 접근성이 떨어지는 곳, 규모가 작은 곳 등 현실적으로 민간이 손대기 어려운 문제를 가진 지역일 수도 있고, 새로운 개발 수요가 높지 않은 곳이다.

도시 내 쇠퇴지역을 교환가치가 아닌 사용가치 논리로 인식하게 된 계기 중 하나로는 2008년 경제위기로 인한 부동산 경기의 하락을 들 수 있다. 그 이전까지 부동산은 절대 망하지 않는다는 부동산 불패신화가 있었으나, 2008년 이후에는 모든 지역이 그렇지는 않다는 인식이 생기게 되었다. 과거 재개발처럼 임차인을 제외한 대부분의 이해당사자가 이익을 얻는 구조를 갖추지 못한 지역에서는 민간 주도의 개발이 어려워졌다. 따라서 도시의 쇠퇴한 지역에 대한 환경 개선의 책임이 국가로 넘어가게 되었다(이영아 · 서종균, 2016).

이러한 외적 조건의 변화에 따라 국가의 개입(지원)을 통한 도시정비인 도시재생이 등장하게 되었다. 도시재생은 국가 재정 지원을 통해 쇠퇴한 지역을 활성화시키는 과정이기 때문에, 주민의 둥지 내몰림 현상을 막고 지역주민들의 생활환경을 개선하는 데에 공공성 원칙이 작동될 수 있다. 이런 점에서 민간에 의해 도시공간이 생산되던 과거 도시재개발과는 다르다고 인식된다.

2) 도시재생에 대한 비판적 입장

도시재생에 대한 비판적 시각도 크게 두 가지로 구분되는데, 하나는 구시가지는 자본주의 공간 생산과정에 포섭될 수밖에 없다는 입장이며, 다른 하나는 도시재생에서 다양한 주체의 역할에 주목하면서 국가의 공공성보다는 친시장적 역할이 더 많이 작동된다는 입장이다.

(1) 신자유주의 공간전략으로서 도시재생

도시재생을 비판적으로 보는 입장에서는 도시공간에 대한 자본의 포섭과정으로 도시재생을 이해한다. 김용창·강현수(2018)는 자본주의 사회에서 공간은 '상품'으로 인식된다고 하며, 특히 자본의 집약도가 높은 도시에서 이루어지는 도시재생과 같은 개발 및 정비 사업은 이윤 창출 가능성을 가진다는 점에서 중요해졌다고 한다. 하비(2012)의 표현을 빌리자면, 이러한 도시공간의 생산은 '자본의 공간적 조정(spatial fix)'과정이다. 이 입장에서는 쇠퇴한 공간을 버려두는 것도 장기적인 관점에서 도시화 과정에 나타나는 한 국면으로 인식한다. 쇠퇴한 지역일수록 개발잠재력(잠재지대)이 커진다는 것을 의미하기 때문이다(Smith, 1996). 도시재생을 도시 르네상스(부흥), 도시 재활성화 등 어떤 이름으로 부르더라도 이는 모두 잘 포장된 것일 뿐, 사업 후 계층적 속성이 변화된다는 점에서 재개발과 차이가 없다고 여긴다(Slater, 2006).

김용창·강현수(2018)는 저소득층이 밀집된 지역을 도시재생사업 대상지역으로 선택하는 이유는 접근성이 좋으면서도 토지가격이 저렴하다는 것이며, 그곳에 거주하는 주민들을 보호할 권력이 없기 때문이라고 주장한다.

(2) 성장을 추구하는 도시정치의 산물로서 도시재생

도시재생에 대한 또 다른 비판적 입장은 도시재생을 둘러싼 주체의 역할에 주목하는데, 특히 기업가적 역할을 수행하는 정부의 역할을 비판한다. 다양한 주체가 도시성장을 추구하는 과정에 주목한 로건과 몰로치(Logan and Molotch, 1987)의 성장기계(growth machine) 이론, 지방정부의 기업가적 역할에 주목한 하비(Harvey, 1989)의 기업가주의(entrepreneurialsim) 등이 이런 입장의 배경이다.

로건과 몰로치의 성장기계란 도시성장을 추구하는 다양한 주체가 결합한 친성장연합[2]과 정부가 함께 만든 기구(apparatus)가 도시성장을 위해 작동하는 것을 의미한다. 페터슨(Peterson, 1981)은 도시의 성장을 위해 이루어지는 자본 투자는 결국 모든 주민에게 이익이 되기 때문에 그 도시의 복지(well-being)와 동일한 것이라고 주장한다. 하지만 로건과 몰로치는 도시의 성장을 위해 성장연합의 주체인 지방 엘리트 집단이 추구하는 이해는 도시를 사용가치로 이용하는 사람들의 이해와는 다르며, 결국 성장의 효과가 도시에서 부분적으로는 나타나지만 그 지역에 거주

2. 자신의 시간과 돈을 들여 도시성장 과정에 참여하는 사람들은 토지이용 결정으로 얻거나 잃는 것이 있는 지역 사업가가 대표적이며, 그 밖에 정치인, 지역 미디어, 지방 공기업이나 공공기관, 문화 관련 단체, 대학, 자영업자와 소상공인 등도 성장연합 주체가 된다고 한다(Logan and Molotch, 1987).

하던 가난한 주민 혹은 실업 상태에 있는 주민에게 바로 혜택이 돌아가는 것은 아니라는 사실을 강조한다.

한편, 하비(Harvey, 1989)는 다양한 주체 중에서도 지방정부의 기업가적 역할에 주목한다. 신자유주의적 도시재생 과정에서 정부가 자본의 입장을 대변하여 기업에 유리한 형태의 정책을 폄으로써 공공의 역할은 사라지고 기업가와 같은 역할을 함을 비판한다. 김용창·강현수(2018)는 이에 대해 정부가 적은 자원을 가진 사람에게서 많은 자원을 가진 사람에게 재산을 이전시키는 면허증을 발급하는 것이라고 주장하며, 결국 도시재생사업 수행에서 민관 파트너십이 강조됨에 따라 공공성의 기반이 모호해지며, 민간자본 및 민간 개발업자의 역할이 중시된다고 한다.

이런 논의에서 도시재생에 대한 비판은 결국 성장의 결과가 가난한 사람들에게 돌아가는 것이 아니며, 성장기계로서의 도시에서는 과거보다 더 큰 불평등과 격리가 발생한다는 것이다.

4. 도시재생이 추구하는 가치

우리나라를 비롯한 여러 나라에서 추진되고 있는 도시재생은 재개발에 대한 대안으로 이해되고 있다. 다시 말해서 도시재생을 통해 구시가지를 사회공간으로 이해하고, 구시가지의 사용가치를 강조하고자 한다. 우리나라에서는 도시재생의 목표를 일자리 창출, 주거복지 실현, 사회통합, 이를 통한 도시경쟁력 향상으로 명시하고 있다. 지금까지 진행된 도시재생사업에서 지향했

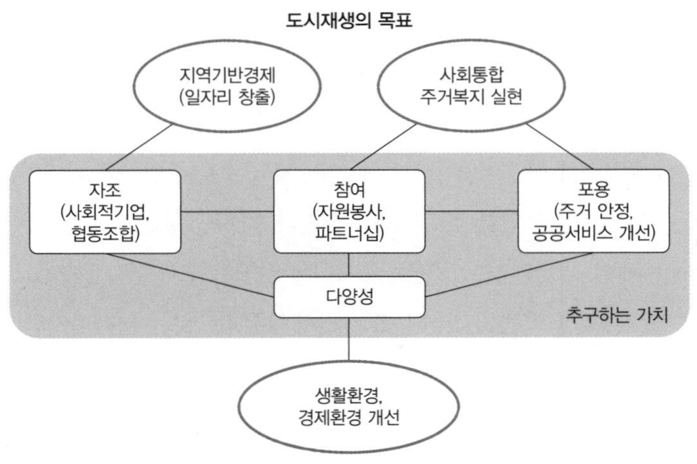

그림 1. 도시재생이 추구하는 가치

던 가치를 정리해 보면, 도시재생에서 경제적 가치[3]는 지역에 기반한 '자조'이며, 동네 민주주의를 위한 '참여'와 지역사회 복지를 위한 '포용'은 도시재생이 추구하는 사회적 가치이다. 끝으로 이들이 결합되어 공간적으로는 '다양성'의 가치를 추구한다.

1) 자조: 힘겨운 형평의 도시

'힘겨운 형평의 도시(the city of sweat equity)'란 땀을 흘려서 형평을 이루어 낸다는 의미로, 홀(P. Hall)이 『내일의 도시(Cities of Tomorrow)』(2000)에서 주민과 함께 지역사회를 건설하는 도시계획 사례를 소개한 장의 제목이다. 이전까지는 정부나 계획가가 주도적으로 도시개발을 추진해 왔지만, 앞으로는 지역에서 주민들이 힘들더라도 자신의 도시를 스스로 만들 수 있어야 한다는 것이다. 도시재생 과정에서 지역주민은 빈곤과 배제를 극복하기 위해 스스로 역량을 키우고 국가는 이를 측면 지원한다는 것이, 도시재생에서 추구하는 주민자조라 할 수 있다.

이러한 주민자조는 주민 스스로 쇠퇴된 지역의 경제를 살리기 위해 더욱 강조된다. 도시재생에서 추구하는 지역에 기반한 경제의 활성화란 민간자본 유도가 아니라 지역주민이 경제활동의 주체가 되고 둥지 내몰림이 일어나지 않도록, 지역의 특성에 맞는 사회적 일자리를 발굴하고 주민의 자발적 참여를 유도한다. 도시 내 여러 지역에서 골목상권 살리기, 주민이 주체가 되어 운영하는 마을기업, 사회적기업 활동, 뜻 맞는 조합원의 출자로 운영되는 협동조합 등 지역주민이 지역에서 자립적으로 경제활동을 하기 위한 다양한 기반을 조성하여 구시가지 쇠퇴 방지를 유도하고 있다.

2) 참여: 도시에 대한 권리[4]

도시계획운동은 엔지니어들의 지배에서 해방되고자 하는 농부와 정원사들의 반란이자 도시민의 반란이며, 지리학자들은 이 두 가지 힘을 연결시켰다(Patrick Geddes, 1917, Report

3. 외부 기업 유치를 통한 일자리 창출에 의한 도시경쟁력 향상을 경제적 재생으로 이해하는 입장도 많다. 우리나라 도시재생사업 중에 중심시가지형, 경제기반형과 같은 지역개발의 성격이 강하고 공간규모가 큰 사업의 경우에 지향하는 목표이다. 반면, 근린지역을 대상으로 하는 도시재생사업(우리동네살리기, 주거지지원형, 일반근린형)에서 지향하는 경제적 가치는 일자리 창출을 통한 지역에 기반한 경제의 활성화이다.

4. 『도시에 대한 권리(Right to the city)』는 1968년 르페브르가 쓴 책의 제목이다. 도시에 대한 권리는 "자본에 의해 지배되는 도시를 그곳에 살고 있는 사람을 위한 도시로 변혁시키기 위해" 필요한 조건으로, "도시에 대한 권리는 현대적 시민으로서 온전히 존재하기 위한 기본조건으로 다른 권리보다 상위의 권리"라고 한다(강현수, 2009: 49).

on the Planning of Dacca).

과거 계획가가 주도한 도시개발에서 구시가지는 물리적인 의미의 쇠퇴일 뿐 그 안에 살고 있는 주민의 삶과 연결되지 않았다. 게디스(P. Geddes)는 영국 식민지였던 당시 인도의 도시에서 열악한 하수시설의 개선에 병적으로 매달리는 영국 도시계획가를 비판하면서, 일방적으로 획일적인 제국주의 도시를 모방한 식민지 도시를 건설하는 것이 아니라, 도시를 가장 잘 아는 동네 주민들이 참여하여 그들이 원하는 모습으로 환경을 개선하고 그들의 삶이 반영된 도시를 만드는 것이 필요하다고 보았다. 이를 위해 계획가는 주민의 조력자로서 역할을 수행할 것을 강조한다. 도시재생에는 이러한 게디스의 관점이 녹아 있다. 쇠퇴한 지역문제를 개선함에 있어 그 지역에서 가장 오래 산 주민이 그 지역을 가장 잘 알고 있다는 것이므로, 도시재생의 성공을 위해 주민의 역할이 필수적이라고 인식한다.

도시재생에서 쇠퇴한 지역 주민들의 삶이 고려된 참여가 강조될 수 있었던 것은 그들이 자신의 권리를 주장하며 투쟁해 온 역사가 있기 때문이다. 미국에서는 1960년대 르코르뷔지에 방식의 대규모 도시개발에 대항하면서 주민들의 삶의 공간을 지켜 낸 사회운동이 있었다.[5] 우리나라에서는 1960년대 도시개발로 인한 철거민과 노점상을 하던 주민들의 권리투쟁운동이 그 시초이다. 1980년대 주민운동은 관악구 난곡 지역이나 상계동 등 재개발을 목전에 둔 낙후된 달동네에서 주로 이루어졌다. 이들은 자신들의 삶의 공간을 개발로부터 지켜 내기 위해 주민 조직화와 주민의 운동역량을 강화시키는 데 중점을 두었다. 이러한 주민운동의 경험은 도시재생에서 주민참여로 이어진다. 도시재생에서 요구되는 참여 역시 주민 역량강화(empowerment), 주민 조직화 등인데, 이는 자신의 공간에 대한 권리를 인식하는 힘이다.

3) 포용: 인간적인 도시

주택은 물질적인 생산품 이상의 것이다. 즉 주택은 사람들에게 정체성, 안정, 그리고 기회 등과 같은 보통 사람들의 삶의 질을 상당히 변화시키는 실존적 특질을 제공한다(Turner, 1972; Hall, 2000: 300에서 재인용).

---

5. '시티즌 제인-도시를 위한 전투(Citizen Jane: Battle for the City)'(2016)라는 다큐멘터리에서는 제이컵스와 주민이 로버트 모제스(Robert Moses)가 중심이 된 뉴욕의 대규모 고속도로 개발에 대항한 투쟁을 다루고 있다.

물리적으로 노후한 구시가지의 주택은 위험하고 불편하지만, 대부분의 주민들에게는 오랫동안 그곳이 생활터전이다. 구시가지는 외부인의 시각에서는 그곳의 교환가치가 크지만, 주민에게는 사용가치가 더 크게 작동된다. 이렇듯 물리적으로 쇠퇴한 곳에는 가난한 사람들이 모여 살기 때문에, 도시재생은 물리적 재생과 사회적 재생이라는 일석이조의 효과를 노린다(이영아·서종균, 2016).

이러한 시도는 1990년대 후반부터 2010년까지 영국에서 빈곤, 사회적 배제 문제를 지역사회에서 해결하고자 하는 도시재생을 통해 이루어졌다. 쇠퇴한 동네에서 시도된 지역복지로서 도시재생은 어디서 살든지 차별받지 않는다는 원칙하에, 지역 격차를 줄임으로써 배제를 막는 포용정책이었다. 영국 노동당 정부가 추진했던 이 도시재생은 이전 보수당 집권 시기의 신자유주의적 도시공간 개발전략과 극명한 차이를 보이며 실행되었다. 1970년대 말 경제위기를 기회로 집권했던 영국 보수당 정부에서 추진한 도시재생은 런던의 도클랜드 개발과 같이 제조업을 기반으로 성장한 도시의 버려진 공장 및 산업단지 부지에 대한 부동산 개발 프로젝트로 이해되었다. 반면, 노동당 정부가 추진한 도시재생은 '지역에 기반한(area-based) 사회정책'을 표방하였다. 전국적으로 주거, 소득 및 고용, 교육, 의료, 생활환경, 범죄 등의 분야에서 다중적으로 쇠퇴한(deprived) 동네가 도시재생사업의 대상이 되었다.

생활공간의 문제를 복지정책과 결합시켜 주민의 삶을 보장하고자 하는 이러한 공공성의 강조는 우리나라에서는 소규모로 이루어지는 도시재생사업에서 주로 시도되고 있다.

4) 다양성: 모든 이를 위한 아카르디아[6]

대규모 개발로 건설된 도시는 모두 비슷비슷하고 단조로운 경관이 될 뿐 아니라 특정 계층에게만 적합한 획일적인 곳이 된다는 비판이 도시재생이 추구하는 가치의 기반이 되었다. 미국의 작가이자 사회운동가인 제이컵스(J. Jacobs)는 획일적인 도시개발의 문제점을 지적하면서, 다양한 삶의 공간을 유지하는 것이 그 도시가 유지되는 데 매우 중요한 조건이라고 주장한다. 다양성[7]

6. 아카르디아란 고대 그리스 펠로폰네소스반도 내륙의 경치 좋은 이상향을 의미한다(Hall, 2000: 295). 이상향은 객관적인 것이 아니라 작은 지역 단위로 다르게 형성될 수 있다고 해석된다.
7. 도시에서 풍부한 다양성을 확보하기 위해 제이컵스는 네 가지 조건을 제시한다. 첫째, 도시 내부지역에서 용도 분리가 아니라 용도가 혼합되어 있어야 하며, 둘째, 모퉁이와 거리가 많은 소블록 형태로 나누어 활기찬 거리를 만들어야 한다. 셋째, 경제적 수익이 다양한 곳에서 발생하도록 오래된 건물을 비롯하여 햇수와 상태가 다른 여러 건물이 섞여 있어야 하며, 마지막으로, 사람들이 충분히 오밀조밀 집중되어 있어야 한다는 것이다(Jacobs, 2010: 201-211).

은 사업성을 높이기 위해 대규모 블록의 형태로 획일적인 경관을 창출하는 재건축 및 신도시 개발과는 다른 가치로, 기존 주민들의 삶의 공간을 관리하고자 하는 가치이다.

쇠퇴와 재생의 과정에서 발생하는 젠트리피케이션, 단일 요소가 대규모인 경우와 인구의 불안정성, 공공 및 민간 자본이 도시를 좌지우지하는 경향이 다양성 유지를 방해한다고 한다(Jacobs, 2010: 326). 제이컵스는 도시에서 다양성을 유지하기 위해서는 슬럼을 획일적인 대규모 개발이 아닌 방식으로 탈슬럼화시키는 전략이 필요하다고 설명한다. 슬럼의 해결은 그 지역의 물리적 해체가 아니라 그 지역에 거주하던 빈곤층이 아닌 젊은 사람들이 떠나지 않도록 함으로써 탈슬럼화시킬 수 있다고 한다. 이는 철거방식의 도시개발이 아닌 도시재생을 통해 가능하다. 홀(Hall, 2000)도 해체의 대상으로서 슬럼이 아닌 다양성을 가진 '희망의 슬럼'을 소개하고 있다. 모든 슬럼이 사회적 병리와 문제를 가지고 있는 것은 아니며, 어떤 주민에게 슬럼은 '임대료가 낮은 안정된 지역', 즉 저렴한 주거가 가능한 희망의 공간이라고 설명한다. 도시재생 역시 가난한 동네의 해체가 아니라 적절히 관리함으로써 다양한 삶이 공존하는 도시공간을 유지할 수 있다고 여긴다.

5. 도시재생의 방향

쇠퇴한 구시가지를 다시 모여 살기 적당한 곳으로 만들고자 하는 도시재생사업은 주거지부터 산업단지에 이르기까지 광범위하게 진행되고 있다. 도시재생은 물리적 환경도 개선시키고 경제도 활성화시키며, 지역주민들의 공동체 의식을 함양시키고 주민 자조활동도 할 수 있도록 디자인되어 있다. 도시재생사업에서는 마치 메뉴판처럼 다양한 사업유형과 종류를 보여 주고 그 지역에 적당한 것을 선택하도록 하는 체계도 갖추었다. 도시재생은 어느 지역이든 그 지역의 문제를 해결하기 위해 쓰일 수 있는 만병통치약일 수도 있다. 그런데 그 약은 효과를 빨리 보려고 하면 꼭 부작용이 생긴다. 동네에서 답답하더라도 더디게 가야 약의 효과를 얻을 수 있다.

무엇보다도 도시재생이 더뎌야 할 이유는 쇠퇴한 동네에 사람이 살고 있기 때문이다. 쇠퇴한 지역을 물리적으로 재생하고 특정한 복지 서비스를 지원하는 일은 재원이 허락하는 한 얼마든지 계획된 시간 내에 진행할 수 있다. 그러나 그 안에 살고 있는 사람들과 연결되지 않은 물리적·사회적 재생은 결국 그 안에 살고 있는 사람들을 나가게 만든다. 이러한 방식의 도시재생은 도시개발의 수단이지, 삶의 공간을 만들기 위한 실천전략은 되기 어렵다.

두 번째 더뎌야 하는 이유는 많은 사람들이 피부로 느끼는 지역의 문제가 무엇인지 파악하는 것이 중요하기 때문이다. 도시재생 대상지역을 선정할 때 가장 중요한 것은 획일적으로 주택이나 건물의 노후도였다. 이런 곳에 사는 주민의 가장 큰 문제는 무엇일까? 새집이나 새 도로시설이면 해결되는 것일까? 그럴 수도 있고 아닐 수도 있다. 시간이 많이 걸리더라도 가 보아야 안다. 이런 점에서 인도에 하수시설을 설치하려는 영국 계획가에게 먼저 그들이 사는 곳에 가서 시궁창 냄새를 맡으라는 게디스의 조언은 여전히 유효하다.

참고문헌

강현수, 2009, "'도시에 대한 권리'개념 및 관련 실천 운동의 흐름", 『공간과 사회』(통권 32), pp.42~90.

김영근, 2005, "지방도시의 도심활성화방안에 관한 연구: 전주시 사례를 중심으로", 전북대학교 박사학위논문.

김용창·강현수, 2018, "도시재생, 젠트리피케이션, 그리고 도시에 대한 권리", 한국도시연구소 엮음, 『도시재생과 젠트리피케이션』, 한울아카데미, pp.432-467.

권용우 외, 2016, 『도시의 이해』(제5판), 박영사.

김창석·김선범·이사대·황희연·김익기·강우원·김용창·은기수·서충원, 2000, 『도시중심부연구』, 보성각.

김현태·우명제, 2014, "교외지역 신시가지 개발이 중심도시의 구시가지 소퇴에 미치는 영향 분석", 『국토계획』, 49(5), pp.1~66.

박정은·김상조·김재철·정소양, 2012, 『기성시가지 재생을 위한 효율적 도시관리제도 개선방안 연구』, 국토연구원.

이광국·임정민, 2013, "선진국의 도시재생 흐름 고찰과 시사점", 『국토계획』, 48(6), pp.521~547.

이영아·서종균, 2016, 『도시재생과 가난한 사람들』, 국토연구원.

Berg, L. et al., 1982, *Urban Europe: A Study of Growht and Decline*, Oxford Pergamon Press.

Geddes, P., 1917, *Report on the Planning of Dacca*, Calcutta: Bengal Secretariat Book Depot.

Griffin, D. and Peterson, R., 1966, "A Restatment of the Transition Zone Concept", *Annals of Association of American Geographers*, 56(2), pp.112-120.

Hall, P., 1996, *Cities of Tomorrow*, Oxford: Blackwell, 임창호 옮김, 2000, 『내일의 도시』, 한울.

Harvey, D., 1989, "From managerialism to entrepreneurialism: the transformation of urban governance in late capitalism", *Geografiska Annaler*, 71B, pp.3-17.

Harvey, D., 2012, *Rebel Cities: From the Right To the Urban Revolution*, London and NY: Verso, 한상연 옮김, 2014, 『반란의 도시』, 에이도스.

Jacobs, J., 1993, *Death and Life of Great American Cities*, Random House, 유강은 옮김, 2010, 『미국 대도시의 죽음과 삶』, 그린비.

Johnston, R. Gregory, D. and Smith, D., *The Dictionary of Human Geography*, 한국지리연구회 옮김, 1992, 『현

대인문지리학사전』, 한울아카데미.

Lefebvre, H., 1968, *Le droit àa la ville,* Paris: Anthropos. (English translation) 1996, Right to the City, Kofman, E. and Lebas, E. (eds. and translators), *Writings on Cities*, Oxford: Blackwell Publishing.

Logan, J. and Molotch, H., 1987, *Urban Fortunes: The Political Economy of Place*, Berkeley, LA, London: University of California Press.

Peterson, P. E., 1981, *City Limits*, Chicago: University of Chicago Press.

Porter, L. and Shaw, K., (edited), 2009, *Whose Urban Renaissance?: An International Comparison of Urban Regeneration Strategies*, Routledge, 박재현 옮김, 2015, 『누구를 위한 도시 르네상스인가?』, 국토연구원.

Slater, T., 2006, "The eviction of critical perspectives from gentrification research", *International Journal of Urban and Regional Research*, 30(4), pp.737-757.

Smith, N., 1996, *The New Urban Frontier: Gentrification and the Revanchist City*, London: Routledge.

더 읽을 거리

Hall, P., 1996, *Cities of Tomorrow*, Oxford: Blackwell, 임창호 옮김, 2000, 『내일의 도시』, 한울.

⋯▸ 20세기 도시계획사를 집대성한 책으로, 도시 계획 및 개발의 역사를 시기별로 다양한 도시사례를 통해 폭넓고도 깊이 있게 다루고 있다. 특히 이 책의 제8장 '힘겨운 형평의 도시'는 미국과 유럽을 사례로 도시계획에서 슬럼에 살고 있는 주민에 초점이 맞추어지는 과정에 대해 잘 소개하고 있다.

Jacobs, J., 1993, *Death and Life of Great American Cities*, Random House, 유강은 옮김, 2010, 『미국 대도시의 죽음과 삶』, 그린비.

⋯▸ 미국에서 자본과 계획가가 주도한 획일적인 대규모 도시개발에 반기를 들면서 대안적인 도시의 모습을 설명하고 있다. 대규모 철거에 반대하는 사회운동가로 활동하면서 이 책의 주장을 실현시키고자 하였으며, 제이컵스의 주장은 도시재생이 추구하는 가치의 철학적 기반이 되었다.

Porter, L. and Shaw, K., (edited), 2009, *Whose Urban Renaissance?: An International Comparison of Urban Regeneration Strategies*, Routledge, 박재현 옮김, 2015, 『누구를 위한 도시 르네상스인가?』, 국토연구원.

⋯▸ 선진국과 후진국의 도시재생 사례를 모아 소개하면서 지역에 따라 다르게 인식되고 다양하게 작동되는 도시재생에 대한 공통된 결과를 포착하고 있다. 이 책은 여러 나라의 도시재생 성공사례를 골라 모은 것이 아니라, 다양한 도시재생 사례의 원인과 결과에 집중함으로써 신자유주의 도시재생의 문제점과 대안적인 도시재생 가능성을 차분하게 제시하고 있다.

주요어 구시가지(내부도시), 쇠퇴지역, 둥지 내몰림, 성장기계, 자조, 참여, 역량강화, 포용, 다양성, 희망의 슬럼

제12장

도시와 정치

박배균

우리나라에서 전통적으로 도시정치는 학문적 논의에서 중요한 위치를 차지하지 않았다. 중앙집권화된 정치체제 아래에서 거의 모든 정치적 행위들이 중앙정부의 의사결정과 관련된 이슈들을 중심으로 형성되었기 때문에, 도시나 지역적 차원에서 형성되고 조직된 정치적 과정은 학문적 관심을 끌기에는 그 영향력이 매우 미약하였다. 하지만 1991년 지방자치제의 실시 이후 낮은 정도의 수준이기는 하지만 중앙정부에서 지방정부로 권한이 이전되면서 지방정부의 자치권이 증가하였다. 또한 도지사, 시장, 구청장 등과 같은 지방정부의 수장들이 주민에 의해 선출되었으며, 선출된 의원들에 의해 지방의회가 구성되면서 도시나 지역 단위의 의사결정이 주민들의 직접적 참여에 의해 정해질 가능성이 이전에 비해 훨씬 증가하였다. 이런 상황 속에서 도시나 지역 단위의 정치적 과정들이 지니는 실천적인 중요성이 증가하고 있으며, 이에 대한 학문적 관심도 높아지고 있다.

하지만 최근까지도 우리나라에서 도시정치에 대한 논의는 일천한 형편이다. 일부 정치학자와 사회학자들이 도시정치에 대한 연구를 하고는 있지만, 이마저도 국가 단위의 정치나 사회적 과정을 이해하는 데 사용해 왔던 기존의 이론적 틀을 그대로 차용하여 도시나 지역 사회의 이해를 추구하는 정도에 그치고 있다. 도시나 지역 차원에서 일어나는 정치적 과정은 국가 단위의 정치·사회·경제의 과정으로 환원하여 설명할 수 없는 특수하고 우연적인 요소를 가지고 있는 경우가 많다. 따라서 도시정치에 대한 이해는 이러한 지리적 우연성의 요소를 고려할 필요가 있다. 하지만 도시나 지역 단위의 과정이라 할지라도 국가나 글로벌한 차원에서 이루어지는 정치·경제적 과정과 분리될 수 없기 때문에, 도시정치를 우연성과 특수성의 범주로만 설명할 수는 없다. 도시정치를 제대로 이해하기 위해서는, 글로벌하거나 국가적 차원에서 일어나는 정치·경제적 과정의 일반성과 로컬한 차원에서 일어나는 정치적 과정의 특수성 양자를 모두 고려할 수 있는 새로운 인식론과 이론적 틀이 필요하다. 이러한 문제의식을 바탕으로 이 장은 도시정치를 이해하는 데 도움이 되는 서구 이론들을 소개하고, 이 논의들의 한국적 맥락에서의 적용 가능성을 논하는 것을 목적으로 한다.

도시정치에 대한 서구의 이론들을 크게 2개의 절로 나누어 논하고자 한다. 먼저, 첫 번째 절에서는 마누엘 카스텔(Manuel Castells)과 데이비드 하비(David Harvey)와 같은 마르크시스트 도시이론가들에 의해 제시된 도시정치에 대한 초창기 이론들을 소개할 것이다. 그리고 두 번째 절에서는 1990년대 이후 많이 논의되고 있는 '신도시정치(New Urban Politics)' 혹은 '도시성장의 정치(Politics of Urban Growth)'에 관한 이론들을 소개하고자 한다. 이어서 이러한 서구의 논의들이 한국의 정치·경제적 맥락 속에서는 어떻게 적용될 수 있는지 간단히 언급할 것이다.

1. 도시정치에 대한 초기 마르크시스트 이론들

사회과학에서 도시에 대한 체계화된 이론화가 시작된 것은 1930년대 미국의 시카고 대학교에서 도시를 생태학적인 방식으로 해석한 것에서 비롯되었다. 비슷한 시기에 게오르크 지멜(Georg Simmel) 등에 의해 도시와 촌락의 문화적 차이점을 강조하면서 도시사회를 설명하는 이론이 제시되기도 하였고, 경제학 쪽에서는 신고전경제학의 전통을 이어받아 경제적 인간의 합리적 선택의 과정 속에서 도시공간이 어떻게 구성되는가를 밝히는 연구들이 있어 왔다. 이러한 초창기 도시이론들은 그 강조점의 차이에도 불구하고, 기능주의라는 커다란 울타리 안에서 도시를 이해하려 한다는 점에서 비슷한 점을 가지는데(강명구, 1992), 이런 이유로 이들 초창기 도시이론이 도시를 구성하는 정치적 과정에 대한 관심은 거의 전무하였다. 서구 사회과학에서 도시정치에 대한 이러한 무관심은 거의 1960년대까지 이어진다. 하지만 1960년대에 들어 서구 자본주의 국가들은 도시 폭동, 인종 차별, 도시의 재정적자 등과 같은 갖가지 도시문제를 경험하게 되었고, 이런 와중에 기존의 도시이론들이 도시가 겪고 있는 여러 가지 사회적 문제를 설명하는 데 한계가 있다는 인식이 확산되면서, 도시를 기존의 기능주의적 관점에서가 아니라 보다 정치·경제적 과정을 바탕으로 이해하려는 새로운 시도들이 등장하기 시작하였다. 특히 1960년대 중반 이후 마르크시스트 사회이론들이 서구 사회과학계를 풍미하면서, 이의 영향하에서 도시의 정치적 과정을 이해하려는 이론적 시도들이 등장하였다.

1) 집합적 소비수단과 도시정치

도시정치를 집합적 소비의 문제와 관련지어 설명하는 마누엘 카스텔의 논의도 이러한 맥락에서 등장한 것이다. 카스텔은 루이 알튀세르(Louis Althusser)에 의해 대표되는 프랑스 구조주의 마르크시즘의 영향하에서, 도시를 자본주의적 사회구조와의 관련 속에서 이해하려 하였다. 카스텔은 도시가 어떻게 자본주의 사회구조의 한 부분인지를 '집합적 소비(collective consumption)'라는 개념을 바탕으로 설명하였다. 여기서 집합적 소비라는 것은 주택, 대중교통, 의료, 교육, 사회 서비스, 스포츠, 레저시설 등과 같이 공공적이고 집합적인 방식으로 생산되고, 운영되고, 공급되는 서비스의 소비를 일컫는다(Saunders, 1986). 카스텔은 이 집합적 소비라는 것이 자본주의 경제체제에서 상품의 생산과정 중에 소진된 낡은 노동력을 새로이 충전시켜 다시 건강하고 생산적인 노동력으로 만들어 내는 데 필수적인 요소라고 이해하면서, 이러한 집합적 소비의 공급이 공간적으로 집중되어 노동력의 재생산이 일상적으로 이루어지는 곳이 도시라고 설명한다(Castells, 1977). 즉 도시를 자본주의 경제에서 노동력의 재생산이라는 부분과 연결시켜 이해함을 통해 도시와 자본주의 사회구조 사이의 연결고리를 만들어 내는 것이다.

그런데 카스텔에 따르면, 집합적 소비수단이 공간적으로 집중되고 노동력의 재생산이 이루어지는 자본주의 도시는 자본의 이윤추구 논리에 의해 집합적 소비수단의 공급이 원활히 이루어지지 않음으로 인해, 필연적으로 여러 가지 사회적 문제를 겪게 된다. 즉 자본주의 사회에서 재화와 서비스의 핵심적인 공급자인 개별 자본가들은 주택, 대중교통, 공공서비스 등과 같은 집합적 소비수단의 공급사업이 그 투자의 장기성으로 인해 적정 이윤율의 실현에 문제를 지니기 때문에 이러한 사업에 참여하기를 꺼려 하는 경향을 보이고, 그 결과로 나타나는 것이 주택 부족, 교통시설 낙후, 사회시설물 부족 등과 같은 도시문제라는 것이다. 이러한 문제는 자본의 축적을 위해 필수적인 노동력 재생산의 위기를 야기할 수 있으며, 또한 자본주의 체제의 지속에 필요한 사회적 안정을 저해하기도 한다.

이러한 자본주의의 도시문제가 정치적 이슈가 되는 것은 국가가 집합적 소비수단의 공급에 개입하기 때문이다. 즉 개별 자본가들이 집합적 소비수단의 공급에 참여하기를 꺼려서 생기는 도시문제와 그로 인한 노동력 재생산과 자본축적의 위기 상황을 해결하기 위해, 국가가 집합적 소비수단의 공급의 중심적인 주체로서 참여하게 된다는 것이다. 서구의 복지국가 체제에서 주택, 교육, 의료, 대중교통 등과 같은 공공서비스의 공급에 국가가 깊숙이 개입하는 것을 이런 맥락에서 이해할 수 있다. 그런데 국가의 개입이 집합적 소비수단 공급의 문제를 일시적으로 해결해 주기는 하지만, 이는 동시에 다른 모순을 야기한다. 즉 공공서비스의 공급을 국가가 책임짐으로써 노동력의 재생산에 드는 비용은 국가가 담당하지만, 이들 노동력이 여러 개별 자본가들에 고용되어 일하며 잉여가치의 생산에 참여한다는 측면에서 그 노동력에 의해 창출된 이윤은 사적 자본이 차지하게 되기 때문에, 비용의 사회화와 이윤의 사유화 사이의 모순이 발생하는 것이다(Castells, 1977). 이 모순의 구체적 결과는 국가가 겪게 되는 재정부담의 증가라는 문제이다. 즉 공공서비스의 공급을 위해 국가는 재정지출을 늘려야 하지만, 그 공공서비스로 인해 노동력의 재생산이 원활해짐으로써 발생하는 혜택은 개별 자본가들이 가져가게 되는데, 이러한 개별 자본들의 이익을 국가가 세금으로 환수하기에는 많은 제약이 따르므로 국가는 만성적인 재정부족의 문제에 빠질 수밖에 없다는 것이다.

이러한 상황에서 국가는 결국 공공서비스에 대한 지출을 줄이려 하고, 이는 다시 집합적 소비의 위기를 야기하여 도시문제를 불러온다. 여기서 중요한 것은 이제 도시문제의 원인이 개별 자본가들이 집합적 소비수단의 공급에 참여하지 않아서가 아니라, 국가가 공공서비스에 대한 지출을 줄인 데 있다고 인식되기 때문에 도시문제는 이제 독특한 정치적 의미를 함축하게 된다는 것이다. 즉 카스텔에 따르면, 국가가 집합적 소비수단 공급의 주요 주체가 되면서 집합적 소비와 관련하여 발생하는 도시의 문제와 갈등은 이제 국가의 정책과 관련하여 발생하는 문제로 전환되고, 이를 통해 도시정치가 등장하게 되는 것이다. 이와 같이 카스텔은 도시정치를 집합적 소비수단의 공급과 관련된 중앙 혹은 지방 정부의 정책과 관련하여 발생하는 정치적 과정으로 이해한다.

도시정치에 대한 이러한 카스텔의 이론화는 도시정치를 이해하는 데 크게 세 가지 정도의 중요한 기여를 하였다. 하나는, 도시라는 공간에서 벌어지는 정치적 과정을, 공간적 문제를 고려하지 않는 기존의 사회과학 이론을 차용하여 설명하기보다는 자본주의 도시에 대한 새로운 이론화를 통해 설명하여, 공간이란 요소를 사회과학적으로 설명하고 이해하는 데 많은 기여를 하였다는 것이다. 둘째, 도시를 자본주의의 전체 구조와 분리된 것으로 이해하기보다는 자본주의 구조를 구성하고 또 그 구조에 의해 구성되는 한 부분으로 바라보았기 때문에, 도시정치를 보다 큰 사회구조와의 관련 속에서 이해하도록 하는 데 기여하였다. 셋째, 도시정치를 집합적 소비수단의 공급 문제와 관련하여 설명하기 때문에, 주택, 교통, 의료 등과 같은 도시 공공서비스의 공급과 관련하여 발생하는 사회적 갈등과 도시사회운동을 이해하는 데 많은 도움을 준다.

하지만 이러한 카스텔의 이론화는 여러 가지 문제점을 지니고 있기도 하다. 먼저, 카스텔 이론이 지니는 구조주의적 입장은 도시정치의 역동성을 이해하는 데 한계로 작용하고 있다(Saunders, 1986). 특히 집합적 소비수단의 공급에 대한 국가의 개입을 설명하는 데 사용된 기능주의적이고 구조주의적인 설명논리는, 국가 정책이 만들어지는 과정에서 나타나는 복잡한 정치적 과정, 사회적 행위자들의 역할 등을 무시한다는 비판을 초래한다. 사실 자본주의 국가의 행위와 의사결정이 자본주의적 계급관계, 축적과정 등에 의해 구조적으로 영향을 받는 것은 사실이지만, 국가가 구체적으로 어떠한 결정을 하는지는—예를 들어, 국가가 공공서비스의 공급에 어떻게 개입할 것인가—국가를 둘러싼 여러 사회적 행위자들의 전략적 판단, 정치적 상호작용, 권력관계 등의 복잡한 작용에 의해 결정되는 것으로 이해할 필요가 있다(Jessop, 1990). 카스텔 이론이 지니는 또 다른 문제는 자본주의 도시에서 일어나는 정치·경제적 과정을 소비의 문제와 관련지어 설명하다 보니, 자본주의적 생산을 둘러싸고 나타나는 사회적 관계가 도시의 정치·경제적 과정에 미치는 영향을 간과하는 오류를 지니고 있다는 것이다(Cox, 2002a). 사실 자본주의 사회체계를 이해하는 데 핵심적인 것은 그 생산의 사회적 관계에서 비롯되는 정치·경제적 역동성을 파악하는 것이다. 이런 측면에서 보았을 때, 생산과 소비를 분리하여 소비의 문제에만 초점을 두어 자본주의 도시를 이해하는 카스텔의 이론화는 그 의도에도 불구하고 오히려 자본주의 구조와 도시정치 사이의 관계를 이해하는 데 장애로 작용할 수도 있는 것이다.

2) 자본주의 생산관계와 도시정치

자본주의 도시에서 발생하는 소비의 문제에 초점을 둔 카스텔과 달리, 데이비드 하비는 자본주의적 생산관계에 초점을 두면서 도시의 정치를 해석하려고 하였다. 특히 하비는 1982년에 펴낸 『자본의 한계(The Limits to Capital)』와 그 이후 발표한 일련의 저작들(Harvey, 1982; 1985; 1989)에서 지리학적 상상력과 공간적 관계에 대한 관심을 바탕으로 자본의 순환과 축적 과정에 대한 마르크스주의 정치경제학을 재해석하면서, 어떻게 자본주의의 생산관계가 지리적으로 펼쳐지며, 이 과정에서 자본주의 모순이 공간적으로 표출되는 방식에 대해 논하였다. 또한 이를 바탕으로 도시정치에 대한 이론화를 시도하였다.

그에 따르면, 자본주의 생산의 사회적 관계에서 핵심적인 것은 자본가와 노동자 사이에 형성되는 계급관계이다. 잉여가치의 생산은 노동에 의해서만 이루어지기 때문에, 자본가들은 노동력이라는 상품을 노동자로부터 구입하여야만 자신의 생산수단을 이용하여 잉여가치를 만들어 내고 축적해 낼 수 있다. 반면에 노동자들은 생산수단을 소유하고 있지 않기 때문에, 자신의 노동력을 팔지 않고는 생계를 유지할 수 없다. 이러한 자본과 노동 사이의 의존적인 관계는 '도시 노동시장(Urban Labor Market)'을 통해 공간적으로 표출된다. 하비에 따르면, 도시라는 것은 통근이 가능한 지리적 범위 내에서 노동력의 교환과 대체가 일상적으로 이루어지는 노동시장이다(Harvey, 1989: 127). 이처럼 하비는 도시를 노동력의 교환이 이루어지는 노동시장이라는 틀을 중심으로 이해함으로써, 노동력의 재생산을 위한 소비의 활동을 중심으로 도시를 이해하는 카스텔과 달리, 생산과 소비를 양분하지 않고 도시를 이해할 수 있는 틀을 제시하였다. 즉 도시에는 노동력이라는 상품을 구입하여 생산활동을 수행하는 작업장이 위치하기도 하지만, 노동력의 재생산이 이루어지는 주거의 공간도 존재하며, 이들 생산과 재생산의 공간은 노동력의 교환이라는 상호 의존적인 과정을 통해 도시공간에서 서로 연결되는 것이다.

자본주의 도시의 발전과 관련하여, 하비가 관심을 기울이는 또 다른 생산관계는 자본가들 사이의 경쟁적 관계이다. 자본주의 사회에서 자본가들은 초과이윤을 얻어 내기 위해 서로 경쟁한다. 자본가들은 이러한 경쟁에서 이기기 위해 두 가지 상이한 방법을 사용할 수 있는데, 하나는 남보다 우수한 기술을 개발하거나, 더 효율적인 기업조직을 만들어 내거나, 자원, 인프라, 시장, 노동력 등에의 접근이 용이한 더 좋은 입지를 선택하여 경쟁에서 이기는 방법이다. 다른 하나는 기존에 확보해 놓은 우수한 기술과 입지에 대한 독점적인 통제권을 강화하여 다른 자본가들이 이들 기술과 입지에 접근하기 어렵게 만들어 자신의 경쟁적 우위를 지속하려는 방법이다. 여기서 하나는 끊임없이 새로운 기술, 조직, 입지와 같은 변화를 추구하는 방식이고, 다른 하나는 변화보다는 기존의 기술, 조직, 입지를 보호하기 위해 벽을 쌓는 방식이다. 따라서 이 두 방식은 서로 모순적인 관계에 있다.

하비에 따르면, 자본주의 경쟁 속에서 나타나는 이러한 모순적인 관계가 궁극적으로 도시정치를 구조화하는 조건이 된다. 이 부분을 이해하기 위해서는 하비가 제시한 '구조화된 응집(structured coherence)'이라는 개념을 이해할 필요가 있다. 하비에 따르면, 자본과 노동 사이의 계급관계는 도시경제에서 '구조화된 응집'을 만들어 낸다(Harvey, 1989: 139). 여기서 '구조화된 응집'이란 것은 어떤 도시에서 주요 생산활동과 관련된 특정의(하드웨어와 조직적 측면에서의) 기술적 조합이 그 도시에서 지배적인 사회적 관계, 소비 패턴, 노동과정 등과 서로 조응하여 사회적이고 제도적으로 응집된 구조화된 시스템을 만드는 것을 말한다. 하비는 이와 같이 도시지역 내에서 기술, 제도, 사회적 관계, 관습 등이 구조적으로 응집되는 경향을 보이는 것은 생산과 재생산, 노동과 자본이 도시의 노동시장을 통해 서로 연결되고 조응되기 때문이라고 이해한다.

하지만 이처럼 도시지역에서 형성되는 '구조화된 응집'은 결코 안정적이지 못하다. 왜냐하면 자본주의 경쟁에 의해 끊임없이 야기되는 새로운 기술, 조직, 제도의 도입, 계급 간의 갈등, 공간 관계의 변화 등은 불균형의 상태를 지속적으로 만들어 내고, 이로 인해 특정 도시지역 내에서 응집된 구조를 만들기가 쉽지 않기 때문이다. 이렇게 지속적으로 주어지는 불균형과 그로 인한 끊임없는 (사회적이고 공간적인) 변화와 재구조화의 압력은 자본주의 사회에서 도시 및 지역의 경제가 항상적으로 위기에 노출되어 있게 하는 요인이 된다. 이러한 지속적인 위기와 변화의 상황은 도시경제에 의존하는 자본가와 노동자들에게는 견디기 힘든 위협으로 다가올 수 있다. 특히 도시경제에서 형성된 '구조화된 응집'의 상황은 일부 자본가와 노동자들이 자신들의 생산, 소비, 교환의 활동을 지속하기 위해 도시지역에서 형성된 특정의 사회·물리적 하부구조(예를 들어 도로, 학교, 공장, 병원, 쇼핑몰, 노사관계, 사회적 관습, 기업 간 관계 등)에 깊이 의존하도록 만드는데, 이들 행위자에게 현재 의존하고 있는 '구조화된 응집'의 조건을 해체시킬 수 있는 이러한 지속적인 불균형과 위기의 국면은 견디기 힘든 상황으로 다가갈 수 있다.

하비는 이처럼 도시경제에 의존적인 자본가와 노동자들이 이러한 위기의 국면에 대응하는 과정 속에서 도시정치가 만들어진다고 주장한다. 이들 자본가와 노동자는 자신들이 의존하고 있는 '구조화된 응집'의 경향을 보호하고 지켜 내어, 자기 도시경제 내에서 자본의 순환과 축적이 지속될 수 있도록 노력하게 된다. 이 과정은 고도로 정치적인 과정이 될 가능성이 높은데, 이는 많은 경우 도시경제를 지키고 살리려는 정책의 집행과 실행의 과정이 도시 내의 모든 사회집단과 이해당사자들에게 실질적인 혜택을 균등하게 돌려줄 수 있는 과정이 아니기 때문이다. 게다가 도시경제를 지킨다는 명분하에 추진되는 이러한 정책들이 도시 거주자에게 추가적인 비용이나 세금과 같은 형태로 나타나 경제적 부담을 가중시키는 상황이 된다면, 도시는 쉽사리 여러 상이한 이해당사자들 사이에 나타나는 갈등과 충돌에 휩싸일 수 있다. 이러한 상황을 돌파하기 위해 도시경제를 지키려는 세력들은 도시의 영역적 이해와 정체성을 강조하면서 계급적이거나 혹은 다른 여타의 사회적 차이에서 비롯되는 정치적 이슈들을 사상시키려는 노력을 하게 되고, 이러한 도시정치의 결과로 각 도시와 지역에서는 '지역화된 계급연합(regional class alliance)'이 형성될 수 있다. 그리고 이러한 계급연합들은 새로운 자본이나 투자, 기술 등을 자신의 도시로 끌어들임을 통해 자신들이 의존하고 있는 도시의 '구조화된 응집'의 상황이 지속되도록 하기 위해 서로 경쟁·갈등하게 되고, 이를 통해 도시 및 지역 간의 경쟁과 갈등이 야기될 수 있다(Harvey, 1985; 1989).

하비의 이러한 도시정치에 대한 개념화는 이후 여러 학자들의 연구에 영향을 주었다. 특히 '기업가주의적 도시(entrepreneurial city)'의 등장을 설명하는 학자들에게 이론적 영감을 주었을 뿐만 아니라, '신도시정치'의 등장을 이동성과 고착성 사이의 모순적 관계를 바탕으로 설명하는 케빈 콕스(Kevin Cox)를 중심으로 한 오하이오학파의 이론화에도 막대한 영향을 주었다. 이러한 기여에도 불구하고, 하비의 이론화는 그것이 지닌 구조주의적 성향 때문에 다른 여러 학자들에 의해 비판을 받아 왔다. 특히 하비가 '구조화된 응집'의 개념을 바탕으로 '지역화된 계급동맹'의 출현을 설명하면서 행위자들의 정치적 활동을 지나치게 기능주의적으로 이해하여, 행위자들이 경제적 이해관계 이외에도 여러 가지 담론, 관습, 사회적 관계 등에 의해 정치적 활동을 조직할 수 있다는 사실에 많은 주의를 기울이지 않았다는 비판이 제기되기도 한다.

2. '신도시정치'의 이론들

카스텔과 하비가 도시정치를 이해하는 선구적인 이론화 작업을 하였지만, 사실 이들의 관심은 자본주의의 도시가 형성되고 작동하는 정치·경제적 과정을 이해하는 데 있었지 도시정치 그 자체에 있지는 않았다. 따라서 1980년대 후반까지도 도시정치에 대한 이론적 논의가 본격화되지는 않았다. 그런데 전 세계적인 경제 재구조화와 세계화의 경향 속에 자본의 이동성이 증가하고 지역경제의 재편이 이루어지면서, 자본을 유치하기 위한 도시 및 지역 간의 경쟁이 심화되었다. 이런 상황 속에 서구의 도시들에서 정책의 초점이 자본이나 기술을 끌어들여 그 지역 경제의 성장을 촉진하기 위한 것에 맞추어지고, 이러한 성장지향적 정책들을 원활히 추진하기 위한 정치적 조직화와 거버넌스가 중요해지게 되었다. 이러한 도시정치의 모습들은 기존의 복지국가적 상황에서 주택, 교통 등과 같은 집합적 소비수단의 공급과 관련하여 이루어지던 것과는 매우 다른 것으로, 이를 '신도시정치' 혹은 '도시성장정치'라고 부른다. 이러한 새로운 유형의 도시정치가 중요해지면서 이를 설명하고 해석하기 위한 이론적 작업도 활기를 띠었다. 이 장에서는 이러한 이론적 논의들을 소개하고자 한다.

1) 로컬주의적 접근: '성장연합(Growth Coalition)'과 '도시체제(Urban Regime)'

'신도시정치'에 대한 여러 가지 이론적 논의 중에서 '성장연합론'과 '도시체제론'은 '신도시정치' 혹은 '도시성장정치'의 등장을 도시 내부의 정치적 과정에 초점을 두어 설명하는 이론들이다. 도시정치를 설명함에 있어 도시나 지역 내부의 과정에 초점을 두는 로컬주의적 성향을 지닌다는 측면에서 두 이론은 비슷한 점이 있지만, 이들은 '신도시정치'를 이해하고 설명하는 방식에서는 매우 다른 주장을 제시한다.

먼저, 성장연합론은 하비 몰로치(Harvey Molotch)와 존 로건(John Logan) 등에 의해 제시된 이론인데(Molotch, 1976; Logan and Molotch, 1987), 이들의 핵심적인 주장은 토지에 기반을 둔 지역의 기업 및 엘리트 집단이 정치적 연대를 형성하고, 이를 통해 도시정치를 지배하면서 도시정부의 정책이 경제의 성장과 부의 축적에 치중하도록 만든다는 것이다. 이 주장은 매우 단순해 보이는 논리이기는 하지만, 미국에서 나타나는 도시 및 지역 정치의 과정을 설명하는 데 매우 효과적이고 강력한 이론적 틀을 제공해 준다. 로건과 몰로치는 미국 도시들에서의 경험을 바탕으로, 자본주의 도시가 추구하는 가장 중요한 목적은 성장을 지속하는 것이라고 생각한다. 특히 몰로치(Molotch, 1976: 309−310)는 도시의 성장을 추구한다는 동기부여가 지역의 엘리트들로 하여금 쉽사리 공감대를 형성하게 하고 정치적으로 동원되게 만든다고 주장한다. 즉 자본주의 도시에서 엘리트들이 쉽사리 동의하는 핵심 어젠다는 성장을 위한 조건을 만드는 것이라는 것이다. 이러한 공감대하에서 이들 지역의 엘리트들은 집단적인 정치적 활동을 통해 도시정부가 더 많은 토지를 개발하고, 자본과 투자를 유치하기 위한 친기업가적인 정책을 펴도록 영향력을 행사한다.

그러면 어떠한 행위자들이 이러한 성장지향적 엘리트 집단에 포함되는가? 로건과 몰로치(Logan and Molotch, 1987)에 따르면, 토지나 부동산의 교환으로부터 경제적 이득을 얻는 개발업자, 부동산업자, 은행 등이 핵심적 구성원이다. 이와 더불어 지역의 언론, 대학, 전기나 수도 등을 공급하는 업체, 지역에 연고를 둔 프로 스포츠팀, 상공회의소 등과 같이 지역경제의 전반적 성장으로부터 이득을 얻는 행위자들도 이러한 성장지향적 엘리트 집단의 중요한 구성원이다. 이들은 어떤 도시나 지역에 강하게 고착되어 있는 성향을 지니고 있어서 지역경제의 쇠퇴는 이들 행위자에게 막대한 경제적 피해를 가져다줄 수 있다. 따라서 이들은 그 지역 경제가 지속적으로 성장하는 것을 강하게 원한다는 공통적인 이해를 가지고 있다. 이들은 이러한 공통적인 이해를 바탕으로 '성장연합'을 구성하여, 도시정부가 보다 성장지향적인 정책을 펼치도록 영향력을 행사한다. 또한 많은 경우에 지역 정치인과 도시나 지방 정부의 선출직 관료들이 '성장연합'의 실질적 구성원이고, 그렇지 않은 경우에도 이들 정치인은 도시 '성장연합'의 구성원으로 선거에서 도움을 받아야 하기 때문에 이 성장지향적 엘리트들의 요구에 순응적으로 되기 쉽다.

이러한 '성장연합' 정치의 결과로 인해 도시정부가 펼치는 정책이 보다 더 자본가나 부동산 개발업자들의 이해를 대변하는 쪽으로 변할 가능성이 크다. 이러한 친기업적인 정책결정과 예산집행은 도시공간의 왜곡, 도시에서 공급되는 공공서비스의 약화, 복지정책의 쇠퇴, 빈부 격차의 심화와 같은 여러 가지 문제를 야기하고, 이로 인해 도시 내에서 정치적 갈등이 심화될 수 있다. 이에 로건과 몰로치(Logan and Molotch, 1987)는 도시 내부의 공간 이용과 관련하여, 공간의 교환가치를 추구하는 '성장연합'과 공간의 사용가치를 지향하는 '반성장연합' 사이의 충돌이 발생할 수 있음을 지적한다.

논리의 단순함에도 불구하고, 성장연합론은 '신도시정치' 혹은 '도시성장정치'의 등장을 설명하는 데 매우 중요한 이론적 기반을 제공해 주었다. 특히 토지에 기반을 둔 경제적 이해집단이 도시정치를 성장지향적인 방향으로 유도하는 데 많은 영향을 준다는 주장은, 도시정치를 해석함에 있어 특정 장소에 고착된 행위자들의 역할을 이해하는 것이 중요함을 일깨워 주는 매우 중요한 교훈이라고 할 수 있다. 하지만 '장소기반적인(place-based)' 경제적 이해가 도시정치를 규정한다는 식의 경제결정론적인 주장 때문에, 다양한 형태와 성격의 도시정치를 설명하는 데 성장연합론이 많은 한계를 지닌다는 비판이 제기되어 왔다. 이러한 비판의 맥락에서 성장연합론에 대한 대안으로 제시된 것이 도시체제론이다.

도시체제론은 클래런스 스톤(Clarence Stone), 스티븐 엘킨(Stephen Elkin), 제리 스토커(Gerry Stoker) 등에 의해 제시되었는데(Stone, 1989; 1993; Elkin, 1987; Stoker and Mossberger, 1994), 이들은 성장연합론의 경제결정론적 사고를 비판하면서 정치영역이 경제적 영역에 대해 지니는 자율성을 강조한다. 특히 '도시체제(Urban Regime)'를 도시에서 형성되는 통치를 위한 정치연합이라고 정의하고, 이러한 도시체제를 바탕으로 통치를 행하는 도시나 지방 정부의 관료들이 정책결정에서 지니는 상대적 자율성에 많은 강조점을 둔다. 이와 관련하여 스톤(Stone, 1989; 1993)은 민주적인 국가는 선거를 통한 시민들의 참여와 통제에 기반을 두기 때문에 공공적 이해라는 것을 국가 관료들이 무시할 수 없고, 따라서 도시정부의 관료들이 반드시 기업의 이해를 대변하는 정책을 편다고 볼 수는 없다고 주장한다. 특히 각 도시에서 복잡한 정치적 과정을 통해 형성되는 도시체제의 성격에 따라 도시정부가 추진하는 정책의 방향성은 매우 다양할 수 있음을 강조한다.

도시체제론은 여러 가지 사회·정치적 상호작용, 네트워크 등을 통해 형성되는 도시정부와 민간부문 사이의 통치체제에 초점을 두면서, 어떠한 정치적 과정을 통해 이 통치체제를 적절히 만들었을 때 도시정부가 통치의 역량을 극대화하고 지속할 수 있는지 분석하고 이해하는 데 이론적 관심을 둔다. 이런 관점에서 권력이란 것도 그것을 소유하고 있으면 사회적 통제를 가능하게 해 주는 힘으로 단순히 이해하는 것이 아니라, 복잡한 정치적·사회적 과정을 통해 여러 사회적 행위자들이 연대와 협상의 과정을 통해 만들어 나가는 것으로 생각한다. 따라서 통치의 역량 또한 도시정부를 비롯한 도시의 여러 행위자들이 협상, 대화, 상호작용의 과정을 통해 사회적으로 만들어 가는 것이며, 이것이 만들어지는 과정 속에서 도시체제의 특성도 매우 우연적으로 형성되는 것으로 이해한다.

통치의 역량을 형성하는 이러한 정치적·사회적 과정은 지역마다 도시마다 상이하고, 그 결과로 각 도시들은 모두 상이한 유형의 도시체제를 가지며, 따라서 각 도시들이 추구하는 발전정책도 매우 다양하게 나타난다. 이와 관련하여 도시체제를 연구하는 학자들은 여러 가지 다양한 형태의 도시체제를 유형화하는 데 많은 노력을 기울여 왔다. 예를 들어, 스톤(Stone, 1993)은 미국 도시들의 경우 각 도시가 처한 정치적 환경에 따라 '현상유지체제(maintenance regime)', '발전체제(development regime)', '중산층 주도의 진보체제(middle-class progressive regime)', '하층계급 주도의 기회적 확장체제(lower class opportunity regime)' 등과 같은 상이한 유형의 통치체제가 나타난다고 주장한다. 이처럼 도시정치를 이해하는 데 행위자들의 자율성과 정치적 영역의 중요성에 엄청난 강조점을 두는 것이 도시체제이다.

이러한 다양한 도시체제에 대한 유형화를 통해 도시체제론은 매우 다양하고 복잡하게 이루어지는 도시정치의 과정과 형태들을 분석하고 설명하는 데 매우 탁월한 능력을 보여 준다. 하지만 도시체제가 형성되는 메커니즘, 그리고 도시체제를 유형화하는 것에 대한 깊이 있는 이론화가 결여되어 있다는 비판이 있어 왔다(Cox, 1991). 특히 상이한 유형의 도시체제를 구분하는 데 일관된 기준과 추상화된 이론적 원칙이 부족하기 때문에, 새로운 도시에 적용할 때마다 끊임없이 새로운 유형을 만들어 내지 않으면 안 된다는 문제제기가 이루어져 왔다(Wood, 1996).

성장연합론과 도시체제론은 그 논리에서의 차이에도 불구하고 여러 가지 공유하는 부분을 가지고 있다. 먼저, 두 이론 모두 미국의 학자들에 의해 제시되었고, 따라서 미국 도시의 상황을 설명하는 데 매우 적절한 이론이라는 공통점을 가지고 있다. 미국의 국가 통치 시스템은 고도로 분권화된 특성을 가지고 있어서 도시나 지역 정부가 지니는 자율성과 권한의 정도가 다른 나라에 비해 매우 높은 편이다. 또한 자유민주주의가 고도로 발전되어 다양한 이해집단이 정치과정에 참여하고 이들의 상호작용과 협상을 통해 정책이 결정되는 경우가 많고, 지역 차원의 기업가집단이 정치에 미치는 영향력이 큰 편이다. 이러한 조건 속에서 형성된 도시정치의 모습을 설명하기 위해 만들어진 이론들이다 보니, 미국과 비슷한 정치·경제적 조건을 가지지 않은 곳에서 이 이론들을 적용하는 것에 많은 한계가 있다. 성장연합론의 경우, 중앙집권적 구조를 가지고 있거나 자본가집단의 정치적 영향력이 낮은 곳에서는 도시에서 형성되는 성장연합이 도시정치나 정책에 미치는 영향력이 매우 미약하게 나타나는 경우가 많아 그 이론적 적실성에서 많은 한계를 보인다. 도시체제론의 경우 역시 민주주의의 발달이 미약한 곳에서는 여러 정치적 행위자들 사이의 상호작용, 협상 등의 과정이 극도로 제약될 수 있어서, 도시체제의 형성이 매우 왜곡될 수 있기 때문에 이론적 응용력에서 한계를 보일 수밖에 없다. 즉 두 이론 모두 미국의 상황을 설명하기에는 매우 적절하지만, 여러 다양한 정치·경제적 조건 속에서 나타나는 도시정치의 모습을 설명하기에는 매우 부족한 이론이라고 할 수 있다.

또 다른 문제점은 두 이론이 도시정치를 설명함에 있어 로컬주의적 성향을 보인다는 것이다. 이러한 성향 또한 두 이론이 미국의 맥락에서 만들어졌다는 사실과 무관하지 않다. 즉 분권화된 미국의 정치적 맥락 속에서 이론화되다 보니, 도시 외적인 환경보다는 도시 내부에서 일어나는 정치·경제적 과정에만 치중하는 경향을 보인다. 하지만 '신도시정치' 혹은 '도시성장정치'가 발생하는 것을 설명하기 위해 도시 내부의 로컬한 조건과 과정들만을 살피는 것은 보다 큰 사회·정치·경제적 과정이 도시정치에 미치는 영향을 간과하는 오류를 범할 가능성이 크다.

2) 조절이론과 기업가주의적 도시

'신도시정치'의 등장을 보다 큰 거시적인 환경, 구조의 변화와 관련지어 설명하는 것으로는 조절이론적 접근법이 있다. 특히 조절이론적 접근에서는 '신도시정치'나 '도시성장정치'가 중요해지는 최근의 상황을 '포디즘(Fordism)'이라고 불리는 조절양식(mode of regulation)이 '후기 포디즘(Post-Fordism)'으로 전환되면서 나타나는 '기업가주의적 도시(entrepreneurial city)'의 등장이라는 현상과 연결시켜 설명한다. 즉 조절양식의 변화라고 하는 거시적인 구조의 변화와 연관시켜, 도시정치의 변화를 설명하는 접근법이다.

여기서 잠시 조절이론에 대해 간략하게 살펴보고, 조절이론에서 '기업가주의적 도시'의 등장을 어떻게 설명하는지 알아보자. 조절이론은 자본주의가 그것이 내재하고 있는 위기의 경향을 해결하면서 축적을 지속하고 그 시스템을 계속하여 재생산할 수 있도록 해 주는 사회적이고 제도적인 조건과 환경에 대해 설명하고 분석하는 이론이라고 할 수 있다(Aglietta, 1979; Peck and Miyamachi, 1994). 조절론자들은 이러한 사회적·제도적 조건과 환경을 '조절양식'이라고 부르는데, 이는 민간영역의 개별 행위자들이 사회 전체적인 경제적 이해에 맞추어 행동하도록 만들어 주는 제도적 장치, 사회적 행위, 관습, 규범 등이 결합된 틀을 지칭하는 것이다.

이러한 조절양식의 예로 흔히 많이 언급되는 것이 '포디즘'이다. 포디즘은 제2차 세계대전을 전후로 북아메리카와 서유럽의 자본주의 국가를 중심으로 하여 등장한 조절양식으로, 대량생산과 대량소비라는 두 가지 축을 중심으로 둘이 서로 잘 조응하도록 도와주는 여러 가지 제도, 사회적 관계, 문화적 양식 등으로 구성되어 있다. 특히 생산성 증가에 연동하는 임금 상승 보장, 복지국가의 건설 등과 같은 제도적 장치들을 통해 대량소비가 이루어질 수 있는 조건을 만들고, 이를 통해 대량생산에 바탕을 둔 축적체제가 지속될 수 있도록 하는 것이 조절양식에서 매우 중요한 부분이다. 조절론자들에 따르면, 포디즘이라는 조절양식을 바탕으로 서구 자본주의 국가들은 제2차 세계대전 이후부터 1960년대 말 혹은 1970년대 초까지 경제적 부흥기를 구가하였다.

하지만 1960년대 말 혹은 1970년대 초 이후부터 경제의 세계화, 시장수요의 다양화, 포디즘의 내적 모순 등이 결합되며 생산과 소비의 조응이 깨어지면서 포디즘이라는 조절양식이 제대로 작동하지 않게 되었다. 그 결과로 서구 자본주의 국가들은 경제적 침체를 경험하였고, 새로운 조절양식을 만들어 내기 위한 다양한 노력을 전개하고 있다. 아직까지 포디즘 이후의 조절양식이—흔히 '후기 포디즘'이라고 불리는데—어떠한 완성된 모습을 지닐 것인가에 대한 완전한 합의는 없다. 하지만 많이 이야기되는 것은 이 새로운 조절양식이 포디즘의 위기 상황을 돌파하기 위한 노력 속에서 나오는 것이기 때문에, 여기에서는 대량생산과 대량소비에 바탕을 둔 기존 포디즘이라는 조절양식이 지니고 있던 여러 가지 경직성의 문제를 극복하면서 자본의 지속적 축적과 자본주의 사회의 계속적 재생산을 보장할 수 있는 제도적·사회적 관계와 시스템이 중심이 되리라는 것이다. 이런 맥락에서 후기 포디즘적 생산방식의 예로 자주 언급되는 것이 매우 다양해지고 급변하는 시장수요에 보다 탄력적으로 대응할 수 있다고 하는 '유연적 생산방식(flexible production system)'이다. 그리고 이러한 생산방식의 변화에 제도적으로 조응하기 위해 제도적 환경이나 국가의 형태도 변하게 되는데, 이렇게 새로이 등장하는 '후기 포디즘'적인 국가는 공공서비스나 복지를 제공하는 일에 개입하는 것을 줄이는 대신, 자본과 부의 축적에 보다 직접적으로 관여하는 '슘페터주의적인 근로국가(Schumpeterian Workfare State)'의 형태를 지닌다는 주장도 제기되고 있다(Jessop, 1993; 1994).

도시정치에 대해 조절이론적 접근을 하는 이들은 이러한 후기 포디즘적 조절양식의 등장이

'기업가주의적 도시'의 등장에 매우 중요한 배경이 된다고 주장한다. 이들 조절론자에 따르면(Painter, 1995; Hall and Hubbard, 1998; Mayer, 1994; Jessop, 1997), 포디즘 시대에 도시정부의 통치체제는 '관리주의(managerialism)'라고 특징지을 수 있는데 이는 중앙집권적인 복지국가 체제하에서 공공서비스나 집합적 소비수단을 공급하고 관리하는 일이 도시정부의 매우 중요한 업무였고, 따라서 도시정치도 이러한 이슈들을 중심으로 형성되었다. 하지만 '후기 포디즘'의 시대가 되면서 자본과 부의 축적이 국가 경영에서 중요한 이슈가 되고, 분권화의 경향 속에서 도시나 지역이 축적과 조절에서 중요한 단위가 되면서 부의 분배보다는 도시의 성장을 더 중시하는 '기업가주의(entrepreneurialism)'가 도시정부 통치체제의 주요 특성으로 자리 잡게 된다고 주장한다.

도시정치에 대한 조절이론적 접근은 도시에서 일어나는 정치적 과정이 바깥 세상과 단절된 채 로컬 내의 독립적인 정치·사회·경제적 과정을 통해 이루어지는 것이 아니라, 그 도시가 속해 있는 지역, 국가, 더 나아가 글로벌한 차원에서 벌어지는 정치·경제적 과정, 구조적 변화와의 관련 속에서 이루어지는 것임을 이론적으로 잘 보여 주고 있다. 하지만 조절이론적 접근이 거시적인 구조와 변화에 강조점을 주다 보니, 도시의 정치적 변화를 이러한 큰 사회적 변화의 수동적인 결과물에 불과한 것으로 바라보는 경향이 있다는 문제제기가 많은 학자들에 의해 이루어져 왔다(Cox, 2002a; Painter, 1997). 또한 도시정치가 여러 도시와 지역, 더 나아가 여러 국가들을 포괄하는 어떠한 거시적인 혹은 글로벌한 정치·경제적 구조에 의해 영향을 받는 것이라면, 도시정치의 형태와 특성이 여러 도시에 걸쳐 혹은 글로벌 차원에서 동질성을 보여야 할 것이지만, 도시정치가 실제로 발현되는 형태와 특성은 여전히 국가마다 도시마다 차별적이다(Swanstrom, 1993; Logan and Swanstrom, 1990). 이는 조절이론적 접근이 도시정치가 도시나 국가의 우연적인 역사적·지리적 조건 속에서 매우 다양한 모습으로 구체화되어 나타나는 부분에 대해 제대로 된 설명을 제공하지 못한다는 것을 의미한다.

이러한 문제제기에 대응하기 위해 일부 학자들은 거시적 구조의 이해에 도움을 주는 조절이론적 틀과 도시정치의 다양성을 설명하는 데 효과적인 도시체제론을 결합하려고 시도하기도 하였다. 예를 들어, 로리아(Lauria, 1997), 퀼리와 워드(Quilley and Ward, 1999) 등은 낮은 추상수준의 도시체제론을 높은 추상수준의 조절이론과 연관시켜 재해석함을 통해 로컬한 행위자들과 그들에 영향을 미치는 보다 거시적인 제도적 환경 사이의 연결고리를 파악할 수 있는 이론적 틀을 제공하려 하였다. 이러한 절충주의적 시도는 상이한 지리적 규모에 상이한 설명적 기능을 부여하고는 이들을 결합하려는 시도로, 규모에 대한 인식론적 오해에서 비롯된 방식이다. 예를 들어,

이들 절충주의자는 글로벌한 규모는 무엇인가 거시적이거나 사회구조와 관련되어 형성되는 장이어서 보다 추상적인 이론화가 요구되는 영역이고, 로컬한 규모는 미시적이고 행위자들의 의사결정과 관련된 장이며 추상적이기보다는 보다 구체적인 영역이라는 식으로 이분화하여 파악하는 경향이 있다(Painter, 1997; Cox, 2005; 박배균, 2002). 결국 도시정치에 대한 이러한 절충주의적 이론화는 글로벌과 로컬에 대한 이러한 이분법적 해석으로 인해 여러 가지 한계를 지닌다. 특히 도시정치에 영향을 미치는 로컬한 규모의 구조적 요인에 대해 아무런 설명을 제공하지 못하는 것은 결정적인 문제라고 할 수 있다.

3) 오하이오학파

'신도시정치'의 등장을 설명하는 또 다른 중요한 접근법은 오하이오 주립대학교의 케빈 콕스(Kevin Cox)와 그의 제자들에 의해 주장되어(Cox and Mair, 1988; Jonas and Wilson, 1999; Wood, 1996), 흔히 오하이오학파라고 불리는 학자들의 견해이다(Boyle, 1999). 콕스는 몰로치와 로건이 제시한 성장연합론을 비판적으로 받아들이고, 동시에 하비의 논의를 창조적으로 계승하여 '신도시정치'를 독특한 방식으로 이론화한다.

먼저 그는 성장지향적 도시정치의 등장에 있어 토지에 기반한 이해를 지닌 기업과 지역 엘리트들의 역할 및 영향력을 강조하는 성장연합론의 주장을 추상수준이 낮은 이론화라고 비판한다. 왜냐하면 토지에 기반한 이해를 가진 기업들이 중요한 역할을 하는 것은 미국의 특수한 정치·경제적 조건하에서 나타나는 구체적인 현상인데, 더 높은 수준으로 추상화하려는 노력 없이 이러한 범주를 그대로 이론화에 적용하는 것은 성장연합론을 미국과 맥락이 다른 곳에 적용하기를 어렵게 만드는 중요 원인이 되기 때문이다. 이러한 문제의식을 바탕으로 콕스는 '토지에 기반한 이해'가 의미하는 바를 보다 높은 수준에서 추상화하여 '국지적 의존성(local dependency)'이라는 개념을 제시한다(Cox and Mair, 1988). 여기서 국지적 의존성이란 특정 행위자들이 자신의 활동과 재생산을 위해 특정의 국지화된 공간 내에 존재하는 사회–공간적 관계에 의존하는 상황을 지칭한다. 예를 들어, 어떤 기업이 특정 지역에서 형성된 기업 간 네트워크, 국지적으로 형성된 노동시장 등을 통해 부품과 노동력을 공급받는 경우 이 기업은 그 지역에 '국지적 의존성'을 가지고 있다고 말할 수 있다.

콕스는 이러한 '국지적 의존성'이 성장지향적인 '신도시정치'를 야기하는 필연적 조건이라고 주장한다. 어떤 지역에서 '국지적 의존성'을 지닌 행위자들은 그 의존성 때문에 다른 지역으로의 이동성이 제약될 수밖에 없고, 그 지역에 고착되는 성향을 보인다. 이처럼 고착된 행위자들은 다른 곳으로 움직이기 힘든 상황 때문에 자신을 둘러싼 주변 환경과 자신이 위치한 장소의 가치에 높은 이해관계를 지니는 장소의존성을 가지기 마련이다. 또한 궁극적으로는 자신이 속한 장소의 이해를 증진시키고 보호하기 위한 정치적 활동을 조직하거나, 최소한 참여할 가능성이 높아진다. 만약 어느 누구도 어떤 도시나 장소에 대해 '국지적 의존성'을 지니지 않는다면 아무도 그 장소의 이익을 보호하거나 증진시키려는 행위를 할 동기를 가지지 못할 것이며, 그 장소의 성장을 지향하는 정치적 행위도 조직되지 않을 것이다.

콕스는 또한 하비의 논의를 계승하여, '신도시정치'는 자본주의 체제가 내재적으로 지니고 있는 이동성과 고착성 사이의 모순적 관계에 의해 형성된다고 주장한다. 하비가 '구조화된 응집'의 개념을 통해 주장하였듯이, 자본주의 경제에서 기업이나 노동자들은 생존과 재생산을 위해 특정 도시나 지역에 형성된 사회-공간적 관계나 조직에 의존할 수밖에 없다. 이러한 '국지적 의존성'을 지닌 행위자들은 자신이 의존하는 지역의 '구조화된 응집'이 지속되기를 바란다. 이처럼 자본주의 경제는 행위자들의 장소적 '고착성'을 증가시키는 경향을 지닌다(Cox and Mair, 1988; Cox, 1993). 하지만 이와 동시에 자본주의 경제는 끊임없이 자본, 기술, 사람들의 이동성을 증대시키는 경향을 보이기도 한다. 이는 하비가 이야기한 바와 같이 끊임없이 새로운 기술, 생산방식, 입지를 추구하도록 만드는 자본주의적 경쟁의 결과이며, 이러한 과정을 통해 자본주의의 경제지리는 끊임없이 요동치고 변화한다(Harvey, 1982; 1985). 이러한 변화와 불안정의 상황은 '국지적 의존성'을 지닌 행위자들이 의존하고 있는 특정 장소의 사회-공간적 관계를—하비의 표현으로는 '구조화된 응집'—와해시킬 수 있는 위협적 요소가 된다. 즉 자본주의 경제에 내재되어 있는 고착성과 이동성이라는 두 모순적인 경향이 충돌하는 상황이 발생하게 되는 것이다.

콕스는 이러한 모순적 상황이 '신도시정치'를 야기하는 필연적 조건이라고 주장한다. 고착성이라는 것은 앞에서 언급하였듯이, 어떤 집단들이 장소에 기반한 이해를 가지도록 만드는 것으로, 특정 장소나 도시의 이해를 보호 혹은 증진하려고 하는 정치적 활동에 동기를 부여하는 조건이 된다. 그런데 아무리 특정 집단이 '국지적 의존성'에 기반한 장소적 이해를 가지고 있다고 하더라도 이동성의 증대로 인해 장소기반적 이해가 약화되거나 반대로 더 증진될 가능성이 없다면, 이들이 도시의 성장을 추구하는 정치적 활동을 조직할 이유가 없어질 것이다. 이런 측면으로 볼 때 이 고착성과 이동성의 모순에서 발생하는 갈등의 국면은 지역개발을 위한 정치적 활동을 유발하는 필연적 조건이 되는 것이다.

오하이오학파는 이처럼 '신도시정치'가 등장하는 데 필연적 조건들을 추상적으로 이론화함과 동시에, 이러한 필연적 조건들이 보다 우연적인 조건과 상황들 속에서 어떻게 구체적으로 표현되는지에 대해서도 많은 관심을 기울인다(Cox, 1991; Wood, 1996). 예를 들어, '국지적 의존성'이라고 추상적으로 정의된 성향이 구체적인 상황에서는 어떻게 다양한 방식으로 표현되어 나타날 것인가, 또 이러한 다양한 방식으로 표출되는 '국지적 의존성'이 어떻게 다양한 형태의 '신도시정치'를 만들어 낼 것인가가 오하이오학파의 또 다른 중요한 연구초점이다. 이런 관점에서 우드(Wood, 1996)는 영국과 미국에서 나타나는 '신도시정치'의 형태를 비교하면서, '국지적 의존성'을 지닌 행위자가 양 국가에서 어떻게 다른가, 이로 인해 지역 및 도시의 성장을 위한 정치적 활동이 표현되는 방식은 어떻게 상이한가 등을 분석하였다.

'신도시정치'에 대한 오하이오학파의 접근법은 도시성장의 정치를 야기하는 필연적인 조건을 어떻게 추상적인 개념화를 통해 설명할 것인지, 그리고 이 추상적 개념을 다양한 형태로 표출되는 도시성장정치의 구체적인 상황에 적용하면서 각 도시, 국가마다 상이하게 나타나는 우연적 조건들에 의해 추상적 개념이 보다 구체화된 형태로 표현되는 과정을 이해하고 설명하는 데 큰 도움이 된다. 그러나 오하이오학파의 접근법이 필연적 조건과 우연적 조건 모두에 관심을 기울이면서 추상적 이론과 구체적 현실 사이를 잘 연결시키고 있지만, 여전히 도시정치를 '국지적 의존성'이라는 물질적 이해관계만을 바탕으로 이해하고 있다는 비판을 받기도 한다. 특히 정치적 과정의 형성에서 담론, 문화, 사회적 실천 등의 중요성을 강조하는 후기 구조주의적 학자들에게 오하이오학파의 접근법은 여전히 물질적 관계에 매몰되어 구조주의적이고 기능주의적 성향을 지니고 있는 것으로 이해된다.

3. 한국의 도시정치

이제까지 도시정치를 설명하는 다양한 서구의 논의들을 간략하게 소개하였다. 그런데 이러한 서구의 이론을 우리나라의 도시정치를 설명하는 데 직접적으로 적용하는 데에는 많은 문제점이 따른다. 특히 이들 이론이 영미의 정치·경제적 조건하에서 일어나는 도시정치를 설명하고 이론화하려는 과정에서 형성된 것이기 때문에, 비록 어느 정도 추상화의 과정을 통해 보다 일반화된 이론적 용어로 표현되었지만, 이 이론들이 제시하는 설명의 범주와 인과적 관계에 대한 주장 등을 기계적으로 우리나라 상황에 적용하는 것은 우리나라 도시정치에 대한 왜곡된 설명을 만들어 낼 수 있는 위험한 행위라 할 것이다.

예를 들어, 성장연합론이나 도시체제론에서 제시되는 성장연합 혹은 도시체제의 개념을 아무런 수정작업 없이 우리나라 상황에 그대로 적용하면, 중앙정부의 지역 및 도시 정책과 관련한 이슈가 여전히 중요하고 지방자치단체장이 강한 리더십을 발휘하는 경우가 많은 우리나라 도시정치의 특성을 설명하는 데 상당한 한계를 지닐 것이다. 또한 영미 자본주의와는 전혀 다른 조절적 메커니즘하에서 경제성장을 해 왔고 상이한 조절적 변화를 경험하고 있는 우리나라 현실에서, 포디즘에서 후기 포디즘으로의 구조적 변화가 기업가주의적 도시의 성장을 초래하고 도시성장정치의 등장을 촉발하였다는 조절이론적 접근은 적절한 개념적 조작과 수정을 거치지 않는다면 그 적용 가능성이 제약될 수밖에 없다.

이러한 문제를 극복하기 위해서는 먼저 서구의 이론들을 보다 더 높은 추상의 수준에서 재해석할 필요가 있다. 성장연합, 도시체제 등과 같은 개념들을 그대로 적용하기보다는 한 차례 더 추상하는 과정을 통해 서구의 사회·정치·경제적 조건들이 이론화에 미친 영향의 찌꺼기를 최대한 털어낼 필요가 있다. 다음으로, 이러한 추상화된 개념을 바탕으로 한국이라는 역사적·지리적으로 매우 특수한 공간에서 존재하는 보다 구체적인 사회·정치·경제·문화적 과정과 조건들하에서 도시정치가 어떻게 구체화되어 표출되는지 살펴보는 것이 필요하다.

도시정치에 대한 서구의 논의들 중에서는 상대적으로 높은 추상수준에서 논리가 전개되는 하비와 콕스의 논의가 한국의 도시정치를 개념화하고 설명하는 데 중요한 이론적 기반이 될 수 있다. 특히 자본주의에 내재된 이동성과 고착성의 모순적 성향이 장소를 기반으로 한 다양한 정치적 활동을 유발하는 기본적 힘이 된다는 주장은, 비록 추상적이긴 하지만 시공간적 맥락을 초월하여 다양한 형태로 나타나는 도시정치의 기본적 성향을 이해하는 데 매우 큰 통찰력을 준다. 이를 기반으로 한국에서 나타나는 도시정치를 간단히 살펴보자.

한국의 도시나 지역 차원에서 이루어지는 정치적 행위들은 대부분 도시나 지역의 개발과 발전을 위해 중앙정부의 자원을 끌어들이기 위해 조직되는 성장연합정치의 형태로 표출된다. 미국과 비슷하게 도시체제가 성장연합을 중심으로 형성되는 경향을 보이지만, 중요한 차이점은 미국의 성장연합정치가 민간자본의 투자를 유치하기 위해 다른 도시/지역과 경쟁하는 과정에서 형성된다면, 한국의 성장연합정치는 중앙정부의 예산이나 자원을 끌어들이기 위한 과정에서 동원되는 특성을 지닌다는 것이다. 특히 한국에서는 도로, 공항, 공업단지 등과 같은 물리적 시설을 건설하는 지역개발사업에 대해 중앙정부의 지원을 끌어들이는 과정에서 성장연합정치가 자주 동원된다.

한국와 미국의 성장연합정치가 이러한 차이를 보이는 중요한 이유는 이동성과 고착성의 구체적 양상을 규정하는 정치·경제적 조건이 상이하기 때문이다. 먼저 이동성의 측면에서 보면, 미국의 경우 자본의 이동을 결정하는 핵심적 요소는 기업들의 투자결정이어서 기업의 투자를 유치하는 행위가 지역과 도시의 성장에 중요한 조건이 된다. 반면에 한국의 경우, 시장에 적극 개입하는 중앙집권적 국가의 의사결정과 정책이 자원과 자본의 지역 간 이동에 결정적 영향을 주어 왔기 때문에, 도시와 지역의 성장연합들이 민간기업을 대상으로 투자를 유치하는 활동을 하기보다는 중앙정부의 정책과 의사결정을 자신의 지역에 유리한 방향으로 만들기 위한 정치적 행위를 조직하는 성향을 보여 왔던 것이다.

고착성의 구체적 양상도 미국과 한국 사이에 많은 차이가 있다. 한국의 경우, 중앙집권적 정치·경제적 과정의 영향으로 로컬한 스케일에서 국지적 의존성을 가진 행위자들의 영향력이 그리 크지 않다. 경제적 영역은 대부분 국가 스케일에서 활동하는 대기업에 의해 좌우되고, 정치적 영역에서도 중앙집권적 정치체제로 인해 지방자치단체의 로컬한 스케일에서의 국지적 의존성의 정도가 약하다. 반면에 미국의 경우, 전기회사, 개발업자, 건설업자, 지역 금융회사, 부동산업자, 대학 등 로컬한 스케일의 사회적 관계에 의존하여 지역에 고착된 다양한 종류의 사회적 행위자들이 광범위하게 존재하고 있고, 이들이 로컬한 차원에서 형성되는 성장연합의 핵심적 동력이 된다. 따라서 미국에서는 매우 다양한 도시와 지역에서 다양한 유형의 성장연합정치가 활발히 조직된다. 이러한 미국에 비해 한국의 성장연합정치는 상대적으로 덜 활발하다고 할 수도 있다.

그럼에도 불구하고 한국에서의 로컬한 차원에서 동원된 성장연합정치를 무시해서는 안 된다. 미국의 경우에 비해 구체적 형태와 조직되는 방식에서는 차이가 있지만, 한국에서도 지역적 차원에서 국지적 의존성에 기반한 성장연합정치가 나름의 방식으로 활발히 동원되어 왔다. 한국의 성장연합정치에서는 전통적으로 지역주의적 성향의 정당과 정치인 그리고 지역언론 등이 중요한 행위자였고, 이들을 중심으로 지역주의 정당정치와 결합된 방식의 성장연합정치가 펼쳐졌다. 대표적 예로는, 1960년대 말 산업화 과정에서 호남이 받는 차별에 항의하면서 등장한 지역주의 정치를 들 수 있다. 이러한 유형의 성장연합정치는 1970년대의 유신독재와 1980년의 광주민주화운동을 거치면서 고도로 정치화된 사회운동으로 변화하게 된다. 1990년대 중반 이후에는 지방자치제가 실시되면서 지방자치단체와 지방의회 정치인들이 로컬한 차원에서 강한 고착성을 지닌 행위자로 등장하며 지역과 도시 차원의 성장연합정치가 고도로 활성화되는 계기를 맞이하게 된다. 지방자치제가 실시되었음에도 불구하고 의사결정과 예산집행의 실질적 권한은 여전히 중앙정부에 집중되어 있는 중앙집권적 정치구조가 지속되어, 지역개발을 위한 중앙정부의 자원배분을 대상으로 한 지방 간 경쟁을 심화시키고, 도시나 지역 차원의 정치적 과정이 성장연합정치에 의해 잠식되도록 만들었다.

4. 결론

이제까지 도시정치를 설명하고 이해하는 데 도움이 되는 서구의 몇 가지 이론을 소개하고, 이러한 논의들을 바탕으로 한국 도시정치의 특징에 대해 논하였다. 지난 30여 년간 영미를 중심으로 한 서구의 지리학자, 도시사회학자, 정치학자들은 도시에서 벌어지는 다양한 형태의 정치적 과정들을 자본주의의 정치·경제적 과정 및 구조, 토지에 기반한 경제적 이해관계, 도시 내부의 정치적 체제, 자본주의 조절 메커니즘의 변화, 자본주의에 내재한 장소고착성과 공간적 이동성 사이의 모순 등과 같은 다양한 요인들을 바탕으로 설명하려 하였다.

이들 논의는 도시정치를 설명하고 이해하는 데 엄청난 이론적 기여를 하였는데, 이를 간략히 살펴보면 다음과 같다. 먼저, 이들 논의는 도시에 대한 기능주의적 접근법을 극복하여, 도시를 정치·경제적 과정이 일어나는 중요한 분석의 단위로 받아들일 수 있는 이론적 기반을 제공하였다. 둘째, 도시라는 공간을 단지 비공간적인 사회·경제·정치적 과정과 구조가 표출되는 지리적 단위로 이해하기보다는, 자본주의 정치·경제적 과정을 구성하는 중요한 한 부분으로 이해하고 이를 바탕으로 도시정치를 이론화하였다. 따라서 도시정치의 과정을 비공간적인 사회과학적 논의를 바탕으로 설명하려는 기존 접근법의 한계를 극복하는 데 기여하였다. 셋째, 이러한 이론적 논의들은 도시공간 내의 정치적 과정을 설명하는 것에만 국한되지 않고, 세계화, 불균등 발전, 제국주의 등과 같은 자본주의의 공간성과 관련된 보다 일반적인 이슈들을 이해하고 설명하는 데에도 많은 이론적 기여를 하고 있다.

하지만 이러한 서구의 논의들은 기본적으로 민주적 기본질서와 다원주의적 정치 시스템이 자리 잡고 있다는 경험적 맥락 위에서 형성된 것이어서 한국의 도시정치를 설명하는 데 직접 대입하기에는 어려운 측면이 있다. 더욱이 권위주의적 국가의 주도하에 이루어진 자본주의 산업화 과정은 한국의 도시정치가 매우 독특한 방식으로 조직되도록 하였다. 특히 발전주의적 산업화 과정 속에서 토건적 개발사업에 의존적인 사회세력들이 다양한 공간적 스케일에서 성장하였는데, 이들이 한국의 도시정치에 중요한 영향을 행사하였다. 또한 지방자치제의 실시 이후에도 지속되고 있는 중앙집권적 정치구조하에서 개발지향적 성장연합정치는 여전히 중앙정부의 자원배분을 대상으로 동원되고 있다. 이처럼 개발지향적 성장연합정치가 활성화되면서 한국에서는 도시와 지역 차원의 풀뿌리민주주의가 제대로 자리 잡지 못하고 있다. 이는 한국 사회에서 민주적 정치질서가 폭넓고 깊이 있게 자리 잡는 데 큰 장애로 작용하고 있다. 도시정치에 대한 서구의 이론들이 제공하는 추상적 수준의 이론적 문제의식을 한국 도시정치의 구체적 맥락과 문제의식 속에서 재해석하여, 도시정치에 대한 새로운 개념화와 이론적 발전을 모색하는 것이 어느 때보다 절실히 요구된다고 할 수 있다.

참고문헌

강명구, 1992, "도시 및 지방정치의 정치경제학", 한국공간환경연구회 편, 『한국공간환경의 재인식: 사회위기는 공간환경에 어떻게 투영되고 매개되는가』, 한울, pp.141-167.

박배균, 2002, "규모의 생산론을 통해 본 지구화의 정치", 『한국공간환경』, 3(1), pp.17-28.

박배균, 2009, "한국에서 토건국가 출현의 배경: 정치적 영역화가 토건지향성에 미친 영향에 대한 시론적 연구", 『공간과 사회』, 통권 31, pp.49-87.

Aglietta, M., 1979, *A Theory of Capitalist Regulation: The US Experience* (Translated by David Fernbach), London: Verso.

Boyle, M., 1999, "Growth Machines and Propaganda Projects: A Review of Readings of the Role of Civic Boosterism in the Politics of Local Economic Development", in A. E. G. Jonas and D. Wilson (eds.), *The Urban Growth Machine: Critical Perspectives Two Decades Later*, Albany, USA: State University of New York Press.

Castells, M., 1977, *The Urban Question*, London: Edward Arnold.

Cox, K., 1991, "The abstract, the concrete and argument in the new urban politics", *Journal of Urban Affairs*, 13, pp.299-306.

Cox, K., 1993, "The local and the global in the new urban politics: a critical view", *Environment and Planning D: Society and Space*, 11, pp.433-448.

Cox, K., 2002a, "Globalization", the "Regulation Approach", and the Politics of Scale, in A. Herod and M. W. Wright (eds.), *Geographies of power: placing scale*, Oxford: Blackwell.

Cox, K., 2002b, *Political Geography: Territory, State, and Society*, Oxford: Blackwell.

Cox, K., 2005, "The local and the global", in P. Cloke and R. J. Johnston (eds.), *Spaces of Geographical Thought: Deconstructing Human Geography's Binaries*, London: Sage.

Cox, K. and Mair, A., 1988, "Locality and community in the politics of local economic development", *Annals Association of American Geographers*, 78, pp.137-146.

Elkin, S., 1987, *City and Regime in the American Republic*, Chicago: University of Chicago Press.

Hall, T. and Hubbard, P., 1998, "The Entrepreneurial City and the New Urban Politics", in T. Hall and P. Hubbard (eds.), *The Entrepreneurial City: Geographies of Politics, Regime and Representation*, New York:

John Wiley and Sons.

Harvey, D., 1982, *The Limits to Capital*, Oxford.

Harvey, D., 1985, "The geopolitics of capitalism", in Gregory, D. and Urry, J. (eds.), *Social relations and spatial structures*, London: Macmillan.

Harvey, D., 1989, *The Urban Experience*, Oxford: Blackwell.

Jessop, B., 1990, *State Theory: Putting Capitalist States in their Place*, University Park: Pennsylvania State University Press.

Jessop, B., 1993, "From the Keynesian welfare to the Schumpeterian workfare state", in R. Burrows and B. Loader (eds.), *Towards a Post-Fordist Welfare State?*, London: Routledge.

Jessop, B., 1994, "Post-Fordism and the State", in A. Amin (ed.), *Post-Fordism: a reader*, Oxford: Blackwell.

Jessop, B., 1997, "The Entrepreneurial City: Re-imaging Localities, Redesigning Economic Governance, or Restructuring Capital?", in N. Jewson and S. MacGregor (eds.), *Transforming Cities: Contested Governance and New Spatial Divisions*, London: Routledge.

Jonas, A. E. G. and Wilson, D. (eds.), 1999, *The Urban Growth Machine: Critical Perspectives Two Decades Later*, Albany, USA: State University of New York Press.

Lauria, M. ed., 1997, *Reconstructing Urban Regime Theory: Regulating Urban Politics in a Global Economy*, Thousand Oaks: Sage.

Logan, J. and Molotch, H., 1987, *Urban Fortunes: The Political Economy of Place*, Berkeley: University of California Press.

Logan, J. R. and Swanstrom, T. (eds.), 1990, *Beyond the City Limits: Urban Policy and Economic Restructuring in Comparative Perspective*, Philadelphia: Temple University Press.

Mayer, M., 1994, "Post-Fordist City Politics", in A. Amin (ed.), *Post-Fordism: a reader*, Oxford: Blackwell.

Molotch, H., 1976, "The city as growth machine", *Ameircan Journal of Sociology*, 82(2), pp.309-355.

Painter, J., 1995, "Regulation Theory, Post-Fordism and Urban Politics", in D. Judge, G. Stoker, and H. Wolman (eds.), *Theories of Urban Politics*, London: Sage.

Painter, J., 1997, "Regulation, Regime, and Practice in Urban Politics", in M. Lauria (ed.), *Reconstructing Urban Regime Theory: Regulating Urban Politics in a Global Economy*, Thousand Oaks: Sage.

Peck, J. A., and Miyamachi, Y., 1994, "Regulating Japan? Regulation theory versus the Japanese experience", *Environment and Planning D: Society and Space*, 12, pp.639-674.

Quilley, S. and Ward, K. G., 1999, "Global 'System' and Local 'Personality' in Urban and Regional Politics", *Space and Polity*, 3(1), pp.5-33.

Saunders, P., 1986, *Social Theory and the Urban Question*, New York: Hutchinson.

Stoker, G. and Mossberger, K., 1994, "Urban regime theory in comparative perspective", *Government and Policy*, 12, pp.195-212.

Stone, C., 1989, *Regime Politics: Governing Atlanta, 1946-1988*, Lawrence: University Press of Kansas.

Stone, C., 1993, "Urban regimes and the capacity to govern: a political economy approach", *Journal of Urban Affairs*, 15(1), pp.1-28.

Swanstrom, T., 1993, "Beyond Economism: Urban Political Economy and the Postmodern Challenge", *Journal of Urban Affairs*, 15(1), pp.55-78.

Wood, A., 1996, "Analysing the Politics of Local Economic Development: Making Sense of Cross-national Convergence", *Urban Studies*, 33(8), pp.1281-1295.

더 읽을 거리

Harvey, D., 1989, *The Urban Experience*, Oxford: Blackwell, Chapter 5, "The Place of Urban Politics in the Geography of Uneven Capitalist Development".

···› 1970년대와 1980년대에 이루어진 하비의 도시 연구가 1990년대 이후에 도시정치를 이론화하는 데 지대한 기여를 하였음에도 불구하고, 하비가 직접 도시정치를 체계적으로 논한 글은 그렇게 많지 않다. 하지만 다행히도 이 글을 통해 하비는 자신의 도시 및 공간 이론이 어떻게 도시정치를 이론화하는 데 기여할 수 있는지 아주 직접적으로 논하고 있다. 여기서 하비는 도시정치에 대한 자신의 이론을 카스텔의 이론과 대비하면서 재생산의 측면보다는 자본주의 생산관계에 초점을 두면서 도시정치를 이론화하는데, 자본주의 도시에서 '구조화된 응집'이 발생하는 과정, 그리고 이를 바탕으로 '지역적인 계급동맹'이 형성되고 도시정치가 구조화되는 과정을 하비 특유의 화법과 논리로 설명하고 있다.

Castells, M., 1977, *The Urban Question*, London: Edward Arnold.

···› 이 책은 도시 연구에 대한 카스텔의 초창기 대표 저작으로, '집합적 소비'라는 개념을 중심으로 도시정치의 과정을 설명한 카스텔의 주장을 이해하는 데 핵심적인 책이다. 애당초 1972년 프랑스어판으로 나온 이 책은 1977년에 영어판으로 재출간되었는데, 여기서 카스텔은 1960년대까지 도시사회학을 풍미하였던 시카고학파의 도시생태학을 비판하면서, 자본주의 사회의 작동 메커니즘을 이해하는 것이 도시 연구에서 매우 중요함을 강조하였다. 그리고 알튀세르식의 마르크스주의 해석을 바탕으로 도시를 자본주의에서 노동력의 재생산이 이루어지는 공간으로 이해하고, 노동력 재생산과 밀접히 관련된 '집합적 소비수단'의 공급을 둘러싼 도시 내부의 갈등과 사회운동을 중심으로 도시정치를 설명하였다.

Cox, K. and Mair, A., 1988, "Locality and community in the politics of local economic development", *Annals Association of American Geographers*, 78, pp.137-146.

···› 1988년 미국지리학회 학회지에 실린 이 글은 콕스와 그의 제자인 메이어가 '국지적 의존성'이라는 개념을 바탕으로 도시정치를 설명한 최초의 논문으로, 오하이오학파의 이론적 기반을 제공해 주는 글이다. 이 글은 당시 영국에서 유행하던 로컬리티 연구와의 이론적 교감을 바탕으로 작성되었는데, 콕스와 메이어는 특정 로컬리티를 구성하는 데 필수적인 요소가 행위자들이 그 지역에 대해 가지는 '국지적 의존성'임을 강조하면서 이 국지적 의존성의 개념을 여러 가지 예시를 통해 상세히 설명한다. 그리고 국지적 의존성이 어떻게 도시정치, 특히 도시나 지역의 경제발전을 추구하는 정치적 행위에 영향을 미치는지 논한다.

Logan, J. and Molotch, H., 1987, *Urban Fortunes: The Political Economy of Place*, Berkeley: University of California Press.

…› 이 책은 몰로치가 1976년 *Ameircan Journal of Sociology*에 실은 "The City as a Growth Machine"이라는 글의 확장판으로 '성장연합론'의 기초를 세우면서 도시정치를 연구하는 학자들에게 '도시성장정치'라는 분야의 중요성을 일깨운 글이다. 특히 자본주의 도시에서 성장이라는 이데올로기가 가지는 가치초월적인 영향력을 '장소에 기반한 이해', '성장연합' 등의 개념을 바탕으로 설득력 있게 논하였다. 그리고 이러한 성장 지향적 도시 이데올로기와 정책들이 어떻게 토지이용을 둘러싼 '사용가치'와 '교환가치' 사이의 갈등을 유발하는지 탐구함을 통해 현대 자본주의 사회에서 나타나는 대표적인 도시정치의 상황을 적절히 설명하고 있다.

주요어 신도시정치, 이동성, 고착성, 구조화된 응집, 지역화된 계급연합, 성장연합, 도시체제, 기업가주의적 도시, 국지적 의존성, 지역주의 정치

제13장

도시와 사회 네트워크

남기범

1. 세계화와 네트워크 사회의 도래

20세기 후반, 구체적으로 1970년대는 경제사적으로 중요한 시기이다. 기존의 대량생산·대량소비로 대표되는 포디즘(Fordism)의 경제조직과 최소비용·최대효용, 경제적 합리성으로 대표되는 모더니즘(modernism)의 사회·문화 구조가 쇠퇴하고, 다품종 소량생산과 유연적 생산체계를 강조하는 포스트포디즘(Post-Fordism)과 문화적 다원성과 사회적 정의를 중요시하는 포스트모더니즘의 사회구조로 이전이 시작되었다(Amin, 1994). 이와 동시에 거대 조직과 수직적 위계를 통한 관료제적 통제, 생산의 표준화와 획일화, 일사불란한 감시와 통제를 강조하는 계층적 체제(Hierarchy)에서 수평적인 연결과 소통을 통해 통제와 감시의 규율을 벗어나 다양화와 자율성을 지향하는 네트워크 체제로 전환이 시작되었다(Castells, 1996).

이러한 경제·사회·공간적 전환은 물론 세계화의 영향으로 인해 국경을 넘어서 자본, 정보, 물자, 인력 등의 흐름이 급증하고, 소비자의 기호 다양화에 의한 소비의 파편화 영향과 이에 대응한 생산양식의 변화가 주요인이다. 경제구조의 변화는 사회조직과 공간구조의 변화를 추동한다. 포디즘 사회는 거대한 기업조직과 강한 근대국가 체제의 수직적 위계를 통한 관료제적 통제, 생산의 표준화와 획일화, 일사불란한 통제를 활용하는 규율화된 체제로서 일방적 의사소통을 특징으로 한다. 반면 포스트포디즘 사회는 창의적이고 혁신적인 중소기업의 역동성과 약화된 국가 통제하에서 다양화와 자율성을 지향한다. 사회공간체제는 수평적인 연결과 다중적인 소통을 통해 개방화, 다양화, 개성화를 지향한다.

카스텔(Castelles, 1996)은 정보통신혁명을 경험하고 있는 현대사회를 네트워크 사회라고 명명하였다. 네트워크 사회는 자본과 노동, 사람과 지식과 정보가 온·오프라인 네트워크를 통해 서로 연결되고 동시에 이동한다. 카스텔의 네트워크 사회는 자본과 정보 지식, 노동이 흘러 다니는 '흐름 사회(flow society)'로, 현대 정보사회를 설명하는 중요한 이론 가운데 하나로 등장하였다(백욱인, 2013). 카스텔은 기존 공간이론의 핵심이 되는 장소의 특성에 대해서도 저량의 장소(place of stocks)에서 흐름의 장소(place of flows)로의 변화와 함께 네트워크 사회의 공간과 장소특성의 변화를 예고하였다. 네트워크는 지역사회의 사회적 조절체제를 확립함으로써 경제행위의 장기적 안정성을 도모하게 되고, 상호 신뢰에 기반하는 지역문화의 네트워크를 형성하게 할 뿐만 아니라 물리적인 공간의 연계구조도 바꾸고 있다(김용창, 1997).

2. 네트워크 공간구조

포스트포디즘 시대의 공간구조 변화는 도시와 시장 지역의 형성에서 전통적인 중심지모형만으로는 설명할 수 없고, 공간 분석의 핵심개념인 접근성과 집적 개념이 점차 설명력을 잃어 감에 따라 네트워크 도시 개념이 등장했다. 도시 간의 지역연계는 수직적이고 계층적인 것이 아니라 수평적으로 변모하며 기능의 보완적인 관계로 이루어지므로, 중심도시와 위성도시들로 이루어진 중심지구조가 아니라, 지역 간 연계가 발전함에 따라 분산적 구조에 기반한 네트워크 도시로 발전하여 구성 도시 간의 상호 협력, 지식 교환, 창조성의 발현, 상호 성장의 동적 상승효과 등을 기대할 수 있다. 물론 모든 도시군이 네트워크 도시로 발전하는 것이 아니라 구성 도시 간의 정보·교통의 소통이 원활해야 하며, 물리적인 교통체계, 기술변화에 대한 공공 협력관계, 노동시장의 공유, 도시기능의 특화, 의사결정의 효율성을 위한 조정장치가 필요하다.

성공적인 네트워크 도시는 물리적인 도시의 연계구조뿐 아니라 지역사회의 사회적 통합체제가 확립되고, 경제행위의 장기적 안정이 이루어지며, 상호 신뢰에 기반한 지역문화의 네트워크가 형성된다. 따라서 네트워크는 물리적인 구조인 동시에 사회적·경제적·정치적·문화적인 구조로 이해할 수 있다. 그러나 네트워크 도시화가 반드시 바람직한 것만은 아니다. 특정 도시군이 하나의 네트워크에 속했을 때에는 도시 간의 정보·사회·심리적 거리는 0에 가깝지만, 물리적으로 근접한 도시일지라도 네트워크의 외부에 있을 때는 네트워크 구성 도시와의 거리는 무한대로 멀어질 수 있다. 또한 인접한 공간상에서 유사한 물리적 속성을 지닌다고 해도 네트워크로 연결된 경우와 그렇지 않은 경우의 상호작용의 격차는 상당히 크게 나타난다(Batten and Tornqvist, 1990). 또한 네트워크 구성 도시들은 독자적인 특성과 기능을 보유할 수도 있지만, 도시만의 역동성과 효율성, 경쟁력을 유지하기 위해서는 타 도시와의 긴밀한 연결성이 있어야만 하며, 소속 네트워크 체계에 의존해야 하는 문제가 있다. 나아가 장소들 간의 네트워크 결합을 통한 가상집적(virtual agglomeration)의 중요성도 커지고 있다.

네트워크 도시화는 지역 내 상대적 자립성을 가진 중소 도시들 간 상호 보완적 네트워크, 즉 내생적 경제 시스템의 구축을 강조한다는 점에서 거대 단핵중심의 세계도시 지역에 대한 대안이다. 상대적으로 자립적인 도시의 전문성 확보, 교통통신 인프라로 연결된 네트워크의 구축과 이를 통한 외부성의 증대, 도시 간 상호 보완성과 분업화를 통한 경쟁력의 제고, 네트워크로 연계된 집적의 경제 및 범위의 경제, 경제적 불확실성의 감소와 중심지 도시체계에 의한 불균등의 완화 등 많은 효과를 가진다(최병두, 2015). 네트워크 도시화는 사회 네트워크의 특성을 공간상에 투영한다. 즉 유사한 규모로 전문성을 가진 도시 간 연계성을 이루는 네트워크 요소, 네트워크 형성과 참여를 통해 경제적 편익을 얻게 되는 네트워크 외부효과 요소, 그리고 네트워크 도시 간 규모의 경제를 실현하고 상호 보완적 네트워크 효과를 공유하는 협력요소로 구성된다. 따라서 네트워크 도시화에 포함된 지역들은 네트워크를 통한 추가적 정보 확보와 위험부담 및 불확실성 감소 등의 효율성 증대와 시너지 효과, 참여 주체들의 제도적 역량 증진 등의 효과를 가질 수 있다(Capello, 2000; 최병두, 2015), 네트워크가 조직되는 원리는 조정(coordination)과 협력(co-operation)의 두 가지 방식이 있다. 조정은 네트워크에 참여하는 행위자들의 느슨한 결합형태로서, 행위자들은 각자의 이해를 추구할 수 있고 공통의 정책목표들에 초점을 둔 공동활동에 집중할 수 있다. 협력은 견고한 형태의 결합으로 행위자의 이해에 부합하는 정도에 따라 선별적으로 참여한다는 점에서 결합의 범위는 상대적으로 제한적이다(손정렬, 2011).

표 1. 중심지 체계와 네트워크 체계의 비교

중심지 체계	네트워크 체계
중심성	결절성
규모 의존성	규모 중립성(규모는 중요하지 않음)
종주성과 종속성 경향	유연성과 보완성 경향
동질적 재화와 서비스	이질적 재화와 서비스
수직적 접근성	수평적 접근성
주로 일방적 흐름	쌍방적 흐름
교통비용	정보비용
공간상에서 완전 경쟁	가격 차별이 있는 불완전 경쟁

출처: Batten, 1995, p.320.

3. 도시에서의 삶과 사회 네트워크의 형성

루이스 워스(Louis Wirth)는 한정된 지역에 다양한 직업과 취향을 가진 사람들이 집중적으로 거주하는 도시에서는 공간적으로 상호 분리되고, 사회적 이동이 늘어나며, 가족의 유대가 약화되고, 친족과 이웃의 결합이 감소하며, 무관심한 태도가 증가하는 등 도시적 삶의 특징이 나타난다고 하였다. 이는 에밀 뒤르켐(Émile Durkheim)이 제시한 유기적 연대가 활성화되는 것을 의미한다. 근대사회로 올수록 구성원이 유사성 또는 공통된 관념의 형식에 따라 행동하며, 공동체 전체의 공통의식이 개인의 의식을 압도하여 지배하는 사회적 관계를 의미하는 기계적 연대(mechanical solidarity)가 약해지고, 개성적이고 이질적인 여러 개인의 기능적 차이가 구성하는 관계로 맺어진 사회결합인 유기적 연대(organic solidarity)가 강해진다. 현대의 도시적 삶이란 기계적 연대에서 유기적 연대로 이행하면서 발생하는 다양한 사회 네트워크로 이루어진다. 예전의 귀속적 지위에 의한 가치체계에서 경제·사회·문화적 지위에 의한 가치체계가 확산되고 직업의 전문화가 촉진되며, 혈연 중심의 고용에서 능력 중심의 고용이 증대함에 따라 도시에서의 사회 네트워크는 계속적으로 확장된다.

도시의 공동체는 국지화된 사회 네트워크로서 초기의 낮은 이동성과 수직적 결속의 특성에서 벗어나 수평적 관계가 확장되고 있으며, 가치와 행태적 규범을 전승하는 사회경제적 순환기제 역할을 한다. 도시의 사회 네트워크는 시민 간의 상호작용을 통해 구축되는 구조(structure)로서 인간의 행위를 결정하거나 제약하는 사회적 기제로 작동한다. 이 구조는 시민들에게 주어진 것이 아니라, 시민들에 의해 구축되는 실체이다. 도시의 사회 네트워크는 도시 구성원의 행위와 상호작용을 연계해 주는 동시에 제약하는 틀로서 작동한다.

사회 네트워크는 일반적으로 참여하는 관계의 친밀도에 따라 강한 유대(strong ties)와 약한 유대(weak ties)로 나뉜다. 강한 유대는 접촉의 빈도와 강도가 높은 관계이며, 약한 유대는 행위자 간의 접촉의 빈도와 강도가 낮은 관계이다. 전통적인 사고로는 강한 유대가, 즉 강한 네트워크가 행위자의 사회적 자본을 확장시켜 주고 실질적인 효과가 있을 것으로 예측할 수 있다. 하지만 행위자의 입장에서는 가깝고 자주 만나는 친척이나 친구와 같은 강한 유대의 사람들에게서는 이미 알고 있는 유사한 정보를 제공받기 때문에 실질적인 효과가 약하고, 오히려 약한 유대관계에 있는 사람들에게서 기존에 접할 수 없었던 새로운 정보를 전달받아 정보획득 효과가 크다(Granovetter, 1974). 강한 유대는 상대적으로 폐쇄적이고 내부지향적인 반면, 약한 유대는 확장성과 개방성을 장점으로 하여 현대 네트워크 사회에서 활발하게 확산되고 있다. 이러한 약한 유

표 2. 강한 유대와 약한 유대의 비교

항목	강한 유대	약한 유대
관계적 범위	좁음	넓음
관계의 속성	동질적, 내부지향적, 폐쇄적	이질적, 확장적, 개방적
정보의 속성	정보의 질이 우수하나 유사성과 중복성이 있음	정보의 양이 많고 다양성이 있음
정보의 활용	협업이 용이	아이디어 획득이 용이

대의 강점(the strength of weak ties)이 도시사회에서 다양한 사회 네트워크 형성의 동인이 되고, 나아가 공간 이동과 함께 공간분화의 중요한 원인이 된다.

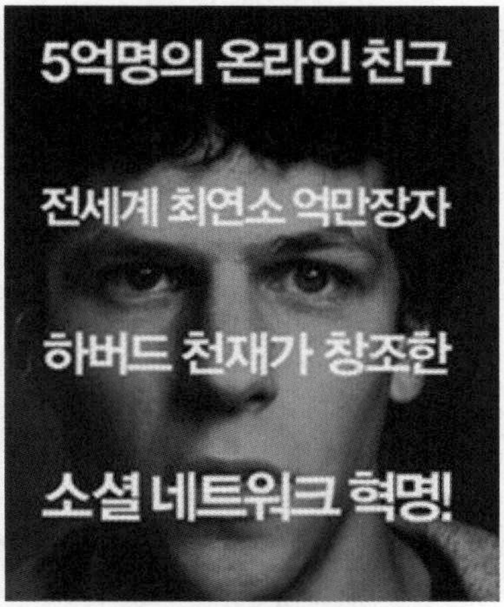

사회 네트워크의 관계 다양성을 높이기 위해서는 구성원뿐만 아니라 조직 자체도 다음과 같은 노력이 필요하다.

- 다양한 관계 구축의 중요성: 혁신을 위해서는 조직 내외부에서 관계를 다양하고 폭넓게 형성하는 것이 유리하다. 다양한 관계 속에서 생성되는 참신한 아이디어가 혁신의 원천이 된다.
- 네트워크상에서 정보의 흐름은 참여자의 수에 비선형적으로 비례하여 증가하며, 참여자가 다양할수록 기하급수적으로 증가한다.
- 다양한 관계를 형성하기 위해서는 개방성과 상호 호혜성(reciprocity)이 전제되어야 한다.

그림 1. 영화 '소셜 네트워크' 포스터

4. 지식 공유의 촉진제로서의 사회 네트워크

사회자본이 풍부한 도시사회는 신뢰, 협력, 상호 의존의 파트너십과 사회 네트워크가 풍부하게 구축된 곳이다. 명시지(explicit knowledge)보다는 암묵지(tacit knowledge)의 비공식적·횡적 네트워크를 통한 확산을 통해 도시사회 발전과 통합의 근원이 되는 성숙사회로 성장한다. 사회 네트워크가 활발한 도시는 합리적 선택에 의한 자원공유와 정보교환으로 얻어지는 경제적 이득의 원천이 되는 사회제도 간의 생산적 상호작용이 활발하여, 폐쇄적인 공동체가 아닌 개방적인 네트워크를 통해 경쟁력과 수행력이 공고해진다(남기범, 2003).

사회 네트워크 내에서 중요한 사회적 자본을 구성하는 규범(norm)은 구성원의 이해에 따라 이기적으로 행동하는 것을 보류하게 하는 내면화(internalized)되는 특성이 있기 때문에 사회자본은 구성원 사이에 효과적인 규범이 존재할 때에 강력한 자본형태를 구성한다. 이기적이지 않은 행동에 대한 외부적 보상을 통한 지원과 이기적 행위에 대한 비판을 통해 공공재의 문제인 무임승차(free riding)를 극복하고, 내가 필요로 하는 시기에 내가 호의를 베푸는 데 들어간 비용보다 더 많은 혜택을 보상받을 수 있다는 의식이 형성된다.

도시공간은 네트워크의 전문화된 중심지들 사이의 수평적인 비계층적 관계로 구성되며, 사회 네트워크가 공간상에 투영된 도시공간 사이에서 나타나는 전문화, 보완관계, 공간분업, 시너지, 협력, 혁신 등에 입각한 외부경제가 형성된다. 따라서 저량(stocks) 중심의 중심성(centrality)보다 흐름(flows) 중심의 네트워크 결절성(nodality)이 중요해진다. 사회 네트워크가 활성화되면 공간의 특성도 개방적 역동성, 상호 의존성이 증대하며, 발달된 교통 하부구조, 금융 전산망 네트워크, 정보통신 발전 등의 기술 변화와 함께 상대적으로 영향력이 약한 도시공간의 역할이 강조될 수 있다. 궁극적으로 계층적 체계의 영향력이 약화되고, 도시의 다양한 공간 간의 상호 의존성과 공간분업이 증대된다.

5. 사회 네트워크 분석

사회 네트워크 이론은 관계적 인간관에 입각하여 인간 행위와 사회구조의 효과를 설명하려는 시도로서, 사회 네트워크 분석의 특성은 일정한 사람들 사이의 특정한 연계(linkages) 전체의 특성으로 연계에 포함된 사람들의 사회적 행위를 설명하는 것이다. 행위자의 상호작용의 네트워크는 행위를 통해 (재)생산되고 유지되며, 동시에 개인들에 의해 생겨나는 네트워크의 전체구조는 그들의 행위에 영향을 미친다(김용학, 2010). 사회 네트워크의 분석에서 가장 중요한 요소는 관계적 특성이다. 사회적 맥락에 따라 관계망이 바뀌고 그 안에서 위치가 바뀌게 된다. 사람들과의 사회적 관계에서 행위자가 차지하는 위치를 사회적 지위라고 하며, 사회적 지위에 따라 기대되는 행위가 사회적 역할이다. 이처럼 구조에서 위치라는 개념에 중점을 두고 사회 네트워크에서의 위치를 측정하고 위치의 효과를 계량화하는 분석방법을 위치적 접근(positional approach)이라고 한다. 반면, 관계적 접근(relational approach)은 네트워크의 직접적인 관계와 상호작용에 중점을 둔다. 관계적 접근은 직접적인 관계의 유무에 따라 초점을 둔다는 특성 때문에 결속접근이라고도 한다. 관계적 접근은 직접적인 상호작용을 중요시하는 데 반해 위치적 접근은 행위자가 갖는 관계의 전반적인 유형에 초점을 둔다. 위치적 접근의 대표적인 지표로는 구조적 등위성(structural equivalence)이 있고, 관계적 접근에서는 결속이 중요하며 그 대표적인 지표로는 결속집단(clique), 연결정도(degree), 밀도(density) 등이 있다. 예를 들어, 부작용에 대한 불확실성이 충분히 검증되지 않은 신약이 출시되었을 때 이 약이 채택되고 전파되는 것은 의사들 사이의 직접적인 상호작용 네트워크 때문인지(관계적 접근), 아니면 직접적인 의사소통과 관계없이 각 의사가 차지하는 네트워크에서의 위치 때문인지(위치적 접근)를 분석할 수 있다. 또한 혁신이 전파되는 과정도 직접적인 상호작용을 통해 전파되는 효과가 큰지, 아니면 동일한 구조적인 위치를 차지하기 때문에 혁신을 받아들이는지를 비교 연구할 수 있다(김용학·김영진, 2016; 구양미, 2008).

사회 네트워크 분석은 현대 도시사회뿐만 아니라 다양한 분야의 설문데이터나 빅데이터를 활용하여 구성원 간 연계관계의 응집성(coherence, 네트워크의 행위자들이 얼마나 긴밀하게 연결되었는가를 측정), 연결성(connectivity, 네트워크 행위자들 사이에서 가장 빨리 도달할 수 있는

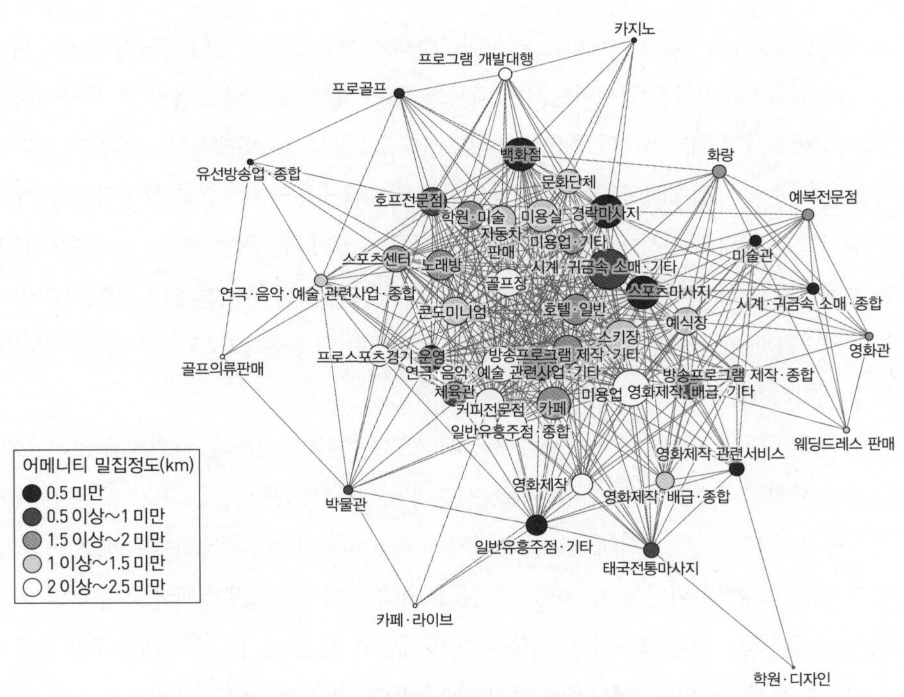

그림 2. 강남구 글래머신 상업시설의 네트워크 지도

출처: 김상현·장원호, 2017.

최소단계 수), 중심성(centrality: 네트워크상에서 중심에 위치한 정도), 등위성(equivalence: 네트워크 내의 행위자들이 서로 같은 유형의 관계를 맺고 있는가의 정도) 등을 검증하고 연계관계의 방향과 밀도를 시각적으로 표시하고 분석하여 특정 집단의 사회 네트워크에 대한 진단을 한다(김용학, 2010)

사회 네트워크 분석은 하나의 공동체나 조직의 행위자인 사람들 간의 상대적인 관계의 정도를 분석하는 것이지만, 이를 확대하면 사람뿐만 아니라 사물, 즉 기업 간의 연계구조나 상업시설 간의 연계구조, 조직 간의 연계구조도 동일한 방법론을 이용하여 분석할 수 있다. 〈그림 2〉는 강남구 특정 부문(glamour scene) 상업시설의 동일 업종과 다른 업종 간의 연계구조를 분석한 것이다. 이처럼 사회 네트워크 분석은 계량적 분석뿐만 아니라 연계구조를 시각화함으로써 분석결과에 대한 직관적인 이해를 돕는다.

6. 시공간의 원격화와 사회 네트워크의 지역화

기든스(A. Giddens)는 후기 근대(late modern)사회의 특징을 시공간의 원격화와 장소귀속성의 탈피(disembedding)라고 규정하면서 근대사회에서 성찰적 근대화를 통한 후기 근대사회로 이전하는 과정에 사회 네트워크의 중요성을 강조한다. 전통 부족사회에서는 시공간의 원격화가 상당히 낮은 수준으로 전개되어 대부분의 상호작용 네트워크가 국지적으로 한정되었다. 계급이 형성되기 시작한 중세 봉건시대에는 국가의 권위적인 자원의 배분에서 정치·경제적인 권력의 행사를 통해 시공간의 원격화가 증가했으며, 산업화의 진전과 함께 자본주의 사회로 진입하자 시공간의 원격화가 현저하게 증가했다고 주장한다. 이러한 시공간의 분리가 근대성을 형성하는 데 결정적 계기가 되었다.

근대 이전에는 일상생활의 장소를 통해 시간과 공간을 연계시켰으나, 사회적 상호작용의 범위가 확장된 사회체계를 갖춘 근대 이후에는 시간과 공간을 장소에 고정시키지 않는다. 예전에는 일상생활의 사회적 실천이 집적되었던 국지적 장소의 네트워킹이 세계화를 통해 시공간의 넓어진 범역 속에서 재결합되는 힘이 약해지게 된다. 현대 도시의 일상생활에서 국지적 일상과 장소에 대한 지식의 중요성은 상실되고, 일상적 삶이 훨씬 더 확장된 시공간의 범위에서 교환되고 네트워킹된다. 사실 세계화도 이러한 측면의 한 양상이라고 볼 수 있다. 행위자가 사회 네트워크에서 상호작용의 반복성을 통해 시공간은 관례화(routinization)된다. 기든스는 이러한 다양

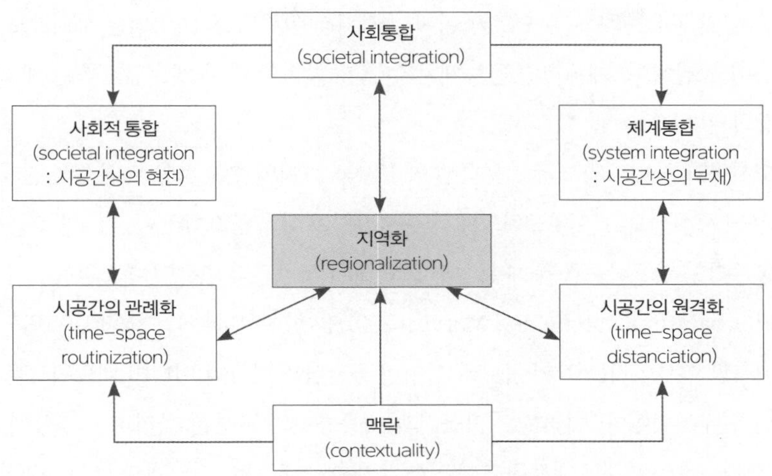

그림 3. 시공간의 원격화와 사회 네트워크의 지역화
출처: Johnston et al.(eds.), 2009.

한 양식의 상호작용이 일어나는 공간범역이 있는 물리적 환경을 로케일(locale, Giddens, 1984: 374)이라고 정의하였다. 로케일은 인간행위자의 사회적 상호작용이 시공을 엮어서 발생하는 장소로서, 그 범위는 가정의 방, 거리, 공장, 도시, 국가 등 상당히 신축적으로 나타난다. 기든스는 이러한 구조와 행위자를 연결해 주는 사회 네트워크가 공간상에 뿌리를 내리는 양상을 지역화(regionalization)라고 개념화하였다. 지역화는 사회적 삶이 상호작용하면서 시공간상에 공현전(co-presence)하게 하는 연속성 공간의 관례화와 원격화를 통해 사회적 행위가 장소에 들어가고 나가는 통로에 의해 규정되는 지구화(zoning)의 양식, 구조화의 과정을 의미한다.

기든스의 지역화 과정 논의는 사회 네트워크의 기작을 통해 시공간의 관례화와 원격화의 과정에 의해 도시와 지역 공간의 사회적 특성이 구성된다는 것으로, 사회의 통합과 구조적 특성이 형성되는 데 사회 네트워크의 중요성을 상기시켜 준다.

7. 도시사회 네트워크와 도시공동체

일반적으로 사회자본이 풍부한 도시사회는 신뢰, 협력, 상호 의존의 파트너십이 강한 특성을 보인다. 명시지보다는 암묵지의 공식적·비공식적·횡적 네트워크를 통한 확산을 통해 도시공동체의 발전과 통합의 근원이 되는 성숙사회의 발전기제가 마련된다. 즉 사회 구성원의 합리적 선택에 의한 자원의 공유, 정보교환으로 얻어지는 경제적 이득의 원천이 되는 사회제도 간의 생산적 상호작용이 활발하여, 폐쇄적인 공동체가 아닌 개방적인 사회 네트워크를 통해 도시지역의 경쟁력이 강화된다.

현대의 도시공간은 네트워크의 전문화된 중심지들 사이의 수평적인 비위계적 관계로 구성되어 있기 때문에 중심성보다는 네트워크에서의 결절성이 더욱 중요해진다. 현대의 도시공간은 지속적이고 공존적인 상호작용을 통해 분산되고 단절된 시공간적 연결이 주도하는 결절적 도시성(splintering urbanism, Graham and Marvin, 2001)을 형성한다. 이는 사회 네트워크가 물리적인 공간상에서만 이루어지는 것이 아니라 사이버 공간상의 다양한 미디어 네트워크를 통해 형성되고 변화된다는 의미이다. 이러한 전자공간과 이동공간의 확장은 물리적 공간상에 새로운 중심(hub)과 결절(node)이라는 네트워크 개념을 부여한다. 하지만 인터넷과 통신기술의 발전으로 인한 정보의 보편재화(ubiquitousness of information)는 지식과 혁신의 사회적 자본화와 더불어 한정된 물리적 공간에서의 대면접촉의 필요성을 역설적으로 증가하게 한다.

IT의 발전, 세계화의 진전, 사이버 공간의 발전은 사회 네트워크의 결절적 확산을 가능하게 하여 전자공간과 이동공간은 물리적 공간과 병행하는 새로운 세계(parallel universe)를 형성한다. 사이버 공간과 물리적 공간은 서로 양립하고 대체하는 관계일 뿐만 아니라 상호 진화하는 상호의존성을 보이며, 대도시 내의 인터넷 이용과 활동의 증가에 영향을 주고 나아가 통합하고 조직하는 역할을 수행한다. 하지만 역설적인 현상은 비공간적 네트워크가 확장되고 확산될수록 현대 네트워크 자본주의의 핵심이 되는 비시장적 상호 의존(untraded interdependency, 공식적인 거래관계에 의존하지 않는 비공식적 신뢰와 호혜성)과 암묵지의 확산은 전자 네트워크나 사이버 공간에서는 형성되기 어렵고, 물리적 공간상의 대면접촉을 통한 근접성에 더욱 의존한다. 사이버 공동체의 발전은 갈수록 추상화되어 가는 현대사회의 도시공간에 새로운 장소성과 배태성의 소생 가능성을 엿보게 하는 역설적인 현상이 나타난다(Amin and Graham, 1997; Scott and Storper, 2015).

참고문헌

구양미, 2008, "경제지리학 네트워크 연구의 이론적 고찰: SNA와 ANT를 중심으로", 『공간과 사회』, 30, pp.36–66.

김상현·장원호, 2017, "네트워크 분석을 통한 서울 도시 씬(urban scene)의 이해", 『지역사회학』, 18(1),

pp.171−197.

김용창, 1997, “사회경제적 환경의 변화와 도시경쟁력: 네트워크 도시발전전략”, 『지방자치』, 104, pp.108−114.

김용학, 2010, 『사회 연결망 이론』, 박영사.

김용학·김영진, 2016, 『사회 연결망 분석』, 박영사.

남기범, 2003, “서울 신산업집적지 발전의 두 유형: 동대문시장과 서울벤처밸리의 산업집적, 사회적 자본의 형성과 제도화 특성에 대한 비교”, 『한국경제지리학회지』, 6(1), pp.45−60.

백욱인, 2013, 『정보자본주의』, 커뮤니케이션북스.

손정렬, 2011, “새로운 도시성장 모형으로서의 네트워크 도시−형성과정, 공간구조, 관리 및 성장전망에 대한 연구동향 −”, 『대한지리학회지』, 46(2), pp.181−196.

최병두, 2015, “네트워크도시 이론과 영남권 지역의 발전 전망”, 『한국지역지리학회지』, 21(1), pp.1−20.

Amin, A., ed., 1994, *Post-Fordism: A Reader*, Oxford: Blackwell.

Amin, A. and Graham, S., 1997, “The Ordinary City”, *Transactions of the Institute of British Geographers, New Series*, 22(4), pp.411-429.

Batten, D., 1995, “Network Cities: creative urban agglomerations for the 21st century”, *Urban Studies*, 32(2), pp.313-327.

Batten, D. F. and Tornqvist, G, 1990, “Multi-level network barriers: the methodological challenge”, *The Annals of Regional Science,* 24, pp.271-287.

Capello, R., 2000, “The city network paradigm: measuring urban network externalities”, *Urban Studies*, 37(11), pp.1925-1945.

Castells, M., 1996, *The Rise of the Network Society: The Information Age: Economy, Society and Culture*, Wiley-Blackwell, 김묵한 외 옮김, 2014, 『네트워크 사회의 도래』, 한울아카데미.

Giddens, A., 1984, *The Constitution of Society: Outline of the Theory of Structuration*, Cambridge: Polity, 황명주·정희태·권진현 옮김, 1998, 『사회구성론』, 자작아카데미.

Graham, S. and Marvin, S., 2001, *Splintering Urbanism: Networked Infrastructures, Technological Mobilities and the Urban Condition*, Routledge.

Granovetter, M., 1974, “The strength of weak ties”, *American Journal of Sociology,* 78(6), pp.1360-1380.

Johnston et al.(eds.), 2009, *The Dictionary of Human Geography,* 5th ed., London: Blackwell.

Knox, P. and Pinch, S., 2010, *Urban Social Geography: An Introduction*, 6th ed., Pearson Education, 박경환·류연택·정현주 옮김, 2012, 『도시사회지리학의 이해』, 시그마프레스.

Premius, H., 1994, “Planning the Randstadt: Between economic growth and sustainability”, *Urban Studies,* 31(3), pp.509-534.

Scott, A. and Storper, M., 2015, “The nature of cities: the scope and limits of urban theory”, *International Journal of Urban and Regional Research*, 39(1), pp.1-15.

더 읽을 거리

김용학, 2010, 『사회 연결망 이론』, 박영사.

···› 사회 네트워크 이론이 무엇이며, 네트워크 이론의 핵심개념이 어떤 적합성을 갖고 있는지, 또한 사회 네트워크 분석을 통해 새롭게 얻은 사회학적 지식이 무엇인지를 정리하고 있다. 사회 네트워크 분석기법에 의해 수학적으로 정의된 개념들을 논의하고 있다.

최병두·김연희·이희영·이민경, 2017, 『번역과 동맹: 초국적 이주의 행위자–네트워크와 사회공간적 전환』, 푸른길.

···› 초국적 이주노동자들이 한국 사회에서 다양한 네트워크를 형성하면서 살아가는 삶에 대해 행위자–네트워크 이론을 적용하여 분석한다. 인간과 함께 비인간 사물들을 포함하는 행위자와 이들로 구성된 네트워크의 개념은 초국적 이주과정에서 형성되고, 유지되고, 변화하는 다양한 네트워크들을 설명하는 데 유의한 통찰력을 제공한다.

Castells, M., 1996, *The Rise of the Network Society: The Information Age: Economy, Society and Culture*, Wiley-Blackwell, 김묵한 외 옮김, 2014, 『네트워크 사회의 도래』, 한울아카데미.

···› 세계화와 정보화 사회의 도래와 더불어 네트워크 사회로 변화하는 모습, 새롭게 등장한 정보시대의 경제적·사회적 역동성을 설명한다. 정보기술의 혁명적 발전이 어떻게 지구적 경제·정보화 자본주의를 통해 네트워크를 형성하고 있는지 설명하고 정보화 경제가 새로운 조직논리를 발전시키는 모습을 문화와 제도적 측면에서 논의하고 있다.

주요어 도시사회 네트워크, 네트워크 분석, 공유, 지역화, 도시공동체

제14장

도시와 다문화사회[1]

신혜란

1. 이동과 도시

도시는 농촌, 어촌, 산촌 등 다른 장소에서 살던 사람들이 이동, 이주하여 모여서 높은 인구밀도를 이루고 복잡한 경제활동을 하는 장소이다. 또한 이동, 이주를 야기하는 요인들(산업, 일자리, 주택)과 그로 인한 결과적인 반응들(사람들과 직업의 이동)이 교차하여 나타나는 장소이기도 하다. 근대 이후 한국 도시의 형성과 발전도 주로 국내 도농이주의 결과로 이루어졌다. 서울의 경우, 1960년대와 1970년대에 농촌에서 대거 이주한 이주민들이 공장과 다른 산업부문 일자리를 메꾸었다. 이렇게 이동과 이주, 그 결과로 나타나는 다양성은 도시를 구성하는 핵심요소이다. 최근에는 국내뿐 아니라 국제 이동, 이주도 빠르게 증가하고 있다. 현대 도시에서 다문화는 핵심적인 특징이다. 소수민족 이주민과 그들의 문화를 존중하고 이해하자는 의미의 다문화주의가 도시 삶과 정책에서 논쟁거리가 된 것도 자연스러운 일이다.

세계화로 인해 도시 간 경쟁이 치열해진 상황에서 거주민과 관광객의 이동은 도시의 운명에 영향을 끼친다. 이동과 이주의 원인에 대한 전통적인 설명은 산업의 발달로 직업이 생기거나 더

1. 이 챕터 내용은 2017년도 정부재원(교육부)으로 한국연구재단 한국사회과학연구사업(SSK)의 지원을 받아 연구되었음(NRF-2017SIA3A2066514).

좋은 직업이 있으면 사람들이 그곳으로 옮겨 간다는 경제적 설명이다. 보다 최근에 등장한 것으로 한 사람이 이주하면 그의 가족, 친척, 친구들이 그 경험에 대한 정보를 듣고 이동을 한다는 네트워크론적 설명도 있다. 예컨대 한국의 군대가 전국 각지의 청년들을 한 장소에서 살게 하여 경험과 지식, 정보의 공유가 빨라지고 이에 따라 도시화도 빠르게 진행되었다는 것이다. 이동, 이주의 제도적인 뒷받침이나 장벽이 중요하다는 설명도 있다. 국제이주의 경우, 입국할 수 있는 자격을 제한하는 이민정책도 중요한 요인이다. 거시적 측면에서 국가 간에 존재하는 불평등 때문에 경제적 지위가 낮은 나라에서 높은 나라로 이주가 이루어진다는 이론도 있다.

이주에 관한 다양한 논의 중에 최근에 주목받는 개념으로 '이동통치(governmobility)' 개념이 있다. 이동통치 개념은 국가나 사회가 '이동을 통해 통치'한다는 것을 뜻한다. 근래 들어 이동, 이주 연구에서 권력과의 관계(Jensen, 2011; Sheller and Urry, 2006)에 관심이 증가하였다. 여기에서 통치(governmentality)는 공식적인 통치만을 뜻하는 것이 아니라 미셸 푸코(Michel Foucault)의 권력론(어디에나 있는 권력)에 기반해 이데올로기, 믿음, 정상의 범위까지 포함한다. 그리고 '이동통치'(Baerenholdt, 2013) 개념은 이동을 가져오는 메커니즘에 대해 푸코의 이 통치성 개념에 기반해 이동 자체가 통치술이라고 주장한다. 이동 혹은 이동제한을 위해 공식정책뿐 아니라 이동에 특정 이미지와 가치를 부여하는 사회 분위기를 만드는 것이다. 이것은 꼭 국가가 하는 것이 아니라 사회가 개인으로 하여금 그러한 이동 이데올로기를 내면화하여 이동을 추구하거나 거부하도록 훈육시킨다(Sheller, 2016). 노동 및 결혼에서 공급, 수요가 일치하지 않아 생기는 사회의 위기가 이러한 방식으로 극복된다(신혜란, 2017).

한국의 다문화정책도 중소기업의 인력 확보를 위해 시작되었다. 예를 들어, 중국 조선족 이주민의 유입으로 한국 정부는 3D 업종과 결혼시장의 신부감 공급부족 문제(Kim and Shin, 2018)를 해결하였다.[2] 긴장관계였던 한중 관계가 급격하게 좋아지고 1992년에 한국 정부가 중국 정부와 MOU를 맺은 후 조선족[3]의 한국 유입이 급격히 늘어난 것이다. 또한 김영삼 정부(1993~1998)는 세계화에 적극적으로 대응할 필요를 느끼고 세계화의 구호 아래 영어교사를 유치하려고 노력하였다. 현재는 대학들이 비한국인 학생과 교수를 유치하여 세계화 경쟁에 대응하고 있다. 한국에서 지배적인 다문화 담론 또한 결혼이주여성에게 규정된 역할을 부여하는 등 민족국가의 경계와 신자유주의적 통치성을 강화하는 통치술로 이루어지고 있다(조지영 · 서정민, 2013).

2. 2016년 기준 한국에 거주하는 비한국인의 수는 200만 명을 넘었고, 조선족의 수는 50만 명을 넘어섰다.
3. 중국 조선족은 1880년대부터 1950년대에 이르기까지 일제와 굶주림을 피해 북쪽으로 이주했다가 그 후 중국-한국의 국경이 정해져 중국의 소수민족이 되어 중국 동북쪽 지역에서 집중되어 살았다.

다른 한편으로는 이동규제도 있다. 수도권 성장규제, 이민통제와 같이 이동과 이주를 규제하는 정책이 이에 해당한다. 원치 않는 카테고리의 산업이나 이주민들이 유입되는 것을 막아 세계화 경쟁에서 살아남으려는 노력을 강화시키는 것이다. 문화, 민족이 다른 구성원들이 사회통합을 저해할까 두려워하고 거부감을 느끼는 사회 구성원들은 이러한 국수주의·민족주의 정책을 선호하는 경향이 있다.

2. 다문화주의-동화와 초국적주의

외양, 언어, 문화가 다른 외부자들을 거부하고 텃세를 부리는 현상은 흔히 있기 때문에, 1970년대 서구 민주주의 성장과 더불어 나타난 '다문화주의(multiculturalism)' 개념은 당시 상당히 급진적인 주장이었다. 다문화주의 운동은 핵심적으로 소수민족들의 문화적 다양성을 억압하지 말고 존중하며 문화적 차이에 관용적인 태도를 가지자는 주장을 하였다. 이후 다문화주의가 받아들여진 주된 이유는 이주노동자가 지속적으로 필요한 도시의 사회경제적인 조건 때문이었다.

현재 다문화는 주로 다른 민족 및 국적의 구성원들이 거주생활, 경제생활을 함께하는 현상에 대해 가치중립적으로 뜻하는 경우가 많다. 특히 한국에서는 그러하다. 김종갑·김슬기(2014)의 비판처럼 한국 사회에서 다문화는 인종차별 경험에 대한 반성으로부터 나온 개념이나 접근이 아닌 것이다. 정책으로 소개되고 익숙해졌을 뿐, 사실상 '다인종'과 비슷한 뜻으로 쓰이고 있다.

그럼에도 불구하고 다문화'주의'를 둘러싼 사회적 담론에서 갈등은 쉽게 접할 수 있다. 그리고 이 갈등은 이주민에 대한 서술적·규범적 설명인 동화주의(assimilationism)와 초국적주의(transnationalism)의 대립으로 설명할 수 있다. 동화주의는 '이주민들이 도착한 사회 주류의 생활양식을 따를 것이며 그렇게 해야 한다'는 주장이다. 또한 이주민의 성공도 그들의 동화 정도에 달렸다는 관점이다. 시카고학파가 이끈 동화이론은 1920년대부터 1990년대까지 이주 연구와 정책의 주된 접근이었다.

하지만 시간이 지나도 대부분의 이주민들은 동화되기보다는 출신지와 정착지의 특징을 포함한 다중 정체성을 발전시킨다는 것이 많은 연구들에서 밝혀졌다. 현실에서 이주민들이 도착지에 동화해야 한다는 기대와 이주민이 가졌던 정체성을 유지·발전시키려는 욕구가 충돌하는 모습이 많이 보였다. 무리를 가져온 동화주의 이주정책의 문제들에 대한 대응으로 초국적주의 개념과 다문화주의 정책이 발전하였다.

초국적주의는 동화하려고 노력해도 한계가 있다는 현실의식과 왜 꼭 동화해야 하는가의 비판을 함께 담으며(Vertovec, 2009; Schiller et al., 1992; Basch et al., 1994) 대안 개념으로 떠올랐다. 이때 초국적주의가 주로 이주민 개인의 입장을 반영한다면, 다문화주의는 이주민의 정체성을 유지할 수 있게 한다는 차원에서 도착지의 입장을 반영한다. 그리고 이주 연구에서는 동화주의를 거의 대체하며 지배적인 위치를 차지하게 되었다.

학술적 논의에서는 초국적주의가 주류가 되었지만 국가 정책에서는 아직도 강력한 동화주의 영향이 강하다. 한국은 정책뿐만 아니라 사회 분위기, 심지어 학계에서도 이주민이 동화되어야 한다는 것을 전제로 삼고 논의를 진행하는 경우가 많다. 특히 이주노동자나 결혼이주민들(특히 여성의 경우)에게 출신국의 문화를 배우려는 시도를 하기보다 그들이 한국 문화를 빠른 시일에 익혀야 한다고 요구한다.

동화와 초국적주의는 대립된 개념이며 동화주의는 비윤리적이라는 시각이 한동안 지배적이었지만, 근래 들어 이 두 현상이 복합적으로 나타난다는 연구도 나오고 있다(신혜란, 2018). 세계적으로 난민의 수가 급격히 증가하자 다문화주의를 적극적으로 포용한 사회에서도 이주민에 대한 반감과 비판이 커지기도 한다. 현실 분석과 개념 적용에 새로운 접근의 필요성이 증가하고 있는 것이다. 이렇듯이 다문화를 둘러싼 반응과 정책에는 동화와 초국적주의 개념이 결합 방식과 정도가 다를 뿐 두 개념 사이의 긴장이 존재한다고 보아야 한다. 선주민과 정부의 반응뿐만 아니라 이주민들 사이에도 동화와 초국적주의의 다양한 모습이 나타난다. 최근 동화와 초국적주의 연구에서는 이주민이 선주민이 아니라 다른 이주민 집단과 상호작용한다(Shin, 2018; Wang et al., 2016)는 분석도 나오고 있다. 또한 초국적 관계와 정체성은 국가가 아닌 지역사회 단위에서 이루어진다는 '초지역주의(translocalism)' 개념(Fitzgerald, 2006; Halilovich, 2011)도 등장하였다.

동화와 초국적주의를 넘어서 근래에 많이 쓰이는 말이 사회통합(길강묵, 2011)이다. 외국인 정책에서 통제와 관리에서 벗어난 상호 이해와 공존을 강조하고 있는 것이다. 하지만 사회통합은 지향점을 뜻하기 때문에 사회통합의 목적을 위해 누가 양보하고 노력해야 하는가에 따라 동화주의와 초국적주의의 다른 시각이 나타난다. 특히 이 대립은 지리학 연구에서 이주민 밀집지역을 중심으로 자주 나타난다. 다문화주의가 주장하는 다양한 문화의 존중은 넓은 의미에서 해석할 수 있는데, 무엇보다 이주민들이 밀집지역을 형성할 때 선주민들의 다양한 문화의 존중에 대한 반응과 태도가 시험받기 때문이다.

3. 다문화 도시의 핵심-이주민 밀집지역

1) 이주민 밀집지역과 다문화

이주민 밀집지역(enclaves)은 이주민 정체성 유지와 도시의 다문화 형성에서 핵심적인 역할을 한다(Castles, 2010). 이주민들이 소속감을 느끼는 집과 고향을 대체하는 장소(Friedmann, 2010)이기 때문이다. 이주민 밀집지역은 주로 이주민들의 일자리와 주거가 모여 있는 곳에 형성된다. 출신지 음식을 만드는 음식점을 비롯한 많은 이주민 사업체(Hume, 2015; Ndofor and Priem, 2011), 이주민 상담소, 이주민 단체, 레저 공간도 이곳에 마련되어 다른 곳에 사는 이주민들도 자주 방문하게 된다.

과거 시카고학파는 시간이 지남에 따라 이주민들이 도착지에 동화되면서 이주민 밀집지역이 점점 없어질 것이라고 예언하였다. 이주민들이 계속 모여 살기보다 선주민들처럼 각자 자기 상황에 맞는 동네에 가서 살게 될 것이라는 주장이었다. 하지만 많은 연구에서 밝혀진 것은 이주민 밀집지역이 없어지기보다는 오히려 더 발전한다는 것이었다. 이주민에게는 고향과 같은 곳일 뿐만 아니라 도시 전체에 다양성이 주는 활기를 제공한다. 도시의 문화지역이 되어(Gao-Miles, 2017) 핵심관광지 역할도 한다.

2) 이주민들의 장소 만들기

이주민 밀집지역은 또한 이주민들의 적응 혹은 동화에 대한 저항의 생산물이다. 동시에 한 도시에 적응·동화하며 생존하기 위해 마련한 보금자리이다. 대체로 집값이 싸고 직장으로 대중교통 연결이 잘 되는 곳에 위치를 잡는다. 많은 이주민들이 경제적으로 어려움을 겪기 때문에 낮은 주거비와 교통비가 중요한 까닭이기도 하지만, 초국적 이주민들이 미래를 위해 돈을 저축하거나 가족에게 돈을 보내기 위해 다른 용도로는 소비를 제한하기 때문이다.

서울의 경우, 전통적으로 공장지대였던 구로와 대림에 저가의 주택들이 많고 지하철 접근성이 뛰어나서 중국 조선족 이주민들이 밀집지역을 형성하였다. 서구 도시들에서는 교외화가 진행된 후 도심공동화 현상이 일어났는데, 자가용을 갖지 못한 이주민들이 대중교통을 이용하여 도심에 있는 직장에 가야 했기 때문에 도심에 모여 살기 시작한 경우가 많다. 교외화 현상이 두드러진 미국 로스앤젤레스에서 도심에 가까운 곳에 한인타운이 자리 잡은 것도 그 이유이다. 한인타운에 살던 한국인 이주민 중 많은 수가 교외로 이사를 간 후에도 그 한인타운의 상인상권은 더욱 발전하였다. 그리고 한국인뿐만 아니라 한국인 사업장에서 일하는 다른 소수민족 이주민들도 살고 있다.

다른 한편으로 이주민 밀집지역은 동시에 이주민이 자신들과 도착지 주류 인구를 구별 짓기 위해 만든 영토이기도 하다. 낮은 주택가격 등의 이유로 어쩔 수 없이 모여 살게 되는 효과도 있지만, 이주민들이 비슷한 처지와 정체성의 사람들과 모여 있을 때 가질 수 있는 편안함, 정보 유통을 위해 자발적으로 모여 사는 것이기도 하다. 이주민들이 최소한의 주거조건을 찾아 모인다는 측면에서 이주민 밀집지역은 도시 생성의 과정을 응축적으로 보여 준다. 또한 도시에 도착한 이주민들이 자신에게 필요한 장소를 만드는 과정을 통해 그 도시의 주민으로 자리 잡는 것을 보여 준다. 이런 장소 만들기(place-making)는 생존, 발전, 존재감을 위한 이주민들의 공간전략이다(신혜란, 2018; Shin, 2018).

장소 만들기의 측면에서 이주민 밀집지역에서 대표적인 공간은 음식점과 종교 공간이다. 이주민 음식과 음식점은 최근 들어 더 많은 관심을 받기 시작했는데, 그것은 음식이 문화를 나타내는데 중요한 부분이기 때문이다. 음식을 먹는 행위는 출신지의 문화체험을 극대화하는 경험이다. 음식을 만들고 먹고 나누는 행위는 그 음식이 온 지역에 대한 기억을 공유한다는 의미이다. 이주민 밀집지역 중에서 선주민들이 가장 가깝게 다가갈 수 있는 장소도 이런 이주민 식당이기 때문에 도착지 사람들과 많은 관계를 맺는 계기이다(Bailey, 2017). 따라서 이주민 음식점은 부드러운 방식으로 세력을 키우고 설득하는 과정이며, 문화적인 정체성뿐만 아니라 자신의 존재감과 권력을 안정되게 세우는 장소 만들기이기도 하다. 또한 초국적 음식문화가 형성·재형성되는 과정에서 미시적 권력관계, 갈등, 타협이 경험된다(최병두, 2017).

이주민 종교 기관과 장소는 이주자 밀집지역에서 핵심적인 역할을 한다. 전통적으로 종교공간은 커뮤니티센터 같은 역할을 하여 이주민들이 거기서 모이고 정보를 교환하며, 그들의 집단적인 정체성을 유지하고 도착지에 적응하면서도 출발지와 정신적인 끈을 유지하게 한다(Ehrkamp and Nagel, 2012). 새로 처음 도착한 이주민들에게 필요한 정보와 네트워크를 종교기관에서 제공해 주는 경우가 많다. 살던 곳을 떠나는 경험은 뿌리를 뽑히는 것과 비슷해서 이주민들이 삶의 근본적인 물음을 종교에서 찾는 경우가 많으므로 이주민들의 종교 의존성은 높은 편이다. 또한 이주민 종교 기관과 장소는 종교의 특성상 도움을 필요로 하는 이주민들에게 다가가서 종교적 믿음을 키우고 실용적인 문제의 상담까지 맡아서 하는 경우가 많다. 이주민들이 도착지를 자신의 정신적인 코드에 따라 형성하기(Ehrkamp and Nagel, 2012) 때문에 이는 종교적인 영토화 과정이라고 볼 수 있다(Garbin, 2014).

최근 연구는 이런 종교공간이 다양하고 유연하게 변화하는 성격에 대해 많은 관심을 가지고 있다(Colfer, 2015). 현대사회에 들어서는 통신기술의 발전으로 사이버 종교 네트워크도 발전할 수 있었다(Kim, M.-C., 2005). 이는 이주민 종교공간에 많은 변화를 가져왔다. 예를 들어, 물리적으로 한자리에 모여서 예배나 의식을 드리는 것이 아니라 스카이프(skype)를 이용해 다른 나라, 다른 시간대에 있는 사람들이 예배를 같이 열 수 있게 된 것이다(Habarakada and Shin, 2018). 이에 따라 이주민들도 인터넷 네트워크를 통해 소극적인 방법으로 종교공간을 형성·이용하고 있다.

3) 이주민 밀집지역의 경계-관광지화와 갈등

다문화공간(최병두·신혜란, 2011)인 이주민 밀집지역은 물리적인 가시성과 그 특유의 경관 때문에 경계를 상징하며(Jensen, 2011), 그 경계로 인해 선주민의 호기심을 자극하는 관광지가 되기도 한다. 도시민이나 관광객들이 앞서 이야기한 이주민 식당을 비롯해 이주민 출신지의 문화를 체험해 볼 수 있는 장소이기 때문이다. 세계화 시대에 걸맞게 다문화를 갖춘 도시임을 입증할 수 있는 증거도 된다. 근래에 들어 지방자치단체들은 초국적 이주민의 존재를 이용하여 관광지를 개발하려는 계획을 하기도 한다. 이러한 접근은 그 전에 이주민을 방치하거나 차별하다가 관광을 위해 이주민의 존재를 다소 도구화한다는 인상을 줄 수 있다. 그런 경우 실행에서 이주민의 협조를 받지 못한다. 반면 이주민들의 요구에 더욱 근거하는 이주민 밀집지역의 도시재생계획도 있다.

이주민 밀집지역은 종종 갈등과 혐오의 대상이 되기도 한다. 이주민과 이주민 밀집지역에 대해 언론에서 흔히 다루는 연관 이미지는 범죄이다. 이 범죄 이미지는 상당히 보편적인데, 대부분의 경우에 사실은 반대이다. 초국적 이주민들의 범죄율이 선주민의 범죄율보다 훨씬 낮다.

한국에서 외국인 범죄율은 근래에 증가했다고 언론에서 많이 보도했지만, 그 증가한 범죄율(10만 명당 범죄 건수 2,008건)이 2016년에 처음으로 내국인 범죄율(10만 명당 범죄 건수 3,500건)의 반을 넘긴 정도이다. 끈질기게 범죄와 연관 지어 이야기되는 중국 조선족의 경우 범죄율은 10만 명당 범죄 건수 2,220건으로 이주민 중에서도 중간에 해당한다(연합뉴스, 2017). 한국에 머물고 있는 이주민의 많은 수가 범죄를 저지를 수 있는 성인 나이 대에 몰려 있는 것을 생각하면 이주민들의 실질 범죄율은 더 낮은 셈이다. 실질적으로 낮은 범죄율에도 불구하고 이주민의 이미지와 범죄가 얽히는 현상은 낯선 이주민 밀집지역과 그 경계에 대한 불편함과 인종차별적 시선의 산물이다. 2017년에 개봉된 영화 '범죄도시'에 대해 조선족 이주민들이 항의를 한 것과 같이, 이런 시선에서 나오는 언론과 미디어의 이미지는 이주민들의 반발을 사기도 하고 선주민들의 편견을 더 강화시키기도 한다.

4. 향후 연구의 전망

이동, 이주를 바라보는 시각에 지정학적 요소, 권력의 인식 흐름, 변화의 관점(Collins, 2012; Shin, 2018)이 적용된 것은 근래 연구의 성과이다. 앞으로 권력, 이동, 지정학과 일상을 연결한 연구와 시각은 더욱 발전할 것이다. 도시발전에서 다문화는 큰 자원이자 짊어질 짐이다. 세계적으로 성공한 도시 대부분은 다문화사회로 발전한 곳들이다. 그것은 다문화가 도시발전의 원인이자 결과이기 때문이다. 동시에 세계 대도시들은 다문화에 대한 선주민의 반발 문제를 겪고 있다. 이로 인한 갈등과 재협상은 계속될 것이므로 다문화와 관련하여 이동, 권력과의 관계를 보는 연구도 계속 발전할 것이다.

다문화는 초국적 이주민에 관한 문제인데, 초국적 이주민의 특성 자체가 변화하면서 향후 도시와 다문화사회에 대한 연구에 반영될 것이다. 이주민의 특성이 변하는 가장 큰 이유로는 통신기술 및 네트워크의 발전과 시공간 이용방식의 변화를 들 수 있다. 현대사회에서는 과거에 비해 개인이 이주할 수 있는 장소와 갈 수 있는 방법에 대한 정보접근 기회가 크게 넓어졌다. 게다가 통신기술의 발달로 예전처럼 국제이주가 개인의 과거 네트워크와 라이프스타일과의 완전한 단절을 뜻하지도 않는다.

예를 들어, 한국 사람이 오스트레일리아로 이주를 한 후에도 한국의 친구들과 여전히 카카오톡으로 실시간 정보를 주고받고 한국 드라마를 보며 한국 물건을 해외배송으로 받을 수 있다. 한 번 이주를 했다고 해서 그곳 사람이 되어야 한다거나 그곳에서 영원히 있을 것이라고 생각하지도 않는다. 다시 한국으로 올 준비가 되어 있거나 제3국으로 옮길 생각도 있다. 이런 점에서 현재의 이주민들은 1970년대 혹은 그 이전의 이주민들과 구별되어야 하는 것이다.

이주민과 다문화의 증가, 기술의 발전은 장소들 간의 경계와 사람들의 라이프스타일에 큰 변화를 가져오고 있다. 우선 지리적인 경계와 그 안의 구성원의 자격을 규정하여 형성되고 유지되었던 영토성(territoriality)의 경계가 고정되지 않고 지속적인 변화를 보이고 있다. 사람들의 라이프스타일도 경제구조의 변화와 공간적 유연성(살면서 이용하는 공간이 고정되어 있지 않은 것) 때문에 더욱 유연해졌다. 이주민 밀집지역도 고정된 장소가 아니라 일시적 장소로 나타나는 이벤트식, 팝업(pop-up)식 밀집장소가 나타나기도 한다. 이는 유연성이 높아진 사람들의 생활방식을 반영하는 것이기도 하고, 도시의 부동산가격이 높아 장소를 마련하는 데 어려움을 겪은 이후의 공간전략이기도 하다. 향후 연구는 이러한 변화를 반영하고 개념화하는 데 많은 관심을 기울이게 될 듯하다.

참고문헌

길강묵, 2011, "이민자 사회통합 정책의 현황과 과제", 『다문화사회연구』, 4(2), pp.139–168.

김종갑 · 김슬기, 2014, "다문화사회와 인종차별주의", 『다문화사회연구』, 7(2), pp.85–105.

신혜란, 2017, "이동통치와 불안계급의 공간전략", 『공간과 사회』, 27(4), pp.9–35.

신혜란, 2018, "동화–초국적주의 지정학: 런던 한인타운 내 한국인과의 교류 속 탈북민의 일상과 담론에서 나타난 재영토화", 『대한지리학회지』, 53(1), pp.37–57.

조지영 · 서정민, 2013, "누가 다문화 사회를 노래하는가?", 『한국사회학』, 47(5), pp.101–137.

최병두, 2017, "초국적 결혼이주가정의 음식", 『한국지역지리학회지』, 23(1), pp.1–22.

최병두 · 신혜란, 2011, "초국적 이주와 다문화사회의 지리학", 『현대사회와다문화』, 1, pp.65–97.

연합뉴스, "한국 내 중국인 범죄율 실제로 높은 걸까?", 2017년 9월 14일자. http://www.yonhapnews.co.kr/digital/2017/09/13/4905000000AKR20170913168200797.HTML 2018년 1월 23일 확인.

Baerenholdt, J. O., 2013, "Governmobility: The powers of mobility", *Mobilities*, 8(1), pp.20-34.

Bailey, A., 2017, "The migrant suitcase: Food, belonging and commensality among Indian migrants in The Netherlands", *Appetite*, 110, pp.51-60.

Basch, L., Schiller, G., Chiller, N., and Szanton-Blanc, C., 1994, *Nations Unbound: Transnational Projects, Post-colonial Predicaments, and Deterritorialized Nation-States*, New York: Gordon & Breach.

Castles, S., 2010, "Understanding global migration: A social transformation perspective", *Journal of ethnic and migration studies*, 36(10), pp.1565-1586.

Colfer, C., 2015, "Creating religious place in Ireland: Hindu public places of worship and the Indian sculpture park", *Journal of the Irish Society for the Academic Study of Religions*, 2, pp.24-46.

Collins, F. L., 2012, "Transnational mobilities and urban spatialities: Notes from the Asia-Pacific", *Progress in Human Geography*, 36(3), pp.316-335.

Ehrkamp, P. and Nagel, C., 2012, "Immigration, places of worship and the politics of citizenship in the US South", *Transactions of the Institute of British Geographers*, 37(4), pp.624-638.

Fitzgerald, D., 2006, "Towards a theoretical ethnography of migration", *Qualitative Sociology*, 29(1), pp.1-24.

Friedmann, J., 2010, "Place and place-making in cities: a global perspective", *Planning Theory & Practice*, 11(2), pp.149-165.

Gao-Miles, L., 2017, "Beyond the Ethnic Enclave: Interethnicity and Trans-spatiality in an Australian Suburb", *City & Society*, 29(1), pp.82-103.

Garbin, D., 2014, "Regrounding the sacred: transnational religion, place making and the politics of diaspora among the Congolese in London and Atlanta", *Global networks*, 14(3), pp.363-382.

Habarakada S. and HaeRan Shin, 2018, "Transnational religious place-making: Sri Lanka migrants' physical and virtual Buddhist places in South Korea", *Space and Culture*, http://journals.sagepub.com/doi/abs/10.1177/1206331218760489.

Halilovich, H., 2011, "(Per)forming 'trans-local' homes: Bosnian diaspora in Australia'", in Marko, V. and Sabrina P. Ramet (ed.), *The Bosnian Diaspora: Integration in Transnational Communities*, Surrey: Ashgate Publishing Limited, pp.63-81.

Hume, S. E., 2015, "Two decades of Bosnian place-making in St. Louis, Missouri", *Journal of Cultural Geography*, 32(1), pp.1-22.

Jensen, A., 2011, "Mobility, space and power: on the multiplicities of seeing mobility", *Mobilities*, 6(2), pp.255-271.

Jensen, O. B. and Richardson, T., 2004, *Making European space: mobility, power and territorial identity*, Routledge.

Kim, M.-C., 2005, "Online Buddhist community: An alternative religious organization in the information age", *Religion and cyberspace*, pp.138-148.

Kim, Yulii, and HaeRan Shin, 2018, "Governing through mobilities and the expansion of spatial capability of Vietnamese marriage migrant activist women in South Korea", *Singapore Journal of Tropical Geography*, 39(3), pp.364-381.

Ndofor, H. A. and Priem, R. L. 2011, "Immigrant entrepreneurs, the ethnic enclave strategy, and venture performance", *Journal of Management*, 37(3), pp.790-818.

Schiller, N. G., Basch, L. and Blanc-Szanton, C., 1992, "Towards a definition of transnationalism. Introductory remarks and research questions", *Annals of the New York Academy of Sciences*, 645, pp.ix-xiv.

Sheller, M., 2016, "Uneven mobility futures: A Foucauldian approach", *Mobilities*, 11(1), pp.15-31.

Sheller, M. and Urry, J., 2006, "The new mobilities paradigm", *Environment and Planning A*, 38(2), pp.226.

Shin, HaeRan, 2018, "The territoriality of ethnic enclaves: dynamics of transnational practices and geopolitical relations within and beyond a Korean transnational enclave in New Malden, London", *Annals of the American Association of Geographers*, 108(3), pp.756-772.

Vertovec, S., 2009, *Transnationalism*, London and New York: Routledge.

Wang, Z., Zhang, F. and Wu, F., 2016, "Intergroup neighbouring in urban China: Implications for the social integration of migrants", *Urban Studies*, 53(4), pp.651-668.

더 읽을 거리

이영민·이현욱·김수정·송정아·이화용·박현서 옮김, 2017, 『개념으로 읽는 국제 이주와 다문화사회』, 푸른길(Bartram, D., Poros, M. V., Monforte, P., 2015, *Key Concepts in Migration*, London: Sage).

⋯› 국제 이주와 다문화를 이해할 수 있도록 동화, 초국적주의, 통합, 난민 등 개념별로 설명해 놓은 책이다. 원저의 저자 3명이 개인적인 이주 경험을 바탕으로 생생하게 개념들을 서술하였다. 한국 맥락에서 이해하기 쉽게 번역된 이 책은 국제 이주와 다문화에 입문하고 싶은 사람들에게 큰 도움이 될 것이다.

신혜란, 2016, 『우리는 모두 조선족이다: 뉴몰든에서 칭다오까지, 오늘도 떠나는 사람들』, 이매진.

⋯› 이 장의 저자가 런던, 서울, 칭다오 밀집지역에 있는 중국 조선족에 대한 경험연구를 묶어서 낸 책이다. 심층 인터뷰에 기반해 중국 조선족의 이주, 정착, 적응, 생존하는 모습을 보여 준다. 동시에 그러한 모습들이 단지 조선족의 것만이 아니라 지금 증가하고 있는 이주와 불안정성이 가져다주는 시대를 사는 우리 모두의 모습이라는 것을 강조하고 있다.

Iwabuchi, K., H. M. Kim, and H.-C. Hsia, (eds.), 2016, *Multiculturalism in East Asia: A Transnational Exploration of Japan, South Korea and Taiwan* (Asian Cultural Studies: Transnational and Dialogic Approaches), London: Rowman & Littlefield.

⋯› 다문화 논의가 일찌감치 이루어진 서구에 비해 인종적으로 덜 다양하다고 알려진 일본, 한국, 대만의 다문화 주제를 탐색하기 위해 엮은 책이다. 발전국가, 유교적 특성을 공통적으로 가진 이 세 나라에서 급격히 국제 이주가 이루어지고 있는 지금 시의성이 높은 책이다. 문화적 다양성, 선주민과 이주민 사이에 정치적·문화적 협상, 이주의 여성화가 정책, 담론, 실천 분야에서 어떻게 이루어지고 있는지를 살펴본다.

주요어 다문화, 동화, 초국적주의, 이주민 밀집지역, 이동, 이주, 이주와 권력, 다문화와 관광

제15장

도시와 젠트리피케이션

김 걸

1. 서론

최근 들어 우리나라의 도시개발은 신도시개발에서 도시재생으로 패러다임이 변화되고 있다. 1990년대 주택 공급의 확대에 급급한 나머지 우선적으로 사업이 용이한 신도시개발에만 의존하여 기존 도시에 대한 정비와 재개발이 소홀하게 다루어지다가, 2010년에 들어서면서 도시 내부의 토지이용으로 방향 전환이 이루어지고 있다. 특히 도시 내부는 가장 효율적인 토지이용이 요망되는 곳이며, 도시 전체의 공간구조에서 핵심적인 위치를 차지하므로 지속적인 정비가 요구된다. 만약 이곳이 슬럼화되거나 제 기능을 발휘하지 못한다면 해당 구역뿐 아니라 도시 전체와 국가에 큰 손실이 아닐 수 없다.

젠트리피케이션(gentrification)은 노후한 주택이나 근린으로 중산층 이상의 전입자가 이주해 와 기존 저소득층의 원점유자를 대체하고 낙후된 근린이나 주택을 고급화시키는 과정이며, 더욱 크게는 낙후된 도시를 재생시키는 현상이므로 기존 도시의 정비와 재개발에 대한 대안적 방법이라 할 수 있다. 이처럼 젠트리피케이션은 도시의 쇠퇴해진 기능을 회복하고 토지이용의 효율성을 높인다는 국부적인 필요성에서 더 나아가, 도시공간의 맥을 뚫어 주고 도시의 경제활동, 주택, 교통, 환경 및 문화 등 여러 분야에 걸쳐 활력을 불어넣는다는 점에서 매우 중요하다. 서구 선진국을 중심으로 진행되고 있는 젠트리피케이션에 관한 연구가 우리나라에서도 활발히 진행되고 있다.

미국에서는 1970년대부터 도시학자와 정책가들이 젠트리피케이션의 의미와 범위를 추정하기 위해 노력하던 과정에서, 1970년대 초에는 젠트리피케이션이란 현상의 거품이 사라질 것이라고 확신하였다. 그러나 이러한 예상은 젠트리피케이션이 사회문제와 관련되어 있어서 계량화하기 어렵다는 점과 지리적 자료의 부족으로 인해 불투명해졌다.

미국의 젠트리피케이션에 관한 연구는 1982년 센서스 자료가 이용되기 전까지 신문의 기사나 특별조사, 사례연구, 국가통계자료 등에 의존하였다. 젠트리피케이션에 대한 첫 번째 보고서는 낙후된 주택을 개축하려는 젊은 직장인의 특정 도시에 관한 사례연구와 신문기사로 제시되었다. 이후 똑같은 징후가 계속됨으로써 언론은 침체된 도시를 구할 가능성과 도시로의 인구귀환에 대해 추계하기 시작하였고, 도시들 사이에 젠트리피케이션에 대한 비교 기사를 보도하기에 이르렀다.

1975년 ULI(Urban Land Institution)의 조사와 1979년 클레이(P. Clay)에 의한 사례연구는 민간투자와 주택혁신이 중심도시에서 진행되고 있다는 증거를 제시하였다. 그러나 이런 지역정보의 조사결과는 자료의 왜곡, 여론의 비판, 판단착오 등의 문제점을 드러냈고, 사례연구는 전입자와 거주자만을 기록함으로써 인구이동의 동기와 목적지에 대한 정보를 누락시키는 과오를 범하였다.

이에 대한 대안적 방법으로 1982년부터는 센서스 자료가 이용되기 시작하였다. 그 자료는 보다 광범위한 지역과 시간적 변화를 종합적으로 분석할 수 있게 해 주었다. 이처럼 1980년대 센서스 자료는 1970년대와 1980년대의 젠트리피케이션을 설명하는 여러 가설들을 증명하는 데 사용되었다. 센서스 자료를 이용하여 연구한 학자로는 레이(Ley, 1986), 셰퍼와 스미스(Schaffer and Smith, 1986), 먼트(Munt, 1987) 등이 있다. 그러나 1980년대 말 이후부터 센서스 자료를 이용한 젠트리피케이션의 설명과 의미에 대한 연구는 논쟁이 서서히 체계화되면서 이미 새로운 것이 아니었다.

1990년대 이전까지의 연구는 소지역의 사례연구로 젠트리피케이션의 의미와 설명, 효과, 범위에 대한 연구방법이 중심을 이루는 기초적 수준에 머물렀다. 그러나 1990년대에 들어서면서 젠트리피케이션과 젠더(gender), 인종(race), 불균형개발(uneven development), 계층분석(class analysis)에 대한 연구 등이 활발히 이루어지기 시작하였다. 종래의 연구는 도시공간의 점유자 내지 이용자인 주민만을 대상으로 한 연구물로서, 오늘날 여성의 역할과 현실참여가 증대되고 있는 현실을 제대로 반영하지 못하는 한계를 드러냈다. 그러나 다양한 계층분석에 대한 연구동향은 다양화·개성화되는 현대사회 구성원의 성격을 파악하기 위해 절실히 요구되는 것이었다. 또한 불균형개발의 측면을 살펴봄으로써 젠트리피케이션의 정책이 새로운 시각으로 정립되어야 할 필요성이 대두된 것도 간과할 수 없는 사항이었다.

젠트리피케이션의 중요성과 영향을 인식할 때, 이에 대한 체계적인 분석과 현실적인 연구가 시급하다. 다음 절에서는 서구에서 활발히 진행되고 있는 젠트리피케이션의 정의와 대표적인 쟁점들을 살펴보고, 젠트리피케이션의 개념이 확대되고 있는 연구동향을 고찰함으로써 이론적인 틀을 정립하고자 한다.

2. 젠트리피케이션의 정의

젠트리피케이션은 독일 태생의 영국 사회학자였던 루스 글라스(Ruth Glass)가 『런던 개론: 변화의 측면(Introduction to London: Aspect of Change)』(1964)이라는 저서에서 처음 사용한 용어이다. 그녀는 영국 런던 중심부의 '마구간과 오두막'으로 상징되었던 저소득층 게토(ghetto)가 상류층에 의해 점유되는 도시의 변화과정을 다루면서 이 용어를 만들어 사용하였다. 즉 저지대지역이 고소득층으로 대체되는 현상을 일컫는 재활성화(revitalization)의 한 유형이었다. 예이츠(Yeates, 1990)는 도시재활성화의 하위개념으로 재개발(redevelopment), 기존 거주자의 주택고질화(incumbent upgrading), 젠트리피케이션의 세 가지를 언급하였다. 그 후 이 개념은 1980년대에 북아메리카 도시와 관련하여 대중의 관심을 모았던 과정을 설명하는 데 사용되었으며, 이 시기에 젠트리피케이션의 현상, 의미, 과정, 설명, 효과에 대한 논쟁이 학계의 주요 관심사가 되었다. 이 당시 출간된 정기간행물로는 레이(Ley, 1980; 1986), 셰퍼와 스미스(Schaffer and Smith, 1986), 스미스(N. Smith, 1987), 배드콕(Badcock, 1989)의 연구가 있다.

도시지리학에서는 "저소득층의 퇴거를 종종 야기하면서 중산층이나 상업부동산 개발자에 의해 쇠퇴한 도시부동산이 복구되거나 개선되는 현상"으로 젠트리피케이션을 정의한다. 이 정의에 의해 젠트리피케이션을 규정하기 위해서는 세 가지 조건이 일치되어야 한다. 첫째 조건은 저소득 주민의 퇴거와 중산층의 도심복귀라는 인구이동이 일어나야 한다는 것이다. 두 번째 조건은 근린이나 주택의 물리적인 개선이 있어야 한다. 세 번째 조건은 저소득층의 주거지역에서 중산층의 주거지역으로 전환됨으로써 근린의 질적 변화가 수반되어야 한다는 점이다. 이 세 가지 조건이 일치되지 않으면 젠트리피케이션이라 할 수 없다.

여러 도시학자들은 북아메리카, 유럽, 오스트레일리아 등의 대도시에서 발생하고 있는 젠트리피케이션을·확인하였다. 그러나 젠트리피케이션은 1960년대와 1970년대에 들어와 확대되었음에도 불구하고 세계대전 이후에 심화된 도시 근교의 발달과 내부도시의 쇠퇴에 비교하여 소규모적으로 발생한 현상이었으며, 지리적으로는 국지적인 현상에 불과하였다. 버넌(Vernon, 1959)은 "중심도시의 변화하는 경제기능(The Changing Economic Function of the Central City)"이라는 논문에서 기술혁신, 교통수단의 발달, 중심도시의 쇠퇴로 인해 인구, 소매업, 도매업, 제조업, 사무업 등이 근교화(suburbanization)하여 도시 토지이용의 패턴에 변화가 발생한다는 사실을 확인한 바 있다. 이에 베리(Berry, 1980)는 순환적이고 누적적인 인과관계로 기술되던 전통적인 미국 도시의 중심부가 원심력의 메커니즘인 이심(離心, decentralization)의 작용을 받게 되면서 지속적으로 쇠퇴할 것이라고 전망하였다. 즉 핵가족의 증가로 인한 새로운 저밀도 주거지의 선호와 여과과정(filtering)으로 인한 주택포기(abandonment)의 가속화로 도시 외곽을 지향하는 인구의 근교화가 도시 내부의 재활성화를 제약할 것이라고 주장하면서 젠트리피케이션을 부정하기도 하였다.

이와 같이 지리적으로 국지화된 현상으로 간주되었던 젠트리피케이션이 서구의 도시학자들에게 연구주제로 각광받게 된 것은 다음의 다섯 가지 이유 때문이라 할 수 있다. 첫째, 젠트리피케이션이라는 주제는 신세대의 도시학자에게 도시의 새롭고 특이한 연구과제를 전망하는 데 편리하다는 점, 둘째, 젠트리피케이션은 기존의 주거입지와 도시 사회구조의 전통이론에 정면으로 도전한다는 점, 셋째, 젠트리피케이션은 그 결과로 나타나는 주거지의 대체(displacement)나 이전(replacement)과 관련된 정책과 정치적 논쟁 때문에 각광을 받게 되었다는 점, 넷째, 젠트리피케이션은 현대 대도시의 재구조화(restructuring)를 선도한다는 점, 다섯째, 도시지리학의 중요한 이론적·이념적 쟁점을 제공해 준다는 점 등이었다.

이상과 같은 이유로 레이(Ley, 1980), 스미스(N. Smith, 1979; 1987; 1992), 햄넷(Hamnett, 1991; 1992), 클라크(Clark, 1992) 등은 젠트리피케이션을 설명하는 방법에 대해 논쟁을 전개함으로써 젠트리피케이션에 관한 원리적이고 독창적인 이론을 제기한 바 있다. 이에 다음 절에서는 젠트리피케이션을 둘러싼 정의와 설명기준, 대표적 쟁점을 포괄적으로 고찰하여 요약하고자 한다.

젠트리피케이션은 논쟁의 여지가 있는 개념인 까닭에 주의를 요하는 미정립의 용어이다. 처음에 이 용어는 영국에서 런던의 슬럼 내부로 기사계급의 상류계층이 복귀하는 것을 설명하기 위해 사용되었지만, 현재 북아메리카, 유럽, 오스트레일리아의 일부 대도시에서는 더욱 폭넓고 복잡한 과정을 포함하는 의미로 변질되었다.

1982년 아메리칸 헤리티지(American Heritage) 사전에 따르면, 젠트리피케이션은 중·상류 계층에 의해 "쇠퇴한 도시의 부동산, 특히 노동자계층의 근린을 복구하는 것"이라고 정의하고 있다. 이와 유사한 맥락에서, 1980년 옥스퍼드 아메리칸(Oxford American) 사전에서는 젠트리피케이션이 부동산 가치의 증가를 일으키며 빈민을 축출하는 이차적 효과를 가지고 있는 "중산층 가구의 도시로의 이동"이라고 정의하였다(Smith and Williams, 1986). 1993년 아메리칸 헤리티지 칼리지(American Heritage College) 사전에서는 젠트리피케이션을 쇠퇴한 부동산의 복구(restoration)와 고질화(upgrading)가 중산층에 의해 발생되며, 때때로 저소득층의 주거지 이전을 야기한다고 정의한 바 있다.

젠트리피케이션과 관련한 정의를 살펴보면, 미국 주택 및 도시개발국(U.S. Department of Housing and Urban Development, 1979)은 저소득 가구에 의해 점유된 근린이 고소득 가구의 복귀를 통해 재활성화나 재투자가 이루어지는 과정을 젠트리피케이션이라고 정의하였다. 한편, 햄넷(Hamnett, 1984)은 젠트리피케이션을 물리적·경제적·사회적·문화적으로 동시적인 현상이고, 과거에 노동자계층의 근린 혹인 다인종 지역이었던 곳으로 중산층이나 고소득 집단이 침입(invasion)하는 것을 의미하며, 많은 원점유자의 주거지 대체나 이전을 의미한다고 하였다. 그뿐만 아니라 매우 노후한 주택재고를 물리적으로 혁신(renovation)하거나 수복(rehabilitation)시키는 것이라고 정의하였다.

그러나 라스카와 스페인(Laska and Spain, 1979), 런던과 팰른(London and Palen, 1984) 등은 미국에서 일어나는 실제적 근린의 변화를 설명하면서, 고소득계층이 젠트리피케이션이 발생하고 있는 근린으로 이동한다는 설명은 적절치 않다고 주장하였다. 또한 근린의 재개발에 대한 클레이(Clay, 1979)의 연구는 전입자에 의해 젠트리피케이션이 발생하는 것이 아니라 기존 거주자에 의해 주택고질화가 발생되는 것이라고 주장하였다. 이에 라스카와 스페인은 재침입(reinvasion), 재정착(resettlement), 도시개척(urban pioneering)이란 용어를 사용하여 젠트리피케이션과의 차별화를 시도하였다.

한편, 젠트리피케이션은 한국에서도 연구자의 관점에 따라 다양하게 해석되고 있다. 재개발의 발전배경과 주요 쟁점을 고찰한 하성규(1997)는 도시재활성화로, 하트숀(Hartshorn, 1992)의 저서를 번역한 안재학(1997)은 고급주택화로 번역하였는데, 전자는 재활성화와 젠트리피케이션을 같은 의미로 보는 관점이다. 또한 후자의 고급주택화는 주거의 상향이동에 국한시킨 협의적 의미로 해석될 수 있기 때문에 후술하는 바와 같은 의미를 모두 포함하기에는 적절하지 않다. 이에 젠트리피케이션은 최적의 용어 번역이 불가능하고, 인구이동의 주체와 젠트리피케이션을 발생시키는 지역의 변화과정을 모두 포함한다는 의미에서 원어 그대로를 사용하는 것이 바람직하다.

이와 같이 젠트리피케이션을 바라보는 입장은 학자들마다 서로 다르다. 그러나 젠트리피케이션은 많은 학자들의 연구에서 밝혀졌듯이 명확하게 발생하고 있는 현상이기에, 이들 정의를 종합하여 살펴보면 젠트리피케이션의 의미를 파악할 수 있을 것이다. 즉 젠트리피케이션은 노후한 주택이나 근린으로 중산층 이상의 전입자가 이주해 와 기존 저소득층의 원점유자를 대체하고 낙후된 근린이나 주택을 고급화시키는 과정이며, 낙후된 도시를 재생시키는 것이라 할 수 있다. 이 정의에는 젠트리피케이션을 발생시키는 집단(gentrifiers)의 성격, 즉 인구이동의 주체와 젠트리피케이션이 발생하는 지역의 특징이 포함되어 있다고 할 수 있다.

전술한 바와 같이, 젠트리피케이션은 지역과 지역 주민의 사회구성에서의 변화, 주택시장(소유권, 가격, 주택조건 등)의 본질적 변화를 의미한다. 이러한 정의에서 비추어 볼 때, 젠트리피케이션을 설명하기 위해서는 다음의 네 가지 기준이 필요하다.

첫째, 젠트리피케이션은 왜 소수의 대도시에만 집중하는가? 둘째, 왜 근린이나 주택에 국한되어 발생하며, 젠트리피케이션이 발생하는 지역의 특색은 무엇인가? 셋째, 어느 집단이 젠트리피케이션을 일으키는 주체가 되며, 왜 그런 주체가 되어야 하는가? 넷째, 젠트리피케이션은 언제 발생하는가를 설명해야 한다. 즉 젠트리피케이션을 정확하게 설명하기 위해서는 '어디에서, 누가, 언제, 왜'라는 물음에 답할 수 있어야 한다는 것이다.

이상과 같은 설명기준으로 레이, 스미스, 햄넷, 클라크 등의 여러 도시학자들은 수요, 공급, 수요와 공급의 통합적 측면으로 젠트리피케이션의 실체와 속성을 밝혀내려고 시도하였다. 다음에서는 젠트리피케이션을 둘러싼 세 측면의 쟁점에 대해 고찰해 보겠다.

3. 젠트리피케이션의 쟁점

1) 수요 측면의 쟁점

레이(Ley, 1980)는 "자유이념과 후기 산업도시(Liberal Ideology and the Postindustrial City)"라는 논문에서 젠트리피케이션의 기원과 원인을 밝히기 위해 이론적 분석을 시도하였다. 그는 벨(Bell, 1976)과 하버마스(Habermas, 1970)의 영향을 받아 19세기 초~20세기 말에 걸친 자본주의 사회에 기초하여 후기 산업사회에 대한 경제·정치·사회문화의 세 수준별 특성을 지적하였다.

첫째, 경제적 수준에서 볼 때 후기 산업사회의 도시는 생산과정에서 미숙련 노동자의 역할이 감소하고, 공장, 사무실, 행정부서에서 기술의 중요성이 증대되어 19세기 상황과는 판이하게 변화할 것이라고 주장하였다. 이것은 노동력의 질적 변화와 관련된 문제이다. 즉 노동자계층이 감소하고 상대적으로 관리직·전문직·행정직·기술직의 화이트칼라 계층이 증가할 것이라는 지적이다. 레이는 이러한 노동력의 질적 변화를 상품을 생산하는 제조업의 쇠퇴와 서비스를 생산하는 사무직의 성장에 결부시켰다.

둘째, 후기 산업사회는 정부의 영향력이 증대됨으로써 19세기 산업사회와 구별될 것이라고 예상하였다. 즉 의사결정이나 자원의 배분은 정치적인 장소에서 행해지며, 다양한 이익집단의 정치화로 인해 정치적 의사결정에 대한 사업로비 활동이 변화된다는 지적이다.

셋째, 사회문화 수준에서 볼 때 개성의 역할을 중요시함으로써 감각적이고 심미적인 문화와 소비를 선호하는 여가계층의 출현을 강조한 점이다. 즉 후기 산업도시는 물질적인 양적 결핍시대의 종말을 고한다는 지적이다.

레이는 이러한 이론적 틀을 사용하여 20세기의 후기 산업사회를 고지위와 고소비를 지향하는 대중사회의 출현으로 규정함으로써, 19세기 자본과 노동계급을 주장하는 견해와 대비되는 입장을 천명하였다. 이를 통해 그는 신계층의 출현을 언급함으로써 젠트리피케이션의 주체와 젠트리피케이션이 발생할 수 있는 장소가 대도시임을 암시하였다. 즉 전문직 종사자가 증가하면서 도시의 주택재투자에 대한 수요기반이 생겨났고, 전문직 종사자는 자신의 환경을 보호하기 위해 정치적인 힘을 발휘하며, 이러한 엘리트 계층이 건물이 들어선 건조환경(built environment)을 재구조화하고 젠트리피케이션을 가속화시켰다는 주장이다. 그러나 레이의 주장은 지나치게 정치적 측면을 강조함으로써 공급적 측면을 주장하는 마르크스주의자로부터 강력한 비난을 받았다. 또한 젠트리피케이션의 주체에게 제공되는 도시공간과 환경, 문화시설 등을 수요의 산물로 보는 시각에서 극단적인 소비자의 주권을 옹호한다는 단점을 드러냈다.

2) 공급 측면의 쟁점

젠트리피케이션을 설명하는 레이의 접근방법은 문화와 소비를 중요한 요소로 보는 관점이다. 이에 스미스(N. Smith, 1979)는 문화와 소비의 중요성을 주장하는 레이의 접근방법과 대조적으로 생산적 측면으로부터 접근해야 함을 강조하였다. 그는 총체적인 사회활동가, 즉 건축가, 개발가, 토지소유자, 담보대출자, 정부기관, 부동산중개업자, 토지임대인 등의 역할이 엘리트 계층의 개별적 역할보다 훨씬 중요하다고 주장하면서 공급자의 역할을 강조하였다.

그는 자신의 이론을 전개하기 위해 임대료 격차 혹은 지대 격차(rent–gap)라는 가설을 사용하였다. 1920년대 말 시카고의 도시 내부 지가는 CBD와 근교의 그것에 비교하여 부분적으로 낮다는 것이 호이트(Hoyt)에 의해 확인되었다. 이에 스미스는 잠재적인 지대와 현 시가로 평가된 지대 사이의 격차를 임대료 격차로 정의하면서, 근교의 자본이 임대료가 낮은 도시 내부로 역류해 들어온다고 주장하였다. 스미스는 젠트리피케이션이 토지와 주택시장의 구조적 산물이며, 자본은 수익률이 낮은 곳에서 높은 곳으로 흐르고 도시 내부의 자본이 지속적으로 가치절하되면 도시 외곽으로 이동한다고 지적하였다. 그 자본은 결국 임대료 격차를 발생시키고, 이러한 격차가 커짐에 따라 수복 또는 재개발사업은 수익률을 높일 수 있는 장소로 이동하여 시행된다는 것이다. 그 같은 이유에서 스미스는 젠트리피케이션을 자본이 도심으로 역류하게 된다는 인간에 의한 도시로의 복귀가 아니라, 자본에 의한 도시로의 복귀임을 강조하였다.

이런 관점에서 보면, 젠트리피케이션은 우연히 발생되는 것도 아니며 설명하기 어려운 과정도 아니라는 것을 알게 된다. 스미스는 임대료 격차이론이 옳다고 가정할 때, 수복이나 재개발은 임대료 격차가 크고 높은 수익을 올릴 수 있는 장소에서 시작될 것이라고 주장하였다. 즉 도심에 가까운 특정 근린과 이웃하는 가치절하된 근린에서 그 과정이 매우 뚜렷하게 나타날 수 있다는 것이다. 또한 경험적인 분석에서 볼 때, 젠트리피케이션은 초기단계에는 도심에 한정하여 발생하는 경향이 있다. 그러나 젠트리피케이션의 대부분은 근린의 쇠퇴수준과 밀접한 관련이 있기 때문에 도심의 특정 지역에서만 발생하는 것은 아니다. 이를 통해 젠트리피케이션이 도심에 국한되어 발생하는 현상이 아니라 도시의 낙후된 지역에서도 발생할 수 있다는 사실을 상기해야 한다. 임대료 격차이론은 수익이 낮지만 여전히 실질적인 수익을 제공하는 도심 이외의 지역과 덜 노후화된 상업 및 주거 지역에서도 젠트리피케이션이 발생될 수 있다는 가능성을 제시하는 것이다(N. Smith, 1996). 그 후 스미스는 젠트리피케이션이 발생함으로써 급속히 하락했던 도시 내부의 지가는 상승하게 되고, 지가변동은 시간이 지남에 따라 도시 외곽으로 확대되어 나간다고 주장하기도 하였다.

이와 같은 스미스의 주장은 젠트리피케이션이 일어나는 이유를 설명하는 데 이론적 기초를 제공하였다. 하지만 젠트리피케이션을 발생시키는 주체와 성격에 대한 설명으로는 여전히 미흡하다는 결함을 드러냈다.

3) 수요와 공급의 통합적 쟁점

햄넷(Hamnett, 1991)은 레이(1980)와 스미스(1979; 1987; 1992; 1996)에 의해 발전된 사회재구조화의 논제가 젠트리피케이션을 설명하는 부분적 시도에 지나지 않는다고 주장하였다. 레이의 접근방법은 노동의 사회적이고 공간적인 분화에서의 변화, 직업구조의 변화, 문화적이고 환경적인 수요의 창출, 그리고 신계층의 커다란 구매력을 통한 주택시장의 변화에 초점을 맞춤으로써, 젠트리피케이션이 발생하기에 충분한 잠재지역의 존재를 당연시하여 주택시장의 수요라는 측면에서 그 과정을 설명하는 것이었다.

한편, 스미스는 임대료 격차라는 메커니즘을 통해 젠트리피케이션이 발생될 수 있는 주택의 생산에 초점을 맞춤으로써, 잠재적인 젠트리피케이션의 공급주체를 당연시하고 개별행동의 역할을 간과하였다. 이에 햄넷은 젠트리피케이션이 일어나려면 네 가지 조건이 필요하다고 주장하였는데, 그것은 1) 젠트리피케이션이 발생되기 위한 지역의 공급, 2) 젠트리피케이션을 발생시키는 주체의 생성, 3) 매력 있는 도심과 도시 내부의 환경, 4) 도시 내부에서의 주거를 선호하는 문화적 서비스 계층이 있어야 한다는 것이다. 특히 네 가지 조건 중 임대료 격차와 신계층의 도시 내부에 대한 선호가 있을 때에만 젠트리피케이션이 발생한다고 주장하였다.

이것은 레이와 스미스가 주장한 핵심적 메커니즘을 보완하여 젠트리피케이션을 설명하려는 시도였으나, 햄넷의 논제도 젠트리피케이션이 발생되는 도시에 적용하기에는 미흡한 점이 있다. 왜냐하면 레이(1986)는 캐나다의 총 22개 대도시에서 신계층의 도시 내부에 대한 선호만으로도 젠트리피케이션이 발생하였다는 사실을 계량적으로 밝혔기 때문이다. 이러한 사실은 클라크(Clark, 1992)에 의해서도 확인되었으며, 그는 여러 학자들의 공통분모를 망라해야 한다면서, 레이, 스미스, 햄넷의 논제를 모두 포함해야만 젠트리피케이션을 설명할 수 있다고 주장하였다.

이와는 달리 주택 공급의 동태적 측면에서도 고찰할 필요가 있다. 왜냐하면 주택이라는 상품은 다른 상품과 달리 시간의 경과에 따라 노후화될뿐더러 재개발에 의해 새로운 상품으로 거듭날 수도 있으며, 주택은 생산과 소비의 측면이나 건설 및 공급의 측면에서도 타 상품과 다른 특성을 지니고 있기 때문이다. 현시점에서 도시 내부에 공급되고 있는 주택 서비스 가운데에는 당해에 신축한 주택도 있지만, 그 대부분은 과거에 건설된 주택이거나 재건축된 주택일 경우가 많다. 따라서 현재의 주택 사정은 과거의 주택 투자에 의존하는 바가 크며, 장래의 주택 사정은 현시점에서의 주택 투자에 달려 있다고 보아야 한다.

이상에서 살펴보았듯이, 여러 도시학자들이 벌인 수요, 공급, 수요와 공급의 통합적 쟁점은 각각 다른 관점으로 젠트리피케이션이라는 현상을 보았기 때문에 젠트리피케이션이 발생하는 모든 도시를 설명하기에는 부족한 점이 많았다. 그러나 그 같은 노력으로 인해 젠트리피케이션에 대한 도시지리학자들의 이론적·이념적 관심을 불러일으킬 수 있었다는 것은 부인할 수 없는 사실이다.

4. 젠트리피케이션 연구의 확대

클라크(Clark, 1992)와 리스(Lees, 1994)는 젠트리피케이션의 통합 담론을 제시한 바 있다. 즉 그들은 경제와 문화의 이론적 분열을 상보성의 개념으로 조화시키려 하였는데, "한 아이디어를 다른 아이디어와 비교하고 알리는 것"(Lees, 1994)이 젠트리피케이션을 진화시키는 과정이라고 주장하였다. 그러나 와일리와 햄멜(Wyly and Hammel, 1999)은 새로운 통합 담론으로 위장하려는 노력에도 불구하고 한 세대 전부터 논쟁의 여지가 있는 담론을 통합시키는 것은 젠트리피케이션을 더욱 파편화시키는 것이라는 반론을 제시하였다. 또한 본디(Bondi, 1999)는 고령화 연구의 다양성이 실제로 젠트리피케이션의 연구 확대에 도움을 준다고 강조하였다.

버틀러와 롭슨(Butler and Robson, 2001)은 젠트리피케이션이 어떤 의미에서는 단일현상으로 간주될 수 없지만, 경우에 따라 자체 논리와 결과에 따라 조사될 필요가 있다고 주장하였다. 레이(Ley, 2003)는 또한 경제적·문화적 역량의 결합적 관점의 추구가 단일 인과관계에 대한 어떤 진술에도 의문의 여지가 있다고 주장하였다. 그것은 경제적 또는 문화적 논쟁이 우선하느냐의 문제가 아니라, 결과로서 고결함을 생산하기 위해 어떻게 협력하는지에 관한 문제라는 것이다. 레이와 마찬가지로, 슬레이터(Slater, 2004)는 젠트리피케이션 연구가 낡은 경제와 문화의 이분법적 논리에서 벗어나야 한다고 주장하였다. 경제와 문화의 통합에 대한 논의 이후, 젠트리피케이션 연구는 계급과 젠더 및 인종의 수요주체 연구로 세분화되었고, 젠트리피케이션의 연구범위도 기존의 도시 연구에서 촌락 연구로 확대되기도 하였다.

스미스(N. Smith, 1996)는 도심이 빈민에게 점유되었다고 느끼는 백인 중산층의 복수심에 의해 젠트리피케이션이 발생하게 되었다고 강조하면서 노동자계급인 소수민족과 이민자들로부터 도심을 탈환하려는 시도가 젠트리피케이션이며, 도심은 해방공간이 아니라 중산층에 의해 회복되는 전투지역이라는 관점에서 복수주의 젠트리피케이션이라는 개념을 제시하였다.

스미스의 복수주의 젠트리피케이션 담론과는 달리, 레이(Ley, 1996)는 토론토와 밴쿠버와 같은 캐나다 대도시를 대상으로 해방주의 도시 담론을 제시하였다. 그는 해방된 젠트리파이어(gentrifiers)로 정의되는 신중산층이 내부도시의 해방공간을 이용하는 능력을 가졌으며, 이피(yuppies)와 같은 새로운 문화도시계층이 창출되어 젠트리피케이션이 가속화됨을 주장하였다. 즉 젠트리피케이션은 새로운 문화가치의 공간적 반영이며, 내부도시는 신중산층의 해방공간이라는 것이다.

레이(Ley, 1996)와 리스(Lees, 2000)는 젠트리피케이션의 지리(geography)에 대한 개념을 종합적으로 인지하기 시작하였다. 레이는 젠트리피케이션 연구의 중심을 지리에 두어야 한다고 강조하였으며, 리스는 젠트리피케이션의 지리 연구가 진보적인 학문의 발전을 선도한다고 주장하였다. 즉 도시/광역도시/국제도시 차원의 젠트리피케이션 연구가 필요함을 강조하였다.

이후 스미스(D. Smith, 2002)는 젠트리피케이션이 대도시의 내부도시에서 광범위하게 발생하는 특징적인 현상이라는 것에 동의하면서도 내부도시가 아닌 근교에서도 젠트리피케이션이 발생됨을 강조하면서, 젠트리피케이션이 촌락이나 은퇴자의 이주지역 등으로 확대됨을 강조하였다.

5. 결론

젠트리피케이션은 영국의 부유한 귀족을 의미하는 '젠트리(gentry)'와 '~화됨(~fication)'의 합성어로, '귀족화됨'이라는 뜻을 가지고 있다. 하지만 부유한 귀족이 된다는 의미를 넘어 지역이 재활성화(revitalization)된다는 의미도 있음에 주목해야 한다. 부유한 귀족에 초점을 맞출 경우 반대급부인 하층민의 퇴거로 인한 가난과 고통에만 매몰되어 계급 갈등의 견해로 치우칠 위험성이 있다. 따라서 지나친 계급 갈등의 관점으로 바라볼 필요는 없는 현상이다. 빈민층이 거주하던 도시 쇠퇴지역이 상류층의 귀족(고급) 주거지로 대체되어 활기를 다시 찾게 된 동네가 되었다는 의미로 인식해야 한다.

하지만 우리 언론에서는 젠트리피케이션이라는 현상을 오용(誤用)하고 있다. 당연하다는 듯이 홍대와 이태원 경리단길에서 젠트리피케이션이 발생됨을 보도하면서 소상공인과 예술가들의 퇴거에만 초점을 맞추어 지역활성화와 인구이동의 측면을 간과하고 있다. 홍대와 경리단길에서 저소득층의 퇴거가 일어나고 있다는 점은 맞다. 하지만 중산층이 아닌 상업투기 자본만이 이동해 온다는 점에서 명백히 조건에 부합되지 않으며, 상업적 자본의 상향여과라는 측면에서 리

젠트리피케이션(regentrification)의 과정으로 인식되기도 한다. 따라서 홍대와 경리단길 등의 사례는 명백한 젠트리피케이션이라고 볼 수 없다.

젠트리피케이션은 동전의 양면과 같이 장점과 단점을 고루 가지고 있다. 장점은 중산층이 유입되면서 도시나 지역의 세수가 증대되어 지역재활성화가 이루어진다는 점이다. 단점은 저소득층의 강제적 퇴거가 이루어진다는 점이다. 동전의 양면에 대한 고른 시각이 필요하다.

참고문헌

안재학 옮김, 1997, 『도시학개론』, 새남출판사.

하성규, 1997, "재개발의 발전배경과 주요쟁점", 『주택금융』, 207, pp.1-26.

Badcock, B., 1989, "Smith's Rent Gap Hypothesis: an Australian View", *Annals of the Association of American Geographers*, 80, pp.125-145.

Bell, D., 1976, *The Coming of Post-Industrial Society*, New York: Basic Books.

Berry, B., 1980, "Inner City Future: An American Dilemma", *Transactions of the Institute of British Geographers*, 5, pp.1-28.

Bondi, L., 1991, "Gender Divisions and Gentrification: A Critique", *Transactions of the Institute of British Geographers*, 16, pp.190-198.

Bondi, L., 1999, "Between the Woof and the Weft: A Response to Loretta Lees", *Environment and Planning D: Society and Space*, 17, pp.253-260.

Butler, T. and Robson, G., 2001, "Social Capital, Gentrification and Neighborhood Change in London: A Comparison of Three South London Neighborhoods", *Urban Studies*, 38, pp.2145-2162.

Clark, E., 1992, "On Blindness, Centrepieces and Complementarity in Gentrification Theory", *Transactions of the Institute of British Geographers*, 17, pp.358-362.

Clay, P. L., 1979, *Neighborhood Renewal: Middle-class Resettlement and Incumbent Upgrading in American Neighborhoods*, Lexington: Lexington Books.

Glass, R., 1964, *Introduction to London: Aspects of Change*, London: MacGibbon and Kee.

Habermas, J., 1970, *Toward a Rational Society*, Boston: Beacon Press.

Hamnett, C., 1991, "The Blind Men and the Elephant: The Explanation of Gentrification", *Transactions of the Institute of British Geographers*, 16, pp.173-189.

Hamnett, C., 1992, "Gentrifiers or Lemmings? A Response to Neal Smith", *Transactions of the Institute of British Geographers*, 17, pp.116-119.

Hartshorn, T. A., 1992, *Interpreting the City: An Urban Geography*, New York: John Wiley and Sons, Inc.

Laska, S. B. and Spain, D., 1979, "Urban Policy and Planning in the Wake of Gentrification: Anticipating Renovators' Demand", *Journal of the American Planning Association*, 45, pp.523-531.

Lees, L., 1994, "Rethinking Gentrification: Beyond the Positions of Economics or Culture", *Progress in Human Geography*, 18, pp.137-150.

Lees, L., 2000, "A Reappraisal of Gentrification: Towards a 'Geography of Gentrification'", *Progress in Human Geography*, 24, pp.389-408.

Ley, D., 1980, "Liberal Ideology and the Postindustrial City", *Annals of the Association of American Geographers*, 70, pp.238-258.

Ley, D., 1986, "Alternative Explanations for Inner-City Gentrification: A Canadian Assessment", *Annals of the Association of American Geographers*, 76, pp.521-535.

Ley, D., 1996, *The Middle Class and the Remaking of the Central City*, Oxford: Oxford University Press.

Ley, D., 2003, "Artists, Aestheticisation and the Field of Gentrification", *Urban Studies*, 40, pp.2527-2544.

London, B. and Palen, J.(eds.), 1984, *Gentrification, Displacement, and Neighborhood Revitalization*, Albany: State University of New York Press.

Schaffer, R. and Smith, N., 1986, "The Gentrification of Harlem?", *Annals of the Association of American Geographers*, 76, pp.347-365.

Slater, T., 2004, "North American Gentrification? Revanchist and Emancipatory Perspectives Explored", *Environmental and Planning A*, 37, pp.1191-1213.

Smith, D., 2002, "Extending the Temporal and Spatial Limits of Gentrification: A Research Agenda for Population Geographers", *International Journal of Population Geography*, 8, pp.385-394.

Smith, N., 1979, "Toward a Theory of Gentrification: A Back to the City Movement by Capital, not People", *Journal of the American Planning Association*, 45, pp.538-548.

Smith, N., 1986, "Gentrification, the Frontier, and the Restructuring of Urban Space", in Smith, N. and Williams, P. (eds.), *Gentrification of the City*, London: Allen and Unwin.

Smith, N., 1987, "Gentrification and the Rent Gap", *Annals of the Association of American Geographers*, 77, pp.462-465.

Smith, N., 1992, "Blind Man's Buff or Hamnett's Philosophicla Individualism in Search of Gentrification", *Transactions of the Institute of British Geographers*, 17, pp.110-115.

Smith, N., 1996, *The New Urban Frontier: Gentrification and the Revanchist City*, London and New York: Routledge.

Smith, N., 2002, "New Globalism, New Urbanism: Gentrification as Global Urban Strategy", *Antipode*, 34, pp.427-450.

Smith, N. and Williams, P., 1986, *The Gentrification of the City*, London: Allen and Unwin.

U.S. Department of Housing and Urban Development, 1979, *Whither or Whether Urban Distress*, Working Paper, Office of Community Planning and Development.

Vernon, R., 1959, "The Changing Economic Fuction of the Central City", *Committee for Economic Development*, pp.40-62.

Wyly, E. and Hammel, D., 1999, "Islands of Decay in Seas of Renewal: Housing Policy and the Resurgence of Gentrification", *Housing Policy Debate*, 10, pp.711-797.

Yeates, M. 1990, *The North American City*, New York: Harper and Row.

더 읽을 거리

Kim, Kirl., 2006, *Housing Redevelopment and Neighborhood Change As a Gentrification Process in Seoul, Korea*, Dissertation of Ph.D., in Geography, Florida State University.

⋯▸ 서울의 젠트리피케이션을 삼각기법의 방법론을 사용하여 사례연구하였다.

Phillips, M., 2004, "Other Geographies of Gentrification", *Progress in Human Geography*, 28, pp.5-30.

⋯▸ 젠트리피케이션의 지리와 범위에 대한 담론을 제시하였다. 도시가 아닌 촌락의 젠트리피케이션 확대에 대한 담론을 수록하고 있다.

Hackworth, J. and Smith, N., 2001, "The Changing State of Gentrification", *Tijdschrift voor Economishe en A Review of the Research Trends of Gentrification Sociale Geografie*, 92, pp.464-477.

⋯▸ 젠트리피케이션의 발생에 대한 국가의 역할을 강조하면서 정치재구조화에 따른 젠트리피케이션의 세 가지 단계를 제시하고 있다.

주요어 젠트리피케이션, 젠트리파이어, 여과과정, 재활성화, 도시재생

제3부.

도시의 문화환경

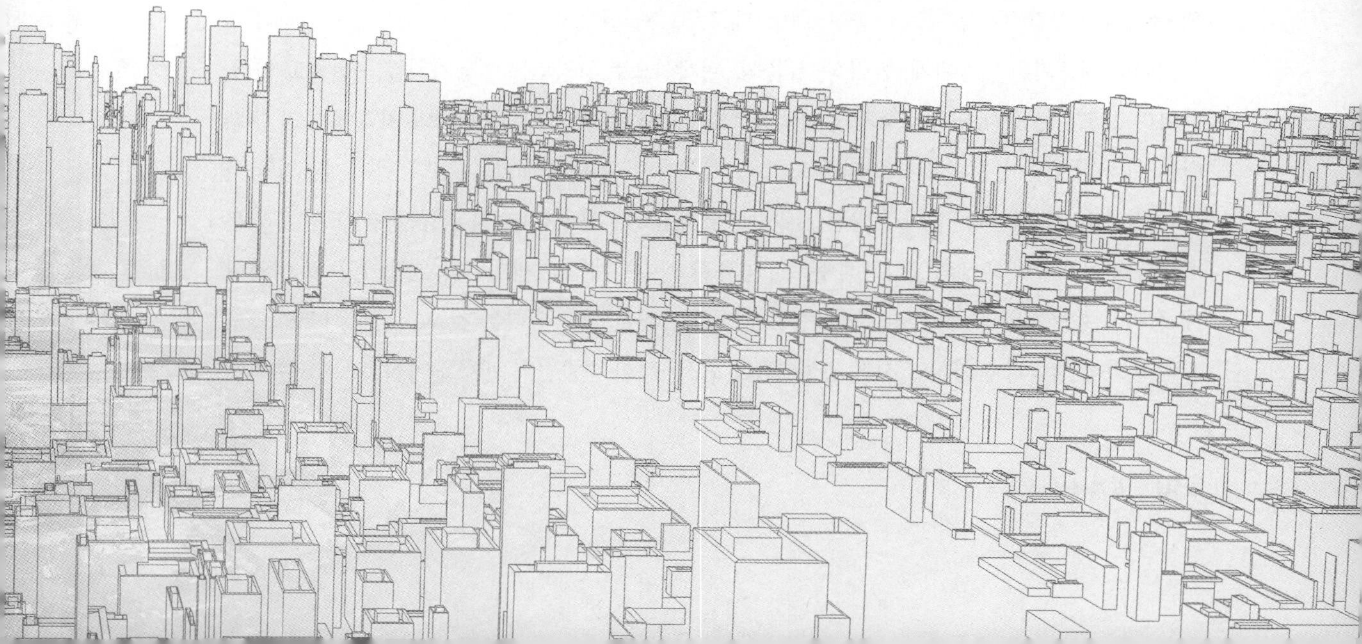

제16장

도시와 문화

이무용

1. 도시에 대한 문화적 사유

"신은 자연을 창조하였고, 인간은 도시를 창조하였다."라는 쿠퍼(Cooper)의 말에서 알 수 있듯이, 도시는 인간이 만든 문명적 산물의 공간적 응집체라 할 수 있다. 자유, 창조, 풍요의 발전·문명의 얼굴과 빈곤, 소외, 범죄의 모순·갈등의 얼굴이 공존하는 도시의 야누스적 두 얼굴은 다름 아닌 근대문명, 즉 근대성의 산물이다. 근대성은 도시를 통해 형성되고 구체화되었으며, 도시를 통해 변천해 왔다. 그런 의미에서 도시는 근대사회의 실험실이자 도서관이며, 인공낙원을 꿈꾸었던 근대성의 기획은 바로 도시의 기획이었다(Savage and Warde, 1993). 도시는 근대 자본주의 산업화의 공간적 중심지로서 공장, 철도, 대로, 고층빌딩으로 대표되는 근대적 공간조직과 이질적이고 계층화된 인간관계, 합리성·상품성·위계성으로 상징되는 이념가치를 구현하고 있다. 한마디로 도시는 근대사회의 총체적 삶의 양식이다. 근대화의 과정은 시대와 지역에 따라 무수한 차이와 다양성이 존재한다. 따라서 도시 그 자체가 바로 문화라 할 수 있다. 문화개념의 역사적 발전과정, 즉 정신적·심미적 발전상태(문명론적 문화), 지적·예술적 활동(예술·교양론적 문화), 특정한 생활방식(생활양식론적 문화), 공유된 의미체계(의미체계론적 문화) 등으로 다양하게 정의되는 문화의 개념이 도시화 과정과 밀접한 관련을 맺고 있다는 것(Williams, 1958)도 도시의 문화적 생성과 문화의 도시적 생성이라는 도시–문화 변증법의 관계를 여실히 보여 준다.

도시를 문화적인 관점에서 바라본다는 것은 사회적 과정과 끊임없이 상호작용하며 생성·변천·소멸해 가는 사회공간(social space)이자, 사람들의 숨결과 욕망, 정서, 감수성이 담긴 일상공간(life space)으로서 도시를 이해함과 더불어, 도시공간에 대한 문화적 분석을 통해 풍요롭고 다양한 삶의 질과 결을 추구하고, 의미 있는 삶터(일터, 놀이터, 쉼터)를 만들기 위한 실천적 함의를 도출하는 문화정치적 공간(cultural political space)으로 도시를 사유하는 것이다. 그동안 진행되어 온 도시에 대한 다양한 논의들은 바로 역사적으로 변천하는 도시의 사회·문화·정치공간적 속성들을 이론적·실천적으로 규명하려는 시도였고, 많은 도시학자들이 도시를 문화로 간주해 온 이유도 그 때문이다.

2. 도시문화론의 역사적 스펙트럼

도시문화에 대한 접근은 크게 '고전적 도시문화론'과 '현대 도시문화론', '탈현대 도시문화론'의 세 가지 흐름이 존재한다. 고전적 도시문화론은 도시생활양식과 관련해 도시문화의 일반적 정의를 내리는 논의이고, 현대 도시문화론은 도시가 다양한 의미를 지니게 되는 과정에 초점을 두면서 개별 도시들이 지닌 독특한 문화의 의미를 추적하는 논의이다. 탈현대 도시문화론은 근대성에 문제제기를 하면서 도시문화의 복합성과 맥락성, 의미체계를 둘러싼 권력관계에 초점을 두는 논의이다.

1) 고전적 도시문화론

근대도시의 등장이 농촌공동체의 급격한 해체 위에서 이루어진 만큼, 고전적 도시론자들은 도시의 성격을 농촌과의 대비 속에서 설명하고자 하였다. 퇴니에스(Tönnies)의 이익사회론, 뒤르켐(Durkheim)의 유기적 연대론, 베버(Weber)의 합리적 의지론, 마르크스(Marx)의 자본주의 생산양식론은 근대적인 인간관계와 조직·체제의 관점에서 도시의 성격을 규정함으로써, 도시를 문화적 실체 그 자체로 간주하였다.

좀 더 문화적 측면에서 도시를 다룬 고전적 도시문화론자의 대표적인 예로는 워스(Wirth, 1938)의 도시생활양식론과 지멜(Simmel, 1965)의 근대문화론을 들 수 있다. 생활양식으로서 도시성(urbanism)을 근대도시의 본질로 본 워스는 도시의 문화생활에 인과적인 요소로 작용하는 세 가지 독립변수를 '크기, 밀도, 이질성'으로 규정하면서, 농촌과 대비되는 몰개성과 소외의 도시문화를 정의한다. 도시와 농촌을 공간적으로 대비한 워스와 달리 지멜은 근대 이전 농촌 및 소도시와 근대도시를 시간적으로 대비시키면서, 도시문화를 근대성의 문화로 규정한다. 대도시의 삶에서 사람들은 끊임없는 격변과 불연속성에 직면하면서 감각적 과부하에 걸리고, 그 위협에 대항하여 스스로 방어적인 기제를 만들어 나가면서 이성적 정서가 발달하게 된다. 그러한 이성적 정서는 화폐경제와 사회분업의 발전에 의해 한층 강화되고, 그로 인해 계산성에 기초한 도구적 인간관계가 심화되며, 개인의 삶의 질은 화폐경제에 기초한 양적 차이, 즉 구매력의 차이에 의해 구분된다. 이러한 의미에서 근대 도시문화는 개개인의 창조적 자아실현 과정을 지칭하는 주체적 문화(subjective culture)에서 수동적인 대상적 문화(objective culture)로 대체된다. 이는 현대 도시문화의 대상화, 즉 문화의 상품화를 이해하는 단서를 제공해 준다.

지멜은 "메트로폴리스와 정신적 삶(Metropolis and mental life)"(1903년 발표)이라는 논문에서 도시에 존재하는 특징적인 네 가지 문화형태를 다음과 같이 열거한다.

① 도시인들은 '지성'을 통해 심장 대신 머리로 반응한다.
② 도시인들은 '계산적'이다. 모든 행동이 이익과 손해를 도구적으로 저울질한다.
③ 도시인들은 삶에 '지치고 싫증나' 있다.
④ 도시인들은 감정을 보이거나 표현하지 않은 채, 침묵의 보호막 뒤로 숨어 버린다.

대도시적 삶에서 요구되는 '시간엄수성', '계산성', '정확성'은 비합리적이고 본능적이며 자주적인 인성들을 배재하는 방향으로 나아가게 하며, 이 속에서 개인은 획일적이고 무감각해져 몰개성화된다. 감각적 과부하 속에서 사물들의 독특한 질적인 차이에 무감각해지며, 그러한 것들은 단지 화폐적 기초에 의해 양으로만 구별된다.

2) 현대 도시문화론

현대 도시문화론은 도시를 일종의 텍스트로 간주하면서 도시문화의 공통성이나 일반성보다는 도시문화의 차별성이 형성되는 과정, 즉 도시의 다양한 의미화 과정을 탐구하는 데 초점을 둔다. 여기에는 크게 세 가지 접근방식, 즉 건축학적 접근, 사회공간적 접근, 도시미학적 접근이 존재한다.

첫째, '건축학적 접근'은 건축형태의 차이가 도시의 의미를 차별화시킨다는 점에 착안한다. 여기에는 도시형태를 건축양식에 각인된 사회문화적 가치의 구현물로 바라보면서 도시형태의 배후에 있는 문화적 가치를 독해하는 멈퍼드(Mumford, 1970) 식의 연구와 건축형태를 사회집단 간의 투쟁과 갈등의 산물로 바라보는 하비(Harvey, 1989a) 식의 연구, 도시 건축형태가 지니는 의미의 다양성과 복합성을 강조하는 올슨(Olson, 1983) 식의 연구가 존재한다. 이러한 건축학적 접근은 특정한 장소나 몇몇 유명한 건축물에만 특권을 두려는 경향이 존재하고, 개개의 사람들이 도시형태의 의미를 해석하고 이해하는 방식을 무시한다는 비판을 받기도 한다.

둘째, '사회공간적 접근'은 도시 의미의 사회적 구성에 초점을 둔다. 공간의 사회적 생산을 탐구함으로써 구조와 행위, 담론과 실천 사이의 이분법을 극복하고자 했던 르페브르(Lefebvre, 1974)의 사회공간론이나, 사회가 상징적·조직적으로 구성되는 객관적 구조의 틀로서 다양한 사회적 장(교육, 문화, 경제, 상징)들의 관계를 논하는 부르디외(Bourdieu, 1990)의 사회공간론, 사회적 이미지들(집단신화)을 통해 진행되는 공간의 사회적 구성을 설명하기 위해 '장소신화'를 해부하는 실즈(Shields, 1989)의 사회적 공간화론 등이 그 예이다. 그러나 이 접근은 도시의 의미를 개인들의 경험에 관련시키지 못하고 있다는 비판을 받기도 한다.

마지막으로, '도시미학적 접근'은 개인의 기억 및 경험과 지배적 의미·가치의 역사적 구성 사이의 상호 교차로서 도시의 의미를 탐색한다. 도시경관이 개개인들에게 어떻게 해석되고, 그 의미가 어떻게 개인의 일상적 경험 속에 각인되는지에 초점을 두는 이 접근은 개개인의 도시에 대한 인식 속에 담겨 있는 환상과 희망의 과정, 꿈들을 탐구한다. 베냐민(Benjamin, 1968)의 '아우라(aura)론'이 대표적이다. 베냐민은 각 도시가 공간적으로 독특한 아우라를 지니고 있고, 도시문화는 순수하게 인지적이고 지적인 과정에 의해 포착될 수 있는 것이 아니라, 환상이나 꿈의 과정을 통해 파악된다고 주장한다.

3) 탈현대 도시문화론

탈현대 도시문화론은 시간과 역사를 중시하고 공간과 지리를 폄하하는 근대 학문체계에 대한 비판 속에서 공간담론을 복원시키는 과정에 등장한다. 제임슨(Jameson, 1991)의 후기 자본주의 문화론, 소자(Soja, 1989)의 포스트모던 지리학, 하비(Harvey, 1989b)의 역사지리유물론, 잭슨(Jackson, 1989), 덩컨(Duncan, 1990), 코스그로브와 대니얼스(Cosgrove and Daniels, 1988)로 대표되는 신문화지리학 등은 사회이론에서 공간의 중요성을 강조하면서, 문화·언어·지식·이데올로기를 둘러싼 권력과 공간의 관계, 젠더(gender)와 종족(ethnicity) 등 다양한 도시주체들의 문화에 관심을 갖게 함으로써 기존의 도시문화론을 보다 유연적으로 확장시킨다. 탈현대 도시문화론에는 크게 세 가지 접근방식, 즉 포스트모던 공간론, 공간육체론, 공간의 문화정치학이 존재한다.

첫째, '포스트모던 공간론'은 사회적 규정력의 복잡성, 사회체제의 개방성, 사회적 삶의 이질성, 인간 의식과 주관성의 중요성을 강조하면서, 복합성과 맥락성, 우연성과 비판성을 도시공간의 핵심요소로 규정한다(Warf, 1993). 따라서 포스트모던 공간론은 도시사회를 획일적으로 설명하는 거대담론을 거부하면서 도시 내의 풍부한 차별성을 포착하고, 시공간적인 맥락 속에서 도시의 사건과 삶을 이해하며, 인간의 의도된 행위와 의도되지 않은 의식 속에서 발생하는 도시의 우연성을 인정해야 한다고 주장한다. 아울러 도시를 관통하는 지식과 권력의 연결고리를 간파해, 실천을 통해 도시가 어떻게 달라질 수 있는가를 명료하게 밝힐 것을 주문한다.

둘째, '공간육체론'은 공간과 육체, 공간과 정서, 공간과 욕망의 관계에 대한 담론을 통해 도시공간을 보다 감성적으로 독해함으로써, 자유롭고 정서적으로 풍요로운 삶을 기획하고자 하는 비판적·실천적 연구의 새로운 흐름이다. 육체에 대한 지리학적 연구는 그동안 백인, 중산층, 남성의 관점을 일반화하고, 남성의 시선에 의해 특징지어지는 시각중심주의 성향을 보여 왔다(Pocock, 1981; Cosgrove, 1985; Rose, 1993; Gregory, 1994). 공간육체론은 이러한 시각중심주의적 편향을 극복하고, 육체적 실천을 통해 창조적이고 생성적인 육체의 생생한 경험을 학문적으로 복원할 것을 강조한다. 도시성은 도시인들의 서로 다른 육체적 실천과 정체성에 대한 타협과 갈등을 통해 형성된다는 것이다(Simonsen, 1997). 공간육체론의 대표적인 논의로는 보들레르와 베냐민의 만보객(Shields, 1994), 메를로퐁티의 상호 육체성(Merlau-Ponty, 1962), 드세르토의 도시 속 걷기(de Certeau, 1984), 르페브르의 육체와 도시 리듬분석(Lefebvre, 1992) 등을 들 수 있다(이에 대한 자세한 논의는 이무용, 2005: 445-448 참조).

셋째, '공간의 문화정치학'은 도시문화 현상을 구체적인 상황과 맥락에 주목하여 바라보고, 도시공간의 의미체계(signifying system)와 도시권력의 다양한 차원 및 매개에 대한 분석을 강조한다. 즉 도시공간과 장소를 둘러싸고 지배력과 저항력이 어떻게 관계 맺고, 다양한 의미들이 어떻게 생성·경합·변천·소멸하면서 도시공간을 새롭게 생산하는지에 대한 포괄적·맥락적인 연구라고 할 수 있다. 공간의 문화정치학은 공간, 주체, 권력(정치)의 상호 교섭의 영역을 연구대상으로 삼는다. 이는 크게 세 측면에서 살펴볼 수 있다(그림 1 참조).

첫째, '공간과 권력'의 결합부분(A 부분)은 공간을 생산하고 지배·통제하는 사회적 권력의 작용을 말한다. 자본주의 도시공간의 생산과정을 실질적으로 지배하는 자본과 국가권력의 다양한

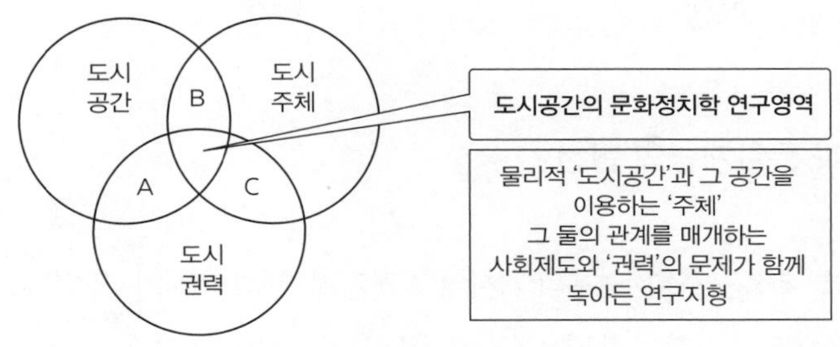

구분	A	B	C
정치지형	공간의 정치	장소의 정치	차이의 정치
공간실천	공간의 지배-통제	공간의 전유-공용	공간의 생성-재생산
주요 논의	공간의 소비상품화 도시 스펙터클 공공공간/사적 공간 역공간/가상공간	사회공간론 장소정체성 도시경관론 미디어지리	소비의 정치 정체성의 정치 젠더/인종/민족지리 하위 문화공간

그림 1. 도시공간의 문화정치학 연구영역

공간지배 방식과 그로 인한 공간의 변화과정을 다루게 된다. 둘째, '공간과 주체'의 결합부분(B 부분)은 지배적으로 생산된 공간에 대해 개별 주체들이 공간을 재현하는 방식, 즉 공간에 대한 해석과 의미부여를 중점적으로 다루게 된다. 셋째, '주체와 권력'의 결합부분(C 부분)은 사회공간의 구성원을 이루고 있는 다양한 공간주체들(성, 인종, 민족, 세대 등) 간의 권력관계와 갈등, 그들의 정체성을 다루는 차이와 정체성의 정치영역이다. 따라서 공간의 문화정치학은 공간의 소비상품화에서 하위 문화공간에 이르는 폭넓은 주제들을 도시문화의 연구대상으로 삼고 있다.

3. 문화로 보는 도시문화 연구의 범위

현시대는 문화의 시대라고 할 만큼 문화에 대한 관심과 중요성이 사회 각 분야에서 크게 부각되고 있고, 문화에 대한 논의도 매우 활발하게 진행되고 있다. 하지만 문화에 대한 개념이나 인식이 사용하는 사람들의 입장에 따라 상이하여 함께 문화를 이야기하더라도 의사소통이 곤란한 경우가 많다. 그만큼 문화는 다양한 개념과 내용을 담고 있다. 도시문화도 마찬가지이다. 도시문화란 무엇인가, 그리고 도시문화지리의 관심대상과 범위는 어디까지인가 하는 점도 문화의 범위를 어떻게 설정하느냐에 따라 그 내용이 달라질 수 있다. 따라서 여기에서는 문화의 개념을 통해 도시문화 연구의 범위를 설정해 보도록 하겠다.

1) 도시발전과 문화개념의 변천

문화개념의 변천과정은 사회·경제의 역사적 발전과정, 특히 도시화 과정과 밀접한 관련을 맺고 있다(Williams, 1958). 문화의 개념은 〈표 1〉에서 보듯 크게 다섯 가지로 요약해 볼 수 있다.

문화개념의 변화를 이해하는 기본적 출발은 봉건제 농촌사회에서 자본주의 도시사회로의 이행이라는 구도 속에 있다. 봉건제 농촌사회에서 문화는 토지를 경작하거나 가축을 기르는 행위, 즉 '곡물과 동물들의 성장과 돌봄, 나아가 인간 능력의 성장과 돌봄'을 뜻하는 것이었다. 이것이 첫 번째 문화개념이다. 전자의 성장과 돌봄은 농촌경제의 경작(cultivation)과 관련된 노동을 의미하고, 후자의 성장과 돌봄은 노동 이외의 인간 행위로 농경사회의 이웃 간 친교나 사귐을 일컫는 것이다. 여기서 문화는 농촌사회의 공동체적 성격을 강하게 띠고 있다.

두 번째 문화개념은 자본주의 도시사회의 발전과 함께 등장하였다. 즉 봉건제의 해체와 부르주아 상인계급의 성장, 유럽 도시문명의 발전과 함께 시민사회라는 근대사회가 출현하면서 문명 혹은 문명화라는 개념이 등장하였고, 근대사회 초기에 문화는 바로 문명개념과 동일시되었다. 문명(civilization)은 질서 있는, 교육받은, 혹은 예의 바른 등의 뜻으로 서구 부르주아 시민사회의 새로운 근대적 질서이념을 명료하게 표현하는 어휘였다. 문화와 문명이 동일한 의미로 사용된 것과 근대문명에 대한 강한 긍정의 바탕이 되었던 것은 신흥계급으로서 부르주아의 계몽주의적 이성이었다. 따라서 문화는 계몽주의를 바탕으로 한 지적·정신적·심미적 계발의 일반적인 과정을 의미하게 된다.

표 1. 문화의 다섯 가지 정의와 도시문화 적용분야

구분	주요 시기	개념	도시문화 적용분야
어원적 정의	봉건제	문화는 토지를 경작하거나 가축을 기르는 행위	농경사회의 문화론
문명론적 정의	18세기	문화는 정신적·심미적 발전의 일반과정	도시문명론, 도시미학론
예술교양론적 정의	19세기	문화는 지적·예술적 활동의 산물이나 실천	도시문화공간론, 문화행정학, 예술경영학
생활양식론적 정의	20세기	문화는 한 인간이나 시대 혹은 집단이 공유하는 특정 생활방식	도시생활양식론, 도시사회학, 문화인류학
의미체계론적 정의	20세기 후반	문화는 사회질서가 전달·재생산·체험·탐구되는 공유된 의미체계	도시텍스트론, 도시미디어론, 언론학, 공간의 문화정치학

세 번째 문화개념은 문명과 계몽주의 이성이 회의와 비판의 대상이 되기 시작한 산업혁명 이후 공업화·도시화의 급격한 물결 속에서 등장한다. 사회발전의 이념으로서 계몽주의의 약속은 대공황과 실업, 공장에서의 착취, 기계문명에 대한 반감, 노동자계급과 부랑인들의 비참한 삶과 같은 공업화·도시화 사회의 누추한 면모가 드러나면서 깊은 회의의 대상이 되어 버렸다. 이러한 문명비판은 문화에 대해 문명과는 상반된 의미를 갖게 하였다. 즉 예술이나 지적인 삶이라는, 사회와는 일정 정도 괴리된 내적 혹은 정신적 과정들에 대한 강조로서 문화개념이 나타나게 되었다. 이것은 음악, 문학, 연극, 영화 등 이른바 문화생활이라는 말로 대변되는 우리의 의식 속에 깊이 자리 잡고 있는 고급예술의 문화관이라 할 수 있다.

네 번째 문화개념은 그동안 학문적으로 가장 많이 쓰여 온 개념 중 하나로, 한 인간이나 시대 혹은 집단이 공유하는 특정 생활양식을 일컫는다. 이 개념은 인문·사회과학의 발전에 따라 사회학적·인류학적 문화개념들이 등장하면서 삶의 전면적인 방식으로서 포괄적으로 문화를 보려는 입장이다. 이후 문화개념은 사회·경제의 변화 및 그에 따른 태도의 변화로 매우 복잡한 양상을 보이면서 항상 새롭고 파악하기 힘든 의미들이 되어 버렸다.

마지막 문화개념은 최근 문화이론 및 비평계에서 가장 지배적으로 사용되고 있는 개념으로서 공유된 의미체계를 일컫는다. 의미체계는 별개의 독자적인 영역이 아니라 모든 제도들이 공유하는 상징적 차원에서 파악된다. 여기서 중요한 것은 도시의 사회질서가 전달·체험·탐구되는 의미체계가 어떻게 구성되며, 사람들은 그 체계 속에 어떻게 위치하고 있는가 하는 것이다. 이 개념은 도시의 극단적인 돌출현상이나 일상적인 현상들의 심층구조까지 파악할 수 있게 해 주며, 인간에 의해 문화가 생성될 뿐만 아니라 문화 자체가 우리의 생활을 구조 짓는 데 큰 역할을 한다는 점에 주목하게 함으로써, 우리가 그동안 보지 못했던 모순과 문제들의 원인까지도 문화를 통해 발견할 수 있게 해 준다. 따라서 문화 연구를 단지 향유를 위한 공간과 산물 혹은 대상의 파악을 위한 연구로서만이 아니라, 그것에 저항할 대상으로서 혹은 저항의 장으로서까지 연구의 의미를 확대한다.

2) 도시문화 연구의 범위

이상의 다양한 문화개념에서 우리는 도시문화가 다루어야 할 연구범위를 짐작해 볼 수 있다. 도시문화란 다름 아닌 도시라는 공간 속에서 혹은 그것을 매개로 이루어지는 문화 또는 문화적 현상이기 때문이다. 도시문화론에서 사용하는 문화개념은 문명론적 정의에서 의미체계론적 정

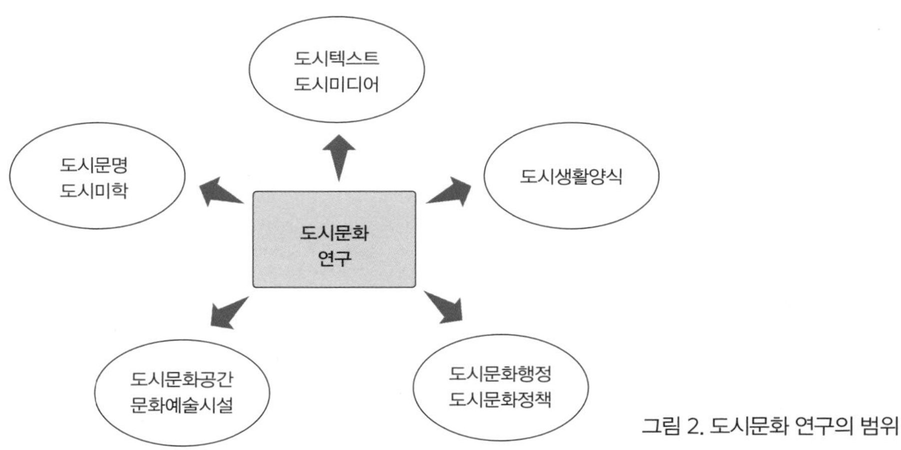

그림 2. 도시문화 연구의 범위

의에 이르기까지 두루 걸쳐 있다.

우선, 문명론적 정의는 주로 거시적인 차원에서 도시의 기원 및 도시화 과정과 관련하여 도시문명의 내용과 성격을 다루는 일종의 도시문명론에서 적용되고 있다. 또한 부분적으로 문명과 관련된 도시미학에 대한 철학적 논의를 포함하고 있다. 두 번째, 예술교양론적 정의는 주로 예술활동이 이루어지고 향유되는 도시공간에 초점을 두고 있다. 다양한 문화예술공간의 창출과정과 그 사회경제적 효과를 탐구하는 도시문화공간론이나 도시문화시설의 기획과 경영을 연구하는 예술경영학, 정책의 차원에서 문화예술공간을 바라보는 문화행정학, 문화정책학 등에서 이 개념을 사용한다. 세 번째, 생활양식론적 정의는 도시사회의 구성방식과 도시인들의 일상생활을 연구하는 도시사회학이나 문화인류학 등 광범위한 분야에서 이용되고 있다. 마지막으로, 의미체계론적 정의는 도시공간을 둘러싼 다양한 의미들을 분석하는 도시텍스트론과 의미의 생성 및 소비과정, 의미들 간의 갈등과 경합 과정을 다루는 공간의 문화정치학, 다양한 매체를 통한 도시공간의 재현과 의미의 소통과정을 다루는 도시미디어론 및 언론학에 주로 적용되고 있다.

4. 도시문화 연구의 주요 주제

1) 도시공간의 문화상품화와 도시 스펙터클의 정치

도시공간은 자본의 끊임없는 이윤창출을 위해 문화적으로 활용, 즉 문화상품화된다. 자본은 과잉축적의 위기를 벗어나 자본회전 속도를 가속화하기 위해 물리적 자본축적 환경(built environment)에 투자를 하는 공간적 돌파(spatial fix) 전략뿐만 아니라, 상품소비공간을 세련되게 꾸며 소비를 가속화하는 문화적 돌파(cultural fix) 전략을 추구한다. 도시공간은 상품의 소비를 촉진하는 수단을 넘어서 공간 그 자체가 직접 소비되는 방식으로 상품화되기 시작한다. 이를 위해 소비공간은 질적으로 현격한 차이가 나는 미학적 차별성을 강조하게 되고, 이윤실현의 기제로서 사람들의 욕망이 이용된다. 공간미학을 통한 공간 자체의 소비상품화를 통해 자본의 전략은 욕망이라는 문화적 전략으로 전환하는 것이다.

이러한 욕망의 창출기제로 등장하는 것이 도시 스펙터클이다. 스펙터클은 이미지로 승화되어 축적된 자본으로서, 특정 목적을 위해 도시공간에 의식적으로 만들어진 대량생산·대량소비되는 이미지이다(Debord, 1967). 특히 포스트모던 건축물이나 상업광고와 같은 상업 스펙터클이 특정 공간을 중심으로 공간적 편향성을 보이면서 장소를 잠식해 가고 있고, 이는 TV와 비디오, 광고 등 대중매체를 중심으로 우리의 일상생활 전반에 스며듦으로써, 도시의 삶 자체가 하나의 거대한 스펙터클의 축적물로 환원되고 있다. 이른바 문자문화의 시대에서 영상문화의 시대로 변모하고 있는 현대 도시의 대중문화 현상도 이러한 스펙터클의 사회를 반영하고 있다고 할 수 있다.

도시공간의 상품화 과정은 공공공간(public space)의 축소와 사적 공간(private space)의 확대, 그를 통한 역공간(閾空間, liminal space)의 출현을 부추기고 있다. 도시공간을 거닐다 보면 편안히 쉬고 사색하며, 사람들과 함께 마음을 터놓고 대화할 수 있는 공간이 거의 없다. 그나마 돈을 지불해야만 우리는 제한된 휴식의 장을 일시적으로 점유할 수 있다. 이러한 자본의 사적 공간의 확대 속에서 의사소통의 장이자 담론의 장인 공공공간이 사라져 가는 현실에 대해 도시문화 연구자들의 많은 비판이 있어 왔다(Sorkin, 1992; Mitchell, 1995). 또한 정보통신기술이 도시경관을 장악하면서 도시의 공공공간과 사적 공간의 구별이 모호해지는 이른바 사적인 공공공간(private public space), 즉 공공공간이면서 사적으로 소유되고 관리되는 공간이 매우 많이 등장하고 있다(Graham and Marvin, 1996). 오래된 공원과 도시공간들이 훼손되어 사회문화적 상호작용을 어렵게 하거나, 기업의 개발로 인해 도시경관이 파편화·사유화되면서 도심 내에 사치공간이 중점적으로 조성되는 경우를 그 예로 들 수 있다.

이러한 공공공간과 사적 공간의 경계 소멸은 다양한 역공간을 양산한다. 역공간은 공적인 것과 사적인 것, 문화와 경제, 시장과 장소를 가로지르고 결합하는 공간을 말한다. 소비문화공간은 이러한 역공간의 대표적인 사례로 꼽힌다. 즉 소비문화공간은 노동의 공간도, 문화공간도, 그렇다고 완전한 소비공간도 아닌 역공간의 성격을 띤다. 소비공간에 문화공간이라는 이미지가 중첩되어 공간의 역성을 재현해 내고 있는 거리축제나, 대중교통수단에 존재하는 상업광고, 지하철역과 연계된 백화점, 자가용으로 뒤덮인 도로공간은 모두 역공간의 사례들이다. 이렇게 역공간은 공공영역과 상업영역을 동일화하며 공공공간과 사적 공간을 혼란시키면서, 모두에게 열린 중립적인 사회공간이라는 이데올로기를 그 이면에 담고 있다.

2) 이미지·스타일과 소비·정체성의 문화정치

도시공간의 문화상품화와 스펙터클의 동원은 소비와 관련된 시민들의 라이프스타일, 즉 소비문화 창출을 통해 끊임없이 확대재생산된다. 먹고, 마시고, 입고, 즐기는 현대의 일상 소비생활에서 시민들은 더 이상 상품의 효용성과 사용가치만을 중시하지 않는다. 소비하는 상품의 이미지와 그 이미지를 소비함으로써 얻게 되는 자신의 이미지와 스타일이 점차 더 중시되고 있다. 스타일은 '나는 누구인가'보다 '나는 어떻게 보이는가'를 중요시하는 자기표현 형식으로서 자아정체성을 형성하는 중요한 근원이다. 이러한 삶의 스타일화를 주도해 나가는 것이 바로 광고를 중심으로 하는 대중매체이다. 이미지의 파노라마를 보여 주는 광고의 핵심적 역할은 새로운 삶의 약속으로, 그것이 제시하는 삶의 새로운 스타일은 한없이 풍요로운 부로 가득 찬 유토피아적 생활방식이다.

이렇게 시각 이미지에 호소하는 광고의 욕망 자극효과는 도시공간에도 그대로 적용되어, 상가와 건축물, 나아가 거리 자체까지도 이미지 소비공간으로 만든다. 거리를 구성하는 상점과 건물들의 배치 및 모양, 간판과 네온사인, 거리의 행인들까지도 이미지 소비의 대상이다. 즉 거리 자체가 소비되는 것이다. 도시의 광고경관은 상품 그 자체의 효용성만을 제시하는 광고물 경관에서, 상가 전면을 상품 이미지와 동일하게 만드는 파사드 경관, 상가건물 자체의 상품화 경관으로 나아간다. 광고의 논리는 쇼윈도로 확장되고, 쇼핑몰이나 대형백화점 같은 하나의 장소, 그리고 거리와 도시 전체로 확장되어 간다(Hall and Hubbard, 1996).

그러나 이렇게 욕망 자극을 통한 이미지와 스타일의 도시상품화 논리는 소비산물에 대한 소비자의 전유 및 변용 행위를 통해 부딪히고 경합하면서 소비의 문화정치를 형성하기도 한다. 즉 상품소비는 단순구매의 차원을 넘어, 소비행위가 개인의 삶과 연결되면서 새로운 의미를 부여받는다(Jackson, 1993). 소비의 의미가 정체성 및 장소성과 결합되면서 차별화되거나, 소비를 통해 일상생활에 의미를 부여하는 실천적 활동이 존재한다는 것이다(Morris, 1993; Clarke, 1991). 상품의 디자인과 생산에서 구매를 거쳐 전유·변형·재활용되는 일련의 상품 소비과정에는 개개인 나름의 취향의 지도(maps of tastes)가 존재하여(Hebdige, 1979), 소비의 문화적·지리적 맥락과 독해방식, 상징적 활동과 창조적 변형에 따라 상품의 소비가 지니는 의미와 효과가 차별화된다(Willis, 1990).

이러한 소비의 문화정치는 다양한 주체들의 적극적인 공간적 실천을 통한 차이와 정체성의 정치로 확대된다. 차이의 정치는 전통적인 주체개념에 도전을 제기한다. 식민지 민중, 흑인과 소수민족, 여성, 노동자계급의 목소리를 대변한다는 서구 근대 계몽사상의 주체란 결국 백인 부르주아 남성의 목소리일 뿐이라는 것이다. 이제 모든 집단이 자기 자신의 고유한 목소리로 자신들을 대변할 권리를 갖고, 그러한 목소리가 신뢰성이 깃든 적법한 것이 되어야 한다는 주장이 제기되고 있으며, 이는 그동안 억압되고 소외되어 왔던 타자들에게 관심의 초점을 돌리는 것이다. 그동안 정치적·학문적으로 그늘에 가려져 있던 젠더, 인종 등 정치적 소수집단들의 권력관계가 핵심적인 주제로 부각되면서 개인 혹은 집단의 정체성과 참여, 저항의 정치가 크게 부각되고 있다.

일례로 젠더를 둘러싼 공간의 문화정치에 대한 논의들은 주로 성 정체성의 공간적 구성방식에 초점을 둔다. 도시 속에서 성 정체성이 복수적으로 구성되는 방식(Mort, 1988), 남성 정체성을 떠받치고 특별한 사회적 성관계를 유지하는 공간구조(Jackson, 1991), 도시경관상에 성적인 차별과 억압이 표출되고 재현되는 방식(Bondi, 1992)에 대한 연구를 들 수 있다. 인종에 관한 연구들에서도 도시 내의 소수인종이 겪는 억압과 갈등을 제도와 이데올로기의 맥락에서 분석하면서, 각 인종집단이 자신들의 인종 정체성을 추구하기 위해 행하는 공간적 실천과 그 과정에서의 정치적 갈등을 보여 주고 있다. 거리축제를 통해 재현되는 공간의 통제와 지배를 둘러싼 특정 인종집단과 지배세력 간의 갈등에 대한 연구(Jackson, 1992)를 예로 들 수 있다.

3) 그 밖의 주요 연구주제들

도시공간에 대한 대중주체들의 해석과 의미부여, 그 과정의 권력관계와 문화정치적 의미를 깊이 있게 연구하는 분야로 신문화지리학자들(new cultural geographers)에 의해 주도적으로 진행되어 온 도시문화경관 연구가 있다. 여기서 경관은 외부세계를 바라보는 방식 혹은 시각적으로 전유하는 방식(ways of seeing)으로 정의된다(Berger, 1972). 경관은 주체들의 전유방식에 따라 다양한 의미체계를 형성하게 되고, 그러한 의미체계 간에 권력관계가 형성된다. 따라서 도시경관에 대한 연구는 경관의 의미화와 의미들의 패턴에 대한 해석, 경관 이미지의 물질적 구성과 그 이면에 존재하는 사회·정치적 과정과 권력관계에 관심을 가진다. 결국 도시경관은 한 편의 소설이나 영화처럼 그 자체가 일종의 텍스트로 간주된다. 텍스트에는 작가가 있고, 다양한 절차와 기술에 의해 구성되어 있으며, 그 안에는 일련의 의미가 농축되어 있고, 독해방식에 따라 그 의미가 달라진다. 따라서 도시경관에 내재한 다양한 의미체계와 그 의미들의 생산 및 소비 과정, 그것을 매개하는 권력관계를 읽어 내는 도시경관 텍스트 분석이 도시문화경관 연구의 주요 방법론으로 채택된다. 이러한 도시경관텍스트론은 도시경관과 거리, 광장, 쇼핑몰, 건축물과 같은 물리적 환경뿐만 아니라, 이러한 경관을 재현하고 있는 그림이나 문학작품, 영화, 광고, 음악, 사진, 저널, 사이버 공간 등 다양한 매체에 대한 분석을 포함한다.

미디어지리학(media geography)은 그와 같은 문화매체를 통한 도시공간의 재현과정을 포괄적으로 분석하는 지리학 분야로 자리 잡아 가고 있다. 활자 미디어, 영상 미디어, 음악 미디어, 뉴미디어 등 다양한 미디어는 도시 혹은 특정 공간과 장소를 재현하는 매체로서, 사람들의 장소경험과 장소정체성 형성에 중요한 역할을 한다. 또한 도시공간 속에는 다양한 미디어적 요소가 물리적·상징적·내용적으로 담겨 있어, 도시공간을 연구하는 자료로서 미디어는 중요한 역할을 한다. 따라서 미디어 속의 도시, 즉 미디어를 통해 도시공간 혹은 장소의 의미가 창출되고 경험되는 방식과 도시 속의 미디어, 즉 도시공간 내에 존재하는 미디어 요소들에 대한 상호 변증법적 연구가 미디어지리학의 주요 연구영역이라고 할 수 있다. 영화, 음악, 문학 등의 문화 미디어와 도시공간의 관계를 탐구하는 영화지리, 음악지리, 문학지리를 그 예로 들 수 있다.

세계화와 지방화라는 시대적 국면 속에서 생존과 번영을 위한 도시들 간의 경쟁은 날로 치열해지고 있으며, 이러한 변화된 도시환경 속에서 도시경쟁력을 제고시키기 위한 전략으로서의 도시마케팅(city marketing)도 도시의 발전과 미래에 매우 중요한 역할을 수행할 것이라는 인식이 확산되면서 도시 연구 분야의 중요한 연구주제로 자리 잡아 왔다. 도시마케팅은 주로 도시정부가 주체가 되어 자본과 방문객, 이주민 유치를 위해 도시공간의 가치를 판매하고 교환하는 마케팅 활동이자 도시경영의 원칙 및 도구이다. 즉 도시공간의 환경적·문화적 가치를 새롭게 창출하여 도시 발전과 성장을 추구하는 일종의 기업가적 접근이라 할 수 있다. 그동안 도시마케팅 전략의 주요 목표는 도시 이미지의 재창출이었다. 각 도시들은 문화도시(culture city), 환경도시(green city), 다원도시(pluralist city), 오락도시(fun city), 창조도시(creative city) 등을 지배적인 이미지로 강조한다(Short, 1996). 이러한 도시 이미지의 창출을 통해 각 도시는 도시 내부로의 자본투자와 도시고용 창출을 통한 도시경제 활성화, 도시정체성(혹은 장소애) 확립을 통한 도시사회의 통합, 도시문화의 발전을 궁극적으로 달성하고자 한다. 최근에 도시마케팅은 도시의 장소성을 기획하는 포괄적인 도시문화 전략으로서 자리매김되고 있다. 즉 도시마케팅은 도시를 만들어 가는 다양한 주체들과의 밀접한 파트너십을 통해 장소성에 대한 명확한 평가를 바탕으로 도시의 비전과 정체성을 수립하고, 도시 고유의 브랜드 상품을 개발하여 시민, 기업, 관광객에게 제공함으로써 도시의 사회·경제·문화적 발전을 동시에 추구하는 포괄적·체계적·연계적·능동적인 도시발전 전략으로 재규정되고 있다.

21세기는 문화의 시대라는 표현이 등장하고, 각 도시정부들이 문화도시를 연이어 선포하면서 문화도시에 대한 지리학적 연구도 활발하다. 문화도시를 만들어 간다는 것은 궁극적으로 시민들의 삶을 아름답고 즐겁고 행복하게 만들어 가는 전략이라 할 수 있다. 문화적 측면에서 볼 때 시민들의 즐겁고 행복한 삶은 한마디로 삶에 대한 꿈과 욕망을 가지고 있고, 그것을 표현할 수 있으며, 나아가 다른 사람들과 함께 그 욕망을 나누고 소통할 수 있는 삶이다. 삶에 대한 욕망이 없다면, 욕망이 있어도 그것을 표현할 수 있는 능력과 힘이 없다면, 그 힘이 있어도 다른 사람과 함께 나눌 수 없다면 즐겁고 행복한 문화적 삶을 영위하긴 힘들기 때문이다. 꿈이 있는 삶, 감동을 느낄 수 있는 삶, 정서와 감수성이 풍부한 삶, 나아가 그러한 꿈·정서·욕망·감동을 예술적 수단으로 혹은 오락을 통해 혹은 여가활동을 통해 표현하고 표출할 수 있는 삶, 더 나아가 사교를 통해 혹은 교육을 통해 혹은 정치활동을 통해 그것을 공유하고 소통하는 삶이 진정 문화도시가 꿈꾸는 문화적 삶이라 할 수 있다. 이러한 시민들의 문화적 삶을 추구하는 문화도시 정책은 시민들의 다양한 라이프스타일에 걸맞게 수립되어야 하며, 공간적 관점에서 어떻게 시민주체들의 라이프스타일에 적합한 문화공간과 문화환경을 창출할 것인가에 대한 기획이 요구되고 있다.

참고문헌

이무용, 2005, "비판적 공간문화연구의 동향과 과제", 서울대학교 국토문제연구소, 『지리학논총』, 45, pp.433–470.

Benjamin, W., 1968, "The work of art in the age of mechanical reproduction", *Illuminations: Essays and Reflections*, NY: Schoken Books.

Berger, J., 1972, *Ways of Seeing*, London: Penguin, 편집부 옮김, 1997, 『이미지: 시각과 미디어』, 동문선.

Bondi, L., 1992, "Gender symbols and urban landscape", *Progress in Human Geography*, 16, pp.17-70.

Bourdieu, P., 1990, "Social space and symbolic power", *In Other Words: Essays Towards a Reflexive Sociology*, Stanford Univ. Press, pp.123-139.

Clarke, D., 1991, "Towards a geography of the consumer society", *School of Geography*, Univ. of Leeds, Working paper no.3.

Cosgrove, D. and Daniels, S., 1988, *The Iconography of Landscape: Essays on the Symbolic Representation, Design and Use of Past Environments*, Cambridge Univ. Press.

Cosgrove, D., 1985, "Prospect, perspective and the evolution of the landscape idea", *Transactions, Institute of British Geographers, New Series*, 10.

de Certeau, M., 1984, *The Practice of Everyday Life*, trans, Rendall, S. F., Berkeley/LA/London: Univ. of California.

Debord, G., 1967, *La Societe du Spectacle*, Gallimad, trans. by Nicholson-Smith, D., 1994, *The Society of the Spectacle*, NY: Zone Books, 이경숙 옮김, 1996, 『스펙타클의 사회』, 현실문화연구.

Duncan, J. S., 1990, *The City as Text: the Politics of Landscape Interpretation in the Kandyan Kingdom*, Cambridge Univ. Press.

Graham, S. and Marvin, S., 1996, *Telecommunication and the City: Electronic Spaces, Urban Places*, Routledge, pp.171-237.

Gregory, D., 1994, *Geographical Imaginations*, Oxford: Blackwell.

Hall, T. and Hubbard, P., 1996, "The entrepreneurial city: new urban politics, new urban geographies?", *Progress in Human Geography*, 20(2), pp.153-174.

Harvey, D., 1989a, *The Urban Experience*, Oxford: Basil Blackwell, 초의수 옮김, 1996, 『도시의 정치경제학』, 한울.

Harvey, D., 1989b, *The Condition of Postmodernity: An Enquiry into the Origins of Cultural Change*, Oxford: Blackwell, 구동회·박영민 옮김, 1994, 『포스트모더니티의 조건』, 한울.

Hebdige, D., 1979, *Subculture: the Meaning of Style*, London: Methuen, 이동연 옮김, 1998, 『하위문화: 스타일의 의미』, 현실문화연구.

Jackson, P., 1989, *Maps of Meaning: an Introduction to Cultural Geography*, London: Unhim & Hyman.

Jackson, P., 1991, "Mapping meaning: a cultural critique of locality studies", *Environment and Planning A*, 23, pp.215-228.

Jackson P., 1992, "The Politics of the Streets: A Geography of Caribana", *Political Geography*, 11(2), pp.130-151.

Jackson, P., 1993, "Towards a cultural politics of consumption", Bird, J. et al.(eds), 1993, *Mapping the Futures: Local Cultures, Global Change*, pp.207-228.

Jameson, F., 1991, *Postmodernism, or the Cultural Logic of Late Capitalism*, Durham: Duke Univ. Press.

Lefebvre, H., 1974, *La production de l'espace*, Paris.

Lefebvre, H., 1992, *Element de Rythmeanalyse: Introduction la Connaissance de Ryrhmes*, Paris: Syllepse.

Merlau-Ponty, M., 1962, *Phenomenology of Perception*, trans Colin Smith, London/NY: Routledge.

Mitchell, D., 1995, "The end of public space? people's park, definitions of the public and democracy", *Annals of the Association of American Geographers*, 5(1), pp.108-133.

Morris, M., 1993, "Things to with shopping centers", Simon, D. (eds), *The Cultural Reader*, London: Routledge.

Mort, F., 1988, "Boy's own: masculinity, style and popular culture", in Chapman and Rutherford (eds), *Male Order: Unwrapping Masculinity*, London: Lawrence & wishart, pp.193-224.

Mumford, L., 1970, *The Culture of Cities*, A harvest/HBJ Book.

Olson, M., 1983, "The city as work of art, Fraser", D. and Sutcliffe, A. (eds), *The Pursuit of Urban History*, Edward Arnold.

Pocock, D. C. D., 1981, "Sight and knowledge", *Transactions, Institute of British Geographers*, 6, pp.385-393.

Rose, D., 1993, *Feminism and Geography: the Limits of Geographical Knowledge*, Cambridge: Polity Press.

Savage, M. and Warde, A., 1993, *Urban Sociology, Capitalism and Modernity, Macmillan*, 김왕배 · 박세훈 옮김, 1995, 『자본주의 도시와 근대성』, 한울.

Shields, R., 1989, "Social spatialization and the built environment: the West Edmonton Mall", *Environment and Planning D*, 7, pp.147-164.

Shields, R., 1994, "Fancy footwork: Walter Benjamin's notes on flaneur", Tester (eds), *The Flaneur*, London/NY: Routledge, pp.61-81.

Short, J. R., 1996, *The Urban Order: an Introduction to Cities, Culture, and Power, Blackwell*, 이현욱 · 이부귀 옮김, 2001, 『문화와 권력으로 본 도시탐구』, 한울아카데미.

Simmel, G., 1965, "Metropolis and mental life", Wolff, K., *The Sociology of George Simmel*, The Free Press.

Simmonsen, K., 1997, "The Embodied City: Urbanity from Visualism to Bodily Practices", Paper Presented at the Inaugural Conference of Association of Critical Geographers.

Soja, E., 1989, *Postmodern Geographies*, Verso, 이무용 외 옮김, 1997, 『공간과 비판사회이론』, 시각과 언어.

Sorkin, M. (ed), 1992, *Variations on a Theme Park: the New American City and the End of Public Space*, New York: The Noonday Press.

Warf, B., 1993, "Postmodernism and the localities debate", *Tijdschrift voor Economische en Sociale Geografie*, 84(3), 손명철 옮김, 1995, "포스트모더니즘과 지방성논쟁", 한국공간환경연구회 편, 『공간과 사회』, 5.

Williams, R., 1958, *Culture and Society: 1780-1950.*

Willis, P., 1990, *Common culture*, Milton Keynes: Open Univ. Press.

Wirth, L., 1938, "Urbanism as a way of life", *American Journal of Sociology*, 44.

더 읽을 거리

Jackson, P., 1989, *Maps of Meaning*, Routledge.

··· 신문화지리학의 입문서로서 문화정치학의 관점에서 이데올로기, 대중문화, 계급정치, 젠더와 섹슈얼리티, 인종주의, 언어정치 등의 주제들을 지리적 시각에서 다루고 있다. 도시문화지리학의 철학과 관점을 제공해 준다.

Harvey, D., 1989, *The Condition of Postmodernity: An Enquiry into the Origins of Cultural Change*, Oxford: Blackwell, 구동회 · 박영민 옮김, 1994, 『포스트모더니티의 조건』, 한울.

…→ 현대의 도시문화 담론을 촉발시켰던 포스트모더니즘 논의를 공간정치경제학의 입장에서 종합적으로 분석하였다. 현대도시의 시공간적 문화경험이 지니는 본질을 제시해 준다.

이무용, 2005, 『공간의 문화정치학: 공간, 그곳에서 생각하고, 놀고, 싸우고, 만들기』, 논형.

…→ 문화정치적 관점에서 도시문화지리학의 연구주제와 범위를 요약하여 제시한 책이다. 도시문화와 관련된 다양한 지리학적 논의와 문화도시, 도시경관, 거리문화, 공간문화, 몸의 정치, 미디어 지리, 축제와 이벤트, 도시마케팅 등을 다루고 있다.

주요어 도시문화론, 도시공간의 문화정치학, 도시 스펙터클, 소비의 문화정치, 신문화지리학

제17장

도시와 역사

전종한

1. 도시의 어원적 음미

도시는 현대사회의 중심적 생활공간이다. 하지만 도시가 이렇게 인간 생활의 중심공간으로 자리 잡은 것은 주요 선진국들이라 해도 지난 100년 안팎의 현상이다. 테리 조던의 말처럼 지구상에 인류가 나타난 때로부터 현재까지를 24시간에 비유한다면 최초의 도시는 몇 분 전에 나타났고, 대규모 도시화는 60초 전부터 시작되었을 정도로 도시의 역사는 짧다(Jordan et al., 1997: 352). 더더욱 우리나라의 경우에는 길게 잡아야 지난 50년 안쪽이다. 지금부터 100여 년 전인 1914년 우리나라의 도시 인구는 단지 3%에 불과하였고, 1960년대까지도 40%에 미치지 못했다. 그러던 것이 지금은 서울 인구만 해도 우리나라 전체 인구의 약 20%에 이르며, 2017년 기준 전국의 도시화율은 90%를 상회할 정도가 되었다.

이와 같이 도시라는 취락은 지극히 현대적인 사건이다. 그렇다고 도시의 발생시점이 현대라는 것은 아니다. 도시의 탄생은 인류의 고대문명과 함께할 정도로 아주 오래되었다. 기원전 3000년을 전후로 서남아시아의 티그리스강과 유프라테스강 유역을 중심으로 번성했던 메소포타미아 문명은 우르, 바빌론, 라가시 등 이른바 '최초의 도시국가들이 탄생한 곳'으로 알려져 있다. 메소포타미아 문명을 비롯해 기원전 2500년 전후의 이집트 문명, 기원전 2000년 전후의 인더스 문명, 기원전 1500년 전후의 황허 문명 등지에서 보고되는 통치, 종교, 상업, 도로, 상하수도 등등에 관련된 '고대문명의 유적들'이란 사실상 '도시경관의 유적들'에 다름 아니다.

그러면 도시란 어떤 곳을 가리키는가? 고대문명의 유물·유적이 많이 남아 있는 곳인가? 높은 건물들이 빼곡하게 들어서 있는 곳인가? 인구가 대규모로 나타나거나 밀집한 곳인가? 크고 작은 도로들이 밀도 있게 그물망을 이루거나 빈번히 교차하는 곳인가? 이 모두 적절한 대답은 아니다.

어원을 따져 볼 때 한자문화권에서 통용되는 도시(都市)란 정치중심지를 뜻하는 '도(都)'와 상업 중심지를 뜻하는 '시(市)'가 결합된 개념이다. 정치활동의 중심지 및 상업활동의 중심지가 곧 도시인 것이다(전종한 외, 2017: 333). 이 말은 건물의 높낮이 혹은 인구 및 도로의 규모나 밀도, 오래된 유물·유적의 존재 여부가 아니라, 그곳에서 과거 이루어졌던 혹은 현재 이루어지고 있는 '도시적 생업활동'의 활성화 정도가 도시를 정의하는 준거인 것이다. 여기서 말하는 도시적 생업활동이란 바로 정치와 상업을 중심으로 한 3차 산업활동을 가리킨다. 1차 산업이 지배적인 곳을 촌락이라 하는 것처럼, 3차 산업이 활성화되어 있는 취락이 바로 도시이다.

영어권으로 가면 도시를 뜻하는 '어반(urban)'은 메소포타미아 문명의 고대도시인 '우르(Ur)와 같은' 곳을 의미하므로 더 이상 음미할 만한 것이 없다. 오늘날 행정적으로 도시를 가리키는 '시티(city)'는 라틴어 '시비스(civis)', '시비타스(cīvitās)'에 뿌리를 둔 용어로 중세 영어의 '사이트(cite)', 프랑스어 '시테(cité)', 독일어 '슈타트(stadt)'로 파생되던 중 등장한 용어이다. 처음에는 '정착민(유목민이 아닌)', '시민들(지배집단으로서)이 사는 곳'을 뜻하였으며, 현대 영어권에서는 주로 그 주변에 배후지를 둔 중심지(central place)의 의미로 쓰인다.

요컨대 어원상 도시란 3차 산업이 지배적인 생업활동으로 영위되는 곳, 정착생활, 시민생활의 중심지를 가리킨다. 이는 도시를 정의함에 있어 인구밀도나 건물 높이가 아니라 그곳에서 전개되는 주된 생업활동이 무엇인가를 기준으로 삼아야 함을 함축하는 것이다. 적어도 어원에 방점을 둔다면, 어떤 취락의 인구가 수만 명 이상에 달한다고 할지라도 대부분의 그곳 거주민들이 1차 산업에 종사하고 있다면 그곳을 도시로 규정하기 어려우며, 이에 반해 어떤 유명 사찰이나 명승지 부근의 기념품 타운의 상인들이 모두 합쳐야 100명이 채 안 된다 하더라도 기능 면에서는 그곳을 도시로 간주할 수 있다는 뜻이다. 다만 오늘날 세계 여러 나라에서는 시(市) 승격 여부를 판단할 때 인구규모를 기준으로 삼는 것이 보통인데, 그것은 어디까지나 통치·행정적 편의를 위한 조치일 뿐이다.

2. '새로운 삶의 방식'으로서의 도시

선사시대의 수렵이나 어로, 그 뒤에 출현한 정착 농업이나 어업과 같은 전통적 삶의 방식을 '자연과의 관계 속에서 생계를 꾸려 가는 삶'이라 정의했을 때 도시는 완전히 새로운 삶의 방식을 가진 사람들이 살아가는 곳이다. 이 새로운 삶의 방식은 정치나 종교, 상업 등에 종사하는 3차 산업을 지칭하는 것인데, 여기에 종사하는 사람들은 기본적으로 자연과의 관계 속에서 삶을 꾸려 가는 방식이 아니라 '다른 사람과의 관계 속에서 먹고사는' 완전히 새로운 삶의 방식을 영위하는 집단이다. 정치나 종교, 상업뿐 아니라 교육, 방어, 건설, 각종 제조업 등에 종사하는 사람들도 모두 이 부류에 속한다.

자신이 자연으로부터 직접 먹을거리를 구하는 수고를 하지 않음에도 단지 다른 사람들과의 관계를 적절히 함으로써 생계를 꾸려 갈 수 있는 집단, 그들의 삶의 공간이 바로 도시인 것이다. 인류사에서 그들은 어떻게 출현 가능했던 것이며, 심지어 자연과 싸우며 직접 먹을거리를 구하는 집단에 비해서도 어떻게 상대적으로 높은 정치적·사회적·경제적 지위를 구가하게 된 것일까?

이들의 출현배경에는 주어진 인구의 생계를 보장하고서도 남을 만큼의 농산물, 즉 잉여농산물이 있었다. 3차 산업 종사자들의 존재는 그들을 먹여 살릴 수 있는 잉여농산물이 없이는 원천적으로 불가능했을 것이기 때문이다. 하지만 잉여농산물만으로는 3차 산업 종사자들의 존재를 설명하기에 충분치 않다. 잉여농산물을 취할 뿐 아니라 그것을 관장할 권력을 가진 지배집단이 등장했어야 하고, 잉여농산물의 체계적인 분배와 관리를 위한 정치 및 사회 시스템이 갖추어졌어야 하기 때문이다.

그런데 잉여농산물이 가능하려면 농업혁명이 일어났어야 하고, 권력집단이나 지배집단의 출현을 위해서는 금속제 무기를 만들 수 있는 야금술이 전제되어야 하며, 잉여농산물의 관리와 분배를 위한 정치 및 사회 시스템을 위해서는 고도의 신분질서와 문자의 사용이 요구되었을 것이다. 이렇게 볼 때 도시의 출현배경에는 적어도 잉여농산물, 농업혁명, 야금술, 정복과 지배 관계, 신분질서, 문자사용 등의 요인들이 두루 연루되어 있다고 추정할 수 있다. 이들 요인은 정치적 지배집단과 상업 및 교역에 종사하는 집단의 출현 외에도 군인, 교육자, 종교인, 건축가, 장인 등등의 다양한 3차 산업 종사자들을 필요로 했을 것이고, 이렇게 새로운 삶의 방식에 종사하던 이들이 집단적으로 거주했던 곳이 태동기의 도시공간이었던 것이다.

3. 세계 주요 지역의 초기 도시들

1) 고대문명의 도시들

세계 최초의 도시는 서남아시아의 비옥한 초승달 지대(the fertile Crescent of the Middle East)에서 시작되었다. 그 후 고대문명의 도시들은 이집트와 중국, 남아시아의 인더스강 유역으로 확산되었다는 설이 있고, 이들 네 곳의 세계 문명지역에서 각기 독자적으로 나타났다는 주장도 있다. 어찌 되었든 세계 4대 문명지역으로부터 도시적 취락이 발생한 뒤 전 세계로 확산되었다는 점은 관련 학계의 일반적 견해이다.

현재 가장 오래된 기록을 가진 도시는 메소포타미아 지역의 '우르'이다. 우르란 '불(fire)'을 의미하는데, 성경에 의하면 기원전 1900년경 아브라함(Abraham)이 가나안(Canaan)으로 가는 길에 한동안 거주하던 곳이다. 고고학자들은 이 지역에서 발굴된 지하 유물에 근거하여 우르의 기원 시기를 대략 B.C. 3000년경(학자에 따라서는 B.C. 4000년경)일 것으로 추정하고 있다.

지금까지 밝혀진 성과에 의하면, 우르는 성곽으로 둘러싸인 작고 아담한 도시이다. 가장 중요한 건물은 지구라트(ziggurat)라 불리는 제단이었는데, 이곳이 도시의 중심장소를 이루었고 그 주변으로 거주지구역이 에워싸고 있었다. 하늘에 제사 지내는 장소가 도시의 중심부를 차지하고 있다는 점에서 당시 도시는 제례와 통치의 중심공간이었음을 엿볼 수 있다. 지구라트를 둘러싼 거주지의 모든 가옥들은 마당을 갖고 있었고, 좁은 골목길로 서로 밀도 있게 연결되어 있었다. 지구라트는 원래 64×46m 규모의 3층 건물이었다고 하는데, 기원전 6세기경에 4층이 추가로 올려졌다(Rubenstein, 2005: 412).

그러면 최초의 도시 기원지가 왜 메소포타미아 지역이었을까? 티그리스강과 유프라테스강 유역 일대에 펼쳐진 메소포타미아 지역은 비옥한 하천 충적지가 발달한 곳이었다. 이 말은 생산성이 높았던 대규모 농업적 취락들이 다수 분포했다는 뜻이고, 이들이 성곽을 갖춘 도시국가(city-state) 발생의 토대였을 것으로 추정되고 있다. 우르 역시 그렇게 발전한 도시국가 중 하나로서, 고도의 기술력이 지원하는 대규모 관개 시스템, 광범위한 무역망, 1만 명 이상의 인구, 정치인과 종교인, 군인 등으로 이루어진 사회적 계급분화를 특징으로 하였다(Knox and Marston, 2007: 396). 우르를 포함한 최초의 도시들은 최소한 5,000명 이상의 대규모 인구가 거주했다는 점, 문자를 사용했다는 점, 거대한 제단이나 사원 등의 의례 중심지(ceremonial center)를 확보하고 있었다는 점에서 여타 농업 중심 촌락들과는 달랐다.

기원전 2500년경에는 지중해 동쪽 연안에서도 도시적 취락이 발생하였다. 소아시아(현재의 터키) 지역의 트로이(Troy)가 대표적이다. 이들 지중해 동쪽 연안의 도시들은 에게해와 동부 지중해 일대의 무역 중심지 역할을 한 것으로 알려져 있다. 이때 기원한 도시들은 점차 독립적인 도시국가로 발전해 갔다고 하며, 인근의 촌락들에 대한 정치 중심지, 군사 중심지, 종교 중심지, 공공서비스 중심지 기능을 수행하였다. 이외에 인더스강 유역에서도 기원전 2500년경에 도시가 발생했으며, 중국의 경우에는 기원전 1800년경, 그리고 중앙아메리카에서는 기원전 100년경, 안데스산맥 일대에서는 800년경에 각각 도시적 취락이 발생하였다.

2) 로마제국의 도시들

서남아시아와 유럽의 경우 메소포타미아와 이집트 지역의 고대도시들은 고대 그리스와 로마제국, 비잔틴제국, 그리고 지리상 발견 이후 식민지 개척을 주도한 유럽 열강 등 시대별 세계제국들(world-empires)의 등장과 함께 그 기원지로부터 세계 각지로 확산되었다. 특히 서양에서 도시 확산에 가장 크게 기여한 세계제국을 거론한다면 바로 로마제국일 것이다.

유럽, 북아프리카, 서남아시아 일대는 로마제국의 지배를 받으면서 행정, 군사, 공공서비스업, 기타 소매업을 비롯한 소비자 서비스업 중심지로서 많은 도시들이 발생하였다. 로마군의 보호 속에서 도시에는 도로와 상하수도가 대단위로 건설되었고, 도시 간 교통이 발달하였으며, 그 결과 지역 간 무역이 활발해질 수 있었다. 수도였던 로마에는 25만(100만에 가까웠다는 설도 있음)의 인구가 거주하였고, 황제의 거점으로서 행정, 상업, 문화, 기타 모든 서비스업의 중심지였다. '모든 길은 로마로 통한다'는 말을 상기할 때 유럽 대륙의 육로망과 지중해의 해로망에 동시에 접근할 수 있었던 중심지이자 기점(milestone)으로서 당시 로마가 가졌던 중심성이 얼마나 컸었는지를 짐작할 수 있다.

로마의 도시는 경관상 그것의 모델이 된 그리스의 고대도시들과 여러 가지 특징을 공유하였다. 그리스 시대 후기에 나타난 격자형 도로망이 로마의 도시들에서도 나타났다. 이러한 직선형 도로와 직각의 교차로는 중세 후기 혹은 로마 시 자체의 도로망에서 나타나는 구불구불하고 복잡한 미로형 도로망과 대조되는 특징이다. 도시 내에서 두 개의 간선도로가 교차하는 지점을 포럼(forum)이라고 하는데, 이곳은 고대 그리스의 아크로폴리스와 아고라적 요소가 합쳐져 있는 장소이다. 여기에는 신을 숭배하는 사원과 관공서, 보물창고, 그리고 일반인들을 위한 도서관, 학교, 시장이 함께 위치하였다. 포럼 주변에는 권력 엘리트의 궁전들이 밀집해 있었다.

도시가 수행하던 기능 면에서 볼 때 로마의 도시는 고대 그리스 도시들을 모델로 삼았지만 영토국가로서의 특성 때문에 그리스의 도시국가들보다도 더 많은 기능을 보유하였다. 특히 종교, 민회, 방어 기능에 지방행정 기능 및 공중목욕탕, 경기장, 극장 따위의 공공서비스 기능이 추가되었다. 도시국가를 넘어 영토국가로 확대되면서 수도는 중앙행정 기능, 지방 중심도시는 지방행정 기능이 추가되었는데, 이는 로마의 제국주의적 확장에 따른 공공서비스 기능이었다.

도시 중앙부에는 포럼이 있어 집회 및 극장 기능을 수행하였고 그 주변에는 회랑 건물(porticoes)이나 바실리카(basilica) 건물을 배치하여 상가 건물 혹은 법정 기능을 수행하게 하였다. 이외에 원로원 회의 장소(curia)를 두었고 주피터 신전, 공중목욕탕과 도서관, 경기장 등을 배치하였다. 고대 로마 도시의 전형이 잘 보존된 폼페이의 경우 중앙광장인 포럼을 둘러싸고 주피터 신전을 비롯한 여러 신전들, 회의 건물, 바실리카, 원로원 의사당, 공공도서관이 들어서 있었다. 시장은 포럼 옆의 한쪽 구역을 차지하고 있다. 만일 도시가 수행하는 기능을 공공기능과 시장기능으로 양분하여 이해한다면 고대 로마는 전체적으로 공공기능이 시장기능을 압도하는 형국이었다(전종한 외, 2017: 346).

3) 중국의 주요 고도

로마제국이 전근대 서양의 도시 확산에 큰 역할을 수행했다면 중국의 고도(古都), 즉 역대 주요 도읍지들은 대한민국과 일본 등 동아시아의 전통 도시경관에 적지 않은 영향을 주었다. 중국에는 4대 고도로 불리는 도시들이 있다. 시안(西安/長安), 뤄양(洛陽), 난징(南京), 베이징(北京)이 그곳이다.

이 중 장안(長安)을 주목할 만하다. 장안은 서주(西周, 기원전 1134~기원전 771)와 중국 최초의 통일제국인 진(秦, 기원전 221~기원전 207) 왕조를 비롯해 서한(西漢, 기원전 206~서기 8), 수(隋, 581~618), 당(唐, 618~907) 등 중국 역사상 크고 작은 13개 왕조의 도읍이었던 곳으로 고대 역대 중국의 고도 중 가장 유명한 도시이다. 장안은 수 왕조 때 한동안 대흥(大興)이라 하였고, 한때는 북쪽의 북경(베이징), 남쪽의 남경(난징)과 짝하도록 서쪽의 서경(西京)으로 개칭되기도 하였으며, 서안(西安)으로 명명된 것은 명 왕조인 1369년 이곳에 서안부(西安府)를 설치했을 때였다.

기원전 1062년 주 왕조는 중심지를 현재의 시안시에 소재하는 풍하(灃河) 유역으로 정하였다. 주문왕(周文王)은 풍하 서안에 풍경(豊京)이라는 도읍을 건설하였으며, 무왕(武王)은 기원전

1057년 은(殷)나라를 멸망시키면서 풍하 동안에 호경(鎬京)을 세워 도읍으로 삼았다. 이때부터 본격적으로 서안 지역은 장기간 중국 고대 정치·경제·문화의 중심이 되었다.

기원전 221년 진시황(秦始皇)이 중국 대륙을 통일하여 중앙집권적 제국을 수립하였을 때 진의 도읍은 함양(咸陽)이었다. 진의 함양은 북쪽으로는 현재의 함양시 함양원(咸陽原)으로부터 남쪽으로는 지금의 서안시 서쪽 삼교진(三橋鎭)에 이르기까지 위하(渭河) 양안에 걸치는 광활한 도읍지였다. 진시황 시대에 함양은 100만 명 이상의 인구를 가진 거대도시였다고 추정되고 있다.

진 왕조 이후로 장안은 서한(西漢), 신(新), 동한(東漢), 서진(西晉), 전조(前趙), 전진(前秦), 후진(後秦), 서위(西魏), 북주(北周) 등등 여러 왕조에 걸쳐 도읍지로 이용되면서 많은 궁궐과 성벽이 잇따라 구축되었다. 진 왕조의 아방궁(阿房宮)과 함양궁(咸陽宮), 한 왕조의 한고조 유방의 집무처였던 장락궁(長樂宮, 동궁)과 신하들을 접견하는 곳이었던 미앙궁(未央宮, 서궁), 한무제가 지은 건장궁(建章宮), 당 왕조의 태극궁(太極宮)과 대명궁(大明宮) 등이 그것들이다(그림 1). 명·청 시대의 도읍인 베이징의 건설도 당 왕조 시절의 장안성(長安城)을 모델로 했다고 알려져 있다.

중국의 고도 장안성은 한 곳이 아니라 왕조별로 약간씩 다른 위치에 궁궐과 성곽을 건설하였으므로 장안성의 도시경관을 어떤 한 가지로 설명할 수가 없다. 다만 중국 도시계획의 규범집

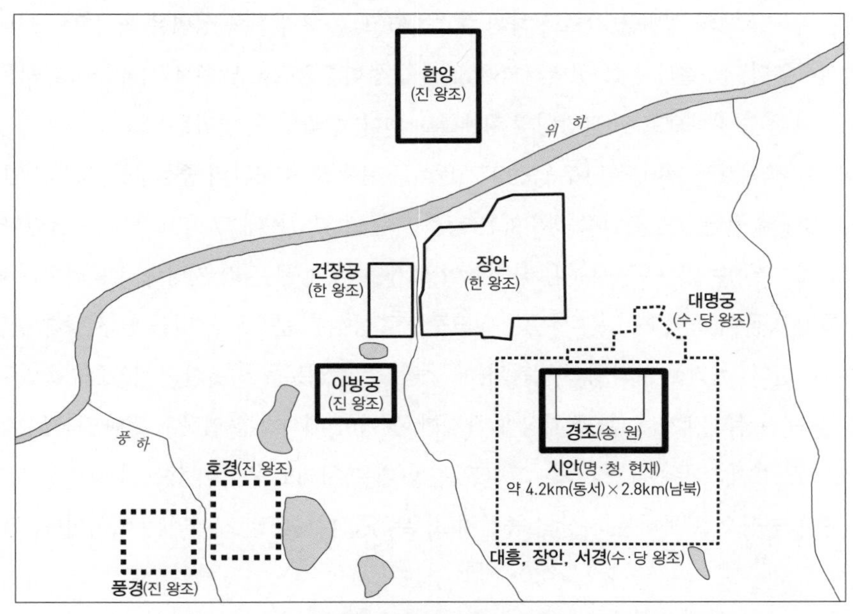

그림 1. 중국 시안 지역의 역대 왕조별 궁궐과 성곽 유적 분포

이었던 『주례동관고공기(周禮冬官考工記)』에는 국도조영(國都造營)의 원리와 기준이 기록되어 있어 옛 장안성의 도시계획 원리를 엿볼 수 있다. 그 내용이 다산 정약용의 『경세유표(經世遺表)』에 인용되어 있는데, 주요 내용을 소개하면 다음과 같다.

① 수도는 9리(里)로 하고 사방으로 정방형일 것.

② 4개의 기본 방위에 일치시키고 성벽으로 둘러쌓을 것.

③ 궁궐 남문에서부터 성 남쪽 중앙의 남문까지 대로(大路)를 낼 것.

④ 성내에는 9개의 남북 도로와 9개의 동서 도로를 낼 것.

⑤ 각 방위마다 3개의 성문을 두어 모두 12개의 성문을 낼 것.

⑥ 왕족의 주거와 집회소가 있는 왕궁을 둘 것.

⑦ 성내의 북쪽에 공공 시장을 두고 그 전면에 광장을 둘 것(前朝後市).

⑧ 남북 대로의 좌측(東)에 왕의 조상을 위한 종묘(宗廟), 우측(西)에 지신(地神)을 위한 사직(社稷)을 두어 성스러운 장소를 마련할 것(左廟右社).

⑨ 중정(中庭, 건물 사이의 마당 혹은 정원)을 배치할 것.

당 왕조 말기에 장안은 주전충(朱全忠, 852~912)에 의해 완전히 파괴되었는데, 오늘날 시안에서 볼 수 있는 장안성 성곽은 명 왕조 때의 것을 복원한 것이다. 1370년 명나라 태조 주원장(朱元璋)은 수·당 시대의 장안성 유적을 토대로 8년에 걸쳐 장안성을 복원하였다(1378년). 남쪽과 서쪽 성벽은 수·당 때의 성벽을 기초로 하여 보강하였고, 동쪽과 북쪽 성벽은 외곽으로 보다 확장하여 건설하였다. 그 결과 동쪽 성벽 2,886m, 서쪽 성벽 2,706m, 남쪽 성벽 4,256m, 북쪽 성벽 4,262m로서 동서 방향으로 긴 장방형의 형태를 보인다. 성곽의 총 길이는 약 14km, 평균 높이는 12m, 상단부 폭은 12~14m, 하단부 폭은 15~18m로 현대 도시 시안의 중심부를 감싸고 있다.

수·당 시대의 장안성 동서남북 성벽에는 각기 대문이 있었는데 그 용도가 서로 달랐다. 남문은 황제만이 다닐 수 있는 문, 북문은 사절단이 오가는 문, 동문은 각 지방에서 올라오는 곡식과 생필품 등의 공물이 들어오는 문, 서문은 실크로드로 통하는 문으로 낙타를 탄 서방의 상인들이 출입했다고 한다. 이러한 사각형의 성곽과, 네 곳의 주 출입문을 비롯한 총 12개의 출입문을 갖춘 장안성을 '천상의 세계(우주)를 지상에 복제한 것'이라 해석하는 입장도 있다. 사각형의 성곽은 네 계절을, 12개의 문은 12개월을, 그리고 천상(대우주)에도 중심이 있듯이 장안성은 의례용 건물을 통해 천상으로 통하는 지상의 중심지(소우주)를 나타내는 것이라는 해석이다(Wheatly, 1971).

4. 우리나라의 전통도시

1) 조선 전기 이전의 왕도와 지방행정 중심지

조선 전기 이전 우리나라에서 도시라 부를 수 있는 곳은 고구려의 국내성이나 평양, 백제의 웅진(공주)과 사비(부여), 신라의 서라벌(경주), 고려의 개경, 조선의 한성과 같은 왕도(王都)를 거론할 수 있을 것이다. 기능 면에서 이들 왕도는 통치와 행정, 방어 등 공공기능 중심의 3차 산업이 우세하였다. 이들 왕도 이외의 도시, 특히 상업 중심지의 발달 여부에 대해서는 아직 지식이 부족한 상태이다.

우선 공주와 신라의 경주를 사례로 하여 삼국시대 도시의 면모를 살펴본다면, 하천이 둘러쳐진 곳에 토성이나 석벽을 쌓고 그 안에 왕궁과 거주지, 그리고 성곽 출입문 부근에 시장을 두었다. 오늘날과 같은 국경개념이 없이 산성이나 읍성의 탈취 및 소유 여부가 국가의 영토 범위를 뜻하던 시절이었으므로 도시의 기능은 방어기능이 위주였을 것이다. 남북국 시대에 발해와 신라는 영역국가로서 지방행정 중심지를 설치하였으며, 이들 지방 도시들은 주로 통치·행정적 기능을 담당하였다. 발해의 5경(상경, 중경, 남경, 동경, 서경)과 신라의 5소경(중원경, 서원경, 북원경, 남원경, 금관경)이 그곳들이다. 고려 시대에는 역원제(驛院制)를 통해 교통·통신 수단을 체계화함으로써 남북국 시대에 비해 지방통치 네트워크를 좀 더 면밀히 할 수 있었다. 기본적인 지방통치 거점으로서 8목(경기도 광주, 충주, 청주, 진주, 상주, 전주, 나주, 황주)을 두고 3경과 5도호부를 설치하여 행정 거점으로서의 지위를 부여하였다.

조선 시대에 이르면 도읍 한성은 도시 내부에 기능지대가 분화되는 등 이전의 어떤 왕도보다도 제법 '도시다운' 면모를 갖추어 갔다. 조선 초기부터 한성의 중심가는 현재의 광화문에서 종루(보신각), 이곳에서 광교를 거쳐 남대문로 1가에 이르는 지역이었다. 광화문 앞은 육조거리를 이루었는데, 동쪽으로는 의정부, 이조, 한성부, 호조가 나란히 있었고, 서쪽으로는 예조, 사헌부, 병조, 형조, 공조가 나란히 배치되는 식으로 행정 타운을 이루고 있었다. 종루(보신각)를 중심으로 펼쳐진 당시의 운종가(현재의 종로)는 저잣거리, 즉 시장기능이 활발하였고, 종로 이면에는 서민들을 주 고객으로 했던 서비스업 공간으로서 피맛골과 같은 도시 뒷골목도 등장하였다(전종한, 2009).

도시 내에 신분에 따른 거주지 분화 역시 이루어졌다. 궁궐을 중심으로 특히 북촌(北村) 일대에 고관대작들이 거처를 정했고, 운종가를 중심으로 상공인들이 거주하였다. 한성의 오랜 부자

촌은 가회동과 계동 일대였다. 이곳은 경복궁과 창덕궁의 중간에 위치한 요지이기 때문에 이른바 북촌을 형성하게 된다. 서리나 아전들은 경복궁의 서쪽 주변인 내자동, 통의동, 사직동 등지에 살았으며, 상공업이나 서비스업에 종사하던 서민들은 현재의 종로나 을지로 일대에 모여 살았다. 반면 하급 관리나 가난한 선비들은 좀 떨어진 남산 기슭에 모여 살면서 소위 남촌(南村)을 형성하였다(차종천 외, 2004).

조선 시대에는 지방행정 도시체계가 더욱 촘촘해져, 전국적인 군현제 통치체제를 확립한다. 8도의 중심지로서 부(府)를 설치(한성, 공주, 원주, 전주, 대구, 해주, 함흥, 평양)하여 1차 지방 중심지로서의 기능을 부여하고, 그 아래에 목(牧)과 도호부(都護府), 그리고 군현(郡縣)을 설치하였다. 충청도를 예로 든다면, 공주부에 충청 감을 두고 홍주목, 충주목, 청주목이 있어 각기 해당 관할 군현을 통할하였으며, 청주목 관할하에 문의현, 보은군, 회덕현, 괴산군 등을 두었다. 시장 기능은 행정 중심지 체계를 따라 부수적으로 존속하였다. 고차 행정 중심지가 정기시장 체계에서도 고차 중심지였다. 이들 행정 중심지는 읍성을 두르고 그 안에 주거지와 동헌(東軒), 객사(客舍), 질청(秩廳), 형옥(刑獄) 등을 배치하는 형태였다. 시장은 주로 남문 밖이나 성문 안에 부가되는 식으로 개설되었다.

한편 우리나라에서 상업기능이 공공기능보다 우세한 도시가 나타나기 시작한 것은 조선 후기의 상업경제 발달기였다. 상업경제의 전국적 확산에 따라 도읍인 한성을 비롯해 전국의 주요 지방행정 중심지들에서 상업기능이 크게 강화되었고, 일부 교통 중심지는 신흥 도시로 발달하였다. 한성의 경우, 사대문 안팎, 한강변 나루터, 송파, 마포, 서강 등지를 중심으로 도·소매 시설과 창고가 갖추어지고 상인 거주지가 형성되는 등 신흥 시가지가 발달하였다. 종로 육의전 외에도 배오개 거리, 이현, 칠패, 남대문 밖 등 기존의 시장도 크게 확대되었다. 지방의 경우에도 전라도 전주나 충청도 청주, 경상도 대구 등이 지방행정 중심지이자 동시에 정기시장 중심지로서 도시 내에 상업구역이 크게 성장하였다. 이 시기에 주목할 만한 도시로는 강경, 문경, 목천, 남포 등 하항(河港)기능을 배경으로 성장한 상업도시들이다. 이들 도시에서는 분명 상업기능이 행정기능을 능가하고 있었다고 추정할 수 있다.

2) 조선 시대의 읍성취락

우리나라의 경우 역대 왕조별 도읍지인 왕도를 제외하면 조선 시대에 경상도, 전라도, 충청도 등 소위 하삼도에 널리 분포했던 읍성(邑城)을 보편적 형태의 전통도시(premodern city) 내지역사도시(historic city)로 인식할 수 있다(전종한 외, 2017: 217). 읍성이란 조선 시대의 지방행정 중심지를 둘러싼 성곽을 지칭하기도 하지만, 그러한 성곽을 갖춘 행정 타운 전체, 즉 읍성취락 자체를 일컫는 의미로 널리 쓰인다.

읍성은 수령을 행동대장으로 삼아 국가 권력이 지방공간에 침투하는 거점이자 수령을 돕는 말단 행정관리, 즉 아전들의 공간이었다. 중앙정부는 읍치 내부에 다양한 경관과 장소들을 조성함으로써 정권의 권위와 왕권을 상징화하고, 이를 토대로 읍성을 '신성한 공간'으로 만들어 갔다. 읍성 안에 세워졌던 주요 건물로는 전패[殿牌, 국왕을 상징하는 '전(殿)'자를 새겨 놓은 패]를 모셔 놓은 객사, 동헌과 내아(수령의 근무지와 거주지), 질청(향리들의 근무처), 내삼문 및 외삼문(관청을 드나드는 3개의 입구를 가진 문), 향청(지방 양반들이 수령에게 자문하고 향리를 감시하기 위한 건물), 군기고, 감옥, 성황사(읍성을 지켜 주는 신을 모신 종교 건물) 등이 있었다. 이들 건물은 조선 시대를 지나는 동안 순차적으로 읍성 안에 충전되었고, 이 과정에서 읍성은 국가 권위의 상징이자 지방의 행정 중심도시로 발전해 간다(전종한 외, 2017: 223).

전국의 읍성 경관이 획일적인 것은 아니었지만 대체로 읍성 안의 경관 배치는 객사와 관아를 중심으로 이루어졌다. 따라서 읍성 안의 건물 배치를 객사를 비롯한 유관 건물들(이하 '객사군 건물')과 아사를 비롯한 관아 관련 건물군('아사군 건물')으로 나누어 살펴보는 것도 유익하다. 객사군 건물은 국왕(권력 기원자)의 공간, 아사군 건물은 수령(권력 실천자)의 공간이다. 아사군은 다시 수령 자신을 위한 공간과 이를 뒷받침하는 향리들의 공간으로 구분되어, 각각에는 내아, 책방

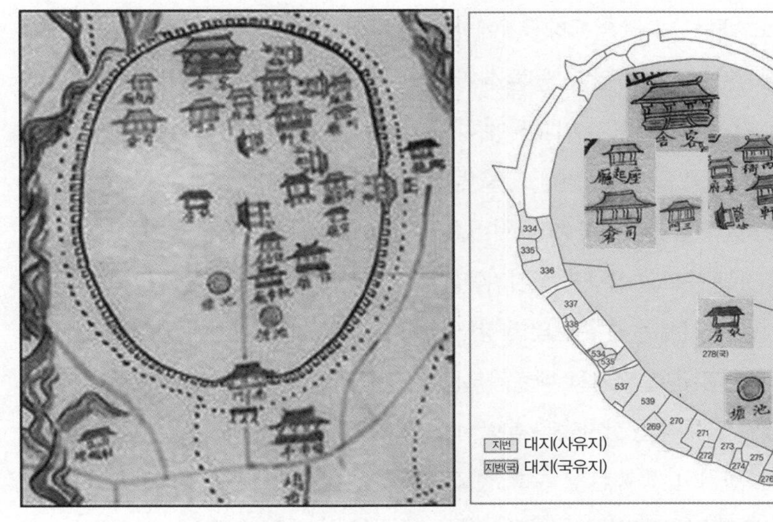
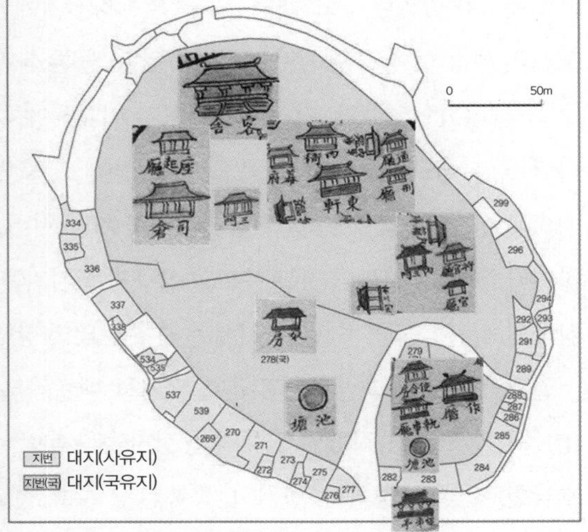

그림 2. 고지도(1872)의 태안읍성(왼쪽)과 지적원도(1913) 재현(전종한, 2015)

등 수령을 위한 경관과 질청, 관청 등 향리의 그것들로 충전되고 있다. 대개 내아나 객사 뒤편으로는 관료들의 휴양처로 연못과 누정이 있었다.

그러나 서양의 도시들과 달리, 조선 시대의 읍성은 행정 중심지의 기능을 넘어서 문화와 교육의 중심지로 자리 잡지는 못하였다. 그것은 문화와 교육을 휘어잡고 있던 양반들 대부분이 읍성 공간을 벗어나 시골에 거주했던 것에서 이유를 찾을 수 있다. 넓은 농경지를 확보할 수 있었다는 이유 외에, 양반이 시골에 거주했던 것은 이들이 지역의 토박이 권력자로서 중앙에서 파견된 수령과 충돌하기를 원치 않았다는 점과, 다른 한편으로 읍성공간을 권력에 빌붙어 생활하는 말단 관속(官屬)들의 공간으로 인식했던 것에 있었다. 당대 사족들에게 읍성은 향리집단이나 하급관료들이 거주하는 '하층민의 공간', '멸시의 공간'으로 인식되었던 것이다. 이런 점에서 조선 시대의 읍성취락과 촌락지역의 관계는 시골이 도시에 정치·경제·문화적으로 종속관계에 있었던 서양의 도시권과는 매우 대비되는 공간구조였다고 볼 수 있다(전종한 외, 2017: 224).

3) 개항 이후 일제강점기의 도시

개항기 이후 부산, 인천, 남포, 원산에는 외국인 조계지(租界地, concession)가 들어선다. 조계지를 중심으로 상업시설, 은행, 공업시설이 증가하고 자본주의 질서가 도입되었다. 그리고 열강들은 자국민 보호를 위해 그들의 거주지 부근에 군대를 배치하였다. 한성의 용산, 충무로, 서대문, 정동 일대가 대표적 사례이다.

조계지가 있었던 주요 개항장들은 일제강점기에 이르러 통치시설이 추가로 설치되면서 일약 도시의 행정 및 경제 중심지로 부상하였다. 물론 식민지 지배의 특성상 행정, 경찰, 군대, 교육 기구 등 물리적·이데올로기적 억압기구가 비대해야 하는 까닭에 공공기능이 약화된 것은 아니다. 다만 평양, 남포, 인천, 부산, 목포, 군산, 원산, 남포 등의 주요 항구도시에는 일본인 거주지를 중심으로 상업·공업·사무실 기능, 금융 및 기타 서비스업 기능이 입지하면서 공공기능보다 우세하였다. 하지만 일본인 자본 주도의 상공업 투자가 식민지의 발전을 위한 것은 아니었기 때문에, 상공업기능이 공공기능을 넘어서는 경우는 몇몇 항구도시나 교통도시에 한정된 것이었다.

일제강점기에 그 골격을 갖춘 철도교통 네트워크는 강경, 상주, 충주, 목천, 문경 등 하항(河港)을 기반으로 성장했던 전통적 중심지들을 쇠락시켰다. 1930년대에 이르면 경부선을 비롯해 호남선, 전라선, 경의선, 경원선, 충북선 등 주요 철도의 골격이 완성된다. 철도교통의 결절지로서 대전, 신의주, 익산 등의 신흥 도시들이 성장하였다. 대개의 철도 역사(驛舍)는 기존의 전통

도시들에서 다소 떨어진 불모지나 농경지에 건설되었고, 그곳 땅은 대단히 쉬운 절차를 통해 일본인 수중에 넘어갔기 때문에, 역세권은 주로 일본인 거주지가 되었고 동시에 새로운 상공업 중심지로 발전하기 시작하였다. 이렇게 일제강점기를 지나면서 구읍(舊邑, 구도시)과 신읍(新邑, 신도시)으로 이루어진 '이중적 공간구조'가 우리나라의 많은 도시들에서 목격되었다. 당연히 그것은 '식민지적 공간구조'이기도 하였다.

일제는 1934년 '조선시가지계획령'을 발표하면서 전국의 43개 지역에 신도시 건설과 기존 도시의 정비 및 부도심의 설치를 추진하였다. '조선시가지계획령'이 발표되기 이전에도 경성(현재의 서울)을 중심으로 도시계획에 대한 논의는 계속 있어 왔지만 그것이 법적·정책적으로 진행된 것은 이때부터였다. 이 시기 식민도시 건설 정책의 핵심은 구도시의 경우에 거류지 확장을 통한 기존 거점지역의 강화이며, 신도시의 경우는 새로운 시가지 건설로 신흥 거점지역을 확보하는 일이었다(손정목, 1996: 184–186). 특히 조선총독부는 식민지라는 특수성을 이용해서 일본 본국의 도시계획보다 훨씬 주도적이고 집약적인 정책적 개입을 이룰 수 있었다.

해방 이후 남북한이 분단되는 과정에서 그 이전까지 북한에서 성장한 공업도시들(평양, 남포, 원산, 함흥 등)과 남한의 도시들을 연결하던 도시체계가 단절되었다. 해방과 한국전쟁(6·25)으로 국내외 간 및 남북한 간에 엄청난 인구이동이 있었다. 대한민국으로 유입한 인구는 대개 서울, 부산, 인천 등 대도시에 정착하였으므로 당시 이들 도시의 외곽에는 이주민 불량주택지구가 형성되었다. 서울의 한남동 해방촌이 대표적이다. 이러한 경관은 서구의 슬럼이 중심업무지구(CBD) 주변에 형성되었던 것과는 다른 모습이었다. 조선 시대나 일제강점기 이래 상류층이 교외화할 의사가 없었던 상황에서, 광복과 한국전쟁기에 대규모로 도시에 유입한 사람들이 진입하기 비교적 용이한 도시 외곽지역에 거주하게 된 결과일 것이다.

참고문헌

손정목, 1996, 『일제강점기 도시화과정연구』, 일지사.

전종한, 2009, "도시 뒷골목의 '장소 기억': 종로 피맛골의 사례", 『대한지리학회지』, 44(4), pp.779–796.

전종한, 2015, "조선후기 읍성 취락의 경관 요소와 경관 구성–태안읍성, 서산읍성, 해미읍성을 중심으로", 『한국지역지리학회지』, 21(2), pp.319–341.

전종한·서민철·장의선·박승규, 2017, 『인문지리학의 시선』, 사회평론.

차종천 외, 2004, 『서울시 계층별 주거지역 분포의 역사적 변천』, 백산서당.

Jordan, T. G., Domosh, M. and Rowntree, L., 1997, *The Human Mosaic-A Thematic Introduction to Cultural*

Geography, New York: Longman.

Knox, P. L. and Marston, S. A., 2007, *Urbanization: An Introduction to Urban Geography*, Englewood Cliffs: Prentice Hall.

Rubenstein, J. M., 2005, *Human Geography*, New Jersey: Pearson Prentice Hall.

Wheatly, P., 1971, *The Pivot of the Four Quarter*, Chicago: Aloline Publishing co.

더 읽을 거리

이기봉, 2017, 『임금의 도시』, 사회평론.

⋯› 조선 시대 한성의 탄생배경과 도시경관에 내포된 상징성을 밝히고자 한 연구서이다. 고려의 흔적을 지우고자 개경으로부터 한성으로 천도하는 과정에서 있었던 조선 태조 이성계와 여타 관료들 사이의 줄다리기, 도시경관을 통해 권력을 나타내고자 했던 임금의 의도, 한성에 설치한 궁궐, 종묘와 사직, 도로의 조성원리와 배후의 이데올로기 등 조선 시대의 도읍지 한성을 도시로 규정하면서 그것의 경관과 공간구조에 접근하고 있다.

도시인문학연구소 엮음, 2013, 『도시: 상징, 자본, 공공성』, 라움.

⋯› 역사학과 지리학, 문학, 문화연구, 민속학에 이르는 다양한 전공자들이 근대도시의 다채로운 측면을 이해하고자 한 저술이다. 일제강점기 대중가요 속에 그려진 서울의 풍경(길진숙), 근현대 회화에 서울의 표상공간(정희선, 김희순), 근대 경성의 유곽지대(유승희), 근대 이행기 종로 뒷골목인 피맛골의 장소 기억(전종한) 등 주로 우리나라 근대도시의 풍경들을 대중가요, 회화, 도시경관, 기층문화 등을 매개로 들여다보고 있다.

남영우, 2011, 『지리학자가 쓴 도시의 역사』, 푸른길.

⋯› 동양과 서양을 아우르는 역사도시들에 대해 직접 탐방한 경험을 바탕으로 생생하고 구체적으로 서술한 저술이다. 인류 최초의 도시적 취락인 차탈회위크, 화산에 묻혀 버린 폼페이의 도시구조, 메소아메리카의 도시인 테오티우아칸, 잉카제국의 마추픽추, 중국의 장안성 등 고대와 중세 시대 세계 여러 지역에서 발달했던 도시들을 대상으로 그곳의 도시유적, 도시계획, 공간구조, 도시경관, 도시문화 등을 설명하고 있다.

주요어 삶의 방식으로서의 도시, 도시국가, 세계국가, 고도, 읍성, 조계지, 구읍, 신읍, 이중적 공간구조

제18장

도시와 고지도: 한양 도성도 물길 해석

김기혁

1. 도시 역사지리와 고지도

도시는 지역 간 소통의 공간적인 표현이다. 전통사회가 근대로 이행되면서 도시는 시장경제에 편입되고, 자본의 힘이 도시공간을 만들어 나아갔다. 토지 규모는 세분화되기 시작하였고, 이의 원활한 교환을 위해 표준화된 척도로 도시가 그려지기 시작하였다. 측량지도가 근대도시의 출현과 함께하는 것은 이 때문이다.

지도는 공간을 축약하여 표현하면서 고립된 것으로 보였던 장소들이 서로 어떻게 연결되고 관계하는지 알 수 있게 한다. 특히 도시를 그린 고지도는 시간을 넘어 지금의 도시공간이 과거와 어떻게 관계되었는지 보여 주면서 관념 속에 있는 역사공간을 현실세계와 연결해 준다. 도시공간을 모자이크된 결과로 이해하여 접근하는 도시 연구에서 지도는 공간유형과 장소 간의 연결을 확인시켜 주는 도구이다. 지도를 통해 자연과 인문적인 내용을 종합하고, 장소를 추출하여 그 속에 내재한 역사성의 설명은 도시의 심도 있는 연구를 가능하게 한다.

우리나라에서는 오래전부터 도시 지도가 그려졌다. 조선은 한양 천도를 결정한 후 도성계획을 그린 지도를 만들었다는 기록이 있다. 조선 전기에는 『혼일강리역대국도지도』(1402)를 만들어 당시 중국과 조선의 도시를 묘사하였다. 한양을 붉은색으로 강조하여 묘사함으로써 새롭게 건국한 조선의 수도임을 표현하였다. 조선 후기 들어서는 한양을 상세하게 그린 도성도가 다양한 모습으로 그려졌다. 대부분 화원들에 의해 회화성이 가미되어 아름답게 묘사되었다. 산수 묘사는 풍수적인 내용이 반영되었으며, 이 때문에 한 폭의 그림을 보는 듯하다.

지도는 사회성을 지니며, 아름다움과 함께 정확성을 지향한다. 또한 지도의 지리 정보는 편집되어 새로운 지도를 재생산하는 바탕이 된다. 조선시대 한양을 그린 도성도가 낱장으로 혹은 군현지도책 속에 삽입되기도 하고, 『대동여지도』 등 조선전도에 포함되어 다양한 모습으로 그려진 것은 이 때문이다. 그리고 이들 지도의 내용이 서로 다름은 도시에 대한 다양한 시선을 반영한다.

도성도에는 성곽을 둘러싸고 있는 산줄기와 삶의 터인 하천 등의 자연지리와 왕궁과 관아시설, 도로 등의 인문지리 내용이 담겨 있고, 사료에서 표현되지 못하는 장소의 관계성이 그려져 있기 때문에 서울의 역사지리 연구에 중요하다. 그동안 이들이 심도 있게 이용되지 못한 것은 도성도를 이미지로만 접근하였을 뿐 지명, 주기(註記)와 등의 텍스트에 대한 분석이 이루어지지 못하였기 때문이다.

도성도 묘사에서 인문지리 정보는 그려진 시기, 지도 제작 목적, 스케일에 따라 다르다. 이에 반해 자연지리 정보 중 산지는 화법과 필치가 부분적으로 다르나 북악산을 비롯하여 목멱산, 타락산, 인왕산 등의 내용은 일관된 모습으로 그려졌다. 이에 반해 선(線)의 형태로 묘사되는 도로와 하천, 그리고 이들이 교차하는 다리의 내용은 지도마다 다르게 표현되었다. 이는 이들이 일상의 삶과 직결되었던 당 시대인의 생활공간을 표상화한 내용이며, 시간의 흐름에 따라 내용이 변하였기 때문이다. 이는 도성도의 하천과 다리가 한양에 대한 다양한 시선과 변화를 보여 주고, 지도에서 지리정보의 편집 내용을 밝힐 수 있는 지표가 될 수 있음을 의미한다. 이 글에서는 도성도에 그려진 하천 유로의 내용을 중심으로 조선 시대 지도를 소개하고, 지도에 묘사된 내용을 비교하여 지도와 도시공간의 변화 내용을 파악하였다. 또한 육조거리의 사례연구를 통해서는 고지도가 도시해석에서 지니는 가치를 설명하고자 하였다.

2. 한양 도성의 하천 유로

1) 도성계획

1394년 개경에서 천도하면서 건설된 한양은 계획도시였다. 도성 경계 내의 주민들을 모두 밖으로 이주시킨 뒤에 새로운 도시를 만들기 시작하였다. 한양의 도시 건설은 태조부터 세종에 이르는 시기에 이루어졌다. 태조에 의한 도시 건설은 종묘와 궁궐 공사(1394년)부터 시작되어 5부 52방의 행정구역 확정, 종묘와 경복궁 완성(1395년), 성곽 건설(1396년)로 이어졌다. 정종의 개성 환도(1399년)로 도성 건설은 잠시 중지되었으나 태종이 재천도하고(1405년) 시전행랑(市廛行廊)을 건설하여 간선도로의 노선과 폭을 확정함으로써 수도 건설이 다시 시작되었고, 세종의 성곽 개축(1422년)과 개천 정비공사의 완료(1430년)로 일단락되었다.

한양은 고려 때 이미 남경(南京)으로 도시적인 면모를 갖추고 있었으나, 고려를 계승한 도시는 아니었다. 초기 도시계획은 정도전(鄭道傳, 1342~1398)에 의해 주도되었으며 폐쇄적인 분지지형을 이용하여 도시를 구성하였다. 사방은 북악–인왕산–남산–낙산의 줄기가 둘러싸고 있었으며, 서쪽의 인왕산과 남산 사이, 동쪽의 낙산과 남산 사이는 비교적 평탄하여 성 내외를 연결하는 평지가 형성되어 있었다. 이에 따라 도성 내부는 북악산의 남쪽 산록면, 남산의 북쪽 사면과 동–서 방향으로 이어진 평탄지역 등 서로 다른 환경조건으로 구성되었다. 북악산 남쪽에 정궁인 경복궁을 세우고 왕궁–광화문에서 이어지는 육조거리 양면에 관아 건물을 배치하였다. 이와 직각으로 종로를 주 도로로 개설하고 개천(開川, 현 청계천)을 평행으로 굴착하여 도시 하천으로 설계하였다.

조선시대 도성 관리에서 중요한 일 중의 하나는 생활하수의 처리였는데, 이는 개천을 중심으로 이루어졌다. 하천 관리는 조선 전기의 개천공사와 후기의 준천공사를 통해 이루어졌다.[1] 이 중 가장 규모가 큰 공사는 1760년(영조 36)의 준설사업이다. 주민 15만 명, 인부 5만 명이 동원된 57일간의 대역사였으며, 이후 영조는 준천사(濬川司)를 설치하여 하천 정비를 제도화하였다.

2) 하천 유로와 지명이 수록된 사료

조선 후기 도성 내의 하천 내용이 수록된 사료는 〈표 1〉과 같다. 이 중 『준천사실(濬川事實)』은 1760년 준천사업이 마무리된 이후 당시 한성판윤이었던 홍계희(洪啓禧, 1703~1771)가 사업 내용을 정리한 사료이다. 준설공사를 하게 된 배경과 준설 내용, 준천사의 조직과 활동, 그리고 개천의 범람을 막기 위한 방법이 기록되어 있다. 이 책에서는 도성 안에 있는 물길을 23개로 정리하고 있으나 일부 유로를 제외하고는 지명은 기재되어 있지 않다. 유로 내용은 하천 교량을 중

1. 개천공사는 하천의 하상을 파고 제방을 쌓아 개수로(開水路) 역할을 하게 하는 것이고, 준천공사는 개천에 쌓인 기존의 토사를 준설하는 것이다.

표 1. 도성 내 하천 정보 수록 사료

	사료 및 지리지	연도	비고
1	「준천사실」	1760년	편저자 홍계희
2	「한경지략」	1835년	편저자 유본예(柳本藝 추정)
3	「대동지지」	1860년대	김정호(金正浩)
4	「동국여지비고」	1870년경	저자 미상

출처: 박현욱, 2006.

심으로 설명되어 있고, 39개의 다리 이름이 수록되어 있다.

『한경지략(漢京識略)』은 조선 시대 서울의 모습을 담은 책이다. 한양의 천문, 연혁, 형승을 비롯한 21개 항목이 수록되어 있으며, 그중 교량과 산천 항목에 하천 내용이 수록되어 있다. 도성 내 하천 15개와 도성 밖 무악천을 비롯하여 16개 유로에 대해 설명하고 있다. 수록 지명으로는 백운동천수, 경복궁내지수, 경희궁내수, 삼청동천수 등 일부 하천 지명이 나타난다. 『준천사실』과 유사하게 유로 경로는 교량을 중심으로 설명되어 있다.

『동국여지비고(東國輿地備考)』는 조선 및 한양의 지리를 비롯하여 인문적인 내용을 담은 지리서이다. 정조 대의 내용이 수록되어 19세기에 고종 때 편찬된 것으로 추정되나 정확한 연도는 미상이다. 2권 2책으로 되어 있으며 권1은 경도, 권2는 한성부의 내용을 담고 있다. 개천(청계천)에 대해 "백악, 인왕, 목멱 여러 골짜기의 물이 합하여 동쪽으로 흘러 도성 안을 가로질러서 삼수구로 나가 중량포로 들어간다."라고 하여 유로를 설명하고 있다. '옥류동누각동수', '사직남경희궁북수' 등 일부 유로의 지명이 명명되어 있다. 하천은 19개 유로로 정리되어 있으며, 경로는 다른 사료와 유사하게 교량을 중심으로 설명되어 있다. 이들 사료 외에 『대동지지(大東地志)』를 비롯한 지리지에 도성 내의 교량 이름이 수록되어 있으나 유로 지명은 나타나지 않고 있다.

3) 도성의 하천 유로

사료에 수록된 하천 유로에 대한 현재 지명은 〈표 2〉와 같으며, 하천 묘사가 상세한 「도성대지도」(서울역사박물관)에 묘사된 유로 경로와 다리 지명은 〈그림 1〉과 같다. 유로로는 개천 본류와 31개 유로가 그려져 있다. 이들 유로는 분포지역의 지형조건과 분수계를 바탕으로 볼 때 5개 구역으로 나눌 수 있다.

개천 본류 유로는 현재 복원된 청계천 유로와 동일하다. 모전교, 광통교, 장통교, 수표교, 하랑교, 효경교, 마전교가 있으며 오간수문을 거쳐 도성 동쪽으로 흐른다. 도성 북서쪽인 경복궁 구역에는 서쪽에 백운동천, 옥류동천, 사직동천, 경희궁내수(이하 '경희궁천'), 경복궁내수(이하 '경복궁천')의 5개 유로가 흐르며, 동쪽에 대은암천과 삼청동천의 2개 지류가 있다. 경복궁천과 대

표 2. 도성 구역별 하천 유로

구역	하천 유로 지명
A: 경복궁 구역	① 백운동천 ② 옥류동천 ③ 사직동천 ④ 경희궁내수 ⑤ 경복궁내수 ⑥ 대은암천 ⑦ 삼청동천
B: 창덕궁 구역	① 안국동천 ② 회동 · 제생동천 ③ 금위영천 ④ 북영천 ⑤ 창경궁옥류천수 ⑥ 성균관흥덕동천
C: 숭례문 구역	① 정릉동천 ② 창동천 ③ 회현동천 ④ 남산동천
D: 필동 구역	① 이전동천 ② 주자동천 ③ 필동천 ④ 생민동천 ⑤ 묵사동천 ⑥ 쌍이문동천 ⑦ 남소문동천
E: 도성 외 구역	(동부) ① 영미정동천 ② 안암천 ③ 석곶천 ④ 동활인서천 ⑤ 중랑천 (서부) ① 무악천 ② 홍제천

출처: 하천 지명은 박현욱, 2006; 구역은 유경희, 1986의 연구를 바탕으로 하였음.

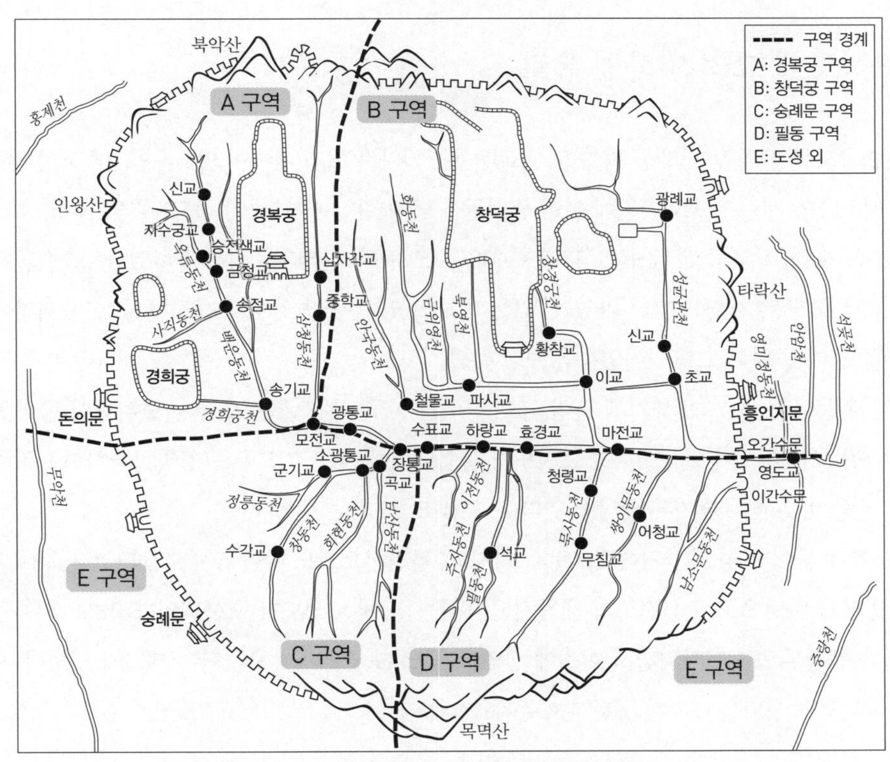

그림 1. 한양 도성 일대 하천 유로와 다리

출처: 「도성대지도」(서울역사박물관)를 바탕으로 재구성함.

은암천은 유로의 일부가 경복궁 안을 흐른다. 백운동천 유로에는 신교, 금청교, 승전색교, 송점교, 송기교가 있다. 삼청동천에는 십자교와 중학교가 있다.

도성 북동쪽의 창덕궁 구역에는 서쪽에 안국동천과 회동·제생동천(이하 '회동천'), 금위영천, 북영천의 4개 유로가 있으며, 동쪽에 창경궁옥류천수(이하 '창경궁천')와 성균관흥덕천수(이하 '성균관천')가 그려져 있다. 안국동천에 철물교와 파사교, 창경궁천에 이교, 성균관천에 초교가 있다. 도성 남서쪽의 숭례문 구역에는 정릉동천, 창동천, 회현동천, 남산동천의 4개 유로가 있다. 그중 창동천에 수각교와 군기시교, 소광통교가 있다. 동남쪽의 필동구역에는 이전동천, 주자동천, 필동천, 생민동천, 묵사동천, 쌍이문동천, 남소문동천이 있다. 이 중 필동천에 석교, 묵사동천에 청령교와 무침교, 쌍이문동천에 어청교가 있다. 한편 도성 밖에는 흥인지문 동쪽에 영미정동천, 안암천, 석곶천, 동활인서천이 있으며, 서대문인 돈의문 서쪽에는 무악천과 홍제천이 묘사되어 있다.

3. 도성도에 그려진 하천 유로

1392년 조선 건국 후 상세한 한양 도성도를 제작했다는 여러 기록이 있다. 송도에 조선 왕조를 세운 태조 이성계는 1394년 9월에 여러 중신들을 남경(한양)에 보내어 종묘, 사직, 궁궐, 조정 터를 살펴보게 하고, 권중화(權仲和, 1322~1408) 등으로 하여금 터를 정하게 하였다. "중신들은 살펴본 내용을 모두 지도에 그려 바쳤다."라는 기록이 있어 한양 천도를 결정한 후 도성계획에 따른 궁궐, 관아 등의 지도를 만들었음을 보여 준다.

임진왜란 이후에 17~18세기에 들어 국토 정비가 이루어지고 상공업이 발달하면서 군현을 단위로 그린 고을 지도가 만들어졌고 도성도가 삽입되었다. 이들 지도는 규장각한국학연구원(이하 '규장각')을 비롯한 여러 기관에 남아 있다(표 3 참조).

19세기에 들어 도성도가 지속적으로 그려지고, 목판본으로도 만들어져 보급되었다. 18세기의 지도 발달을 바탕으로 조선전도가 제작되고 이들 지도에 도성도가 포함되었다. 1861년 『대동여지도』가 목판본으로 제작되면서 여기에 삽입된 「도성도」가 널리 보급되는 계기가 되었다. 대한제국기 이후 도성도는 대부분 동판본으로 제작되었다.

표 3. 한양 도성 지도

연대	지도	제작시기	크기(cm)	판본	소장기관
18세기	『조선강역총도』「도성도」	18세기 중엽	42.0× 67.5	지도책	규장각한국학연구원
	『여지대전도』「도성도」	18세기 중엽	27.8×19.3	군현지도책	성신여자대학교 박물관
	『해동지도』「경도」	1750년대	47.5×60.0	군현지도책	규장각한국학연구원
	「도성도」	1788년	67.5×92.0	족자	규장각한국학연구원
	「도성대지도」	18세기	188.0×213.0	병풍	서울역사박물관
	「도성삼군문분계지도」	18세기	32.3×40.5	부도(목판)	성신여자대학교 박물관
19세기	『동국여도』「도성도」	19세기 초	46.4×32.4	지도첩	규장각한국학연구원
	「수선전도」	1840년대	83.0×65.0	낱장(목판)	규장각 외(목판본)
	「수선총도」	1840년대	77.0×85.0	낱장(목판)	영남대학교 박물관(목판본)
	「슈션젼도」	1892년경	99.0×70.0	낱장	연세대학교 도서관
	『청구도』「도성전도」	1834년	50.0×70.0	지도책	고려대학교 도서관 외
	(필사)『대동여지도』「도성도」	1843~1859년	31.1x25.6	지도책	국립중앙도서관
	『동여도』「도성도」	1860년대	30.3×40.0	지도책	규장각한국학연구원 외
	『대동여지도』「도성도」	1861년	30.3×40.0	지도책(목판)	규장각한국학연구원 외
대한 제국기	「한양도」	1902년	45.5×45.8	낱장(동판)	영남대학교 박물관
	「최신경성전도」	1907년	74.8×52.9	낱장(동판)	서울역사박물관
	『접역지도』「한양경성도」	1907년	29.0×38.0	지도첩	국립중앙도서관 외
	『대한제국지도』「경성」	1908년	11.1×38.0	삽도	서울역사박물관

주: 유일본의 경우 소장기관에서 '외'자를 생략함.

1) 18세기 지도

(1) 『조선강역총도』

〈그림 2〉는 『조선강역총도』(규장각)에 수록된 「도성도」이다. 1760년에 경희궁으로 이름이 바뀐 경덕궁이 그대로 표기되어 있어 제작 시기를 추정할 수 있다. 동일한 내용의 지도가 『동여비고(東輿備考)』(양산 대성암)에 있다. 이 지도책의 제작 시기는 함경도 무산부에 '肅宗甲子始設府'라는 기록에서 '숙종' 묘호가 나타나는 것으로 보아 영조 대에 완성된 것으로 보인다. 제주도 지도에서 지금 한림읍에 있는 명월진 만호가 묘사되어 있지 않아 만호를 둔 1764년(영조 40) 이전의 지도로 추정되고 있다.

지도에 그려진 하천 유로는 동-서로 흐르는 개천 유로와 이에 유입하는 유로가 매우 단순하게 그려져 있다. 개천 본류에는 광통교를 비롯하여 광제교, 장통교, 수표교, 신교, 영루교, 태평교가 묘사되어 있다. 경복궁 구역의 서쪽에 묘사된 유로 중 송점교를 지나는 하천은 백운동천과 옥류

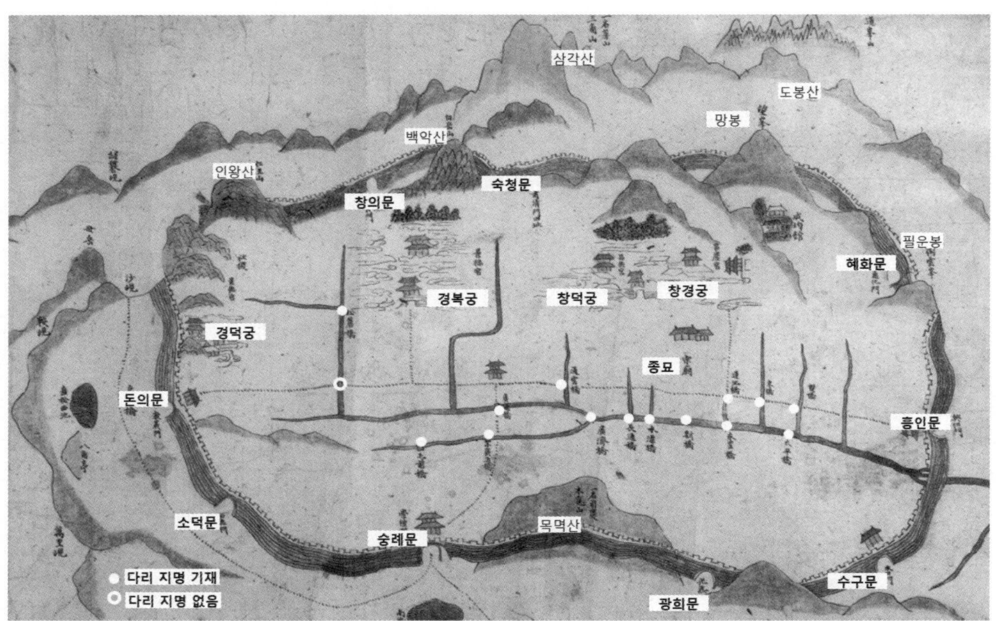

그림 2. 『조선강역총도』「도성도」(규장각)

동천 유로를 묘사한 것이다. 경덕궁 남쪽에 묘사된 유로는 경희궁내수이며, 사직동천은 묘사되어 있지 않다. 한편 송점교 남쪽에 묘사된 다리는 송기교를 그린 것이다. 경복궁 동쪽을 흐르는 하천은 삼청동천이다.

창덕궁 구역에서 종묘 서쪽으로 통운교, 장통교, 신교 다리로 유입하는 유로는 안국동천, 회동천, 북영천을 그린 것으로 보이나 확실하지 않다. 종묘 동쪽으로 연지교, 동교, 쌍교와 함께 4곳의 유로가 나타난다. 실제 이곳을 흐르는 하천은 창경궁천과 성균관천 2곳밖에 없어 실제와는 많은 차이가 난다. 남대문 구역에서 소광통교로 유입하는 유로는 정릉동천으로 보이나 창동천을 그린 것으로 볼 수 있다. 필동 구역에 하천 유로는 거의 그려져 있지 않다.

(2) 『해동지도』

18세기에 편찬된 대부분의 군현지도책에는 도성도가 삽입되어 있으나 내용은 매우 소략하여 개천 유로만 그려져 있을 뿐이다. 〈그림 3〉은 군현지도책 중 『해동지도』에 삽입된 「경도」 지도로 유로가 비교적 상세하게 그려져 있다. 적색 실선으로 그려진 도로가 하천이 교차하는 곳에 다리 지명이 기재되어 있다. 개천 본류에는 송교, 대광통교, 장추교, 수표교, 하랑교, 맹교, 마전교 지명과 함께 오간수문이 묘사되어 있다.

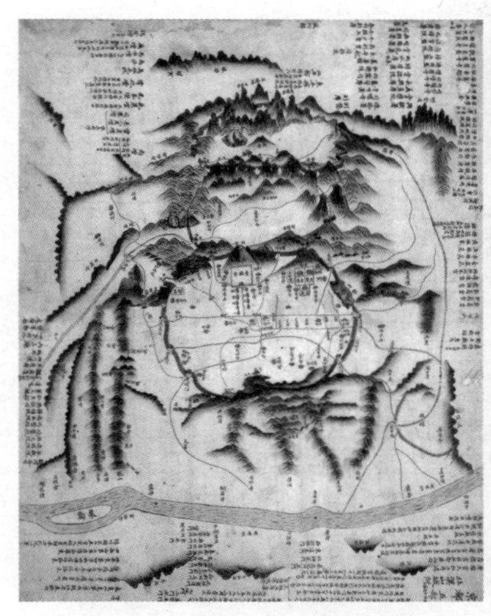

그림 3. 『해동지도』「경도」(규장각)

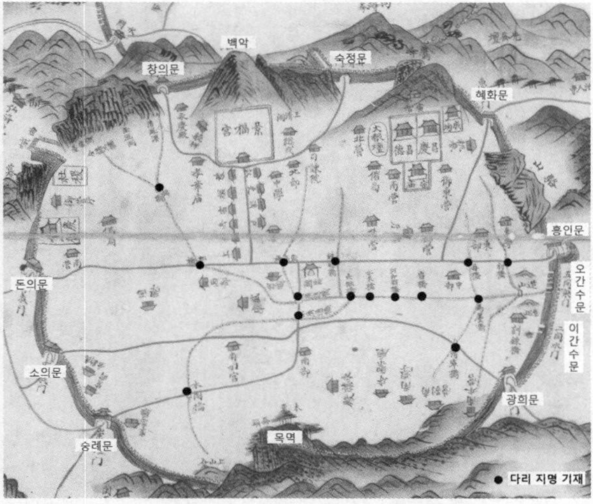

부분도

경복궁 구역의 서쪽에는 신교를 사이에 두고 백운동천과 옥류천이 그려져 있고, 하류에 송교가 있다. 경복궁 동쪽에 세장교를 거쳐 대광통교에서 개천으로 유입하는 유로는 삼청동천이다. 창덕궁 구역에는 2개의 유로만 묘사되어 있다. 철물교를 지나는 하천은 안국동천이지만 실제 유로와는 다르게 그려져 있다. 농교와 초교를 흐르는 하천은 창경궁천과 성균관천으로 추정된다. 숭례문 구역에서 수각교를 지나 소광통교를 흐르는 하천은 창동천이다. 필동 구역에서 청령교를 지나는 하천은 묵사동천 유로이며, 남수영에서 발원하여 북쪽으로 흐르는 하천은 남소문동천이다. 이간수문으로는 유로가 그려져 있지 않다.

(3) 낱장 도성도

18세기 후반에는 낱장으로 그려진 도성도가 매우 다양하게 그려졌다. 유사한 내용의 지도가 여러 점 있는 것으로 보아 당시 이 지도의 수요가 많았음을 보여 준다. 이들 중 대표적인 지도가 앞서 소개된 「도성대지도」(서울역사박물관)와 「도성도」(규장각)이다. 「도성대지도」는 현재 남아 있는 지도 중 가장 크다(188.0×213.0cm). 8장의 장지를 붙여 그렸으며, 두 폭의 병풍으로 표구되어 있다. 제작 시기는 육상궁(毓祥宮, 1754년 이후의 명칭)과 총융청(摠戎廳, 1747년부터 자하문 밖 위치)은 있으나 경모궁(景慕宮, 1776년 명칭)과 이전 이름인 수은묘(垂恩廟, 1764~1776년)가 없는 것으로 보아서 1747~1764년으로 추정되기도 한다(서울역사박물관, 2004).

「도성도」(그림 4)는 1788년경에 제작된 것으로 추정되고 있다. 도성을 중심으로 주변의 산세

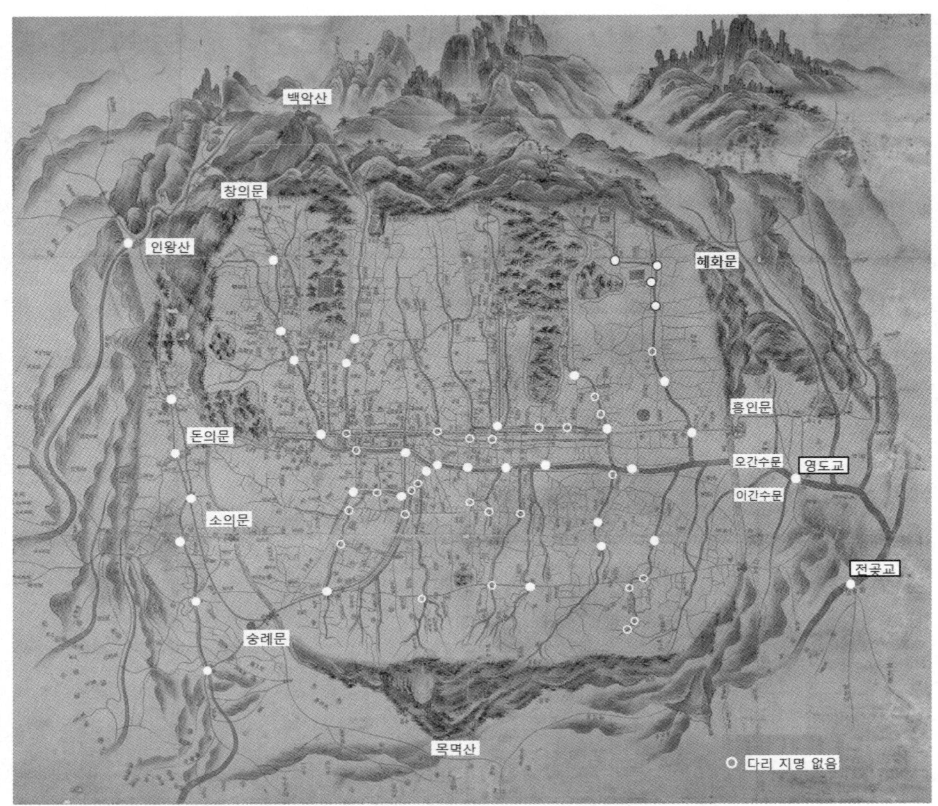

그림 4. 「도성도」(부분) (규장각, 남북 방향으로 정치)

를 산수 화풍으로 그려, 도봉산과 삼각산을 뒤로하고, 인왕산·타락산·백악산·목멱산을 부감법을 사용해서 산봉우리를 펼치듯이 배치되어 있다. 남쪽에 있는 남산을 화면 위쪽에 두고, 북쪽의 북한산과 도봉산을 아래쪽에 배치한 구도는 매우 독특하다. 이 두 지도의 내용은 대부분 유사하나 흥인지문 서쪽의 초교(初橋)와 이교(二橋) 사이의 유로 묘사 내용에서 차이가 있다.

지도에 그려진 유로와 지명 숫자는 이전의 군현지도와 비교할 수 없을 만큼 상세하다. 지도 내용이 영조 대에 편찬된 『준천사실』과 거의 일치하는 것으로 보아 이와 관련이 있는 것으로 추정된다. 적색 실선으로 묘사된 도로는 간선과 지선에 따라 굵기를 달리하여 표현하였다. 주 간선도로의 경로는 종로와 함께 이에서 경복궁 광화문과 창덕궁 돈화문을 잇는 거리와 보신각과 숭례문을 잇는 경로이다. 지선도로가 밀도 있게 묘사되어 있으며 물길과 만나는 곳에는 예외 없이 다리가 묘사되어 있다.

개천 본류는 광통교, 장통교, 수표교, 하랑교, 효경교, 마전교를 거쳐 오간수문을 통과해 영도교를 지나 중랑천으로 이어지고 있다. 지류에서 경복궁 구역 서쪽의 백운동천은 창의문에서 발원하여 자수궁교를 거쳐 금청교 일대에서 유입하는 옥류동천을 합류하고, 송첨교에서는 사직동천을 합류한다. 이후 송기교에서 경희궁천을 합류하고 개천 본류로 유입한다. 경복궁 동쪽으로부터 백악산 남쪽 산록에서 발원하여 십자각교를 거쳐 중학교를 지나 개천으로 합류하는 하천은 삼청동천이다.

창덕궁 구역에서 가장 서쪽에 그려진 유로는 안국동천이다. 이 하천은 백악산 산록에서 발원하여 남류하다가 방향을 꺾어 동쪽으로 흘러 창경궁천과 합류한 후 개천으로 유입한다. 안국동천의 동쪽 하천은 회동천이다. 유로 형태는 안국동천과 유사하여 하류에서는 두 하천이 나란히 흐른다. 파자교를 흐르는 하천은 금위영천이다. 동쪽에 하천 중류에서 창덕궁 안쪽을 경유하는 하천은 북영천을 그린 것이다. 창경궁 일대에서 발원하여 황청교와 이교를 지나 개천으로 유입하는 하천은 창경궁천이다. 성균관천은 관기교와 광례교, 장경교, 신교, 초교 등 7개 다리를 지나 개천으로 합류하는 모습으로 그려져 있다. 이 지도에서는 「도성대지도」와 다르게 초교와 이교를 잇는 유로가 그려져 있지 않다.

숭례문 구역에는 4개의 유로가 묘사되어 있다. 가장 서쪽의 군기시교를 흐르는 하천은 정릉동천이다. 남대문 부근에서 발원하여 북쪽으로 흘러 수각교를 지나 소광통교를 지나는 하천은 창동천 유로를 그린 것이다. 목멱산 북서쪽 산록에서 발원하여 북쪽으로 흘러 소광통교를 지나는 유로는 회현동천이며, 이의 동쪽에 그려진 하천은 남산동천이다.

필동 구역에는 7개의 유로가 묘사되어 있다. 서쪽의 하랑교 일대에서 개천으로 합류하는 소하천은 이전동천을 그린 것이다. 이곳 동쪽에 목멱산 북쪽에서 발원하여 2개의 다리를 지나 개천에 유입하는 유로는 주자동천이다. 동쪽의 석교를 지나는 유로는 필동천을 그린 것으로 하류에서 생민동천을 합류한 후 개천으로 유입한다. 목멱산 북쪽에서 발원하여 무침교와 청령교를 지나 마전교 서쪽에서 개천으로 합류하는 하천은 묵사동천이다. 동쪽의 어청교를 흐르는 유로는 쌍이문동천에 해당된다. 가장 동쪽에 그려진 물길은 남소문동천으로 중류에서 갈라져 서쪽 지류는 개천으로, 동쪽은 이간수문을 거쳐 개천으로 합류하다.

(4) 「도성삼군문분계지도」

〈그림 5〉는 『수성책자(守城冊子)』에 수록된 「도성삼군문분계지도」이다. 이 책은 1751년(영조 27)에 병조에서 편찬한 병서로 임진왜란 당시 한양 도성 방어의 취약성이 노출됨에 따라 수도 방위 규정 및 절차 등에 대해 정리한 것이다. 지도는 목판본으로 북으로는 삼각산, 북서쪽은 불광

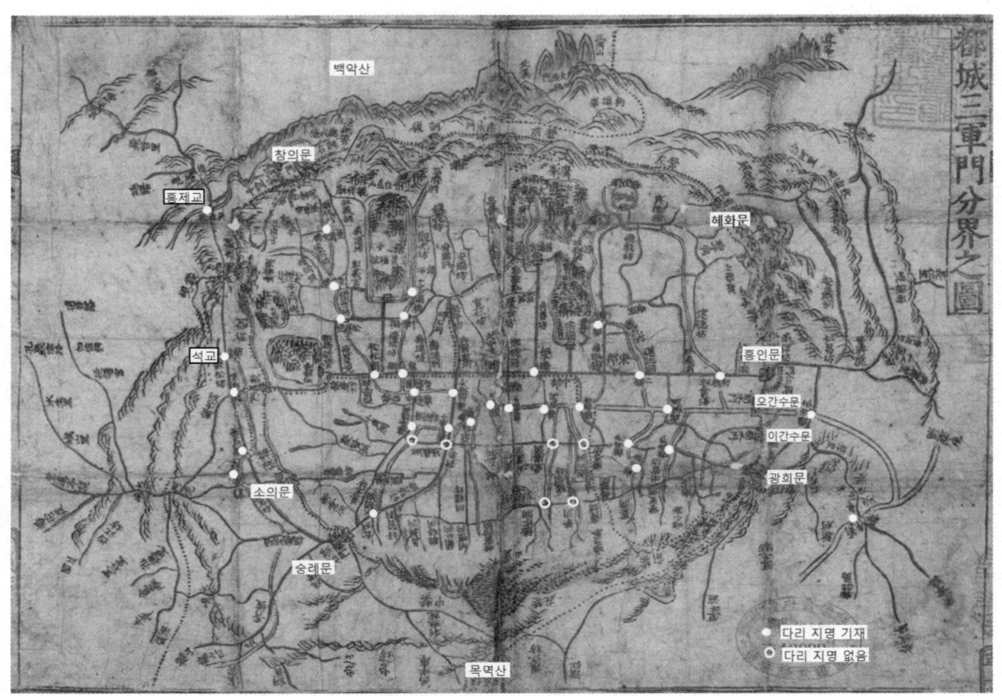

그림 5. 『도성삼군문분계지도』(성신여자대학교 박물관)

리와 북악산, 동남쪽으로는 중랑천과 전곶교까지 묘사되어 있다.

개천 본류에는 송기교, 모전교, 곡교, 수표교, 하랑교, 효경교, 청령교, 마전교와 성 밖의 영도교가 그려져 있다. 경복궁 구역의 서쪽에는 백운동천 본류와 옥류동천, 경희궁천 유로가 그려져 있으며, 묘사된 다리도 「도성도」와 유사하다. 동쪽의 삼청동천에는 십자각교와 중학교 지명이 기재되어 있다. 창덕궁 구역에서는 안국동천, 회동천, 금위영천과 북영천 유로가 그려져 있지 않아 「도성도」 내용과 많은 차이가 있다. 동쪽에 창경궁천과 성균관천 유로가 묘사되어 있으나 다리 지명은 황참교, 이교와 초교뿐이다.

숭례문 구역에는 창동천 유로에 수각교와 군기시교, 소광통교가 있다. 회현동천과 남산동천에는 다리가 그려져 있지 않다. 필동 구역에는 필동천을 비롯하여 5곳의 유로가 있다. 그 중 묵사동천, 쌍이문동천에는 각각 무침교와 어청교가 있다. 남소문동천의 경우 본류가 이간수문을 통해 성외에서 개천과 합류하는 모습으로 그려져 있으며, 「도성도」와 다르게 지류는 표현되어 있지 않다.

2) 19세기 지도

(1) 『동국여도』

도성도는 조선의 수도를 그리고 있기 때문에 군사방어 목적으로 그린 지도첩에 한양 일대의 지도가 삽입되는 경우가 많다. 대표적인 지도가 『동국여도』에 삽입된 「도성도」이다(그림 6). 이 지도첩은 도성의 군사방어 체계에서 중요한 장소를 순차적으로 그린 것으로, 제작 시기는 1800~1822년으로 추정된다(정은주, 2013). 다른 도성도가 내사산 안쪽을 집중적으로 묘사한 것과는 다르게 한강 인근의 주요 관방진과 지명이 묘사되어 범위가 넓다. 특히 한강의 용산, 마포, 두모포 등 포구와 나루가 상세하게 표시되어 있다. 도성 내부는 왕궁을 중심으로 부감법을 이용하여 그려졌다. 도성 내에서 도로는 적색 실선으로 그려져 있고 청색으로 채색된 하천은 개천을 중심으로 3곳의 유로가 묘사되어 있다. 경복궁 동쪽에 그려진 유로는 회동천, 남쪽은 창동천으로 추정되나 다리 이름이 기재되어 있지 않기 때문에 정확한 위치 비정은 불확실하다.

(2) 「수선전도」 계열 지도

19세기 들어 목판본으로 만들어진 도성도가 적지 않게 제작되었으며, 이의 대표적인 지도가 「수선전도」이다. 1840년대 김정호가 판각한 것으로 알려져 있다. 3장의 판목을 이용하여 간인

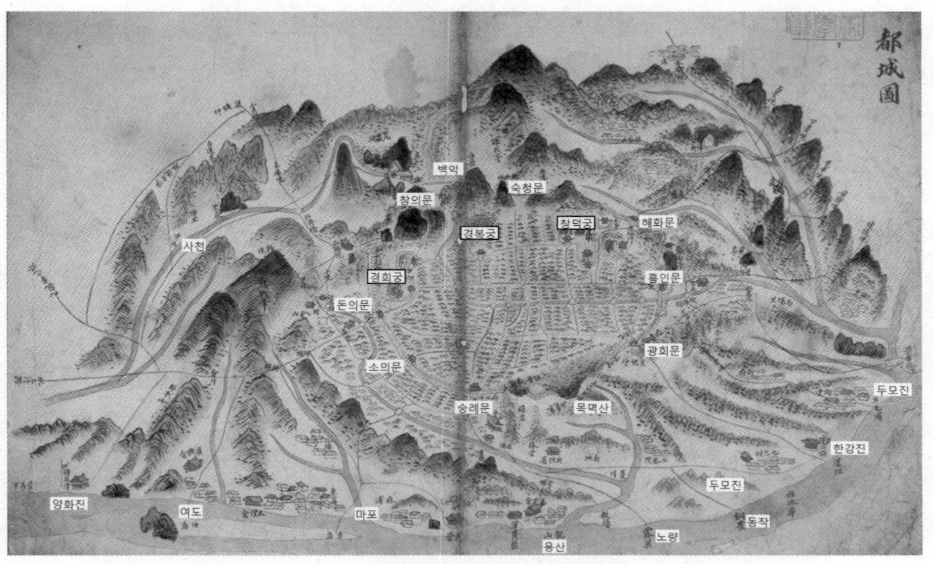

그림 6. 『동국여도』 「도성도」(규장각)

되었으며 목판은 고려대학교 박물관에 소장되어 있다. 지도제인 '수선(首善)'은 '건수선자경사시(建首善自京師始, 선을 건설함은 서울에서 시작된다)'에서 비롯되었다. 지도 위쪽에 도봉산과 삼각산을 배치하고 한성부의 행정구역을 원형에 가깝게 묘사하였다. 동쪽은 중랑천, 서쪽은 사천(沙川, 모래내), 남쪽은 한강까지 그렸으며, 도성 내부와 밖의 축척은 달리 적용되었다.

이와 유사한 형태의 지도로는 「수선총도」가 있다. 「수선전도」와 유사한 구도를 취하고 있으나 내사산인 인왕산·타락산·백악산·목멱산과 숭례문 밖의 산은 양각으로 판각하였다. 성벽과 하천도 양각으로 하였고, 궁궐과 방면 지명은 음각으로 하였다. 제작 시기는 1824년(순조 24)에 창덕궁의 서쪽에 건립한 경우궁(景祐宮)이 있고, 1870년(고종 7)에 육상궁에 합친 선희궁(宣禧宮)이 그대로 남아 있는 것으로 미루어 1824년에서 1870년 사이로 추정된다. 묘사 범위는 도성 안과 숭례문 밖에서 무악재 고개까지만 그려져 있으며, 궁궐 지명이 상세하게 기재되어 있다.

19세기 후반에는 이들 지도를 바탕으로 한글본 「수선전도」가 만들어졌는데, 「슈션젼도」(연세대학교 도서관)가 대표적이다. 미국 선교사들을 위해 만든 지도로 추정되며, 「수선전도」를 기초로 펜으로 필사한 것이다. 한자 지명을 발음 그대로 한글로 옮기지 않고 당시 실제로 부르던 지명을 그대로 적었으며, 내용에서 일부 차이가 나타나는 점을 볼 때 지도를 단순히 번역 모사한 것이 아니라 서울 지리에 밝은 사람이 지도를 제작한 것으로 추정된다.

「수전전도」와 「수선총도」, 한글 지도인 「슈션젼도」의 하천 내용은 거의 유사하다. 〈그림 7〉은 이 중 「수선전도」에 그려진 내용이다. 도로는 실선으로만 묘사되어 간선과 지선 도로의 구분이 어렵다. 다만 대부분 도로가 곡선으로 표현된 것과는 다르게 종로, 육조거리, 종로에서 창덕궁에 이르는 도로가 직선으로 그려져 있어 간선도로임을 추정하게 한다. 일부 가채된 「수선전도」(국립중앙도서관)에서 적색으로 채색된 도로 경로와 일치하는 것이 이를 뒷받침한다.

하천 유로는 겹선의 실선으로 그려져 있다. 유로 경로와 다리는 「도성도」와 거의 유사하나 목판으로 간인되어 일부 표기가 누락되어 있다. 개천 본류에는 송교–모교–대광교–장통교–수표교–하랑교–효경교–마전교 지명이 기재되어 있다. 이 중 '송교'는 송기교, '모교'는 모전교, '대광교'는 대광통교를 지칭한다.

경복궁 구역에서 백운동천에는 신교, 자수교, 금교, 송교, 옥류동천, 사직동천, 경희궁천의 유로가 모두 묘사되어 있다. 백운동천 유로에는 신교, 자수교, 금교, 송교1, 송교2가 그려져 있다. 이 중 신교는 새롭게 기재된 지명이다. 자수교는 자수궁교, 금교는 금청교, 송교1은 송점교, 송교2는 송기교에 해당된다. 사직동천에는 승전색교가 묘사되어 있다. 이 지명은 이전 지도 중 「도성대지도」에만 기재되어 있다.

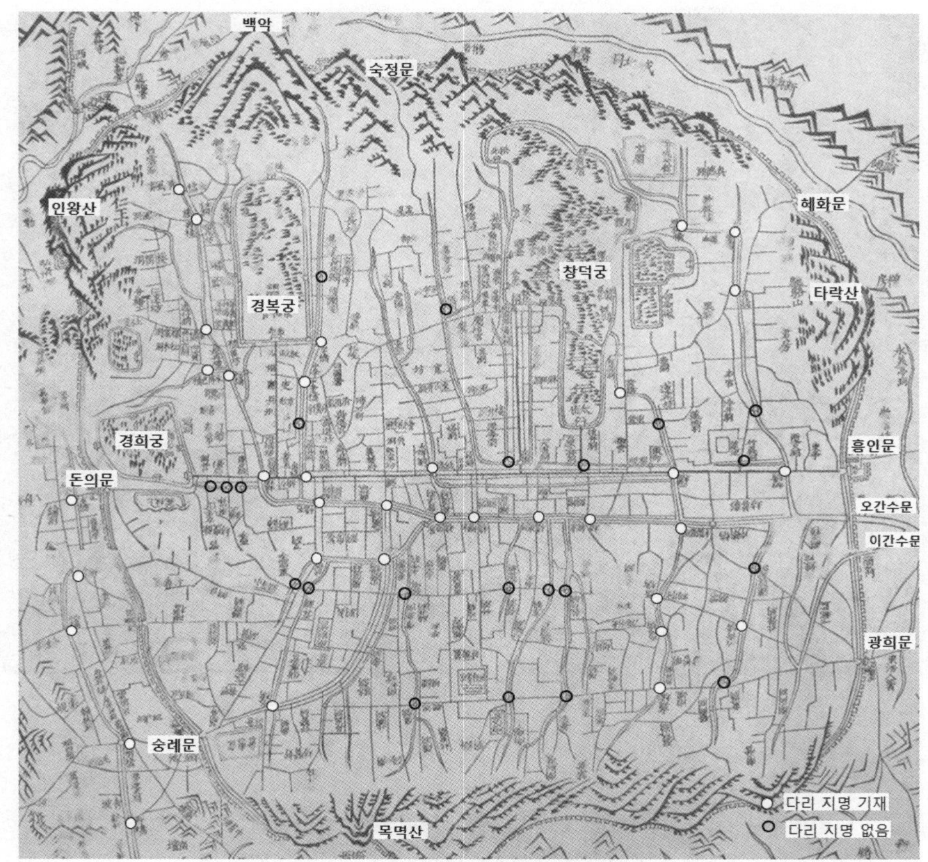

그림 7. 「수선전도」(부분)(영남대학교 박물관)

(3) 대축척 조선지도 중 도성 지도

18세기 지도의 발달은 19세기 대축척 조선지도 제작의 바탕이 되었다. 1861년『대동여지도』가 만들어지기 이전에 동일한 지리 정보를 담은 조선전도가 유사한 축척으로 제작되었고, 이들 지도책에 도성도가 삽입되었다. 대표적인 지도가『청구도』의「도성전도」이다.『대동여지도』의 여러 판본에 삽입된「도성도」는 기본적으로 내용이 동일하나 채색은 서로 다르다.

①『청구도』「도성전도」

『청구도』(고려대학교 도서관)에는 제1책과 제2책의 두 면에 걸쳐 총 8면에「도성전도」(그림 8)가 그려져 있어 이를 합치면 50.0×70.0cm이다. 지도 크기는 이전 지도에 비해 작지 않다. 도성 안의 왕궁, 도로를 비롯한 주요 기능이 밀집된 모습이 상세하게 그려져 있다. 도로는 적색 실선으로 표현하였으며 굵기를 달리하여 간선과 지선 도로를 표현하고 있다. 간선도로 경로는 경희궁에서

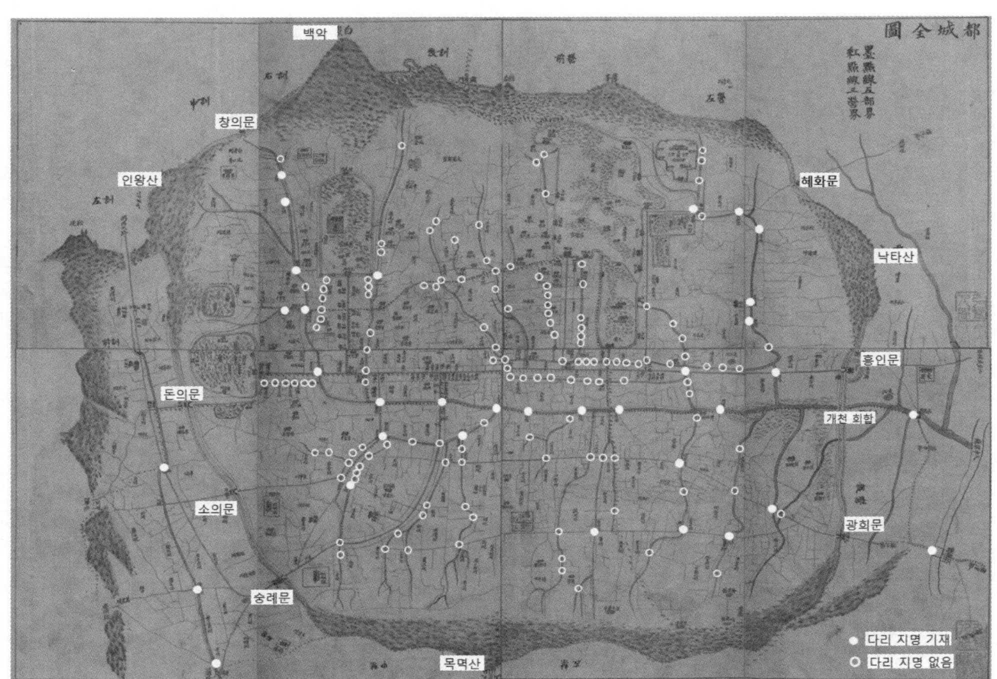

그림 8. 『청구도』 「도성전도」(고려대학교 도서관)

흥인문으로 이어지는 종로 거리를 중심으로 북쪽으로는 경복궁 광화문, 창덕궁 돈화문, 성균관으로, 남쪽으로는 보신각에서 숭례문에 이르는 도로이다.

도로와 하천이 교차하는 지점에 다리가 거의 빠지지 않고 묘사되어 있으며, 명명되지 않은 교량도 이전 도성도에 비해 훨씬 상세하다. 개천 본류는 모전교, 광통교, 장통교, 수표교, 하랑교, 효경교, 마전교와 흥인문 남쪽의 수구를 거쳐 영도교를 지나 중랑천으로 유입하는 모습으로 그려져 있다. 오간수문 위치에는 '개천회합'이 쓰여 있다.

지류 표현에서 경복궁 구역의 서쪽 유로에는 창의문에서 발원한 백운동천이 발원하여 이에 합류하는 옥류동천, 사직동천, 경희궁천과 함께 경복궁내수의 유로가 묘사되어 있다. 다리는 백운동천 본류에 신교, 자수궁교, 금청교, 종침교, 송기교의 5개가 있으며, 사직동천에 승전색교가 있다. 경희궁천과 경복궁내수에는 지명이 기재되어 있지 않은 다리가 밀도 있게 그려져 있다. 경복궁 동쪽에는 삼청동천과 함께 대은암천 일부 유로가 묘사되어 있다. 삼청동천 유로에는 7개의 교량이 있으며, 이 중 십자교에만 유일하게 지명이 기재되어 있다. 대은암천은 경복궁 동남쪽에 3개의 다리가 그려져 있고 북서쪽 유로는 누락되어 있다.

창덕궁 구역의 서쪽에는 안국동천을 비롯한 4개의 유로가 있다. 다리들이 매우 밀도 있게 묘사되어 있으나 지명은 기재되어 있지 않다. 동쪽의 창경궁천 유로에는 10곳의 다리가 그려져 있으나 이교에만 지명이 있다. 성균관천 유로에는 광례교, 응란교, 장경교, 신교, 초교가 있다. 한편 성균관천의 초교와 창경궁천의 이교 사이에 유로가 표현되어 있는데, 이는 「도성대지도」의 내용과 동일하다.

숭례문 구역에는 창동천을 비롯한 4곳의 유로가 그려져 있다. 군기교에서 창동천으로 합류하는 정릉동천에는 지명이 기재되어 있지 않은 다리가 6곳 그려져 있다. 창동천은 전교를 지나 곡교에서 남산동천을 지나 개천에 합류하는 모습이 그려져 있고, 10곳에 다리가 있다. 회현동천과 남산동천 유로에는 지명이 없는 다리가 각각 6곳, 5곳이 있다.

필동 구역에는 남산동천을 비롯하여 7곳에 하천 유로가 있다. 이 중 필동천 유로는 필동교를 거쳐 효경교에서 개천으로 유입하는 모습으로 묘사되어 있다. 묵사동천에는 무침교와 청령교, 쌍이문동천은 전교, 남소문동천에는 석교가 있으며, 하류는 2곳의 지류로 그려져 있다. 도성 밖의 유로 중 동남쪽의 무악천에는 신교와 이교, 염소교가 있으며, 동쪽에는 개천 본류에 영도교, 중랑천에 전곶교가 있다.

② 『대동여지도』 「도성도」

〈그림 9〉는 『대동여지도』의 「도성도」이다. 전체 면에 도성 내부의 모습을 그리고, 부분적으로 도성 밖 내용을 묘사하였다. 산지와 하천 유로, 사대문 배치에서 보여 주는 지도 구도는 이전 도성도와 동일하다. 지명은 종로를 기준으로 남북 방향으로 다르게 기재되어 있어 『청구도』와 차이가 있다.

지도 채색은 목판본으로 간인된 이후 가채된 것이며 판본마다 서로 다르다. 규장각본의 경우 왕궁 경계는 적색, 하천은 청색으로 가채하였다. 도로 묘사에서 간선과 지선 경로는 구분되어 있지 않다. 일부 판본에서 간선도로에 별도의 가채를 한 경우도 있으며, 경로는 이전 도성도와 유사하다.

하천 유로는 겹선의 실선으로 판각되어 있으나 다른 지도에 비해 적지 않게 누락되어 있다. 다리 지명도 약자로 판각한 경우가 있다. 개천 본류에는 모교, 대광교, 장통교, 수표교, 하랑교, 마전교가 있다. 이 중 모교는 모전교, 대광교는 대광통교의 약자이다. 경복궁 구역의 서쪽에는 백운동천과 옥류동천 2곳의 유로만 묘사되어 있으며 사직동천, 경희궁천은 누락되어 있다. 백운동천에는 교량이 4곳에 그려져 있으나 송점교와 송기교에만 지명이 있다. 동쪽에는 삼청동천이 있으며 십자교, 중학교, 혜정교 지명이 기재되어 있다. 대은암천은 그려져 있지 않다.

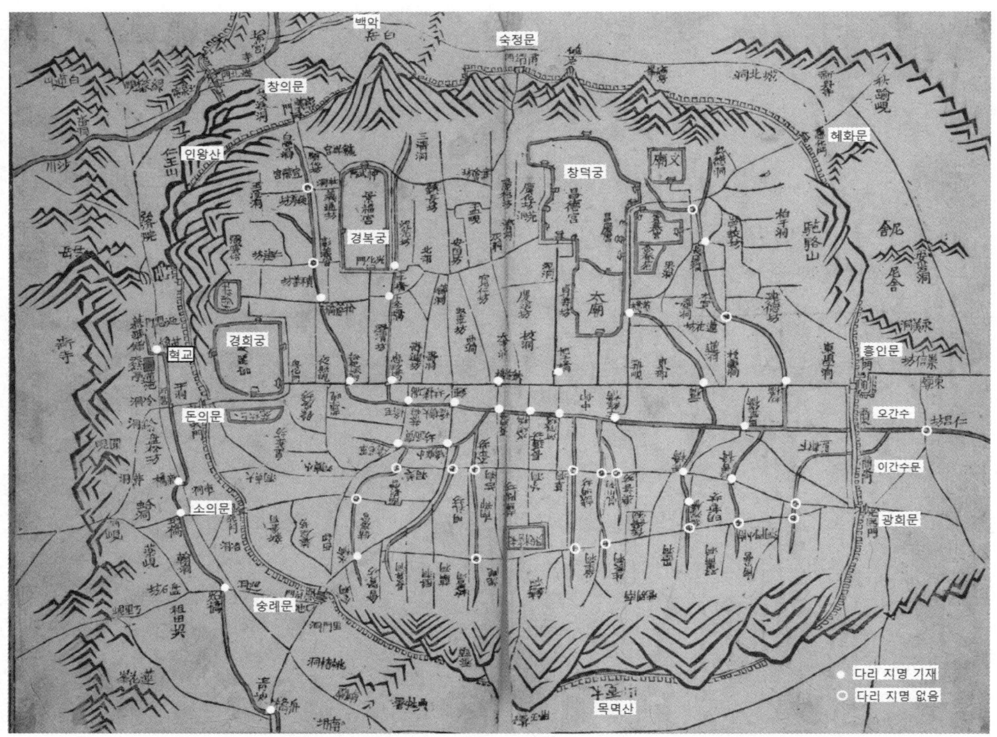

그림 9. 『대동여지도』 「도성도」(규장각)

창덕궁 구역에서 서쪽의 하천은 전혀 묘사되어 있지 않으나 안국동천의 철물교, 회동천의 파자교 지명이 있다. 동쪽에는 창경궁천 유로가 부분적으로 그려져 있으며 황교와 이교가 있다. 성균관천에는 4곳의 다리가 그려져 있으며 그중 2곳에 장경교, 초교 지명이 있다. 초교와 이교 사이에 유로가 그려져 있지 않은 것은 『청구도』와 다르다.

숭례문 구역에서는 창동천을 비롯하여 정릉동천, 회현동천, 남산동천 유로가 있다. 필동천에는 5곳에 교량이 있으며 그중 3곳에 수교, 군기교, 소광교 지명이 있다. 수교는 수각교, 소광교는 소광통교를 지칭한다. 필동 구역에는 가장 서쪽의 이전동천 묘사가 누락되어 6곳의 유로만 그려져 있다. 이 중 지명이 있는 다리는 묵사동천의 무침교와 청교, 쌍이문동천의 어청교가 있다. 청교는 청녕교의 약자이다.

3) 대한제국기 지도

(1) 「한양도」

〈그림 10〉은 1902년(광무 6)에 동판본으로 그려진 「한양도」(영남대학교 박물관)이다. 1902년 선교사 게일(奇一, J. S. Gale, 1863~1973)이 왕립아시아학회(Royal Asiatic Society)의 기관잡지인 『트랜잭션(Transaction)』에 수록하면서 해외에 소개되기도 하였다. 1900년에 설치된 통신원, 철도원, 헌병부가 지도에 표시되어 있다. 궁궐과 산수의 표현기법은 이 지도가 전통적인 도성도를 바탕으로 하고 있었음을 나타낸다. 지명은 한자와 한글을 병기하여 당시 순 한글 지명의 모습을 보여 준다.

중앙을 동서로 흐르는 개천은 모교, 평통교, 장교[長橋], 슈피다리[水標橋], 화교, 효경교, 마전교[馬塵橋]를 지나 오간수문을 거쳐 영도교로 흐르는 모습으로 묘사되어 있다. 경복궁 구역에

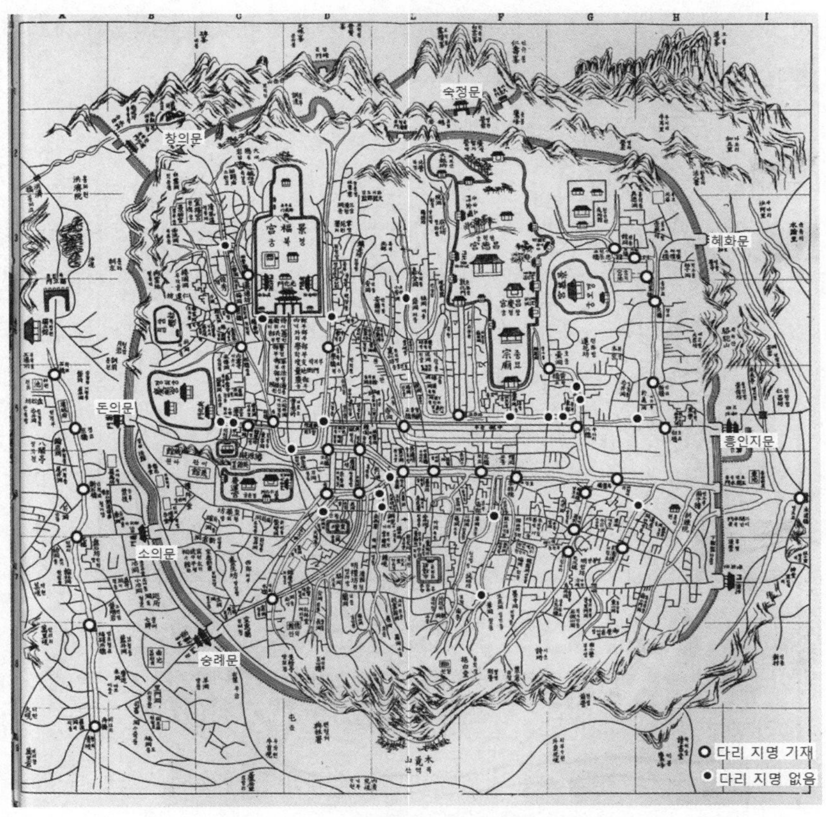

그림 10. 「한양도」(영남대학교 박물관)

는 서쪽에 백운동천, 옥류동천, 사직동천, 경희궁천이 겹선 실선으로 그려져 있으며, 이곳에 송교[松橋] 지명이 2곳에 기재되어 있다. 각각 송기교와 송점교를 지칭한다. 옥류동천에는 금천교, 경희궁천에는 방교가 있다. 동쪽의 삼청동천에는 중학교가 있으며, 십자각교는 지명이 누락되어 있다.

창덕궁 구역에는 서쪽에 안국동천, 회동천, 금위영천, 북영천이 모두 그려져 있으며, 그중 안국동천에 털물교[鐵物橋]가 있다. 북영천에는 파죠교(한자 표기 누락)가 있다. 동쪽에는 창경궁천에 황교가, 성균관천에 신교, 장교 등 6개 다리 지명이 기재되어 있다. 초교와 이교의 두 다리 사이에 유로가 묘사되어 있으나 연결되어 있지 않다.

숭례문 구역의 정릉동천과 창동천에 각각 무교, 슈교[水橋], 소광교가 있다. 소광교는 소광통교를 지칭한다. 회현동천에는 지명이 기재되어 있지 않은 2곳의 다리가 있다.

필동 구역에서 7개의 유로가 있다. 가장 동쪽의 남소문동천의 하류는 2개의 지류로 그려져 있다. 다리 지명으로는 묵사동천과 쌍이문동천에 각각 무침다리, 쳥자교[淸子橋]와 어청교가 있다. 도성 밖의 숭례문 서쪽에 무악천 유로가 그려져 있으며, 빅다리[舟橋] 등 6곳에 다리가 지명과 함께 묘사되어 있다.

(2) 『접역지도』 「한양경성도」

19세기 후반 이후 인쇄기술이 발달하면서 지도 제작이 활발해졌다. 상세한 내용을 담은 도별 지도첩들이 만들어졌으며 여기에 도성도가 삽입되었다. 대표적인 지도첩 중 하나가 『접역지도(鰈域地圖)』이다. '접역'이란 우리나라 근해에 가자미(鰈)가 많이 난다는 『한서(漢書)』 고사에서 유래된 말로, 조선을 달리 부르던 말이다. 지도제로 보아 대한제국이 시작된 1897년 이전에 만들어진 것으로 추정된다.

동판본 이전의 목판본 지도의 모습을 보여 주기 때문에 지도발달사에서도 특별한 의미를 지닌다. 지도첩의 구성은 18세기의 전통적인 지도첩과 유사하다. 「천하도(天下圖)」와 중국 지도 대신에 조선 전체를 그린 「대조선국전도」, 서울 지도인 「한양경성도」(그림 11)가 삽입되어 있다. 「대조선국전도」는 19세기에 만들어졌던 「해좌전도」(목판본)와 유사하다.

「한양경성도」의 내용은 이전의 도성도와 유사하다. 일본 지도의 영향을 받아 우모식(羽毛式)으로 표현된 산지에 성곽은 여장(女墻)으로 묘사되었다. 도로와 하천은 실선으로 그려졌다. 다리는 기호 없이 지명만 기재되어 있으며, 내용도 비교적 소략하다. 개천에는 모교, 대광교, 장통교, 수표교, 효경교가 있다. 경복궁 구역의 서쪽에는 백운동천과 옥류동천 유로가 묘사되어 있다. 다

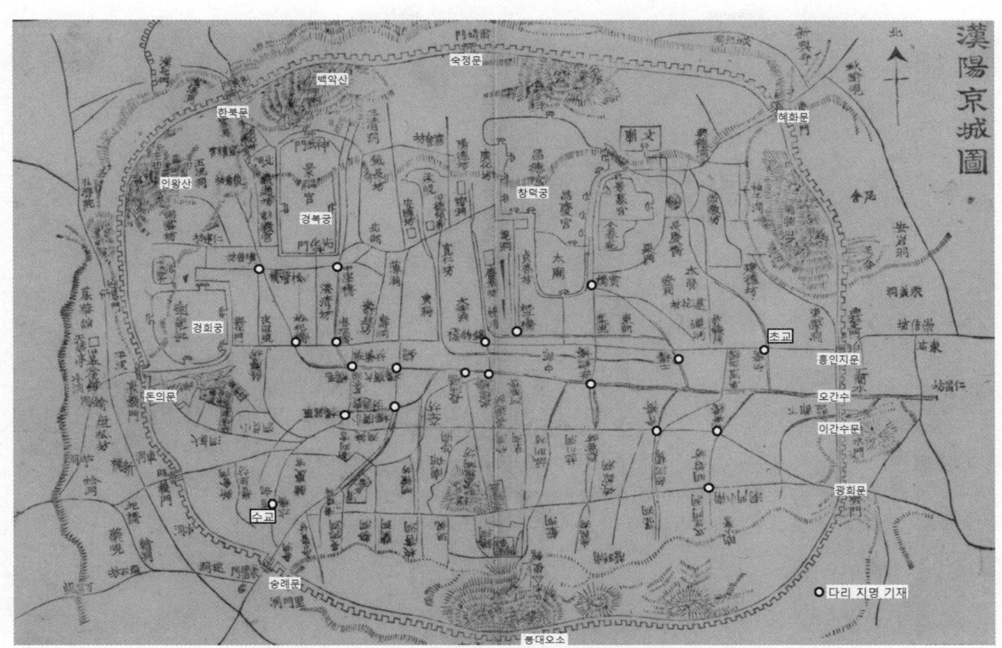

그림 11.『접역지도』「한양경성도」(국립중앙도서관 외)

리 지명으로는 송기교와 송점교만 있다. 동쪽의 대은암천은 상류 유로만 그려져 있고, 삼청동천 유로에는 중학교 지명이 있다.

창덕궁 구역에는 서쪽에 안국동천과 회동천의 2개 유로만 있으며, 금위영천과 북영천 유로는 그려져 있지 않다. 안국동천에는 철물교, 회동천에는 파자교가 있다. 동쪽의 창경궁천에는 이교와 황교, 성균관천에는 초교가 묘사되어 있다. 숭례문 구역에서는 필동천과 정릉동천이 있으며, 이곳에 무교와 수교가 있다. 다른 지도에 무교는 군기교, 수교는 수각교로 기재되어 있다. 회현동천과 남산동천은 유로가 묘사되어 있으나 다리 지명은 없다. 필동 구역에는 주자동천과 묵사동천, 쌍이문동천과 남소문동천 유로가 묘사되어 있으며 각각 청교, 무침교와 어청교 지명이 있다. 남소문동천 하류는 1개 유로로 그려져 있다.

(3)『대한제국지도』「경성」

1897년 대한제국이 성립된 이후 강역을 그린 지도들이 그려져 사회에 보급되기 시작하였다. 대부분 동판본의 낱장으로 만들어졌다. 지도 여백에 한양을 비롯한 주요 도시의 지도가 삽도 형태로 포함되었다. 대표적인 지도가 1908년(융희2)에 박문서관에서 펴낸『대한제국지도』의「경

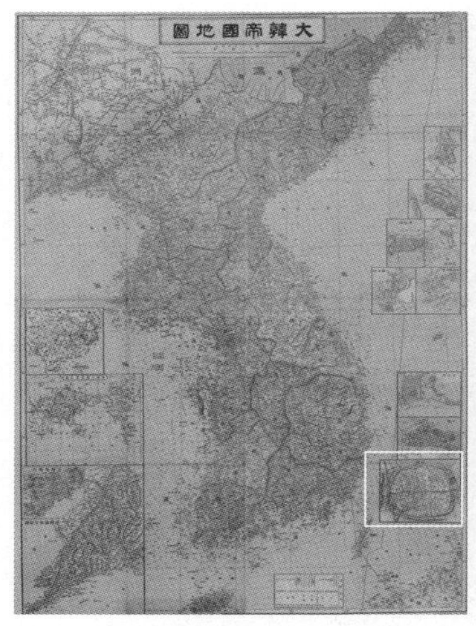

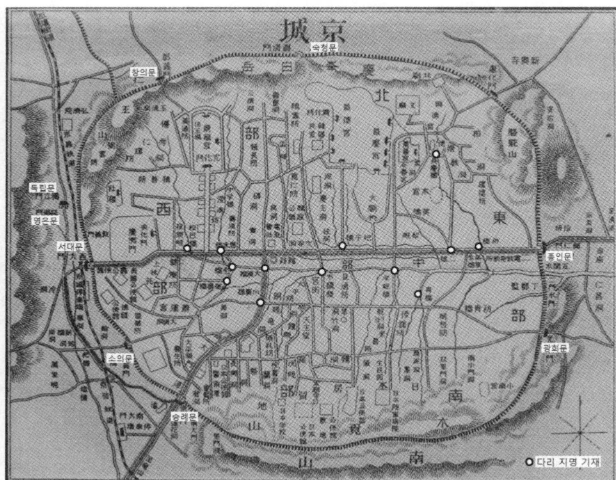

그림 12. 『대한제국지도』(서울역사박물관)　　　　부분도 「경성」 지도

성」 지도이다(그림 12). 대부분 다른 도시가 근대 지도를 삽입한 것과는 다르게 한양의 경우 전통적인 도성 지도를 이용하였다. 경의선 철도노선과 전차선, 명동성당이 묘사되어 있고, 서쪽에 영국과 러시아 대사관, 남산 북쪽 기슭에 일본영사관이 있는 등 당시의 지리적인 상황을 묘사하고 있다. 도성을 둘러싼 산지는 우모식으로 표현되어 있다. 도성 안의 전차노선은 굵은 실선으로, 도로는 겹선 실선으로 묘사되었다.

하천 유로는 실선으로 표현하였으며 주요 다리가 위치 표시 없이 지명만 기재되어 있다. 개천 본류에는 모교, 대광교, 수표교, 효경교가 있다. 이 중 대광교는 대광통교를 지칭한다. 경복궁 구역에는 서쪽에 백운동천과 옥류동천이 묘사되어 있으며, 송파교 지명이 있다. 이는 송기교를 지칭한다. 동쪽에는 삼청동천이 다리 지명 없이 유로만 묘사되어 있다. 창덕궁 구역에는 안국동천과 회동천 유로와 함께 금위영천, 북영천 유로가 있으며. 파자교 지명이 기재되어 있다. 동쪽에는 창경궁천과 성균관천이 있으며, 초교와 이교 지명이 있다.

숭례문 구역에는 정릉동천과 창동천 유로와 함께 군기교와 소광교 지명이 있다. 회현동천은 묘사되어 있지 않으며, 남산동천 유로가 수표교로 유입하는 모습이 그려져 있다. 필동 구역에는 주자동천, 필동천, 묵사동천, 쌍이문동천 유로가 있으며, 남소문동천의 경우 1개 유로만 그려져 있다. 묵사동천에 그려진 청교는 다른 지도에서 어청교 혹은 청자교로 기재된 다리이다.

4. 옛 지도로 본 세종로 일대의 물길 변화

1) 육조거리의 조성

『태조실록』(태조 4년 9월 29일, 경신)에서 경복궁 낙성 기록과 관련하여 다음과 같은 내용이 수록되어 있다.

> 이달에 대묘(大廟)와 새 궁궐이 준공되었다. (중략) 남문은 광화문(光化門)이라 했는데, 다락[樓] 3간이 상·하층이 있고, 다락 위에 종과 북을 달아서, 새벽과 저녁을 알리게 하고 중엄(中嚴)을 경계했으며, 문 남쪽 좌우에는 의정부(議政府)·삼군부(三軍府)·육조(六曹)·사헌부(司憲府) 등의 각사(各司) 공청이 벌여 있었다.

육조거리는 현재 광화문에서부터 세종로 네거리에 이르는 길로서 궁궐 정전 안의 어도(御道)에 이어 궁성 정문인 광화문을 지나 남향으로 곧게 뻗은 대로이다. 어가(御街) 혹은 관도(官道)라고도 하며, 도성 내에서 가장 규모가 크면서 한양의 상징성을 담은 중심공간이다. 동쪽에 의정부-이조-한성부-호조-기로소가 위치하고, 서쪽에 예조-중추부-사헌부-병조-형조-공조 및 의영고와 사역원이 자리 잡고 있었다. 이곳을 중심으로 주요 관아가 좌우에 장랑(長廊)을 이루며 배치되어 있었다.

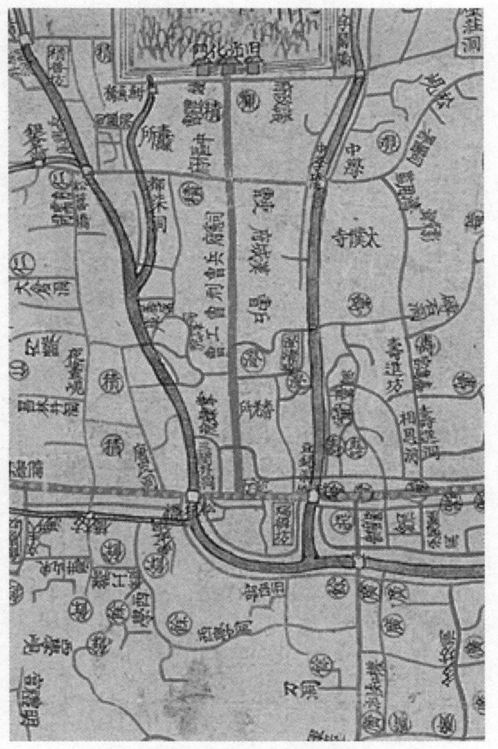

그림 13. 광화문 일대(「도성도」 규장각)

위 기록에 표현된 조선 시대 육조거리의 모습은 「도성도」(그림 13)에 잘 나타나 있다. 경복궁에서 남쪽으로 굵은 적색 실선으로 묘사된 중심축이 육조거리이며, 양쪽에 관아가 묘사되어 있다. 이의 서쪽에는 백운동천이 남쪽으로 흐르면서 옥류동천, 사직동천, 경희궁천과 경복궁 안을 흐르는 경복궁내수를 합류하여 송기교를 지나 방향을 바꾸어 동쪽으로 흘러 개천에 합류한다. 경복궁 동쪽으로는 삼청동천이 남쪽으로 흘러 중학교와 혜정교를 지나 개천으로 유입한다. 경복궁을 감싸고 흐르는 이 두 하천의 물줄기는 육조거리를 표상화하는 지리적인 조건이었음을 보여 준다.

중국『주례』의 도성계획에 따르면 어도는 궁궐 남문인 광화문에서 도성 남문인 숭례문으로 연결되어야 한다. 그러나 지도에서 보듯이 도성의 어도는 현재 세종로 네거리(당시 황토현 일대, 일명 황토마루)에서 동쪽으로 꺾여 운종가(현 보신각 일대)에 이르고 다시 남쪽으로 꺾여 숭례문으로 이어지고 있다. 이는 어도가 '十'자 형태가 아닌 '丁'자 형태로 조성되었음을 보여 준다. 이와 같은 어도 경로와 관련하여『세종실록』(세종 28년 5월 24일, 신묘)에 다음과 같은 내용이 수록되어 있다.

> 임금이 예전 서운관(書雲觀) 남쪽 길을 막는 것의 편부(便否)를 풍수학 제조(風水學提調)에게 내려서 의논하니, 이정녕(李正寧)·정인지(鄭麟趾)·이진(李蓁)·유순도(庾順道)가 의논하기를, "『동림조담(洞林照膽)』에 이르기를, '사신(四神)에 교차로(交叉路)가 있으면 흉(凶)하고 교차가 되지 않으면 가하다' 하였는데, 이 길이 비록 창덕궁(昌德宮)의 백호(白虎)이기는 하오나, 명당(明堂)이 이미 뾰죽하게 느러져서 곧장 내려간 곳을 지났고, 또 교차로가 아니오니, 청하옵건대 막지 마소서." 하매, 그대로 따랐다.

이는 도성의 육조거리 조성에 풍수적인 사고가 영향을 미쳤음을 보여 준다. 즉 육조거리와 동-서 대로가 구릉성 산지인 황토현에서 '十'자 형태로 만나면 풍수지리로 볼 때 관악의 화기가 경복궁으로 직선으로 들어오게 된다. 황토현으로 이를 막고 또한 백운동천이 동서로 흐르면서 화기를 차단하는 것은 풍수지리 사고에 부합될 뿐 아니라 유사시에 군사적인 측면에서도 유리하다. 즉 황토현과 백운동천은 풍수적인 측면뿐만 아니라 실용적 내용에서도 가치가 있었다. 이로써 백악(주산)-경복궁-광화문-황토현 축을 바탕으로 한 조성된 육조거리는 백운동천과 삼청동천 물길로 둘러싸임으로써 도성공간의 중추를 이룰 수 있게 되었다.

황토현 일대에서 북쪽으로 육조거리를 보면, 폭 50여 척의 대로 양쪽에 늘어선 관아와 부속건물이 이루는 담장, 행랑, 처마, 지붕이 일렬로 늘어선 뒤로 광화문 문루 어깨 너머로 경복궁의 전각들과 지붕선이 겹쳐지게 된다. 다시 그 뒤로 백악(白岳)이 하늘 높이 솟아 있는 모습은 왕조의 상징으로서, 조선의 위엄과 장중함을 나타내는 장소성을 지니고 있었음을 보여 준다. 따라서 북쪽으로는 광화문, 남쪽으로는 황토현, 동쪽과 서쪽으로는 백운동천과 삼청동천으로 둘러싸인 육조거리는 길(street)이라기보다는 광장(plaza)이었다.

2) 하천의 복개와 장소성

〈그림 14〉는 1907년에 만들어진 「최신경성전도」에 묘사된 세종로 일대로, 대한제국기 이후 육조거리의 변화가 잘 나타나 있다. 이 지도는 1907년 일한서방(日韓書房)에서 간행한 1:10,000 지도로 일본에서 인쇄된 것이다. 제작 시기는 을사늑약(1905년)이 체결된 이후로, 일본 제국주의가 조선 합병을 노골화하면서 육조거리에 통감부를 설치할 때도 이러한 시기적 상황이 지도에 잘 반영되어 있다.

지도에는 행정구역인 5서(署)의 경계와 경성 경계인 도성 벽은 붉은 선으로 묘사되었다. 종로와 남대문로 등의 주요 간선도로도 붉은 선으로 인쇄해 강조하고 있다. 도성 내의 지명인 방과 동의 명칭은 청계천을 경계로 북쪽은 전통적인 지명을 유지하고 있으나, 남산 산록의 지명은 명치정·본정 등 일본식으로 바뀌었고, 지명도 일본어 표기로 기재되어 있다.

육조거리 일대를 보면 하천 묘사와 함께 도로체계가 바뀌었다. 백운동천에는 여러 교량이 생

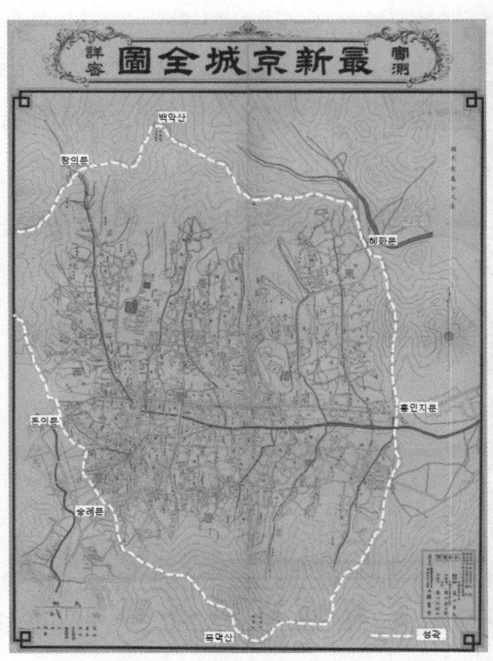

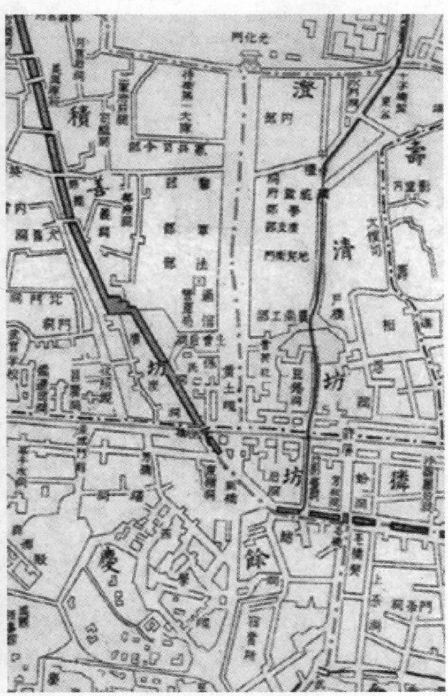

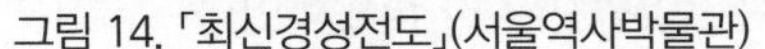

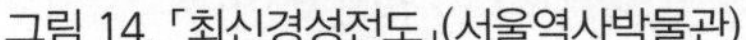
그림 14. 「최신경성전도」(서울역사박물관)

부분도(현 세종로 일대)

기고 육조거리 남쪽의 유로는 태평로가 개설되면서 지도에 묘사되어 있지 않다. 경복궁내수와 대은암천은 복개되어 있다. 남쪽에 있던 황토현이 없어지고 육조거리와 남대문을 직선으로 잇는 태평통(太平通, 현 태평로)이 개설되었다. 이와 같은 도시계획으로 육조거리에서 산과 물길이 어우러졌던 이전의 풍수 형국은 그려져 있지 않다.

이후 일제강점기에는 육조거리 서쪽에 조선헌병대–헌병대관사–경성 제2헌병대분대–체신국이, 동쪽에는 경기도청이 배치되었다. 조선 시대 서열이 가장 높았던 예조와 의정부 자리에 일제 헌병대와 경기도청을 배치한 것은 일본 제국주의의 중심성을 공간으로 구현한 결과이다.

지도에서 묘사된 경복궁의 동쪽의 안국동 로터리를 중심으로 형성된 5거리 중 한 경로는 경복궁의 남쪽 벽을 철거하면서 내자동으로 이어지는 간선도로이다. 광화문 앞에서 육조거리와 삼거리에 이르는 도로 지명을 광화문통(光化門通)으로 명명함으로써 이곳을 광장공간이 아닌 도로 기능만 부여한 것이다. 1925년 이후 광화문마저 경복궁 동북쪽의 건춘문 부근으로 이전되고, 조선총독부 건물이 들어서면서 육조거리는 일본 제국주의의 지배권력을 상징하는 공간으로 바뀌게 되었다.

그림 15. 「지번도」(1958) 광화문 일대(서울역사박물관)

광복 후에 그려진 이 일대의 지도(그림 15, 「지번입서울특별시가지도」, 1958, 서울역사박물관)에 육조거리 지명은 '세종로'로 바뀌어 여전히 도로기능만 부여되었음을 보여 준다. 조선총독부 건물은 중앙청으로 기재되어 있다. 당시 건설부와 경제기획원, USOM(미국대외원조기관) 건물로만이 옛 기능의 일면을 보여 준다. 일대를 흐르던 백운동천과 삼청동천은 전혀 그려지지 못하고 있으며, 유로 경로는 도로 형태를 따라 유추될 뿐이다.

중앙청으로 이용되었던 조선총독부 건물은 철거되었으나, 지금 육조거리의 옛 모습을 보여 주는 경관은 북악산과 광화문뿐이다. 21세기에 들어서는 개천만이 청계천의 형태로 복원이 이루어졌으나, 육조거리를 감싸던 유로는 땅 밑으로 감추어져 있다.

물길이 사라지면서 세종로 거리조성계획의 논의에서 이곳의 장소성에 대한 해석은 전혀 담겨 있지 않다. 육조거리가 조선이 건국하면서 풍수논리로 조성된 중심공간임을 볼 때 당시 산지와 물길은 현재의 관점에서 의미가 부여되어야 하며, 일제강점기 이후 왜곡된 형국에 대해 비보풍수(裨補風水)를 통해 치유하는 방법이 모색되어야 할 것이다. '산은 물 없이 나무를 키우지 못하며, 물은 산 없이 흐르지 못한다.'라는 전통적인 산수관을 이곳에 담아야 한다. 백악산과 황토현, 목멱산을 잇는 산줄기와 백운동천, 삼청동천, 그리고 개천의 물길에 부여하였던 의미가 함께 어우러져 의미가 재해석될 때 비로소 600년간 이어진 세종로의 장소성 회복이 가능할 것이다.

5. 나오면서: 고지도 읽기

조선의 도성도는 산지와 하천 등의 자연지리와 도성, 읍치와 관방, 도로 등의 인문지리를 아름다운 그림 형태로 담고 있다. 우리는 서울의 옛 모습을 그린 이들 지도에 그려진 내용을 텍스트로 추출하여 읽음으로써 당대 도시의 모습과 표상화된 공간의 내용을 읽을 수 있다. 또한 여러 시기의 지도를 비교함으로써 도시가 변화하는 모습도 찾을 수 있다.

조선의 도성 지도에서 숭례문 일대의 성곽 형태, 도성 내의 하천 유로, 왕궁 형태 등이 근대 지도에서 표현되는 실제 모습과 다르게 그려지는 것은 고지도 연구에서 여러 시사점을 주고 있다. 근현대 지도가 경위선 좌표체계 혹은 방안에 의해 거리와 방위라는 척도로 장소 간의 물리적인 관계를 재현하였다면, 고지도는 장소 간의 개념적 관계성에 기초하여 공간을 재현하고 있다. 이러한 표현방식의 차이가 근대와 전근대를 구분하는 척도이지만, 이것이 지도의 우수성을 판단하는 기준은 될 수 없다(안창모, 2006).

지도는 당 시대에 사회에서 소비되기 위해 만들어진 것이며, 소비주체의 성격에 따라 지도의 표현양식이 달라진다. 근대와 현대 지도, 스마트폰 속의 지도는 대중, 즉 누구나 사용할 수 있도록 표현된다. 현대인들은 특정한 세계관을 지니고 있지 않으며, 자세한 지리 정보의 기억을 필요로 하지 않는다. 반면에 고지도는 이미 오랫동안 동일한 세계관을 공유하는 지식인들만을 위해 만들어졌다. 이들은 유사한 공간 표상을 공유하고 있기 때문에 지도가 설사 실제와 다른 모습으로 그려졌더라도 지리 정보의 소통에는 문제가 없다. 그들은 물리적 거리보다는 장소 간의 상대적 관계성을 중시하였기 때문이다. 현대 지도에서 기호화된 표현이 불특정 다수가 시공간을 넘어 서로 소통하기 위한 약속체계라는 것을 감안한다면, 고지도에 그림 형태로 그려진 내용도 당

시대인들이 지리 정보를 원활하게 소통하기 위해 표현한 방법일 뿐이다.

지도는 당 시대인들이 소비하기 위해 만들어질 뿐만 아니라 지도를 재생산하는 도구로 사용된다. 현대와 같이 빠른 속도로 변화하는 사회에서는 편집을 통한 지도 재생산이 중요하다. 반면에 물리적인 변화가 적은 전통사회에서 지도 역할은 지리 정보의 소통에 무게중심을 두고 있다. 이 때문에 조선의 한양 도성도의 구도가 실제와 다름에도 불구하고 대한제국까지 내용이 변하지 않고 유지되었던 것이다.

조선의 고지도이든, 일제강점기 지도이든 이들 모두는 현시점에서 당시 삶의 모습을 다양한 시선으로 읽어 내기에 충분한 정보를 담고 있다. 지도 속에 표현된 육조거리의 변화가 이를 잘 보여 준다. 끊임없이 복잡화되어 가는 도시, 특히 역사적인 중심공간을 지도를 통해 읽어 나가는 것은 매우 어려운 작업이다. 그러나 고지도는 장소의 관계성 등 기존 사료가 제공해 주지 못하는 사실 이상의 지식을 제공한다. 지도를 읽을 때 얻을 수 있는 해석의 풍부함과 다양한 시선은 도시 해석에 필수적인 지리적 상상력의 바탕이 될 수 있다.

참고문헌

[논문 및 저서]

김기혁, 2018a, "17~18세기 제주도 고지도의 하천 묘사에 나타난 지도 계열 연구", 『문화역사지리』, 30(2), pp.46-74.

김기혁, 2018b, "19세기 대축척 조선전도의 제주도 지도의 하천 묘사 변화 연구", 『문화역사지리』, 30(3), pp.18-33.

김기혁, 2019, 〈대동여지도〉 도성도의 하천 유로로 본 지도 계열 연구, 한국고지도연구학회 춘계학술대회 발표 논문집.

김기혁 외, 2005, "조선후기 군현지도의 유형연구-동래부를 사례로-", 『대한지리학회지』, 40(1).

김성희, 2010, "규장각 소장 「도성도」의 산세 표현", 『한국고지도연구』, 2(1), pp.27-45.

김 인·김기혁, 1981, "서울시 상업공간조직에 관한 연구", 『국토계획학회지』, 16(2).

박현욱, 2006, 『서울의 옛물길 옛다리』, 시월.

안창모, 2006, "근대지도로 읽는 서울", 『서울지도』, 서울역사박물관.

오상학, 2001, "조선시대의 세계지도와 세계인식", 서울대학교 박사학위논문.

유경희, 1986, 서울시의 하계 변화과정에 관한 연구, 도성지역을 중심으로, 이화여자대학교 석사학위논문.

이상구, 2000, "도시 서울 공간구조의 변화", 『서울도시와 건축』, pp.20-25.

이 찬·양보경, 1994, "서울 고지도 집성을 위한 기초 연구", 『서울학연구』, 3.

임정연·김기혁, 2015, “조선후기 고지도에 묘사된 북한강 유로”, 『한국고지도연구』, 7(2), pp.21−40.
임정연·김기혁, 2017, “다산 정약용의 북한강 하천 체계 인식 연구”, 『문화역사지리』, 29(3), pp.40−57.
정은주, 2013, “규장각 소장 필사본 「도성도」의 회화적 특성”, 『한국고지도연구』, 5(2), pp.33−52.
허영환, 1988, “서울고지도고”, 『향토서울』, 46.
[사전 및 도록집]
국토교통부, 2011, 『한국하천지명사전』.
국토지리정보원, 2008−2013, 『한국지명유래집−중부·충청·전라 제주·경상·북한편』.
동북아역사재단, 2012, 『국토의 표상−한국고지도집』.
부산광역시, 2008, 『부산고지도』.
서울대학교 규장각, 1997, 『해동지도』(영인본).
서울역사박물관, 2004, 『도성대지도』.
서울역사박물관, 2006, 『서울지도』.
영남대학교 박물관, 『한국의 옛지도』, 영남대학교 출판부.
이찬·양보경, 1995, 『서울의 옛지도』, 서울학연구소.
허영환, 1994, 『정도 600년 서울 지도』, 범우사.

더 읽을 거리

박현욱, 2006, 『서울의 옛물길 옛다리』, 시월.
⋯› 서울에 있는 옛 물길과 다리를 사료와 고지도를 통해 소개하고, 현지답사를 통해 하천별로 유로와 다리를 소개하며, 옛 그림에서 그려진 하천의 모습을 담고 있다. 서울 역사지리에 관심이 있고 도성 물길을 걷고 싶은 학생들에게 필독서이다.

이 찬, 1991, 『한국의 고지도』, 범우사.
⋯› 규장각, 국립중앙도서관 등 각 기관에 소장되어 있는 고지도를 유형별로 분류하여 소개한 지도책이다. 중요한 고지도의 도판이 원색으로 수록되어 있고, 부록으로 수록된 고지도 발달사는 우리나라의 고지도 변천을 이해하는 데 좋은 길잡이이다. 영문 및 일문판도 있다.

한영우·안휘준·배우성, 1999, 『우리 옛지도와 그 아름다움』, 효형출판.
⋯› 역사학자와 미술학자의 시각으로 우리나라의 옛 지도를 설명하고 있다. 고지도의 아름다움과 의미, 선조들의 국토에 대한 정신 등을 엿볼 수 있는 책이다. 조선 사회에서 고지도가 지녔던 사회적인 역할에 대해 관심이 있고, 다양한 시각으로 접근을 원하고자 하는 학생들에게 일독을 권한다.

Harley, J. B. and Woodward, D., 1994, *The History of Cartography*, 2(2), The University of Chicago Press.
⋯› 세계 각국의 고지도 발달을 다룬 시리즈물로서, 과학사상의 발달과 연관하여 심도 있게 설명해 놓았다. 이

중 2권 2호는 우리나라를 포함, 아시아 각국의 고지도 발달내용을 수록하고 있다. 중국, 일본, 베트남 등 국가 간 비교 연구에 관심이 있거나, 고지도가 중요하다고 생각하는 학생들에게 필독을 하지만, 지도 제목이 영어로 번역되어 읽기가 난해하다.

주요어 준천사실, 한경지략, 개천(청계천), 백운동천, 중랑천, 도성대지도, 수선전도, 해동지도, 대동여지도, 육조거리

제19장

도시와 경관

진종헌

1. 도시와 경관

도시 연구와 관련하여 경관개념은 대단히 다의적으로 사용되고 있다. 그 의미의 다양성은 경관개념이 지리학뿐만 아니라 조경, 건축, 예술사 등의 인접 분야에서 상이한 이론적·역사적 맥락에 따라 다양하게 사용되고 있기 때문이기도 하다. 도시경관은 주택, 공원, 상가, 사무 빌딩 등 도시를 구성하는 물리적 구조물(건조환경)의 시각적 배치, 정원이나 공원과 같은 자연적 요소의 인공적 디자인에서부터, 역사적 맥락에 따라 변화해 온 도시형태(urban form)의 문화적·상징적 의미체계에 이르기까지 다양한 의미로 사용된다. 그러나 이 같은 다소 나열적인 설명으로는 도시경관이라는 말이 암묵적으로 내포하고 있는 어색함 혹은 형용모순적인 느낌을 완전히 지우지 못한다. 왜냐하면 경관은 일반적인 의미에서 오랫동안 목가적인 풍경과 같은 자연의 이미지를 뜻하는 것으로 이해되어 왔기 때문에 도시와는 무언가 어울리지 않는 조합으로 여겨진 측면이 있었다. 또한 이는 경관을 그 외관의 형태나 대상화된 이미지에 초점을 두고 이해하는 관점과 관련되어 있다고도 볼 수 있다. 실제로 지리학의 경관이론은 주로 촌락지역을 연구했던 전통적인 문화지리학에서 발달해 왔으며, 도시경관 분야 연구는 문화지리학과 도시지리학 사이에서 다소 어중간한 위치를 점해 왔다(Lee, 2000 참조). 그 결과 도시경관은 최근 포스트모던 경관이 사람들의 주목을 끌 때까지 한동안 학문적 관심으로부터 멀어져 있었다. 문화지리학자 렐프(E.

Relph)는 1987년에 출간한 저서 『근대도시경관(The Modern Urban Landscape)』에서 이 같은 사정을 잘 묘사하고 있다.[1]

최근 20여 년간 경관에 대한 학제적 관심이 증대되면서, 도시경관의 문화적·심미적·상징적 차원에 대한 관심도 점차 높아 가고 있다. 비판적 조경이론가 코너(Corner, 1999)는 '경관'을 '자연(혹은 환경)'과 동일시하는 주류적인 관점에 대해 비판하면서, 경관을 디자인하고 조성하는 프로젝트가 도시의 문화적 관행에 비판적이고 적극적으로 개입할 수 있는 수단이라고 주장한다. 즉 그에 따르면 도시경관은 단순히 도시의 외관으로서 도시의 사회문화적 과정을 '반영'하는 데 머무는 것이 아니라, 대안적인 문화적 실천을 위한 능동적이고 적극적이며 전략적인 역할을 할 수 있다는 것이다. 이러한 경관에 대한 전략적인 관점은 신문화지리학 및 비판적 예술사학에서 경관을 바라보는 관점과 많은 부분을 공유하고 있다. 신문화지리학의 관점에서 경관은 해당 공간을 만들어 내고 점유하는 인간과 분리된 개념이 아니라 인간의 눈을 통해 장소가 인식되고 해석되는 역동적인 과정이며, 나아가 환경 속에 인간을 주체로 자리매김하는 과정, 정체성이 형성되는 과정이다. 이 같은 점에서 경관은 명사(대상)가 아닌 동사(과정/활동)로 이해되어야 하며, 경관을 감상한다는 것은 심미적이고 역사적이며 정치적인 실천이다(W. J. T. Mitchell, 1994). 즉 도시경관은 경관과 인간 주체(사회) 간의 역동적인 상호관계를 이해할 때 그 의미가 분명하게 드러나며, 도시의 문화적 실천과 담론의 형성에서 경관의 역할과 의미에 주목할 필요가 있다. 이 글에서는 근대 이후 도시경관의 변화를 역사적 흐름에 따라 근대(modern)와 후기근대(post-modern)로 나누어 그 특징을 살펴본다. 도시경관상의 주요한 변화와 경관을 변화시키려는 의식적인 노력에 대한 역사적 탐색은 도시경관이 어떻게 사회문화적 변동에 내재한 역동적 관계를 매개하는지를 암시해 줄 것이다. 본격적인 논의를 시작하기 전에 먼저 신문화지리학에서 발달되어 온 경관이론을 간단히 살펴보도록 하겠다.

2. 신문화지리학의 경관론: '텍스트' 혹은 '보는 방식'으로서의 경관

경관은 인간에 의한 자연의 변형을 공간적으로 표현한 개념으로서, 오랫동안 문화지리학의 중

1. 20세기에 나온 수천 권에 달하는 도시 구조와 형태에 관한 책들 중에서 근대 도시경관에 관한 책은 몇 권에 불과하다. 이 중 몇몇은 새로운 경관을 경멸과 비난의 대상으로 간주하며, 시인과 화가들은 근대 도시경관을 완전히 무시하고 있다(Relph, 1987: 1-2).

심의제였다. 경관은 가장 기본적인 의미에서 지역의 외관(appearance)을 뜻한다. 보다 구체적으로, 땅 위에 놓여 있는 자연적이고 인공적인 모든 것들—나무와 숲에서 가옥과 가로에 이르는—의 특수한 배치형태를 말한다. 장소나 지역과 달리 경관은 또한 시각적으로 정의되는 개념으로서, 한눈에 파악할 수 있는 땅 혹은 영역의 일정 부분이다. 이처럼 시각에 포착된 형태(form)를 중시하는 전통적 문화지리학의 경관 연구는 20세기 후반에 접어들어 의미(meaning)와 재현(representation)을 중요시하는 방향으로 나아갔다. 즉 어떤 장소가 보여 주는 외적인 형태와 질서의 이면에 존재하는 의미를 읽어 내려는 노력이 경관 연구의 초점이 되었으며, 경관은 외적인 형태인 동시에 의미체계이자 재현의 과정으로 이해되고 있다.

코스그로브(D. Cosgrove)와 대니얼스(S. Daniels), 덩컨(J. Duncan) 등 신문화지리학자들은 경관을 경험적 탐구의 대상으로 물상화하는 것을 거부하고 물질적 실체일 뿐만 아니라 재현된 이미지 혹은 텍스트로 간주함으로써 지리학의 경관 연구에 새로운 조류를 일으켰다. 덩컨(1990)은 스리랑카의 전통적인 도시경관 변화를 연구하여 그의 경관텍스트론을 전개하였는데, 그에 따르면 경관은 문학텍스트처럼 집단이나 개인에 의해 '쓰이고' '읽히는' 일종의 텍스트인 것이다. 그는 경관을 조성하는 이들이 그 경관에 어떠한 의미를 부여하려고 하는가, 또 만들어진 경관을 해석하는 이들이 그것에서 어떠한 의미를 읽어 내는가에 주목하였다. 덩컨은 궁극적으로 경관이 사회의 지배적인 가치와 이데올로기를 재생산하는 데 중요한 역할을 한다고 주장한다. 특히 일상적으로 경험되는 도시경관은, 사람들로 하여금 그 경관을 무의식적이고 무비판적으로 받아들이게 함으로써 '자연화(naturalization)'의 효과를 가져온다는 것이다. 이 같은 점에서 덩컨의 경관텍스트론은 비판적 경관읽기가 사회의 헤게모니 구조에 저항하는 실천일 수 있음을 암시한다.

이미지와 시각의 권력에 대해 탐구해 온 코스그로브는 경관이 외부세계를 '보는 방식(a way of seeing)'이라고 간결하게 정의하는데, 이는 특정 계급 혹은 특정 집단의 사람들이 자연 혹은 외부환경과의 상상적 관계를 통해 어떻게 그들 자신과 자신이 속한 세계에 의미를 부여하는가를 설명하는 것이다. 그리하여 경관은 실재하는 환경인 동시에 재현된 이미지이다. 도상학적 방법(iconographical methods)을 주로 이용하는 대니얼스와 코스그로브의 경관개념의 요체는 다음 인용문에 잘 드러나 있다. "경관은 문화적 이미지이며, 환경을 재현하고 구성하고 상징화하는 회화적 방식이지만, 이는 경관이 비물질적이라는 의미는 아니다. 공원이나 숲과 같은 물리적 환경이든 그것이 재현된 풍경화나 사진이든 모두 경관으로 이해될 수 있으며, 양자 모두 실재적이고 상상적이다(real and imaginary)"(Cosgrove and Daniels, 1988: 1).

이 같은 문화적·이데올로기적 경관개념은 토지가 물질적으로 전유되고 사용되는 과정 그 자체에 내재해 있다는 점이 중요하다. 즉 그는 경관을 생산관계의 외부에 있는 것으로 보지 않으며, 문화적 생산과 물질적 실천 사이의 관계에 주목한다. 경관개념의 물질적 기반은 다름 아닌 인간의 토지이용, 즉 '토지-사회' 관계이다. 그에 따르면, 경관관념은 토지이용에 대한 과학적 지식의 적용, 초기 근대 유럽에서 토지소유관계의 변화를 통해 역사적으로 형성되었다. 즉 경관은 보는 방식인 동시에 '토지-사회'의 역사적 관계의 결과물인 것이다.

이들은 경관 연구에 기존의 사회문화이론을 적극적으로 도입하였으며, 경관이 사회적·정치적 과정에서 수행하는 역할에 초점을 두었다. 덩컨의 경관텍스트론은 비판적 문학이론의 개념을 도입하였으며,[2] 코스그로브와 대니얼스는 레이먼드 윌리엄스(Raymond Williams)와 존 버거(John Berger)의 마르크시스트 문화비평의 관점을 이어받았다.

3. 근대 도시경관

1) 근대 도시경관의 기원

근대적 도시경관의 원형은 어디에서부터 찾을 수 있는가? 근대를 문화, 예술, 건축 등에서의 모더니즘(운동)과 등치시킬 경우, 아직도 우리 주위에서 흔히 볼 수 있는 멋 부리지 않은 평범한 기능주의적 건물과 격자 형태의 가로망이 전형적 근대 건축과 도시 형태라 할 것이다. 예컨대 서울역 앞의 대우빌딩, 시내 중심가의 교보문고, 미국대사관 건물, 그리고 한동안 한국의 최고층빌딩이었던 삼일빌딩에서부터 도시의 곳곳에 수없이 많이 존재하는 박스 형태의 건축물들이 그에 포함될 것이다.

그러나 서구의 근대적 도시경관의 원천은 그 뿌리를 거슬러 올라가면 르네상스와 바로크 시대에 있으며, 짧게 보아도 그 기원을 19세기 파리의 재건으로부터 시작하는 것이 타당하다. 파리의 오스만화(Haussmannization of Paris)로까지 일컬어지는 오스만 남작(Baron Georges-Eugène Haussmann)의 파리 개조는, 근대를 통틀어 가장 대담하고 혁명적인 도시재개발계획의 실천이었다. 이는 바로 유럽에서 산업자본주의가 꽃을 피우고 근대적 민족국가가 법적·이데

2. 예를 들면, '텍스트 공동체(textual community)'와 같은 개념으로서, 이는 특정한 경관에서 동일한 의미를 읽어 내는 집단을 의미한다.

올로기적 형태를 만들어 나가던 시기였다. 오스만 남작은 나폴레옹 3세의 명을 받아 1853년부터 1870년 사이에 파리의 구시가지 상당 부분을 파괴하고, 좌우로 가로수를 심은 넓고 쭉 뻗은 대로(boulevard)를 만들고 이들이 오픈스페이스(open space)를 통해 연결되도록 했으며, 파리 오페라하우스 등을 비롯한 대규모의 기념비적 경관을 구성하였다. 쭉 뻗은 대로는 그것 자체로 중세의 꼬불꼬불하고 협소하며 복잡한 골목길과 대비되는 근대적 경관이었다.

그 목적과 의미는 합리적 기능주의와 정치적 측면 모두를 고려할 때 제대로 이해될 수 있다. 대로는 도시 내부 간의 이동 및 도심과 도시 외곽을 쉽사리 연결시켜 교통의 흐름을 원활하게 할 뿐 아니라, 도시 폭동 발생 시 군대의 이동을 신속히 하여 쉽게 진압하도록 하는 역할을 하였다. 18세기부터 대중의 대규모 봉기를 수차례 경험한 파리의 선택은 다시 그러한 사태가 재발하지 않도록 하는 것이었다.[3] 다른 한편으로 오스만의 파리 재건은 외부 적들로부터의 방어를 주목적으로 하던 중세도시의 군사적 성격이 근본적으로 변화했음을 의미한다. 권력은 가시적인 것이 되었으며, 위압적이고 권위적인 기념물이 도시공간 곳곳에 세워져 도시의 정체성을 부각시켰다. 파리의 빈민들은 가로의 전면에서 쫓겨나 후미진 뒷골목으로 더욱 깊숙이 숨어 들어갔으며, 그들의 생활공간은 도시를 가로지르는 대로들에 의해 무차별적으로 분단되었다.

이에 반해 부상하는 상층 시민계급의 삶의 터전으로서의 도시환경은 명백히 양호해졌다. 도심에 대규모 녹지를 확보하는 것은 오스만의 파리 개조사업에서 도시의 주요 가로망의 건설과 함께 주요한 과제였다. 대규모 도시공원이 도시계획의 일부로 체계적으로 포함된 것은 이때가 처음이었다. 시민을 위한 도시공원의 건설은 비슷한 시기 런던과 뉴욕 같은 서구 대도시의 공통된 움직임이었다. 세넷(Sennett, 1999: 341)은 19세기 초반 런던에서 건축가 내시(J. Nash)에 의해 이루어진 리젠트 가로와 공원 건설을 오스만의 파리 개조와 동등한 수준에서 근대도시 형태가 구성되는 첫 번째 계기로 간주한다. 오랜 세월 동안 왕족의 배타적인 놀이터(사냥터)였으며, 18세기 이래 서서히 개방되기 시작하던 도시 심장부의 녹지는 도시의 허파로 변모하였다. 이로부터 도시의 한가운데 금싸라기 땅을 차지하고서 시민들에게 신선한 공기와 햇살을 제공하는 도시공원은 서구 근대도시의 필수요소가 되었다.

런던이나 파리 공간의 변모는 다른 한편으로 수도경관의 형성이라는 관점에서 파악할 수 있

3. 리처드 세넷(Richard Sennett)은 이를 잘 해석하고 있다. "반란군중에 대한 오스만의 두려움을 감안해서 이 길의 폭은 정교하게 계산되었다. 길의 폭은 두 줄의 군마차가 나란히 이동할 수 있도록 했고, 또 필요하다면 군대가 길 양쪽의 벽 너머 커뮤니티에 발포할 수 있도록 했다. … 오스만의 노력은 거의 전적으로 건물의 파사드에 집중하고 있었다" (Sennett, 1999: 348).

다. 런던이나 파리 도시공간의 변화는 근대국가가 합리적 공간으로 인식되고 구획 지어지면서 '지리적으로' 통합되기 시작한 시대와 맥락을 같이하고 있다. 런던이나 파리는 전체 국토를 연결하는 네트워크—기능적이면서 동시에 권력의 네트워크—의 중심지로서의 성격을 띠게 된 것이다. 수도의 경관은 한편으로는 수도로의 권력집중으로 나타나는 절대주의 권력을 재현함과 동시에, 다른 한편으로는 민주주의와 계몽주의적 이상을 실현하기 위한 수단으로서 공간의 합리적인 구획에 대한 관심을 표현한다.[4]

프랑스 출신의 건축가 랑팡(P. L'Enfant)에 의해 건설된 워싱턴의 도시설계안은 르네상스 정신을 도시공간에 구현한다는 계몽주의의 이상을 보다 순수한 형태로 보여 준다. 동시에 전형적인 국가적 경관(national landscape)으로서 권력에 대한 의지를 재현한다. 코스그로브(Cosgrove, 1984)에 따르면, 미국의 국가적 이상이 가장 선명하게 드러나는 경관은 워싱턴D.C.이다. 조밀한 정사각형의 격자구조 위에 15개 주를 표현하는 15개의 결절, 그리고 백악관과 국회의사당에서 방사상으로 뻗어 나가는 대로망의 중첩된 구조는 유럽 공화주의의 이상과 절대주의적 권위를 동시에 표현한다. 도시는 원근법의 기술적 장치를 이용하여 민주적·농업적 공화주의의 상징이 되었다. 비슷한 역사 시기에 서구도시의 곳곳에서 펼쳐진 새로운 도시 형태와 경관은 근대도시의 원형적 형태가 되었다.

이러한 도시경관의 변화는 구한말의 서울에서 본질적으로 유사한 방식으로 재연되었다. 중세적 공간구조 속에 깊숙이 숨겨짐으로써 안전과 권위를 동시에 보증했던 왕의 처소—경복궁—는 일본 제국주의에 의해 파괴되었다. 원래 300여 개에 달했던 경복궁 내 건물들은 1945년 일제가 패망할 무렵 36개밖에 남지 않았다. 경복궁의 상당 부분이 사라진 자리에 1917년 조선총독부 건물이 들어섰다. 조선총독부 건물의 건설은 일본에 의한 서울 공간개조의 일부였다. 도시개조는 근대적이고 기능적인 만큼이나 정치적이고 수사적이었다. 총독부는 협소하고 꼬불꼬불한 전근대적 도시망을 쭉 뻗은 대로의 격자형 구조로 변모시켰다. 그 결과 새롭게 구성된 서울 남북의 공간적 축의 끝 편에 2개의 상징적 구조물—조선총독부 건물과 남산의 조선신사—이 자리하게 되었다. 남북으로 쭉 뻗은 대로를 통해 중세적 권력의 신성함은 사라졌으며, 근대적 식민권력은 그 같은 공간의 구성과 가시성의 확보를 통해 권위를 확인하였다.

4. 공간의 합리적 지도화에 대한 계몽주의적 관심에 대해서는 하비(Harvey, 1989: 299-300)를 참조할 것.

2) 도시 내부의 쇠락과 도시미화운동

산업자본주의의 발달과 함께 19세기에 거대도시가 출현하였다. 거대도시의 출현은 다양한 사회문제를 야기했으며, 이는 자연스레 교외이주를 촉진하는 한편 도시문제를 해결하기 위한 사회적인 대안이 논의되기 시작하였다. 1890년 당시 세계에서 가장 큰 도시였던 런던의 인구는 560만 명에 이르렀으며(당시 파리 410만 명, 베를린 160만 명), 일자리를 찾아 런던으로 몰려든 중하층의 주거문제는 심각하였다. 소위 슬럼가가 형성되었으며, 범죄와 매춘, 마약이 창궐하기 시작하였다. 부르주아 지식인 사회에서는 도시를 악하고 더러운 곳으로 바라보는 담론이 형성되었다. 당시 이민자가 가장 많았던 뉴욕과 같은 미국 도시의 현실에서 반도시주의가 출현하였고, 교외지역에 대한 동경은 그 당연한 귀결이었다. 미국에서 토지를 소유한 자영농연합을 민주주의의 기본형태로 가정했던 제퍼슨식의 관점을 가진 지식인들에게 '도시는 인류의 도덕, 건강 및 자유에 해로운 것이며, 국가와 사회의 종양이었고, 이는 산업화와 이민에 의해 조장된 것'이었다(Hall, 2000: 36–68).

19세기 말 뉴욕과 런던에서 도시빈민들의 주거실상이 공중에 널리 알려지기 시작했을 때 빈민주거지역은 질병과 가난, 타락, 범죄의 온상으로 여겨졌으며, 사회의 안전과 민주주의를 위협한다고 간주되었다. 거대도시는 다양한 사회적 해악, 잠재적인 정치적 반란의 원천으로 여겨졌다. 1880년에서 1914년까지 중·상류층 사회의 두려움은 다소 과장스럽게 표현되었으며, 그 핵심은 접촉의 두려움이었다. 이는 도시집중에서 나오는 필연적인 문제였다.

19세기 말 도시빈민들의 열악한 주거환경이 알려지면서, 영국에서는 강력한 노동자계급과 국가의 관료적 개입이 있었다(Harvey, 1994: 98). 그러나 미국에서는 도시의 빈곤과 주거 문제를 실질적으로 해결할 수 있는 공공주택의 건설보다는 도시미화운동(City Beautiful Movement)으로 초점이 모아졌다. 도시미화운동은 도시의 물리적 환경을 개선하고 가시적 경관의 심미성을 고양함으로써 사회가 지향하는 가치를 드러내고자 한 것이었다. 간단히 말하면, 조화로운 사회적 질서를 도시경관상에 공간적으로 표현하는 것이었다. 그리하여 도시미화운동은 필연적으로 도시미관을 해치는 황폐화된 슬럼을 제거하고 빈민들을 도시의 파사드로부터 제거하는 과정을 수반하였다. 신고전주의 건축과 장대한 가로와 공원, 인상적인 기념물과 조상 등으로 도시를 치장하는 도시미화운동은 한편으로 오스만의 유산을 그대로 물려받은 것이었다. 빈의 환상도로(Ringstraβe) 역시 도시미화운동의 또 다른 모델이었다.[5]

1893년 콜럼버스의 아메리카 대륙 발견 400주년을 기념한 시카고 세계박람회(World's

Columbian Exposition)[6]를 준비했던 대니얼 버넘(Daniel Burnham)은 도시미화운동의 주도적 인물이었다(Hall, 1996: 210). 진보운동의 시기(Progressive Era, 1890~1920)에 그의 유명한 시카고 플랜(1909)에서는 경관의 심미성이 사회적 목표를 실현하는 수단으로 보다 명백하게 제시되었다. 도시의 중심광장(오픈스페이스)으로부터 방사상으로 뻗어 나가는 대로들은 사회적 질서에 대한 대중적 열망이 민주주의보다는 강력한 사회적 권력을 향해 있음을 보여 준다. 유럽 사회가 경탄해 마지않았던 민주주의의 본고장 미국에서 사회적 이상을 표현하기 위해 전제적인 유럽 도시의 모델이 동원된 것은 역사적 아이러니였다.

도시의 물리적 환경개선에는 가로망의 건설, 오픈스페이스의 조성과 함께 녹지의 확보가 중요한 요소였다. 도시미화운동에서 도시공원의 조성은 빠질 수 없는 화두였다. 본격적인 도시미화운동의 시기에 앞서 1857년 조경건축가인 옴스테드(F. Olmsted)에 의해 설계되고 1860년 개장된, 뉴욕 맨해튼 한가운데에 자리 잡은 센트럴파크는 미국 도시공원의 원형이 되었다.[7] 불과 150년 전까지 센트럴파크 부지가 쓰레기 하치장이었던 사실은 잘 알려져 있지 않다.

3) 포디즘 시대의 개막과 포디스트 도시경관

제2차 산업혁명(1900~1970)과 함께 포디즘(Fordism) 시대가 개막되었다. 증기기관 대신 전기력이 생산체계에 이용되기 시작했으며, 내연기관이 발전하였다. 1900~1930년 동안 전기청소기와 에어컨, 냉장고, 식기세척기 같은 가전제품이 본격적으로 발달하기 시작하였다. 과학과 기술이 생활의 모든 영역에 사용되기 시작하면서, 자본재뿐만 아니라 소비재생산이 산업생산의 중요한 축이 되었다. 이러한 변화는 (조립라인 같은) 새로운 노동분업뿐만 아니라 도시 삶의 형태를 바꾸어 놓았다. 첫째, 도시의 성장이 지속적으로 이루어지고 도시의 입지가 자유로워졌다. 둘째, 전차와 자동차의 발달을 통해 도시가 수평적으로 확산되었다. 즉 생산공간과 생활공간이 이심화

---

5. 19세기 중반 오스트리아 황제 프란츠 요제프(Franz Joseph)는 도시중심을 감아 도는 3.2km에 달하는 반원형의 대로(boulevard)를 건설하고, 이 대로변을 따라 주요 공공건물과 의회, 시청, 대학, 박물관, 오페라하우스 등의 대규모 건축물을 건설하였다.
6. 1893년 시카고 세계박람회는 고전주의의 향연이었다. 이 당시 고전양식의 부활은 유럽과 북아메리카의 공통된 현상이었으며, 시카고 세계박람회는 이후 미국 경관에 지속적인 영향을 미쳤다(Relph, 1987: 52-53).
7. 윌슨(Wilson, 1994:10)은 『도시미화운동(The City Beautiful Movement)』에서 옴스테드가 도시미화운동에 기여한 바를 다음과 같이 설명한다. 첫째, 단일한 공원설계에서 다목적적이고 포괄적인 공원과 대로망 설계로 도시설계의 방향을 전환시켰다. 둘째, 경제적 편익과 기능성을 넘어서 도시의 한가운데에 자연경관을 배치하여 계급화해와 민주주의를 강화할 수 있다는 데 주목함으로써 도시미화운동의 이데올로기를 강화하였다.

되었다. 셋째, 입찰지대곡선(bid-rent curve)의 정점에 있는 도시 중심에 금융자본이 집중하게 되었다. 넷째, 교외화현상이 뚜렷해지고 도시공간이 사회적으로 차별화되었다. 이 같은 변화들 가운데 가시적 도시경관의 측면에서 중요한 변화는 교외공동체와 마천루(기업경관)의 출현이다.

(1) 교외화와 교외공동체의 출현

공공주택의 건설이든 도시미화운동이든 교외이주라는 역사적 경향을 막을 수는 없었다. 급속한 산업의 발달은 도시 삶의 질을 완전히 바꾸어 놓았으며, 19세기 말의 교통 및 기술혁신은 교외지역 이주를 현실적으로 가능케 하였다. 교외화는 통상 메트로폴리탄 지역의 주변에 인구가 집중하는 현상이라고 정의된다. 즉 도시의 전통적 중심-도심으로부터 인구와 활동이 빠져나가는 것을 말한다. 교외지역의 역사적 기원은 18세기 영국의 부르주아 계급이 시골에 주말별장을 마련한 데서 시작된다. 산업자본주의가 시작되면서, 대도시와 주변 외곽지역 간의 네트워크가 발달하고 도로가 개선되어 런던의 상인들은 시골별장에 살면서 도심으로 통근하기 시작하였다. 미국의 경우 18세기 후반 부유한 도시 거주자가 보다 풍광 좋은 시골을 선호하는 경향이 나타났다. 초기의 교외화는 도시의 퇴락한 환경과 범죄로부터 부르주아를 분리하는 것이었다.

교외 주거지역의 등장은 도시 외곽의 전통적 의미를 역전시키는 것이었다. 고대도시에서부터 중세도시, 근대 초기의 상업도시에 이르기까지 교외지역은 가난하고 권력 없는 이들의 거주지였으며, 특권계급과 유산계급은 도시의 중심 관청가 주변에 밀집해 있었다. 불과 160여 년 전인 1850년대까지도 미국 도시의 이 같은 형태는 계속 유지되고 있었다. 빈민들, 흑인, 아일랜드 이주민은 여전히 외곽의 값싼 주택에 거주하고 있었던 것이다. 19세기 산업자본주의 도시의 성장은 이 같은 도시공간 구조를 근본적으로 변화시켰다. 작업장과 거주지가 뚜렷하게 분리되었으며, 일종의 중간경관(middle landscape)[8]으로서 교외지역이 새로운 공동체의 원형으로 제시되었다. 미국인들의 반(反)도시적 성향, 인종·민족적 동질성에 대한 추구는 이를 가속화시켰다.

교외화의 초기국면은 '전차 교외'의 등장이었다. 자동차 도시로 잘 알려진 로스앤젤레스조차

---

8. 교외지역의 삶은 인간과 자연의 화합이라는 주제와 연결되어 있다. 투안(Tuan, 1998)은 자연과 도시 삶의 중간에 위치하는 교외지역의 경관을 가리켜 '중간경관'이라고 불렀다. 투안의 『이스케이피즘(Escapism)』에 의하면, 인류문화에서 '현실도피'는 두 개의 반대방향의 움직임으로 이해할 수 있다. 즉 이는 자연으로부터의 도피(escape out of nature)와 자연으로의 도피(escape into nature)를 의미한다. 먼저 자연으로부터의 도피가 자연력을 극복하고자 하는 인류문명의 발달사 자체를 상징적으로 의미한다면, 자연으로의 도피는 경쟁적 도시 삶의 무질서와 온갖 악덕으로부터 벗어나고자 하는 인간의 욕망으로서 근대 도시 산업사회의 성장에 따른 일종의 반작용인 것이다. 19세기 후반에 나타나기 시작한 교외지역이나 전원도시에 대한 상상과 계획, 실천이 그 예이다.

도시공간 구조의 기본골격은 19세기 말에 건설된 전차노선을 따라 형성되었다. 미국에서 교외화는 점차 가속화되어 1950년대 이후 교외공동체 생활은 중산층의 보편적 삶이 되었다. 본격적인 '자동차 교외' 시대의 시작이었다. 포디즘 대량생산체제와 함께 교외지역 자체가 대량생산되기 시작한 것이다. 즉 교외로의 이동은 중산층의 선택이었을 뿐 아니라 교외 주택단지를 대량으로 건설하고 입주자를 유인하던 건설업자들의 이해와도 일치하는 것이었다. 정부는 법적·제도적으로 이 같은 경향을 지원하였다.

문화적 이상으로서의 교외지역은 근대적 가족의 희망적 비전(도시의 부패로부터의 탈출, 자연과의 조화의 회복, 안정된 공동체의 건설)을 담아내는 동시에 근대적 주거경관의 획일성과 대량주의를 보여 준다. 교외지역의 이중적 의미는 교외공동체의 삶이 미국 중산층의 주류적 삶이 되면서 더욱 명확히 드러나게 된다. 초기에 낭만적·목가적 삶의 이상(back to nature)과 연결되었던 교외지역은 근대문명의 대안 혹은 희망으로서의 지위를 점차 상실하게 되었다. 1960년대 디트로이트의 도시탈출 이후 교외지역으로의 이주는 인종적 갈등을 회피하는 수단이기도 하였다. 교외공동체의 문화적·정치적·이데올로기적 동질성은 더욱 강력해졌고, 교외지역과 특정한 이미지들과의 연계는 더욱 강력해졌다. 즉 백인, 중산층, 자가 소유자, 단독주택, 도시의 직장으로 출근하는 남성과 아이를 돌보는 여성, 안정된 근린, 안전함 등이다. 대규모 주택자본에 의해 건설된 비슷한 모양의 획일적인 주택단지는 교외공동체의 획일적인 문화를 강화시키며, 결과적으로 정치적 보수주의로 쉽사리 경도된다. 미국에서 교외지역은 앵글로아메리카 중산층의 문화적 산물이라는 비판적 관점으로부터 자유롭지 않다.

(2) 마천루와 기업경관

현대의 대도시경관을 지배하는 마천루(고층빌딩)는 19세기 말에서 20세기 초반 미국의 대도시—특히 시카고와 뉴욕—에서 최초로 나타났다. 1885년 시카고에 세워진 60m 높이의 10층짜리 홈인슈어런스 빌딩은 당시로서는 최고층빌딩으로서 기념비적인 건축물이었다. '빌딩(building)'이라는 말이 처음 쓰인 것도 이 시기였다. 곧이어 1890년대 이후 뉴욕과 시카고에서 앞을 다투어 고층빌딩들이 들어섰고, 1931년 유명한 엠파이어스테이트 빌딩이 세워졌다.

고트만(J. Gottman)은 현대 도시경관의 가장 인상적 요소인 마천루에 주목하면서, "왜 마천루인가(Why the Skyscraper)?"라고 질문하였다. 이 질문은 현재에도 여전히 유효하다. 왜 세계의 도시들은 가장 높은 빌딩을 소유하기 위해 경쟁해 왔는가? 왜 9·11테러는 세계무역센터를 공격목표로 결정했는가? 이 같은 사실들은 마천루가 단지 자본주의의 경제적 합리성과 기능주의의

뿐만 아니라 자본주의의 권력과 부의 상징이라는 측면에서 이해되어야 함을 의미한다. 마천루는 일반적으로 도시경제이론, 즉 경제적 효율성과 합리성에 의해 설명되어 왔다. 다시 말해, 도시 중심부의 경제활동이 제조업에서 보험, 은행, 사법 서비스 등을 중심으로 한 서비스업으로 변화하면서 사무공간의 필요성이 크게 늘어났기 때문이다. 도시경제이론은 제한된 부지에 더 많은 공간을 확보하려는 기능성·합리성에 대한 추구로 마천루를 설명한다. 이는 포디즘 생산체계가 자리 잡으면서 생산공간의 입지가 도시 중심부로부터 점차 자유로워지게 된 것과 맥락을 같이한다. 이 같은 도시경제활동의 (생산과 사무업무의) 공간적 분화는 입찰지대곡선에 의해 뒷받침된다. 그뿐만 아니라 과학기술의 발달과 이를 고층건물의 건축과 유지관리에 적용하면서 마천루가 기술적으로 가능하게 된 것 또한 중요한 이유라 할 것이다.

그러나 마천루는 기능적일 뿐만 아니라 상징적인 구조물이다(Domosh, 1994). '거대한 구조와 압축된 커뮤니티'인 마천루는 더 많은 임대료를 얻기 위한 경제적이고 실리적인 구조물이었던 동시에, 사람들의 '중심에 가까이 가고자 하는 욕망'을 생산하는 상징적 구조물이었다(Relph, 1987: 44). 도모시(M. Domosh)는 미국에서 마천루가 탄생하게 된 문화적·역사적 맥락에 대해 탐구하였다. 그에 따르면, 1909년 당시 세계 최고층빌딩이었던 뉴욕 메트로폴리탄 라이프 빌딩은 '높이의 상징적 중요성(symbolic importance of height)'에 대한 기업과 건축가의 집착을 고려하지 않으면 그 맥락을 이해하기 어렵다. 화려한 르네상스식 스타일로 지어진 그 건물은 당시 가장 급성장하는 산업이었던 보험 분야의 최고 기업이라는 경제적 권력의 이미지를 광고함과 동시에, 기업의 사회적이고 시민적인 책무와 지위를 상징하려는 의도를 담고 있었다는 것이다. 하늘 높이 솟은 메트로폴리탄 타워와 타워의 시계가 발하는 꺼지지 않는 불빛은 마치 중세교회의 첨탑과도 같은 이미지를 만들어 내기 위한 것이어서, 전근대적인 건축양식의 채택은 오히려 자연스러워 보였다. 이처럼 마천루가 전달하고자 하는 사회적이고 상징적인 메시지는 기능적으로 합리적인 구조와 그것을 가능케 하는 기술뿐만 아니라 그것의 심미적 스타일(aesthetic style)을 통해 가능해진 것이다. 그리하여 1890년부터 1910년까지 미국의 많은 도시들에서 복고적인 고전양식으로 마천루가 건설되었다(Relph, 1987: 39). 결과적으로 사무기능의 도심집중과 마천루의 건축은 새로운 형태의 근대 도시경관을 탄생시켰다. 그러나 초기의 마천루에서 나타난 장식적인 르네상스 양식 혹은 고전양식은 현대 기업이 요구하는 효용성(utility)과 충돌할 수밖에 없었으며, 곧 모더니즘이라는 새로운 심미학이 마천루의 일반적 양식을 지배하게 된다.

4) 모더니즘 경관의 만개

1920~1930년대에 '합리적이고 기능적이기 때문에 아름답다'는 모더니즘의 시대가 도래하였다. 모더니즘 건축은 한편으로 기술과 사회적 효용성에 대한 찬미인 동시에, 보다 많은 사람들에게 최대의 공간을 평등하게 분배한다는 의미에서 민주주의라는 사회적 이데올로기를 내포하기도 하였다. 르코르뷔지에(Le Corbusier)의 유명한 슬로건인 '질서에 의한 자유의 창출'은 이 같은 기술주의와 해방 이데올로기의 이상적 결합을 의미하는 것이었다. 1920년대의 바우하우스(Bauhaus) 운동 역시 마찬가지였다. "본격 모더니즘의 실질적 이면에는 (내가 생각하기에) 기업 관료적 권력과 합리성에 대한 은밀한 예찬이 자리 잡고 있었으며, 이는 인류의 모든 열망을 실현시키기에 충분한 신화로서 효율적 기계에 대한 표면적 숭배에 대응하는 것임을 가장하고 있었다. 건축과 계획에서 이는 장식의 배제, 개인적 디자인의 배제라는 형태를 띠었다"(Harvey, 1994: 58). 그리하여 전근대적이고 고유한 스타일의 초기 마천루는 사라져 갔고, 몰개성적이며 비슷비슷한 성냥갑 모양의 유리상자 같은 건물들이 도심을 가득 채우기 시작하였다. 더 많은 사무공간을 대여해서 더 많은 임대료를 챙길 수 있는 건물주도, 비인격적이고 합리적인 기업조직에 걸맞은 건물이 필요한 기업도, 모더니즘 도시 디자인에서 평등과 해방적 정신을 읽어 냈던 도시계획가도 모두 대량생산된 익명적 스타일의 건물들로 가득 찬 도시를 만드는 데 적극적이었다.

제2차 세계대전 이후 모더니즘은 보다 제도적이고 체제순응적인 방향으로 이동하였다(Harvey, 1994). 그리고 '국제주의 양식'이라 불리는 박스 형태의 철골구조물 빌딩이 세계의 모든 대도시들을 비슷비슷하게 만들기 시작하였다. 효율성을 강조하는 국제주의 양식은 개별 건축물뿐만 아니라 대규모 도시설계에도 적용되었다. 주택과 도시는 진정으로 '살기 위한 기계'가 되었으며, 질서정연하게 기계처럼 작동하는 도시는 찬미의 대상이었다. 모더니즘이 대도시경관에 미친 영향은 모순적이었다. 도시학자 제이컵스(J. Jacobs)의 표현대로 모더니즘은 참을 수 없는 도시의 따분함을 만들어 낸 주범이었고, 기술과 합리성에 대한 맹신은 도시 디자인의 취향과 개성을 억압하였다. 그러나 다른 한편으로 대량 임대주택 건설 등을 통해 도시 내에서 덜 가진 계층에 대한 평등주의적 배려를 노골적으로 드러내 보인 것도 모더니즘이었다.

4. 후기근대 도시경관

포스트모던 도시경관(혹은 디자인, 건축)이라고 불리는 새로운 흐름은 '상징적 빈곤(symbolic poverty)'이라 비판받은 모더니즘 경관에 대한 반작용으로부터 시작되었다. 모더니즘은 기술적 합리성에 기반하여 건축과 도시계획에서 효율성과 기능주의를 추구하였으며, 이는 장식적 요소와 취향의 배제로 나타났다. 반면에 포스트모던 건축은 개인적 취향을 중시하고, 전통적 요소를 복원시키며, 다양한 요소를 역사적 맥락과 무관하게 중첩시켜 '콜라주(collage)'라는 이름으로 계보를 알 수 없게 만들어 버리는 경향이 있다. '과거'의 요소들을 의식적으로 모방하기 시작한 것은 포스트모던 건축의 주요 특징이며, 이는 절충적이고 장식적이며 화려한 건축물을 생산한다. 모더니즘 건축의 중요 인물인 미스 반데어로에(Mies van der Rohe)의 '단순한 것이 풍부하다(less is more)'는 명제는 '단순한 것이 지루하다(less is boring)'로 대체되었다(Relph, 1987: 225). 도시형태 혹은 도시구조의 측면에서 모던 도시경관은 조닝(zoning)과 구획된 공간들 사이의 기능적인 흐름을 중시하는 반면, 포스트모던 도시경관은 차별화와 분절화가 특징적이다. 이 같은 차이는 근본적으로 양자 간의 공간관의 차이에 기인하는데, 모더니스트는 공간이 거대한 사회적 프로젝트(계몽, 평등, 해방과 같은)의 실현을 위해 도구적으로 이용되는(이용되어야 하는) 것이라고 생각하는 반면, 포스트모더니스트는 공간을 상대적으로 자율적인 범주로 간주하며 사회적 목표보다는 심미적 차원에서 공간이 형성된다고 여긴다(Harvey, 1989: 94).

포스트모던 건축 및 도시 디자인은 궁극적으로 시장의 권력에 취약하게 되어 상품화, 상업화, 사유화의 경향을 보인다. 공간의 차별화와 심미화에 대한 요구는 더 많은 자본을 필요로 하고, 도시의 많은 공간들이 점차 (공중으로서의) 시민들의 참여를 배제한다. 도시공원과 같은 완전개방된 공공공간은 점차 공공적 이용이 제한되고, 폐쇄적 주거단지(gated community) 같은 배타적인 고급 주택단지가 늘어나며, 폐쇄적으로 설계된 호화스런 쇼핑몰이 도시경관의 주요한 요소가 된다. 화려하게 치장된 도회살이 속에서 소비는 경제적 선택을 넘어서 문화적 취향과 그에 대한 심미적 찬양의 외피를 입게 된다. 포스트모던 건축 스타일은 이 같은 도시의 시장화, 상품화, 차별화의 움직임을 더욱 강화시킨다. 모더니즘 운동과 예술양식이 당시의 산업적·기업적·관료적 이해와 동전의 양면을 이루었던 것처럼, 포스트모더니즘은 당대 도시경관의 산업적·투기적 변화를 인도하는 심미적 외관이라고 말할 수 있다.

1) 공공공간의 소멸 혹은 시장과 장소의 상호 침투

포스트모던 도시경관에서 가장 특징적인 것 중의 한 가지 현상은 공원이나 광장과 같은 전형적 공공공간(public space)의 의미가 변화하거나 새로운 유형의 공공공간이 지배적으로 되는 현상이다. 이는 또한 포스트모던 도시의 소비공간이 사유화되면서 민주주의의 상실 또는 훼손을 초래한다는 비판과 맥을 같이한다. 그리스의 아고라, 로마의 포럼으로 거슬러 올라가는 공공공간의 전통은 도시민들의 사회적 연대와 공동체적 삶의 반영이었다. 즉 공공공간은 하버마스(J. Habermas)의 공공영역(public domain)이 공간적으로 표현되는 물질적 장소이며, 사회성원들 간의 사회적 상호작용과 정치행동을 보장하는 도시민주주의의 실체였다.

그러나 공공공간의 정치적 기능과 그것을 가능케 하는 완전한 개방성은 점점 사라지거나 제한적 성격이 강해지고 있다. 예컨대 현대 도시에서 광장이나 공원이 마약이나 각종 범죄의 온상이 되면서, 이를 막기 위한 감시의 기술이 점점 더 정교해진다. 경찰의 주기적인 순찰, CCTV의 설치, 노숙자들의 퇴거와 같은 조치들은 현대의 도심공원에서 이미 일상적인 일이 되었다. 공공공간은 자유로운 휴양과 소통, 그리고 민주적 발언의 장소라는 의미를 점점 잃어 가고, 보이지 않는 감시의 눈길하에 통제된 휴식공간으로 변해 가고 있다. 스미스(Smith, 1992)와 미첼(Mitchell, 1995)과 같은 마르크시스트 지리학자들은 이 같은 조치들이 공공공간의 사용주체가 되는 공중(the public)의 의미를 약화시키고, 궁극적으로 공공공간의 정치적 기능을 거세한다는 점에서 비판적이다. 한국의 도시 역시 예외는 아니어서 여의도광장이 여의도공원으로 변화한 것을 같은 맥락에서 생각할 수 있다. 1970년대 반공우익 관제시위에서 시작하여 1990년 전후 노동자와 농민의 전국적 집회·시위 장소였던 여의도광장은 1998년 이후 공원으로 변모하였다. 과거와 같은 적극적인 정치행위는 거의 사라지고 가족 혹은 직장동료들의 일상적 휴식처가 되었다.

또 다른 변화의 한 축은 백화점과 쇼핑몰(할인점) 같은 유사공공공간(quasi public space)이 지배적 형태의 공공공간으로 되고 있다는 사실이다. 원래 시장은 과거부터 물건의 매매와 같은 경제적인 기능뿐만 아니라 정보와 의사가 소통되는 전형적인 공공공간이었다. 특히 공공공간으로서의 시장의 원형이라 할 수 있는 그리스의 아고라는 상업활동뿐만 아니라 정치적·법적 과정이 진행되는 공간이었다. 현재의 쇼핑몰 또한 사회적 만남의 공간으로서의 역할을 가지고 있다. 많은 백화점 혹은 쇼핑몰들은 건물 내에 다양한 카페테리아, 영화관, 갤러리 등 문화공간을 제공하며 여가공간으로 기능한다. 그러나 일종의 오픈스페이스인 재래시장과 달리, 백화점과 쇼핑몰은 외부공간과 대체로 단절되어 있으며, 고객들이 최대한 오랜 시간을 소비공간 내에 머물도록 여가와 소비활동이 가능하게끔 설계된다. 또한 자가용이 일반화되고, 구매력과 취향에 따른 사회 계층에 걸맞은 소비공간들이 차별화되면서(백화점-할인점-재래시장 등) 다양한 지위와 계층이 뒤섞인 데서 나오는 공공공간의 기본적 성격은 사라졌다. 즉 백화점과 쇼핑몰은 소통과 만남, 거래의 공간인 동시에 단절과 배제의 공간이기도 하다.

주킨(Zukin, 1991)은 이 같은 포스트모던 도시경관의 변화를 공간의 역성(liminality)으로 설명한다. 그에 따르면, 공공공간이 사적 시장 속으로 포섭된다는 의미에서의 역적 공간(liminal space)은 단지 최근의 현상이 아니라 19세기 후반 이후 점차적으로 가시화되어 포스트모던 시대에 극에 달한 현상이다. 즉 19세기 말 유럽 도시의 주요한 풍경이었던 커피하우스나 레스토랑은 사회적 소통의 무대이면서 동시에 부르주아 계급의 피난처였다. 사적 공간을 일종의 공공장소로 이용하는 것은 포스트모던 건축물의 전형으로 여겨지는 로스앤젤레스의 보나벤처 호텔에서 잘 나타난다. 프레드릭 제임슨(Fredric Jameson)에 따르면, 호텔은 그 내부에 모든 것을 갖춘 일종의 소도시(a miniature city)이며, 이 같은 공간은 군중 아닌 군중(hypercrowd)들로 채워진다.

2) 포스트모던 도시경관의 특징: 확산과 분절화

포스트모던 도시경관의 특징은 외부로의 확산(diffusion)과 내적인 분절화(fragmentation)로 요약할 수 있다. 도시의 끝없는 수평적 확장은 포스트모던 도시경관(도시형태)의 거시적 특징 중 하나이다. 과거처럼 도시 내부(inner city)와 교외지역(suburbia)의 구분은 옛말이 되고, 교외지역은 점차적으로 도시공간화한다. 주거기능 외에 사무기능과 상업기능 등이 밀집하기 시작하는 교외의 작은 중심지들은 외곽도시(edge city)라 하는데, 이는 1980년대 이후 미국 도시의 보편적 현상이 되었다. 즉 교외지역은 이제 주거만을 위한 장소가 아니라 여타의 다양한 경제활동이 발생하는 작은 도시들로 변해 가는 것이다. 한국의 경우에도 수도권 지역의 도시들에서 이 같은 경향이 관측된다. 로스앤젤레스는 단일 도시 중심지의 기능이 약화되고 교외로 끊임없이 확산되는 포스트모던 도시의 공간적 특징을 가장 전형적으로 보여 주는 도시로 종종 제시된다.

도시는 확산될 뿐만 아니라 내부에서 분절화된다. 도시학자 데이비스(Davis, 1992)는 포스트모던 도시화의 경향을 전형적으로 보여 주는 곳으로 로스앤젤레스를 들면서 '요새화된 도시(fortified city)'라고 칭하였다. 녹지공간을 비롯한 공공공간의 비율이 미국 대도시 평균보다 한참 낮은 수준이며, 주거지는 심각하게 계층적으로 분화되어 있다. 데이비스는 건축적/전자적[9] 공간의 성극화(polarization)가 미국 사회에서 공공공간을 통한 도시 내 계급화해와 민주주의 실현이라는 옴스테드(Olmsted) 비전의 종말을 의미한다고 해석한다.[10] 로스앤젤레스는 포스트모던 경관의 최첨단을 극적으로 보여 주는 도시인데, 이 같은 모습은 정도의 차이가 있을지언정 세계의 다른 대도시에서도 쉽게 찾아볼 수 있다. 상하이에서 부유층을 위한 폐쇄적 주거단지(gated community)는 이미 일반적인 현상이 되었으며, 서울에서는 ○○팰리스 같은 도심의 스카이라인에 거대하게 솟아 있는 특정 고급아파트 건물이 그러한 역할을 대신하고 있다. 주거와 소비 공간은 점차 차별화되고, 각각은 보이는 혹은 보이지 않는 벽을 통해 외부와 차단되어 있다.

3) 포스트모던 도시경관의 미래: 유토피아/디스토피아?

모던 건축과 도시 디자인의 암묵적 가이드라인이었던 유토피아적 공간의 건설이라는 메타적 목표 대신에 순간적이고 분절화된, 감각적이고 심미적인 즐거움이 포스트모던 경관 형성의 중요한 기준이 된다. 심미적으로 아름다운 도시경관이 궁극적으로 상품논리를 통해 생산된다는 점에서 이는 모더니즘의 유토피아주의로부터의 후퇴를 낳을 수밖에 없다. 다른 한편으로 포스트모던 도시경관은 근대 이전의 도시가 가졌던 상징적 풍요로움의 복원이라는 점에서 미덕을 갖는다. 포스트모던 건축이나 도시 디자인은 다양한 취향과 개별화된 의사소통 방식에 열려 있으며, 고유한 장소성 혹은 지역공동체들의 표현욕구를 가능케 하는 장점이 있다. 그리하여 도시 내에서도 다양한 장소성에 기반한 장소문화와 지역문화가 현저해진다. 최근 10여 년간 압구정동과 홍대입구 등에서 나타난 개성적인 소비문화가 그 예라고 할 수 있다(이무용, 2005).

가장 큰 비판(혹은 장소성 지키기의 어려움)은 이 같은 경관이 궁극적으로 시장(의 권력)과 영합한다는 데 있다. 1970년대 이후 지어진 쇼핑몰의 전형인 볼티모어의 하버 플레이스는 좋은 예이다. 볼티모어의 수변지구를 중심으로 한 도시재개발계획은 볼티모어 도시박람회를 초점으로 엄청난 관광객을 끌어들이며 상업적으로 성공하였다. 또한 도시재개발은 물리적인 도시경관의 재구성과 함께 도시 스펙터클을 조직하여 도시의 이미지를 완전히 바꾸는 데 성공하였다. 그러나 이 같은 도시재개발은 때로는 도심에서 저소득층을 내몰고 빈부격차를 악화시키며, 사회복지

9. 가시적 공공공간의 위축은 전자공간의 사유화와 동시에 진행된다. 공중파 방송은 지불능력을 요구하는 케이블로 대체되고 인터넷 통신 역시 마찬가지이다.

10. 데이비스는 로스앤젤레스를 숨겨진 도시(forbidden city), 야비한 거리(mean street), 빈민층 격리(sequestering the poor), 안전설계(security by design), 판옵틱 쇼핑몰(panoptic shopping mall), 고임대료 안전(high-rent security), 공간경찰 LAPD(LAPD as space police), 군중에 대한 두려움(fear of crowds)으로 묘사하였다(Davis, 1992).

에 대한 투자를 감소시킨다는 비판을 받기도 한다. 하비(Harvey, 1999: 140-141)는 민관협력을 통한 도시개발이 정작 시민들에게 어떤 편익을 가져다줄 것인가에 대해 회의하면서, 볼티모어 재개발을 개발업자의 유토피아라고 비꼬았다. 즉 민관협력에서 민간자본(the private)이 이득을 취하는 반면, 공공부문(the public)은 단지 리스크를 떠안게 된다는 것이다. 다시 말해 하비식의 관점에서 보면 모더니즘과 포스트모더니즘 사이에 심연이 놓여 있는 것이 아니라, 포디즘에서 유연적 체계로의 축적체제 변동에 따라 문화적 반응양식이 달라진 것에 불과하다. 한편, 볼티모어식의 상업화된 도시 스펙터클의 출현은 세계화 속에서 도시 간 경쟁의 심화에 따른 필연적 측면이기도 하다. 미국의 도시에서 공공공간의 축소와 경관의 사유화, 상품화는 1970년대 이후 재정난에 부딪힌 도시들이 투기적인 개발업자 및 금융기관과 결합하여 도시의 경쟁력을 강화하기 위한 개발 프로젝트를 적극적으로 실행했기 때문이다.

주킨은 이 같은 도시경관의 물리적·상징적 변화가 갖는 위험성을 시장과 장소의 적대로 해석한다. 모든 이들이 도시를 아름답고 살기 좋은 건축물과 공간으로 가득 채우고자 하지만, 이같이 만드는 과정은 결국 도시를 국제적 자본이동에 취약하게 만들고 장소의 고유함보다는 획일성을 강화하기 때문이라는 것이다. 결국 당대의 도시경관은 화려함과 어두움, 축제의 스펙터클과 버려진 뒷골목, 곳곳에서 부상하는 지역문화와 그 속으로 집요하게 삼투하는 시장권력이 끊임없이 교차하는 이중적 공간으로 수렴될 가능성이 크다. 이러한 맥락에서 최홍준 외(1993)는 서울 도시경관을 분석하면서 '시선을 끄는 경관'과 '시선을 끌지 못하는 경관'으로 구분하였다. 이는 세계도시론자들이 이중도시(dual city)라고 불렀던 세계도시의 면모와도 일치하며, 후기근대사회의 '불안정한 경관(restless urban landscape)'(Knox, 1993)을 생산한다.

5. 포스트식민주의 도시경관

근대/후기근대 도시경관이 주로 제1세계 도시에 대한 설명이라면, 포스트식민주의 도시경관은 제3세계 도시를 비롯해 보다 다양한 세계지역의 도시경관의 모습을 설명한다. 포스트식민주의 도시에 대한 많은 연구들은 대체로 제1세계 제국주의와 그 지배를 받았던 제3세계의 도시들을 포스트식민주의 도시로 간주하지만 가끔씩은 파리나 런던, 암스테르담과 같은 제국주의 모국의 도시를 (전)식민지로부터 끊임없는 인구의 유입 등과 그로 인한 도시 변화와 관련하여 포스트식민주의 도시의 범주에 집어넣기도 한다(King, 2009: 1).

전 식민지였던 포스트식민주의 도시경관의 가장 큰 특징은 '이중도시'이다. 이는 앞서 다룬 세계도시(world cities, global cities)의 이중도시 현상과는 다른 역사적 맥락에 기인하는 것으로 많은 식민도시가 토착민 구역(native quarters)과 유럽인 구역(European quarters)으로 분할되어 있었던 현상을 의미한다. 토착민 구역이 대체로 인구가 과도하게 밀집해 있고, 위생조건과 주거환경이 열악하며 좁고 불규칙한 가로망으로 구성된 반면에, 유럽인 구역은 질병과 무질서에서 자유로운 위생적 주거환경을 갖추고 있었으며, 상대적으로 넓고 규칙적인 직교형 혹은 방사상의 가로망으로 구성되어 있었다. 조앤 샤프(2011: 111–112)는 이처럼 두 개의 분리된 구역으로 구성된 식민주의 도시모델을 '경관의 질서화'라고 칭하였다. 그에 따르면, 경관의 질서화는 도시의 실질적인 질서–치안유지와 방위에 도움을 주고, 다른 한편으로는 보다 더 근본적인 의미에서 서구 근대주의의 합리성과 질서를 상징한다고 말한다. 이는 사실상 조금 더 이른 시기에 제국주의 중심부 메트로폴리스에서 나타난 도시경관의 변화와 본질적으로 다르지 않다. 이 글의 앞부분에서 다룬 오스만 남작이 이끌었던 파리의 물리적 개조의 이중성에 대한 논의가 그에 해당한다.

이러한 식민지 도시경관의 이중구조와 그 성격은 우리나라의 개항기와 일제강점기에도 여러 도시에서 확인할 수 있다. 개항과 함께 일본뿐만 아니라 서구 국가들이 들어오면서 각국 조계지가 형성되었던 제물포(인천)는 조계지의 쭉 뻗은 대로와 깔끔한 도시풍경이 초가집이 빽빽이 들어서서 비만 오면 진흙탕으로 엉망이 되었던 조선인 거주구역과 대비를 이루는 도시였다(Bishop, 1994 참조). 일제강점기 서울 도시공간의 변화 역시 경관의 질서화라는 측면에서 이중적인 의미를 이해할 수 있다(Henry, 2016 참조).

'이중도시'가 포스트식민주의 도시의 '식민주의'적 측면을 부각시키는 특징이라면, '포스트'적 성격에 대한 추가적인 설명이 필요하다. 이를 위해 포스트식민주의의 의미에 대해 간단히 설명할 필요가 있다. 도시범주를 넘어서 포스트식민주의 담론의 핵심은, 서구인들의 근대적 실천과 담론에 의해 객체화된 제3세계 민중들이 과연 주체적으로, 자립적으로 자신에 대해 말할 수 있는가 하는 것이다. 이는 대표적인 포스트식민주의 이론가 가야트리 스피박(Gayatri Spivak)에 의해 "서벌턴(subaltern)은 말할 수 있는가"라는 기념비적인 글에서 제기된 의제이다. 여기서 '서벌턴'은 스스로 표현할 수 없는 제3세계의 민중이자 주변화된 인구집단이다. '서벌턴'이 스스로 말할 수 없도록 강제하는 근대적·보편적·서구의·남성의 … 지식에 대한 포스트식민주의의 저항은 문화의 진정성을 추구하고 문화적 본질주의로 회귀하는 것이 아니라 상황적 지식과 혼종성의 담론 및 전략으로 경도된다(조앤 샤프, 2011: 189–211 참조).

이처럼 불확실하고 애매하며 혼종적인 '포스트'식민주의의 특성은 도시경관에서도 나타난다.

많은 포스트식민주의 도시에서 독립 후에 새로운 정치적 지배층은 민족국가 정체성을 뚜렷이 하기 위해 도시경관에서 새로운 상징적·기념비적 경관을 조성하고 기존의 식민주의적 경관의 기념물을 제거하려고 시도하지만 이는 쉽지 않다(King, 2009: 2). 이미 도시경관은 오랫동안 사회관계를 유지하고 재생산하는 강력한 상징적 매개체로 역할해 왔으며, 의견을 달리하는 텍스트 공동체들은 식민주의 시대의 상징이었던 특정 기념물이나 기념비적 경관의 해체, 민족국가의 상징성을 회복하는 명칭의 변화나 복원에 대해 다양한 의견들을 제시하여 서로 충돌한다. 킹은 봄베이가 뭄바이라는 토착명칭을 회복하는 데 40년이 걸렸음을 지적한다. 이는 우리의 도시경관 사례에서도 잘 확인된다. 경복궁 앞을 가로막고 서 있던 조선총독부 건물(구 중앙청 건물)의 해체를 둘러싼 전 사회적인 논쟁은 무려 3년에 걸쳐 격렬하게 진행되었으며, 논란 속에 1995년 건물이 해체되는 것으로 마무리되었다. 역시 해방 후 40년 만이었다.

포스트식민주의 도시에 대한 최근의 학문적·이론적 관심은 뚜렷하게 기존의 이중구조적 도식을 극복하려는 경향을 보여 주고 있다. 세실과 바우어(Cecile and Bauer, 2016)가 편집한 『포스트식민주의 메트로폴리스의 재조명(Re-Inventing the Postcolonial (in the) Metropolis)』은 제국주의 도시와 대조적으로 제3세계 도시가 무질서하고 병리적이라는 관점에 대해 비판적 시각을 제시하고 있으며, 나아가 모더니티와 도시사회공간의 근대화에 관한 서구적 관점에 대해 역시 비판적이다(Cecile and Bauer, 2016). 세실과 바우어의 저작이 포스트식민주의의 관점을 견지하면서 세계화 속에서 도시의 사회경제적 역할에 초점을 두는 세계도시(world city, global city)적 관점과 거리를 두는 반면에, 로이와 옹(Roy and Ong, 2011)의 『월딩 시티스(Worlding Cities)』는 아시아 도시들을 본격적으로 글로벌 도시경제 담론의 주축으로 세우려 시도한다. 예컨대 저자들은 싱가포르와 두바이가 세계금융의 중심으로 떠오르는 것을 보면서 아시아 도시들에서 마천루가 솟아오르는 것에 주목한다("the skyline rises in the East", Rem Koolhaas). 이들은 포스트식민주의를 부인하지 않지만 그 틀에서 벗어나 보다 자유롭게 아시아 도시경관의 의미를 해석하고자 시도한다.

6. 나오면서

지금까지 근대 도시경관과 후기근대 도시경관, 그리고 포스트식민주의 도시경관의 특징을 개략적으로 살펴보았다. 이를 통해 도시경관의 변화가 어떻게 사회변동을 반영하고, 미래의 새로운 공동체적 비전을 표상하기도 하며, 갈등과 화합의 사회적 메시지를 전달하는 매체로서 역할하는지를 확인할 수 있었다. 한국의 도시경관에 대해 체계적으로 정리하지 못하는 것이 아쉬운 점이며, 몇 가지 논의를 간략히 정리하는 것으로 글을 마치고자 한다. 최홍준 외(1993)는 데이비드 하비의 경관유물론적 관점에서 서울의 포스트모더니즘 건축과 도시경관을 비판적으로 독해하였다. 즉 경관의 형태와 건축양식 또한 자본주의적 공간생산의 관점에서 파악하고, 포스트모더니즘 양식의 대두를 유연적 축적양식과 함께 자본의 가치실현 양식이 변화한 것의 결과라고 바라본다. 이무용(2005: 67–91)은 문화정치론적 관점에서, 한국 도시경관의 근대성에 초점을 맞추어 특수성과 보편성으로 구분하여 설명하였다. 보편성으로서는 경관의 상품화, 이미지와 스펙터클의 지배, 권력경관(자본논리와 사회적 권력관계)을, 특수성으로는 단절과 부조화, 합리적 이성의 결여, (모방과 획일화로 인한) 정체성의 상실을 들고 있다. 이 같은 도식화를 통해 알 수 있는 것은 한국의 도시경관이 보편적인 자본주의 경관논리 속에서 작동하면서도, 한편으로는 전통과의 단절, 근대적 의식과 관행의 부재로 인해 서구와는 다른 특수한 상황에 처해 있다는 점이다. 한국의 도시경관에서 '근대성'은 결여된 동시에 과잉이라는 의미가 되는 것이다.

이 글에서는 서구 도시경관의 경험을 중심으로 근대에서 후기근대에 이르는 변화를 설명하였지만, 이 틀을 그대로 가지고 한국의 도시들을 제대로 설명하기에는 많은 어려움이 있을 것이다. 한국의 도시는 한편으로는 여전히 서구의 도시들에서 19세기 후반에 풍미했던 '도시미화운동'을 경험하고 있으며,[11] 다른 한편으로는 현란한 이미지와 스펙터클로 가득 찬 감각적 (때로는 포스트모던하다고 칭할 수 있는) 소비문화경관이 도시공간을 지배하고 있다. 또한 도시의 과거(역사 문화유산의 복원)에 대한 관심은 도시정체성 확립이라는 규범적인 과제와 열망인 동시에, 장소상품화와 경쟁에 쉽사리 노출되는 포스트모던한 유행이기도 하다. 무엇보다도 현재의 경관 형성에 큰 영향을 미친 역사적 요인은 식민시대와 급속한 산업화가 초래한 경관전통의 단절일 것이다. 우리의 경관 경험은 본문에서 길게 다룬 서구의 경험과 많은 면에서 유사성을 가지고 있으면서 뒤늦게 좇아가기도 한다. 예를 들면, 1970년대 이후 포스트모더니즘 경관의 대표적 사례가 된 복합쇼핑몰 경관은 우리의 도시에 최근 10~20년간 익숙한 풍경이 되었다. 광장이나 공원과 같은 전형적인 공적 공간(public space)의 소멸 혹은 축소와 같은 현상들 역시 유사하게 나타난다. 그러나 포스트식민주의 경관의 측면에서 서울 등 우리 도시경관은 전형적인 제3세계 도시와

---

11. 예컨대 1990년대 이후 서울 도심에 만들어진 용산가족공원, 여의도공원, 그리고 최근의 서울숲 등에 이르는 녹지공간의 지속적인 확대와 서울광장, 광화문광장 등 오픈스페이스의 정비에 대한 관심은 19세기 후반 서구 도시를 풍미했던 '도시미화운동'과 유사한 측면을 가지고 있다.

는 판이하게 다른 방식으로 재현된다. 식민지 경험에 기초한 이중도시 현상은 찾아보기 힘들고, 지금은 사라진 조선총독부 건물 등의 개별적인 상징경관이나, 현대 도시경관과 지금은 중첩되어 버린 여러 도시의 격자형 공간구조에서 그 흔적을 찾을 수 있을 뿐이다.

짧고 폭력적이었던 식민지 경험, 그리고 전쟁과 파괴의 현대사로 인해 경관의 '흔적들(traces)'이 유난히 희미하기에, 경관을 문화와 관련지어 사고하는 상상력의 전개는 대체로 빈약한 편이었다. 이제는 경관의 '문화'적 요소에 더 큰 관심을 기울여야 할 것이다. 이는 문화경관이라는 개념(혹은 용어)을 통해 자연경관과 구분 짓는 이분법을 되살리자는 것이 아니라, 모든 경관은 기억, 가치, 상상력, 정체성의 형성 및 변화와 깊이 관련되어 있기에 그 자체로 문화적일 수밖에 없다는 사실을 강조하려는 것이다.

참고문헌

이무용, 2005, 『공간의 문화정치학』, 논형.

최홍준 외, 1993, "서울도시경관의 이해", 『서울연구』, 한국공간환경연구회, 한울, pp.420–435.

Bishop, I. B., 1994, *Korea and her neighbors: A narrative of travel, with an account of the recent vicissitudes and present position of the country*, New York: Fleming H. Revell, 이인화 옮김, 1994, 『한국과 그 이웃나라들』, 살림.

Cecile, S. and Bauer, A., (eds.), 2016, *Re-Inventing the Postcolonial (in the) Metropolis (Cross/Cultures: Readings in Post/Colonial Literatures and Cultures in English: Asnel Papers, 20)*, Brill Rodopi.

Corner, J.(ed.), 1999, *Recovering Landscape: Essays in Contemporary Landscape Architecture*, New York: Princeton Architectural Press.

Cosgrove, D., 1984, *Social Formation and Symbolic Landscape*, London: Croom Helm.

Cosgrove, D. and Daniels, S.(eds.), 1988, *The Iconography of Landscape: Essays on the Symbolic Representation, Design and Use of Past Environments*, Cambridge: Cambridge University Press.

Davis, M., 1992, "Fortress Los Angeles: the militarization of urban space", in M. Sorkin(ed.), *Variations on a Theme Park: the New American City and the End of Public Space*, New York: Hill and Wang.

Domosh, M., 1994, "The Symbolism of the Skyscraper: Case studies of New York first tall buildings", in K. Foote et al.(eds.), *Re-reading Cutural Geography*, Austin: University of Texas Press.

Duncan, J., 1990, *The City as Text: The Politics of Landscape Interpretation in the Kandyan Kindom*, Cambridge University Press.

Hall, P., 1996, *Cities of Tomorrow: An Intellectual History of Urban Planning and Design in the Twentieth Century*, Blackwell, 임창호 옮김, 2000, 『내일의 도시: 20세기 도시계획지성사』, 한울.

Harvey, D., 1989, *The Condition of Postmodernity*, Oxford UK: Blackwell, 구동회·박영민 옮김, 1994, 『포스트모더니티의 조건』, 한울.

Harvey, D., 1999, *Spaces of Hope*, Berkeley and Los Angeles: University of California Press.

Henry, A. Todd, 2016, *Assimilating Seoul: Japanese Rule and the Politics of Public Space in Colonial Korea, 1910–1945*(Asia Pacific Modern Series), University of California Press.

Jacobs, J., 1961, *The Death and Life of Great American Cities,* New York.

king, A. D., 2009, "Postcolonial cities", Retrieved from http://booksite.elsevier.com/brochures/hugy/SampleContent/Postcolonial-Cities.pdf.

King, A. D., 2016, *Writing the Global City: Globalisation, postcolonialism and the urban*, Routledge.

Knox, P.(ed.), 1993, *The Restless Urban Landscape*, New Jersey: Prentice Hall.

Lee, Y., 2000, "Research Agenda of urban cultural geography in post-industrial society: the implications in landscape study of Korean cities", *Journal of the Korean Urban Geographical Society*, 3(1), pp.69-80.

Mitchell, D., 1995, "The End of Public Space? People Park, Definitions of the Public, and Democracy", *Annals of the Association of American Geographers*, 85(1), pp.108-133.

Mitchell, W. J. T. (ed.), 1994, *Landscape and Power*, Chicago: University of Chicago Press.

Relph, E., 1987, *The Modern Urban Landscape*, Baltimore: Johns Hopkins University Press, 임동국 옮김, 1999, 『근대도시경관』, 태림문화사.

Roy, A. and Ong. A., 2011, *Worlding Cities: Asian Experiments and the Art of Being Global*, Wiley-Blackwell.

Sennett, R., 1994, *Flesh and Stone: The Body and the City in Western Civilization*, 임동근·박대영·노권형 옮김, 1999, 『살과 돌-서구문명에서 육체와 도시』, 문화과학사.

Sharp, J., 2009, *Geographies of Postcolonialism*, Thousand Oaks, London, New Delhi and Singapore, 조앤 샤프, 이영민·박경환 옮김, 2011, 『포스트식민주의의 지리』, 여이연.

Smith, N., 1992, "New City, New Frontier: The lower East Side as wild, wild west", in M. Sorkin(ed.), *Variations on a Theme Park: the New American City and the End of Public Space*, New York: Hill and Wang.

Tuan, Y. F., 1998, *Escapism*, The Johns Hopkins University Press.

Wilson, W., 1994, *The City Beautiful Movement*, Baltimore and London: The Johns Hopkins University Press.

Zukin, S., 1991, *Landscapes of Power: From Detroit to Disney World*, Berkeley, Los Angeles, Oxford: University of California Press.

더 읽을 거리

Sennett, R., 1994, *Flesh and Stone: The Body and the City in Western Civilization*, 임동근·박대영·노권형 옮김, 1999, 『살과 돌-서구문명에서 육체와 도시』, 문화과학사.

⋯› 저자는 *The Fall of Public Man*으로도 잘 알려진 학자이다. 이 책은 도시의 생성과 변화를 육체의 경험에 은유하여 서술한 매력적인 저작이다. 그리스 시대로부터 현대의 도시에 이르기까지 이중적 육체경험-로고스와 미토스를 통해 도시를 설명한다.

Hall, P., 1996, *Cities of Tomorrow: An Intellectual History of Urban Planning and Design in the Twentieth Cen-*

tury, Balckwell, 임창호 옮김, 2000,『내일의 도시: 20세기 도시계획지성사』, 한울.

⋯→ 도시계획의 관점에서 쓰인 책이지만 도시의 역사와 문화, 경관을 연구하는 이들도 반드시 읽어야 할 책이다. 서구 도시계획의 역사 속에서 유토피아적 이상과 현실의 문제들이 어떻게 상호작용해 왔는가를 방대한 자료의 수집과 분석을 통해 보여 준다.

주요어 텍스트로서의 경관, 보는 방식, 자연화, 도상학적 방법, 파리의 오스만화, 도시미화운동, 교외화, 마천루, (포스트)모더니즘 경관, 공공경관, 포스트식민주의 경관

제20장

도시와 미디어

박승규

1. 미디어, 미디어 독해 그리고 도시

마셜 매클루언(Marshall Mcluhan)은 미디어를 인간 육체나 정신이 확장된 것으로 본다. 옷은 피부를, 집은 인간 신체의 체온조절 기제를 확장한 것이고, 자전거와 자동차는 인간의 발을 확장한 셈이다(김상호, 2011). 미디어의 어원에 근거한다면, '서로 다른 둘 사이를 중개하거나 매개하는 물건 또는 시스템'이라 정의할 수 있을 것이다. 매클루언과 어원에 근거한 미디어에 대한 이런 정의들은 내가 마주하고 있는 일상적 요소 모두가 미디어가 될 수 있다고 말한다. 집을 거래할 때, 집주인과 세입자를 중개한다는 의미에서 본다면 중개업자도 미디어인 셈이다. 학생들 사이에서 통용되는 이야기를 다른 사람들에게 전해 주는 친구 역시 친구와 친구들 사이를 매개한다는 점에서 미디어인 것이다(김경화, 2013).

이러한 미디어에 대한 생각은 우리의 상식을 넘어선다. 우리는 미디어를 주로 신문, 라디오, 텔레비전과 같은 커뮤니케이션 매체로 생각한다. 우리가 알고 있는 미디어를 열거한다면, 신문이나 텔레비전처럼 뉴스나 오락 정보를 제공하는 '매스미디어', 음악이나 동영상 같은 다양한 표현 매체인 '멀티미디어', PC나 USB 메모리 같은 정보처리 및 보존이 가능한 '디지털 미디어', 인터넷처럼 새로운 등장한 네트워크 미디어는 '뉴미디어', 어디에든 들고 다닐 수 있는 휴대전화와 음악플레이어는 '모바일 미디어' 등이 있을 것이다(김경화, 2013). 이 같은 미디어들 모두 서로 다른 둘 사이를 매개한다는 공통점이 있다.

이런 관점에서 본다면, '도시도 미디어이다'. 사람들은 도시라는 공간에 자신의 흔적을 새긴다. 도시에 거주하는 사람들은 자신만의 방식으로 터무늬를 만든다. 자신의 정체성을 드러내고, 자신이 누구인지를 확인받는다. 인간이 새긴 다양한 흔적이 모여 도시를 구성한다. 도시가 텍스트로 읽힐 수 있는 것도, 우리가 도시를 이해하고 해석해야 하는 것도 결국은 도시라는 공간에 새겨져 있는 다양한 사람들의 삶을 이해하고, 우리 사회에 대해 고민하기 위한 것이다. 그렇기에 많은 사람들의 삶을 매개하는 도시는 미디어인 셈이다.

하지만 미디어는 단순하게 우리 삶의 어떤 내용을 재현하는 도구는 아니다. 우리 삶을 단순 재생하는 수준을 넘어 우리 삶을 특정한 모습으로 정의한다(최효찬, 2008). 미디어는 도구가 아니라, 의미를 형성하는 매체인 것이다. 미디어는 우리의 경험을 강화하거나 배제하는 역할을 한다. 내가 겪은 삶의 경험이 미디어를 판단하는 기준이 아니라, 미디어가 내 경험의 기준이 된다. 우리는 미디어를 통해 보는 것이 아니라, 미디어를 통해 '보여지는' 세상만을 보고 있는지 모른다. 미디어가 허락하는 세상만을 알고 느끼며 사는지 모른다. 미디어 독해력(media literacy)이 필요한 이유이다.

우리는 아름다운 자연의 모습을 보면서 무의식적으로 "와, 한 폭의 그림 같네!"라는 말을 한다. 아름다움을 인식하는 우리의 미적 인식이 예술에 의존하고 있는 것이다. 오스카 와일드(Oscar Wilde)는 '예술이 자연을 모방'하는 것이 아니라, '자연이 예술을 모방'한다고 말한다. 우리의 미적 인식의 토대가 아름다운 자연에 대한 인식을 토대로 예술작품을 인식하는 것이 아니라, 예술작품을 통해 자연의 아름다움을 인식하고 있다는 지적이다(배정한, 1998). 우리의 미의식이 거꾸로 예술을 통해 자연을 바라보는 모습은 우리가 미디어를 통해 도시를 보는 것과 무관하지 않다.

크랜델(G. Crandell)은 "사람들은 시각적인 매체는 세계의 재현이라고 여긴다. 하지만 사람들의 시선은 시각적인 매체의 영향을 받는다. 눈을 통해 보거나 보고자 하는 것을 재현하는 데 그치지 않고, 재현 자체가 보는 눈과 보고자 하는 눈에 영향을 준다"는 것이다(배정한, 1998). 이것은 결국 인간의 눈은 자연의 아름다움을 자신의 신념 속에서 가공하여 인식한다는 것이다. 자신의 지식, 신념, 가치, 기대 등으로 이루어진 자신의 프레임으로 아름다움을 인식하고 있는 것이다. 화가들은 보고 있는 것을 그리는 것이 아니라, 알고 있는 것을 그리려는 프레임에서 벗어나지 못한다. 그렇기에 아름다움을 바라보는 우리의 미의식은 철저하게 문화의 소산인 셈이다.

미디어 역시 도시의 어떤 모습을 설정하고, 우리가 보고 싶어 하는 도시의 모습을 만든다. 미디어를 통해 경험하지 못한 도시의 경험은 우리의 경험에서 배제된다. 우리가 경험하는 도시의 모습은 우리에게 익숙한 도시의 모습일 뿐이다. 낯선 도시의 모습은 도시가 갖고 있는 본래의 모습이라 생각하지 않는다. 시각적인 익숙함을 토대로 우리가 경험하는 공간과 장소로 이루어진 도시의 모습이 우리가 알고 있는 도시의 전부라는 것이다. 도시의 삶을 통해 미디어를 보는 것이 아니라, 미디어를 통해 도시를 보고 있는 것이다. 그런 도시가 정말로 우리가 알고 있는 도시의 전부일까?

외젠 아제(Eugène Atget)는 파리의 모습을 사진에 담는다. 그것도 파리 뒷골목의 새벽 경관을 사진에 담는다. 흐트러지고, 지저분하고, 정돈되지 않은 파리의 모습이다. 쾌적하지 못하고, 위생적이지 않은 파리의 모습이다. 외젠 아제는 이런 모습이 진짜 파리의 모습이라 말한다. 하지만 외젠 아제의 사진은 낯설다. 우리가 알고 있는 파리의 모습이 아니기 때문이다. 샹젤리제 거리를 보여 주고 에펠탑을 보여 주면서 오스만 양식의 건물이 늘어선 거리를 보아야지만 우리는 파리의 모습을 보았다 말하기 때문이다. 어느 것이 진짜 파리인지 따지는 것은 무의미하다. 우리에게 익숙한 파리와 낯선 파리 모두가 파리이기 때문이다.

그렇기에 도시의 본래적인 모습을 알기 위해서는 미디어에 비친 도시의 모습이 아니라, 미디어로서의 도시를 이해하는 것이 필요하다. 그런 인식을 토대로 도시라는 미디어에 담겨 있는 날것 그대로의 도시의 다양한 현상들에 주목해 보자. 도시를 통해 드러내고자 하는 많은 사람들의 삶의 모습에 관심 가져 보자. 도시라는 미디어에 담긴 모습은 우리에게 도시의 어떤 모습을 기억하고, 역사적으로 어떤 가치를 담고자 하는 것인지 생각해 보자. 이러한 고민은 우리가 아직 완결하지 못한 과제이며, 하나의 가능성이다. 도시라는 미디어가 보여 주는 도시의 모습에 대해 우리가 비판적으로 접근해야 하는 것은 이 같은 가능성을 열어 인간다운 도시의 모습을 만들기 위한 것이다.

2. '미디어시티'와 '미디어로서의 도시'

스콧 매콰이어(Scott Mcquire)는 그의 저서 『미디어시티(The Media City)』에서 현대 도시에서의 사회적이고 공간적인 경험에 가장 큰 영향을 미치는 것이 미디어라고 규정하고, 오늘의 도시를 미디어시티로 정의한다. 그는 오늘의 도시는 정보통신기술에 국한된 협의의 미디어 개념으로 이해해서는 안 되고, 도시공간의 생산과 관계되는 보다 넓은 역사적 맥락에서 미디어와 도시의 관계를 이해하는 것이 필요하다고 본다. 또한 도시에서의 공간적 경험을 이해하는 것은 경제적인 측면보다는 미디어를 통해 이해하는 것이 중요하다고 말한다. 나아가 도시를 미디어시티로 규정하는 것은 21세기 도시의 미디어 환경을 이해하기 위한 것이라 주장한다(Mcquire, 2008).

하지만 지카모리 다카아키(Chikamori Takaaki)는 이런 매콰이어의 주장에 동의하지 않는다(Chikamori, 2009). 그 이유는 매콰이어의 생각은 도시에서 보여지는 것 너머에 존재하는 의미체계를 해석하는 데 한계가 있다는 것이다. 또한 도시는 기본적으로 기술적으로 구성된 다양한 미디어에 의해 인식되는 공간이 아니라는 것이다. 오히려 도시는 기술적으로 구현되는 다양한 미디어를 가능하게 만드는 근원적 차원의 미디어라는 것이다. 나아가 도시를 실시간(realtime)의 삶이 지배하는 공간으로 인식하고 있는 것 역시 도시에 퇴적되어 있는 의미의 지층을 이해하는 데 제한적이라는 것이다. 발터 베냐민(Walter Benjamin)의 주장처럼, 도시는 현재를 가능하게 한, 과거 사람들의 삶의 경험이 퇴적되어 있는 공간이기에 현재적인 관점에서만 도시를 이해할 수는 없다는 것이다. 베냐민이 어린 시절 성장했던 베를린의 기억에 대한 글에서 알 수 있듯이, 도시라는 공간은 무의지적 기억(involuntary memory)을 회상시켜 주는 공간인 것이다. 그렇기에 도시는 미디어시티가 아닌 미디어로서의 도시를 인식하는 것이 필요하다고 주장한다.

키틀러와 그리핀(Kittler and Griffin)은 도시 자체를 하나의 미디어로 보아야 한다고 주장한다(Kittler and Griffin, 1996). 우리가 매클루언의 생각을 통해 확인할 수 있듯이, 미디어가 우리의 삶과 무엇을 매개하는 것이고 우리 삶을 확장한 것이라고 한다면, 모바일 미디어를 포함한 최신의 디지털 매체와 더불어 책, 도시 등과 같은 전통적 미디어 역시 미디어라는 것이다. 도시라는 공간은 우리가 사용하고 있는 다양한 미디어를 가능하게 만드는 가장 근원적인 미디어라고 보아야 한다. 사진, 영화, 컴퓨터와 같이 특별히 구축된 테크놀로지들의 단계로 간주되는 것이 아니라, 가장 근본적인 차원의 미디어라는 것이다.

그렇다면 도시는 어떤 속성을 지닌 미디어일까? 매클루언은 미디어를 크게 두 가지로 구분한다. 하나는 '뜨거운 미디어(hot media)'이고, 다른 하나는 '차가운 미디어(cold media)'이다. 전화와 텔레비전 같은 차가운 미디어를 라디오나 영화와 같은 뜨거운 미디어와 구별한다. 뜨거운 미디어는 단일한 감각을 고밀도로 확장시키는 미디어이다. 고밀도란 정밀하고 세밀한 데이터로 가득 찬 상태를 말한다. 사진은 시각적인 면에서 고밀도이다. 반면에 만화는 제공되는 시각적 정보가 적다는 점에서 저밀도이다. 전화는 차가운 미디어이다. 이유는 귀에 주어지는 정보량이 빈약하기 때문이다. 주어지는 정보량이 적어서 듣는 사람들이 보충해야 하는 이야기가 많은 저밀도의 차가운 미디어이다. 뜨거운 미디어는 이용자의 참여도가 낮고, 차가운 미디어는 참여도가 높다. 라디오 같은 뜨거운 미디어는 전화 같은 차가운 미디어와는 다른 영향을 미친다(김상호,

2011).

뜨거운 미디어와 차가운 미디어는 보다 더 근본적으로 정보에 관여하는 방식의 차이와 태도에 따라 구별된다. 차가운 미디어인 전화는 말하는 사람들이 전해 주는 정보에 의존하는 경우 정보량이 적기 때문에, 듣는 사람이 말하는 사람이 전해 주는 말에 질문하거나 의문을 품는 등의 행위를 통해 말하는 사람의 정보에 참여한다. 반면에, 뜨거운 미디어는 차가운 미디어보다 참여를 적게 허용한다(김상호, 2011). 뜨거운 미디어는 이미 주어진 정보를 수동적으로 받아들이게 만드는 일방적인 구조를 가지고 있다. 반면에, 차가운 미디어는 수용자 자신이 능동적으로 정보의 전달에 개입한다. 뜨거운 미디어는 중앙집권적 권력의 사회관계와 명령하달식 의사소통 구조와 비슷하다고 한다면, 차가운 미디어는 권력분산적인 대화형 의사소통 구조에 조응한다(박영욱, 2003).

매클루언의 관점에서 본다면, '도시는 차가운 미디어'이다. 도시에 새겨져 있는 다양한 흔적과 경관은 도시를 이해하고자 하는 사람들에게 일방적인 정보의 제공을 강요하지 않는다. 자본과 권력에 의해 생산된 공간은 다양한 독해를 가능하게 하고, 다양한 의미체계의 구성을 가능하게 한다. 텍스트로서의 도시가 갖고 있는 의미를 '얇은 기술(thin description)'을 통해 표현할 수 있지만, '두꺼운 기술(thick description)'을 통해 도시가 지닌 기억이나 의미를 다양한 관점에서 해석하는 것 역시 가능하다. 어쩌면 두꺼운 기술을 통해 도시라는 차가운 미디어를 이해하는 것이 더 필요할 것이다. 도시가 지닌 현재적인 것의 의미를 파악하게 해 주는 근원적인 요소들이 지금 여기의 도시 아래 퇴적되어 있기 때문이다.

3. 미디어는 도시를 담고, 도시는 미디어를 생산하다

도시는 차가운 미디어이다. 도시에 담겨 있는 만화경처럼 보이는 삶의 모습은 다양한 미디어를 생산하게 하는 근원적 요소이다. 미디어는 도시를 담고, 도시는 미디어를 생산한다. 이 장에서는 미디어에 담겨 있는 도시의 모습을 살펴보고자 한다. 기존의 미디어를 통해 도시가 어떻게 이해되고 있는지를 파악하는 것이 도시를 차가운 미디어로 이해하는 중요한 과정이기 때문이다. 도시를 담고 있는 미디어는 그 특성을 중심으로 시각미디어, 문자미디어, 소리미디어, 그리고 네트워크 미디어로 구분해서 살펴보고자 한다(김경화, 2013).

1) 시각적 미디어와 도시

폴 비릴리오(Paul Virilio)는 '과잉노출의 도시'에서 도시는 속도에 과도하게 노출되면서 공간적 근거를 잃어버렸다고 말한다. 과도한 속도의 빠름이 인간 고유 영역으로서의 공간의 존재의미를 상실하게 만들었다는 것이다. 속도에 의한 시공간의 압축은 시간에 의한 공간의 소멸을 의미한다. 공간만 사라지는 것이 아니라, 인간의 신체에까지 영향을 준다. 도시의 공간적 구조도 비정상적으로 변모한다(김민지, 2015a). 하비(Harvey)에게 시공간 압축은 자본주의적인 요소가 영향을 주었다고 한다면, 비릴리오에게는 속도가 시공간의 압축을 가능하게 했고, 그것이 인간의 존재기반으로서 공간의 소멸을 재촉하고 있다는 것이다.

김아타의 사진작품 '온에어 프로젝트' 가운데 '8시간 연작'은 비릴리오의 생각을 확인하게 한다. 그의 사진에 담겨 있는 도시의 모습은 인류 멸망의 직후처럼 움직이는 모든 것이 사라진 텅빈 도시의 모습이다. 8시간 동안 카메라 노출을 통해 보여지는 도시의 모습은 뉴욕, 프라하, 베를린, 파리, 베이징, 상하이 등 어느 도시를 가리지 않고 동일하게 나타난다. 움직이는 모든 것이 사라진 도시의 모습은 과도한 속도에 노출되어 우리가 살아가는 공간의 근본적 의미가 사라져 버린 텅 빈 모습 같다. 인류가 발전하는 과정에서 속도가 점점 빨라지면서 인간의 존재 영역인 공간이 증발되는 현실을 목격하고 있는 것이다.

폴 비릴리오는 영화라는 시각미디어의 등장은 실제 공간의 의미를 가상공간으로 대체한다고 말한다. 사람들은 자신의 몸을 이용해 도시를 거닐고 경험하기보다는, 영화관에서 자신의 신체를 가둔 채 영상을 통한 가상공간의 이동을 경험한다. 이 같은 경험의 속성은 자신의 터무늬를 새길 수 있는 실제 공간의 상실을 재촉하고, 인간들은 자신을 확인하게 해 주는 근원적 공간의 부재를 경험하게 한다. 그리고 이런 경험의 연속은 실제 공간과 가상공간의 구별을 힘들게 하고, 혼동하게 한다(김민지, 2015a).

하지만 영화나 텔레비전 같은 시각미디어보다 훨씬 더 오늘의 도시 모습을 확인할 수 있는 것은 도시의 거대한 빌딩 겉면을 채우고 있는 대형 전광판이다. 비릴리오가 19세기 산업도시에서 도시화가 진행되었다고 한다면, 현재는 그 뒤를 이어 '실시간의 도시화'가 진행되고 있다고 주장한다. 거대 빌딩의 벽면을 채우고 있는 스크린은 실시간으로 변화되는 도시의 모습을 반영한다. 도시화의 결과를 보여 주는 결과물이 아니라, 지금 여기서 일어나고 있는 다양한 도시의 모습을 재현한다. 실시간의 도시화는 정보통신기술의 발달과 더불어 다양한 전자매체의 발전을 통해 가능해졌다.

모바일 기술의 발달과 더불어 확산되고 있는 스마트폰의 소형 스크린은 인간 신체의 일부로 편입되고 있다. 공적 공간의 스크린은 도시의 장소를 대신한다. 비릴리오는 스크린을 변형된 시공간의 차원에 대한 은유로 이해한다(김민지, 2015b). 다양한 시각미디어의 발전은 현실 공간의 소멸을 가져온다. 시각미디어가 발달할수록 현실 공간의 의미는 가상으로 대체되고, 몸을 통해 체험할 수 있는 공간의 의미는 반감된다. 우리가 살아가는 도시에서의 경험 역시 이와 다르지 않음을 인식하는 것이 필요한 시점이다.

2) 문자미디어와 도시

근대문학은 도시의 산물이라 할 정도로 도시를 대상으로 하는 소설과 시가 등장하고, 그것을 통해 도시가 갖고 있는 속살을 들여다본다. 도시를 시적 대상이나 문학의 대상으로 생각하는 것을 '도시 시학'이라 한다. 도시 시학은 시나 소설 등의 문자미디어뿐만 아니라 회화나 사진 등을 포함하는 개념이지만, 도시에 대한 경험의 구조를 심층적으로 분석하는 것을 일컫는 말이다(정인숙, 2011). 아날로그적 매체인 소설과 시라는 문자미디어를 통해 도시가 갖고 있는 모습을 보는 것은 모바일 미디어가 현재인 지금에 조금은 낯설다. 하지만 도시에 살았던 사람들의 모습을 다시금 확인할 수 있다는 점에서 의미를 찾을 수 있을 것이다.

1920년대 우리나라는 근대적인 도시경관과 전근대적인 도시풍경이 공존하는 시대였다. 이 시대에 등장하는 다양한 문학작품들은 근대적인 도시 모습에 압도된 시골뜨기의 모습을 보이는 김소월의 모습이나, 변화하고 있는 도시민의 모습을 담으려고 노력했던 이장희, 식민제국의 낯선 도시에서 권력의 시선을 의식하며 한없이 위축되었던 정지용과 이상화, 도시를 계급투쟁의 장으로 바꾸어 놓은 임화 등의 글을 통해 문화적 다층성과 복잡성을 보이던 도시의 모습을 확인할 수 있다(남기혁, 2009).

1980년대에는 도시를 대상으로 하는, 전통을 벗어나 새로운 세계관과 도시적 감수성을 드러내는 새로운 시적 면모를 갖고 있는 '도시 시'들이 등장한다. 그 가운데 장정일의 도시 시는 도시에 공존하는 공간을 대상으로 하는 도시민의 경험을 들려준다. 그는 「지하도로 숨다」라는 시를 통해 도시의 지하공간에 대한 자신의 생각을 피력한다. 주차장을 비롯해 지하도, 지하철, 반지하방 등 우리가 자주 이용하는 지하공간은 도시라는 공간을 특징짓는 일상공간인 것이다. 하지만 미디어를 통해 보여지는 지하공간은 부정적이다(이승철, 2013). 「아파트 묘지」를 통해서는 도시인들의 소통의 부재와 다른 사람과의 관계가 단절된 삶의 모습을 은유적으로 전해 준다. 「요리사와 단식가」라는 시에서는 '301호'와 '302호'에 거주하는 여성들을 통해 도시에 거주하는 사람들이 갖고 있는 외로움이 음식을 섭취하는 것과 관련되어 있음을 표현한다. 그들의 배고픔과 허기가 도시공간의 소외와 단절의 확장인 미디어인 셈이다(이승철, 2013).

현대 자본주의 도시공간에서 집은 사회에서 내몰린 사람들의 마지막 안식처이다. 하지만 노동의 과정에 내몰린 사람들에게 자신의 작은 집을 소유하는 것조차 허락되지 않는다. 최인호의 『이 지상에서 가장 큰 집』이라는 소설은 도시에서 작은 집조차 소유할 수 없는 가난한 사람들의 삶을 보여 준다. 소설 속 주인공은 예순일곱 살이 되어서야 너무도 작은 집을 갖는다. 하지만 그마저도 도시계획에 포함되어 얼마 못 가 철거된다. 별다른 저항을 하지도 못한 채 집을 헐리고 만다. 도시에 거주하는 가지지 못한 사람들에게 집은 안식처로서의 역할마저 감당하지 못한다(최효찬, 2008).

이 같은 모습은 소설 속 풍경만은 아니다. 정부나 지방자치단체는 합목적성을 내세워 가난한 사람들의 주거지를 다른 용도로 바꾼다. 이 과정에서 가난한 사람들의 집은 허물어진다. 도시재개발과 도시계획이라는 행정절차를 통해 합법적으로 이루어지지만, 거주민의 동의가 아닌, 일방적인 강제집행인 것이다. 의사소통이 배제된 강제집행의 과정은 합법적으로 이루어지기에 슬픔을 배가시킨다(최효찬, 2008). '집이 인간에게 안정을 주고, 그 환상을 이어 주는 집합체라거나, 집은 우리들 최초의 세계이자 하나의 우주'라는 바슐라르(Bachelard)의 생각은 이들에게는 해당되지 않는다(곽광수, 2003).

그런 면에서 미디어에 비친 도시의 재개발은 다시금 생각해야 할 여지를 남긴다. 자본의 입장이 아니라 인간의 입장에서 재개발해야 한다. 어쩌면 유럽 어디에서도 살기가 힘들었던 유대인들이 14세기에 베네치아로 모여 그곳에서 최초로 게토를 형성하면서 살았던 것도, 자신의 삶터를 온전히 보호해 주는 베네치아 정부의 역할이 없었으면 불가능했기 때문이다. 도시를 개발하고, 새로운 도시로 탈바꿈하기 위해 유대인들의 삶을 희생시키는 모습은 베네치아에는 없었던 것이다. 유대인들은 다른 사람들의 눈치를 보지 않고 모여 살 수 있었던 것이다. 가지지 못한 자들이 살아가는 도시와 가진 자들이 살아가는 도시는 다르지 않아야 한다. 모두가 도시라는 공간에서 자신의 삶을 살 수 있어야 한다. 그런 도시의 모습은 우리가 꿈꾸는 또 다른 현대의 유토피아인지도 모른다. 그런 유토피아를 건설하기 위해 우리가 노력하는 것, 그것이 아마도 우리가 이 도시에 존재하는 이유일 것이다.

3) 소리미디어와 도시

근대는 소리로 구성된다. 집을 나서는 순간부터 도시는 다양한 소리들에 포획된다. 소리는 이쪽과 저쪽을 이어 주는 기호이다. 이질적인 도시공간을 연결해 주는 오작교이다. 낯선 사람들의 청각을 자극하여 동일한 주체로 변화시킨다. 낯선 사람들이 동질감을 공유하면서 독자적인 세계를 형성한다(최명표, 2013). 소리미디어와 도시의 관계는 소리가 갖고 있는 속성에 주목한다. 도시에서 듣는 많고 다양한 소리를 통해 도시를 이해하기 위한 것이다.

미하일 바흐친(Mikhail Bakhtin)이 언급하였듯이, 우리 사회에는 하나의 목소리만 존재하는 것은 아니다. 커다란 하나의 목소리에 가려져 들리지 않지만, 작은 목소리들이 우리 사회를 구성한다. 단일성(monophony)의 공간이 아니라, 다성성(polyphony)의 공간이 도시이다. 그렇기에 도시에서는 들리지 않는 작은 목소리에 주목하고, 그런 목소리에 의미를 부여해야 한다. 다양한 목소리가 공명하는 도시인 것이다.

노동자들은 자신들의 권리를 주장하기 위해 커다란 스피커에 투쟁가를 틀면서 도심을 점유한다. 자신들의 부당함에 많은 사람들이 공감하길 바란다. 하지만 그들이 겪는 아픔은 그들만의 고통으로 남겨진다. 그들의 목소리는 크고, 소음으로 들릴 정도로 시끄럽다. 그럼에도 도시에 거주하는 사람들은 개의치 않는다. 일상적 풍경이기에 이들에게 관심 가질 여유가 없다. 사회적 소수자로서 그들이 겪는 아픔은 자신들이 이 사회를 구성하는 하나의 구성원으로서 제대로 인정받지 못하고 있는 현실로부터 비롯되었는지 모른다. 목이 터져라 외치고, 그것도 모자라 커다란 스피커를 통해 자신들의 목소리를 증폭시켜 전달하려 하지만, 정작 듣는 사람은 적다. 그들의 목소리는 자신들의 억울함을 확장시킨 미디어이지만, 다른 사람들에게 전달되지 못하고 에코처럼 메아리가 되어 사라진다. 우리 사회를 움직이는 목소리가 아니기에 그들의 목소리는 울림이 적다.

그럼에도 그들은 도심을 벗어나지 못한다. 어떤 위치에서 목소리를 내는가에 따라 전달되는 영향력은 크게 달라진다. 쌍용차 집회가 평택이 아니라 서울 광화문이나 덕수궁에서 있을 때 사람들은 조금이나마 관심 갖는다. 그들이 얼마나 고통받으며 살아가고 있는지 그들의 목소리에 귀 기울인다. 하지만 그들이 서울을 떠나 평택으로 가는 순간에 그들의 목소리는 사라진다. 미디어에서의 관심도 마찬가지이다. 뉴욕의 공원을 점거하고 펼친 월스트리트 점령운동(Occupy wall street)은 세계가 주목하였다. 하지만 그 이전에 이집트의 타흐리르 광장에서의 시위와 스페인의 캠핑(spanish Acampadas)에서의 시위는 세계가 주목하지 않았다. 세계가 지닌 부조리함에 대한 같은 목소리를 내지만, 목소리가 울리고 있는 위치에 따라, 공간에 따라 울림은 다르다.

목소리가 어떤 공간을 대변하고, 목소리가 어떤 공간을 점유하는가에 따라 그 의미가 달라진다. 대중음악학자인 리처드 미들턴(Richard Middleton)이 말하듯, 문화생산은 그 문화를 소비하는 사람들의 사회적 위치, 성, 나이에 의해 조건 지어진다. 음악은 음악이 상연되는 특정한 역사적 공간적 맥락에서 개인의 경험과 연결되어 이해된다. 버스킹을 하는 사람들은 젊은이들이 모이는 홍대와 대학로를 비롯한 젊은 사람들의 공간을 점유한다. 그곳에서 그들은 작은 목소리로 자신의 삶을, 자신의 소망을 노래한다. 우리가 어떤 삶을 살고 있으며, 우리가 어떻게 살아야 하는지도 말한다. 우리 사회가 지금보다 더 나은 사회가 되기를 바라는 희망도 전한다. 하지만 도시에 거주하는 사람들은 그들의 목소리에 귀 기울이지 않는다.

노인 세대에게는 그런 공간조차 허락되지 않는다. 그들이 즐겨 듣는 트로트는 전통적인 재래시장이나 도심 속 공원, 그리고 고속도로 휴게소 등에서 접하는 것이 익숙하다. 트로트 음악이 내가 어떤 공간에 머물고 있는지를 확인하게 해 준다. 도심의 공원을 점유하고, 흥겨운 트로트를 들으면서 일상을 보내는 노인 세대의 모습은 도시에서는 낯익다. 도심 공원을 점거하고 트로트를 들으면서 도심 공원이 자신들의 장소임을 천명한다. 그들이 들려주는 트로트는 그들의 공간에 대한 가상의 경계이고, 자신들의 영토임을 세상에 알리는 기호인 셈이다. 트로트가 울려 퍼지지 않는 공간은 그들에게는 낯설다.

가장 최근에 접하게 되는 대표적인 소리미디어는 팟캐스트이다. 라디오와 전화기를 넘어 새로운 소리미디어로서의 팟캐스트는 이전의 라디오와는 다른 방식으로 우리의 일상을 알린다. 라디오가 전해 주는 정보력의 부재가 사람들로 하여금 직접 정보를 생산하고 공유하게 한다. 차가운 미디어로서의 소리미디어에 대한 보완인 셈이다. 팟캐스트는 모바일 시대에 적합한 새로운 소리미디어이다. 팟캐스트를 통해 각기 다른 도시의 경험을 공유한다. 서로 다른 삶의 궤적을 갖고 있는 사람들이 서로의 삶을 공유한다.

소리미디어를 통해 도시를 이해하는 것은 우리 삶의 일상적 실천에 조금 더 주목하자는 것이다. 일상공간을 소비하고 있는 우리 삶의 실천과정에 대한 천착을 통해 도시에 거주하고 있는 사람들이 말하고자 하는 것을 듣고, 그들과 함께 도시를 공유하기 위한 과정이다. 익명성이 존재하는 도시가 아니라, 도시 속 동네의 부활을 지향하는 것이다. 도시에 존재하는 작은 목소리에 귀 기울이고, 커다란 목소리가 전해 주는 것에 비판적으로 인식하는 것, 어쩌면 그것이 도시와 소리미디어의 관계를 생각할 때 우리가 명심해야 할 미디어 독해력의 핵심일 수 있다. 나아가 그런 목소리를 통해 적어도 우리 공동체가 지향해야 할 진실이 무엇이고, 진리가 무엇인지를 용기 있게 말하는 파르헤시아(parrhesia)를 실천하는 것이 무엇보다 필요한 시점이다.

4) 네트워크 미디어와 도시

네트워크 사회는 정보통신기술과 디지털 기술의 도입을 통해 새롭게 드러나는 정치·경제·사회·문화적 특징을 가지고 있다. 얀 반 다이크(Jan van Dijk)의 『네트워크 사회(The Network Society)』라는 책에서 처음 언급된 이 개념은 대량생산과 대량소비의 대중사회와는 다른 현대사회의 모습을 그린다. 포디즘적인 요소를 갖고 있던 사회의 변화를 설명하기 위해 도입된 이 개념은 일방적인 통제와 감시의 규율에서 벗어나 다양화와 자율성을 지향한다. 대중미디어의 등장을 통해 일방적인 메시지를 전달하는 것과는 다르게 수평적 네트워크를 활용한 다양한 주체들의 활발하고 자유로운 소통방식이 이루어진다.[1]

사람과 자본, 지식과 정보가 컴퓨터 네트워크를 통해 연결됨으로써 현대사회는 하나의 네트워크에 위치한다. 지식과 정보를 소유하는 것보다는 어디 있는지를 아는 것(know-where)이 중요한 사회가 되었다. 지식과 정보는 한 곳에 머무는 것이 아니라, 흐른다. 액체사회로 근대사회를 지칭할 정도로 지식과 정보는 한 곳에 머물지 않는다. 지식과 정보가 흐르면서 지식과 정보의 경계가 사라지고, 자본과 권력의 영향력도 경계를 넘어선다. 미시적인 권력관계에 대해 주목해야 할 정도로 자본과 권력은 우리 삶의 모든 영역을 넘나들며 영향을 미친다.

사이버 공간의 등장은 비장소적인 도시공간의 생산을 촉진한다. 모바일 미디어를 사용한 가상공간의 활동은 실시간으로 일상공간에서 확인이 가능해지고, 일상공간에서의 활동을 가상공간에 실시간으로 올리면서 가상공간과 실제 공간의 구별은 점점 더 모호해진다. 도시와 도시를 가로지르는 네트워크 미디어의 속도 변화 역시 실제 장소와 가상공간의 구분을 어렵게 한다. 네트워크 미디어를 매개로 연결된 사람들의 삶은 각기 서로 경험의 영역을 확장하고, 개인의 자아형성 과정에 영향을 미치기도 한다. 모바일 미디어를 비롯한 다양한 네트워크 미디어의 등장은 도시공간에 대한 인식과 감각을 바꾸어 놓고 있는 것이다.

이 같은 모바일 미디어가 갖고 있는 공간성의 핵심은 '탈가내화(de-domestication)'이다. 탈가내화는 공적 공간에서 가정이라는 사적 공간으로 이동한 미디어가 다시 가정 밖의 공적 공간으로 옮겨 가는 과정을 말하는 것이다. 이런 경향은 역사적으로 진전되어 온 미디어의 가내화(domestication)와 대조되는 개념으로 가내성의 근본적 탈주로 인식되기도 한다(이재현, 2007).

---

1. http://blog.naver.com/PostView.nhn?blogId=soowonok&logNo=90162918369(2018. 02.19) 이 단락은 위 블로그의 내용에 근거한 것임을 밝힙니다.

이러한 탈가내화는 도시에 관한 정보와 경험을 '지금 여기'에서 '지금 저기'로 순식간에 옮겨 놓는다. 그 결과 모든 공간이 같은 속성을 지니게 되는 현상을 경험한다. 모바일 미디어를 통해 우리는 실제 장소에 사는 것이 아니라 정보 시스템 속에 살고 있는 것이다.

지금 여기의 장소를 비장소화시키는 모바일 미디어의 등장은 우리 삶의 통제와 감시 기능의 강화를 의미하기도 한다. 모바일 미디어의 등장은 도시를 디지털 원형감옥으로 탈바꿈시키기도 하고, 아이들의 생활에 대한 부모의 통제력을 높이며, 노동자에 대한 고용주의 감시력을 강화한다. 감시와 통제의 순간에서 벗어나기 힘든 도시의 경험은 다른 누군가를 감시하고픈 욕망을 부추기고, 다른 누군가를 통제해야 할 것 같은 욕망을 갖게 한다. 그런 욕망의 결과를 우리는 도시에서 벌어지는 다양한 사건과 사고로 경험한다. 하지만 모바일 미디어를 통한 감성적 공간의 생산도 가능하다. 감시와 통제를 위한 도구로서의 모바일 미디어를 넘어, 우리 삶의 감성을 증폭시키기 위한 다양한 공간의 생산 역시 모바일 미디어가 갖고 있는 탈가내화의 현상 가운데 하나로 인식할 수 있을 것이다.

네트워크 미디어의 속도는 삶의 속도를 가속시킨다. 미디어는 삶의 변화에 영향을 주면서 비장소적 도시공간의 확대를 가져온다. 폴 비릴리오가 말하는 '실시간의 도시화'를 가능하게 한다. 결과로서의 도시 변화가 아니라, 실시간으로 변화하고 있는 도시를 경험하며 산다. '실시간의 도시화'는 네트워크 미디어 등을 통해 우리 삶의 속도가 빨라지면서 경험하게 되는 '지금 여기'에서의 도시화인 것이다. 하지만 이 같은 도시화는 도시에 퇴적되어 있는 과거의 기억에 대한 관심에는 소홀하다. 우리 존재 근거로서의 공간의 소멸을 부추기고, 현재의 삶만을 기억하게 한다.

'지금 여기'에서 네트워크 미디어는 우리 삶에 가장 크게 영향을 미친다. 도시에서의 경험은 모바일 미디어를 통해 확인하고, 도시에서의 일상 역시 네트워크 미디어를 통해 알 수 있다. 네트워크 미디어를 통해 생산되는 '유동적 문화들(travelling cultures)'은 우리 삶의 일부로 자리한다(임종수 외, 2008). 네트워크 미디어를 통해 생산되는 유동적인 문화는 우리 사회의 문제를 개선하기도 하지만, 다른 측면에서는 마녀사냥식의 논리를 전개하고 있어 미디어 독해에 대한 인식이 요구된다. 다양한 도시공간에서 생산되는 유동적 문화에 대한 관심은 네트워크 미디어를 통해 가능한 것이며, 그런 미디어의 역할을 통해 도시라는 공간이 갖고 있는 입체적인 모습은 더 부각된다.

4. 산책자, 도시라는 차가운 미디어를 다시 읽다

도시는 우리의 다양한 삶을 간직하고 있는 근원적 미디어이다. 미디어가 제공하는 도시에 대한 경험을 다시금 인식할 필요가 있다. 도시 자체가 미디어라고 한다면, 도시가 매개하고 있는 것이 무엇인지를 파악해야 한다. 우리가 미디어를 통해 도시를 이해한다는 것은 도시가 매개하고 있는 것을 다시 미디어가 매개하는 '이중의 매개(medium of double)' 과정을 거친 도시를 경험한다는 것이다. 그런 과정에서 어쩌면 시뮬라크르(simulacra)의 생산이 가능해진다. 매개의 매개 과정을 통해 도시의 모습을 담고 있는 시뮬라크르는 도시의 모습을 왜곡할 수밖에 없다. 시뮬라크르에 기댄 도시해석에서 벗어나 도시공간의 의미체계를 이해하기 위해서는 미디어 독해력이 필요하다.

그러기 위해서는 직접 걷고, 그곳에서 숨쉬면서 느껴 본 도시의 모습을 볼 필요가 있다. 베냐민에게 산책자(flaneur)는 어떤 목적을 갖지 않고 도시를 바라보는 사람이다. 도시를 걷고, 도시에서 숨쉬면서 도시가 담고 있는 이야기를 만드는 사람이다. 거리에서 보여지는 사람들의 소소한 일상에 주목하고, 그런 일상 너머에 존재하는 것을 찾으려 한다. 도시가 갖고 있는 정돈되지 않고 쾌적하지 못한 곳도 도시의 일부로 인식한다. 도시가 갖고 있는 속살을 보기 위해 노력한다. 도시를 주유하고, 도시를 여행한다. 몸을 통해 도시를 경험한다. 도시라는 미디어가 보여 주는 삶의 모습을 해석하고, 그것을 통해 도시의 모습을 제대로 알리려 한다. 그런 점에서 미디어의 근원적 생산공간으로서 도시를 이해하기 위해서는 우리가 산책자가 되었으면 한다. 모두가 같아지는 도시의 모습을 지양하고, 고유명사가 붙여진 장소의 생산을 지향하는 산책자의 모습이었으면 한다. 그런 산책자가 만들어 내는 이야기가 우리가 접하는 도시에 대한 새로운 미디어의 출처가 되었으면 한다. 걷고 바라보는 우리 역시 산책자가 되었으면 한다. 미디어를 통해 보여지는 도시의 모습이 아니라, 미디어 자체로서의 도시를 제대로 경험하기 위한 주체가 되었으면 한다.

미디어에 담긴 도시가 아니라, 미디어를 생산하는 도시를 만들기 위해 우리는 도시와 마주해야 한다. 산책자가 되어 도시와 마주하는 것, 그것이 도시를 제대로 이해하는 첫걸음이며, 도시를 재구성해 가는 출발일 것이다. 도시를 미디어로 인식한다는 것은, 도시가 매개하고 있는 도시에 거주하는 사람들의 삶에 대한 천착을 의미한다. 도시를 차가운 미디어로 인식한다는 것은, 도시라는 공간에 대한 참여를 통해 도시의 문제를 해결하고 부조리함을 걷어 내기 위한 것이다. 도시를 차가운 미디어로 인식하는 것은 의미 생산의 주체로서 나를 인식하기 위한 것이다. 내가 살아가야 할 도시의 모습을 내가 만들어 가야 함을 말하는 것이다. 그리고 그 시작은 나의 일상공간에 대한 성찰을 통해 내 삶을 공간에 새기고, 새겨진 공간에 대한 해석을 통해 다른 사람과 더불어 살아가는 것, 그것이 도시를 미디어로 인식하면서 우리가 배워야 할 가치인 것이다.

참고문헌

곽광수 옮김, 2003, 『공간의 시학』, 동문선.

김경화, 2013, 『세상을 바꾼 미디어』, 다른.

김민지, 2015a, "폴 비릴리오의 '과잉노출의 도시' 개념적용으로 본 도시 스크린 연구", 『한국과학예술포럼』, 21, pp.69–79.

김민지, 2015b, "위치기반 미디어 아트를 통해 본 뉴 미디어와 도시의 관계성에 관한 연구", 『조형미디어학』, 18(2), pp.21–28.

남기혁, 2009, "1920년대 시에 나타난 도시 체험, 도시풍경과 이념적 시선, 미디어의 문제를 중심으로", 『겨레어문학』, 42, pp.211–250.

박영욱, 2003, "매체에 대한 인식론적 고찰: 맥루언의 매체 분류와 칸트의 두가지 판단", 『시대와 철학』, 14(1), pp.131–150.

배정한, 1998, "조경에 대한 환경미학적 접근: 전통적 조경경관에 대한 반성과 새로운 대안의 모색", 서울대학교대학원 박사학위논문.

손민정, 2009, 『트로트의 정치학』, 음악세계.

이승철, 2013, "장정일 시에 나타난 도시공간의 인지적 특성", 『한국언어문화』, 51, pp.159–186.

이재현, 2007, "MP3 플레이어의 인터페이스와 시공간성", 『언론정보연구』, 44(1), pp.109–136.

이재현, 2015, 『모바일 미디어와 일상』, 커뮤니케이션북스.

임종수 · 김영한 옮김, 2008, 『미디어와 일상』, 커뮤니케이션북스.

정인숙, 2011, "도시연구동향, 국문학 분야의 도시 연구의 동향과 전망", 『도시인문학연구』, 3(1), pp.287–310.

최명표, 2013, "김해강의 도시시에 함의된 공간 표지의 식민지성", 『현대문학이론연구』, 53, pp.319–340.

최효찬, 2008, 『일상의 공간과 미디어, 욕망하는 도시의 시학』, 연세대학교 출판부.

하선규, 2013, "영화와 역사, 혹은 이름 없는 경험 영역의 구제", 『문학과 사회』, 26(2), pp.424–429.

Kittler, F. A. and Griffin, M., 1996, "The City is a Medium", *New Literary History*, 27(4), Literature, Media, and Law, The Johns Hopkins University Press.

Chikamori, T., 2009, "Between the 'Media City' and the 'City as a Medium'", *Theory, Culture & Society*, 26(4), pp.147-154.

Mcquire, S., 2008, *The Media City: Media, Architecture and Urban Space*, Los Angeles, London, New Delhi and Singapore: Sage, p.vii.

더 읽을 거리

김상호 옮김, 2011, 『미디어의 이해』, 커뮤니케이션북스.

··· 미디어에 대한 이해를 위해 필요한 책이다. 미디어가 단순한 정보전달의 수단을 넘어 인간 인식 패턴과 의사소통 구조, 나아가 사회구조 전반에 영향을 주는 것으로 판단한다.

Kittler, F. A. and Griffin, M., 1996, "The City is a Medium", *New Literary History*, 27(4), Literature, Media, and Law, The Johns Hopkins University Press.

··· 도시를 미디어로 규정한 최초의 논문이다. 도시라는 공간과 미디어라는 간극을 좁히고, 우리가 살아가는 도시와 미디어에 대한 새로운 인식을 하도록 도와준다.

김민지, 2015, "폴 비릴리오의 '과잉노출의 도시' 개념적용으로 본 도시 스크린 연구", 『한국과학예술포럼』, 21, pp.69–79.

··· 폴 비릴리오라는 질주학을 주장하는 학자의 이론을 정리해 주고 있다. 특히 과잉노출의 도시와 속도, 미디어의 관계에 대해 생각하게 하는 논문이다. 비릴리오의 질주학이 기본적으로 도시공간 구조의 변화에 주목하고 있기 때문에 지리학을 전공하는 사람들에게 지금 여기의 공간을 이해하는 데 시사점을 줄 수 있을 것이다.

주요어 미디어, 미디어 독해력, 미디어시티, 미디어로서의 도시, 뜨거운 미디어와 차가운 미디어, 과잉노출의 도시, 다성성, 탈가내화, 유동적 문화들, 이중의 매개, 산책자

제21장

문화도시

백선혜

1. 문화와 도시

21세기를 문화의 시대라고 일컫는 것은 이제 익숙하다 못해 다소 상투적인 느낌마저 있다. 새뮤얼 헌팅턴(Samuel Huntington)의 "문화가 중요하다(Culture Matters)"는 언명을 굳이 들먹이지 않더라도, 문화를 도시발전에 필수적인 요소로 받아들이는 것은 전 세계적으로 자연스럽게 여겨지는 듯하다. 이와 함께 문화도시를 자신들의 장점이자 목표라며 마케팅의 전면에 내세우는 도시들도 점점 늘어나고 있다.

그러나 정작 '문화도시'가 무엇이며, 문화도시가 갖추어야 할 요소는 무엇이고, 이는 어떻게 달성될 수 있는가에 대해서는 선뜻 답을 내리기 어렵다. 이는 '문화'라는 용어가 매우 광범하며 맥락적인 속성을 가지고 있기 때문이다. 사용하는 이의 상황과 관점 및 지식체계 등에 따라 서로 다르게 이해할 수 있다는 뜻이다. 그 결과 문화도시에 대한 이해 역시 맥락에 따라, 관점에 따라 다르게 작동한다. 따라서 이 장에서는 도시의 관점에서 문화 및 문화도시의 의미를 살펴볼 것이다. 그리고 역사적으로 문화도시가 어떠한 개념을 중심으로 변해 왔는지를 고찰하고, 국내 도시의 입장에서 문화도시를 이루기 위해 필요한 과제들을 생각해 보고자 한다.

1) 문화의 개념

문화는 광의적으로는 어떤 집단이 공유하는 태도, 신념, 관습, 가치, 관행을 의미하며, 협의적으로는 인간생활의 지적·도덕적·예술적 측면과 관련된 기능적 지향성을 가진 활동이나 그 산물을 지칭한다(Throsby, 2006).

문화에 대한 광의적 해석은 문화(culture)의 어원이라고 알려진 라틴어 cultura(경작·재배)에서 출발한다. 수렵·채취에 의존하던 원시사회가 농경사회로 변화하면서 도구를 사용하고 자연을 변형시킬 수 있게 되었다. 또한 정착생활로 인해 인간은 자연을 변형하거나 가꾸는 과정에서 얻어진 산물이나 행태 등을 대대로 전할 수 있게 되었고, 이것이 그 사회의 생활방식을 형성하였다. 이에 일부 인류학자들은 문화를 사회의 전체적인 생활방식이라고 본다. 영국의 인류학자인 에드워드 타일러(Edward Tylor)는 『원시문화(Primitive Culture』에서 "문화 또는 문명이란 광의의 민족적 의미에서 보았을 때 지식·신앙·예술·도덕·법·관습 및 사회의 성원인 인간에 의해 획득된 모든 능력과 습관들을 포함하는 복합적 총체"라고 주장하였다(유승호, 2014). 새뮤얼 헌팅턴과 로렌스 해리슨(2001)은 문화를 한 사회 내에서 우세하게 발현되는 가치, 태도, 신념, 지향점, 그리고 전제조건 등으로 정의하고, 각 사회의 문화 차이가 그 사회의 삶의 질을 형성한다고 하였다.

인간이 발전시킨 능력과 행위 중 일부는 음악, 미술, 문학, 무용 등 매우 지적이고 세련된 예술 형식을 갖추게 되었으며, 그 사회의 예술적 사고나 행위, 그로 인한 결과물 등을 가리켜 문화라 칭하기도 한다. 사회의 전체적인 생활양식에 비하면 매우 협의적인 접근이다. 그렇지만 문화의 정교화된 표현형태가 예술이라는 측면에서 두 개념 사이의 구분이 모호할 때가 많기 때문에, 우리는 일상적으로 문화와 예술, 그리고 문화예술이라는 용어를 혼용하여 사용하기도 한다. 예술은 18세기까지는 유럽의 상류계급이 향유하는 고급문화(high culture)에 한정되었다면, 현대에 이르러서는 대중문화(mass culture)까지도 포함하는 개념으로 확장되었다.

예술이 도시의 문화전략과 결합하게 될 때 나타나는 효과는 크게 본질주의적 접근과 도구주의적 접근으로 이해할 수 있다. 본질주의적 접근은 개인에 대한 영향으로서 매료, 기쁨, 공감능력 등 예술체험 자체에 내재되어 있는 효과이며, 도구주의적 접근은 예술에 의한 인식 및 태도의 변화, 경제적 효과 및 사회적 효과 등 예술 자체가 갖는 의미보다는 그로 인한 결과에 관심을 두는 것이다. 문화정책 실행과정에서 두 입장 간 갈등이 발견되곤 하였으나, 박신의(2013)에 따르면 이 둘은 상호 넘나드는 관계로 보는 것이 바람직하다. 본질적 혜택은 개인에 대한 영향이지만,

공공영역에 대한 스필오버 효과를 발휘할 수 있다는 것이다. 한스게오르크 가다머(2012)의 주장처럼 예술을 통한 미적 체험은 자신을 새롭게 이해하는 순간이자, 자신만의 세계에서 벗어나서 다른 다양한 세계를 이해하는 능력을 육성하는 과정이기도 한 것이다.

2) 문화도시란 무엇인가

문화와 도시는 애초부터 불가분의 관계였다. 도시는 다양한 계층과 인종이 혼합되어 살아가는 삶의 방식이라는 점에서 문화의 개념과 상통하기 때문이다. 따라서 문화의 다의적 개념은 문화도시에 대한 이해에도 마찬가지로 반복된다. 문화도시라고 하면 예술자원이나 역사문화자원이 풍부한 도시, 문화산업이 발달한 도시, 축제와 이벤트가 연중 지속되는 도시, 교양수준이 높고 질서 있는 도시 등 맥락에 따라 다양한 방식으로 이해할 수 있다. 또한 문화가 각 지역의 역사적·제도적·정치적·지리적 요인 등에 의해 복합적으로 형성되기 때문에 표준적인 형성모델을 제시하는 것도 어렵다.

따라서 문화도시에 대한 정의들을 살펴보면, 문화를 결과물로 제시하기보다는 문화적인 원리가 구현되는 방식으로 접근하고 있음을 볼 수 있다. 문화체육관광부(2013)는 문화도시를 다양한 문화가 공존하는 도시에서 시민이 공감하고 함께 즐기는 그 도시만의 고유한 문화가 있으며, 이를 바탕으로 한 새로운 사회현상 및 효과가 창출되어 발전과 성장을 지속하는 도시로 정의한다. 김효정(2006)은 문화도시를 거주민의 사회·문화적 욕구를 충족시키는 동시에 도시의 품격과 생산성을 고양시키는 도시로 정의하고 있다. 도시민이 자기실현을 도모할 수 있는 창조적 문화환경 속에서 활동 네트워크를 구축해 나갈 수 있는 문화환경의 조성을 강조하였다. 이에 비해 추미경(2013)은 한 도시가 문화를 다루는 안목이나 구현하는 방식이 문화적이어야 함을 강조한다. '문화적'이라는 것은 도시의 가치, 신념 체계와 물질적 환경을 구성하는 총체적 양식을 고양함을 의미한다고 하였다.

한편 라도삼(2012)은 문화도시를 이루기 위한 수단을 논하기 전에, 문화도시를 통해 달성하고자 하는 가치에 대해 고찰하기를 권고한다. 한 사회의 무의식 속에 축적되어 사람들의 행위와 행동의 양태로 나타나는 것을 문화라 한다면, 문화도시 구현이란 이와 같은 무의식 속 가치체계를 문화적으로, 즉 좀 더 미학적이고 전통적이며 민주적인 관계의 형태로 재정리하고 변화시키는 것이 되어야 한다는 것이다. 이로써 그 도시가 갖는 공간의 문제와 환경의 문제, 제도의 조건, 민주주의의 문제, 산업, 시민의 일상성 등을 변화시키는 것이 문화도시의 방향이 되어야 한다고 주장하였다.

그렇다면 문화도시는 어떠한 요소들로 구성되는가? 세계적인 컨설팅 회사인 머서(Mercer)는 매년 전 세계 도시들의 삶의 질(Quality of Living) 지표를 측정하여 발표하고 있는데, 그중 도시의 문화환경 수준을 측정하는 지표를 살펴보면 문화도시를 구성하는 요건들이 매우 다면적임을 알 수 있다. 지표는 다음과 같이 구성되어 있다(알린 골드바드, 2015).

① 문화적 활력, 다양성, 유쾌함: 문화경제의 건강과 지속가능성을 측정하고, 동시에 문화적 자원과 경험의 순환과 다양성이 삶의 질에 기여할 수 있는 방식들을 측정

② 문화 접근성, 참여, 소비: 사용자·소비자·참여자의 관점에서 적극적인 문화적 개입에 대한 기회와 제약들을 측정

③ 문화, 생활방식, 정체성: 문화적 자원 및 자본이 특정한 생활방식과 정체성을 이루는 정도를 평가

④ 문화, 윤리, 통치 품행: 문화적 자원과 자본이 개인과 집단의 행동을 형성하고 그에 기여하는 정도를 평가

한편, 이영범(2014)은 이와 같은 문화도시의 구성요소를 시간성의 관점에서 파악해야 한다고 주장한다. 문화도시에서 문화란 시간성과 공간으로서의 장소성, 그리고 삶의 생활양태로서의 일상성이 결합된 콘텐츠라는 것이다. 이러한 관점에서 보면 지속성 확보라는 미래 차원에서의 시간성도 중요하고, 도시문화가 형성된 역사성이라는 시간성도 중요하다. 문화를 다룰 때 시간을 압축시키거나 삭제할 경우 표준화된 문화만이 남고, 문화 정체성과 다양성을 심각하게 훼손하게 된다. 따라서 문화도시는 과거, 현재, 미래의 시간의 연속성상에서 공간의 통합 디자인을 추구해야 한다고 하였다.

2. 문화도시에 대한 역사적 고찰

1) '예술을 위한 예술'-엘리트 중심의 문화도시

서양 문화에서 18세기 중반 무렵까지 예술은 지배계급의 전유물로 존재하였다. 문학, 음악, 미술 등 예술은 교회와 지배계급의 권위와 정당성을 나타내는 역할을 수행하였다. 당시 예술가들은 지배계급의 후원 아래 안정적 수입원을 가질 수 있었다. 예술은 일반대중과 유리된 고급문화

였으며, 예술을 후원하던 상류계층에게 예술적 취미는 '교양'의 일부로 존재하였다.

그러나 예술은 18세기에 유럽을 휩쓴 계몽주의와 프랑스혁명을 거치면서 종속적 지위를 벗어나 자율성을 획득한다. 시장경제와 시민계급이 형성되어 가는 가운데, 예술은 지배계층과 종교 예식으로부터 독립하여 예술 자체를 목적으로 존재하게 되었다. '예술을 위한 예술'의 시대가 열린 것이다. 그리고 이는 근대도시의 문화정책에 크게 영향을 미친다.

예술을 위한 예술은 다시 말하면 과거의 안정된 수입원이 아니라 새로운 시장—시민계급—의 수요에 대응해야 하였다. 예술은 미적 가치를 창출하기 위해 보다 전문화되고 복잡해졌지만, 새로이 성장한 시민계급에게는 아직 예술을 감상할 수 있는 '기호'가 형성되지 않은 상태였다.

변화된 사회환경 속에서 새로운 정체성을 찾기 위해 예술은 두 가지 대응책을 펴게 된다. 첫째는 레퍼토리를 구성해서 소비자가 예술에 대한 일정한 감상능력을 가질 수 있게 반복하는 방법의 예술교육이었다. 순수예술은 우리가 일상생활에서 소비하는 상품과 달리, 반복적인 경험을 통해 일정한 기호가 형성될 때에야 비로소 소비가 시작되는 성격을 갖고 있다. 청중들의 기호 형성을 위해 당시의 예술 종사자들은 같은 교향곡을 연속해서 연주회의 레퍼토리로 확정하면서 청중에게 반복해서 들을 수 있는 기회를 제공하고, 당시에 창간되었던 예술전문지들이 작품에 대한 전문적인 해설을 함으로써 청중의 이해를 도왔다. 둘째는 '순수예술'과 '대중예술'을 완전히 분리해서 두 계층에 맞는 상이한 예술을 창조하고 양극화를 하는 것이었다(곽정연 외, 2017).

19세기 후반부터 서구 주요 도시들에는 근대적 도시정비가 시작되었으며, 문화를 고급예술의 범주에 한정하여 이해하던 인식은 당시 도시의 문화정책에도 반영되어 20세기 초반까지 이어진다. 문화예술이 엘리트 교육에서 필수이고, 교양인이 되기 위한 기본소양이라는 사고방식이 지배적이었다. 예술을 중심으로 한 사교계가 발달하면서 상류층 중심의 도시문화가 발달하고, 고급예술을 중심으로 하는 엘리트 문화가 형성되었다. 근대도시의 문화정책은 문명의 진화를 위한 예술의 공공재적 가치를 보존하고 지원하는 것을 목표로 전문적 문화기관의 설립과 예술가 양성에 중점을 두었다. 또한 문화복지적 관점에서 고급예술에 대한 접근 기회를 일반대중에게까지 확대하여 문화소외를 극복하고 문화적 평등을 꾀하는 '문화의 민주화(democratization of culture)' 전략을 취하게 된다. 이에 따라 문화정책의 대상을 선정할 때 오페라, 발레, 미술 등의 고급예술에 대한 지원과 함께 이들 예술작품을 국민들에게 보급하는 것이 중요한 영역으로 인식되었으며, 박물관이나 공연장과 같은 문화시설 설립으로 이어진다.

이에 따라 20세기 초반 도시들은 도시미화와 도시기능의 개선을 위한 부르주아식의 고급문화에 의해 지배되었다. 박물관, 도서관, 공공정원, 갤러리, 콘서트홀은 경제적인 부를 상징하는 표현수단이었고, 사회적 가치를 직접적으로 반영하는 가장 흥미 있는 도시계획의 방식이 되었다. 고급예술과 대중예술은 제도적으로 구분되었고, 이러한 구분은 도시를 계획하는 기본원리가 되었다. 고급문화 시설은 댄스홀이나 펍과 같은 일상적 대중문화 시설과 공간적으로 분리되었다 (Freeston and Gibson, 2006).

편의성을 위주로 한 기능주의적 도시계획 양식은 충분한 시설들을 균형적으로 공급하는 것을 강조하였다. 이에 따라 신도시나 식민도시 등을 건설할 때 인구를 기준으로 스포츠센터, 공원, 예술센터, 시민회관, 도서관 등의 문화 인프라를 확충하였다. 이와 같은 기조는 세계대전 이후의 도시재건을 위한 복구에도 일관적으로 적용되었다. 예를 들어, 영국의 경우도 전쟁 이후 경제 재건기였던 1950년대에는 예술지원금의 전체적 규모가 미약한 편이었지만, 세계경제가 호황기를 맞이한 1960년대에는 늘어난 국가재정을 바탕으로 중앙과 지역에 많은 공연장과 미술관을 설립하였다(박승현, 2016).

그러나 지역사회의 요구와 질적 성장보다는 통일된 양식에 의한 도시공간의 구획이라는 기능주의는 지역 특성, 역사적 경험, 장소성의 상실과 함께 동질한 문화시설을 양산하게 되었다(박은실, 2014). 이에 문화의 민주화 전략이 시민의 문화복지 향상에 실질적인 효과를 갖는가에 대한 문제제기는 이후 '문화민주주의(cultural democracy)'의 등장으로 연결된다. 문화복지에 자원 문화예술의 대중적 보급을 위한 정책들은 결과적으로 문화복지와 시민문화의식이 고양되는 계기를 마련하였고, 이후 엘리트 중심의 문화관에 변화를 일으키는 요인으로 작용하게 된다.

2) 문화적 도시재생

20세기는 문화도시에 대한 논의가 본격적으로 진행된 시기였다. 19세기 후반부터 20세기를 거치면서 산업혁명으로 부를 축적하였던 서구의 대규모 산업 중심 도시들이 포디즘의 붕괴로 급격한 쇠퇴에 직면하게 되었다. 탈산업화와 세계화의 급속한 변화 속에 쇠퇴한 도시를 재생하기 위한 주요한 수단으로서 문화가 등장하고 예술의 경제적 가치가 강조되었던 것이다(Freeston and Gibson, 2006). 쇠퇴한 도시가 물리적 환경 개선과 함께 도시의 기능을 전반적으로 새롭게 활성화하는 도시재생은 이처럼 서구 선진국을 중심으로 하여 대두한 도시계획의 새로운 패러다임이다. 도시재생 중에서 문화예술과 창조적 결합을 통해 도시를 재생시키는 방식을 '문화적 도시재생(cultural or cultural-led urban regeneration)' 혹은 '문화예술활용형 도시재생'이라 부른다(박세훈 외, 2011).

이전 시기의 도시들이 예술을 위한 예술의 관점에서 엘리트 예술 중심으로 문화발전을 꾀했다면, 1980년대 이후 전 세계를 휩쓴 문화전략은 도시문화 발전의 경제적 잠재력에 방점을 두고, 특히 재정수입과 고용 등 경제적 수익 극대화, 경제 중심지로서의 이미지 강화, 도시 쇠퇴지구의 사회적 · 경제적 · 물리적 재생을 목적으로 문화를 활용하는 것이다(김원배, 2014). 문화적 도시재생을 대표하는 전략 중 하나로, 대규모 문화시설과 대형이벤트 등의 도시선도물(flagship)을 유치하여 도시의 매력도를 향상시키고 관광산업의 활성화와 고용창출을 기대하는 도시마케팅을 들 수 있다.

1985년에 시작된 '유럽문화수도(European Capitals of Culture)' 프로그램은 글래스고 등 문화적 도시재생에 성공한 도시들에 힘입어 유럽연합(EU)의 대표적인 문화정책으로 자리 잡았으며, 전 세계적으로 '문화도시'라는 담론을 이끌어 냈다. 화력발전소를 개조한 런던의 테이트모던 미술관(2000년 개관)이나 쇠락한 공업도시를 일거에 세계적 문화도시로 변모시킨 스페인 빌바오 구겐하임 미술관(1997년 개관)의 사례는 많은 도시들의 벤치마킹 대상이 되고 있다.

문화적 도시재생에 대한 관심은 문화산업의 확대로 이어졌다. 문화산업은 문화상품이나 서비스 생산과정에서 창의성을 포함하며, 어느 정도의 지적 재산을 발현하고 상징적 의미를 전달하는 활동을 지칭한다. 여기에서 창의성을 강조하면 영국에서와 같이 창조산업(creative industries)으로 정의할 수 있다. 지적 재산을 중시하면 판권산업이라고 부를 수 있다. 대체적으로 문화산업의 핵심에는 음악, 무용, 연극, 문학, 시각미술, 공예 등 창조적 예술이 자리 잡고, 그 주변에 부분적으로 비문화적인 상품이나 서비스를 포함하면서 문화상품을 생산하는 산업, 그리고 보다 외곽에 직접적으로 문화영역은 아니지만 문화적 내용을 포함하는 광고, 관광, 건축 등을 포함한다(김원배, 2014). 한편, 유럽에서는 문화의 사회적 기능과 경제적 기능을 구분하는 경향을 볼 수 있다. 즉 유럽에서는 미술, 연극, 박물관, 도서관, 기록보관(아카이빙) 등 전통분야를 '문화분야', 출판, 영화, 음반 등은 '문화산업', 그리고 패션, 건축, 광고 등과 같이 문화를 도구로 활용하여 상품을 생산하는 분야를 '창조분야'로 구분한다(곽정연 외, 2017). 유럽에서는 상업적으로 생존 가능한 예술분야와 그렇지 못한 순수예술분야를 구분함으로써 공적 지원의 분야를 규정한다고 할 수 있다(김경욱, 2011).

정보통신기술과 매스미디어의 확산은 대중예술에 대한 다양한 문화소비 현상을 진전시켜 문화산업이 발전할 수 있는 토대가 되었다. 재정 위기에 빠진 도시들은 고급예술에 대한 지원을 축소하고 문화산업을 통한 경제발전 전략을 수립하기 시작하였다. 영국은 대처리즘(Thatcherism)에 입각하여 예술에 대한 국가의 지원을 삭감하고 문화기관의 민영화와 지역이관을 추진하였다.

전문적 문화중개자들에 의해 문화시설이 건립되고 소비가 변화하면서 고급문화와 저급문화 사이의 전통적 간극을 초월한 새로운 상품이 도입되었다. 1980년대 서구의 문화산업은 더욱 집중화되고 막대한 힘을 갖게 되었다. 생산의 규모는 더욱 방대해졌고, 전 지역에 걸쳐 초국가적 유통망을 구축하였다. 또한 TV, 영화 등의 매스미디어의 등장으로 대중예술이 발달하면서 창조산업의 기반을 마련하기 시작하였다. 이제 문화는 일부 계층의 전유물이거나 감상을 위한 도구가 아니라 도시와 지역경제를 발달시키고 신산업을 성장시킬 중요한 자원으로 인식되고 있다(박은실, 2014).

그러나 도시정부 주도의 강력한 문화적 도시재생 전략을 통해 실제로 해당 도시가 문화적인 도시로 발전하는가, 그리고 도시민의 삶의 질 향상에 실질적으로 기여하는가의 문제는 고민할 필요가 있다. 박은실(2014)은 도시선도물로 대표되는 문화시설들은 대체적으로 격조 있는 디자인과 대규모 시설물로 관광객들을 유인하는 효과는 있지만, 지역사회의 요구와 문화적 정체성과는 괴리가 있어 지속적인 경제회복과 고용창출에 한계를 보이고 있음을 지적한다. 김원배(2014)는 문화와 창의성이 도시혁신의 핵심동력임을 인정하면서도, 주킨(Zukin, 1996)이 제기한 바와 같이 '누구의 도시'이며 '누구의 문화'인가의 문제가 남는다고 하였다. 도시문화 전략은 문화예술의 고급화를 낳고, 이는 창조계층에게 투자의 혜택이 돌아가는 반면 서민이나 빈곤층은 혜택에서 소외되는 분배의 문제가 발생하게 된다는 것이다. 구겐하임 효과(Guggenheim effect)는 세계적으로 대단한 반향을 불러왔지만, 빌바오시의 도시재생 효과는 누수 효과로 인해 기대보다 크지 않으며, 도시선도물을 이용한 대형 프로젝트들이 과도한 예산을 투입한 것으로 판명되었다(Evans, 2005). 더욱이 문화의 특정 형태, 즉 현대적·코즈모폴리턴적 형태가 지역적·자생적 형태에 비해 선호되는 경향을 띠게 되어, 결과적으로 코즈모폴리턴 문화와 지역문화 간의 긴장관계가 조성된다.

우리나라에서도 수많은 도시들이 문화도시 또는 문화적 도시재생의 이름으로 도시 활성화를 꾀하고 있다. 그러나 일찍이 주킨이 지적하였던 젠트리피케이션(gentrification) 현상은 더 이상 우리 사회에서도 낯설지 않다. 이는 홍대, 인사동, 대학로 등 예술가들이 모여 지역의 경관을 문화적으로 변모시키면 상업자본이 침투하여 임대료가 상승하고 그 결과 예술가와 지역주민들은 다른 지역으로 쫓겨 가는 현상이다. 더욱이 조명래(2014)는 서구 산업도시들과 우리나라 도시들의 맥락이 다르다는 점에 유의해야 한다고 지적한다. 엄밀한 의미에서 우리의 도시는 쇠퇴기에 있기보다 급격한 성장 이후 직면하는 정비기에 있다. 쇠퇴한 서구의 산업도시에서 발견되는 쇠퇴기 도시의 성장동력의 부재가 한국 도시에서는 명확하게 발견되지 않으며, 오히려 어떠한 유형의 도시재생사업도 투기적인 부동산개발 효과를 수반할 정도로 도시의 성장 잠재력이 강하게 남아 있다는 것이다. 그는 재생이라는 이름으로 지역의 오랜 역사와 문화를 말끔히 지우고 실제로는 부동산개발을 추구하는 행위가 우리나라 도시의 오랜 병인 '공공성 결핍증'을 더욱 악화시킬 수 있다고 경고한다.

3) 문화민주주의와 문화다양성–모두에 의한 문화도시

20세기 후반 탈산업화와 더불어 전 세계는 유례없는 변화를 경험하게 된다. 정보통신기술의 발달로 세계화는 더욱 가속화되어 국가들 사이의 경계선이 무의미해지고 자본과 인구의 이동은 급격히 늘어났다. 급속한 개발은 환경 파괴를 야기하고 인류의 지속가능성을 약화시키고 있다. 기술은 진보하고 있으나 부익부빈익빈 현상은 여전히 강력하다. 매스미디어의 급속한 성장을 기반으로 소비문화산업이 전 지구적으로 확대되어 지역의 고유문화를 침식하고 있다. 정치적이거나 경제적 이유로 말미암아 전 지구적으로 대량 이주 현상이 벌어지고 있는데, 이들 이주민은 과거의 전통문화 또는 지역문화와의 단절을 경험하게 된다.

1960년대는 기존의 질서를 허물고 민주적인 사회를 건설하려는 사회개혁에 대한 욕구가 유럽을 중심으로 분출되던 시기이다. 비앙키니(Bianchini, 1993)는 이 시기를 참여의 시대라 일컬으며, 문화는 시민사회의 정체성을 이루고 공공사회를 이루기 위한 촉매의 역할을 담당했다고 하였다. 사회개혁의 대상은 문화도 예외가 아니었다. 일방적이고 기능주의적인 문화도시 건설방식과 문화의 상업화가 낳은 부작용에 대한 비판이 이어지고, 문화의 사회적 역할이 강조되었으며, 문화소외를 극복하고 모든 사람을 위한 문화의 필요성이 강조되었다. 이러한 상황에서 '문화다양성'과 '문화민주주의'는 21세기 문화정책의 가장 중요한 이슈로 자리매김하게 된다.

매스미디어의 증식과 세계화의 진전에 의해 문화상품의 생산 및 유통을 다국적기업이 주도하고, 미국을 대표로 하는 서구 대중문화가 전 세계를 지배하게 되었다. 대중문화의 세계화는 글로벌 차원으로 행해지는 문화적 지배를 의미하며, 이 과정에서 시장경제의 논리에 맞지 않는 대중성이 없는 문화는 도태하게 된다. 이러한 가운데 '문화다양성'에 대한 권리, 즉 서로 다른 민족, 인종, 문화적 배경을 가진 이주민과 사회적 소수자들이 동등하게 사회문화·정치·경제 활동에 참여할 수 있는 권리의 보장이 요구되었다. 이에 유네스코는 2001년 '세계 문화다양성 선언'을, 2005년 '문화적 표현의 다양성 보호 및 증진 협약'을 채택하였다(문화다양성협약은 2005년 10월 유네스코 총회에서 미국과 이스라엘 등 두 나라만 반대한 가운데 148개국의 압도적 찬성으로 채택되었다). 이는 문화다양성을 보장하기 위해 정책적으로 개입할 수 있는 근거가 되고 있으며, 우리나라는 2010년 110번째 비준국이 되었다.

문화다양성이 강조되는 이론적 배경에는 '문화민주주의(cultural democracy)'가 자리한다. 문화민주주의는 모든 구성원이 문화를 구성하는 능동적인 주체가 되어 문화예술을 통해 자신의 욕구와 문제를 표현하고 소통하는 것을 추구함을 의미한다. 모든 사람은 창조적 소양이 있으며 일상생활에서 창조적 활동을 할 수 있다고 보기 때문에, 고급예술뿐 아니라 일상생활에서의 창의적 활동도 예술적 행위에 포함되는 것으로 파악한다. 문화민주주의는 모든 사람은 창조적 개인의 자율적인 선택과 다양한 취향을 인정하는 데서 출발하여 개인마다 가지고 있는 창조역량을 발현하는 것을 궁극적인 목표로 삼는다(서순복, 2007; 곽정연 외, 2015; 박승현, 2016).

유럽의 문화학자 중 대표적인 학자인 덴마크의 요른 랑스테드(Jorn Langsted)는 문화의 민주화가 '모두를 위한 문화(culture for everybody)'라고 한다면, 문화민주주의는 '모두에 의한 문화(culture by everybody)'라고 하였다. 문화의 민주화가 전문가에 의한 문화정책과 고급문화의 확산에 주목하는 반면에, 문화민주주의는 문화수용자가 주체가 되는 문화정책에 중점을 둔다는 것이다(곽정연 외, 2017). 지라드(Girard, 1983)는 특히 사회적 소외계층의 문화가 잠식되는 것을 우려하며, 문화민주주의의 목적이 사회적 소외계층과 소수자가 문화적 소통을 통해 다른 사회계층과 교류할 수 있도록 하는 데 있다고 강조한다. 이처럼 문화민주주의는 소외계층을 포함한 시민의 일상적 문화활동을 강조함으로써 문화다양성의 논리와 맞닿아 있다.

문화민주주의를 기초로 하는 문화도시의 특징은 지역화와 일상화, 그리고 공공성이다. 대규모 문화예술공간을 중심으로 문화예술을 전달하는 방식보다는 지역사회를 중심으로 직접 참여하는 문화예술을 지향한다. 천부적인 재능을 가진 소수의 사람들만이 문화권력을 형성하는 영역이 아니라 누구나 일상적으로 접근할 수 있는 영역으로, 공급자와 수요자의 경계선이 점점 사라지고 있다. 또한 문화적 평등과 사회적 공존이라는 공적 가치를 추구하며, 무엇보다도 문화예술로부터 소외되고 배제되기 쉬운 사회적 약자의 권익을 고려하는 사회통합의 영역으로 발전하고 있다(곽정연 외, 2017).

문화민주주의의 발전은 예술가의 역할에도 변화를 가져왔다. 순수예술이 강조되던 시대의 예술가는 예술적 성취를 위해 노력하였으며, 이는 여전히 예술발전에 중요한 영역이다. 그러나 일부 예술가들은 사회문제를 일반시민들과 함께 해결하는 수단으로 예술적 수단을 활용하는 것에 보다 관심을 기울이고 있다. 알린 골드바드(2015)는 그녀의 경험과 사례들을 정리한 저서 『새로운 창의적 공동체: 예술은 무엇을 할 수 있는가?』에서 이와 같은 새로운 예술동향을 '공동체 문화개발(community cultural development)'이라고 개념화하였다. 이는 예술가-기획자와 공동체 구성원들 사이의 협업적 실천을 통해 공동체 변화에 건설적으로 기여하면서, 개인의 전문성과 집단의 문화적 역량을 동시에 키우는 과정이다. 그 수단은 기존 예술 장르에 한정되지 않고 문화 일반을 지칭하는 것으로 매우 폭넓은 형식과 방법으로 접근한다. 유사한 사회적 실천을 이르는 개념으로 공동체 예술, 공동체 활성화(animation), 공동체 기반 예술, 문화노동, 참여적 예술 프로젝트 등이 있다.

골드바드는 이 책에서 공동체 문화개발을 위한 핵심원칙들을 제시하고 있는데, 이는 공동체 문화개발에 대한 이해를 돕는 데 유용하다. 물론 이들 원칙이 실제 상황에 적용될 때는 각 상황에 맞게 수많은 형태로 표출될 것이다.

- 문화적 삶을 향한 적극적 참여를 이끌어 내는 것이 공동체 문화개발의 근본 목적이다.
- 다양성은 사회적 자산이며 문화적 공공선의 한 부분으로서, 보존과 육성을 필요로 한다.
- 모든 문화는 본질적으로 평등하므로, 사회는 어떤 문화를 다른 문화에 우월한 것이라고 내세워서는 안 된다.
- 문화는 사회변형을 위한 효과적인 용광로이다. 문화를 통한 변화는 사회적 양극화를 덜 야기하고 다른 사회변화의 각축장에 비해 더욱 긴밀한 연결고리들을 창조하기 때문이다.
- 문화적 표현은 그것 자체로 일차적 종결점이 아니라 해방의 수단이다. 그래서 그것의 과정은 그 결과만큼이나 중요하다.
- 문화는 역동적이며 변화무쌍한 총체이므로, 문화 내부에 인위적인 경계를 짓는 것은 무가치하다.
- 예술가들은 사회변형을 이끄는 매개자 역할을 수행한다. 그 역할은 주류 예술계에서의 역할보다 사회적으로 더 가치가 있을 뿐만 아니라 정당성에서도 그에 못지않다.

3. 문화도시의 전망과 과제

지금까지 역사적인 관점에서 문화도시의 흐름을 살펴보았다. 초기 문화도시는 문화의 민주화 관점에서 고급예술을 진흥하고 이를 일반시민에게 확산시키는 전략을 중심으로 이루어졌다. 이를 위해 문화시설의 균등한 확충을 추진하였고 일반시민의 문화적 접근성이 확대되는 효과를 얻었으나, 지역의 특성과 상황에 맞지 않는 하향식의 기능주의적 접근이라는 비판도 받았다.

산업사회에서 탈산업사회로 진화하는 과정에서 우리는 두 갈래의 문화적 양상을 목도하게 된다. 그중 하나는 문화의 경제적 가치에 대한 관심과 문화적 도시재생이라는 화두로 가장 강력하게 문화정책에 영향을 미쳤을 뿐만 아니라 현재까지도 영향력이 지속되고 있다. 탈산업시대의 새로운 성장동력으로서 문화산업은 매우 매력적이지만, 문화소외와 불평등의 문제는 여전히 해결해야 할 과제로 남아 있다.

다른 하나는 시장경제의 논리에 맞서 문화다양성과 문화민주주의가 대두된 것으로, 소외계층을 포함한 모든 사람이 지역사회를 중심으로 직접 참여하는 문화예술을 지향하는 것이다. 위의 내용을 종합해 보면, 사회와 유리된 영역으로 존재하던 문화가 사회변화와 발전을 추동하는 적극적 인자로 변모해 오고 있음을 알 수 있다. 또한 일반시민의 주체적 의지를 바탕으로 일상생활 영역에 보다 깊게 관여하며, 물리적 환경의 조성보다는 사고방식과 태도 변화를 강조하는 방향성을 가지고 있다. 문화다양성과 문화민주주의는 문화경제적 논리에 비해 폭발력은 작지만, 인류의 지속가능성 차원에서 앞으로 지속적으로 확대될 것으로 전망된다.

국내의 문화도시 논의는 2000년 밀레니엄을 맞이하면서 시작되었고, '아시아문화중심도시 광주' 추진을 계기로 여러 도시들이 문화도시를 표방하였으며, 문화적 도시재생이 유행처럼 번지고 있다. 그러나 아직도 문화도시를 문화시설과 이벤트 중심의 피상적 관점으로 이해하는 경향을 보이는 것도 사실이다. 이제 문화도시의 목표를 다시 한 번 되새겨야 할 때라고 생각된다. 그와 함께 지역공동체를 강조하는 문화도시의 세계적인 변화 트렌드도 유념하여야 한다. 이러한 관점에서 볼 때 문화도시는 완결체가 아니라 끊임없이 변화하며 성장하는 프로세스로 접근해야 한다. 그리고 그 핵심에는 문화공동체 형성이 존재한다. 이는 '창조적 시민문화가 지역경제를 이끈다'는 발상에 근거하여 공공이 문화공동체가 자발적으로 조성될 수 있는 환경을 조성하고, 이렇게 형성된 문화공동체에 의해 지역의 경제가 활성화되는 과정중심적 접근이다(이영범, 2014).

또한 오늘날의 문화도시는 도시 전체를 혁신하는 도시관리계획이자 발전전략이 되어야 한다. 이때 문화적 관점은 도시의 문화성(역사, 문화유산, 문화산업, 주민의 일상생활 등을 포괄하는)을 보존하고 특화하는 것에 머무르지 않는다. 그와 함께 현재의 제도나 체계 내에서 가능하지 않거나 한계에 처한 것을 풀거나 묶는 요소로 작용해야 한다. 문화도시의 문제는 문화의 문제가 아니다. 그것은 인간의 삶과 도시의 문제이다. 그런 점에서 문화도시론은 우리 도시의 문제와 문화의 문제를 푸는 숙제가 되어야 한다(라도삼, 2013).

참고문헌

곽정연·조수진·최미세, 2015, “독일 예술경영과 문화민주주의-그립스 극장을 중심으로”, 『독일언어문학』, 70, pp.377-404.

곽정연·최미세·조수진, 2017, 『문화민주주의: 독일어권 문화정책과 예술경영』, 글로벌콘텐츠.

김경욱, 2011, 『문화정책과 재원조성: 효과적인 재원조성을 위한 문화예술지원 담론과 펀드레이징 전략들』, 논형.

김원배, 2014, “문화, 경제 그리고 도시”, 『창조도시를 넘어서-문화개발주의에서 창조적 공동체로』, 나남, pp.19-58.

김효정, 2006, “사람과 도시가 하나되는 문화도시 조성”, 『국토』, 통권 296, pp.26-34.

라도삼, 2012, “문화도시의 개념과 문화도시화를 위한 서울시 전략의 반성적 고찰”, 『도시인문학연구』, 4(2), pp.9-30.

라도삼, 2013, “새로운 패러다임, 문화도시의 가능성”, 문화체육관광부·한국문화관광연구원, 『2013 문화도시 문화마을 전주포럼 자료집』, pp.10-25.

문화체육관광부, 2013, 『문화도시 선정 및 지원방안 연구』.

박세훈·김은란·박경현·정소양, 2011, 『도시재생을 위한 문화클러스터 활용방안 연구』, 국토연구원.

박승현, 2016, “서울시 문화공간 네트워크 활성화 방안: 서문연을 중심으로”, 『서울시 문화공간 네트워크 그리기: 서울시 문화정책의 지역화 자료집』, 서울문화재단, pp.27-40.

박신의, 2013, “‘예술의 사회적 영향’ 연구 분석과 정책적 함의”, 『문화정책논총』, 27(1), pp.57-75.

박은실, 2014, “문화와 도시계획-오래된 역사, 새로운 만남”, 『창조도시를 넘어서-문화개발주의에서 창조적 공동체로』, 나남, pp.59-111.

새뮤얼 P. 헌팅턴·로렌스 E. 해리슨 공편(이종인 옮김), 2001, 『문화가 중요하다』, 김영사.

서순복, 2007, “문화의 민주화와 문화민주주의의 정책적 함의”, 『한국지방자치연구』, 8(3), pp.23-44.

알린 골드바드(임산 옮김), 2015, 『새로운 창의적 공동체: 예술은 무엇을 할 수 있는가?』, 한울.

유승호, 2014, 『문화도시-지역발전의 창조적 패러다임』, 가쎄.

이영범, 2013, “문화다양성과 도시문화 네트워크”, 문화체육관광부·한국문화관광연구원, 『2013 문화도시 문화마을 전주포럼 자료집』, pp.26-40.

이영범, 2014, “커뮤니티 중심의 도시문화전략, 무엇을 어떻게 할 것인가”, 『창조도시를 넘어서-문화개발주의에서 창조적 공동체로』, 나남, pp.337-376.

조명래, 2014, “문화적 도시재생의 해석과 과제”, 『창조도시를 넘어서-문화개발주의에서 창조적 공동체로』, 나남, pp.307-336.

추미경, 2013, “문화도시의 실현을 위한 핵심구조와 그 추진양상”, 문화체육관광부·한국문화관광연구원, 『2013 문화도시 문화마을 부여포럼 자료집』, pp.9-24.

한스게오르크 가다머(이길우 외 옮김), 2012, 『진리와 방법 1』, 문학동네.

Bianchini, F. and Parkinson, M., 1993, *Cultural Policy and Urban Regeneration: The West European Experience*,

Manchester University Press.

Evans, G., 2005, "Measure for Measure: Evaluating the Evidence of Culture's Contribution to Regeneration", *Urban Studies*, 42(5/6), pp.1-25.

Freestone, R. and Gibson, C., 2006, "The Cultural Dimension of Urban Planning Strategies: An Historical Perspective", in Monclus, J. and Guardia, M.(eds.), *Culture, Urbanism and Planning*, Ashgate Publishing, pp.21-41.

Girard, A., 1983, *Cultural Development: Experiences and Policies*, UNESCO.

Throsby, D., 2006, "Introduction and Overview", in Ginsburgh, V. A. and Throsby, D.(eds.), *Handbook of the Economics of Art and Culture*, Amsterdam: North-Holland, pp.3-22.

Zukin, S., 1996, *The Cultures of Cities*, Blackwell Publishers.

더 읽을 거리

Arlene Goldbard, 2006, *New Creative Community: The Art of Cultural Development*, New Village Press, 알린 골드바드, 임산 옮김, 2015,『새로운 창의적 공동체: 예술은 무엇을 할 수 있는가?』, 한울.

⋯▸ 예술과 공동체가 만나 개인의 성장과 사회의 변화 및 발전에 어떻게 기여하는지를 풍부한 사례와 이론으로 증명함으로써, 공동체 문화개발의 의의와 필요성을 역설한다.

곽정연 · 최미세 · 조수진, 2017,『문화민주주의: 독일어권 문화정책과 예술경영』, 글로벌콘텐츠.

⋯▸ 문화민주주의를 문화정책의 목표로 세우고, 소외계층의 문화참여를 지원하기 위해 다양한 사업을 수행하고 있는 독일과 오스트리아의 문화정책을 심도 깊게 고찰하고 우리나라 문화정책과 비교하여 시사점을 제공한다.

조이한, 2010,『베를린, 젊은 예술가들의 천국: 베를린의 미술과 미술 환경에 관한 에세이』, 현암사.

⋯▸ 결코 문화 중심지로 인지되지 않았던 베를린이 어느 순간부터 전 세계의 젊은 예술가들을 끌어들이는 예술가의 천국으로 불리고 있다. 그 이유를 탐색하는 저자의 시각을 좇다 보면, 과하지 않으면서도 기본을 지키는 독일식 문화도시 형성과정을 엿볼 수 있다.

주요어 문화의 개념, 문화도시, 예술을 위한 예술, 문화의 민주화, 문화적 도시재생, 문화산업, 문화다양성, 문화민주주의, 공동체 문화개발

제22장

창조도시

박경현

1. 창조성과 도시

1) 창조도시 배경

창조성은 새로운 생각과 아이디어들을 만들어 내는 능력을 말한다. 새로운 기술혁신의 기반이라 할 수 있다. 불과 10년 전까지는 상상도 못했던 스마트폰이 창조의 좋은 예이다. 그러나 창조성은 최근까지도 경제적·특수적 가치를 부여받지 못했다. 마치 문화가 경제성·예술성·형평성의 측면에서 많은 관심을 불러일으켰지만 현재까지 명확한 정의가 없는 것과 유사하다. 이러한 상황에서 데이비드 스로스비(David Throsby)가 제시한 창조성은 의미하는 바가 크다. 세계적 문화학자인 스로스비는 그의 저서 『문화경제학(Economics and Cultures)』에서 창조성을 다음과 같이 설명한다. 첫째, 기존의 아이디어를 모아 새로운 아이디어를 발명하고 그것들 간의 새로운 연관성을 발견할 수 있는 상상력, 둘째, 그 상상력을 조정·제어하고 상상력으로부터 생성되는 아이디어를 선별할 수 있는 판단력, 셋째, 고상한 것인지 그렇지 않은지, 아름다운 것인지 아닌지, 딱 들어맞는 것인지 어색한 것인지를 판정하는 예술가의 내적 감각이다(Throsby, 2001). 가장 중요한 점은 첫 번째이다. 완전히 새로운 것을 만들어 내는 것이 아니라 기존의 아이디어를 모아 새로운 연관성을 발견할 수 있는 상상력이야말로 급변하는 사회에서 살아남을 수 있는 핵심동력이다.

도시는 역사적·지리적으로 성쇠를 겪어 왔다. 하지만 도시공간은 과거는 물론 현재에도 학습, 창조성, 혁신의 상호작용이 발현되는 창조성의 중심이다. 도시의 중심부는 항상 많은 사람들로 붐비고, 그 사람들이 서로 만나고 접촉하는 과정에서 새로운 것을 창조해 왔다. 그런데 과거부터 있었던 도시의 창조성에 대한 논의, 이른바 창조도시 논의가 오늘날 새삼 주목받는 이유는 무엇일까? 탈산업화 이후 찾아온 도시의 위기에서 그 해답을 찾을 수 있다.

산업혁명 이후 세계경제를 주름잡았던 대부분의 도시들은 제조업을 기반으로 성장하였다. 눈에 보이면서도 직접 손으로 만질 수 있는 재화를 생산하거나, 아니면 이러한 재화들을 교역할 수 있는 시장이 발달했던 도시일수록 더 많은 부를 축적할 수 있었다. 그런데 20세기 후반부터 대량생산을 중심으로 하는 제조업 위주의 경제활동은 성장동력을 잃게 되었다. 이른바 자본과 물적(物的) 투자 중심의 경제구조가 창조성과 비물적(非物的) 자본을 중시하는 구조로 변화하면서, 기존 생산방식의 한계가 드러나기 시작한 것이다. 1970년대 이후 뉴욕과 런던, 유럽의 대도시들은 인구·고용의 감소, 재정위기, 산업의 공동화, 기업 도산, 실업 증가, 범죄와 자살률 증가, 사회불안 증가 등 도시위기에 봉착하게 되었다. 이즈음 거시경제적 처방의 한계를 지적하면서 창조도시 처방이 비로소 등장한다.

2) 도시는 창조성을 담아내는 그릇

창조도시의 원류라 할 수 있는 제인 제이컵스(Jane Jacobs)는 창조도시를 "탈대량생산 시대에 풍부한 유연성과 혁신성으로 경제적 자기 조정능력을 갖춘 도시"로 정의한다(Jacobs, 1985). 국민경제를 발전시키기 위해서는 도시경제가 창조적으로 전환되어야 하고, 도시는 다양성과 개성, 창의와 혁신을 담는 가마솥이 되어야 한다는 것이다. 도시가 기존에 보유하고 있는 인구나 경제규모, 산업구성 등 양적 측면에서의 성과들보다는 오히려 잠재력과 성장 가능성이 중요하고, 이러한 부분은 도시의 경제가 어느 정도 창조성이 강한지에 따라 결정된다는 것이다.

그렇다면 창조성이 왜 도시와 연관이 있을까? 이는 창조성이 특정 개인의 선천적 능력이기도 하지만 많은 사회적 관계를 형성하는 도시공간에서 새롭게 형성되고 발현되기 때문이다. 창조성이 태어날 때부터 특정 개인에게 부여된 것이라 한다면, 창조성은 일부 선택받은 소수에게만 있고 대다수의 사람들은 전혀 창조적이지 않다(Sternberg and Lubart, 1999). 그러나 창조성이 사회적 관계에 의해 형성된다면, 창조성은 개인 및 집단과의 다양한 관계를 통해 형성되고 타인에 의해 인정받음으로써 비로소 창조적인 것이 된다(Scott, 2010). 다행히 창조성은 개인의 선천적 능력 및 사회적 관계 어느 한쪽의 일방적 영향을 받지 않는다. 개인적 역량과 사회적 관계를 동시에 고려한 상호작용 결과로 간주되고 있다.

결국 창조도시는 탈산업화 시대의 공간적 위기를 극복하기 위해 새로운 대안을 찾는 과정에서 개인의 창조성과 그 창조성을 담아내는 도시와의 관계를 설명하는 개념이다. 인적 자원의 측면에서 보면 창조성이 있는 인력과 그렇지 못한 인력이 있게 되고, 기술혁신을 통한 도시성장을 달성하기 위해서는 창조성을 가진 인력이 많아야 한다. 한편 공간적 측면에서 본다면 사람들의 창조성을 좀 더 끌어내도록 유도하는 환경과 그렇지 못한 환경이 있다. 창조성이 있는 인력이 많을수록 도시의 창조성이 발현될 수 있고, 창조적 인력이 많은 도시일수록 창조성을 가진 사람들이 더 많이 모여들기도 한다.

창조성을 가진 사람들이 많은 도시의 환경은 공통적인 특성이 있다(Landry, 2000), 먼저 성장을 이룬 도시의 사람들에게서는 개방성, 즉 편견이 없는 열린 마음이 있다. 대부분의 혁신은 아주 엉뚱한 아이디어로부터 출발한다. 열린 마음으로 이를 받아들이지 않는 도시에서는 혁신이 싹트기 어렵다. 또한 이들 도시에서는 모험을 두려워하지 않는다. 발전을 이루기 위해서는 수차례에 걸친 시행착오가 반복될 수밖에 없다. 실패를 두려워하는 도시들은 새로운 시도를 피하게 되고 성장을 달성하기 어렵다. 아울러 이들 도시는 지역의 고유성을 효과적으로 활용한다. 지역이 지닌 인문자연적인 유산을 활용하여 강점으로 만든다. 이들 도시에 공통적인 또 다른 특성으로는 관용성이 있다. 이는 자신과 의견이 다른 사람들의 의견에도 경청하며 필요하다면 배우려고 하는 마음자세이다. 이러한 문화여건이 갖추어진 도시를 통상적으로 창조성이 풍부한 도시라고 할 수 있으며, 최근 눈에 띄는 성장을 보이는 도시들 중 제법 많은 도시가 이 범주에 해당한다.

2. 창조도시 계보

1) 피터 홀의 역사 속 창조도시

창조도시 연구의 지평을 연 선두주자는 피터 홀(Peter Hall)이다. 홀은 그의 명저 『문명 속의 도시(Cities in Civilization)』에서 세계사에 큰 획을 긋는 도시를 역사적으로 나누고, 경제적 번영과 문화적인 영화와의 관계, 문화적인 도가니와 창조환경(creative milieu), 끊임없는 혁신을 가능하게 하는 혁신환경(innovative milieu)을 분석하여 예술과 기술의 융합, 그리고 도시의 통치 관리의 방향까지 다루어 인류사에서의 도시문명을 광범위하게 전개하였다.

『문명 속의 도시』 제1부 '문화적인 도가니로서의 도시'에서 문화적·예술적 창조성이 발현된 대표적인 도시로 고대 아테네를 기원으로, 르네상스가 꽃핀 피렌체, 셰익스피어가 활약한 런던, 음악의 고향 빈, 예술의 고향 파리, 20세기 발명품인 베를린 등 여섯 도시를 들었다. 이들 도시는 각각의 시대를 거치면서 문화와 예술 창조의 중심지로서뿐만 아니라 경제적으로도 가장 번성하였던 도시들이라고 할 수 있다. 이들 도시는 공통적인 특징을 갖고 있다(Hall, 2000).

첫째, 전반적으로 거대도시였으며, 다른 도시들에 비해 중요한 역할을 담당하였다. 이는 창조성에 의해 도시가 번성했다는 의미도 있지만, 도시가 창조성을 수용할 여건을 갖추었다는 의미도 담고 있다. 둘째, 현대의 물질적인 기준으로 보자면 안락하지 않은 장소들이다. 삶이 안락하지 않다는 것은 보다 편안한 삶을 추구하기 위한 창조적 활동의 모태가 될 수 있다. 셋째, 급격한 경제적·사회적 전환기에 있었던 도시들이다. 전환기 도시들은 사회적 안정성이 부족할 수 있지만 새로운 변화를 추구할 수 있다. 넷째, 무역의 중심지였다. 무역도시들은 다양한 물자와 인적 자원이 모이는 다양성을 추구할 수 있는 장소이기 때문이다. 다섯째, 유럽 최상위급 세계도시는 아니었지만 국가별로는 가장 큰 도시였다. 국가 안에서 가장 큰 도시는 인재들을 끌어들일 뿐만 아니라 그런 인재들을 활용하여 부를 창출할 수 있는 여건을 갖추고 있다. 여섯째, 시대별로 가장 부유한 도시들이었다. 이러한 부는 소수집단에 편중되기는 하였지만 이들이 형성하는 커뮤니티가 문화를 꽃피우는 데 중요한 역할을 하였다. 일곱째, 이들 도시는 선도적 소수 엘리트들을 위한 고급문화가 번성하였다. 여덟째, 대부분 국제도시들이다. 이들 도시는 인재들을 끌어들일 수 있는 여건을 구비하고 있으며, 인재들의 증가로 도시는 성장하게 된다. 아홉째, 혼돈기에 있는 장소들로서 안정적이지 않다. 창조적 환경의 도시가 만들어지기 위해서는 어느 한쪽으로 치우치지 않고 변혁을 위한 긴장과 불안정이 적절한 수준으로 유지되는 여건을 조성해야 한다.

2) 제인 제이컵스의 창조도시

창조도시의 학문적 영역을 개척한 이가 피터 홀이면, 창조도시라는 개념을 가장 먼저 제시하고 학문적 영감을 부여한 학자는 제인 제이컵스(Jane Jacobs)이다. 『도시와 국가의 부(Cities and the Wealth of Nations)』(1985)를 집필한 제이컵스는 국민경제의 성장을 위해 창조적인 도시경제를 강조하였다. 그녀는 도시가 보유한 양적 성과(인구, 경제규모, 산업구성 등)보다 잠재력과 성장 가능성을 강조한다. 잠재력과 성장 가능성은 도시경제가 얼마나 창조적인가에 의해 결정된다는 것이다. 제이컵스의 기준으로 보면 창조도시는 뉴욕, 도쿄와 같은 경제규모가 큰 세계도시들이 아니라, 이탈리아의 중소도시인 볼로냐와 피렌체이다. 이들 도시는 특화된 분야의 중소기업들이 밀집하여 입지해 있고, 종사하는 노동력은 다양한 유형의 업무를 수행할 수 있는 유연성을 가지고 있다. 생산 시스템 또한 대량생산 방식과는 다르다. 제이컵스는 이들 경제의 특성을 수입대체에 의한 자전적 발전과 혁신 및 임기응변(improvision)을 통해 자기수정이 가능한 경제라고 보았다. 수입대체는 선진기술을 다른 지역으로부터 배워서 흡수하고 스스로의 기술체계로 체화시키면서 타 산업과의 연계를 유지를 유지하여 내수시장을 발전시키는 방식이다. 이 과정에서 혁신은 모방, 즉 선진기술의 체화과정에서 발생할 수 있는 창조물이다. 한편 임기응변은 위기 혹은 기회의 상황이 예고 없이 찾아왔을 때에도 즉흥적으로 적절한 대응을 할 수 있는 능력이다. 임기응변은 경제 시스템과 노동력이 유연하지 않고서는 가지기 어렵다. 요컨대 제이컵스의 창조도시는 탈대량생산 시대의 유연성과 혁신적인 자기수정 능력을 갖춘 도시경제 시스템을 갖춘 도시라고 할 수 있다.

3) 찰스 랜드리의 창조도시

21세기 창조도시를 대표하는 국제적인 리더는 찰스 랜드리(Charles Landry)와 리처드 플로리다(Richard Florida)이다. 랜드리의 『창조도시(Creative City)』, 플로리다의 『창조계급의 부상(The Rise of Creative Class)』은 도시를 창조성으로 보는 방법론을 제공하며, 한국과 일본 등 여러 국가 학자들과 정책관계자에게 큰 반향을 일으켰다. 영국 도시전문가인 랜드리는 창조도시를 "자유롭게 창조적인 문화활동을 영위할 수 있도록 문화적 인프라가 갖추어진 도시"(Landry, 2000), "도시민으로 하여금 창조적으로 생각하고, 계획하고, 활동하게 하는 유기체로서의 도시"(Landry, 2005)라 정의한다. 그에 따르면, 창조도시는 건축과 토목이 아닌 시민들의 문화적 잠재력에서 비롯되며, 획일화된 도시들보다 개성이 강한 도시를 창조도시라 하였다. 이러한 견해는 제이컵스의 창조도시 견해와 매우 유사하다.

랜드리의 창조도시는 도시문제를 해결하기 위해 창조적 환경(creative milieu)을 어떻게 만들고 운영할 것인가에 착안한다. 그에 의하면, 도시의 문화·예술적 요소가 해당 도시를 다른 도시와 차별화시키는 요소이다(Landry, 2000). 따라서 문화활동과 문화적 인프라가 중요하다. 창조성은 상상보다는 더 실천적이며 지성과 혁신의 중간에 있는 것으로 문화와 경제를 연결해 주는 매개체이다. 그가 문화예술의 창조성을 지적한 이유는 다음과 같다. 첫째, 탈공업화 도시에서 영상, 영화, 음악, 극장과 같은 창조산업이 제조업을 대신하여 일자리를 창출하였다. 둘째, 예술문화에 자극받은 도시민이 창조적인 아이디어를 자극하여 사회 전반에 영향을 미쳤다. 셋째, 문화유산과 전통이 도시정체성을 확립시켰다. 마지막으로, 지속가능한 도시를 위해 문화가 중요하다 등이다. 그가 주목하는 창조도시는 볼로냐, 브뤼셀과 함께 유럽문화도시로 지정된 헬싱키를 들고 있다.

이외에도 일본의 사사키 마사유키(佐佐木雅幸)는 창조도시를 "인간이 자유롭게 창조적 활동을 함으로써 문화와 산업의 창조성을 풍부하게 하며, 동시에 탈대량생산의 혁신적이고 유연한 도시경제 시스템을 갖춘 도시"라 정의하고 있다(佐佐木雅幸, 2002). 마사유키의 이론적 계보는 문화경제학자들에 기반한 것으로, 그들은 역사적 도시경관의 중요성을 인식하고 예술적인 생활공간과 아름다운 도시환경의 보전을 중시하고 있다. UNCTAD(2010)는 창조도시는 "다양한 영역의 문화적 활동이 도시의 경제·사회적 기능을 통합하는 도시복합체"이며, "강력한 사회적·문화적 인프라를 기반으로 하여, 창조적 직업의 집중과 이들에 대한 문화적 시설로 인해 많은 투자를 견인하는 도시"라 정의하고 있다. 경제학자인 에드워드 글레이저(Edward Glaeser)는 『도시의 승리(Triumph of the City)』에서 압도적으로 승리한 도시는 창조성이 높은 도시임을 주장하였다. 그에게 있어 도시는 혁신의 중심이다. 도시의 인접성, 친밀성, 혼잡성은 인재, 기술, 아이디어를 도시로 유인한다. 이러한 인적 자원이 모여서 집적경제의 생산성을 높인다. 궁극적으로 도시의 성장은 도시의 창조성 증가로 귀결된다.

3. 창조도시의 구성요소와 관련 논쟁

1) 창조계급

리처드 플로리다(Richard Florida)는 '장소'가 경제적·사회적 단위로 중요해지고 있다고 주장한다. 장소가 두텁고 유연한 노동시장을 제공하고, 이 시장을 통해 사람과 일이 서로 연결되기 때문이다. 과거 전통적인 경제이론은 일자리가 있는 곳에 사람이 모인다고 하였다(people to job). 그러나 플로리다는 사람은 일자리가 있는 곳을 선호하는 것이 아니라 좋은 장소를 선호한다고 주장하였다. 다시 말해 창조적인 사람이 있는 곳으로 일자리가 모인다는 것이다(job to people). 소위 창조적 거점이 번성하는 이유이다.

플로리다는 우리 사회 창조계급(creative class)의 등장과 부흥에 주목하고, 그들이 선택한 커뮤니티의 특성을 분석하였다. 그는 창조계급을 두 가지로 구분하였다. 창조계급의 핵심집단은 과학자, 엔지니어, 대학교수, 시인, 소설가, 예술가, 연예인, 연기자, 디자이너, 건축가 등과 이들과 함께 현대사회의 여론을 형성하고 끌어가는 데 영향을 미치는 리더 집단이다. 창조적 전문직은 핵심집단 이외에 첨단산업 부문, 금융서비스, 법률 및 보건 관련 직종, 비즈니스 경영과 같이 광의적인 의미에서 지식집약적 산업에 종사하는 사람들이다. 창조도시론에서 인적 자본은 다른 성장요소들에 영향을 미칠 수 있는 핵심적이고 기본적인 요소이다. 플로리다는 창조계급의 존재에 주목하면서 이들이 창조도시의 성립과 도시의 성장에 가장 핵심적인 요소라고 주장한다(Florida, 2002; 2005).

플로리다는 경쟁력이 있는 장소를 판단할 때 창조성이라는 개념을 중시하였다. 그가 말하는 장소의 창조성은 '3T', 즉 기술(Technology), 인재(Talent), 관용(Tolerance)의 정도로 측정될 수 있다. 즉 혁신이나 첨단산업의 정도가 얼마나 높은지, 시민과 기관들이 얼마나 많은 재능을 갖고 있는지, 지역사회와 각종 조직이 각기 다른 사람과 다른 활동을 얼마나 유연하게 수용하는지를 지수로 나타낸다는 것이다. 미국 276개 도시를 대상으로 기술, 인재, 관용에 대해 분석하여 창조성 지수로 환산하였고, 그 결과 기술수준이 높은 텍사스주 오스틴, 캘리포니아주 샌프란시스코, 워싱턴주 시애틀이 각각 1, 2, 3위를 차지하였다.

그렇다면 창조계급 혹은 인재가 입지를 결정하는 데 중요한 요인들은 무엇인가? 물론 전통적인 입지요인은 여전히 중요하다. 하지만 플로리다에 따르면, 다른 사람들에 비해 인재들이 특히 중요하게 고려하는 것은 이외에도 환경, 어메니티, 라이프스타일 등 장소기반적 요인이다. 인재들은 삶의 질을 중요시하는 사람들이기 때문에 환경적인 쾌적성을 중요하게 고려한다. 깨끗하고 쾌적한 환경이 보다 창의적이고 독창적인 사고를 가능케 한다. 많은 수의 첨단기업이나 기업의 연구시설들이 환경여건이 좋은 곳에 입지하는 이유도 여기에 있다. 어메니티는 경제적 요인에 비해 비교적 최근에 그 중요성이 부각되기 시작한 인구유인 요인이다. 특히 인재들은 어메니티 수준이 높은 장소를 선호하는 경향이 있다. 라이프스타일 어메니티의 한 흥미로운 예로서, 도시가 종합적으로 얼마나 쿨(cool)한지를 나타내는 쿨니스 지수가 있다. 이는 도시의 여가활동 기회를 파악하는 것이다. 쿨니스 지수는 밤시간대에 할 수 있는 여가활동의 다양성, 바, 레스토랑 등을 측정한다. 통상적으로 인재들의 업무는 매우 유연한 일정을 가지고 있어서 여가를 즐기는 방식도 시간적으로 자유롭다. 따라서 이러한 활동을 그들이 원하는 시간대(예를 들면, 주중의 점심시간)에 즐길 수 있는 접근성도 매우 중요하다. 또한 이들이 대부분 가족이나 친분관계가 없는 곳에 직장을 얻는 경우가 많다는 점에서, 보다 쉽게 정착할 수 있고 동료나 친구들을 잘 사귈 수 있는 우호적인 환경을 가진 장소를 선호하는 것도 중요한 특징이다.

2) 관용성과 창조도시

역사적으로 볼 때 부는 어떤 지역이 가진 지하자원, 토양 등과 같은 부존자원으로부터 창출되었다. 하지만 자원, 창조적 인재 등은 이동성이 높아서 더 이상 특정 장소에 머무르지 않는다. 그래서 경쟁력을 구성하는 주요 요인은 그러한 자원 자체가 아니라, 그러한 자원을 유인하고 활용할 수 있는 능력에 있다. 그렇다면 창조적 자원을 동원하고 활용하는 능력은 어디에서 오는 것일까? 플로리다는 관용성이 결정적인 요소라고 주장한다. 즉 다양한 사람과 활동이 어렵지 않게 유입될 수 있는 지역이 경쟁력 있는 지역이라는 것이다.

관용의 정도는 지역주민의 출신국가가 얼마나 다양한가, 지역사회에서 인종분리 현상이 얼마나 심각한가, 또 출신국가가 다른 이들, 동성연애자, 방랑자 등이 지역에서 이질감과 소외감을 느끼지 않고 평안하게 생활할 수 있는가의 정도를 나타낸 것이다. 관용지수를 보면 시애틀, 오리건주의 포틀랜드, 보스턴 등이 각각 1, 2, 3위를 차지하는 것으로 나타났다.

플로리다는 도시별로 관용의 정도를 측정하는 다양한 지표들을 개발하여 이용하였다. 이들은 기존의 인적 자본론의 관점에서 바라본 경제적 유인이나 어메니티 같은 비교적 전통적인 유인요소와 비교하면 매우 획기적이고 흥미로운 지표들이다.

첫 번째 지표는 보헤미안 지수이다. 보헤미안은 사전적인 의미로 중세 프랑스 사람들이 집시를 부를 때 쓰던 말이지만, 일반적인 의미로는 규율이나 관습, 제도 등을 무시하고 제멋대로 사는 사람을 의미한다. 이는 정해진 틀에 속박받지 않고 새로운 것들을 쉽게 받아들여 다양성을 추구할 수 있는 사람들로 이해될 수 있다. 보헤미안 지수는 도시별 예술가들의 수를 입지계수의 형태로 계산한다. 이 지수가 갖는 의의는 문화자산이나 창조적 자산 등 어메니티의 생산자를 직접 측정한다는 것이다. 두 번째 지수는 게이 지수이다. 성적 소수자인 동성애자를 이용한 게이 지수를 쓰는 이유는 동성애가 현대사회에서 다양성의 최후의 보루이며, 이들을 받아들일 수 있는 사회는 모든 종류의 사람들을 받아들일 수 있다는 인식에서 비롯되었다. 게이 지수는 세대주와 미혼 동거인 모두 남성인 가구의 비율로 측정되었다. 보헤미안 지수와 같이 게이 지수도 입지계수의 형태를 띠어 이 값이 1보다 클 경우는 전국대비 인구비율에 비해 해당 도시에서 게이 인구의 비율이 상대적으로 높은 도시임을 나타낸다. 세 번째 지수는 용광로 지수이다. 이는 다양성과 개방성의 척도로서 외국인들이 어느 정도 들어와 살고 있는지를 측정하는 지수이다. 이민자가 많다는 것은 이방인에 대해 개방적이고 수용적인 사회와 문화를 가지고 있다는 증거가 될 뿐만 아니라, 다른 나라의 인재들을 유인해 올 수 있는 경제적 여건이 갖추어져 있음을 보여 준다. 여기에서는 각 도시별로 인구 1,000명당 외국인 인구비율을 계산하여 이용하였다.

플로리다는 이들 세 지수와 첨단산업을 통한 경제성장을 활발하게 이루고 있는 도시들 간에 매우 높은 상관관계가 있음을 보여 주었다. 비록 게이 혹은 보헤미안의 많고 적음이 첨단산업의 발달에 직접적인 원인이 되지는 않지만, 창조적 인재가 관용으로 대변되는 개방성과 다양성이 충만한 도시로 이끌린다는 것이 플로리다의 주장이다.

3) 창조계급과 창조산업

도시에서의 창조성을 어디에 중심을 두고 볼 것인가라는 측면에서 창조계급에 대한 관심과 창조산업에 대한 관심이 구분된다(이희연·황은정, 2008). 플로리다는 창조도시적인 특성을 강하게 보이며 경제적인 성장을 달성한 도시들에서 인재들의 집중에 주목하였다. 플로리다의 창조계급은 인재집단이다. 인재들은 공간적으로 볼 때 불균등한 분포를 보이는데, 창조도시가 되기 위해서는 인재들을 보다 많이 끌어들일 수 있는, 그들이 선호하는 도시환경을 마련하는 것이 중요하다.

한편 창조성을 창조산업의 관점에서 바라본 대표적인 학자는 리처드 케이브스(Richard Caves)이다. 원래 창조산업에 대한 관심은 정책부문에서 우선적으로 시작되었는데, 그 관심의 배경에는 이들 일군의 산업이 보여 주는 높은 부가가치의 창출과 성장유발 효과에 있었다. 영국의 문화·미디어·체육부(Department of Culture, Media and Sport, DCMS)[1]는 창조산업을 "개인의 창조성, 기술, 재능 등을 이용해 지적재산권을 설정하고, 이것을 활용함으로써 부와 고용을 창출할 수 있는 잠재능력을 갖고 있는 산업"으로 정의하고 있다(DCMS, 2001: 4). 여기에는 광고, 건축, 예술작품 및 골동품시장, 공예, 디자인, 디자이너 패션, 영화, 양방향 여가용 소프트웨어, 음악, 공연예술, 출판, 소프트웨어, 텔레비전 및 라디오의 13개 부분이 망라되어 있다. 1998년 기

1. 영국의 문화·미디어·체육부(Department of Culture, Media and Sport)는 정보통신기술을 포괄하는 창조산업 육성을 위해 2011년 디지털·문화·미디어·체육부(Department for Digital, Culture, Media and Sport)로 확대되었다.

준으로 영국에서 이들의 규모는 매출액 규모로 570억 파운드를 상회하고, 고용규모로 100만 명을 육박하고 있다고 한다(Hall, 2000). 창조산업은 종종 문화산업과 같은 의미로 사용되기도 하지만, 엄밀한 의미에서 문화산업과는 차이가 있다.

2000년 『창조산업(Creative Industries)』이라는 저서를 펴낸 케이브스는 창조산업을 "비영리적인 창조활동(창조적인 노동)과 단조롭고 일상적인 영리활동(상업적 비즈니스)과의 계약에 의한 네트워크"로 보았다. 그에 의하면 창조산업의 고유특성으로 '수요 불가지성'(nobody knows property), '예술적 가치(독창성, 기술적 전문성, 조화 등)를 위한 창조'(art for art's sake), '느슨하게 결합된 형태의 전문인력 간 협업'(motley crew), '기능인들의 협업 시 시간적 제약'(time flies), '무한다양성'(infinite variety), 'A급/B급의 차이'(A list/B list), '지속성'(ars longa) 등과 같은 일곱 가지를 꼽았다(Caves, 2000: 2-10). 순서대로 구체적으로 살펴보자. 첫째, 창조산업은 창조적인 활동에 대한 수요가 불확실하기 때문에 위험부담도 크다. 둘째, 창조적 생산물을 제작하는 창조인력은 제작 이후에도 자신의 창조물에 대한 지속적인 관심을 가진다. 셋째, 창조물은 다양한 사람들과 이들의 기술이 결합된다. 넷째, 창조물은 수직적인 차별화뿐만 아니라 수평적인 차별화도 있다. 품질의 차이가 구분되기 어려우면서도 취향에 따라 차별화가 이루어지기도 한다. 다섯째, 창조물의 제작에는 핵심적인 창조성을 투여하는 사람도 있지만 매우 일상적인 작업을 투여하는 사람들도 필요하다. 여섯째, 외부상황의 변화에 따라 유연하고 신속하게 대응한다. 마지막으로, 창조물은 상당기간 동안 가치가 존속된다.

창조도시에서 창조산업이 중요한 이유는 창조산업과 도시가 유기적으로 상호작용하기 때문이다. 즉 창조산업은 도시에 경제성장을 통한 부를 가져다주는 동시에 창조산업 그 자체가 제공하는 상품을 통해 보다 삶의 질이 높고 다양성이 풍부한 도시를 만들어 준다. 한편 도시는 창조산업이 필요로 하는 창조인력을 원활하게 공급할 수 있는 기반이면서, 동시에 자립성이 약한 기업들의 창조산업 활동이 사업지원 서비스나 기반시설 등을 통해 도움을 받을 수 있는 인큐베이터이기도 하다(손정렬, 2012).

4) 창조도시에 대한 비판

창조도시론, 특히 플로리다의 창조도시론은 도시성장을 이끄는 동인은 창조계층이며, 이러한 창조계층이 선호하는 요인들을 제시했다는 점에서 세계적 주목을 받았다. 그러나 플로리다의 주장은 창조계층 개념의 모호성 및 3T 요인 간의 부족한 상관관계 등으로 비판을 받았다.

가장 큰 비판을 받는 것은 창조성 지수에 대한 것이다. 3T 변수(기술, 인재, 관용) 간의 관계가 미약하다는 것이다. 먼저 창조도시론에서 핵심적인 요소로 고려하는 관용적 환경, 창조계급과 혁신, 성장과의 관계가 도시성장의 단편적 설명요인에 불과하다(Scott, 2006). 플로리다는 창조계층이 도시 경제성장의 동인임을 강조하였지만, 그의 연구에서는 창조계층과 도시성장의 관계에 대한 설명이 없다. 더욱이 창조계층의 본질적 특성을 제시하지 못한 채 이와 관련한 모호한 개념만을 나열하여 창조계층을 활용한 공간정책으로의 실제 적용은 불가능한 한계가 있다(Reese and Sands, 2008). 또한 플로리다는 관용이 많은 도시가 창조계층을 유인함을 기본전제로, 관용성의 정량적 측정을 위해 인구다양성을 제시하였다. 그러나 여전히 관용이 무엇을 의미하는지 명확하지 않으며, 인구다양성과 관용 간의 상관관계도 없다(Wilson and Keil, 2008).

이외에도 창조계층은 갑자기 생긴 특별한 것이 아니며 이전에도 존재했다는 비판(Malanga, 2004; Glaeser, 2005), 미국에서 정보통신기술(ICT)이 발전한 선벨트(Sunbelt) 지역은 노동조합의 부재, 오래된 산업구조, 창조계층에 필수적인 도시 어메니티가 없는 상황에도 불구하고 우수한 인력이 모이고 있다는 실증적 비판(Storper and Scott, 2009) 등이 이어졌다. 특히 펙은 창조도시론에 대한 비판의 강도를 매우 높이고 있다(Peck, 2005). 그에 의하면, 첫째로 플로리다가 포커스 집단을 대상으로 그들이 선호한다고 밝혔던 어메니티가 그들의 삶의 방식이나 가치관에 대한 근본적인 요인이라기보다는 문화쾌락주의나 과시적 여가활동을 반영하는 것일 수 있다고 지적하였다. 둘째는, 창조계급의 형성과 이들이 다른 집단에게 가지는 차별화로 인해 창조도시 내에서의 경제적 및 사회적 양극화가 심화되어 구성원 모두가 만족하는 창조도시가 만들어지지는 않을 것이라는 점이다. 셋째는, 창조도시 전략에 의해 형성되는 창조환경은 다분히 패스트푸드적 정책을 통해 문화 하부구조를 인위적으로 구축하는 것으로 장소의 진정성이 중요한 창조도시 환경에서 이러한 정책이 효과가 있을지 의문이라는 점이 있다. 넷째는, 신자유주의하에서 창조도시정책이 범세계적으로 확산되는 과정에서 선택과 집중에 의한 기업가주의적 도시 간 선별적 성장을 통해 불균등발전이 심화된 것이라는 점이다(손정렬, 2012).

플로리다의 창조계층이 간과하고 있는 가장 큰 오류는 그의 이론이 엘리트주의적이고 시장경쟁을 지나치게 중시하고 있다는 점이다. 창조적인 계층이 되기를 희망하지 않는 사람들은 지구상에 어느 누구도 존재하지 않는다. 플로리다가 규정했던 창조계층은 주로 변호사, 학자, 연구자, 금융인 등 고소득 직업군에 한정되어 있다. 이는 다른 계층이 창조계층으로 진입할 수 있는 가능성을 원천적으로 차단하는 폐쇄성을 지니고 있다. 이러한 결과 자유롭고 독특한 사고에 기반한다는 창조성의 의미가 퇴색하고 있으며, 창조계층이 공간발전의 주체가 아니라 공간적 양극화를 심화시키는 주체로 간주된다.

4. 창조도시 전략

새로운 혁신이나 창조가 나타날 가능성이 높은 도시들은 끊임없는 사회적·경제적 변화의 한 가운데에 있는 도시, 젊은 사람들과 신선한 사람들이 많이 모여드는 도시, 그리고 새로운 사회로의 전환기에 있는 도시들이다(Hall, 2000). 랜드리는 좀 더 명시적으로 창조도시의 전제조건이 무엇인지를 밝히고 있다(Landry, 2000). 랜드리가 제시한 전제조건은 크게 일곱 가지로, 이들은 무형적인 요소와 유형적인 요소를 두루 포함한다.

랜드리가 주목한 첫째 전제조건은 개인의 자질이다. 창의적인 사람들이 도시 내에서 적재적소에 배치되어 그들의 창의성을 발휘해야 창조도시가 성공할 수 있다. 둘째, 의지와 리더십이다. 창조적 변화의 요구를 수용하고 올바른 방향성을 가진 의지는 창조성이 아이디어에서 구체화된 수준의 활동으로 전환되는 데 필요한 동력이다. 셋째, 다양한 인적 자원, 그중에서도 인재에의 접근이다. 다양성이 확보되어 있는 사회는 다양한 유형의 문제에 대한 다양한 해결책이 다양한 사고 가운데에서 도출된다. 넷째, 조직문화이다. 창조도시적인 조직문화는 조직의 위계성이 약하고 조직 내 부서 간의 단절성이 적다. 다섯째, 지역 정체성 혹은 지역성의 육성이다. 지역의 정체성은 도시민들에게 지역에 대한 자부심을 심어 주며 이들 사이의 연대감을 형성시켜 도시 커뮤니티를 구성할 수 있도록 해 준다. 여섯째, 도시의 공간과 시설이다. 물리적인 공간과 시설은 창조도시에서의 활동들이 원활하게 일어날 수 있도록 하거나 활동들을 더욱 촉진시키는 역할을 한다. 일곱째, 네트워킹이다. 다양한 방식의 그리고 다양한 규모에서의 네트워크가 형성되어 있고, 이들 네트워크가 다층적인 구조를 가지고 얽혀 있는 곳이 창조도시가 된다.

21세기 도시가 지식기반 경제활동이 중심이 되는 경제환경 속에서 개인의 창조성과 창의력이 자유롭게 십분 발휘될 수 있는 도시환경을 필요로 하고 있다는 것은 부인할 수 없다. 하지만 창조도시의 논리를 우리나라에 적용하기 위해서는 우리나라의 여건에 맞는 정책을 전개해 나갈 필요가 있다. 먼저 창조도시란 것이 인위적으로 만들어지는 것이 아니라는 점에서 각 도시가 가지는 고유한 특성을 파악하고 이를 살리는 전략이 필요하다. 아울러 창조계급-창조산업-창조환경이 서로 원만하게 상호작용하면서 발전을 이룰 수 있는 전제조건들이 파악되어야 한다. 이러한 전제조건들은 일반적인 조건도 있지만 각 도시별로 고유한 필요조건이 무엇인가에 대한 부분이 특히 중요하게 고려되어야 한다. 우리나라의 경우에 특히 결여되어 있는 창조도시의 요소는 관용이다. 이를 위한 다양성과 개방성을 어떻게 사회와 문화 속에서 개선해 나갈지가 성공적인 한국형 창조도시의 첫걸음이 되어야 할 것이다.

참고문헌

손정렬, 2012, "창조도시", 권용우 외, 『도시의 이해』, 박영사.

이희연·황은정, 2008, "창조산업의 집적화와 가치사슬에 따른 분포특성: 서울을 사례로", 『국토연구』, 58, pp.71-93.

佐佐木雅幸, 2002, 『創造都市への挑戦, 岩波書店』, 정원창 옮김, 2004, 『창조하는 도시: 사람, 문화, 산업의 미래』, 소화.

Caves, R., 2000, *Creative Industries: Contracts between Art and Commerce*, Harvard University.

DCMS, 2001, *Creative Industries Economic Estimates-full Statistical Release*, London.

Florida, R., 2002, *The Rise of the Creative Class: And How It's Transforming Work, Leisure, Community and Everyday Life*, New York: Basic Books, 이길태 옮김, 2002, 『창조적 변화를 주도하는 사람들』, 전자신문사.

Florida, R., 2005, *Cities and the Creative Class*, Routledge, 이원호·이종호·서민철 옮김, 2008, 『도시와 창조계급: 창조경제 시대의 도시 발전 전략』, 푸른길.

Glaeser, E., 2005, "Review of Richard Florida's *the rise of the creative class*", *Regional Science and Urban Economics*, 35(5), pp.593-596.

Glaeser, E., 2011, *Triumph of the City*, New York: Penguin Press, 이진원 옮김, 『도시의 승리』, 해냄.

Hall, P., 1998, *Cities in Civilization*, London: Phoenix Giant.

Hall, P., 2000, "Creative cities and economic development", *Urban Studies*, 37(4), pp.639-649.

Jacobs, J., 1985, *Cities and the Wealth of Nations: principles of economic life*, New York: Vintage.

Landry, C., 2000, *The Creative City: A Toolkit for Urban Innovators*, London: Comedia,

Landry, C., 2005, *The Creative City*, London: Comedia, 임상오 옮김, 2005, 『창조도시』, 해냄.

Malanga, S., 2004, "The curse of the creative class", *City Journal*, 14, pp.36-45.

Peck, J., 2005, "Struggling with the creative class", *International Journal of Urban and Regional Research*, 29(4), pp.740-770.

Reese, L. and Sands, G., 2008, "Creative class and economic prosperity: old nostrums, better packaging?", *Economic Development Quarterly*, 22(1), pp.3-7.

Scott, A. J., 2006, "Creative cities: conceptual issues and policy questions", *Journal of Urban Affairs*, 28(1), pp.1-17.

Scott, A. J., 2010, "Cultural economy and the creative field of the city", *Geografiska Annaler: Series B, Human Geography*, 92(2), pp.115-130.

Sternberg, R. J. and Lubart, T. I., 1999, "The concept of creativity: prospects and paradigms", in Sternberg, R.

J.(ed.), *Handbook of Creativity*, pp.3-15, Cambridge: Cambridge University Press.

Storper, M., and Scott, A., 2009, "Rethinking human capital, creativity and urban growth", *Journal of Economic Geography*, 9, pp.147-67.

Throsby, D., 2001, *Economics and Cultures*, Cambridge University Press, 성제환 옮김, 2004, 『문화 경제학』, 한울아카데미.

UNCTAD, 2008/2010, *Creative Economy Report*, London.

Wilson, D. and Keil, R., 2008, "Commentary: the real creative class", *Social and Cultural Geography*, 9(8), pp.842-847.

더 읽을 거리

Jacobs, J., 1985, *Cities and the Wealth of Nations: principles of economic life*, New York: Vintage.

⋯▸ 한 국가의 성장과 발전은 계획적인 경제가 아니라 개별 도시의 산업성장과 상호관계의 중요성에 있음을 지적하고 있다. 출판된 지 30년이 지났지만 현재에도 여전히 유효한 내용을 담고 있다.

Florida, R., 2005, *Cities and the Creative Class*, Routledge, 이원호 · 이종호 · 서민철 옮김, 2008, 『도시와 창조계급: 창조경제 시대의 도시 발전 전략』, 푸른길.

⋯▸ 2002년 출간한 *The Rise of the Creative Class* 후속편으로 자신의 이론을 체계적으로 설명한 책이다. 경제발전의 3T, 즉 기술(Technology), 인재(Talent), 관용(Tolerance)을 활용하여 인재들의 창조성을 이끌어 내야 함을 주장한다.

Glaeser, E., 2011, *Triumph of the City*, New York: Penguin Press, 이진원 옮김, 『도시의 승리』, 해냄.

⋯▸ 도시경제학 분야의 세계적 권위자인 에드워드 글레이저가 전 세계 도시의 흥망성쇠와 주요 이슈들에 대한 예리한 분석과 통찰을 전하는 책이다. 도시 성공과 인적 자본의 관련성, 질병과 교통, 주택정책, 환경문제 등 고질적인 도시문제에 대한 새로운 해법, 개발과 보존이라는 끝없는 갈등, 스프롤(도시확산) 현상의 득과 실, 도시 빈곤과 소비도시의 부상 같은 도시를 둘러싼 쟁점들을 자세히 다루었다.

주요어 창조도시, 창조성, 창조계급, 창조산업, 창조적 장, 창조적 환경, 3T

제23장

도시마케팅

이정훈

1. 도시마케팅의 기원과 의미

1) 도시마케팅이란?

1980년대 이후 지역경제의 급격한 쇠퇴를 경험하던 선진국의 공업지역은 도시 문화환경과 지역발전 간의 상관관계를 인식하기 시작하면서 '장소마케팅(place marketing)' 프로그램을 도입하였다. 이것은 완전히 새로운 발견은 아니지만, 지역 고유의 문화역사적 자산을 활용하여 지역개발의 성과를 높인다는 점에서는 새로운 모델이다.

이러한 모델은 장소마케팅, 도시(혹은 지역)마케팅으로 불리며, 여러 연구자들에 의해 다양한 정의가 내려지고 있다. 일반적으로는 '지방자치단체와 기업가가 연합하여 지역/도시를 매력적인 것으로 만들고, 새로운 지역 이미지를 창출하여 외부의 기업가와 관광객으로부터 투자와 소비를 유치하기 위한 전략적 행동'(Kearns and Philo, 1993, 3)으로 정의된다.[1] 나아가 도시/장소 마케

1. 논자에 따라 장소마케팅과 도시마케팅의 차이를 단지 공간적 규모의 차이뿐만 아니라 그 목적과 내용에서도 다르다고 파악한다. 즉 장소마케팅은 지역의 문화를 보전하고 발전시키는 것에 근거한다면, 도시마케팅은 경제적 이익을 추구하는 목적이 강하다는 것이다(이무용, 2003). 그러나 두 용어 간의 이러한 차이는 장소와 도시가 갖는 공간적 성격의 차이에서 오는 실천적 행태의 차이에 기인하는 것으로 보인다. 즉 장소라는 개념 자체가 문화적·감성적 성격을 내포한 데다가 아주 작은 지점에서 국가, 대륙까지를 포괄할 수 있는 다의성을 가지고 있다는 점에서 도시에 비해 매우 풍

팅은 단순히 있는 그대로의 장소를 홍보하고 판매하는 것이 아니라, 고객의 취향에 따라 장소를 다시 만들어 내고 고유한 상징적 이미지를 구축하는 보다 적극적 활동을 포함한다(Holocomb, 1993: 133-134). 그러나 이 정의만으로 현실에서 나타나는 다양한 도시문화와 이미지, 관측과 개발에 관련된 활동들을 재단하고 이해하기에 도시마케팅은 훨씬 복잡한 역사적·상황적 조건 속에 놓여 있다.

가장 최근에 이루어진 도시마케팅에 대한 종합적 정리는 존 쇼트(John Short, 2015)에 의해 이루어졌다. 존 쇼트는 도시마케팅을 마케팅 전략과 마케팅 기술(tactics)로 구분하고 있다. 쇼트가 구분한 도시마케팅의 7대 기본전략은 탈산업도시, 글로벌시티, 기업도시, 좋은 도시(good city), 녹색도시(green city), 코즈모폴리턴 도시, 문화도시 등으로 구성되어 있다. 마케팅 기술은 어떻게 도시를 팔 것인가에 관한 것이다. 쇼트가 예를 들고 있는 마케팅 기술로는 네이밍, 미디어 캠페인, 슬로건, 로고 등 일련의 이미지 등 시티브랜딩 기법이 중심을 이룬다. 나아가 IT기술과 인터넷의 발달로 웹의 활용이 주목을 받고 있으며, 이벤트의 유치도 중요한 마케팅 기법의 하나이다. 이러한 캠페인이 어떻게 도시에 영향을 주는가에 관한 질문이 제기되기도 한다.

서구에서는 1980년대 도시의 침체와 재도약 과정에서 나타난 실천적 방법에 대한 학문적 연구의 결과 '장소(도시)마케팅' 개념이 정립되었다. 우리나라에서는 지방자치제가 실시된 1990년대 중반 이후에 축제, 메가이벤트 등을 통해 도입되었으며, 공공영역에서의 실천전략으로 본격적으로 받아들여진 것은 1990년대 후반과 2000년대에 들어와서라고 할 수 있다.

2) 도시의 변화, 발전과 도시마케팅의 맥락적 관계

(1) 글로벌화, 선진 공업국가의 탈산업화와 도시의 흥망성쇠

도시마케팅은 글로벌 시대에 치열해진 도시/지역 간 경쟁의 결과로 나타난 도시의 흥망성쇠

부한 문화적 내용과 마케팅 실천을 내포할 수 있기 때문이다. 그렇다고 해서 장소마케팅은 문화 추구적이고, 도시마케팅은 경제적 이익 추구라는 정의에 논리적 근거가 충분히 정립된 것은 아니다. 도시마케팅의 실천에 대해서도 그 목적과 상황에 따라서는 문화적 진정성을 추구할 수 있다는 점에서, 이 글에서는 장소마케팅과 도시마케팅의 차이를 공간적 범위의 차이로 인식하고자 한다. 다시 말해 장소마케팅은 다양한 공간적 규모, 즉 마을, 지구, 도시, 지역, 국가 등을 포괄하는 개념으로 쓰이고 있으며, 도시마케팅은 현대 자본주의 사회를 움직이는 중요한 공간적 단위인 '도시'로 그 범위를 한정하는 것으로 정의하고자 한다. 실제로 장소마케팅의 중요한 주체인 공공기관이나 민간기업(마케팅 컨설팅, 브랜드 기획사 등)에서는 '장소'라는 개념의 추상성과 다의성 때문에 도시에서는 '도시마케팅', 농촌이나 도와 같은 여러 도시의 연합 지방자치단체에서는 '지역마케팅'으로 칭하고 있어서, 장소마케팅은 다분히 이론적·학문적 영역에 남아 있는 실정이다.

(rise and fall) 속에서 탄생하였다. 1970년대 중반 이후, 그동안 공업의 발전으로 융성했던 도시들이 내적인 자본주의 시스템의 문제(시장 포화, 노사관계, 소비경향, 환경 등)와 개발도상국의 빠른 성장에 따른 자본이동성 증가에 따라 급격하게 몰락하면서 새로운 활력을 얻기 위한 수단으로서 등장한 것이다.

공업부문에서 과거와 같은 경쟁력을 잃어버리게 된 전통적 선진 공업도시들은 경기침체와 실업 등의 문제에 직면, 서비스업을 중심으로 하는 산업구조조정에 나서게 되었다. 전통적 공업도시에서 지식산업, 서비스업, 문화산업이 성장하기 위해서는 그에 걸맞은 기반과 이미지, 인력을 갖추어야 했다. 이 도시들은 탈산업화의 구조조정 국면에서 가장 큰 장애요소는 공업도시의 공해와 칙칙한 이미지라고 판단하였다. 그것은 서비스업 부문의 투자를 유치하기 위해서는 전문인력이 절대적으로 필요하며, 창조계층(creative class)이라고도 불리는 전문직에 종사하는 사람들(Florida, 2002)은 쾌적한 환경과 문화시설, 이미지를 거주지 선택의 중요한 조건으로 생각하기 때문이다.

도시마케팅이 도시 이미지를 개선하는 데 실천적으로 유용하다는 것이 증명되면서, 오늘날 사회경제적으로 침체와 어려움을 겪는 도시와 농촌 지역으로 전파되어 다양한 공간적·조직적 단위에서 적용되고 있다.

(2) 기업가주의적 도시정부의 등장: 공공계획 부문에서 마케팅 원리 도입

점차로 격화되는 도시 간 경쟁 속에서 도시정부는 과거의 복지정책이나 토지이용계획을 수행하는 역할뿐만 아니라, 지역의 자원을 동원하여 지역발전을 이끌어 가야 하는 역할을 부여받게 되었다(Hall and Hubbard, 1996: 153-154). 즉 세계화 환경 속에서 지역의 행정당국과 정책전문가, 계획가는 기존의 지역구성원과 잠재적 지역구성원의 요구가 무엇인지를 파악하고, 그것을 어떻게 지역 내에서 구현하여 '매력'을 되찾을 것인가를 궁리해야 했던 것이다. 이것은 지금까지 지역정책과 도시계획이 추구하던 원리와 철학의 변화를 의미한다. 즉 지금까지 지역정책과 도시계획이 주로 공급자의 시각에서 이루어졌다면, 새로운 정책과 계획은 소비자의 시각을 보다 중시하게 되었으며, 이는 시장지향적 정책으로 귀결된다(Ashworth and Voogd, 1990). 이제 도시지역의 상품화는 외부의 투자를 지역으로 유치하기 위한 지역경제개발에서 필수적 전략으로 인식되기에 이른 것이다(Hall and Hubbard, 1996; OBENG-ODOOM, 2010).

2. 도시마케팅의 핵심 구성요소와 주요 수단

1) 도시마케팅의 핵심적 구성요소와 체계

앞에서 살펴본 도시마케팅의 경험과 정의에 의하면, 도시마케팅은 단지 도시 이미지를 홍보하는 것에 머물지 않고 도시공간에 대한 정비와 개발을 통해 새로운 장소를 구축하고, 그를 통해 매력적이고 고유한 이미지를 구축하는 체계적 작업이다. 따라서 도시마케팅을 효과적으로 수행하기 위해서는 그 체계와 방법론을 명확히 구축해야 한다. 프레터(Fretter, 1993)는 도시마케팅의 핵심적 구성요소를 여섯 가지로 요약하고 있다.

첫째, 비전을 세운다. 성공적인 도시마케팅을 위해서는 지역이 장기적으로 어떠한 모습이 되고 싶은가에 대해 명확히 이해해야 한다. 그리고 지역의 구성원들은 이러한 비전을 공유해야 한다.

둘째, 스스로를 파악한다. 지역이 가지고 있는 특성과 장단점을 분석하여, 목표고객에게 제공할 수 있는 것이 무엇인지에 대해 파악해야 한다. 또 실제의 장단점뿐만 아니라 목표공중(target audience)이 인지하고 있는 장단점에 대해서도 파악해야 한다.

셋째, 고객이 누구인지 명확히 한다. 도시정부의 고객은 단지 기업이나 관광객에 국한할 수 없다. 기업활동에 기반이 되는 양질의 노동력을 제공하는 주민 또한 중요한 고객이 된다. 나아가서 어떠한 기업, 관광객, 주민을 대상으로 해야 할지를 결정해야 한다.

넷째, 경쟁자를 파악한다. 이는 흔히 간과되는 경향이 있다. 시장분석을 통해 경쟁자가 누구인지 파악하고, 그들을 넘어설 수 있는 방법을 고안해야 한다.

다섯째, 고객에게 판매할 수 있는 지역의 진정 차별화된 상품을 찾는다. 그 상품이 고객에게 주는 이익이 무엇인지를, 고객이 지역을 선택해야 하는 이유를 간명하게 제시해야 한다. 그러나 그

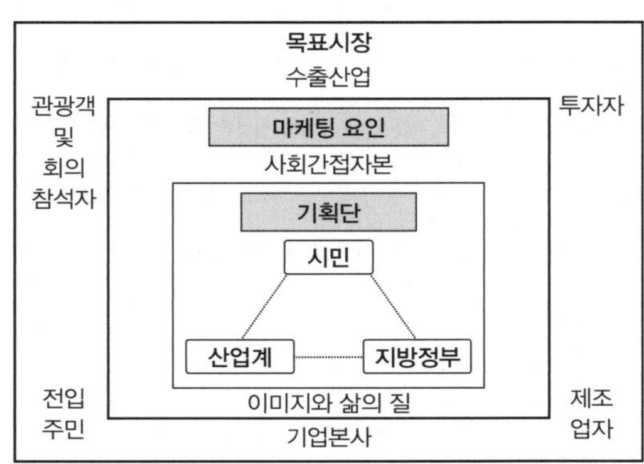

그림 1. 도시마케팅의 층위들
출처: Kotler et al., 1993, p.19.

이유는 실제로 존재하는 것이어야 한다.

여섯째, 한목소리를 낸다. 동일하고 일관된 메시지를 전달함으로써 지역의 가치와 매력적 이미지를 유지할 수 있다.

필립 코틀러(Philip Kotler)는 장소마케팅 실천을 〈그림 1〉과 같은 세 가지 측면에서 구체화하였다. 먼저, 장소마케팅의 목표시장을 명확히 하는 것이다. 장소마케팅의 주요 목표시장으로는 수출산업, 관광객 및 회의참석자, 투자자, 전입주민, 제조업자, 기업본사 등이 있다. 장소마케터들은 장소마케팅 전략을 구축할 때 목표공중의 취향과 요구, 즉 장소를 구매하는 소비자의 요구에 민감하게 실천전략을 수립해야 하는 것이다.

두 번째로, 장소마케팅 실천을 통해 새롭게 형성되는 장소적 요소로서 사회간접자본, 매력물, 사람, 장소 이미지, 삶의 질 등을 들 수 있다. 고객이 장소를 방문하거나 이주할 만큼 다른 장소와 차별화되는 매력과 이점을 구축해야 하는 것이다. 그리고 이러한 매력이 하나의 긍정적인 이미지로 통합되어 고객들에게 다가갈 때 비로소 그 장소는 '잘 팔리는 매력적인 상품'으로 위치를 차지하게 된다.[2]

장소마케팅을 기획하고 수행하기 위해서는 주체가 필요하다. 지역의 환경을 개선하고 매력적 이미지를 형성하기 위해서는 지방정부, 시민과 기업가 간의 긴밀한 네트워크가 필요하다. 주민

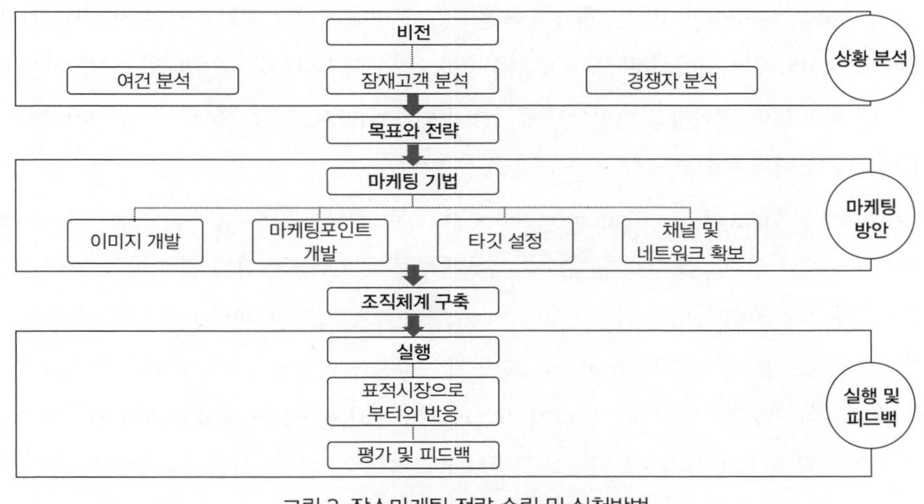

그림 2. 장소마케팅 전략 수립 및 실천방법

출처: 한영주·이무용 외, 2001.

2. 여기에서 장소에 대한 물리적 접근과 이미지 마케팅적 접근이 동시에 필요해진다.

참여하의 지역 만들기를 통한 장소의 개선은 장소마케팅 실천에서 중요한 역할을 차지한다.

이상의 장소마케팅 전략의 체계는 〈그림 2〉와 같이 표현할 수 있다.

2) 도시마케팅의 주요 수단 및 방법론

앞에서 살펴본 도시마케팅 실천의 체계에서 핵심적인 것은 도시 이미지 향상의 수단으로서 도시브랜딩, 도시의 이미지를 뒷받침해 주는 공간개발, 이미지를 집중적으로 구축하고 확산하는 주요 채널로서 축제·이벤트 등 세 가지를 들 수 있으며, 이러한 일들을 기획하고 수행하는 조직 또한 중요하다.

(1) 도시브랜딩(City Branding): 차별적 도시 이미지 구축

역사적으로 도시마케팅에 부여된 역할은 침체에 빠진 지역을 재활성화시키는 것이다. 그 목표를 달성하기 위해서는 부정적이거나 특징과 매력이 없는 약한 이미지를 바꾸는 것이 중요하다. 이 점은 그동안 영국의 글래스고 등 도시마케팅을 통해 지역재생에 성공한 사례에서 잘 나타난다. 도시브랜딩은 도시의 긍정적 이미지를 강화하고, 차별성과 매력도를 높이기 위한 강력한 수단으로 활용되고 있다. 도시의 이미지는 여행, 투자, 주거목적지 선정과정에 중요한 영향을 미친다(Selby, 2004). 도시 이미지란 한 개인이 특정 도시에 대해 가지고 있는 신념, 아이디어, 인상의 총합이다. 도시마케터는 항상 자신의 지역에 대한 이미지가 어떠한가에 대해 관심을 기울여야 하며, 그것을 어떻게 관리하고 개선할 것인가를 고민해야 한다. 이러한 노력들은 도시브랜딩 실천에 의해 보다 체계화될 수 있다.

미국마케팅협회(American Marketing Association)는 브랜드를 '개별 혹은 그룹 단위 판매자의 특정 상품이나 서비스를 다른 판매자의 그것과 다른 것으로 식별하기 위한 이름, 용어, 기호, 심벌, 디자인 또는 이것들이 혼합된 것'을 모두 포함하는 것으로 정의하고 있다. 특히 이러한 브랜드는 기업-소비자 간 소통(communication)의 기능을 담당함으로써 현대에 와서 점점 더 중요한 역할을 차지하게 된 것이다. 이렇게 기업과 제품에서 활용되던 브랜드가 도시/장소에 적용되는 것은 '장소가 제품이나 서비스와 동일하게 하나의 소비되는 상품'으로 변화되었기 때문이다.

도시브랜드에는 그 도시가 가지고 있는 핵심적이면서도 매력적인 가치가 담겨 있어, 이를 지속적으로 목표공중에게 전달(communication)함으로써 소기의 목적을 달성할 수 있게 된다. 흔히 브랜딩을 단순히 심벌과 슬로건을 만들어서 알리는, 홍보의 수단으로 이해하는 경우가 많다. 그러나 브랜드의 개발과 실천의 전 과정을 체계화해 보면, 이는 단지 이미지나 기호적 작업에 그치는 것이 아니라 그것을 목표공중에게 전달하는 커뮤니케이션 전략이 수반되며, 나아가서 도시의 물리적 변화와 연관되는 정책기획이나 도시계획의 방향제시에 이르게 된다. 왜냐하면 실제로 도시의 공간 속에서 그러한 가치를 느낄 수 있어야 하기 때문이다. 즉 도시브랜드는 도시가 목표고객에게 전해 주는 메시지를 담고 있어야 하며, 실제로 지방정부는 그러한 메시지가 헛구호가 되지 않도록 도시공간과 시스템을 준비하고 정비해야 하는 것이다.

여기에서 브랜드는 앞에서 지적한 대로 홍보, 브랜드 가치를 담은 공간, 하부구조 및 시스템 구축 등 도시마케팅의 방향타로서의 역할을 한다. 특히 1970~1980년대 침체에 빠진 도시를 부흥시키기 위한 노력에서 브랜드를 전면에 내세운 캠페인은 핵심적 역할을 하였다.

장소브랜딩은 장소정체성(identity) 개발 및 창출, 브랜드 리더십, 브랜드 아키텍처, 장소브랜드 자산평가 등 정밀한 기법을 담고 있어 장소마케팅의 이미지 개선전략을 보다 효과적으로 실행할 수 있도록 한다(이정훈, 2008: 879–884). 지금까지 이론과 실천을 통해 확인할 수 있는 장소브랜딩 과정은 다음 다섯 가지 단계를 밟고 있다. 첫째, 브랜드 정체성의 도출과 주민들과의 공감대 형성, 둘째, 브랜드 정체성의 전달과 소통, 셋째, 도시의 물리적 공간개발을 통한 브랜드 정체성의 실현과 새로운 정체성 창출, 넷째, 고객과의 소통을 통한 직간접적 브랜드 경험 축적과 도시 이미지 변화, 다섯째, 도시에 대한 실제 경험에 따른 이미지 변화로 이루어진다(이정훈, 2008: 884–886).

1980년대 초 침체에 빠진 글래스고의 도시마케팅은 Glasgow's Miles Better 캠페인에서 출발했다. 칙칙한 공업도시였던 글래스고의 부정적 이미지가 잠재적인 투자자들에게 가장 큰 장애요인으로 작용하고 있다고 판단했기 때문이다. 글래스고는 이미지 캠페인과 아울러 도시공간에 대한 실질적 개선에 나서서, 도시 인프라를 개선하고 도심지구의 개선에 초점을 두었다. 이 캠페인의 결과는 놀라워서 10년이 채 안 된 1990년에 글래스고는 유럽의 문화수도로 선정되었으며, 예술의 중심지로서 높은 인지도를 갖게 되었다(Paddison, 1993: 345–347).

2004년 글래스고는 새로운 단계로의 도약을 위해 'Glasgow: Scotland with Style'이라는 브랜드를 론칭하였다. 이 브랜드는 글래스고가 스코틀랜드에서 패션과 유행의 중심지이며, 스코틀랜드 관광의 거점이라는 전략적 포지셔닝을 담고 있다. 이 브랜드는 창조적인 축제·여행 목적지로서 자신을 포지셔닝하고 있는 에든버러와 완벽한 보완관계를 설정하고 있다. 이 2기 브랜드는 글래스고가 실제로 매킨토시(Mackintosh) 등의 문화적 자산을 가지고 있으며, 영국에서 런던에 버

그림 3. I Love New York 기념품 가게

그림 4. 2004년 새롭게 론칭되어 시가지 곳곳에 걸려 있는 글래스고 브랜드

금가는 쇼핑 중심지라는 위상을 반영하고 있다. 약 20년에 걸쳐 글래스고에서 실행한 장소마케팅 수단으로서 브랜딩은 도시의 발전단계에 적합한 실천의 전형적 모델을 제시하고 있다.

뉴욕의 I Love New York 프로그램은 지역을 침체와 위기에서 두 번이나 구한 대표적인 브랜드이다. 1970년대 중반에 뉴욕은 경기침체로 범죄와 실업이 증가하고 있었다. 기업들은 지역을 떠났다. 이러한 지역의 위기에 대응하기 위해 뉴욕주에서는 이미지 프로그램을 기획하였고, 그 결과 고안해 낸 것이 I Love New York 캠페인이었다. 이 캠페인을 비롯한 주 당국의 노력으로 뉴욕은 다시 활기를 되찾기 시작한 것으로 평가되고 있다. 이 캠페인은 9·11사건으로 지역이 공황상태에 빠져 있을 때 다시 한 번 위력을 발휘하였다. 위기상황에서 주와 시 당국은 이 캠페인을 대대적으로 전개하기 위해 예산을 배정하였고, 이는 지역이 안정을 되찾는 데 커다란 기여를 한 것으로 평가되고 있다.

최근 들어 그동안 이루어진 도시브랜딩, 장소브랜딩에 관한 통합적 리뷰를 통해 이론과 실천이 갖는 문제와 향후 과제에 대한 논의가 활발하게 이루어지고 있다(Acharya and Rahman, 2016; Green et al., 2016; 이경화·김주연, 2013). 또한 최근에 이루어진 세계 주요 도시의 도시브랜딩 사례에 관한 소개와 분석이 이루어지고 있다(Dinnie, 2011; Cai, 2009; 이경미·김찬동, 2010; 이정훈, 2006).

(2) 도시개발: 상징공간 만들기(Hard Branding)

도시마케팅에서 도시브랜드 이미지 구축, 홍보작업에 더하여 실제로 매력적인 이미지를 담은 공간을 구축할 필요가 있다. 이러한 공간구축 작업은 작게는 거리청소 작업, 거리장식, 브랜드 노출 등에서부터 크게는 상징적인 빌딩이나 지구개발에 이르기까지 다양하다. 이를 통해 실제로

그림 5. 글래스고 클라이드 강변: 조선소에서 컨벤션과 문화산업의 중심지구로 변신 중이다.

그림 6. 도클랜드 개발지구의 상징: 박물관과 기념탑, 우측으로 업무빌딩이 보인다.

서비스기능, 업무기능과 관광객을 유치하고자 하는 것이다. 1980년대 후반에 세계 주요 도시들에서는 워터프런트 개발 등 다양한 도시개발사업을 진행하였으며, 이는 쇠락한 지역에 대한 재생과 새로운 구조로의 전환이라는 두 가지 목적을 동시에 추구하는 것이었다.

중요한 사례로는 영국의 도클랜드 개발, 일본의 MM21지구 개발 등이 있다. 도클랜드는 런던 외곽지구의 템스 강변에 있는 과거 런던의 물산과 교역의 거점이었던 장소로서 창고와 쇠퇴한 항구기능이 남아 있던 곳을 재개발하여, 서비스업과 고차 업무기능, 관광객을 유치하고자 한 것이다. 도클랜드 개발에서는 지역의 정체성을 살리기 위해 과거 창고로 쓰였던 곳을 박물관으로 꾸며 런던의 근대 개발사와 도클랜드 지역의 변천과정을 상세하게 전시하고 있으며, 각종 기념비적 건축·조형물을 통해 독특한 이미지를 강화하고 있다.

요코하마 역시 도쿄에 대한 고급직업 의존성을 줄이고, 지역경제 활성화의 상징적 거점으로서 MM21계획을 추진, 1983년부터 시행단계로 접어들었다. 이곳은 미쓰비시 조선소와 철도 차량기지 등이 있던 땅과 일부 간척지로 이루어져 있다. 미쓰비시 그룹의 주력 부동산회사인 미쓰비시 지소가 지역의 랜드마크인 '랜드마크 타워'를 짓고, 미쓰비시 중공업 제2본사 등 핵심기능과 업무 상업시설인 퀸스스퀘어, 퍼시피코 요코하마라는 전시 컨벤션센터가 입지하여 개장 2년 반 만에 약 1억 명이 방문하는 명소가 된 것이다. 도쿄의 임해 부도심, 지바의 마쿠하리 신도심 등은 이러한 도시마케팅적 관점에서 지구를 개발한 주요 사례이다.

요코하마 MM21 사례는 글래스고 클라이드 강변 개발과정과 매우 유사하다는 점에서, 20세기 말 도시발전과 도시마케팅적 공간개발의 흐름을 잘 대변해 주고 있다. 클라이드 강변 역시 조선소가 있던 곳으로 문을 닫은 후에 전시 컨벤션센터와 호텔, 과학관 등이 들어섰으며, 그 인접 부지는 BBC 방송국 스코틀랜드 지국 등 문화산업 기능이 육성될 예정이다.[3]

그러나 이러한 도시의 개발과 도시 이미지를 상징하는 공간들을 만들어 내는 과정에 대해 도시마케터가 어떠한 위치에서, 어떠한 역할을 해야 하는지에 관해서는 더 깊은 연구와 논의가 필요하다. 왜냐하면 대부분 이러한 도시개발은 도시마케터의 기획과 통제 영역 밖에서 도시계획가, 도시개발 자본가와 공공영역, 토지소유자 등 관련된 사람들의 이해관계와 취향, 계획에 의해 좌우되기 때문이다. 이 과정에서 도시마케터가 어떻게 개입했는지, 또 어떠한 형태로 개입해야 하는지는 하나의 과제로 남는다.

이렇게 도시공간을 정비하고, 도시의 핵심적 가치를 표현하는 상징적 공간으로 만들어 나가는 과정을 '공간 브랜드 만들기(hard branding)'라고도 한다(Evans, 2003).

(3) 축제 및 메가이벤트: 도시의 상징성과 가치실현의 공장-효과적 채널

축제와 메가이벤트는 매력적인 도시 이미지를 구축하고 전달하는 매우 효과적인 채널로 활용되고 있다. 축제, 메가이벤트는 언론과 관광객이 지역을 인지하고 매력을 느끼며, 실제로 지역을 방문하는 계기로 작용하기 때문이다. 우리나라의 경우 은둔의 나라로 세계무대에서 거의 알려져 있지 않거나 전쟁과 분단의 저개발국가로 알려져 있었으나 1988년 올림픽을 통해 세계무대에 그 모습을 드러냈으며, 근대화된 발전상은 세계인들을 놀라게 하였다. 2002년 월드컵은 올림픽을 통해 알려진 이미지에 한국 특유의 색깔을 입혀, 이미지의 질적 발전의 계기가 되었다.

1992년 바르셀로나 올림픽, 1998년 리스본 엑스포, 2000년 시드니 올림픽 등은 메가 스포츠 이벤트를 통해 세계인들에게 도시를 새롭게 각인시키고 발전의 전기를 마련한 중요한 사례이다. 실제로 이 도시들에서는 이벤트 이후에 관광객 증가, 도시 이미지 지표 상승 등이 두드러졌다. 바르셀로나의 예를 보면, 올림픽 전인 1990년의 관광객 수가 170만여 명이던 것이 1995년에는 300만 명, 2001년에는 338만여 명으로 급격하게 증가하였다(Tourism de Barcelona, 2001, Statistics).

축제는 도시마케팅의 대표적 수단으로 여겨진다. 세계적으로 스코틀랜드 에든버러의 프린지 축제, 프랑스의 아비뇽 축제, 뉴올리언스의 마디그라 축제 등이 그 대표적 예이다. 이 축제를 보고 참가하기 위해 관광객들은 도시를 방문한다. 매년 8월 에든버러 고성에서 벌어지는 인터내셔널 페스티벌, 프린지 페스티벌, 밀리터리 타투 등은 에든버러를 문화유적 관광목적지가 아니라 창조적 축제 관광목적지로 자리매김하게 하였으며, 외국 방문객과 재방문율이 높아 성공적 도시

---

3. Glasgow Cultural Enterprise, 관계자 인터뷰.

그림 7. 에든버러의 프린지 페스티벌이 열리는 거리(2004년 8월)

그림 8. 함평 나비대축제의 주 공간: 나비생태관(2005년 5월)

마케팅의 수단이 되었다(Prentice and Andersen, 2003).

우리나라의 함평 나비대축제, 이천 도자기축제, 보령 머드축제, 강진 청자축제 등은 축제를 통해 지역의 인지도와 이미지를 고양하고, 지역산업과 긴밀한 관련을 맺어 지역활성화의 토대를 마련한 대표적 사례이다.

3) 도시마케팅: 지역개발의 새로운 패러다임으로서 도시문화전략, 그 한계와 진화

(1) 도시문화전략의 유형

도시의 발전에서 문화의 중요성을 인식하고, 도시정부가 이를 적극적으로 정책에 활용하는 것을 도시문화전략이라고 한다. 그리피스(Griffiths, 1995)는 도시문화전략의 다양한 형태를 분석하여 정치적 여건이나 문화에 대한 개념의 차이, 지역여건에 따라 통합형, 문화산업형, 도시판촉(소비자주의, 도시성장주의)형 등 세 가지의 모델이 존재한다는 점을 밝혔다.

통합형은 도시에서의 삶의 질을 개선하고 시민의 정체성을 강화하며, 복지적 측면을 강화한다. 볼로냐나 로마가 이러한 정책을 추구했는데, 이는 신좌파적 정치의제와 연결되어 있으며 도심의 재생에 초점을 두고 있다. 이러한 정책의 배경에는 문화를 공동체의 특징을 결정하는 의미 있는 실천의 조직망으로 생각하는, 광범위한 인류학적 개념이 깔려 있다.

문화산업형은 문화제품의 생산과 판매가 중요한 부의 원천이며, 도시의 미래성장에서 중요한 잠재력을 갖는 것으로 본다. 셰필드가 이 유형의 도시로 손꼽힌다. 이러한 전략을 선택한 도시들은 시청각산업, 출판, 패션디자인 등을 육성한다. 영국에서 이 모델은 경제 재구조화의 일환으로 추진되었다.

도시판촉형은 예술을 도시판촉의 도구로 사용한 모델로 미국에서 최초로 등장하였으며, 버밍햄, 글래스고 등 유럽의 여러 도시들에서 도입하였다. 이 모델은 예술소비를 문화관광객, 비즈니스 출장자, 학술대회 참가자 등의 관광객을 유치하는 수단으로 활용한 것이다.

지금까지의 논의에서 통합형과 문화산업형도 도시마케팅의 한 유형으로 간주되는 경우가 있으나, 이 경우에 도시마케팅은 도시문화전략과 동일하게 간주되며, 실천의 대상과 수단, 범위가 지나치게 넓어져서 효과적인 실천적 논의와 어젠다의 확정에 어려움이 발생한다. 이 점에 대해서는 별도의 장에서 심도 깊은 검증과 논의가 필요하나, 이 글에서는 엄밀한 의미에서 장소에 대한 개선과 이미지 마케팅을 동시에 포함하고 있는 도시판촉형으로 한정한다. 이러한 개념은 스콧(Scott, 2004)이 도시마케팅을 제1세대 문화전략으로, 제2세대 문화전략으로 규정한 문화산업과 구분하면서 활용하고 있다.

(2) 제1세대 문화전략으로서 도시마케팅과 그 한계

도시마케팅의 등장은 지역·도시 개발에서 새로운 패러다임을 열었다. 지금까지 지역·도시 개발 프로그램은 경제적 토대에 입각한 거점성장이론[4]에 크게 영향을 받고 있어서 문화전략은 도외시되어 왔다. 1980년대에 들어서면서 문화가 서구 도시의 재생과 경제적 성장에서 중요한 역할을 담당하면서 도시개발 패러다임에 커다란 전환이 일어나게 된 것이다.

---

4. 이 이론은 페로(Perroux, 1961)에 의해 발전되었다.

제1세대 도시문화전략으로서(Scott, 2004) 도시마케팅은 지역중흥에 중요한 역할을 하였지만, 현실에서 적지 않은 한계에 부딪혀 온 것도 사실이다. 즉 공간을 상품화하여 고객이 그것을 소비하도록 하는 것이지만, 실제로 목적에 부합하는 경제적 효과를 이끌어 낸 경우는 그다지 많지 않다는 것이다. 특히 근래에 흔히 도시마케팅의 수단으로 활용되어 온 축제가 그 대표적인 예로서, 국제적으로 유명한 축제들이 육성되어 왔지만 실제로 효과를 얻은 경우는 흔하지 않다는 점이 지적된다.

우리나라의 경우를 살펴보면, 연간 약 800건의 축제가 열리고 있지만 축제로서 성공한 경우도 그다지 많지 않을뿐더러, 축제를 통해 지역경제가 활성화된 예는 더욱더 찾아보기 어렵다. 함평 나비대축제, 부천 야인시대 세트장, 문경 태조왕건 세트장 등, 축제나 영화촬영장을 통해 인지도가 높아지고 방문객이 늘어난 경우에도 그것이 직접 지역경제 활성화에 크게 도움을 주지는 못했다. 드라마 세트장의 경우, 드라마가 끝나면 급격하게 방문객이 줄어들면서 그 효과가 지속적이지 않다는 점을 잘 보여 주었다(이정훈, 2004: 265-266).

(3) 제2세대 문화전략: 문화산업 육성의 한계와 대안적 접근

스콧(Scott, 2004)은 장소마케팅의 한계를 극복하기 위해 지역문화를 상품화하여 직접 고객에게 판매하는 문화산업을 육성해야 한다고 주장하며, 이를 제2세대 문화전략이라고 규정한다. 즉 공간을 상품화하는 장소마케팅과 반대로 장소의 콘텐츠와 성격을 제품에 담는 문화산업을 육성하는 것이다. 그러나 문화산업도 한계가 없는 것은 아니다. 문화산업은 최고의 기업과 제품만이 살아남는 부익부빈익빈의 원리가 지배하는 산업으로 장소마케팅에 비해 문화산업으로 성공할 수 있는 지역의 조건에 제약이 크다는 점이다.

따라서 문화산업과 장소마케팅은 서로 결합되고 공유되어야 한다. 서로 결합됨으로써 시너지를 누릴 수 있다. 특히 관광과 문화산업의 결합이 중요하다. 이는 도시문화전략에서 도시마케팅만도 아니며, 문화산업전략만도 아닌 제3의 길이 될 것이다(이정훈, 2004). 이렇게 관광과 지역문화산업이 긴밀하게 결합되고 있는 사례로는 이탈리아의 피렌체를 들 수 있다. 로체레티(Lazzeretti, 2003)는 피렌체를 도시의 문화예술 자산의 생산적 자원화를 촉진하는 하나의 고급문화 클러스터(High Culture Cluster, HCCluster)로 규정하고 있다. 피렌체의 HCCluster에서는 박물관, 공연예술, 수공예, 패션 등 다양한 문화관광과 문화산업의 하위 클러스터가 존재하며, 각 부문에 종사하는 민간과 공공 행위자들 간에 긴밀한 네트워크가 형성되어 있어서, 이러한 문화예술 자산을 관광객 유치뿐만 아니라 문화산업 활동에서도 활용할 수 있도록 촉진한다. 즉 도시의 문화예술 자원은 상징자본을 형성하여 관광객을 유치할뿐더러 생산적 자산으로서 활용될 수도 있는 것이다. 이곳에서는 하나의 행위자 네트워크에 의해 이루어지는 자율적인 영역적 시스템(an autonomous local system)이 작동하고 있다. 피렌체의 예가 전통문화유산을 관광과 문화산업으로 연계한 사례라면, 로스앤젤레스에서 영화산업과 테마파크, 할리우드 등 상징거리에 의거한 관광산업의 결합·발전은 현대적 문화콘텐츠 산업과 관광산업이 결합한 예라고 할 수 있다.

3. 도시마케팅의 사회·문화적 이슈와 비판

도시/장소 마케팅은 침체된 지역을 살려내는 데 중요한 역할을 해 왔음에도 불구하고, 경제활성화 측면에서 한계를 보였을 뿐만 아니라 사회·문화적 측면에서 비판의 대상이 되어 왔다. 그것은, 첫째, 문화조작에 의거한 장소의 상품화는 포스트모던 시대에 유연적 자본축적의 도구로 활용된다는 점에서 비판적 관점에서 분석된다. 둘째, 도시마케팅은 도시의 성장에 이해를 같이 하는 자본가와 공공부문의 연합에 의해 이루어지는 경우가 많은데, 이는 지역주민의 이해관계와 꼭 일치하는 것은 아니며, 장소의 진정성을 유지하기보다는 종종 성장에 희생되기도 한다는 점에서 비판의 대상이 된다. 셋째, 장소마케팅은 공간을 둘러싼 문화생산자들의 의미경합이 벌어지는 문화정치의 장으로서 분석된다. 넷째, 도시/장소 마케팅에서 상품화되는 장소/지점의 '진정성'을 둘러싼 논쟁이 있다.

(1) 포스트모더니즘과 유연적 자본축적체제(Flexible Accumulation System)의 첨병

장소마케팅은 글로벌화, 탈산업사회로의 진입과 더불어 포스트모던 문화현상과 동일한 맥락 속에 놓여 있다. 포스트모더니즘은 문화를 활용하여 장소를 상품화하고 소비를 미학화함으로써 자본의 축적을 돕는다는 것이다. 이에 하비(Harvey)는 포스트모더니즘을 탈산업사회에서 소비를 창출하기 위해 자본이 만들어 낸, 유연적 축적체제의 문화적 파트너라고 규정하고 있다. 탈맥락적 건축양식과 초현실적 테마파크 등을 통해 서민들이 소비의 마법에 걸리도록 도와주었다는 것이다(Harvey, 1989; Knox and Pinch, 2000). 컨스와 필로(Kearns and Philo, 1993)는 장소마케팅을 문화의 조작에 입각한 장소의 상품화 과정으로서, 신자유주의 시대 도시 엘리트들이 경제적 이득과 사회통제를 위해 문화자원을 활용하는 현상이라는 비판적 시각에서 분석하였다.

(2) 개발과 성장의 담론: 성장연합

1980년대 이후 도시마케팅을 실천하며 등장한 기업가주의 도시정부에서 도시는 '성장기계(growth machine)'로서 역할을 한다. 이러한 새로운 도시정치의 특징은 도시정부가 민간자본과 연합, 즉 성장연합을 통해 도시경제 개발을 촉진하는 것이다(Logan and Molotch, 1987). 도시개발의 연합은 다국적 자본에서 지방의 소기업에 이르는 기업과 지방정부가 중추적 역할을 한다.

결과적으로 도시의 포스트모던한 물리적 환경, 소비자 유인시설(스포츠센터, 컨벤션센터 및 쇼핑몰), 여가시설 등이 급격하게 증가되었으며, 이벤트 개최, 스펙터클의 생산, 도시의 장점에 대한 광고, 홍보, 이미지화 등의 노력이 아울러 전개되었다. 이러한 노력들은 도시를 활성화하고 사회적 발전을 위한다고 하지만, 그 이면에는 개발가, 자본가, 중간계급의 지배적 헤게모니가 작동하고 있으며, 그것이 다양한 소비공간을 통해 표출되고 있는 것으로 해석된다.

(3) 도시마케팅과 주체 간 갈등과 경합: 공간의 문화정치[5]

도시마케팅은 지역의 재활성화 방향을 설정하고 실천해 나가는 핵심적인 과정을 포함한다. 이로부터 자연히 도시 내부의 각 주체들 간에 이해관계가 얽히게 된다. 따라서 도시마케팅은 태생적으로 정치적일 수밖에 없다. 도시마케팅 과정에서 도시 이미지의 긍정적인 점이 강조되고, 특정 제품의 소비로부터 발생하는 불이익들이 고의로 무시된다는 것이다. 또 도시마케팅 상품에 대한 의미부여나 소비는 다양한 집단에 의해 다양한 방식으로 이루어지므로, 그러한 의미부여를 둘러싼 집단 간 갈등이 존재할 수 있다. 일례로 홍대지역 클럽문화는 '공간문화센터', '클럽연대', '문화단체', '상인단체', '클러버', '정부' 등 6개의 마케팅 파트너십 주체로 구성되어 발전해 왔으며, 이들 간에는 21가지 요소에서 총 53개의 담론이 의미경합을 이루고 있다(이무용, 2003).

(4) 진정한 장소성과 창조된 장소성

장소마케팅에서 지역문화를 활용한 장소상품은 '진정성'에 입각해야 한다는 관점은 일반적으로 받아들여져 왔다. 그러나 근래에 들어와서 이러한 견해에 변화가 일어나고 있다. 가장 대표적인 것은 라스베이거스를 둘러싼 논쟁이다. 라스베이거스는 카지노가 발달한 곳으로 알려져 있지만, 각 호텔이 기획하여 제공하는 공연은 그 자체가 관광상품으로서 레저, 휴양객과 가족관광객을 불러들이고 있으며, 세계관광과 컨벤션 산업의 주요 목적지가 되어 있다.[6] 많은 전문가나 분

5. 장소마케팅이 갖는 공간의 문화·정치적 속성에 대해서는 이무용(2003)을 참조.

석가들이 라스베이거스의 비진정성과 복제된 주제에 대해 비평하지만, 창조된 전통이라는 측면에서 보면 라스베이거스는 새로운 창조들이 계속해서 이루어졌던 파리나 로마와 다를 바가 없는 곳이라는 주장도 제기된다(Douglass and Raento, 2004). 또 미국 서부 오리건주의 소도시 애슐랜드에서는 지역과 아무런 연고도 없는 셰익스피어 축제를 기획하여 국제적으로 유명한 연극도시로 성장했으며, 셰익스피어 연극은 지역의 주된 산업이 되었다. 이제 셰익스피어는 애슐랜드에 중요한 문화적 자산이 되었다는 점에서, 장소자산을 둘러싼 진정성은 지나치게 고정된 것으로 해석할 필요가 없다(백선혜, 2004). 이는 어리(Urry, 1990)의 견해와도 일치한다.

4. 도시마케팅과 지리학의 과제

도시마케팅은 그것이 가지는 한계와 지역에서 헤게모니를 쥔 엘리트에 의한 성장의 도구로 활용된다는 비판적 고찰에도 불구하고, 도시의 미래를 만들어 나가는 데 지속적으로 중요한 역할을 할 것이다. 그것은 미래도시가 점점 더 문화와 지식에 의존하면서 경쟁을 해 나가게 될 것이며, 도시 이미지는 창조적 계급(creative class)이 주거의 선택과 여가공간의 선택에서 점점 더 중요한 역할을 하게 될 것이기 때문이다. 포괄적으로는 도시문화전략이 더욱 보편화될 것이며, 문화적 풍토의 강화와 교육, 공간개발에서 문화적 요소의 도입, 문화계획 등은 한층 발전된 모습으로 도시를 변모시킬 것이다.

도시마케팅은 실천이다. 도시마케팅을 둘러싸고 있는 모든 개념들은 사회적·정치적·문화적·경제적 의미를 지니고 있으며, 특히 지방자치단체와 지역을 이끌어 가고 있는 민간부문(기업, 사회단체, 문화활동가, 문화예술 생산자집단 등)이 밀접하게 관련된다.

순수학문으로서의 성격을 강하게 띠고 있던 지리학은 '도시마케팅'과 연관된 지역적 현상을 분석하고, 그것의 실천과 관련된 구체적 대안을 제시할 수 있는 잠재력을 가지고 있다. 그 순수학문적 성격으로 인해 다양한 실천적 분야에 기초이론을 제공해 줌에도 불구하고 사회적 활동의 전면으로 부각되지 못하는 상황을 고려해 볼 때, 도시/장소 마케팅은 지리학이 실천적 도구를 쥐고 앞으로 나갈 수 있는 중요한 분야 중 하나이다. 그러나 지금까지의 연구는 도시/장소 마케팅 현상에 대한 해석에 보다 중점을 두어 현장에서의 실천과 관련된 방법론, 이론적 연구는 부족한

6. Las Vegas Convention and Visitors Authority, 2003, Las Vegas Visitor Profile Study.

실정이다.

도시마케팅은 마케팅 이론을 제공하고 있는 경영학, 도시공간계획을 주도하고 있는 도시계획학, 공공행정의 문제를 다루고 있는 행정학 등에서 다양하게 접근하고 있다. 최근에는 장소/도시마케팅 연구의 비실천성, 개념의 광범위함과 모호함 등을 극복하기 위해 목적지 마케팅/목적지 브랜딩 개념이 도입되어 연구가 진행되고 있다. 모건 외(Morgan et al., 2002)의 저작은 그러한 노력의 첫 결실이며, 관광 관련 학문 연구자들과 공공부문 및 민간기업의 실무자들이 깊은 관심을 보이고 있다. 견고한 학문적 논리와 비판적 관점을 토대로 탄탄하고 정교한 실천의 이론과 방법론이 개발되어야 할 것이다.

또한 미래의 변화에 대한 대비도 필요하다. 예를 들면 최근에 IT기술 발전에 기반한 4차 산업혁명의 진전은 가까운 미래에 도시공간 구조를 혁신적으로 변화시킬 것으로 전망되고 있다. 가까운 미래에 도시는 사물인터넷으로 촘촘하게 연결되어 정보가 실시간으로 유통·분석되어 활용될 것이다. 나아가 자율자동차를 통한 교통·물류 혁명, 그리고 유통, 에너지 등 다양한 분야에서 도시공간 구조의 혁명적 변화가 예상된다. 또한 시민은 실시간으로 빅데이터에 접하게 되어, 생산과 소비, 생활과 정치에 적극적으로 참여하는 역사상 가장 지능화되고 능동적인 행위주체로 진화할 것이다. 이러한 변화는 도시의 발전과 마케팅 전략에 근본적인 방향수정을 요구할 것이다. 시민과 수요자의 적극적 참여에 기반한 공동창조(co-creation)가 일상화될 것이며(Bollier, 2016), 빅데이터에 기반한 마케팅 전략의 수립(엄희경 외, 2015), 도시 개발 및 관리와 관광육성 전략에 일대 혁신이 이루어질 것이다.

참고문헌

백선혜, 2004, "장소성의 인위적 형성을 통한 장소마케팅 연구", 서울대학교 대학원 지리학과 박사학위논문.

신동숙·김기진, 2013, "도시관광활성화를 위한 장소마케팅전략-대구광역시를 중심으로", 『관광연구』, 27(6), pp.279-299.

신혜란, 1998, "태백, 부산, 광주의 장소마케팅 전략 형성과정에 대한 비교연구", 서울대학교 환경대학원 석사학위논문.

엄희경 외, 2015, "도시브랜딩을 위한 빅데이터 활용에 관한 연구-서울시 수요자 유형분석을 중심으로", 『브랜드디자인학연구』, 35, pp.195-205.

이경미·김찬동, 2010, 『서울시 도시브랜딩 전략 연구』, 서울시정개발연구원.

이경화·김주연, 2013, "장소브랜딩을 통한 공간의 브랜드 정체성 구축에 관한 연구", 『한국공간디자인학회

논문집』, 9(1), pp.59−71.

이무용, 1997, "도시개발의 문화전략과 장소마케팅", 한국공간학회 편,『공간과 사회』, 8, 한울.

이무용, 2003, "장소마케팅전략에 관한 문화정치론적 연구−서울 홍대지역 클럽문화를 사례로", 서울대학교 대학원 지리학과 박사학위논문.

이무용, 2006,『지역발전의 새로운 패러다임 장소마케팅전략』, 논형.

이소영, 1999, "지역문화의 대안적 장소마케팅전략 수립에 관한 연구", 서울대학교 환경대학원 석사학위논문.

이정훈, 2004, "중소도시 지역개발수단으로서 제3의 문화전략: 관광과 문화산업의 사회공간적 결합−부천시를 사례로",『관광경영학 연구』, 22(8−3), pp.257−292.

이정훈, 2005, "장소의 상징적 이미지와 문화적 활동의 영역적 체계에 입각한 문화관광개발의 개념적 모형정립",『한국지역지리학회지』, 11(5).

이정훈, 2006,『장소브랜딩 모형 구축 연구』, 경기개발연구원.

이정훈, 2008, "연성지역개발의 주요 수단으로서 장소브랜딩에 관한 이론적 고찰과 과제",『대한지리학회지』, 43(6), pp.873−893.

정병순, 1995, "기업가적 정부에서 지방국가로−민관합동의 도시개발에 대한 대안적 고찰",『공간과 사회』, 통권 6, pp.272−309.

한영주·이무용 외, 2001,『이태원 장소마케팅전략 연구』, 서울시정개발연구원.

허중욱, 2017, "강원도 중소도시의 도시마케팅 방향",『사회과학연구』, 56(2), 강원대학교 사회과학연구원, pp.91−116.

헤이만, 1999, "춘천시 축제에 나타난 장소마케팅의 성격", 서울대학교 대학원 지리학과 석사학위논문.

Acharaya, A. and Rahman, Z., 2016, "Place branding research: a thematic review and future research agenda", *Int Rev Public Nonprofit Mark*, 13, pp.289-327.

Bollier, D., 2016, *The City as Platform: How digital networks are changing urban life and governance*, Aspen Institute.

Cai, L. A., G. Willian and Maria, M. A., 2009, *Tourism Branding: Communities in Action*, Emerald Books.

Dinnie K., 2011, *City Branding: Theory and Cases*, Palgrave macmillan.

Douglass, W. A. and Raento, P., 2004, "The tradition of invention: conceiving Lasvegas", *Annals of Tourism Research*, 31(1), pp.7-23.

Evans, G., 2003, "Hard-Branding the cultural city-from Prado to Prada", *International Journal of Urban and Regional Research*, 27-2, pp.417-440.

Fretter, A. D., 1993, "Place marketing: A local authority perspective", in Kearns and Philo(eds.), *Selling Places: the City as Cultural Capital, Past and Present*, Pregamon Press, pp.163-174.

Florida, R., 2002, *The Rise of the Creative Class and How it's Transforming Work, Leisure, Community and Everyday Life*, Basic Books.

Gnoth, J., 1998, "Conference Reports: Branding Tourism Destinations", *Annals of Tourism Research*, 25, pp.758-760.

Green, A., Grace D., and Perkins, H., 2016, "City branding research and practice: an intergrative review", *Jour-*

nal of Brand Management, 23(3), pp.252-272.

Griffiths, R., 1995, "Cultural strategies and new modes of urban intervention", *Cities*, 12(4), pp.253-265.

Hall, T. and Hubbard, P., 1996, "The entrepreneurial city: new urban politics, new urban geographies?", *Progress in Human Geography*, 20(2), pp.153-154.

Harvey, D., 1989, The Condition of Postmodernity, Oxford: Blackwell, 구동회 · 박영민 옮김, 2009, 『포스트모더니티의 조건』, 한울.

Holocomb, B., 1993, "Revisioning place: de- and re-constructing the image of the industrial city", in Kearns and Philo(eds), *Selling Plases: the city as cultural capital, past and present*, pergamon press.

Kearns, G. and Philo, C., 1993, *Selling Places: the city as cultural capital, past and present*, Pergamon Press, pp.1-32.

Knox, P. and Pinch, S., 2000, *Urban Social Geography: An Introduction, Pearson Education Limited*, Edinburgh.

Logan, J. R. and Molotch, H. L., 1987, "The city as a growth machine", *Urban Fortunes-the Political Economy of Place*, University of California Press Ltd.

Morgan, N., Pritchard, A. and Pride, R., 2002, *Destination Branding-Creating Unique Destination Proposition*, Elsevier Science LTD, 이정훈 · 김사라 · 조아라 옮김, 『장소 브랜딩: 고유한 목적지 가치 제안』, 경기개발연구원.

OBENG-ODOOM, F., 2010, "The role of urban marketing in local economic development: a political economic perspective, *Theoretical and Emprical Researches in Urban Management* No.5(14).

Paddison, R., 1993, "City markteing, image reconstruction, and urban regeneration", *Urban Studies*, 20(2), pp.339-350.

Prentice, R. C. and Andersen, V., 2003, "Festival as creative destination", *Annals of Tourism Research*, 30(1), pp.7-30.

Selby, M., 2004, *Understanding Urban Tourism-Image, Culture and Experience*, I.B. Tauris.

Selby, M. and Morgan N., 1996, "Reconstructing place image: a case study of its role in destination market research", *Tourism Management*, 17(4), pp.287-294.

Scott, A. J., 2004, "Cultural-products industries and urban economic development: prospects for growth and market contestation in global context", *Urban Affairs Review*, 39(4).

Short, J. R., 2015, City Marketing, *International Encyclopedia of the Social & Behavioral Sciences*, 2nd edition, 3, Elsevier Ltd.

Urry, J., 1990, *Tourist Gaze*, 2nd edition, SAGE Publication.

더 읽을 거리

Ashworth, G. J. and Voogd, H., 1990, *Selling the City: Marketing approaches in public sector urban planning*, London: Belhaven.

⋯› 도시마케팅을 공공부문의 계획과 실천의 관점에서 분석하고 방법론을 제시한 초창기의 저서이다.

Kotler, P., Haider, D. H. and Rein, I., 1993, *Marketing Places: Attracting investment, industry and tourism to cities, states, and Nations*, New York: Macmillan.
···› 경영학의 마케팅 분야에서 세계적 권위자인 코틀러가 도시, 지역을 마케팅해야 하는 이유와 과정, 방법론을 상세하게 정리해 놓았다.

Morgan, N., Pritchard, A. and Pride, R., 2002, *Destination Branding-Creating Unique Destination Proposition*, Elsevier Science LTD, 이정훈·김사라·조아라 옮김, 『장소 브랜딩: 고유한 목적지 가치 제안』, 경기개발연구원.
···› 도시마케팅 실천에서 핵심적 수단 중의 하나인 브랜딩과 관련된 최근의 이론과 사례를 집대성해 놓은 것으로, 본격적으로 도시브랜딩을 다룬 최초의 책이다.

이무용, 2006, 『지역발전의 새로운 패러다임 장소마케팅 전략』, 논형.
···› 홍대지역 클럽문화에 대한 분석을 통해 21세기의 시대적 흐름 속에서 장소마케팅이 지니는 문화적 함의와 장소마케팅 전략이 추구하는 지역발전에 관한 이론과 방법론을 제시한 책이다.

이정훈, 2008, "연성지역개발의 주요 수단으로서 장소브랜딩에 관한 이론적 고찰과 과제", 『대한지리학회지』, 43(6), pp.873–893.
···› 장소/도시 마케팅에서 추구하는 도시와 장소 이미지 개선을 보다 효과적으로 수행할 수 있도록 장소브랜딩의 개념과 이론적 기반, 실행방안을 모식화하여 상세하게 소개한 논문이다.

주요어 도시마케팅, 장소마케팅, 도시브랜딩, 기업가주의적 도시정부, 도시문화전략, 공간 상품화, 유연적 축적체제, 성장전략, 공간의 문화정치, 장소성

제24장

도시와 관광

신용석

1. 도시관광의 역사

도시는 현대 이전에도 오랫동안 관광의 주요 목적지였다. 17~18세기의 대순유여행(Grand Tour)이 대표적인 경우인데, 당시 유럽 상류층 자제들이 교양교육을 위해 개인 가정교사와 함께 유럽의 주요한 문화유적지들을 둘러보았던 이 여행의 여정에는 베네치아, 파도바, 피렌체 같은 이탈리아 르네상스 중심도시를 비롯하여 파리와 빈 같은 문화도시들이 주요 방문지였다. 그 뒤 산업화가 진행되면서 관광의 형태가 휴양목적의 체류형으로 바뀌어 갔고, 이 과정에서 복잡하고 오염된 도시를 떠나 전원과 해변 지역이 주목을 받기 시작했지만 이러한 여행에서도 그 지역 도시는 여행객들의 주요 휴양도시로서 기능을 수행하였다. 산업혁명이 가장 먼저 시작되고 완성된 영국에서 이러한 현상은 두드러졌는데, 벅스턴(Buxton), 스카버러(Scarborough), 배스(Bath), 브라이턴(Brighton), 블랙풀(Blackpool) 등이 그러한 도시들이었다.

그러나 20세기에 들어서 본격적인 도시화가 진행되고 많은 사람들이 도시로 몰리면서 도시에서 관광에 대한 관심은 잠시 멀어졌다. 그 이유는 정책적 차원과 학술적 차원의 두 가지 관점에서 생각해 볼 수 있는데, 우선 도시의 주요 정책이 도시로 몰려든 많은 인구를 수용하기 위한 거주지구와 그들을 위한 공공시설 지구, 상공업시설 지구 개발에 초점을 맞추었기 때문이며, 이에 따라 학자들의 관심도 도시와 관광보다는 도시개발, 거주지 문제 등에 초점을 두었기 때문이다. 이러한 학문적 현상은 지리학뿐 아니라 사회학이나 도시 및 지역 계획 등의 분야에서도 마찬가지였다(Page and Hall, 2003).

하지만 이러한 상황은 20세기 후반, 즉 세계화(globalization)와 경제구조재편(restructuring)의 바람이 강하게 불기 시작한 1980년대부터 완전히 달라지기 시작하였다. 세계화로 인해 도시들은 이제 이웃한 지역의 도시뿐만 아니라 전 세계의 도시와 경쟁을 강요받는 환경에 내몰렸는데, 기존의 제조업과 같은 전통적인 산업들은 더 이상 도시의 성장엔진으로 작동하지 못하게 된 것이다. 이러한 현상은 특히 서구의 중소도시들에서 두드러지게 나타났는데, 세계화로 인해 자본의 이동이 수월해지자 자본은 더 싼 노동력을 찾아서 아시아 등의 저개발국가로 공장을 이동시켜 버렸기 때문이다. 그 결과 그러한 도시들은 새로운 경제적 기반을 찾아야 했다. 이 과정에서 바로 관광이 주목받기 시작하였다. 또한 뉴욕이나 런던 같은 대도시들도 점점 커지는 관광산업의 잠재력에 주목하여 쇠퇴해 가는 도심 내부의 재개발전략에 관광 개발을 활용하고 관광객 유치에 적극 나서면서, 이제 도시에서 관광의 기능은 점점 중요해지고 관련 연구도 활발해지고 있다.

2. 도시관광의 개념 및 기능

도시관광은 흔하게 사용하는 단어지만 명확하게 정의하기란 쉽지 않다. 그 이유는 무엇보다 도시관광의 구성요소인 관광객과 관광사업시설 등의 정의가 정확하지 않은 데서 기인한다. 즉 도시관광객의 상당한 부분을 차지하는 업무방문객(business traveller)이나 도시 거주자들에게도 서비스를 제공하는 식당 및 쇼핑센터 등의 관광사업시설의 유형과 구분이 어렵기 때문이다. 그러나 이것은 비단 도시관광에만 해당되는 문제가 아니라 관광의 일반적 정의에서도 유사하게 발생하는 문제로서, 도시관광의 일반 현상을 이해하는 데 크게 영향을 주지는 않는다.

도시관광을 정의하는 데 단순하면서도 효과적 방법은 관광목적지에 의한 규정이다. 관광현상은 공간적으로 볼 때 관광송출지에서 관광목적지로의 이동, 관광목적지에서의 관광행동, 다시 관광목적지에서 관광송출지로의 재이동으로 설명할 수 있다. 따라서 관광목적지가 도시지역이냐 비도시지역이냐에 따라 일차적으로 도시관광(urban tourism)과 농촌관광(rural tourism)[1]

1. 여기서의 농촌관광은 어촌과 산촌을 포함한 개념, 즉 비도시지역에서의 관광이란 뜻이다. 이러한 이유로 농촌관광이

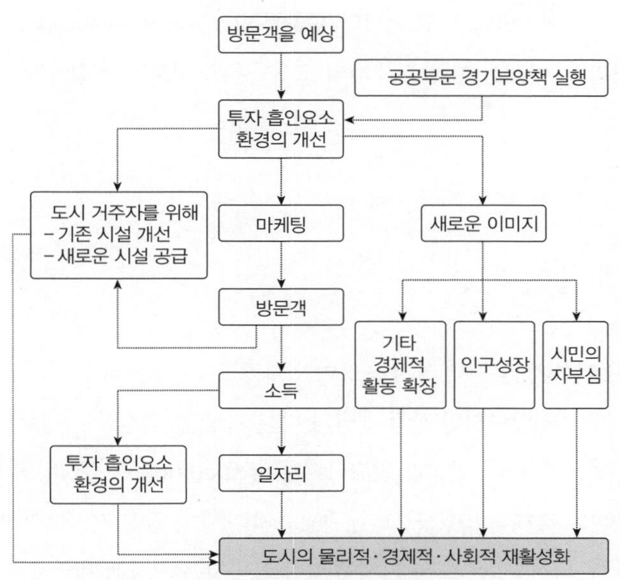

그림 1. 도시관광을 통한 도시재활성화 전략

출처: Law, 1993; 이후석 옮김, 1999.

으로 구분할 수 있다. 두 개의 차이점은 도시관광은 도시의 건축물, 쇼핑, 오락 등의 도시 건조환경과 도시 제공 서비스와 같은 매력물들이 관광행위의 대상이 되고, 농촌관광은 주로 산, 호수와 같은 자연적 자원(natural resources)들이 관광행위의 대상이 된다는 점이다.

이러한 정의는 도시와 비도시 지역을 어떻게 구분할 것인지에 대한 원천적 논란이 있을 수 있지만, 도시관광의 다양한 현상을 이해하는 데에는 가장 효과적이다. 따라서 도시관광이란 도시지역에서 발생하는 관광현상으로 정의할 수 있고, 풀어서 설명하자면 도시의 각종 매력물, 편의시설과 도시의 장소 이미지(place image)를 관광대상으로 하여 도시지역에서 발생하는 관광현상으로 이해할 수 있으며, 도시관광의 구성요소는 도시관광객, 관광대상, 관광사업체, 관련 정부와 지역주민으로 구분할 수 있다(김향자·유지윤, 1999).

이러한 도시관광이 도시에서 차지하는 기능은 여러 가지가 있지만 크게 두 가지로 정리할 수 있다. 첫째, 도시관광은 도시를 방문하는 관광객들의 소비로 인해 경제적 수입을 증가시키고 숙박업 및 편의시설 등의 관광산업 부문의 고용을 창출한다. 둘째, 도시의 이미지를 제고시켜 투

정확한 번역이 아니라는 반론이 있지만, 현재 우리나라에서는 rural tourism의 번역으로 농촌관광이 가장 일반적으로 통용되고 있다.

자를 이끌어 내고 도시재개발을 통해 도시의 재활성화(Urban Revitalization or Urban Regeneration)에 이바지한다. 이러한 이유로 세계의 도시들은 도시재개발 전략에 관광산업을 적극 활용하고 있다.

3. 도시관광 개발의 특성

도시관광 개발은 다음과 같은 몇 가지 특징이 있다

첫째, 도시관광 개발이 일반적인 관광 개발과 다른 가장 큰 특성은 시정부의 적극적인 개입이다. 도시관광은 리조트와 같은 밀집형 관광단지(tourist complex) 중심형의 관광과 달리 그 공간적 범위가 훨씬 넓고 경제적 영향도 크다. 관광단지 개발이 일정 지역에만 영향을 미치는 폐쇄적 개발이라면, 도시관광 개발은 도시 전체에 영향을 미치는 개방적 개발로 도시경제 발전, 도시문화 활성화 및 도시환경 개선 등 그 파급적 영향이 다양하며 도시 이미지 개선에도 긍정적 효과를 발생시킨다. 이러한 이유로 시정부는 도시관광 개발에서 공공재원을 투입해 적극적으로 개입한다.

둘째, 도시관광 개발은 각 도시별로 가진 관광자원을 활용해 특색 있고 다양한 관광상품을 만들고자 하지만, 상호 모방과정에서 유사한 관광 개발이 나타나는 경우가 있다. 이러한 현상은 현재 우리나라 지방자치단체들의 관광 개발과정을 보면 쉽게 이해할 수 있다. 봄과 가을의 동일한 시기에 유사한 프로그램으로 개최되는 지역축제, 차별성 없는 지역 이미지(CI) 개발, 철저한 사전 분석이 없는 컨벤션센터나 리조트 단지 개발 등 차별성 없는 관광 개발이 나타나고 있다. 이러한 개발과정이 한 국가에서 계속 이루어질 경우에는 도시 간의 경쟁이 질적 경쟁이 아닌 양적 경쟁이나 규모의 경쟁으로 나아가기가 쉽다(이영주 · 최승담, 2004).

셋째, 도시관광의 관광 인프라는 외부 관광객과 도시 거주자가 함께 공유한다는 특성 때문에 도시정부는 단순히 재원만을 투입하는 역할에서 그치지 않고 직접 개발자(developer)로 참여하는 경우가 적지 않다. 이 과정에서 도시정부는 기업들과 연합해 공공공간의 개발 또는 재개발을 시도하는데, 이러한 사례로 두드러지는 것 중의 하나가 수변(waterfront)공간의 개발로서 영국 런던의 도클랜드(Dockland), 미국 샌안토니오의 리버워크(River Walk), 우리나라 서울의 청계천 개발 등이 여기에 해당한다.

4. 관광도시

이렇게 도시들이 적극적으로 도시관광 개발에 힘쓰면서 세계의 관광도시들도 형태가 다양해지고 있다. 전통적인 관광도시는 로마, 베네치아, 파리처럼 문화유적이 풍부하고 명승지가 많은 역사관광도시(tourist-historic city)였으며, 이런 도시들의 관광은 문화유산 관광(heritage tourism)이 주를 이루었다. 그러나 최근에는 문화역사 관광자원이 없어도 휴양, 쇼핑, 엔터테인먼트 등의 관광자원을 이용한 신흥 관광도시들이 부상하고 있는데, 휴양도시로 유명한 멕시코 칸쿤, 카지노와 공연 도시인 미국 라스베이거스, 테마파크 도시인 미국 올랜도 등이 여기에 해당한다. 이렇게 인위적으로 개발된 형태의 관광도시들은 도시 중심부에 관광객을 위한 숙박, 레스토랑, 오락, 쇼핑 등의 소비적 기능이 집적되어 있어 도시의 CBD(Central Business District, 중심업무지구)를 관광기능과 접목시킨 도시개발이 특징이다.[2]

따라서 오늘날의 관광도시는 원래부터 도시에 내재되어 있는 문화역사 관광자원을 바탕으로 하는 전통적 관광도시와 인공적인 관광자원(카지노, 테마파크, 리조트 등의 시설과 다양한 엔터테인먼트 프로그램)을 바탕으로 만들어진 신흥 관광도시[3]로 대별된다. 현재 사회적·학술적 관심은 신흥 관광도시에 대해 높은데, 그 이유는 첫째, 신흥 관광도시들은 상대적으로 낙후된 도시 경제와 불리한 환경을 바꿔 성공한 사례도시들이 많기 때문에 도시계획이나 개발의 실용적 측면에서 관심이 높고, 둘째, 개발과정에서 발생하는 이익집단의 갈등과 개발이익의 공평한 분배 등에 대해 비판적 측면에서의 학술적 관심이 크기 때문이다.

5. 도시관광 개발의 전망 및 쟁점

오늘날 관광산업은 이제 '굴뚝 없는 산업'이라는 표현이 진부해질 정도로 확실한 고부가가치 산업으로 자리 잡았다. 또한 관광은 단순히 경제적 차원을 넘어 여행이라는 과정을 통해 타 문화에 대한 이해를 높이고 인적 교류를 증진시키는 등 그 사회·문화적 영향도 매우 크다. 이런 연유에서 관광은 복융합 산업이라고 불리기도 한다. 이러한 관광의 효과에 주목해 오늘날 세계 각국

---

2. 이렇게 관광객 유인을 위해 관광기능에 중점을 두고 조성된 CBD의 형태를 TBD(Tourism Business District)라고 지칭한다(Getz, 1993).
3. 이러한 관광도시의 형태를 리조트 도시(resort city)라고 한다(Fainstein and Judd, 1999).

은 관광산업을 국가전략산업으로 육성하기 위해 정책적 지원을 하고 치열한 경쟁을 벌이고 있는데, 그 경쟁의 한가운데에 도시관광 개발이 위치하고 있다.

도시관광 개발은 일반적인 관광산업의 성장뿐 아니라 다음과 같은 몇 가지 이유 때문에 더욱 발전할 것으로 예상된다. 첫째, 세계경제는 점점 지구화되고 그 과정에서 중앙정부보다 지방정부와 기업의 중요성이 더 커지고 있는데 그 현장의 무대가 바로 도시가 되고 있다. 둘째, 경쟁력 있는 관광도시는 단순히 그 도시만의 성공이 아니라 인근 지역들까지 연쇄적 파급효과를 일으키는 일종의 관문도시(Gate City)로 작용한다. 그러한 이유로 중앙정부에서는 각국의 대표적 관광도시를 육성하는 데 노력하고 있다. 셋째, 최근 생태도시, 환경도시, 문화도시, 역사도시 등 다양한 특색을 지닌 도시의 모습들이 나타나면서 이에 대한 논의도 활발해지고 있는데, 이러한 도시들에는 필수적으로 지역주민을 위한 것이든, 외부 관광객을 위한 것이든 여가와 휴양, 관광의 기능이 중요시되고 있다.

그러나 이렇게 도시관광 개발의 전망이 밝기는 하지만 다음과 같은 몇 가지 쟁점이 있는 것도 사실이다. 첫째, 도시관광 개발은 도시의 환경을 세련되게 만들고 향상시키지만 그러한 개발의 직접적 효과를 보는 공간은 한정되어 있다. 이러한 과정에서 자칫 공간의 차별성이 양극화 현상을 가져오기도 한다. 관광객의 소비행위를 유도하기 위해 비싼 쇼핑센터나 휴양공간이 들어서면서 이것이 특정 계층에만 개방되는 이른바 '도심 속의 섬'으로 전락해 버릴 위험이 있는 것이다. 둘째, 도시관광 개발의 이익이 특정 집단, 예를 들어 임기 내 정치적 실적을 노리는 도시정부와 개발이익을 노리는 부동산업자나 개발회사 등에 집적되고 도시 지역주민에게는 별다른 과실이 분배되지 않을 위험이 있다. 상대적으로 경제적 이익은 적고 오히려 도시 거주민들에게는 관광객들로 인한 교통혼잡이나 환경오염과 같은 사회적 비용이 더 클 수도 있다. 특히 최근에는 지나친 관광객의 유입으로 임대료 및 물가 상승, 범죄 발생, 환경오염 등으로 인한 젠트리피케이션에 대한 이슈가 대도시에서 발생하고 있다. 셋째, 최근 도시관광 개발을 이용한 도시활성화 전략에서 간혹 나타나는 것처럼 관광 개발의 규모와 외형적 모습에 집착해 자칫 관광 개발이 그 도시가 가지고 있는 장소성이나 지역 정체성과 무관한 형태의 개발이 이루어질 위험이 있다.[4] 따라서 도시관광 개발은 경제·사회·문화에 걸쳐 다양한 파급효과가 있는 것이 사실이지만, 이러한 쟁점

---

4. 이러한 위험을 경고하는 것으로 '디즈니화(Disneyfication)'라는 말이 있는데, 관광 개발과정에서 그 장소가 가지고 있는 (특히 비극적 또는 부정적) 역사적 사실이나 지역 정체성은 사라지고, 온순화되고 정형화된 개발이 이루어진다는 것이다. 즉 디즈니랜드의 놀이공원이나 미니어처들처럼 실제 세상은 없어지고 관광객에게 환상을 심어 줄 수 있는 내용들로 채워지는 것이다.

특집: 도시관광과 젠트리피케이션

젠트리피케이션(gentrification)은 영국의 중간계급인 'gentry'에서 파생된 용어로, 도심의 낙후된 주거지역을 리모델링하여 이 지역에 중간계급이 이주해 옴으로써 기존의 저소득층을 대체하는 현상을 가리키는 말이었다. 이러한 젠트리피케이션 현상은 영국뿐 아니라 유럽과 북아메리카의 대도시에서 도심재생 및 재개발 과정에서 나타나는 도시적 현상이었다. 최근 들어 도시관광에서 젠트리피케이션이 주목받는 이유는 에어비앤비(Airbnb)와 같은 공유숙박이 활성화되면서 도시에 관광객의 방문이 좀 더 잦아지고 일반 주택가에까지 침투가 일어나기 때문이다. 이로 인해 도시에 살던 지역주민들은 임대료 상승, 관광객으로 인한 소음 및 경범죄, 환경오염 등으로 고통받게 된다. 실제로 스페인 바르셀로나는 마드리드와 공동으로 국가에 임대료 규제 등의 방안을 마련해 줄 것을 요구하는 움직임이 있었으며, 관광객 유치뿐 아니라 시민의 권리에 대한 논의가 있었다.[1] 또한 이탈리아의 베네치아에서는 크루즈 관광객을 반대하는 시위가 있기도 하였다. 숙박뿐 아니라 대부분의 관광활동이 크루즈선에서 이루어지고 정작 베네치아에는 잠시 머물렀다가 가는 크루즈 관광객은 일부 요식업을 제외하고는 지역경제에 실질적 도움은 안 되고 물가와 쓰레기만 증가시켰다는 것이다.[2]

우리나라에서도 관광과 관련된 젠트리피케이션은 좀 더 부정적인 용어로 사용된다. 그 이유도 역시 젠트리피케이션이 발생하는 인사동, 홍대, 서촌 등의 예술·전통문화 지역이 관광객 증가로 인해 침체되어 있던 상권이 활성화되면서 상승하는 임대료에 의해 기존의 예술가, 소상공인이 떠나게 되고 소비업종의 상가들로 대체되는 현상 때문이다.[3] 또한 북촌, 서촌과 같은 한옥마을에서는 관광객들의 증가로 지역주민의 사생활이 침해되고 소음 및 쓰레기로 고통받는 문제들이 발생하고 있다.[4] 즉 우리나라에서는 젠트리피케이션이 지역 예술가나 소상공인들이 임대료 상승 때문에 전출되거나 관광객의 지나친 증가로 인해 일반 주민들이 삶의 질을 침해당하는 두 가지 문제가 발생하고 있어, 여기에 대해 서울시와 종로구가 문제 해결을 모색하고 있지만 여러 이해관계가 얽혀서 쉽게 해결되기는 어려운 이슈이다.

---

1. 서울연구원, 2017, 『세계도시동향』, 402.
2. 오마이뉴스, 2017. 1. 29., "'관광객은 꺼져라!' 크루즈 막아선 베니스 주민들".
3. 이러한 현상을 투어리스티피케이션(Touristification)이라고도 칭한다.
4. 한국일보, 2017. 10. 23., "북촌은 지금, 관광객 탓 주민 떠나는 '투어리스티피케이션'".

들을 어떻게 잘 조율하고 해결해 나가는가에 따라 장기적인 성패의 여부가 달려 있다.

참고문헌

김향자 · 유지윤, 1999, 『한국의 관광도시 육성방안』, 한국관광연구원.

신용석, 2005, "관광레저형 기업도시에 관한 소고: 개념과 특성 및 추진방향을 중심으로", 『서울도시연구』, 6(3), pp.77-92, 서울시정개발연구원.

이영주 · 최승담, 2004, "도시관광 개발의 특성과 향후 연구방향", 『국토연구』, 43, 국토연구원, pp.53-68.

Ashworth, G. and Dietvorst, A., 1995, *Tourism and Spatial Transformations*, CAB International.

Ashworth, G. and Tunbridge, J., 2000, *The Tourist-Historic City: Retrospect and Prospect of Managing the Heritage City*, Elsevier Science Ltd.

Getz, D., 1993, "Planning for Tourism Business Districts", *Annals of Tourism Research*, 20(3), pp.583-600.

Jafari, J. et al., 2000, *Encyclopedia of Tourism*, Routledge.

Judd, D. and Fainstein, S., 1999, *The Tourist City*, Yale University Press.

Law, C., 1993, *Urban Tourism: Attracting Visitors to Large Cities*, Continuum International Publishing Group, 이후석 옮김, 1999, 『도시관광』, 백산출판사.

Page, S., 1995, *Urban Tourism*, Routledge.

Page, S. and Hall, C., 2003, *Managing Urban Tourism*, Prentice Hall.

Shaw, G. and Williams, A., 1994, *Critical Issues in Tourism: A Geographical Perspectives*, Blackwell publishers.

Williams, S., 1998, *Tourism Geography*, Routledge, 신용석 · 정선희 옮김, 1999, 『현대 관광의 이론과 실제』, 한울아카데미.

더 읽을 거리

관광과 지리학, 공간 전반에 대한 내용을 아우르는 책으로는,

Williams, S., 1998, *Tourism Geography*, Routledge, 신용석 · 정선희 옮김, 1999, 『현대 관광의 이론과 실제』, 한울아카데미.

⋯▸ 이 책은 Routledge 출판사의 인문지리학 개론서 시리즈의 일환으로 출판되었는데, 관광과 지리 분야에 대한 기초적 사항을 다양한 사례와 함께 소개하고 있다. 특히 기존의 관광학 개론서와 달리 지리적 관점에 입각해 기술한 점이 돋보인다. 국내 번역서는 초판만 있지만, 영어 원서로는 현재 제3판까지 발행되었다.

도시관광 분야에 대해 전문적으로 소개하고 있는 책으로는,

Page, S., 1995, *Urban Tourism*, Routledge.

⋯▸ 이 책은 Routledge의 관광학 특집 시리즈 중의 하나로, 도시관광의 주요 사항, 즉 연구동향, 수요와 공급,

마케팅 등에 대해 일목요연하게 정리하고 있다.

도시재생과 관광과의 관계에 대한 책으로는,

한국문화관광연구원, 2016, 『도시재생 추진에 따른 도시관광 정책 방안 연구』, 휴먼컬처아리랑.

⋯› 한국문화관광연구원 홈페이지(www.kcti.re.kr)에 가면 무료로 볼 수 있다.

주요어 관광도시, 도시재활성화, 오버투어리즘, 젠트리피케이션

제4부.
도시의 자연환경

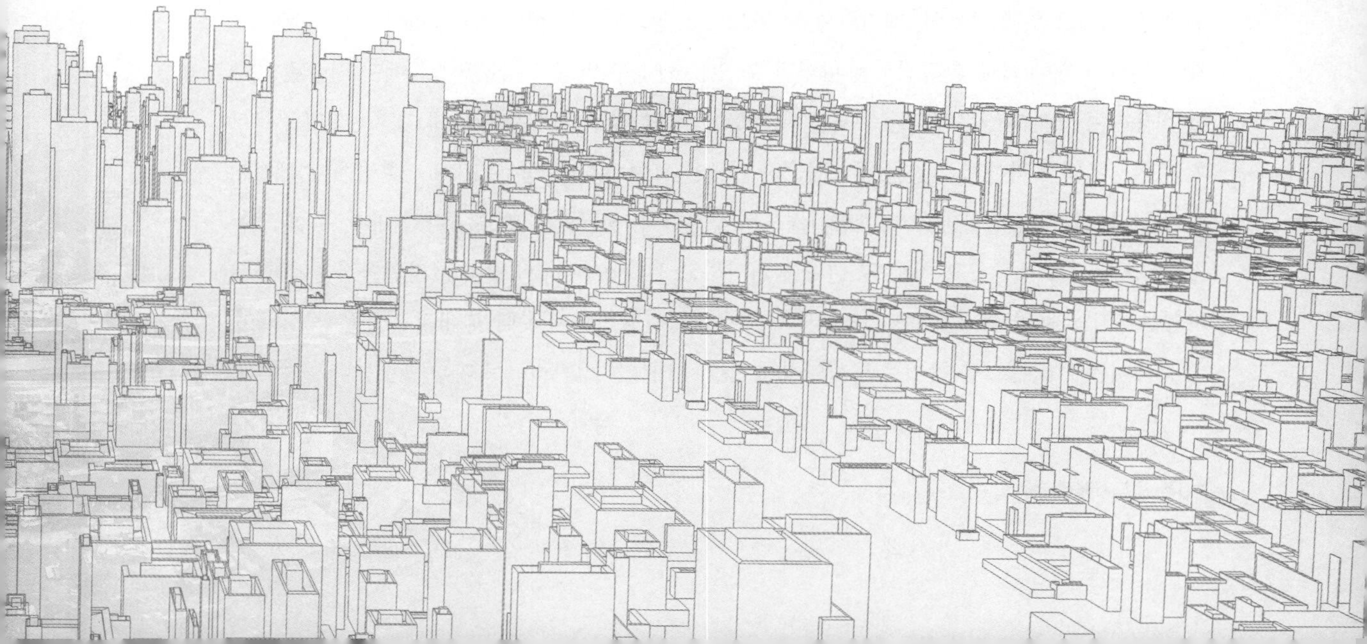

제25장

도시와 환경문제

박 경

산업혁명 이후 세계는 지구 생태계의 한 축인 인간에 의한 기후변화라는 지구 역사상 최초의 경험을 하고 있다. 이 기후변화는 크게 온실효과와 도시열섬현상이라는 두 개의 문제로 요약할 수 있다. 도시의 환경문제는 인구밀도가 높은 혼잡한 환경에서 발생하므로 상호 관련성, 피드백 효과에 의한 상승작용, 오염의 광역화, 오염의 원인과 결과 간 인과관계 규명의 복잡성 등 다양한 특징을 보여 준다. 도시 환경문제는 상호 밀접히 연관된 도시생태계의 기능과 구조가 교란되는 까닭에 문제 간에 상호 관련성이 매우 높다.

환경문제는 자연자원의 고갈과 같은 자연자원의 측면 또는 환경오염 문제로 일반화하거나, 수질오염, 대기오염, 토양오염, 폐기물 문제 등으로 유형화하기도 한다. 이 글에서는 도시 환경문제를 논하기 위해 국내 환경정책을 파악할 수 있는 환경부 발행의 『환경백서』에서 서술된 체제를 원용하여 도시 환경문제라는 주제를 다루었다. 『환경백서』의 체제는 국내 환경문제의 주무부처인 환경부의 시각에서 환경문제에 접근하는 틀을 보여 준다(환경부, 2018). 『환경백서』에서는 환경을 자연환경과 생활환경 및 해양환경으로 구분한다. 생활환경 분야는 다시 대기, 수질, 먹는 물, 토양 등으로 세분하고 기준 및 현황을 파악하고 있다. 여기에서 말하는 자연환경은 생태축, 자연보호지역 등의 생태계 관련 내용과 더불어 생물다양성을 비롯한 생태적 자원을 지칭하며, 이 글에서는 이러한 틀을 준거로 도시환경에 관련된 내용을 일반적으로 다루고자 한다.

과거부터 인간은 자연의 일부라는 생각보다 자연의 정복자라는 특별한 존재의 관념을 가지고 있었으며, 그러한 철학의 마지막 구현이 아마도 도시일 것이라는 것이 필자의 관점이다. 하지만 현세대는 자연자원을 잘 보존하고 지속가능하게 이용하여 다음 세대에 물려줄 청지기의 사명을 가지고 있다는 것이 새로운 시대의 패러다임이다. 즉 인간도 자연의 일부분으로서 자연과 조화롭게 살아야만 한다는 것이다.

1. 자연환경

1) 도시녹지와 국립공원

도시가 본래의 생태계를 완전히 없애고 새롭게 창조되거나, 본래의 자연생태계를 일정 수준 유지하고 있다 하더라도 도시는 그 자체가 하나의 살아 있는 생태계이다. 이제는 경제규모의 확대에 따른 도시의 개발만이 중요한 것이 아니라, 도시의 대기오염을 완화하고 열섬현상 같은 도시의 온도상승을 억제할 수 있는 대책 마련이 더욱 중요한 문제로 다가오고 있다. 도시의 사막화를 막고 야생 동식물의 서식공간을 확보하는 비오토프(biotope) 조성과 같이 자연과 인간이 조화를 이룰 수 있는 환경을 조성하는 것이 중요한 과제가 되고 있다. 이러한 문제를 더욱 복잡하게 하는 것은 환경 파괴가 특정 국가의 개별 대도시 영역에만 머무는 것이 아니라, 최근 사회문제가 된 미세먼지 문제처럼 국경을 넘어 이웃 나라를 비롯하여 전 지구적인 문제로 다가오고 있다는 점이다. 지구온난화, 기후변화, 에너지의 고갈, 도시생태계의 변화 등의 문제에 대처하기 위한 대책으로 도시녹지의 중요성이 점점 더 증대되고 있다. 이러한 추세를 반영하는 개념이 전원도시, 녹색도시 또는 독일의 외코폴리스(Öcopolis)와 같은 생태도시 개념이다.

먼저 우리나라의 국립공원 가운데 수도 서울에 위치한 북한산국립공원을 사례로 자연생태계의 중요성에 대해 논한 논문을 요약해 보았다. 전 세계에는 수천 개에 이르는 국립공원이 있고 우리나라에도 22개의 국립공원이 있지만, 서울특별시, 의정부시 및 고양시에 걸쳐 있는 북한산국립공원만큼 수도권에 인접한 국립공원은 세계적으로 유례가 드물다. 북한산국립공원은 연간 탐방객의 수가 600만 명에 이르는 도시형 국립공원형이면서도 등산로의 개수나 주변 개발에의 욕구 측면에서 가장 보전이 취약하다는 점에서, 다른 국립공원 지역과 비교하면 도시화의 영향을 파악하기에 적당한 지역이라고 할 수 있다.

표 1. 국립공원 탐방객 추이

(단위: 명)

	2009	2010	2011	2012	2013	2014	2015	2016
전체	38,219,355	42,658,154	40,803,507	40,958,773	46,931,809	46,406,887	45,332,135	44,357,705
지리산	2,744,625	3,043,859	2,627,326	2,672,057	2,803,999	2,933,492	2,929,709	2,876,031
계룡산	1,727,316	1,804,438	1,678,445	1,637,099	1,597,864	1,690,985	1,653,004	1,325,480
설악산	3,537,016	3,791,952	3,756,737	3,539,714	3,355,272	3,628,508	2,821,271	3,654,211
북한산	8,653,807	8,508,054	8,145,676	7,740,610	7,146,161	7,282,268	6,371,791	6,087,156

〈표 1〉에서 볼 수 있듯이 전국적으로 분포한 22개 국립공원을 찾는 탐방객의 수는 2017년의 4717만 명에 달할 정도이며, 2010년 이후에는 줄곧 4000만 명을 초과하고 있다(국립공원관리공단, 2018). 2018년 대한민국 추계 인구수가 약 5163만 명임을 고려할 때, 통계적으로 전 국민 가운데 90% 이상이 한 번 정도는 국립공원을 찾고 있다고 결론 내릴 수 있다. 물론 이 숫자는 여러 차례 방문하는 산악인과 등산객을 포함한 숫자라고 하지만 국립공원의 가치는 상당히 높다고 볼 수 있다. 이들 국립공원 가운데 면적과 지명도에서 앞서는 지리산과 설악산 국립공원을 찾는 사람은 각각 300만 명과 400만 명 정도이다. 하지만 공원면적이나 고도로 보아 훨씬 소규모인 북한산국립공원을 찾는 사람은 꾸준히 증가하는 추세로, 2016년에는 약 608만 명의 탐방객이 북한산을 찾은 것으로 나타났다. 계룡산의 경우를 보아도 인근 대전광역시의 근린공원 역할을 하는 것을 확인할 수 있다. 북한산, 관악산, 수락산, 남산과 같은 산(山)이 없는 서울을 생각할 수 있는가? 녹지가 부족한 도시의 환경을 벗어나 자연을 찾는 인구는 주말의 고속도로를 주차장처럼 교통체증을 일으키면서 엄청난 대기오염과 경제적 손실을 주고 있다. 이러한 현실에서 서울 주변의 비교적 잘 보존된 국립공원과 산지 생태계가 훼손된다면 서울을 빠져나가 자연을 찾는 인구는 지금도 어려운 주말 고속도로의 정체로 인한 경제적 손실과 더불어 대기오염을 더욱 악화시킬 것이 명확하다.

단위면적당 탐방객의 집중도가 너무 높아 기네스북에 등재될 만큼 탐방객의 집중된 결과로 나타나는 생태계의 변화를 인공위성 영상을 분석하여 보고한 논문이 있다(박경 외, 2001). 영상을 쉽게 취득할 수 있던 1990년과 1996년을 비교 분석한 결과는 〈그림 2〉와 같이 나타난다. 〈그림 2〉의 서로 다른 두 시기의 영상에서 북한산국립공원 내부지역에 대해 식생지와 비식생지로 분류하여 변화행렬표를 구성하면 〈표 2〉와 같다. 이를 통해 북한산국립공원 내부지역에 대해 식생의 유무로써 훼손이 일어난 정도를 파악하고자 하였다. 이를 위해 식생지를 두 가지 유형으로 나누어 분류하였다. 분류 결과를 살펴보면, ①, ②는 과거 시기에 산림이 비식생지로 변한 양이고, ③,

④는 과거의 비식생지가 산림이 된 경우로서 이 부분에는 두 시기 간에 월별 특성으로 인한 오차가 포함될 수 있다. 요약하면 국립공원 내에서 식생을 제외한 토지피복, 즉 암반 또는 나대지나 개발지는 2,280화소, 즉 684,000m²가 증가했음을 알 수 있다. 이러한 결과에 대한 원인으로는 공원 주변지역에서의 개발 확대, 북한산 인근지역의 도로 건설 등의 요인도 있지만, 무엇보다도 공원을 찾는 탐방객이 증가함으로써 발생하는 등산로 훼손과 이로 인한 주변 식생의 파괴와 같은 인위적 요인이 가장 크다.

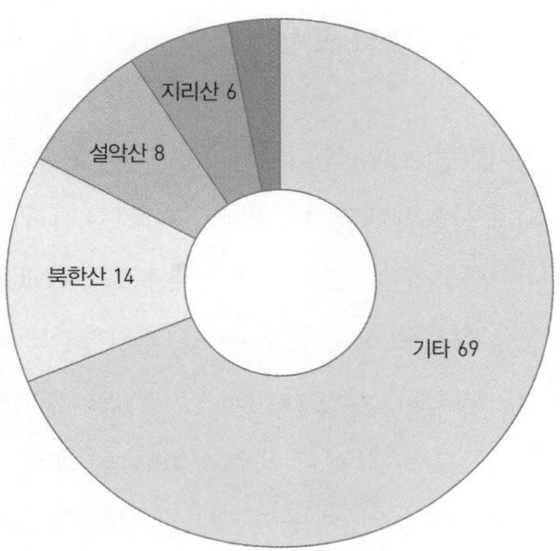

그림 1. 북한산국립공원의 비중

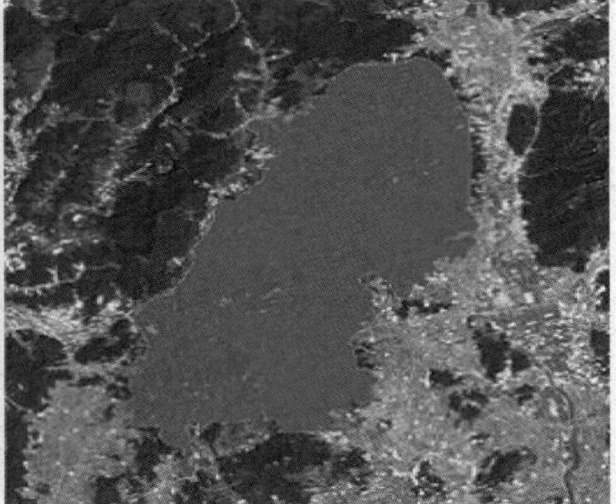
그림 2. 북한산국립공원 1990년 4월 26일 영상분류 결과(왼쪽)와 1996년 9월 1일 영상분류 결과(오른쪽)

표 2. 북한산국립공원의 지표피복 변화행렬표

(단위: 화소(300m²))

		1996년 영상분류 결과			
		산림 1	산림 2	비식생지	합
1990년 영상분류 결과	산림 1	16569	18457	① **3497**	38523
	산림 2	4996	35100	② **1220**	41316
	비식생지	**③1395**	**④1065**	5440	**⑤7900**
	합	22960	54622	**⑥10180**	

2) 도시화와 도시기후

이현영(2000)에 따르면, 도시기후에 관한 연구는 제2차 세계대전 이후에 도시의 규모가 확대되고 산업이 발달함에 따라 도시의 대기가 혼탁해지고 시정이 악화하면서부터 활발해지기 시작하였다고 한다. 그리고 세계기상기구(WMO)와 세계보건기구(WHO)는 도시기후학, 빌딩기후학 등을 주제로 하는 심포지엄을 개최하기도 하였다. 도시기후에 관련된 연구를 집대성한 연구인 샐먼드(Salmond, 2005)의 연구가 발표된 이후 특별한 문헌학적 연구는 없는 것으로 파악된다. 샐먼드가 세계도시기후연합(International Union for Urban Climate)에 보고한 자료에 따르면, 가장 활발히 연구되는 분야는 도시의 대기오염과 관련된 내용으로서 발표된 논문의 약 46.3%를 차지하고 있으며, 두 번째는 행성경계층(Planetary Boundary layer)[1]의 확산과 바람터널 등에 관한 연구가 18.6%로 그 뒤를 잇고 있다(표 3). 한국에서도 1970년대부터 도시기후에 관한 연구가 활발히 진행된 것으로 나타나지만, 아직도 그 연구성과는 지리학 연구 전체 분야의 3%에 지나지 않는 것으로 보고되었다(이현영, 2000). 최근에는 도시기후변화를 재해로 간주하여 취약성 분석과 도시설계를 통해 저감방안을 연구하는 분야도 활발히 연구되고 있다.

도시화 과정에서 가장 뚜렷이 나타나는 기후현상은 〈그림 3〉과 같이 나타나는 도심지역의 기온상승일 것이다(열섬현상). 기온상승 현상은 거의 모든 대도시에서 일어나고 있지만, 지형적인 요인과 같은 자연적 요인 외에 도로포장률, 건폐율, 지붕의 색깔 등 매우 다양한 요인들의 총체적 변화를 반영한다. 서울 지역 내에서도 북한산국립공원을 포함하는 북부지역의 경우, 영등포와 강남 일대에 비해 평균기온이 현저히 낮게 나타나는 것을 보면 확인할 수 있다. 심지어 중위도와 고위도 지역의 일부 도시에서는 겨울 동안 태양복사에 의한 일사량보다 더 많은 인공열을

표 3. 2000~2004년까지 발표된 도시기후 연구

주제 분류	논문 수
기후변화와 변동, 도시기후	24
도시계획, 공원, 건물의 기후학	13
에너지 균형, 열플럭스, 교란 및 일사	66
도시가 온도, 바람, 강수에 미치는 영향 기술	19
대기오염, 에어졸, 안개, 악취 및 소음	255
도시수문	4
도시기후학, 건강/식생에 미치는 영향	26
경계층의 물리, 확산모델, 바람터널 등	104
기타	0
오염측정 등과 관련된 논문	48
전체	559

출처: Salmond, 2005.

1. 행성경계층은 낮 동안에 종종 지표상 1~2km 정도의 두께에 이르는 공기덩어리가 매우 빠른 속도로 섞이는 층이 있는데, 이를 일컫는 말이다. 이것은 높은 산이나 비행기에서 육안으로 보이며, 밤에 공기가 복사냉각되면 수직적으로 혼합되지 않으면서 대기오염 물질이 쌓여 지표에 많이 축적된다.

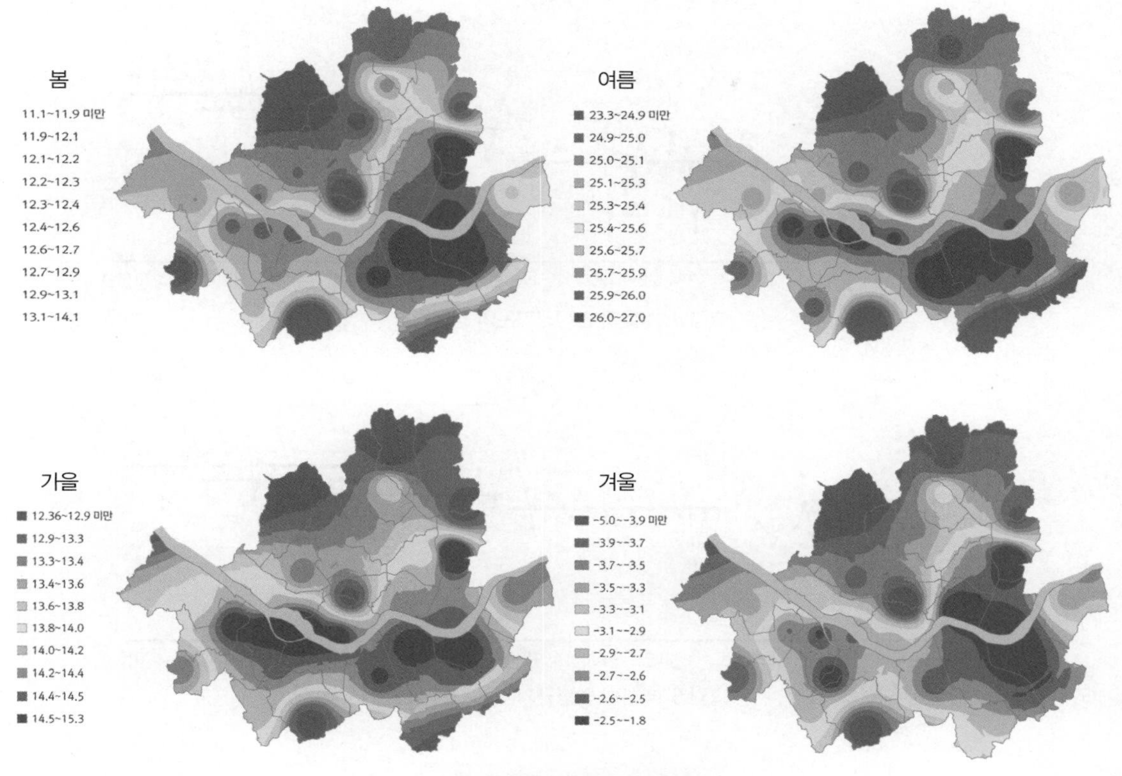

그림 3. 2012년 계절별 평균기온

출처: 서울연구데이터서비스

배출하는 것으로 알려져 있다. 최근 10년(2001~2010) 자료를 보면 우리나라 서북부에 위치한 서울특별시의 연평균기온은 13.0℃로 우리나라 전체 연평균기온(12.8℃)보다 0.2℃ 높게 나타나고 있으며, 열대야 일수와 폭염 일수도 각각 8.2일, 11.1일로 우리나라 평균(3.7일, 10.2일)과 비교하여 상당히 많은 편이다(기상청, 2017).

기상관측 데이터에 나타난 수십 년간 연평균기온의 경년변화를 보면, 〈그림 4〉에 나타난 것처럼 서울특별시의 연평균기온이 1930년대부터 1960년대까지에 비해 1980년 이후 2010년까지의 평균기온이 1.5℃ 정도 상승하였음을 확인할 수 있다. 〈그림 5〉에 나타난 것처럼 부산시의 경우도 서울과 유사한 패턴을 보임을 확인할 수 있다.

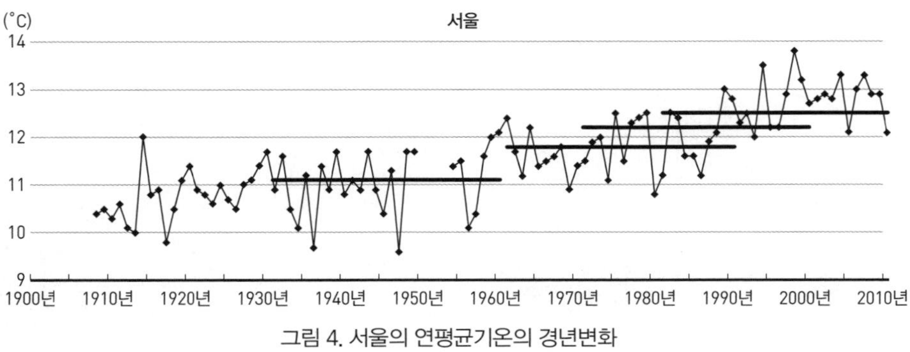

그림 4. 서울의 연평균기온의 경년변화

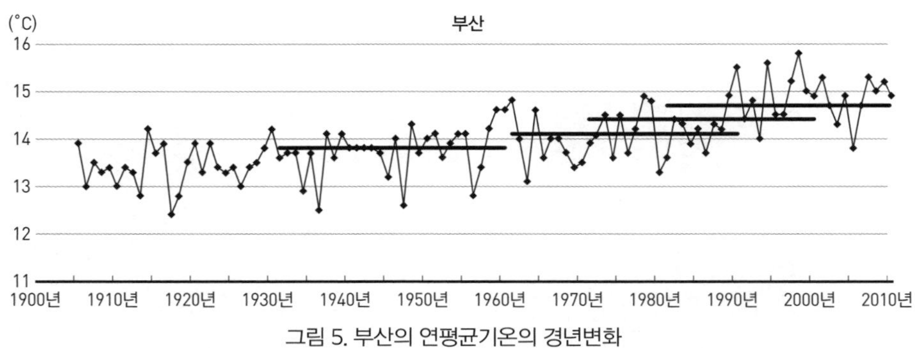

그림 5. 부산의 연평균기온의 경년변화

2. 생활환경의 문제

수도권에만 1000만 이상의 인구집중, 공장의 증가, 자동차의 급격한 증가 등에 따른 가장 심각한 환경문제 가운데 하나는 대기오염과 관련된 문제일 것이다. 산업사회에서 대부분의 도시시설과 활동들은 환경을 오염시키는 원인이 되지만, 녹지와 공원은 환경을 정화하는 데 이바지한다. 녹지와 공원 면적이 충분히 확보되어야만 대기오염에 관한 정화능력이 있고 환경적으로는 건전한 도시가 될 수 있을 것이다. 급격한 산업화가 진행 중인 중국의 황해 연안 도시들의 대기오염 상태는 이미 재앙수준으로 중국인들의 건강을 위협할 정도이다. 이 대기오염 문제는 단순히 중국이라는 나라의 국경 내의 문제가 아니라 이동성을 지닌 물질이라는 특성 때문에 우리나라의 문제가 되고 있다. 우리나라에서 발생한 대기오염 물질에 더하여 국경을 넘어 외부에서 유입되는 물질까지 더해지면서 도시의 대기오염 문제는 복잡성을 더하게 되었다.

〈그림 6〉은 맑은 날 겨울 오전 서울의 북쪽에서 남쪽을 향해 도심부를 촬영한 사진이다. 전

그림 6. 미세먼지로 어두워진 서울의 하늘(2019년 1월 14일 촬영)

국적으로 미세먼지 경보가 내리고 온종일 해를 볼 수 없을 정도로 어두운 하층대기는 지표상에 1~2㎞ 두께로 형성되었다. 이 층은 다양한 인간 활동이 빚어낸 오염물질로 채워져 육안으로 뚜렷이 구분된다. 맑은 날 밤 동안 지표면이 복사냉각되면서 고도에 따른 온도변화가 최소화되고 대기는 매우 안정된 상태가 되며, 겨울철 북서풍이 약화하면서 오염물질이 한반도 상공에 정체되고 경계층 내부의 공기가 수직적으로 혼합되지 않아 대기오염 물질이 지표 가까이에 축적되어 형성된다. 일반인들이 생각하는 것과는 차이가 있지만, 복사냉각이 활발한 맑은 날은 지표면의 온도가 낮아지면서 대기가 상대적으로 안정되고 이에 따라 행성경계층 내부의 오염물질을 더욱 뚜렷이 볼 수 있다(김경렬·이강웅, 1999).

1) 인구집중

국제연합(UN)은 최근 세계인구의 45%가 도시에 거주한다고 추측한다. 도시인구는 2005년에는 50%, 2025년에는 65%까지 증가하게 될 것으로 예측하고 있다. 선진국에서는 75%가, 개발도상국에서는 약 37%의 인구가 도시에 거주한다. 한국의 경우 〈표 4〉에 나타난 것처럼 2003년에 이미 행정구역 기준으로 89%에 달하는 인구가 읍 이상의 도시지역에 사는 것으로 나타났으며, 2017년 현재는 90%를 상회하고 있다.

산업과 상업의 발달로 도시가 생겨나고 더 많은 사람들이 도시의 더 좋은 사회적 서비스와 문

표 4. 한국의 도시지역 인구 현황

		2012	2013	2014	2015	2016	2017
도시지역 기준	도시지역 인구	46,381	46,838	47,048	47,298	47,469	47,542
	비도시지역 인구	4,566	4,304	4,280	4,232	4,227	4,235
행정구역 기준	도시인구	45,949	46,277	46,451	46,698	46,845	46,985
	농촌인구	4,998	4,864	4,877	4,831	4,850	4,793
도시지역 인구비율(%)	도시지역 기준도시 지역 인구비율	91	91.6	91.7	91.8	91.8	91.8
	행정구역 기준도시 지역 인구비율	90.2	90.5	90.5	90.6	90.6	90.7

주: 2005년부터 전국 인구는 안전행정부 주민등록 통계인구를 기준으로 함(외국인 제외).
출처: 국토교통부, LH『도시계획현황』.

화적 혜택, 그리고 취업기회 때문에 도시로 이주한다. 하지만 도시인구의 증가 속도가 너무 빨라서 사회적 서비스나 일자리의 증가가 인구증가를 따라잡지 못하는 경우가 상당히 많고 환경문제가 복합적으로 발생하고 있다.

2) 대기오염과 교통문제

앞서 지적한 대로 도시의 환경문제가 복잡성과 상호 관련성을 가지고 있다는 특성을 대표적으로 보여 주는 것이 대기오염의 문제일 것으로 보인다. 이미 로마 시대부터 로마에 매연이 있었다는 사실은 우리에게 많은 것을 시사해 준다(이현영, 2004). 도시화가 진행되면서 쾌적한 주거환경을 찾아 도시가 외연적으로 확대되어 직주분리가 심화될수록 그만큼 도시의 교통량은 증가하고, 이에 따라 대기오염 물질의 배출도 증가하게 된다.

우리나라의 경우 도시의 막대한 자원 소비와 온실가스 배출의 원인 중 하나는 대중교통보다는 승용차 중심으로 출퇴근이 이루어지는 교통체제라 할 수 있다. 2003년 교통개발연구원의 보고서에 따르면, 전국 7대 도시의 1993년부터 2003년 사이 교통혼잡은 8배 정도 증가하였다. 〈그림 6〉에 나타난 것처럼 2015년 현재 교통혼잡 비용으로 지출된 돈이 33조 4000억 원에 달하여 GDP의 2.16%에 이르며, 매년 3% 정도 꾸준히 증가하는 추세이다. 이를 서울에 국한해 보더라도 무려 9조 4353억 원에 달하고 있다.

자동차는 편리하고 이동성이 대단히 좋다는 장점이 있는 반면에, 사람과 환경에는 파괴적이다. 자동차는 배기가스로 인해 대기오염과 스모그를 일으키는 가장 큰 오염원이다. 앞으로도 신

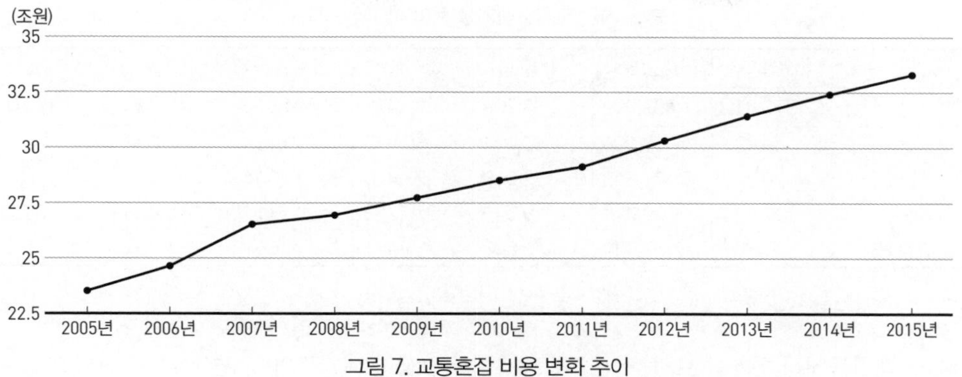

그림 7. 교통혼잡 비용 변화 추이

도시 건설 등으로 도시의 규모가 커지고 면적이 확대되면서 교통난이 증대할 것은 불을 보듯 뻔하므로, 자동차가 환경문제의 주범 노릇을 멈추는 것은 기대하기 어렵다고 판단된다.

2015년 서울시의, 자동차 등 운송수단의 도로와 비도로에서의 이동으로 발생하는 대기오염 물질 배출량 통계를 보면, 질소산화물(NOx)의 67.4%, 미세먼지(PM10 및 PM2.5)의 13%와 42.4%, 일산화탄소(CO)의 79.2%를 발생시키고 있다. 이들은 주요한 온실가스일 뿐만 아니라 직접 대기질에도 영향을 미친다. 이러한 대기오염의 문제는 내용이 복잡할 뿐만 아니라, 도시의 산업구조 재편과 같은 경제적인 측면과 더불어 직주분리, 교외화 등 도시의 사회적 양상과 복잡한 인과관계가 있으므로 별도의 장으로 다룰 필요가 있다.

3) 폐기물 발생과 매립장 문제

대규모 경제활동과 인구의 증가로 도시 내에서 소비되는 물자의 양은 급격히 증가하고 있으며, 이들 중 대부분은 쓸모없는 폐기물로 버려지게 된다. 도시 내에서 발생하는 쓰레기는 양과 질적인 면에서 농촌 폐기물과는 다른 측면을 가지고 있다. 일부 농촌에서도 자연분해가 되지 않는 비닐하우스 온실의 증가로 농사용 비닐이나 농약병 등의 폐기물 발생이 증가하고 있지만, 도시의 경우 폐기물의 대부분은 분해가 되지 않는 포장재로 둘러싸인 공산품이거나 심지어 분해가 잘 되는 음식물 쓰레기조차도 도시 내에서 자체 처리하지 못하고 도시 밖으로 내보내야만 하는 상황이다.

더욱 큰 문제는 재활용 비율이 세계적으로도 높은 수준인 85% 가까이 나타나지만, 아직도 상당량이 매립되거나 해양투기가 이루어지고 있다는 점이다. 『도시해석』 1판이 발간될 당시인

표 5. 최근 6년간 폐기물 처리방법의 변화

(단위: %)

	2011	2012	2013	2014	2015	2016	2016
계	373,312	382,009	380,709	388,486	404,812	415,345	100.0
매립	34,026	33,698	35,604	35,375	35,133	35,032	8.4
소각	20,897	22,848	22,918	22,420	23,904	24,135	5.8
재활용	312,521	322,419	319,579	329,268	345,114	356,086	85.7
해역 배출	5,867	3,044	2,608	1,423	661	92	0.1

2005년 폐기물처리 통계를 보면, 전국 7대 도시에서 발생한 폐기물의 약 35.4%가 매립되고 있으며, 재활용률은 약 53%에 머물고 있었다. 하지만 재활용 비율이 꾸준히 상승하고 종량제 봉투 사용 등의 영향으로 2016년 현재 매립은 8.4%에 불과하고, 재활용 비율이 85.7%에 이르고 있다(환경부·한국환경공단, 2017). 하지만 재활용 쓰레기로 수집한 물품의 재사용이나 재활용 가능한 자원으로 재처리되기까지는 아직도 문제가 산적해 있다. 실제로 중국을 비롯한 개발도상국으로 수출된 폐플라스틱과 폐전자제품을 비롯한 물질들은 국내의 쓰레기를 국제적인 문제로 만든다는 비난을 받고 있다.

매년 수도권매립지관리공사에서 발간되는 『통계연감』을 보면, 첫 판이 발간된 2002년 당시 734만 톤이 넘는 폐기물이 반입되어 매립되고 있었으나, 2016년 현재 수도권 폐기물 발생량이 5409만 톤인 데 비해 반입량은 360만 톤으로 많이 감소한 것으로 나타났다. 현재 추진 중이거나 이미 가동 중인 폐기물 관리시설들은 소각과 매립의 불안정성과 침출수 등으로 인한 환경 위해성에 대한 불안뿐만 아니라 이미지 측면에서도 주변 지역주민들로부터 거부감을 불러일으키고 있다. 이는 최근 언급되고 있는 님비(NIMBY)현상의 가장 중요한 대상이 될 뿐 아니라, 자원순환사회연대 등 다양한 NGO 그룹이 만들어지는 계기가 되고 있다. 이 책에서 폐기물에 관한 내용을 자세히 다루지는 못하였으나, 앞으로 도시를 연구하고자 하는 지리학도의 관심이 필요한 분야이다.

3. 나오면서

2014년 현재 인류의 54%가 살아가고 있는 도시에는 여러 가지 환경문제들이 발생하고 있다. UN은 2050년 세계 도시화 전망을 통해 2050년 세계의 도시인구는 66%를 넘을 것으로 예측하며, 현재 인구수 기준 1000만이 넘는 도시의 숫자는 28곳에서 더욱더 늘어날 것으로 예상한다. 이에 따라 발생하는 환경문제는 생태계의 황폐화로 나타나는 자연자원의 고갈과 더불어 생활환경의 오염이라는 두 개의 큰 틀로 일반화할 수도 있다. 하지만 실제 도시의 환경문제는 매우 복합적이고 다양한 집단의 이해관계가 복잡하게 얽혀 있다(최병두, 2003). 그 결과 도시의 환경문제는 환경 그 자체로서만이 아니라 우리의 일상생활 및 사회발전을 제약하는 수준에 이르고 있다. 특히 전국이 일일생활권으로 묶이면서 대도시의 환경문제는 지역적으로 도시에만 국한되는 것이 아니라 국토 전체의 환경문제로 다가오고 있다. 이어지는 장에서는 전통적인 자연지리학의 계통적 분류방식에 따라 각 저자가 맡은 영역에서 기후, 지형, 토양, 수문 및 생태계의 관점에서 도시를 보다 체계적으로 상세히 살펴보겠다.

참고문헌

국립공원관리공단, 2018, 『국립공원기본통계』.

기상청, 2014, 『한국 기후변화 평가보고서 2014–기후변화 과학적 근거』.

기상청, 2017, 『서울특별시 기후변화 전망보고서–신기후체제 대비』.

김경렬 · 이강웅 옮김, 1999, 『기후변동』, 사이언스북스(Graedel, T. E. and Crutzen, P. J., 1997, *Atmosphere, Climate, and Change*)

김수봉, 2002, 『인간과 도시환경』, 대영문화사.

박경 · 장은미 · 신상희, 2001, "국립공원관리를 위한 위성영상 활용방안에 관한 연구–북한산 국립공원을 사례로–", 『환경영향평가학회지』, 10(3), pp.167–174.

서울연구데이터서비스, http://data.si.re.kr

수도권매립지관리공사, 2018, 『2017년도 수도권매립지통계연감(제16호)』.

이현영 옮김, 2004, 『도시기후학』, 대광문화사.

이현영, 2000, 『한국의 기후』, 법문사.

최병두, 2003, 『도시 속의 환경 열두 달(봄 · 여름)』, 한울.

환경부, 2018, 『환경백서 2018』.

환경부 · 한국환경공단, 2017, 『2016년도 전국 폐기물 발생 및 처리현황』.

e–나라지표, http://www.index.go.kr

Fahamy, M., Sharples, S. and Al-Kady, A.W., 2008, "Extensive review for urban climatology: definitions, aspects and scales", Proceedings of the 7th ICCAE Conf, 27-29.

Jauregui, E., 1996, Bibliography of Urban Climatology for the period 1992-1995, WMO/TD-No.759, World Meteorological Organization, May 1996.

Oke, T. R., Mills, G., Christen, A. and Voogt, J. A., *Urban Climates*, Cambridge University Press.
Rohli, R. V. and Vega, A. J., 2017, *Climatology*, 4th edition, Jones and Bartlett Learning.
Salmond, J., 2005, *Bibliography of Urban Climate 2000-2004*, International Association for Urban Climate.

더 읽을 거리

Salmond, J., 2005, *Bibliography of Urban Climate 2000-2004*, International Association for Urban Climate.

⋯› 국제도시기후연구회가 수년간의 도시기후 관련 연구를 종합하여 분석·정리한 책이다. 이 연구에 따르면 가장 활발히 연구되는 분야는 대기오염과 관련된 내용, 행성경계층(Planetary Boundary layer)의 확산 및 바람터널 등이다. 추후 지리학의 관점에서 도시기후를 파악하기 위한 좋은 지침이 될 것이다.

이현영 옮김, 2004, 『도시기후학』, 대광문화사.

⋯› 이현영은 도시기후에 관한 국내의 연구가 많지 않은 실정에서 『한국의 기후』를 저술하며 약 25쪽에 걸쳐 도시화와 도시기후, 일사량과 열섬, 도시의 바람장 및 도시 대기의 수분 등을 다루었다. 이 책은 우리나라 도시기후에 관해 지리학자의 입장에서 20년 이상 연구한 내용을 파악하는 데 중요한 도서이다. 이후 2004년 이현영은 랜즈버그(H. E. Landsberg)의 책 *The Urban Climate*를 『도시기후학』으로 번역하여 출간하였다. 이 책은 도시기후학의 역사적 배경부터 도시 대기의 구성, 에너지 플럭스, 도시열섬, 바람장, 도시의 강수와 수문 등으로 구성되어 있다.

주요어 도시열섬, 환경백서, 외코폴리스, 도시기후

제26장

도시와 기후

권영아

1. 기후학의 정의

기후(climate)는 지표면의 특정 장소에서 매년 비슷한 시기에 출현하는 평균적이며 종합적인 대기의 상태를 의미한다. 그러므로 기후환경은 지표를 구성하고 있는 여러 요소 중 인류생활에 가장 중요한 요인으로, 인류문화를 대표하는 의식주 생활에 직간접적인 영향을 미친다. 대기를 다룬다는 점에서 기후학(climatology)과 기상학(meteorology)은 넓은 의미로 대기과학의 영역에 포함된다. 그러나 대기에 접근할 때 기후학과 기상학이 구별된다. 기상학은 정확한 일기예측을 위해 대기의 운동을 다루는 학문으로, 대기에서 일어나는 물리과정의 해석에 초점을 둔다. 기후학은 장기간 관측된 대기상태를 연구하는 지리학의 분야로, 한 장소에서 일어나는 날씨의 종류를 연구한다. 기후학에서는 평균값과 출현빈도가 높은 날씨는 물론 이상기후나 이상기상에도 관심을 갖는다. 즉 기후학은 주어진 장소에서 주어진 기간의 모든 날씨를 연구하는 학문이라 할 수 있다(이승호, 2012).

인류문명의 발달에 따른 도시의 팽창은 녹지의 감소, 도로 포장률의 증가, 도시하천의 복개 등 지표면의 피복상태를 변화시키고 도시구조물을 증가시켜 도시지역은 주변지역과는 다른 도시 특유의 기후를 형성하게 한다. 최초의 도시기후에 관한 저서는 런던의 열섬현상을 발견한 루크 하워드(Luke Howard, 1772~1864)가 쓴 『기상관측에 의한 런던의 기후』이다. 그 후 리머우

(Remou, 1815~1902)가 파리의 기후변화에 관한 책을 출판하였다. 그러나 도시기후에 관한 연구는 제2차 세계대전 후 급격하게 도시의 규모가 확대되고 산업이 발달함에 따라 도시의 대기가 혼탁해지고 시정이 악화되면서 활발해지기 시작하였다. 도시기후 연구는 1960년대 후반부터 활성화되었고, 1970~1980년대에 최성기를 이루었다(이현영, 1989).

최근에는 전 세계적으로 도시화가 빠르게 진행되고 있으며, 도시의 규모도 점차 거대해져 가고 있다. 유엔경제사회국(UNDESA)의 '2018 세계 도시화 전망' 보고서에 의하면, 2018년 현재 전 세계 도시인구는 전체 세계인구(76억 3300만 명)의 55% 정도를 차지하고 있으며, 도시인구의 급속한 팽창으로 2050년에는 도시인구 비율이 68%에 이를 것으로 전망하고 있다. 따라서 많은 사람들의 삶의 터전인 도시지역에서의 기후에 대한 관심은 점차 증가하고 있으며 중요하게 다루어져야 할 문제이다. 이 글에서는 도시화에 따른 기후요소 변화특성의 대체적인 내용을 다루고, 그 대표적인 예로 도시열섬현상에 대해 살펴본다.

2. 도시의 기후요소 변화특성

세계기상기구(WMO, 1983)의 정의에 따르면, 도시기후는 국지기후로 건물지역(폐열과 대기 오염 물질의 방출 포함)과 지역기후 사이의 상호작용에 의해 변화된다. 즉 여러 가지 다른 지표면과 건물구조물 때문에 도시기후 내에서 다양한 미기후가 나타나며, 인공열의 방출, 공기의 흐름, 건물의 형태 등은 주변 시골지역과 다른 도시기후를 만들어 낸다(최병철 외, 2007). 랜즈버그(Landsberg, 1981)는 중위도에 위치한 여러 도시에서의 연구결과를 종합하여 도시화와 더불어 변화된 각종 기후요소의 변화량을 정리하였다. 그는 일반적으로 도시는 주변 농촌지역과 비교할 때 일사량, 풍속, 습도 등이 감소하는 데 반해 기온, 운량, 대기 중에 함유된 오염물질은 증가한다고 하였다(표 1).

우선 일사량의 감소를 보면, 도시의 공기 중에는 미진, 그 외의 부유물, 자동차의 배기가스, 공장의 연기 등 오염물질이 많기 때문에 일반적으로 시정이 나쁘다. 시정은 오염물질의 농도와 관계되기 때문에 풍속, 대기 하층의 안정도, 역전층의 높이, 일기 등의 기상조건에 영향을 많이 받는다. 도시의 대기 중에 함유된 오염물질은 시정을 나쁘게 하는 것 이외에도 태양광선의 투과를 방해하여 일사량을 현저히 감소시키는데, 이러한 사실들이 우리가 모르는 사이에 도시에서 생활하는 인간의 건강에 지대한 영향을 주고 있는 것이다.

도시의 기온상승은 도시의 등온선이 동심원상으로 나타나고 도심지는 고온지대가 형성되는 열섬현상(heat island)으로 나타난다(이현영, 1989). 이는 도시 내부의 가옥이나 공장에서 발생하는 인공열, 건축물이나 도로 등 구성물질의 열적 특성, 지형의 요철(凹凸) 영향, 도시 상공을 부유하고 있는 미진이나 탄산가스 등의 영향을 들 수 있으며, 이 요인들의 상대적인 중요도는 도시의 규모, 성격, 계절, 천후 상태 등에 따라 다르다. 도시의 발달에 따른 기온의 특성으로는 도시면적에 비례해서 도시기온이 높고, 인공열의 발생원인인 도시인구가 많을수록 도시기온도 상승하는 경향이다. 또한 건물의 고층화 및 밀집화에 의해 낮에는 건물 벽면의 재반사로 에너지 흡수가 증가하고, 밤에는 건물 벽면에서의 열방출로 도시기온이 유지되면서 열섬현상이 강화된다. 이처럼 도시기온은 인공열을 방출하는 토지피복이나 토지이용과 밀접한 상관성을 가지므로, 상업지역>공업지역>주거지역>농업지역의 순으로 기온이 높다. 기상상태에 따른 기온의 특성으로는 대부분 맑고 바람 없는 날 도시 내외의 기온차가 크고, 풍속이 강해지면 공기가 혼합되므로 도시 내외의 기온차가 작아진다. 그리고 기압배치 유형에 따른 도시 내외의 기온차는 우리나라가 이동성고기압의 영향을 받고 있을 때 가장 크게 나타난다. 그 외 도시에서의 인간 활동이 왕성한 주중에는 기온이 높고, 도시활동이 감소되는 주말이나 주초에는 기온이 낮은 편이다.

습도의 경우, 도시는 시외와 비교하여 기온이 높기 때문에 공기 중의 수증기량이 같더라도 상대습도는 시내 쪽이 더 낮게 나타난다. 또한 시가지의 절대습도는 그 자체가 교외에 비해 낮기 때

표 1. 도시화에 따른 기후요소

	기후요소	농촌환경에 대한 비율		기후요소	농촌환경에 대한 비율
오염물질	응결핵	10배 이상	기온	연평균	0.5~3.0℃ 이상
	분진	10배 이상		겨울 최저(평균)	1~2℃ 이상
	가스혼합물	5~10배		여름 최고	1~3℃ 이상
복사	전천	1~20% 이하		난방도 일수	10% 이하
	자외선(겨울)	30% 이하	상대습도	연평균	6% 이하
	자외선(여름)	5% 이하		겨울	2% 이하
	일조시간	5~15% 이하		여름	8% 이하
강수	강수량	5~15% 이상	풍속	연평균	20~30% 이하
	강수 5mm 이하의 일수	10% 이상		1시간 최대	10~20% 이하
				정온	5~20% 이상
	강설(도심)	5~10% 이하	구름	운량	5~10% 이상
	강설(풍하지역)	10% 이상		안개(겨울)	100% 이상
	뇌우	10~15% 이상		안개(여름)	30% 이상

문에 상대습도는 보다 더 낮게 된다. 도시 내외의 상대습도의 차는 야간에 가장 큰 차이를 보인다. 최근 도시에서 습도가 낮아지는 도시사막화 현상의 원인으로는 도로포장 등으로 인해 빗물이 지면으로 스며들지 못하고 직접 하수구로 유출되는 것과 도시에서 미진이 증가하는 것, 풍속의 감소에 따른 수직방향으로의 수증기 수송량의 감소 등을 들 수 있다. 이는 인구의 증가 및 도시의 팽창과 함께 점점 심화되어 가고 있다.

구름의 양은 일반적으로 도시 내에서 더 많다. 그 이유로 도시는 주변 교외지대보다는 고온이므로 공기가 불안정하여 상승기류가 발생하기 쉬우며, 응결핵의 공급이 많기 때문에 절대습도가 낮아도 응결현상이 일어나기 쉽고, 건축물에 의한 마찰이 크기 때문에 대기의 활주상승운동이 왕성한 것을 들 수 있다. 실례로 하층운이 도시 내에서만 발생한다든가, 도시에서의 응결고도가 낮다든가 하는 것이 보고되고 있다. 따라서 도시 내에서는 미우 일수가 증가하는 추세를 보이고 있다.

도시 내의 공기 중에는 미진 등 응결핵이 되기 쉬운 물질이 다량으로 함유되어 있으므로 복사냉각에 따른 복사안개가 발생하기 쉽고, 습윤한 공기가 유입할 경우나 저온의 공기가 이류해 올 경우에 안개가 발생하기 쉽다. 이러한 도시안개는 종종 스모그가 되어 인체에 유해한 영향을 주는데, 계절별로는 겨울철에 많이 발생하고 아침이나 일몰 후에 많이 발생한다. 또한 맑고 바람이 없어 기온역전현상이 일어나는 날에는 발생빈도가 높다.

도시에서는 일반적으로 건물 등과 같은 장애물로 인해 풍속이 약해지는 경향이 있다. 그러나 일반풍의 풍향과 방향이 같은 넓은 도로에서는 풍속이 강하며, 건물의 높이가 낮고 도로폭이 넓을수록 도로풍은 강해진다. 또한 높은 건축물로 인해 저층은 약한 바람이 불고, 고층에서 부딪친 기류는 좌우로 갈라져서 불기 때문에 바람의 통로에 해당하는 도시건물 사이와 같은 곳에서는 강한 바람이 부는데, 이를 빌딩풍이라 한다.

3. 도시열섬현상의 원인 및 영향

도시열섬현상은 지표면의 인위적인 변화로 인한 미기후적 변화의 총체적인 반영으로, 도시화 과정에서 나타나는 가장 뚜렷한 기후현상의 변화이다. 도시열섬현상의 원인으로는 자동차 배기가스 등에 의한 대기오염과 도시 내 인공열의 발생, 건축물 증가나 지표면의 포장 등에 의한 지표상태 변화 등이 있다. 자동차 배기가스 등과 같이 도시의 분진 및 기체상 오염물질은 고온상태에서 도시 상공을 덮는 거대한 먼지돔(dust dome)을 형성함으로써 도시열섬을 가중시키며, 도시민의 쾌적성과 건강을 위협하고 있다. 그중 오존은 눈을 자극하고 폐에 염증과 천식을 일으키며 세균에 대한 면역력을 저하시키는데, 한 예로 로스앤젤레스에서는 대기오염으로 인해 매년 건강과 연관된 비용으로 30억 달러가 지출된다고 한다(Rosenfeld et al., 1997). 또한 자동차, 공장, 냉난방기, 조명 등과 같이 도시 내에서 발생되는 인공열도 도시열섬현상의 주요 원인이 된다. 특히 지표면의 피복상태는 기온분포에 영향을 미쳐 도시 내에서도 토지피복에 따라 기온 분포가 다르게 나타난다. 도시에서 토지의 70% 정도를 차지하는 도로, 주차장, 보도, 건물 등의 인공지표는 알베도(albedo)가 낮은 콘크리트나 아스팔트로 되어 있어 태양방사의 흡수율이 높아 도시열섬현상을 야기한다.

도시열섬현상이 미치는 영향을 보면, 대도시의 경우 토지이용이 집약적이기 때문에 고밀화·

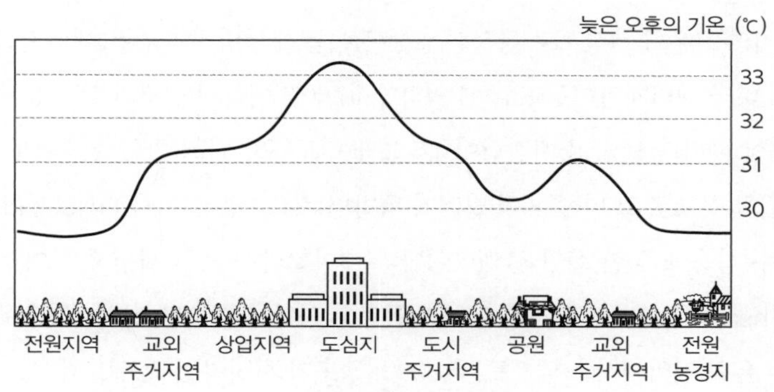

그림 1. 도시열섬현상

출처: http://eta. lbl.gov/HeatIsland/HighTemps/

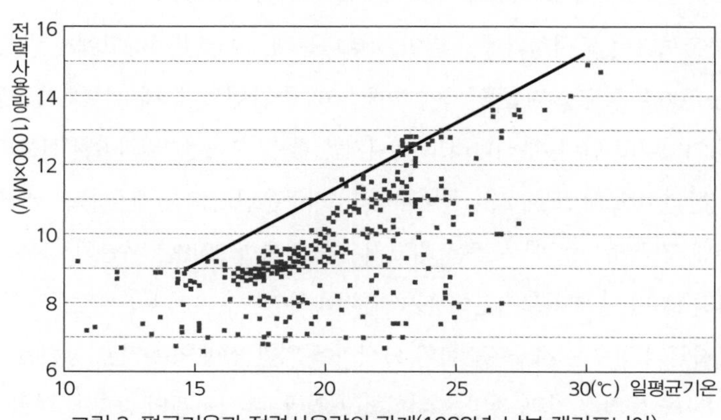

그림 2. 평균기온과 전력사용량의 관계(1988년, 남부 캘리포니아)

출처: http://eta. lbl.gov/HeatIsland/HighTemps/

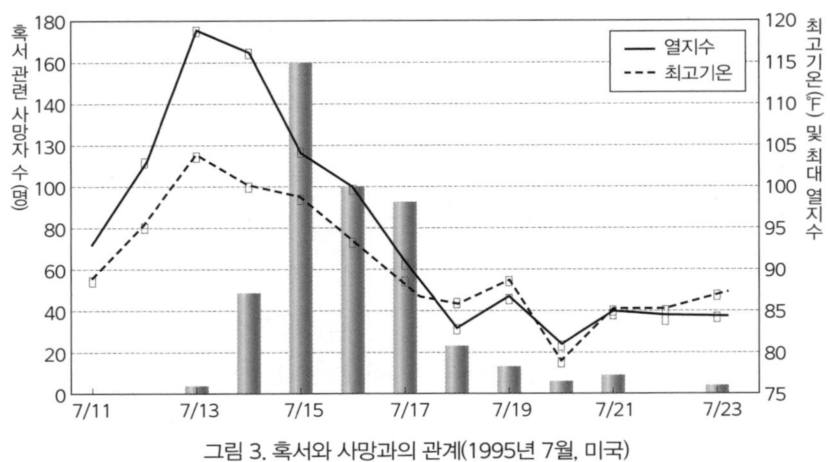

그림 3. 혹서와 사망과의 관계(1995년 7월, 미국)

출처: "Potential Consequences of Climate Variability and Chage", EPA report.

고층화된 시가지의 고온화 현상으로 형성된 열섬은 여름철 냉방비와 같은 에너지 소비량을 급증시킨다(그림 2). 미국 에너지관리청(EIA)에 의하면 10만 명 이상의 인구가 있는 도시에서는 0.6℃의 온도가 상승할 때마다 냉방 소비전력이 1.5~2% 정도 오른다고 하였다. 즉 미국 전력소비의 1/6은 냉방을 위한 것으로 일 년에 40억 달러가 냉방비로 쓰이는 것이다(Rosenfeld et al., 1997).

또한 불쾌지수 상승에 의한 심한 불쾌함이나 열대야현상에 의한 불면증을 야기시키며, 열스트레스나 열파(heat wave)는 노약자나 도시 빈곤층의 사망률을 증가시키는 것으로 알려지고 있다. 2003년에는 유럽 전역에서 폭염으로 35,000명 정도가 사망하였고, 인도에서도 1,100명 이상이 사망하였다고 한다. 파리 지역을 대상으로 한 연구에서는 열파에 의한 사망률이 대도시일수록 더 크고, 파리의 1/4 지역에서 60세 이상 노인들의 사망률이 48%에 달한다고 하였다. 혹서에 의한 피해는 농촌보다는 도시지역에서 많이 나타나는데, 1995년 시카고에서 발생한 혹서에 의한 사망자 수는 700명 정도로 다른 연도에 비해 80% 증가했으며, 대부분의 사망원인은 고온으로 인한 일사병이었다고 한다. 우리나라도 혹서가 심했던 1994년 7월과 8월 서울의 사망자 수는 1993년 같은 기간과 비교해 볼 때 21% 증가하였다. 지구온난화로 인해 여름철 폭염은 점점 더 심해지는 추세인데, 전국적으로 매우 높은 최고기온을 기록한 2018년 여름의 경우 서울시는 기상관측이 이루어진 111년 만에 최고기온이 39°C를 기록하였다.

이처럼 도시지역의 경우는 지구온난화와 도시화에 의한 영향으로 기온 상승이 가중되면서 높은 열파 발생이 사람들의 건강과 생명을 위협하고 있다. 온실기체의 증가에 의한 지구온난화는 대도시지역 도시열섬의 강도, 시계열적 패턴, 공간적 분포범위를 변화시킬 수 있는 장기적인 기후재해로서, 열과 관련된 질병이나 사망률은 열파나 도시열섬효과의 빈도와 기간이 증가하면서 늘어나고 있다. 따라서 도시열섬과 관련된 재해의 가능성은 지구가 온난화될수록 증가할 것으로 보인다.

4. 도시열섬의 저감방안

많은 전문가들은 이러한 도시열섬의 해결책으로 건물과 도로에 반사율이 높은 재료를 사용할 것과 도시에 나무심기를 제안하고 있다. 도시에서는 식물 대신 아스팔트나 콘크리트, 벽돌과 같이 반사율이 낮은 표면들이 주를 이루는데, 이들은 태양에너지를 흡수하고 저장하기 때문에 주변보다 더 높은 온도를 나타낸다. 따라서 지붕과 도로에 밝은색의 포장재료를 사용한다면 열반사율이 높아져 도시온도를 낮출 수 있고 에너지 사용량을 감소시킬 수 있다. 그 예로 로스앤젤레스에서는 이러한 정책으로 도시기온이 3℃ 감소하고 스모그는 12% 감소하여 연간 5억 달러의 이익을 보고 있다(Rosenfeld et al., 1996). 〈그림 4〉는 표면 색깔에 따른 온도차를 보여 주는데, 밝은 색깔의 포장이 어두운 색보다 표면온도가 낮음을 알 수 있다(Rosenfeld et al., 1997). 국내 연구에서도 이은엽 외(1996)가 지표 재료에 따라 지온이나 기온의 완화효과를 분석하였는데, 여름철 잔디와 콘크리트 간의 최고기온차는 최대 6.5~6.6℃에 달한다고 하였다. 또한 재료별 최고·최저 기온 분포를 보면 잔디 < 나지 < 인터록킹블록 < 콘크리트의 순으로 높아지고 있다고 하였다.

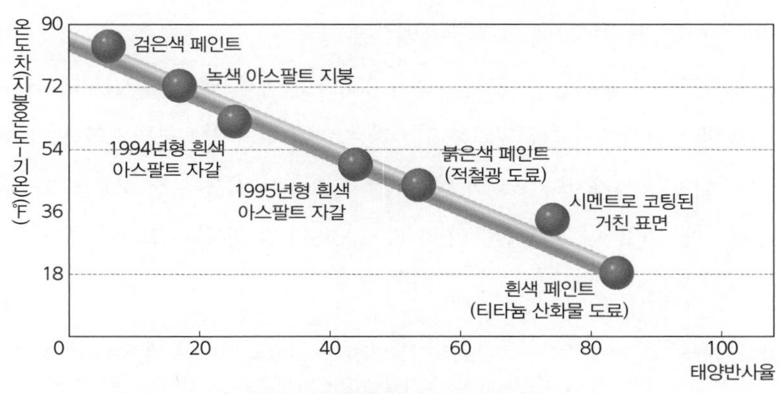

그림 4. 포장 색깔에 따른 반사율과 온도

출처: Rosenfeld et al., 1997.

도시 내 녹지는 무더운 여름철에 시가지의 기온 상승을 완화시키고 대기를 정화시키는 등 주거환경의 질적 향상에 기여하는 바가 크다(이현영, 1985). 도시에 공원과 같은 녹지를 조성하면 주변 시가지보다 상대적으로 기온이 낮아져 부분적으로 하강기류가 발생하고 냉각된 공기가 주변 시가지로 흘러나와 도시의 기후환경을 개선할 수 있다. 업매니스와 첸(Upmanis and Chen, 1998, 1999)은 스웨덴 예테보리(Göteborg)시의 공원들에서 도시공원의 녹지면적과 기온, 바람 간의 관련성 및 녹지가 국지기후에 미치는 영향에 대해 연구한 적이 있다. 이 연구에서 공원 규모가 클수록 시가지와 공원 간의 기온 차이가 크고, 도시녹지가 시가지 기온에 미치는 영향이 증가한다고 하였다. 또한 공원 가장자리에서 멀어질수록 기온은 높아져 공원과 시가지의 기온 차이가 공원 경계로부터의 거리와 관련이 있다는 것을 밝혔다. 베르나츠키(Bernatzky, 1982)는 나무와 녹지공간이 도시기후에 미치는 영향에 대한 연구에서, 녹지는 기온을 감소시키고 상대습도를 증가시키며 오염된 공기를 환기시키는 등 도시의 인공적인 기후를 개선하는 데 중요한 역할을 한다고 하였다. 가와무라와 스즈키(Kawa-mura and Suzuki, 1983)는 일본의 자연학습장인 시로가네(白金) 공원과 도쿄 시내의 대소공원에서 기온을 관측하여 공원 주변의 주거지에서 일 최고기온의 차이가 여름에 가장 크고 봄에 가장 작으며, 일 최저기온의 차이는 겨울에 가장 크고 봄에 가장 작다는 결과를 얻었다. 또한 두 지역 간의 기온차는 공원면적의 제곱근에 비례하며, 도시기온에 영향을 미치는 공원의 최소 면적은 600m^{2}라고 하였다. 혼조와 다카쿠라(Honjo and Takakura, 1990/1991)는 도시녹지가 그 주변지역에 미치는 냉각효과를 추정하기 위한 수치모델을 통해, 만약 작은 녹지가 적절한 간격을 가지고 배치되어 있다면 주변지역의 기온 저감에 더 효과적이라고 하였다. 이처럼 도시공원과 같이 도시 내 녹지의 기온이 주변 시가지보다 낮은 것을 냉섬(cool island)[1]현상이라고 하는데, 주간에는 나무들에 의해 생기는 증발산과 그늘의 효과에 의해, 그리고 야간에는 복사냉각에 의해 주변 기온을 낮춘다.

1960년대 이후 고도의 경제성장으로 인구 약 1000만의 세계적인 대도시가 된 서울시는 외곽의 산지에 설정된 개발제한구역을 제외하고는 전 지역이 주거지나 고밀도의 상업지인 시가지로 개발되었다. 이처럼 시가지의 고온화 현상이 두드러지는 서울은 전 국토의 0.6%에 불과한 605.2km^{2}의 면적에 우리나라 전체 인구의 약 19%(2018년 말 현재)가 집중해 생활하고 있다. 도

1. 'cool island'에 대한 용어는 현재 학술적으로 정립되지 않았으나 도시 내의 녹지나 고층건물들의 그늘에 의해 주변보다 기온이 낮은 지역을 의미한다. 여기서는 하마다 다카시(浜田崇)와 미카미 다케히코(三上岳彦)가 1994년 『지리학평론』에 발표한 것을 인용하여 냉섬(cool island or low-temperature area)을 "도시 내에서 녹지공원에 의해 기온이 낮게 나타나는 지역"으로 정의하였다.

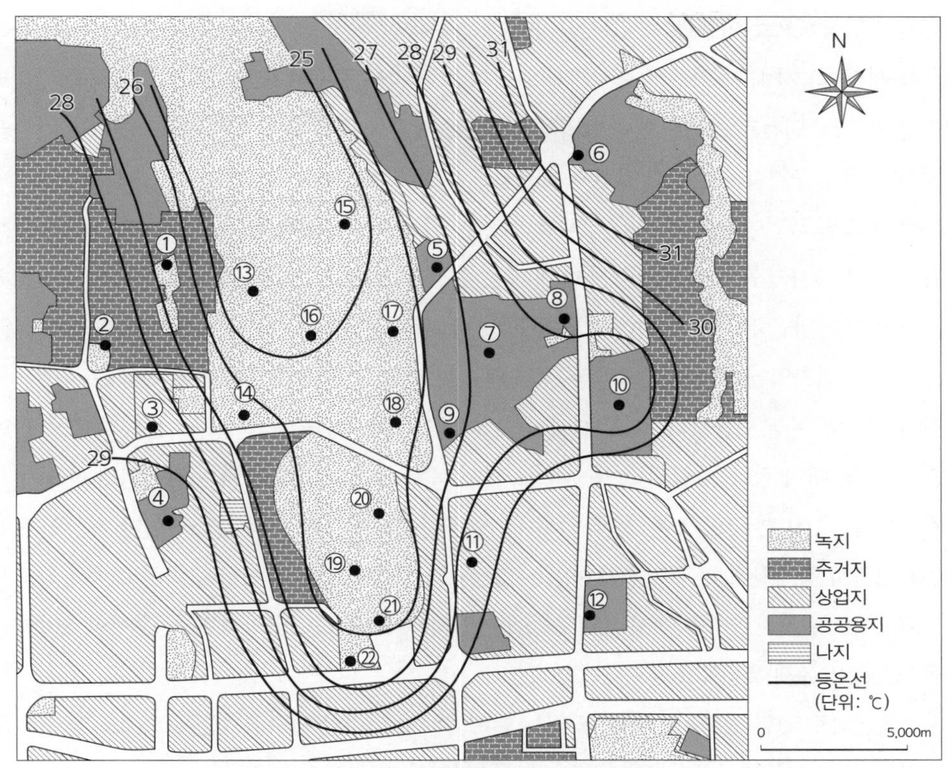

그림 5. 토지피복 상태와 최고기온 분포(2000년 9월 29일)

* 번호는 기온 관측지점

시녹지가 주변 기온 저감에 미치는 영향에 관한 국내 연구로, 이현영(1985)은 겨울철에 공원녹지인 덕수궁과 그곳으로부터 600m 떨어진 시가지에서 기온을 관측하여 공원녹지가 시가지보다 오전에는 1~2℃ 낮고 오후에는 2.5~3℃ 낮음을 밝히고, 도시의 토지피복 상태가 기온에 영향을 미친다고 하였다. 권영아(2002)는 서울시 종로구 창경궁, 창덕궁, 종묘를 중심으로 한 도시녹지가 주변 시가지 기온에 미치는 영향을 사례 분석하였다. 그 결과 도시 내 녹지와 주변 시가지 간의 기온차가 최대 7.3℃에 달하며, 녹지 가장자리에서 멀어질수록 최고기온은 높아져 100m 떨어진 곳에서는 1~2℃, 300m에서는 2~3℃, 400m에서는 3~4℃, 600m에서는 5~6℃ 더 높았다(그림 5).

도시녹지가 지니는 이러한 효과는 도시의 쾌적한 환경을 조성하고, 시민의 삶의 질을 향상시키며, 인간과 자연의 공존을 가능하게 하여 도시의 지속가능한 발전을 이끌어 낼 수 있다. 그러나 우리나라는 각종 개발과 도시가 확장하는 과정에서 많은 녹지가 훼손되었고, 생활권 주변에 시민들이 일상적으로 이용할 수 있는 공원이 매우 부족한 실정이다. 최근 서울시는 이러한 문제점들을 해결하고자 개발 위주의 도시계획에서 보전 및 복원 위주의 도시계획으로 도시관리의 방향을 전환하고, 인간과 자연이 공존할 수 있는 환경을 만들기 위해 청계천 복원사업이나 서울숲 조성사업, 옥상공원화사업 등 다양한 녹화사업을 추진하고 있다.

2005년 10월 복원이 완료된 서울 청계천의 경우, 빌딩들이 밀집해 있는 도시 내에서 복원된 하천과 녹지가 도시기후에 미칠 영향에 대해 많은 관심과 기대를 모았다. 청계천 복원이 주변지역 기온에 미친 영향을 분석하기 위해 기상연구소는 2004년 8월부터 2005년 9월까지 세 차례에 걸쳐 청계천 주변지역에서 기온 분포 및 특성을 분석하였다. 그 결과 청계천 복원 전에는 청계천 주변지역 기온이 서울 평균보다 약 2.2℃까지 높았으나 도심지 대규모 인공구조물의 철거로 인한 교통량 감소, 대기 정화, 바람길 조성 등으로 인해 복원 후에는 청계천 내 녹지지점의 온도는 주변지역보다 약 0.9℃ 낮았으며, 청계천 주변지역 기온도 약 1.3℃까지 감소되었다(기상연구소, 2005). 서울시 청계천 일대에 진행된 사업은 열섬효과 완화에 긍정적 영향을 미치고 있는 것으로 평가되고 있으며, 이에 대한 체계적 연구들이 다양하게 진행되고 있다(김경태·송재민, 2015; 김연희, 2006; 양윤재, 2008; 조명희 외, 2009).

지구온난화로 인한 영향이 더해지고 있는 현시점에서 이러한 연구결과들을 토대로 앞으로 도시 열 환경을 개선할 수 있는 다양한 방안이 모색되어야 할 것이다.

참고문헌

권영아, 2002, "서울의 도심 녹지가 주변 기온에 미치는 영향", 건국대학교 대학원 박사학위 청구논문, p.110.

기상연구소, 2005, "도시 대기특성 예측 및 응용기술 개발 3", 기상청 연구보고서, p.178.

김경태·송재민, 2015, "청계천 복원사업이 도시열섬현상에 미치는 영향", 『국토계획』, 50(4), pp.139-154.

김기호, 2004, "도시열섬현상 저감을 위한 그린 네트워크 구축 방안에 관한 연구-대구광역시 달서구를 대상으로", 『한국환경과학회지』, 13(6), pp.527-535.

김연희, 2006, "청계천 복원 전·후 기상관측을 통한 도시기후 변화", 『한국하천협회지』, 2(3), pp.67-71.

김정호·이주승·윤용한, 2015, "도심재생하천 내 수리적 특성이 열환경 변화에 미치는 영향 평가: 청계천을 대상으로", 『환경정책연구』, 14(2), pp.3-25.

박인환·장갑수·김종용, 1999, "추이대를 중심으로 한 경상북도 3개 도시의 열섬 평가", 『환경영향평가학회지』, 8(2), pp.73-82.

양윤재, 2008, "도시재생 전환기제로서 청계천 복원사업의 역할과 성과에 관한 연구", 『한국도시설계학회지』,

9(4), pp.307–328.
윤용한·송태갑, 2000, "도시공원의 기온에 영향을 미치는 요인", 『한국조경학회지』, 28(2), pp.39–48.
이승호, 2012, 『기후학(개정판)』, 푸른길.
이은엽·문석기·심상렬, 1996, "도시녹지의 기온 및 지온 완화효과에 관한 연구", 『한국조경학회지』, 24(1), pp.65–78.
이현영, 1985, "서울의 도시기온에 관한 연구", 이화여자대학교 박사학위 청구논문, p.104.
이현영 옮김, 1989, 『도시기후학』, 대광문화사.
조명희·조윤원·김성재, 2009, "도시복원사업의 열 환경 변화 분석을 위한 ASTER 열적외 위성영상자료의 활용: 청계천 복원사업을 사례로", 『한국지리정보학회지』, 12(1), pp.73–80.
최병철·김규랑·김지영 옮김, 2007, 『위기의 지구: 폭염』, 푸른길.
浜田崇·三上岳彦, 1994 , "都市內綠地のCool island現象·明治神宮·Yoyogi公園を事例に–", 『地理學論評』, 67A(8), pp.518–529.
Bernatzky, A., 1982, "The Contribution of Trees and Green Spaces to a Town Climate", *Energy and Buildings*, 5, pp.1-10.
Honjo, T. and Takakura, T., 1990/1991, "Simulation of Thermal Effects of Urban Green Areas on their Surrounding Areas", *Energy and Buildings*, 15, pp.443-446.
Kawamura, T. and Suzuki, Y., 1983, "Air Temperature Differences between Park and the Surrounding Urban Area", *Annual Rept. of the Inst. of Geoscience*, the Univ. of Tsukuba, 9, pp.39-41.
Landsberg, H. E., 1981, *The Urban Climate*, New York: Academic Press.
Rosenfeld, A. H., Romm, J. J., Akbari, H., Pomerantz, M. and Taha, H., 1996, "Policies to Reduce Heat Islands: Magnitudes of Benefits and Incentives to Achieve them", *Proceedings of the 1996 ACEEE Summer Study on Energy Efficiency in Buildings*, August 1996, Pacific Grove, CA, 9, p.177.
Rosenfeld, A. H., Romm, J. J., Akbari, H. and Lloyd, A. C., 1997, "Painting the town white—and green", *MIT's Technology Review 100*, pp.52-59.
Sproul, J., Wan, M. P., Mandel, B. H. and Rosenfeld, A. H., 2014, "Economic comparison of white, green, and black flat roofs in the United States", *Energy and Buildings*, 71, pp.20-27.
Upmains, H., Eliasson, I. and Lindqvist, S., 1998, "The Influence of Green Areas on Nocturnal Temperatures in a High Latitude City(Göteborg, Sweden)", *Int. J. Climatology*, 18, pp.681-376.
Upmains, H. and Chen, D., 1999, "Influence of Geographical Factors and Meteorological Variables on Nocturnal Urban-Park Temperature-Differences: A Case Study of Summer 1995 in Goteborg, Sweden", *Climate Research*, 13(2), pp.125-139.

더 읽을 거리

이승호, 2012, 『기후학(개정판)』, 푸른길.

⋯▸ 기후학에 대한 기초적인 내용을 쉽게 정리한 책으로, 기후학의 정의 및 각 지역별 기후특성에 영향을 미치는 기후인자와 기후요소를 설명한다. 특히 기후특성을 사진이나 그림을 이용한 사례로 설명한 부분이 많아서 이해하기 쉽다.

이현영, 2000,『한국의 기후』, 법문사.

⋯▸ 기후학에 대한 기본적인 개념과 더불어 한국의 기후특성을 기후 요소별 및 특성별로 나누어 설명한다. 특히 한국이 속해 있는 동아시아의 기후특성인 계절변화, 몬순, 장마 등을 다루었다.

이현영 옮김, 1989,『도시기후학』, 대광문화사.

⋯▸ 1981년에 랜즈버그(H. E. Landsberg)가 쓴 *The Urban Cliamte*를 번역한 책으로, 도시기후와 관련된 전반적인 내용을 담고 있다. 특히 기후요소별로 도시지역에서의 특성을 원인과 결과로 다루고, 도시열섬이나 그에 대한 해결방안도 언급하고 있다.

주요어 도시기후, 도시화, 열섬현상, 냉섬현상, 도시녹지, 빌딩풍, 지구온난화, 폭염

제27장

도시와 지형

김성환

1. 도시에서 지형의 의의

'호반(湖畔)의 도시, 춘천'이라는 표현은 우리나라 도시 중에서 자연경관, 특히 지형요소가 도시의 주요 상징이 되는 대표적인 사례로 꼽힌다. 춘천 하면 다른 무엇보다도 먼저 북한강의 흐름을 따라 형성된 여러 호수를 떠올리는 일은 당연한 일이다. 2018년 동계올림픽 개최지인 강원도 평창군의 'HAPPY 700, 평창'은 우리나라 지방자치단체에서 지역을 브랜드화한 사례 가운데 가장 성공적인 것으로 평가된다. 지형적인 요소와 그곳에서 펼쳐지는 인간 생활을 압축하고 있는 이 브랜드는 평창이 내보이는 여러 가지 상품의 머리를 장식하고 있다.

굳이 다른 사례를 더 들지 않고 앞서 언급한 춘천과 평창의 사례만으로도 도시와 지형 사이에는 주요한 관련이 있다는 것을 알 수 있다. 도시가 입지하게 된 해발고도 700m의 자연적 환경이든, 수자원의 효율적 관리를 위해 인위적으로 조성한 인공지형인 호수환경이든 모두가 도시의 주요한 요소를 이루고 있는 것이다.

자칫 도시의 형성과 발달은 오직 인문·사회적 요인만이 작용하여 이루어진 것으로 인식할 수도 있는데, 이러한 생각 때문에 많은 사람들이 도시는 자연환경의 영향을 별로 받지 않고 인문적 요인에 의해 만들어진 생활·활동 공간으로 인식하고 있는 실정이다. 그러나 풍수지리 사상에서 나타난 '형국론(形局論)'이나 '배산임수(背山臨水)'로 대표되는 전통적인 우리나라 마을 입지에 대한 설명 속에는 지표의 형태, 즉 지형에 대한 의미가 포함되어 있는 것에서 알 수 있듯이 도시와 지형 간의 관계에 대한 인식은 뿌리가 깊다고 볼 수 있다.

이 글에서는 이러한 도시와 지형을 주제로 살펴보고자 한다. 먼저 도시와 지형 간의 관계에 대해 언급한 후, 이러한 문제에 대한 지형학적 접근에 관해 살펴보기로 한다. 그리고 도시의 환경적 요인으로서 지형과 도시의 형성에 따른 새로운 지형의 형성에 대해 분석한다. 다분히 일반적인 내용으로 진행되는 도시와 지형이라는 주제가 우리나라에서는 어떻게 다루어져 왔는가를 알아보기 위해, 글 후반부에서는 우리나라에서 진행된 도시와 지형의 관계에 대한 대표적인 연구 결과를 정리하여 간략히 소개하고자 한다.

2. 도시와 지형 간의 관계와 지형학적 접근

1) 도시와 지형 간의 관계

도시의 건설은 깎아지른 듯한 절벽이나 인공적으로 직강화되고 잘 정비된 하천변의 좁고 기다란 고수부지와 같이 새로운 지형경관을 형성한다. 이러한 새로운 지형이 형성되는 과정은 에너지와 물, 다양한 물질의 순환과정에 대대적인 변형을 초래하지만, 결과적으로 나타나는 지형은 기존의 지형요소와 전혀 동떨어진 관계는 아니다. 건축물과 각종 구조물의 지반이나 절벽과 마주하는 간선도로 모두가 기반암이나 토양층 상부에 안정적으로 위치하도록 설계한 것이다. 넓은 의미에서 도시의 입지는 다양한 지형경관 요소가 복합적으로 작용한 결과이다.

도시가 들어서는 데 지역의 적합성 문제와 도시 내에 특정한 건축물이 축조되는 데 어떠한 지점의 적합성 문제, 그리고 도시의 발달이 토양과 지형의 안정성에 미치는 영향 등이 지형학에서 도시를 다루는 주요한 연구주제가 된다. 도시의 건설은 자연적으로 존재하는 지형에 극적인 변화를 초래한다. 사면은 절개되고 파헤쳐지며 갈아엎어져서 새로운 형태로 변화하고, 골짜기나 늪지대는 토사로 메워지며, 도시의 저반을 이루는 지하층에서는 물과 광물의 채굴이 진행된다. 따라서 건축물이나 도시구조물의 대상이 되는 지형요소 중에는 적합하지 않거나 특별한 조치가 필요한 경우가 존재한다. 이러한 경우는 지형요소가 도시의 발달에 제한요소가 되는 것이며, 각각의 특수한 환경에 맞는 지형의 변형이 이루어진다. 나아가 도시의 건설과정에서 인간의 활동은 지형적 조건을 변화시키고 새로운 지형을 형성하게 된다. 지형형성 과정에 미친 인간의 영향

표 1. 인간 활동에 의한 주요 지형과 형성 원인

인간 활동에 의한 지형	지형형성 원인
제방, 둑(dike)	하천과 해안의 관리
함몰지(subsidence depressions)	광물과 수자원의 채취
저수지(reservoir)	수자원 관리
해자(moats)	방어
운하(canals)	교통과 관개
구덩이와 호소(pits and ponds)	채굴
맥석 더미(spoil heaps)	광산 폐기물
인공제방(embankment)	교통, 하천과 해안의 관리
절개지(cuttings)	교통

출처: Goudie, 2018에서 재구성함.

은 〈표 1〉에 제시한 바와 같이 매우 광범위하게 나타난다. 〈표 1〉은 인간의 활동으로 형성되는 지형과 그 원인을 함께 제시하고 있는데, 지형형성 과정에 관계되지 않는 인간의 활동이란 거의 없을 정도이다.

도시는 인간의 사회경제적 활동이 가장 집약적으로 이루어지는 공간이다. 또한 자연자원의 활용과 토지이용의 측면 역시 도시에서 가장 집약적으로 이루어지고 있다. 이 과정에서 다양한 인간 활동에 의한 지형요소(anthropogenic landform)가 형성되어 도시경관을 주도하고 있다. 도시의 지형형성 과정에는 인간 활동이 매우 중요한 부분을 차지하며, 이러한 배경에서 인간 활동을 지형형성 인자(anthropogene)의 하나로 인식하는 '인간지형학(anthropogeomorphology)'과 같은 접근이 도시의 지형형성 과정 연구에서 이루어지고 있다. 이러한 흐름과 함께 도시와 지형을 다루는 분야를 '도시지형학(urban geomorphology)'이라는 특정한 주제로 인식하기 시작한 시기를 대략 1960년대부터로 보고 있다(Xizhi, 1988). 중국을 대표적 사례로 사회주의 근대국가 건설과정에서 도시와 지형 간의 관계에 집중하게 되었다는 견해이다. 굳이 특정 국가를 고려하지 않아도 도시지형학적 주제는 이 시기를 전후로 출발하여 지역연구로 확장된 연구범위를 보여 주고 있는 현재에 이르고 있다.

2) 도시에 대한 지형학적 접근

제2차 세계대전 이후 지형학 연구의 주된 관심은 발달사적인 지형 연구[1]보다 지형형성 과정[2]

1. 지형학은 지표면의 형태(form)와 구성물질(material), 그리고 이들의 변화과정(process)을 연구하는 학문으로 접근방

에 대한 연구에 집중되고 있다. 지형에서 물질이나 형태적인 특성을 파악하는 것이 중요하지 않다는 것은 아니지만, 끊임없이 변화하는 지형의 특성을 고려한다면 지형이 변화해 가는 과정을 연구하는 것이 지형학에서 중요할 수밖에 없다. 지형형성 과정에 대한 접근, 특히 이들의 작용 속도에 대한 연구는 자연경관을 변화시키는 과정에서 인간의 역할을 부각시키고 있다(Goudie, 2018). 이 과정에서 다양한 지형학적 주제로 구분하여 환경에 대한 인간의 영향을 확인하고 설명하고자 하는 연구가 진행되었으며, 인간 활동이 가장 집약적으로 나타나는 도시라는 독특한 환경에 초점을 맞추어 접근방법을 재조직한 연구가 이루어지게 되었다(Gregory, 2000).

도시에 대한 지형학적 접근은 크게 두 가지 관점에서 이루어진다. 첫째는 지형적 조건이 도시의 형성과 발달 과정에 핵심적인 자원이나 환경을 구성한다는 것이며, 둘째는 도시의 건설과정에서 진행되는 다양한 인간 활동을 하나의 지형형성 인자로 인식하는 것이다(Diao, 1999). 전자의 관점에는 지형이 가지는 자연자원으로서의 가치와 경제적 중요성, 그리고 도시환경이 갖는 취약성과 재해 위험성이 포함되어 있다. 후자의 관점은 인간을 지형형성 인자로 인식하고 도시 건설 과정에서 인간 활동을 통해 나타나는 지형경관 변화의 내용과 지형에 대한 영향을 분석한다. 도시의 형성과 발달 측면에서 본다면, 이것은 다시 도시의 발달에 대한 지형적인 제약을 다루는 관점과 지형경관 요소의 각기 다른 도시기능에 대한 적합성을 연구하는 관점으로 구분할 수 있다. 이러한 측면에서 도시와 지형에 관한 연구는 보다 질 높은 도시생활을 성취하고 지속가능한 자원의 사용을 위한 인간 활동을 위해 필요한 지침을 제공하는 데 핵심적인 역할을 하게 된다.

최근의 도시지형학은 도시와 지형 간의 상호 관계를 살펴보는 과정 중에서 도시와 지형에 대한 인간의 영향에 보다 주안점을 두는 연구경향이 강해지고 있다. 특히 2000년대에 들어 인류세(Anthropocene)라는 새로운 지질시대 개념이 등장하면서 도시지형학을 인류세 기간에 진행되는 인간과 환경의 상호작용의 일환으로 접근하는 추세로 이어지고 있다.

법으로는 역사-성인적(historic-genetic) 방법과 기능적(functional) 방법으로 구분된다. 역사-성인적 접근은 장시간에 걸친 지형발달사를 구명하는 것에 학문적인 목표를 두는 반면, 기능적 접근은 지형체계 구성요소들 간의 상관관계를 분석하는 것에 중점을 둔다(Ahnert, 1998).

2. 지형형성 과정(geomorphic processes)은 지형이 변화되는 과정, 즉 지형이 만들어지는 과정을 의미하며, 그러한 과정을 일으키는 힘의 원천을 기준으로 에너지가 지구 내부의 열순환과 관련하여 발생하는 것을 지칭하는 내적 과정(endogenic processes)과 태양의 복사열에서 비롯되는 외적 과정(exogenic processes)으로 크게 구분한다.

3. 도시의 환경적 요인으로서의 지형

1) 도시의 형성과 지형

초기에 도시를 건설한 사람들은 외적으로부터의 방어와 전략적 기능, 자원과 물자의 수급, 정보의 소통과 문화적 이유에서 신중하게 장소를 선택하였다. 이 과정에서 안정적인 용수의 공급과 환경적 재해로부터 보호받을 수 있는 장소를 찾기 위해 많은 주의를 기울였다. 그러나 도시지역에서 정주의 확대는 지역사회를 부양하기 위한 환경적 능력을 과도하게 요구하게 되고, 도시의 발달에 적합하지 않은 곳으로 이어졌다. 이를 위해 많은 도시와 도시 주변 환경에서 사면을 개조하거나 도시 기반공사에 문제가 발생하기도 하였다. 주변의 늪지대로 인해 도시 확장이 어려웠던 미국 뉴올리언스와 주변 산지로 도시 확장이 제한되었던 솔트레이크시티는 도시에 대한 지형의 제약에 관련한 대표적 사례에 해당하지만, 많은 도시에서는 숲, 언덕을 없애거나 계곡을 메우는 등 지형을 변형시키기도 한다(양윤재, 2009). 마추픽추는 높은 안데스 산지에 가파른 계단을 만들면서 건설된 도시이다.

따라서 도시라는 공간은 인구, 산업구조 및 기술수준, 문화, 정치적 구도 등의 인문적·사회적 여건과 이를 수용할 수 있는 지표환경(지형적 여건 중심) 간의 상호작용에 의해 형성되고 확대되어 나가는 것이라고 볼 수 있다(오경섭, 2001). 다양한 유형의 도시개발과 기존 도시의 확대를 위한 토지적합성을 평가하기 위한 지형학적 도화작업은 많은 국가의 지질학과 토양학 분야에서 다루어지고 있다. 이러한 작업에는 사면의 경사, 지표피복 물질과 기반암의 특성에 대한 고려를 포함하고 있으며, 사면상의 상이한 부분에 적합한 개발유형을 제시하고자 하는 것이 주요 목표를

표 2. 도시 주요 자연경관과 도시화 과정에서의 이용유형

자연경관	도시화 과정에서의 이용유형
구릉지(piedmont)	도시화 시행 정책의 주요 공간
고지대, 해안평야	가능한 개발 자제
지표수	절대 보호
습지	도시화 정책 배제, 생태적 기능 인식 필요
범람원	도시화 정책 배제
대수층	도시화 정책 제한
급경사지	개발에 신중성 필요
삼림지대	개발에 신중성 필요
농업지역	농업생산성의 창고, 농업기능 지속

출처: McHarg, 1990에서 재구성함.

이루고 있다.

이러한 과정의 대표적인 사례로 자연경관에 기초한 미국 펜실베이니아와 뉴저지주의 대도시권 계획을 들 수 있다(McHarg, 1990). 이 계획에서는 지형요소를 중심으로 자연경관을 특징에 따라 구분하고 생태학적 중요성을 보전하기 위해 각각의 자연경관에 허용할 수 있는 토지이용을 제안하고 있다(표 2 참조). 그리고 토지와 물, 대기 등 자연자원의 가치를 종합적으로 평가하고, 이에 따라 토지이용의 유형 및 정책을 결정하도록 하고 있다. 이는 자연경관의 형성과 변화 과정에 대한 분석과 도시의 성장과 발달 과정 간의 상호관계를 고려한다는 측면에서 지형을 도시의 핵심적 자연환경으로서 인식하는 좋은 사례라고 볼 수 있다.

2) 도시지형 환경의 취약성

도시지형 경관의 취약성은 자연재해로 이어져 도시의 건설과 발달에 중요한 문제가 된다. 〈표 3〉에는 이러한 도시의 발달과 지형 관련 문제들을 기후, 지형, 지질환경으로 구분하여 제시하고 있다. 도시에서 지형 관련 재해는 크게 두 가지 측면으로 구분할 수 있다. 첫째는 도시가 입지하는 것과 관련된 재해이며, 둘째는 도시화 과정에서 진행된 변형이나 자연자원 이용의 가속화에 따른 것이다. 전자의 대표적인 사례는 지질적으로 불안정한 지역에 도시가 위치한 경우, 급사면이나 범람원 또는 하천 하류 퇴적층에 도시가 입지한 경우, 그리고 태풍과 같은 열대성저기압의 내습을 받는 곳에 도시가 위치한 경우이다. 두 번째 측면의 사례는 대수층 내에서 다량의 용수를 뽑아 쓰는 것과 광물자원의 채굴에 따른 지반매몰 등이 해당한다. 도시에서 관찰되는 재해의 유형은 이렇게 두 가지로 분류하지만, 실제 도시에서는 복합적 원인으로 나타나게 마련이다(Gupta and Ahmad, 1999).

사태(沙汰, landslide)로 불리는 사면물질의 중력에 의한 이동현상[3]은 커다란 인명과 재산상의 피해를 유발하여 인간의 생활과 활동에 심각한 결과를 초래한다. 특히 도로건설이나 산업단지 조성, 택지 조성, 채석장 건설 등이 진행되는 도시지역에서는 상황이 매우 취약하고 사태에 따른 재해가 증가하고 있다(권순식, 2005).

현재 유럽과 북아메리카 대륙의 주빙하성 랜드슬라이드(landslide)와 같이 과거 환경에서 형

3. 지형형성 인자의 개입 없이 중력에 의해 지표물질이 이동하는 현상을 지형학에서는 매스무브먼트(mass movement) 또는 매스웨이스팅(mass wasting)이라고 하며, 사태는 사면이동이 빠르게 진행되는 유형을 말한다.

표 3. 도시의 발달과 지형 관련 문제들

환경		주요 문제
기후	주빙하	• 영구동토층과 활동층에 사회기반시설이나 건축물의 토목공사를 실시할 경우 특별한 토대공사 필요
	건조	• 용수공급의 문제 • 바람에 의한 침식 • 폭우성 홍수 • 건축자재나 지반의 염풍화 가능성
	열대습윤	• 건축자재의 풍화와 부식에 의한 급속한 파괴 • 구조적으로 안정지역에서 일어나는 심층적이고 불규칙한 기반암의 풍화 • 잦은 강우 발생에 따른 지표면의 침식
지형	산지	• 불안정 사면, 암석낙하, 토석류와 애벌랜치(avalanche)의 위험 • 폭우성 홍수
	범람원	• 주기적 범람의 가능성 • 과거 매몰된 하도와 하천 퇴적물상의 건축물 토대공사
	해안평야	• 해수면 상승에 따른 폭풍의 도래와 범람의 가능성 • 과거 해안선과 구 하도를 반영하는 복잡한 지표조건 • 염분 침투와 이에 따른 건축물 토대의 영향
	침식해안	• 급속한 해안침식, 해식애의 붕괴에 따른 위험 • 암설의 접안 및 항만시설 매립으로 인한 준설 비용
	도서	• 도서 저지대와 해안지역의 해수면 상승에 따른 폭풍과 염분 침투의 위험
지질/구조	불안정지역	• 해안도시 발달과 관련한 제반 위험요소들, 특히 환태평양조산대 지역에서 매립, 호소성 미고결 퇴적층에서의 토대공사 • 지진으로 인한 산사태 • 화산쇄설물이나 용암류에 의한 화산지역 저지대 도시 정주체계의 파괴
	토양의 수축	• 기후변화로 촉발되는 토양 내 점토광물 조직의 붕괴
	카르스트	• 고층건축물의 토대공사와 용식지형의 형성과 관련한 매몰 문제

출처: Bennet and Doyle, 1997에서 재구성함.

성된 유물화된 (화석)지형들이 다시금 활성화된다는 점에서 지형변화에 대한 기존의 지식은 중요한 의미를 갖는다. 빙상이 물러간 자리에 형성된 도시구조물은 심각한 지반침하나 건물의 붕괴로 이어질 수 있다. 신생대 제4기 해수면이 현재보다 낮았던 시기에 형성되어 현재 하천 퇴적층에 매몰된 석회암 지형들도 고층빌딩의 기반공사 과정에서 심각한 문제가 될 수 있다.

몬모릴로나이트(montmorillonite)와 같이 팽창성(expandable) 점토광물[4]이 풍부한 토양이 분포하는 지역에서는 〈그림 2〉에 도시한 바와 같이 토양의 수축과 팽창(shrink-swell)에 따른 건축물의 붕괴 위험이 존재한다. 이러한 피해를 예방하고 안정적인 건물을 세우기 위해서는 특별한 기반공사가 필요하다. 기후변화로 여름이 현재보다 건조해질 경우 많은 지역으로 이러한 문제가 확대될 수도 있다.

영구동토층[5]에서의 건축은 동토층과 발열성 구조물을 격리시켜야 하며, 건축이 진행되는 동안 영구동토층을 교란하지 않도록 주의해야 한다. 〈그림 3〉과 같은 재해를 방지하기 위해 영구동토층을 교란하지 않기 위한 특별한 토대 조성공사가 이루어지는데, 대표적인 방법이 〈그림 4〉에서와 같이 말뚝을 박은 후에 그 위로 건축물을 세우는 공법이다.

이동성 사구와 비사(飛砂, blown sand)는 탁월풍의 방향과 관련하여 많은 도시구조물의 위치에 문제를 야기한다. 산기슭에 형성되어 있는 선상지는 협소한 하도에 제한된 국지적 하계망으로 인해 일반적으로 비활성 상태이지만, 인접한 산지로부터 폭우로 인한 범람이 일어날 경우 선상지 주변의 지역은 암설로 뒤덮이게 될 수도 있다.

그림 1. 사태로 인한 매몰된 지역

출처: Christopherson, 2000.

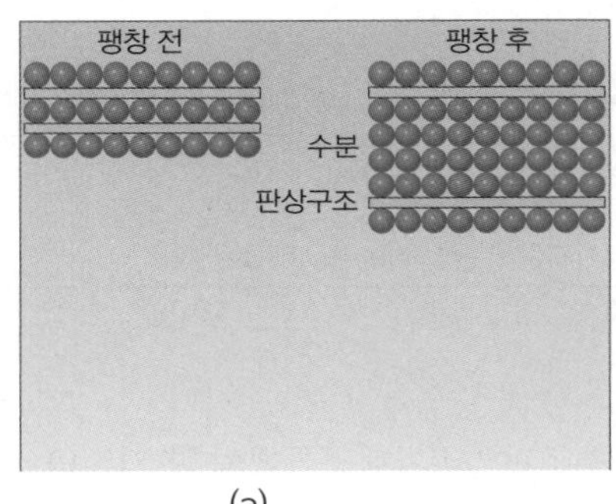

(a)

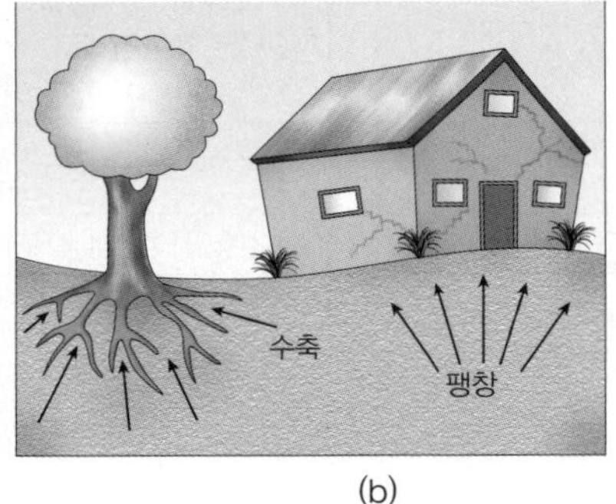

(b)

그림 2. 점토광물의 팽창과 수축(a), 토양의 팽창과 수축에 따른 건축물의 피해(b)

출처: Christopherson, 2000.

---

4. 점토광물(clay mineral)은 풍화작용으로 생성되는 2차 광물을 지칭하는데, 주로 규소와 알루미늄 그리고 산소로 구성된 판상구조를 나타낸다. 판상구조를 형성하고 있는 층 사이의 수분 함량이 변화함에 따라 수축과 팽창하는 광물을 팽창성 점토라 부르며, 몬모릴로나이트는 팽창성 점토인 스멕타이트(smectite) 그룹의 대표적 점토광물이다(김규한, 1996).
5. 영구동토층은 지온이 연중 0℃ 이하로 유지되는 층을 가리키며, 기반암과 퇴적층 모두에 형성된다. 일반적인 영구동토층은 여러 가지 형태의 얼음을 많이 포함하고 있는 퇴적층의 것을 지칭한다.

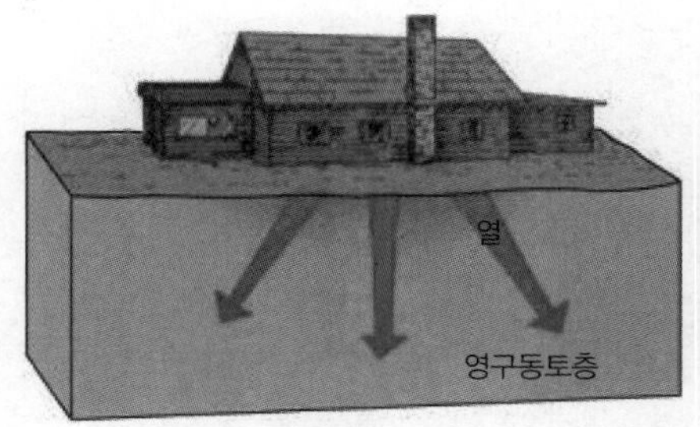

그림 3. 영구동토층에서 발생하는 건축물의 붕괴

그림 4. 영구동토층에서 보호를 위한 시설물의 가설공법

4. 도시와 인간 활동에 따른 새로운 지형의 형성

도시가 건설되는 과정에서 도시에는 새로운 지형이 형성된다. 따라서 도시에서 인간 활동으로 형성되는 새로운 지형은 쌓고 메우는 과정에서 형성된 지형과 파내는 과정에서 형성되는 지형으로 크게 구분할 수 있다. 물론 철도나 도로의 건설, 운하의 건설과 같이 지반을 매립하고 사면을 절개하며 터널을 굴착하는 것이 일련의 과정으로 진행되는 경우도 있다. 또한 한 지점에서 진행되는 굴착공사가 다른 지점의 매립을 위해 진행되는 경우도 있다. 이러한 지형의 변화는 개별적 사안으로 볼 때 대수롭지 않을 수 있으나 종합적으로 볼 때는 전 지구적 환경변화로 이어질 수 있다. 인간에 의한 도시의 지형변화는 지속적인 도시화의 진행에 따라 산업체를 유지하고 도시와 공장, 직장과 거주지, 도시 기반시설을 건설하기 위해 필요한 자재를 제공하기 위한 토공(土工)

그림 5. 사구지대로부터 비사의 유입

진행의 결과이다.

여기에서는 인간 활동으로 새로이 형성되는 지형의 기원이나 과정, 그리고 영향의 비교와 분석을 위해 크게 매립에 의한 지형과 채굴에 의한 지형으로 구분하여 살펴본다. 그리고 매립과 채굴이 동시에 진행되는 대규모 지형변화를 동반하는 20세기 이후 나타난 대표적 사례인 공항 건설에 대해 알아본다.

1) 채굴에 의한 지형

도시 건설에 필요한 건설자재를 충당하기 위해서는 구덩이를 파거나 채석장을 만드는 방식으로 지표면의 변화가 진행된다. 대규모의 지표면 채굴은 폐기물을 처리하기 위한 매립장을 건설하는 과정이나, 도시의 여가공간 혹은 하천의 범람을 조절하기 위해 도시 외곽지역에 인공습지를 조성하는 과정이 대표적이다. 이렇게 채굴에 의해 형성된 과거 노천탄광을 매립하는 과정에서 여러 가지 문제가 발생하기도 한다. 예를 들면, 폐광된 노천 갱을 매립하는 과정에서 유출된 메탄가스가 상부에 조성된 택지에 문제가 되기도 한다. 석회암지역에서는 용식으로 형성된 와지나 석회동굴 상부에 형성된 주석탄광을 매립한 것이 무너져 내려, 건축물이나 도시 기반시설에 심각한 피해를 주기도 하였다(그림 6 참조).

지하의 광물자원을 채굴하거나 용수를 뽑아서 이용할 경우 새로운 지표환경이 형성된다. 과도한 지하수 이용의 예는 이탈리아의 베네치아에서 찾아볼 수 있다. 석호환경의 해수면상에 건

그림 6. 석회동굴이 무너져 내리는 과정에서 형성된 함몰지로 가옥이 파괴된 사진(미국 플로리다주)

설된 도시인 베네치아는 1900년 이후 약 22cm가 가라앉았다. 지반침하의 대부분은 1950년에서 1970년 사이에 일어났는데, 이후 고수위의 발생빈도가 높아지고 있다. 인간의 활동에 따른 지반침하도 문제지만 전 지구적 기후변화에 따른 해수면 상승과 관련한 문제 또한 중요하다. 미국 로스앤젤레스 지역의 롱비치에서 진행된 석유 시추는 심각한 지반침하로 이어져, 우물에 물을 주입하는 과정을 통해 겨우 지반침하의 진행을 막기도 하였다.

도시의 건설과정에는 자연 상태의 식생피복과 표층토양의 제거, 토양층 하부의 기반암 풍화층과 기반암층에 대한 굴착공사가 진행된다. 그 결과 퇴적물량이 증가하고 하천의 첨두유량[6]이 증가하면서 기존에 곡류하던 하천이 수심이 얕아진 망류 상태의 하천으로 변화되기도 한다. 일부의 경우에는 상당한 비용을 들여 인공구조물을 설치함으로써 이러한 변화를 조절하기도 하지만, 하천 상류로부터 영양염류의 함량이 높은 물질이 흘러내릴 경우 하도 내에서 진행되는 토사의 집적과 수초의 성장으로 인해 반드시 성공적으로 이어지는 것은 아니다(그림 7). 이후 하천의 하류부에서는 상류부에서 진행되는 변화에 적응이 진행되어 하천 양안의 기슭을 침식하고, 자갈로 구성된 새로운 퇴적체를 형성하며 하천을 가로지르는 다리의 교각이나 각종 인공구조물을 위협하게 된다.

6. 일정기간에 대해 시간에 따른 유량곡선을 작성할 때, 유량이 가장 높은 지점을 첨두유량(尖頭流量)이라 한다.

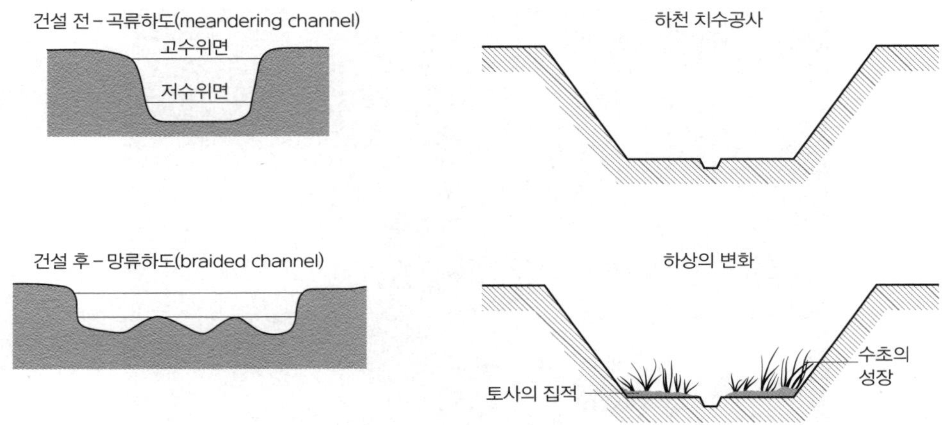

그림 7. 도시의 건설에 따른 하도의 자연적 변화(왼쪽)와 하천 치수공사 이후 하상의 변화(오른쪽)

2) 매립에 의한 지형

과거에 이용하던 건축물이 붕괴되고 새로운 건축물로 지형경관이 생성되는 과정에서 건축 폐기물은 본래의 자리에 매립되거나 가까운 지역으로 이동하여 매립된다. 어떤 지역에서는 폐기물 더미가 도시경관의 주요 요소를 이루기도 한다. 간척이나 매립을 위해 폐기물 더미가 다시 제거되기도 하지만, 많은 국가에서 폐기물로 이루어진 언덕은 가장 빠른 속도로 성장하는 인공지형이 되고 있다. 이러한 폐기물로 이루어진 언덕은 안정적이지 못하여 대규모 사태로 이어질 가능성이 높다. 특히 대규모 쓰레기 더미는 주변지역에 해로운 영향을 미칠 수 있다. 토양과 하천으로 유출되는 독성 침출수와 지면의 변형에 따른 국지적인 기후의 변화, 특히 먼지폭풍으로 인한 피해가 나타날 수 있다. 이러한 재해로부터 인명과 재산을 보호하는 것은 폐기물의 처리와 관리에서 주요한 과제가 된다.

대부분의 현대 도시화는 토지의 간척과 지형의 변화를 포함하고 있다. 심각한 경우에는 일본의 오사카나 싱가포르, 홍콩의 경우처럼 엄청난 양의 토사가 이동되기도 한다. 일본 오사카의 간사이 국제공항은 매립에 이용된 토사가 기존 해저지반의 침하를 일으켜 공항의 운영과 유지에 막대한 비용부담을 가중시키고 있다. 간사이 국제공항은 1994년 개항 이후 초기 6년간 설계 예상치를 훨씬 웃도는 무려 11m가 가라앉아 보강공사를 진행하였으나, 현재도 매년 6cm 정도 지반침하가 진행되고 있다. 2018년 9월에는 태풍 내습으로 활주로 대부분이 침수되어 공항기능을 일시적으로 상실하기도 하였다.

도시의 형성은 과거에 이용하던 건축물이 붕괴되고 새로운 건축물로 지형경관이 생성되는 과정에서 건축 폐기물이 본래의 자리에 매립되거나 가까운 지역으로 이동하여 매립된다. 이러한 과정 역시 매립에 의한 지반의 고도를 상승시켜 국지적으로 범람수위를 넘어서게 된다. 많은 역사적 도시의 중심부는 재건축이 진행되었고, 이러한 지역의 도로는 중세 건축물의 입구보다도 높은 고도를 갖게 되었다.

새로운 도시가 건설되는 곳에서는 소규모 하천은 배수로로 전환되고, 작은 와지나 하천 골짜기는 매립되는 경우가 많다. 가파른 산사면의 경우는 택지조성을 위해 여러 단으로 이루어진 계단 형태로 깎이고 다져진다. 상대적으로 규모가 큰 하천은 인공제방을 높이 쌓고 직강화공사가 이루어진다. 기존의 원지형 요소를 대신하는 이러한 인공지형들은 도시지역에서 신속하고 효율적으로 배수가 진행되도록 설계되어 도시지역의 물순환에 큰 변화를 가져온다. 이러한 도시화된 지역의 하류지역에는 비가 내릴 경우 자칫 범람으로 이어질 수 있는 지표유출의 첨두유량이 단시간 내에 급격히 증가하는 것을 막기 위해 흘러나오는 사면의 유출을 수용할 저류시설을 설치해야만 한다. 〈그림 8〉은 비가 내리기 시작한 후 시간 경과에 따른 첨두유량의 변화를 저류시설 설치 여부와 관련하여 보여 주고 있다.

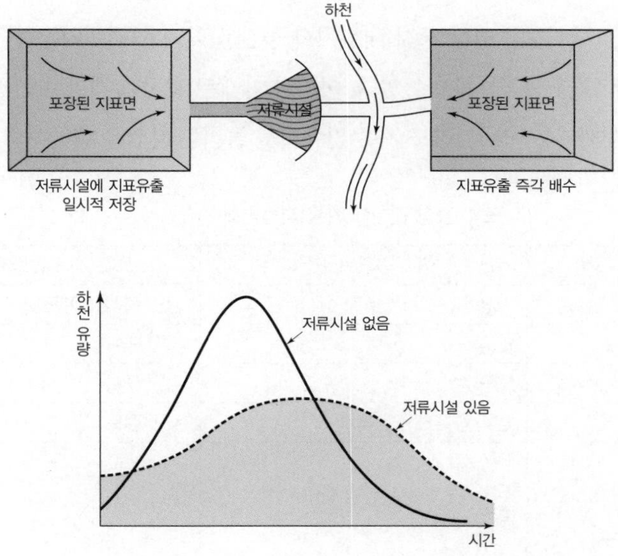

그림 8. 저류시설 설치 유무에 따른 첨두유량의 변화를 나타내는 수문곡선

3) 공항 건설과 지형변화

도시와 지형이라는 측면에서 20세기 중엽 이후 두드러진 전 지구적 사회현상의 트렌드는 바로 인간의 이동이라 할 수 있다. 다양한 목적으로 인간은 전 세계 무수히 많은 목적지로 여행을 떠난다. 폭발적인 여행객의 증가와 함께 항공편을 이용한 여행객 역시 비약적으로 증가하여 2016년 통계로 370억 명에 달했다(국제항공운송협회(IATA)). 이것은 항공산업의 발전 없이 불가능한 일이며, 또한 반드시 공항이라는 인프라의 확충을 수반하는 일이기도 하다.

관문 역할을 하는 공항은 명실상부한 대도시권의 필수요소가 되었고, 장거리 이동이 확대됨에 따라 활주로와 부대시설에서 보다 더 큰 규모의 공항이 필요하게 되는 순환구조를 보이고 있다. 하지만 지표면이 기복이 늘어나기보다는 오히려 저평한 정지작업이 진행되기에, 공항 건설은 지상의 시점에서는 그리 굉장해 보이지 않지만 최근 들어 쉽게 접근할 수 있는 항공사진이나 위성사진을 통해 보는 장면은 실로 어마어마하다. 〈표 4〉에는 공항을 건설하면서 따르는 지형변화를 대규모–소규모–2차적인 영향으로 제시하고 있는데, 바로 공항 건설이 도시와 지형이라는 측면에서 갖는 특징이 직접적으로 이러한 몇 단계의 계층성을 띤다는 것이며, 이러한 영향이 간접적으로 지하수나 토양층에도 미친다는 점이다. 나아가 더 중요한 포인트는 현재까지의 추세로 볼 때 공항과 항공 관련 인프라에 대한 수요는 늘면 늘었지 줄지 않을 것이라는 전망이다.

공항 건설로 나타나는 우선적인 지형변화는 바로 간척이다. 장애물을 최소화한다는 측면과 비교적 덜 개발이 진행된, 그리고 더 이상 도시 내부에서 공간을 찾기 어려워지는 현실은 공항 건설의 최적지로 해안 저지대를 선택하게 만들었다. 이러한 사례는 2001년 개항한 인천국제공항이 대표적이다. 대규모 간척까지는 아니더라도 기존 활주로를 늘리는 작업은 해안선의 변화를 초래

표 4. 공항 건설에 따른 지형변화

대규모 변화	소규모 변화	2차적인 영향
토지 경사완화(grading)	제방	연안 퇴적물 이동 교란
간척	전망소	지반침하
해안선 변동	방죽길	암반 풍화
구릉 해체	방파제와 해안옹벽	사면 절토
(반)인공섬	배수로 터널 하도 개량 해저 준설	

출처: Thornbush and Allen, (eds.), 2018에서 재구성함.

하게 된다. 또한 육지 내부로 확장이 이루어질 경우에는 주변의 산지를 깎아 내는 공정이나 저지대를 메워 고도를 맞추는 지형변화가 불가피하다. 아예 일본 오사카의 간사이 국제공항처럼 인공섬을 만드는 작업도 최근에는 내륙의 공항 못지않은 대규모로 각처에서 진행되고 있다. 아직까지는 대규모 공항 건설에 따른 도시의 지형변화에 대한 연구가 많이 이루어지지 않았지만, 앞서 간사이 국제공항의 경우에서 알 수 있듯이 장기간의 개발수요와 지형변화가 초래하는 다양한 환경문제에 대한 정책결정에 도시지형학적 논의가 필요하다고 하겠다.

5. 도시발달과 지형의 관계 연구

우리나라의 도시를 대상으로 지형과의 관계를 연구한 사례는 그리 많지 않다. 앞에서 살펴본 도시와 지형 간의 관계에 대한 두 가지 관점에서 본다면, 우리나라의 도시와 지형 연구는 도시의 형성과 인간 활동에 따른 새로운 지형의 형성보다는 도시형성의 환경적 요인으로서 지형을 거시적으로 살펴보는 방향으로 진행되었다(장재훈, 1986, 2002; 오경섭, 2001).

장재훈(1986)의 연구는 우리나라에 분포하는 주요 침식분지의 지형적 환경을 분석하고, 이를 도시의 분포와 관련하여 설명하고 있다. 우리나라에서 관찰되는 탁상(卓狀)의 저구릉지와 침식평지의 형성과정과 특성에 대한 분석을 통해 주요 침식분지의 형태를 폐쇄형 분지와 하천 관류성(貫流性) 폐쇄분지, U자형 개방형 분지, 하천 관류성 U자형 개방형 분지 등 네 가지의 유형으로 구분하고 있다. 이러한 분지형태는 외적의 침입에 대한 방어와 분지 내 충적지의 발달로 인한 취락의 입지, 나아가 도시의 발달에 유리한 조건이 된다고 설명한다.

이 연구에서는 대표적인 침식분지상에 발달한 도시로 서울과 대구, 청주, 광주, 원주, 대전 등을 사례로 들고 있는데, 현재 우리나라의 대표적인 대도시권을 형성하는 도시들이 여기에 해당한다고 볼 수 있다. 따라서 다양한 지형적인 조건 중에서 침식분지 환경이 우리나라 도시의 입지와 밀접한 관련을 갖는 하나의 요소가 됨을 이 연구를 통해 확인할 수 있다.

우리나라에서 침식분지에 대한 지형학적 연구는 비교적 활발하게 진행되었다. 침식분지에 대한 지형학적 연구주제는 분지 내 산록완사면 연구, 분지의 유형분류와 성인에 관한 연구, 분지의 유형분류와 지반운동의 관계에 대한 연구로 요약할 수 있다. 또한 개별 분지에 대한 연구도 지속적으로 수행되고 있는데(손일, 2008), 도시의 형성과 분지환경의 관련성을 설명하는 여러 연구의 기반을 이루고 있다.

오경섭(2001)의 연구는 앞서 소개한 연구가 침식분지라는 특정 지형요소와 도시의 분포를 관련하여 설명한 것에 비해, 우리나라 지형의 거시적 윤곽과 도시의 배열을 분석하고자 시도하였다. 이러한 측면에서 이 연구는, 1) 수도권에서 호남지역으로 연결되는 서부지역 내륙의 도시(서울, 대전, 광주, 천안, 전주, 안성), 2) 낙동강 축을 따라 발달한 도시(안동, 영주, 상주, 예천, 대구), 3) 해안에 입지한 도시(부산, 마산, 인천, 군산, 목포, 강릉, 동해)로 구분하여 설명하고 있다. 이 연구는 도시라는 생활공간의 형성과 성장과정, 그리고 이에 따른 특징과 문제점을 도시의 인문적·사회적 여건과 지형을 중심으로 하는 지표환경과의 상호작용으로 파악한다. 일차적으로 우리나라의 도시화 과정은 도시화를 수용할 수 있는 지형요소의 분포규모와 밀도에 따라 두드러지게 나타난다. 또한 부분적으로는 지형적 조건보다도 국내 인구밀집 지역과의 접근성, 우리나라와 주요 교역국 간 물자수송의 편의성이 더 큰 성장요인으로 작용한 과정도 설명하고 있다. 특히 도시의 발달을 위한 인문적·사회적 여건에 대한 지형조건의 수용과정으로 도시화에 대한 접근을 통해 많은 도시문제에 대한 직간접적인 연관성을 파악할 수 있는 시각을 제공한다.

도시와 지형 간의 거시적이고 정성적인 관련성을 설명하는 연구에서 나아가, 신정엽 외(2014)는 도시와 지형 간의 공간적 관계를 실증적 사례 분석을 통해 탐색하는 연구를 진행하였다. 이 연구는 도시의 입지와 공간적 특성이 산지지형과 밀접한 관련성을 갖는다는 관점에서 출발하여, 도시와 산지지형이 지속적으로 상호작용을 통해 변화하고 있다는 최근의 도시지형학적 연구경향을 반영하고 있다. 도시와 산지지형과의 공간적 관계는 도시입지, 도시공간 구조, 도시경관, 지속가능한 도시의 측면에서 살펴볼 수 있는데, 도시입지와 관련하여 고도, 경사도 등을 포함한 산지지형 요소들이 영향을 주며, 이에 따른 도시입지와 내부구조의 형성은 도시경관을 통해 시각화되어 나타난다. 도시의 공간적 관계는 도시의 인문과 자연환경과의 관계를 고려하는 지속가능성 측면에서 논의할 수 있다. 실제 이 연구에서는 일본, 중국, 미국 등 세 나라를 사례로 도시의 입지와 분포를 살피고 이들 도시의 인구, 고도, 최근린 거리의 상관성을 측정하였다. 또한 베이징, 교토, 솔트레이크시티를 대상으로 진행한 도시 내부구조 탐색도 진행하였는데, 도시의 내부구조, 특히 주거입지에 대한 고도의 영향, 토지이용에 대한 경사도의 영향을 밝히고 있다. 이 연구는 분석모델과 구축된 데이터의 범위에서 도시와 지형 간 공간적 관계를 상당 부분 설명한다고 보기는 어렵지만, 이 연구를 바탕으로 비단 산지뿐 아니라 평야지역, 하천과 해안 등에 입지한 도시까지 이어지는 훌륭한 마중물 연구가 될 것으로 평가된다.

참고문헌

권순식, 2005, 『사면이동의 지형학』, 다락방.

김규한, 1996, 『지구화학』, 민음사.

신정엽·손학기·구형모, 2014, "도시와 산지지형 간 공간적 관계 탐색: 이론적 고찰과 실증적 사례 분석을 중심으로", 『한국지도학회지』, 14(1), pp.29−47.

손일, 2008, "산간분지의 형태기하학적 특성에 관한 연구: 한반도 남부를 대상으로", 『한국지형학회지』, 15(4), pp.17−28.

양윤재 옮김, 2009, 『역사로 본 도시의 모습』, 공간사.

오경섭, 2001, "지형과 관련시켜 본 우리나라의 도시화", 『지리과교육』, 3, pp.115−126.

장재훈, 1986, "한국의 지형적 환경과 취락의 입지", 『응용지리』, 9, pp.39−51.

장재훈, 2002, 『한국의 화강암 침식지형』, 성신여자대학교출판부.

국제항공운송협회, http://www.iata.org

Ahnert, F., 1998, *Introduction to Geomorphology*, Arnold.

Christopherson, R. W., 2000, *Geosystems*, Prentice Hall.

Christopherson, R.W. and Birkeland, G., 2017, *Geosystems: An Introduction to Physical Geography*, 10th edition, Pearson.

Diao, C., 1999, *Urban Geomorphology*, Southwest China Normal Univ. Press.

Goudie, A., 2018, *Human Impact on the Natural Environment*, Wiley-Blackwell.

Gregory, K. J., 2000, *The Changing Nature of Physical Geography*, Arnold.

Gupta, A. and Ahmed, R., 1999, "Geomorphology and the urban tropics: building an interface between research and usage", *Geomorphology*, 31, pp.133-149.

Hess, D. and Tasa, D., 2016, *McNight's Physical Geography: A Landscape Appreciation*,12th edition, Pearson.

Hough, M., 2004, *Cities & Natural Process*, Routledge.

Keller, E., 2010, *Environmental Geology*, Pearson.

McHarg, I., 1990, *Design with Nature*, John Wiley & Sons.

Xizhi, D., 1988, "A brief discussion of urban geomorphology", J. Mount. Res., 6(2), pp.65-72.

더 읽을 거리

Douglas, I., 1983, *The Urban Environment*, Edward Arnold.

⋯› 도시환경을 전반적으로 다루고 있는 대표적인 저작이다. 도시의 생태계에서 에너지, 지형, 생물지리, 폐기물의 환경문제, 보건과 질병 문제, 환경재해의 저감을 위한 관리방안에 이르기까지 다양한 요소에 대해 폭넓은 사례를 통한 분석을 진행하고 있다. 시간적으로 발간 시기가 경과하여 현재의 문제를 추가해 보아야 할 필요가 있으나, 도시의 환경에 대한 가장 대표적인 해설서로 꼽힌다.

Huggett, R. and Cheesman, J., 2002, *Topography and the Environment*, Prentice Hall.

···› 지형이 다양한 환경요소에 미치는 영향을 분석한 책이다. 대기, 수문, 토양, 생물 등 자연지리학과 환경에서 중요한 요소들의 특성과 요소 간의 관계를 분석하고 있다. 특히 인간이라는 요소를 별도로 구성하여 지표환경과 지형에 인간의 정주가 미치는 영향에 대해 자세히 분석하고 있어, 도시와 지형이라는 주제와 관련하여 시각을 넓히는 데 도움이 될 것이다.

Bennett, M. R. and Doyle, P., 1997, *Environmental Geology-Geology and the human environment*, Wiley.

···› 지질학적 측면에서 환경문제를 다루는 학문적 범위와 방법론에 대해 상세히 서술하고 있는 책이다. 자원의 측면에서 수문과 지표구성 물질에 대한 분석이 이루어지고 있으며, 개발의 측면에서 지질학이 가지는 의미를 자연재해를 중심으로 설명하고 있다. 마지막 장에서는 도시의 관점에서 환경지질학을 설명하고 있어 도시의 지형적 환경에 대한 문제를 비교하여 살펴볼 수 있는 자료가 된다.

Goudie, A. S. and Viles, H. A., 2016, *Geomorphology in the Anthropocene*, Cambridge University Press.

···› 인류세라는 개념 속에서 다양한 지형과 경관에 대한 인간의 광범위한 영향을 인간지형학(anthropogeomorphology)이라는 틀 속에서 다루고 있는 책이다. 지표면에서 이루어지는 인간에 의한 지속적인 변화에 대해 다양한 사례와 상세한 설명을 제공하고 있다. 기본적인 지형학적 프로세스별로 목차를 구성하고 있어 인간과 환경이라는 측면에서 지형학적으로 심화학습을 원한다면 좋은 자료가 될 것이다.

Thornbush, M. J. and Allen, C. D.(eds.), 2018, *Urban Geomorphology*, Elsevier.

···› 도시지형학이라는 제목으로 출간된 가장 최근의 책이다(2019년 기준). 총 다섯 가지의 주제로 14편의 개별 연구로 구성되어 있다. 도시와 지형에 관한 과거와 현재의 관점에서 출발하여 도시의 성장에 대한 지형의 영향, 인류세 기간 동안의 지형학적 재해, 암석의 풍화를 포함하여 도시의 지속가능성, 그리고 편집자가 핵심으로 꼽고 있는 인간지형학적 사례연구 등 전 세계의 다양한 도시를 대상으로 지형학적 관련성을 살펴볼 수 있는 자료가 된다.

주요어 도시 형성, 도시지형 환경, 인간 활동, 공항 건설, 매립에 의한 지형, 채굴에 의한 지형, 도시발달, 도시입지, 도시공간 구조, 도시경관

제28장

도시와 토양

박수진 · 이승진

1. 도시 속의 토양

눈에서 멀어지면 마음도 멀어진다는 경구가 말해 주듯, 아스팔트와 콘크리트가 지면에 덮여 흙을 눈에 담기 어려운 도시 속에서 토양의 중요함을 떠올리는 사람은 드물 것이다. 많은 시민들에게 도시에서 누리는 물자와 서비스의 풍요, 그리고 흙에서 느껴지는 사소함, 더러움 등의 이미지는 서로 선뜻 연결되기 어렵다. 그러나 도시는 그 성립과 유지, 전개 등 모든 단계에서 토양의 기능 및 역할과 밀접하게 연관되어 있다. 그리고 그만큼 현대 주요 환경문제로 부각되는 도시 토양문제는 도시의 존립과 우리 생활의 안녕에 중요한 의미를 내포하고 있다.

도시는 인구가 밀집하여 다양한 사회적 활동을 발생시키는 공간으로서 대규모 인구를 부양하기 위해 막대한 자원을 필요로 한다. 이러한 자원수요의 절대적 비중을 차지하는 것은 과거로부터 오늘날에 이르기까지 식량자원에 대한 수요이다. 크레타와 마야, 메소포타미아 등 고대 문명이 번성하던 시대로부터 도시의 성립과 발달과정은 많은 경우 이러한 식량수요의 충족을 목표로 진행되어 왔다. 이를 토대로 우리는 도시를 토양 생산활동의 산출물이 집결하는 하나의 허브로서 이해할 수 있다. 즉 도시의 부양력은 토양의 생산력 수급과 직결되어 있으며, 도시화의 진전이란 곧 생산활동 기반인 주변지역 토양에 대한 이용의 확장을 의미하는 것이다.

그러나 문제는 도시적 토지이용이 인공적인 구조물(건물, 도로, 상하수도 등의 기반시설)의 건설과정에서 토양을 파괴 내지는 심각하게 변형시킨다는 점이다. 도시화 과정에서 아스팔트 등 불투수성 재료가 사용된 피복 포장은 토양의 형성과 관련된 각종 물질의 유출입 특성을 변화시키게 된다. 그리고 도시 경계의 확장과정에서 이루어지는 개간과 삼림벌채, 교외 농업활동의 증가는 모두 지표 토양을 유실시켜 토지황폐화(land degradation)로 이어진다. 결과적으로 토양 파괴적인 도시화의 진행은 토양생산성을 감소시켜 사회적·경제적 불안요인으로 작용한다. 특히 국내의 경우 토양 잠재생산력의 손실이 매해 급증하고 있는 것으로 예상되는데, 전 세계적으로 유례없이 높은 도시화율과 더불어 도시 근교의 집약적 농업토양 이용에 의해 발생하는 토양 산성화, 토양염류화 등이 그 원인으로 일컬어지고 있다. 이에 따라 최근에는 도시지역에서 토양이 수행하고 있는 생태학적·수문학적·대기역학적 기능을 동시에 고려해야 한다는 인식이 보편화되어 도시에서의 토양관리에 대한 패러다임의 변화를 요구하는 목소리가 높다(Craul, 1999).

도시토양과 관련한 문제는 인간의 영향이 토양 형성의 주된 요소로 발돋움하면서 본격적으로 심화되었다고 할 수 있다. 전통적인 토양학에서는 토양의 형성에 모재, 기후, 지형, 식생, 시간 등 다섯 가지 요인이 주로 작용한다고 설명하며, 인간 활동을 상대적으로 덜 중요한 부수적인 변수로 간주하였다. 그러나 현대에 들어 지역환경 변화에 자연적 요소보다 인간 활동이 더 우세한 영향을 미치는 시대, 즉 인류세(Anthropocene)의 도래에 대한 인식이 지질학으로부터 시작하여 학계 전반에 확산되었다. 토양학에서도 마찬가지로 인간 활동이 토양환경 조성의 주요 동인으로 부상하면서 그 결과인 도시토양(urban soil)과 도시에서 주로 발생하는 인위토양(anthropogenic soil)에 대해 관심이 확산되었다.

인위토양은 인간주도적 현상(human-driven)의 결과로서 형성되는 토양으로, 주로 1) 표토 교란(topsoil disturbance), 2) 토양 교란(bulk soil disturbance), 3) 새로운 모재의 입지(emplacement of new parent material), 4) 토지표면 포장(soil sealing)의 네 가지 유형의 인간 영향이 작용한 결과로 나타나는 토양을 말한다. 상기한 네 가지 유형의 인간 영향이 집중적으로 발생하는 도시화의 전개를 통해 공간적으로 확산하는 특징을 가진다(Capra et al., 2015). 오늘날 세계 육상피복의 3%가량이 시가화 지역이자 인위토양 분포지역으로 추산되고 있으며, 전 세계적 도시화의 진전에 따라 이 비중은 지속적으로 증가하고 있다.

인위토양은 토양으로서의 이용가치가 낮고 토양회복 과정에 들어가는 비용이 막대하다. 인위토양은 도시 내외의 개발활동으로 인한 개토(soil renewal)나 땅을 고르는 지답작용에 의한 압밀(compaction) 등으로 토양의 구조가 대부분 파괴되어 있으며, 표토층이 불투수성 소재로 차폐가 이루어져 물질과 에너지 순환의 단절이 고착화된 채 주로 발달하게 된다. 결과적으로 생육에 필요한 토양 본래의 물질 및 에너지 수용능력이 저하되어 농업적으로 이용이 어렵거나 불가하다.

이러한 인위토양의 특징은 토양의 침식에 따른 유실 가능성을 높이기도 하는데, 자연상태의 연속적인 토양층위들과 달리 불연속적인 토양층위를 가지기 쉬워 토양 내부의 물리성과 화학성의 교란이 심하다. 또한 경반(hard pan)이 생성되어 배수가 불량하며, 식생 부재로 인해 토양의 고정성이 떨어지는 문제 등이 존재한다. 이로 인해 인위토양의 증가 추세를 바탕으로 인간 활동지역 전반의 유효토양 손실이 연간 210억 톤 규모에서 점차 증가하고 있는 것으로 추산되고 있다(Hayes et al., 2014).

한편, 인위토양은 30~40년이라는 단기간에 토양 형성이 가시적으로 드러날 수 있다는 특징을 가지고 있다는 점에서 주목받는다(Scalenghe et al., 2008). 통상 토양형과 토양층위의 발달은 수백에서 수천 년 단위의 지질학적 시간을 요구한다. 그러나 이 과정이 인간 개발행위 또는 인공물의 매립으로 급격히 가속될 수 있음이 여러 연구로부터 보고된 바 있다. 이는 인위토양이 인간의 생애주기와 밀접한 시간에서 서로 영향을 주고받을 수 있다는 점에서 중요하게 여겨질 필요가 있다. 기존의 토양문제는 여러 세대 이전부터 누적되어 온, 토양회복력을 초과한 과도이용과 착취로부터 원인을 찾았지만, 인위토양의 경우 현세대의 토양이용이 불과 수십 년 후 직접 그 영향을 체감할 수도 있다는 것이다.

국내의 경우 토양 모니터링과 적절한 관리를 위해 '토양환경보전법'을 제정하는 한편으로, 1987년 전국에 250개 토양 측정지점을 선정한 이래 2017년 기준 현재 토양오염실태조사 체계 내 전국 주요 도시 및 지방자치단체 합계 2,500개 이상의 측정지점을 운영하여 관리방안을 수립하고 있다(환경부, 2019). 다만 기존에 이루어진 토양조사와 토양 관리방안이 도시 토양문제에 완전히 부응하기에는 다소 발전이 요구된다. 먼저 기존의 토양조사 및 연구사례는 전통적인 자연토양 형성과정에 입각한 토양 예측방법과 관리법에 의존하고 있지만, 도시토양에 대해 그 유효성이 완전. 그리고 도시토양 형성에 중대한 역할을 담당하는 인간이라는 요소를 정성적으로 또는 정량적으로 반영한 연구결과가 보다 축적될 필요가 있다.

현재까지 국제학계에서 출간되어 확인할 수 있는 근현대 인위토양 관련 연구는 1940년대 무렵부터 전 세계 64개국 등지에서 이루어졌다. 특히 미국을 비롯하여 독일과 영국, 프랑스 및 러시아 등 유럽 국가들에서 그 연구가 활발하게 진행되고 있다(Capra et al., 2014). 지난 70여 년간(1945~2015) 발표된 바 있는 인위토양, 또는 그에 관련된 용어를 채택하여 진행된 연구들을 조사해 본 결과, 인위토양 관련 연구는 미국의 주도로 1960년대 중반부터 가시적인 증가 추세를 보였다. 이는 해당 시기 광산, 시추공 등 지하자원 개발의 확대와 도시 교외의 산업용지 확대를 토대로 광해와 같은 토양오염이 심화된 것과 그 맥락을 같이한다. 이에 인위토양 연구의 초기 저작은 주로 광업지 내 토양(minefield soils), 산업토양(industrial soils) 등의 용어를 주제로 다루어졌으며, 해당 지역의 토양을 회복하는 것을 주요한 목적으로 하였다.

그리고 1970년대부터 인위토양 관련 연구는 개발행위에 의한 토양 연구로부터 인간 활동(man-made, Anthro-)에 의한 토양의 변화를 탐구하는 것을 목적으로 하는 연구가 크게 증가하여 연구적 분류를 보다 명확히 하였다. 그리고 국제 토양학계에서 인위토양에 대한 독립적인 분류를 인정하게 된 1990년대부터 2000년대에 이르는 기간에 급격한 증가 추세를 보이는 것으로 확인되었다(그림 1 참조).

한편 인위토양과 도시토양의 문제가 대두되자 국제 토양학계와 주요국 정부에서는 각자의 분류체계에 인위토양 분류를 신설하고 있다. 1974년에 제정된 FAO-UNESCO의 세계토양도(Soil Map of the World)에서는 인간의 활동에 의해 만들어진 토양을 Anthrosols로 규정하고, 그 아래에 Aric Anthrosols(경작에 의해 만들어진 토양), Fimic Antrosols(오랜 기간의 시비에 의해 만들어진 토양), Cumulic Antrosols(오랜 기간의 관계에 의해 미립물질들이 집적된 토양), Urbic Anthrosols(광산 폐기물, 도시 폐기물과 기타 매립에 의해 만들어진 토양) 등을 규정해 놓았다(Ellis and Mellor, 1995). 각국의 토양분류체계의 경우 중국 등에서는 자국의 토양분류체계(Genetic Soil Classification of China, GSCC)에 인위토양의 분류로 Anthrosols를 표기하고 있

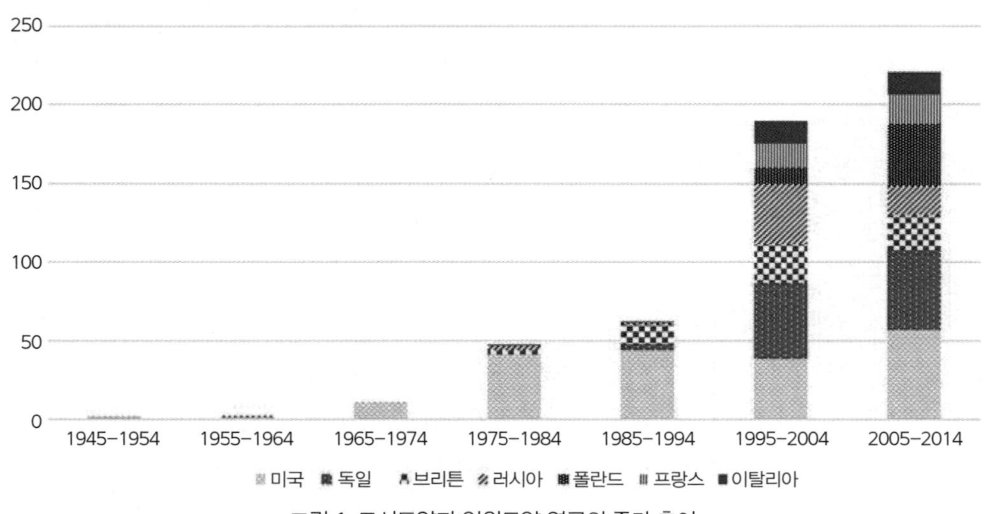

그림 1. 도시토양과 인위토양 연구의 증가 추이

다. 유럽에서는 WRB(World Reference Base for Soil Resource)를 통해 지속적으로 인위토양의 분류와 관련한 연구를 발전시켜 나가고 있으며, 2006년을 기점으로 32개 목 중 Anthrosols, Technosols 등을 도시토양의 분류에 추가시켰다. 미국에서도 도시토양들을 분류하고 그것의 사용에 관한 보다 체계적인 논의가 이루어지고 있다(Galbraith, 2004). 이렇듯 토양학계와 지리학계 내 도시토양, 인위토양의 연구사례가 증가하고 분류를 신설하여 토양에 대한 인간의 영향을 공식화한 것은 비교적 최근의 일이다. 이와 같은 학계와 정부의 대응은 토양에 대한 인간의 영향이 기후, 식생 및 지형 등 자연조건과 마찬가지로 토양 형성의 주요 변수로서 작용하고 있음을 시사한다.

이 글에서는 도시에서 일어나고 있는 토양의 변화와 그 역할에 대해 보다 체계적인 이해의 틀을 마련하기 위해 토양의 기본적인 형성작용과 역할에 대해 설명하고자 한다. 그리고 도시지역에서 나타나는 토양의 특성과 그것이 가져올 수 있는 환경에 대한 영향을 기술한다. 끝으로 현재 활발하게 논의되고 있는 도시지역에서의 효율적인 토양 관리방법에 대한 논의들을 정리한다.

2. 토양의 기능과 형성작용

도시토양의 의미를 보다 명확히 밝히기 위해 먼저 우리 생활에 의미를 갖는 토양의 기능과 형성작용에 대한 논의를 진행하고자 한다. 토양이 무엇인가에 대한 정의는 지금까지 자연지리학, 토양학 등 여러 학문에서 다수의 연구자로부터 발의되어 왔다. 일례로 지질학적 해석으로부터 토양은 '암석이 다양한 풍화작용을 받아 분해된 모재가 토양 생성작용을 받아 토양층위가 분화됨으로써 형성된 것'이라 한다. 한편 토양과학자인 제이컵 조페(Jacob Joffe)는 1936년 그의 저서 『토양학(Pedology)』에서 토양을 "암석의 풍화산물과 각종 동식물로부터의 유기물이 혼합되어 있으며, 기후·생물 등의 환경작용에 대해 평형을 이루기 위해 연속적이면서 서로 다른 층단면의 형태를 갖는 자연체"로 정의한 바 있다. 이러한 토양에 대한 여러 정의는 도시에서 토양을 이용하는 목적과 분야에 따라 상이하게 나누어질 수 있다. 농경학에서는 식물체 성장을 위한 양분을 담는 수용체이자 뿌리를 뻗는 지지대로, 토목공학에서는 공학적 과정에서 소요되는 재료로서 토양을 정의한다. 이 글에서는 크게 1) 농업적 시각에서의 토양, 2) 지리학적 시각에서의 토양 양자로 구분하여 토양의 기능과 의미를 살펴보고자 한다.

먼저 토양은 서로 다른 층으로 지구 표면을 덮고 있으며, 공기와 수분을 함유하여 식생을 지탱하고 양분을 공급하여 농업활동의 기초가 되는 공간이다. 식물의 생육은 적정한 빛, 산소, 물, 온도와 양분 등으로 결정되는데, 빛을 제외한 나머지 조건은 모두 토양으로부터 제공된다. 토양은 크게 토양광물(soil minerals), 토양유기물(soil organic matters), 토양공기(soil air), 토양수분(soil water) 등 네 가지 요소로 이루어져 있다. 평균 구성비는 토양광물이 약 45%, 토양수분이 약 25%, 토양공기가 약 25%, 토양유기물이 약 5%를 차지한다. 토양광물은 지표의 암석이 풍화작용을 거치며 생성되고 토양의 기본틀을 이룬다. 그리고 그 자체로 전하를 띤 입자인 이온으로서 양전하와 음전하를 방출해 다양한 크기를 가진 동식물의 영양공급의 기본을 담당한다.

토양유기물은 지표에서 공급되는 식생과 동물의 사체 또는 배설물로부터 유입되며, 토양을 이야기할 때 흔히 거론되는 비옥함을 대변하는 중요한 지표 역할을 한다. 토양유기물은 토양구조를 형성하고 각종 토양작용을 촉진시키며, 토양 내 양분 보유능력의 척도인 양이온치환능력(Cation Exchange Capacity, CEC)을 증가시킨다. 한편 토양공기와 토양수분은 토양의 발달과정인 풍화작용을 촉진하면서 그로 인해 형성된 여러 토양 구성물질과 수용성 원소 등을 토양 내부에서 이동시키는 역할을 한다. 이외에도 식생의 생육에는 토양이 가진 구조(soil structure)와 토양 내에서 서식하는 생물종(soil organism) 또한 중요한 요소로서 작용한다. 토양구조는 토양 형성과정에서 토양입자가 처해진 조건에 의해 자연적으로 구성하는 입단의 집합형태를 일컫는다. 토양구조는 토양 안에 수분과 공기를 포함할 수 있는 정도와 이동할 수 있는 정도를 결정하며, 토양생물은 토양유기물의 분해, 토양 내 유해물질의 정화와 토양구조 개선 등의 역할을 통해 식생 생육의 근간을 마련한다.

한편 지리학적 관점에서 토양이 인간 생활에 의미를 갖는 것은 비단 식량생산의 바탕으로서의 의미에 국한되지 않는다. 토양은 자연환경을 구성하는 기권, 수권, 지권, 생물권의 네 영역 가운데 지권의 한 부분을 담당하며, 물질과 에너지 순환의 매체(medium)로서의 의미를 갖는다. 자연환경 각 권역의 상호작용과 피드백 효과에 의해 여러 지리학적 현상이 발현하게 되는데, 특히 토양은 물, 대기 등 다른 권역의 매체에 비해 낮은 유동성을 가져 물질과 에너지 이동이 상대적으로 낮은 속도로 진행되고 저장될 수 있는 공간이라는 특징을 가진다. 이러한 특징에 의해 토양이 갖는 생태적 기능은 크게 다섯 가지 정도로 요약된다(Scheyer and Hipple, 2005). 첫째, 빗물을 흡수하여 지하수로의 침투를 가능하게 하며 홍수를 방지한다. 둘째, 식생이 이용하는 공기와 물, 그리고 각종 영양분을 공급한다. 셋째, 지구온난화 가스인 이산화탄소 및 각종 질소 관련 가스들을 저장한다. 넷째, 토양을 통과하는 물과 공기를 정화시키는 역할을 한다. 다섯째, 자연계에서 나타나는 각종 독성물질들을 정화하는 기능을 수행한다.

〈그림 2〉의 (가)는 가장 대표적인 토양의 형태를 보여 주고 있다. 토양은 대부분 뚜렷한 층을 가지고 나타나며, 각 층의 특징을 설명하기 위해 소위 ABC 시스템이라는 것을 사용한다. A층은 지표층으로 유기물들이 토양광물과 섞여 검은색을 보인다. 지표면에서 공급되는 유기물들은 주로 토양동물들에 의해 토양 속으로 이동되며, 그 결과 A층은 20~30cm 정도의 두께를 가지는 것이 일반적이다. 반면, B층은 A층에서 물에 의해 이동된 유기물, 점토광물, 그 외의 각종 토양 구성물질들이 집적되어 나타나는 토양층이다. A층에서 만들어진 물질 혹은 지표면에서 공급된 물질들이 토양수에 녹거나 떠서 B층으로 이동하게 된다. 이와 더불어 B층 내에서는 풍화에 의해 새로운 광물이 형성되기도 한다. 반면, C층은 토양특성이 충분히 발달하지 않은 암석이나 퇴적물들로 토양광물들을 공급하는 모재(parent materials)의 역할을 한다. 이 층내에서는 물과 공기의 순환이 약해 토양광물들의 변형이나 토양물질의 이동현상이 약하다.

〈그림 2〉에서 ABC의 수직적인 토양층의 배열은 매우 일반적인 현상으로 지구상의 어느 곳에서도 예외를 찾기가 힘들다. 즉 토양광물들은 모재를 형성하는 암석 혹은 퇴적층으로부터 풍화에 의해 공급되고, 유기물은 지표로부터 공급된다. 이 두 가지의 물질들이 서로 섞이는 것은 토양생물의 이동과 물의 수직적인 흐름에 의한 것이다.

이렇게 쉽게 일반화되는 토양 형성작용에도 불구하고 실제 지표상에 나타나는 토양층은 훨씬

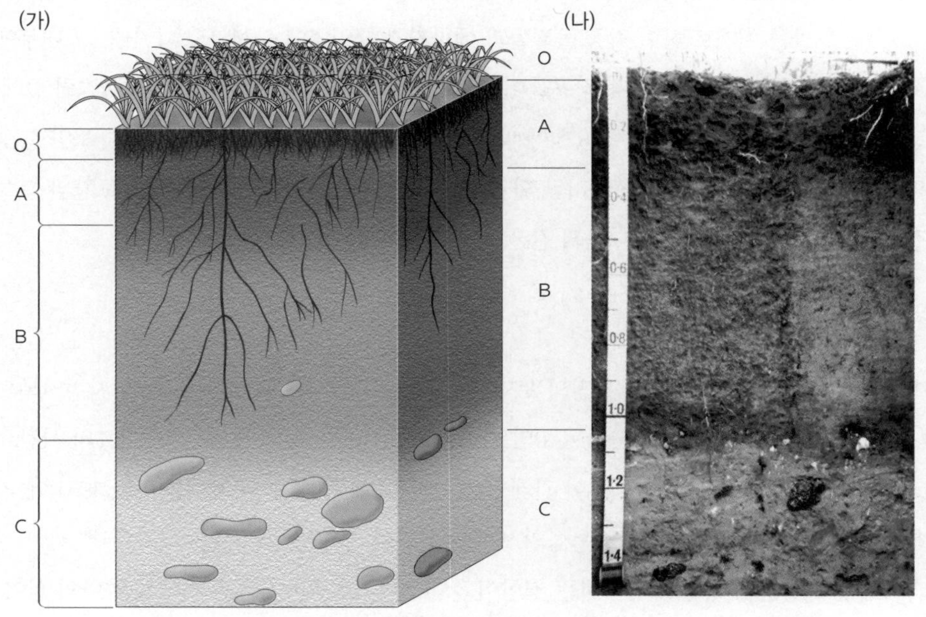

그림 2. 토양 형성작용을 설명하는 모식도

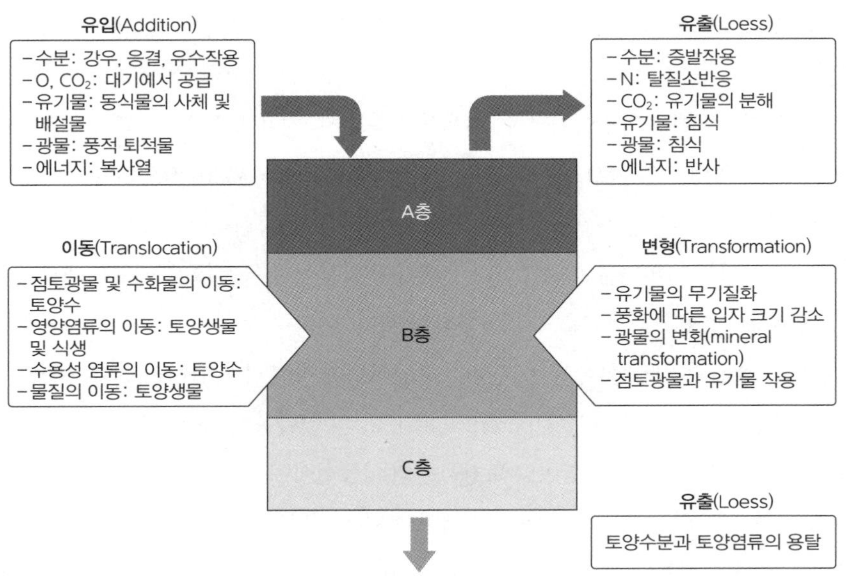

그림 3. 토양 형성작용을 모식화하여 표현한 그림

출처: Simonson, 1959를 요약함.

더 복잡한 형태를 보인다. 이러한 차이는 토양을 둘러싼 물과 물질, 그리고 에너지 흐름의 차이에 의해 발생한다. 〈그림 3〉은 토양에서 나타나는 여러 가지 토양 형성작용들을 모식화하여 표현한 것이다. 토양을 매개로 하여 각종 물질들과 에너지가 끊임없이 들어가고 나가며, 그 내부에서는 각종 물리적·화학적·생물학적 작용들이 지속적으로 이루어지고 있다. 그리고 〈그림 3〉에 표시된 토양 형성작용의 상대적인 중요성에 따라 서로 다른 토양층이 발달하게 된다. 토양 형성작용의 상대적인 중요도는 토양을 둘러싼 환경요인에 의해 결정된다. 전통적으로 토양의 특성을 결정하는 요인들은 일반적으로 다음과 같은 식에 의해 표현된다.

$$S = f(C, R, O, P, T, \cdots)$$

여기서 S는 토양특성이다. 한 지점의 토양특성은 C의 기후요인(Climate), R의 지형기복요인(Relief), O의 생명체요인(Organisms), P의 기반암요인(Parent Materials), 그리고 T의 시간요인(Time)의 함수 f로 표시할 수 있다. 이 관계식은 미국의 토양학자였던 제니(Jenny, 1941)에 의해 처음 제시된 후 전 세계적으로 토양특성의 변화를 설명하기 위해 널리 사용되고 있다.

과거에는 토양을 무기물로 인식하는 경향이 강하였다. 하지만 지금은 토양을 하나의 살아 있는 '유기체'로 간주하고 있다. 토양은 지표의 동식물과 암석으로부터 각각 유기물과 광물질들을 공급받아 성장한다. 유기체와 마찬가지로 대기로부터 산소를 공급받아 호흡을 하고 이산화탄소와 질소를 배출한다. 토양수와 토양공기는 토양의 순환체계를 형성하여 토양 내부에서 유기물들을 분해하고 광물들을 풍화시키며, 토양을 구성하는 물질들을 이동시킨다. 이러한 과정에서 생산된 '배설물(질소, 이산화탄소, 이외의 토양 구성물질)'들은 물과 공기의 흐름을 따라 토양층에서 배출된다. 그리고 나이가 들거나 외부로부터 과도한 충격을 받으면 그 생명을 다하여 토양의 역할을 더 이상 못하고 죽게 되는 것이다. 따라서 도시적인 토지이용에 대한 수요를 충족시켜주면서도, 토양이 가지고 있는 생태적 기능을 극대화하는 방향으로 개발의 방향이 이루어져야 한다.

3. 도시적 토지이용에 따른 토양변화

도시적 토지이용이 이루어졌을 때 자연적인 토양의 변환과정은 먼저 택지 혹은 도시용지로 지정될 경우 가장 먼저 지표식생이 제거된다. 그리고 지형에 일정한 경사가 있는 경우에는 건축이 가능할 수 있도록 지표면을 평탄화시키는 작업이 이루어지게 된다. 이때 지표면의 요철 정도에 따라 볼록한 곳의 토양은 제거되며, 오목한 곳은 메워지는 성토작업이 이루어진다. 특히 최근과 같이 지하공간의 이용에 대한 수요가 높은 경우에는 토양뿐만 아니라 지질적인 변화까지도 야기된다. 기존의 토양이 남아 있는 경우라도 건축물이나 도로를 안정적으로 지지하기 위해 나무뿌리를 제거하고 토양을 다지는 행위는 필수적이다. 이러한 정지작업이 이루어진 후 각종 구조물들이 들어서며, 그 구조물들은 콘크리크·철근·나무 등의 불투수성을 보이는 것이 대부분이기 때문에 토양이 대기와 직접적으로 접촉하기 어렵게 된다. 따라서 빗물과 주변지역에서 흘러 들어오는 물들을 효과적으로 제거하기 위한 배수시설의 건설이 필수적이다. 이 과정에서 녹지공간을 확보하기 위해 일정한 부분은 조경을 위해 남아 있다. 하지만 이 경우에도 자연적인 식생이나 토양을 유지하기보다는 인위적으로 성토 및 절토가 이루어지는 경우가 대부분이다.

이러한 과정을 거쳐 만들어지는 도시토양은 앞에서 기술한 자연토양과는 전혀 다른 형태적·물리적·화학적 특성을 보이게 된다. 도시토양이 자연토양과 비교하여 보여 주는 특징은 다음의 네 가지로 정리할 수 있다.

1) 도시토양의 다양성

도시토양은 자연적으로 형성된 토양에 비해 수직적·수평적으로 매우 큰 변화를 보인다. 자연상태에서 토양의 변화는 매우 점진적으로 나타나는 것이 일반적이며, 장기간의 토양 형성작용에 의해 뚜렷한 층을 보인다. 하지만 도시지역에서는 인위적인 절토와 성토, 매립이 이루어지면서 토양의 수직적·수평적 분포특성에 급격한 변화가 나타난다. 특히 오래된 도시지역의 경우에는 동일한 지점에서 위와 같은 인위적인 변화가 반복되어 나타나기 때문에, 토양의 형태와 특성이 매우 복잡해진다.

이렇게 복잡한 도시토양의 분포특성은 토양의 구분과 조사를 어렵게 만드는 요인이다. 일반적으로 토양조사는 주어진 환경요인에 의해 형성될 수 있는 토양특성을 사전에 예측하게 된다. 마찬가지로 효과적인 토양의 이용은 현재 및 과거에 이루어졌던 토양 형성작용을 이해해야 가능하다. 하지만 도시지역이 가지고 있는 토양의 가변성은 이러한 토양 조사 및 예측, 관리를 어렵게 만든다. 즉 각 지점별로 토양을 조사하지 않는 한, 어떠한 토양이 특정한 지점에 위치하고 있는지를 예측하기가 어렵다. 그 결과 정밀한 토양조사와 효율적인 토양관리를 위해서는 천문학적인 조사비용이 필요하다. 마찬가지로 토양의 변이 폭이 커서 토양이 수행하고 있는 역할의 예측 가능성도 매우 낮게 나타난다.

2) 토양구조의 변화

자연상태의 토양에서는 토양을 구성하는 물질들이 일정한 형태를 가지는 토양구조(soil structure)를 만들고 있다. 즉 광물질과 유기물질들이 서로 섞이면서 괴상(blocky), 입상(granular) 혹은 주상(columnar)의 구조를 가지게 된다. 이러한 토양구조는 공기 혹은 수분의 흐름을 쉽게 만들어 식물의 생육과 토양의 건강성을 유지하는 필수적인 요인이 된다. 하지만 도시토양의 경우에는 형성되었던 구조들이 인위적으로 파괴되거나, 토양구조를 형성하는 각종 작용들이 억제되어 뚜렷한 구조를 관찰하기 어려운 경우가 대부분이다. 토양구조를 파괴하는 가장 직접적인 작용은 도시구조물의 건설과정에서 이루어지는 지반의 안정화 과정이다. 도시구조물을 안정적으로 유지하기 위해서는 토양 내의 공극을 의도적으로 줄이는 정지작업이 필수적인 요인이 된다. 이와 더불어 차량이나 사람들이 토양에 압력을 가해서 나타나는 압밀(compaction)의 영향도 무시할 수 없다. 또 다른 요인은 자연상태에서 토양구조를 만드는 다양한 요인들이 도시화 과정을 거치면서 급격하게 줄어들게 된 것이다. 자연토양에서 토양구조를 만드는 주요한 요인은 토양생물의 활동과 토양 내에서 발생하는 동결융해작용(freezing-thawing)의 반복이다. 도시 토양에서는 토양이 대기와 직접적으로 접촉하지 않기 때문에 토양생물의 활동이 미약하고 동결융해작용도 약하다.

토양구조의 파괴는 토양 내로 물이 침투하는 능력을 급격하게 저하시키며, 기타 토양생물들의 활동 역시 억제시킨다. 이 중 물의 유입은 토양의 기능을 유지하는 데 필수적인 요인이다. 주로 강우와 강설 혹은 대기 중의 수증기가 토양과 접촉하여 나타나는 응결현상을 통해 유입된 물은 토양물질들을 토양 층내에서 이동시키고, 토양 내의 광물의 풍화와 유기물의 부식을 유발하는 요인이 된다. 또한 토양 내의 생물과 미생물의 삶을 유지시켜 주는 핵심적인 역할을 한다. 따라서 토양에서의 물은 인체에서 피와 같은 역할을 한다. 도시에서는 인공적인 구조물이 적게는 20%에서 많게는 100%를 차지하는 경우가 대부분이다. 그리고 이러한 구조물의 대부분은 콘크리트, 암석, 혹은 철골구조 등으로 물을 통과시키지 않는다. 높은 토양밀도와 포장률의 증가로 발생하는 가장 직접적인 영향으로는 도시 내 하천 유량의 급격한 변화를 들 수 있다.

〈그림 4〉는 도시지역과 비도시지역 하천의 유량변화를 표시한 것이다. 강우가 시작되었을 때, 자연지역에서는 빗물로 내린 물들이 토양을 통과하여 하천으로 유입된다. 그 결과 하천의 유량이 최대가 되는 첨두유량(Q_n)은 강우가 시작된 후 일정 시간이 경과함에 따라 나타난다. 이와 달리 도시지역에서는 빗물이 토양으로 침투되기보다는 표면 혹은 하수구를 통해 급격하게 하천으

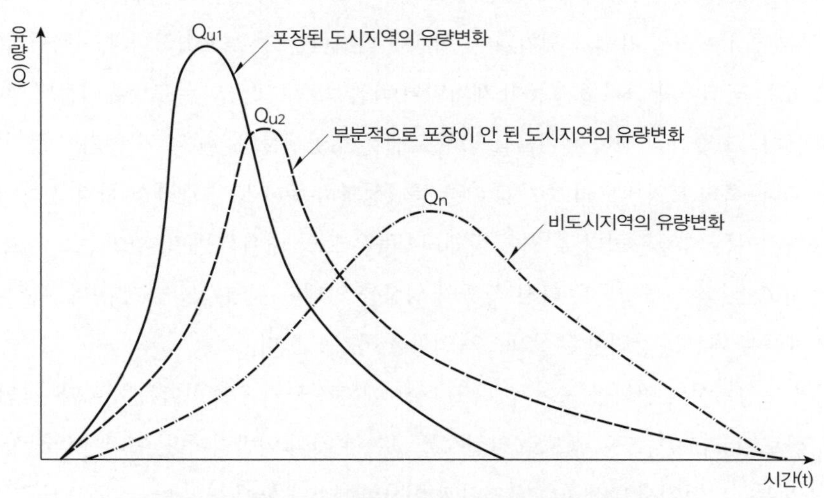

그림 4. 도시지역과 비도시지역의 하천 유량의 시간적 변화 비교

출처: Goudie, 1998에서 부분적으로 수정함.

로 흘러들기 때문에 첨두유량(Q_{u1})에 도달하는 시간이 훨씬 짧아진다. 도시지역에서 첨두유량에 도달하는 시간은 도시의 포장률과 밀접한 관련을 가져, 포장률이 높을수록 첨두유량에 도달하는 시간이 짧아진다. 더불어 도시지역에서는 식생에 의한 증발산량이 줄어들어 유량 자체가 증가하며, 홍수의 발생빈도 역시 증가하게 된다. 즉 비도시지역의 경우에는 토양과 하천 주변의 저류지들이 빗물을 상당 기간 보유함으로 인해 하천으로 유입되는 물의 양과 시간이 지체되는 것에 반해, 도시지역의 경우에는 그러한 효과를 기대하기 어려워 홍수의 발생이 빈번해지는 것이다.

3) 토양의 유출입 특성의 변화

자연상태에서는 토양으로 물과 에너지 그리고 물질들의 지속적인 유입과 유출이 이루어진다. 포장률의 증가와 토양밀도의 증가는 토양으로 물이 유입되는 것을 방해하며, 공기의 유출입 역시 제한된다. 마찬가지로 지표를 구성하는 식생의 제거로 인해 토양 내로 유기물들이 유입되는 것 역시 줄어들게 된다. 도시지역의 경우에는 토양의 온도 역시 자연지역에 비해 상당히 높게 나타나는 것으로 알려져 있다. 도시에서 나타나는 열섬(heat island)현상은 태양열의 흡수량이 많아지고, 도로와 건물에서 발생하는 열이 토양으로 직접 전달되기 때문에 나타난다(제26장 '도시와 기후' 참조). 이러한 토양으로의 물과 에너지의 유출입 특성의 변화로 〈그림 3〉에 표시된 대부분의 토양 형성작용이 중단되거나 전혀 새로운 토양 형성작용들이 나타난다.

가장 대표적인 변화는 식생의 감소로 인해 토양유기물의 함량이 감소한다는 것이다. 도시지역의 상당 부분에서는 식생 자체가 제거된다. 식생이 나타나는 경우라고 하더라도 정기적인 조경작업으로, 또는 낙엽이나 나무줄기 등이 제거되어 직접적으로 공급되는 토양유기물의 양은 급격하게 줄어든다. 그 결과 이러한 유기물을 먹이로 삼는 토양생물의 절대수와 종의 다양성이 현격하게 감소된다. 특히 토양밀도의 증가에 따른 통기성의 부족은 토양 내에서 혐기성 박테리아의 활동을 증가시키는 역할을 한다. 이러한 박테리아들은 토양 내에서 메탄, 황화수소, 질소산화물들을 형성하고, 이러한 물질들은 다시 식생의 성장을 억제하는 역할을 하게 된다. 특히 이렇게 형성된 기체들은 대부분 강력한 온실가스의 역할을 하기도 한다.

도시지역 토양특성의 변화를 보여 주는 또 다른 예는 산도가 감소한다는 것이다. 자연토양에서는 토양산도(soil pH)가 5~7 정도로 약산성을 보이는 것이 일반적이다. 이러한 약산성은 대부분 유기물의 부식과정에서 발생하는 유기산과 이산화탄소가 물에 녹아 탄산염을 만들기 때문에 나타나는 현상이다. 하지만 도시토양에서는 유기산의 형성이 제한되어 있으며, 통기성의 부족으로 인해 탄산염의 농도 역시 낮게 나타난다. 이외에도 건물이나 도로 등의 부식에 의해 유입되는 Ca^{2+}, Na^{+}, Mg^{2+} 등의 이온들이 토양 내로 유입됨으로 인해 토양산도가 낮아진다. 또한 성토과정에서 매립에 사용된 물질 중 건설폐기물 같은 것들은 풍화에 의해 토양으로 유입되는 무기물질의 특성을 변화시킨다.

4) 토양오염의 증가

도시지역에서는 다양한 형태의 오염물질들이 토양으로 유입된다. 〈그림 5〉는 우리나라의 토지이용별 오염 정도를 표시한 것이다. 이 가운데 도시지역의 대지와 공장용지 등지의 토양오염 정도가 농업적 토지이용인 전답, 그리고 산림 임야보다 상대적으로 높게 나타남을 볼 수 있다. 토양은 한번 파괴되고 나면 다시 개선(또는 복원)하는 데 어려움이 따른다. 즉 토양이 오염되면 그 속에 살고 있는 토양생물들과 지하수의 오염이 야기되고, 이는 인간에게 피해를 준다. 또한 급성적인 피해보다는 오랜 기간 누적되어 피해를 일으키는 만성적인 영향을 주게 된다. 아울러 토양오염은 한번 오염되면 개선을 위해서는 대기나 수질에 비해 훨씬 더 긴 시간과 많은 경제적 투자를 필요로 한다는 특징을 가지고 있다.

도시지역에서 발생하는 대표적인 토양오염원은 ① 차량의 통행이 증가함으로써 발생하는 대기오염 물질의 유입, ② 화석연료의 소각에 의한 대기오염 물질의 강하에 의한 오염, ③ 도시 및 산업 폐기물, 쓰레기 등의 매립으로 인한 오염 등이다.

차량의 통행으로 인한 토양오염은 배기가스에서 발생하는 각종 중금속[납(Pb), 아연(Zn), 카드

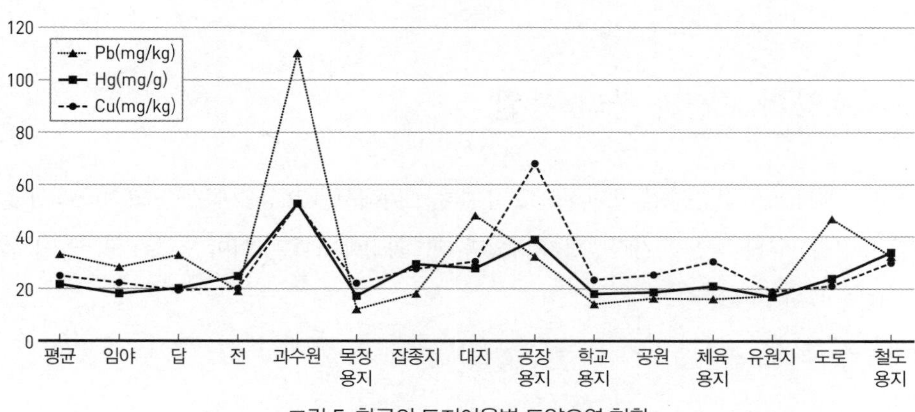

그림 5. 한국의 토지이용별 토양오염 현황

출처: 환경부, 2017, 토양오염측정망자료(http://www.me.go.kr).

뮴(Cd)]과 타이어 마모에 의한 카드뮴과 납 등이 토양으로 유입되면서 발생한다. 자동차에 의해 유입되는 대표적인 중금속은 납으로 호흡기를 통해 직접 체내로 흡수되며, 간과 신장 기능의 장애를 유발하고, 두통이나 불임 등을 유발하기도 한다. 자연상태에서의 대기 중의 납 농도는 3~21μg/m^3이지만, 심하게 오염된 경우에는 0.045~13μg/m^3가 나타난다. 도시지역에서 방출된 유해 금속류의 일부는 도로 분진과 도시 내 토양에 흡착되어 축적되며, 호흡기 혹은 흙을 통해 체내로 들어가게 된다. 일반적으로는 흡수되지 않는 상태의 금속도 위산에 의해 용해되어 쉽게 흡수된다. 납 이외에도 카드뮴, 니켈(Ni), 아연 역시 중요한 도시토양의 오염물질로 간주되고 있다.

도시지역에서는 화석연료의 연소에 따른 물질들이 토양 내로 유입되고 있다. 도시지역에서 일산화탄소(CO), 탄화수소(HC), 질소산화물(NO_X)의 경우에는 총 배출량의 반 이상이 자동차로부터 생성되고 있다. 마찬가지로 황산화물(SO_X)에는 SO_2(이산화황)와 SO_3(삼산화황) 등의 경우 역시 자동차와 석유제품의 연소에 의해 발생한다. 이렇게 대기 중으로 방출된 각종 오염물질들은 강우 혹은 분진의 형태로 토양으로 유입되어 도시토양을 오염시킨다.

이외에도 각종 폐기물의 유출과 매립의 과정을 거치면서 발생하는 오염이 있다. 도시지역에서는 쓰레기 매립 등에 의해 중금속이나 유해물질이 장기간 축적되어 발생한다. 특히 공장용지와 주유소 등에서는 유해물질들이 의도하지 않은 상태에서 토양으로 스며들기도 한다. 이런 고형 혹은 액체 폐기물의 매립으로 오염된 토양오염의 경우에는 자정능력이 약하기 때문에 일단 오염되면 자연적 제거에 많은 시간이 소요된다. 특히 도시 근교에서 이루어지는 농경지에서의 토양오염은 농작물의 생육을 저해할 뿐만 아니라, 중금속물질이 농작물에 흡수되어 이를 섭취하는 사람이나 가축에게 축적성 중독을 일으켜 각종 질병의 원인이 되고 인간의 생명을 위협한다.

4. 도시토양의 보전과 관리, 복원

도시지역에서 토양의 기능을 효과적으로 유지하기 위해서는 토양의 특성을 고려하여 개발의 유무를 결정하는 사전적인 토지적성평가 방법과 개발과정에서 혹은 이미 오염된 토양들을 복원하는 방법들로 나누어 볼 수 있다.

1) 토지적성평가

도시가 건설되는 곳은 이동성과 건설에 관련한 각종 비용을 고려하여 하천 주변이나 평지가 되는 경우가 많다. 이러한 도시의 입지적인 특성은 식량생산을 위한 농경지나 각종 생태계의 기능이 활발히 이루어지는 곳(하천 주변, 평야)과 장소적으로 일치하는 경우가 대다수이다. 경제적인 이득을 우선할 경우, 도시지역의 확대에 따른 토양의 파괴와 감소는 피하기 어려운 것이 현실이다. 독일의 경우에는 매일 100ha 이상의 농경지가 도시화에 의해 잠식되고 있다는 보고가 있으며, 미국의 경우에도 그 잠식률이 70ha 이상이 된다고 한다. 독일이나 미국보다 훨씬 빠른 도시팽창을 경험하고 있는 한국의 경우 전환비율이 훨씬 높을 것은 쉽게 추정할 수 있다. 특히 국토의 과반이 산지로 구성된 우리나라에서 도시토양문제는 산지토양의 관리문제와 불가분의 관계에 있다. 도시화의 진전은 필연적으로 산지토양의 수요 급증을 동반한다. 과거에는 산지사면상에서 농업적 토지이용이 주를 이루었으나, 최근에는 자연인접성을 중시한 택지의 개발 또는 관광휴양지 조성 등을 그 원인으로 하여 도시경관이 산지로 진출하는 경향을 보이고 있다. 이에 산지의 효율적인 이용과 보전을 달성하기 위해 도시 교외 산지의 지속가능한 토지이용에 관한 계획 수립이 요구되고 있는 실정이다.

도시의 성장에 따라 경제적인 이득과 동시에 자연환경의 건전성을 담보하기 위해 사용되는 기법이 토지적성평가 기법이다. 토양이 인간의 간섭에 대응하는 능력 면에서 큰 차이가 존재한다는 것이 인식되면서, 토지생산성을 증대시키는 동시에 부정적인 환경영향(침식, 농업화학물의 오염 등)을 최소화하는 방안에 관한 연구가 활발히 진행되고 있다. 즉 개발이 이루어지기 이전에 토지가 가지고 있는 물리적 특성, 사회경제적 요구, 그리고 입지적 특성을 비교평가하여 토지의 이용가능성과 지속가능성을 높이고자 하는 것이다. 평가주체는 지방자치단체 혹은 중앙정부에서 주도하여 이루어지는 것이 일반적이다. 한국은 2003년 이후에 시행되고 있으나 비교적 일천한 역사를 가지고 있어 구체적인 방법론이 확정되지는 않은 상태이다. 하지만 서구 선진국에서는 이미 이 기법들이 광범위하게 이용되고 있다(채미옥·김정훈, 2003).

〈그림 6〉은 토지적성평가의 전체적인 내용을 개요화한 것이다. 여기서 핵심적인 내용은 토양이 가지고 있는 물리적·환경적 특징과 더불어 인문·사회적 요인을 동시에 고려하여 토지의 사용 가능성에 대해 등급을 부여하는 과정이다. 물리적인 특성의 경우에는 토질, 투수성 등을 기초로 한 토양 및 토지의 기본적인 특성을 비교평가한다. 주변지역 특성비교란 주변지역에서 나타나는 개발의 유무와 개발압력에 대한 경제적인 편익을 파악하는 것이다. 이렇게 자연적·경제적

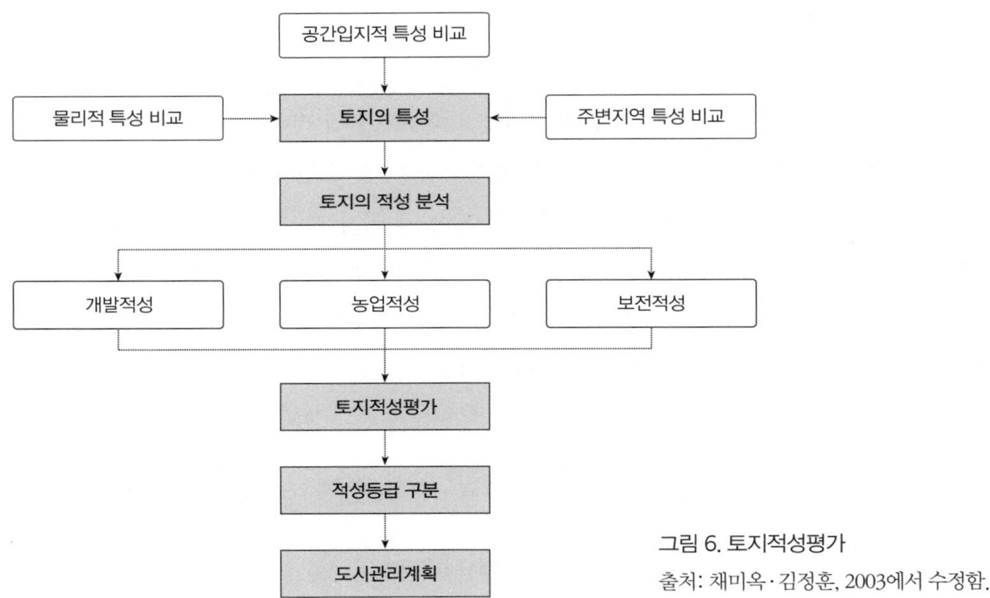

그림 6. 토지적성평가
출처: 채미옥·김정훈, 2003에서 수정함.

요인을 바탕으로 이루어지는 입지적 특성에 대한 평가는 토양을 포함하는 각종 자연환경적 요인과 향후 이루어질 도시화의 방향성과 속도를 동시에 고려한다. 이러한 과정을 거쳐 특정한 토지의 보존 및 개발 가능성에 대한 종합적인 결론을 내리게 된다.

2) 토양복원

도시적인 토지이용이 토양에 부정적인 영향만을 미친다는 생각은 잘못된 것이다. 이미 오염된 토양이라도 효과적으로 복원된다면 생태계의 기능을 오히려 증진시킬 수 있는 긍정적인 부분도 많다. 즉 자연상태에서 이미 황폐화가 진행된 토양의 경우에는 효과적인 복원계획에 의해 토양의 기능이 증가할 수도 있다. 도시 주변에서 흔히 나타나는 나지의 경우에는 답압(stamping)과 지표식생의 제거로 인해 황폐화되고 있으며, 침식의 주요한 원인이 되고 있다. 이 경우 적절한 조경 및 토양관리를 통해 식생 및 토양 복원이 이루어진다면 녹지의 확보와 더불어 생태적 기능을 높일 수 있다.

마찬가지로 인위적으로 이루어진 토양오염의 경우에도 효과적인 복원계획을 세울 경우, 쾌적한 환경을 갖춘 도시 기반시설로서의 기능을 유지할 수 있다. 그 대표적인 예로 난지도에 조성되어 있는 서울월드컵경기장 주변의 생태공원을 들 수 있다. 난지도는 서울시의 쓰레기 매립장으로 1978년부터 1993년까지 15년간 매립된 쓰레기의 높이가 95m, 길이 2km로 쓰레기의 무게가 총 1억 2000만 톤에 이르는 쓰레기산을 형성하고 있었다. 도시지역에서 오염의 가장 대표적인 곳으로 간주될 수 있는 이곳은 1996년부터 착수/침출수 방지벽 설치, 상부 복토, 가스 포집 등의 안정화 작업을 거쳐, 현재는 2002년 월드컵 주경기장과 생태공원, 그리고 주변의 택지 건설로 새로운 도시의 모습을 보여 주고 있다.

일단 오염이 확인된 도시토양의 경우에는 보다 적극적인 토양복원이 필요하다(최병순, 1999). 도시지역에서 토양오염 처리가 필요한 곳은 유류 누출 및 오염물질 사고 등으로 인한 정화작업이 필요한 지역, 자체 토양환경평가에서 오염의 개연성이 짙은 지역, 휴·폐광으로 발생한 중금속 오염지역, 주변의 환경(대기나 하천, 하수구 등) 오염물질이 유출된 오염지역 등이 있다. 토양오염은 지하수 오염을 동반하는 경우가 많으며, 토양·지하수 오염을 방지할 수 있는 방지시설로는 방호벽, 흡착시설, 고형화시설 등이 있다. 현재 국내에서 사용되고 있는 방지방법은 굴착 제거, 방호벽 구축 등 물리적 차단방법이 주류를 이루고 있다. 일단 토양오염이 확인된 경우에는 다양한 기법들을 이용하여 현장에서 처리하거나, 오염된 토양을 파내고 오염되지 않은 토양으로 대체하는 방법들이 사용된다.

오염의 처리에는 매우 다양한 기법들이 사용되고 있다. 물리적인 방법으로는 오염물질의 공간적 이동을 제어하거나 위해성을 제거함으로써 정화하는 방법이 사용된다. 즉 굴착 제거나 차폐, 고형화 등의 방법이 보편적으로 사용된다. 반면, 화학적 방법은 화학적 결합이나 촉매를 이용하

그림 7. 서울월드컵경기장 주변의 기본계획

출처: http://parks.seoul.go.kr/template/sub/worldcuppark.do

여 오염된 물질들을 분리하거나 제거하는 방법이다. 산화, 중화, 이온 교환, 토양 세척, 계면활성제 세척 등이 사용된다. 이에 반해 생물학적 방법은 식물이나 미생물 등 생물의 대사작용을 이용해 오염물질을 제거하는 방법이다. 오염물질을 효과적으로 제거할 수 있는 작물의 경작을 통한 방법과 오염물질을 분해 혹은 완화시킬 수 있는 미생물들을 주입하는 방법 등이 있다. 어떠한 방법을 사용하든 토양오염을 완전하게 복구하는 것은 매우 어려우며, 사전에 토양오염의 발생원을 철저히 관리하고 예방하는 것이 중요하다(최병순, 1999).

참고문헌

채미옥·김정훈, 2003,『토지적성평가제도의 개선방안 연구』, 국토연구원.

최병순, 1999,『토양오염개론』, 동화기술.

환경부, 2017, 토양오염측정망자료(http://www.me.go.kr).

Andrew S. Goudie and Heather A. Viles, 2013, *The Earth Transformed: An Introduction to Human Impacts on the Environment*, Wiley-Blackwell.

Bockheim, J. G., 1974, Nature and Properties of Highly disturbed urban soils, Paper presented before Div. S-5, Soil Sci. Soc. Am., Chicago, Illinois.

Crutzen, P. J., 2002, "Geology of mankind", *Nature*, 415, p.23.

Craul, P. J., 1999, *Urban Soils: Applications and Practices*, John Wiley & Sons.

Deng, Y. and Wilson, J., 2006, "The Role of Attribute Selection in GIS Representations of the Biophysical Environment", *Annals of the Association of American Geographers*, 96(1), pp.47-63.

Ellis, S. and Mellor, A., 1995, *Soils and Environment*, Routledge.

Falkengren-Grerup, U., Brink, D. and Brunet, J., 2006, "Land use effects on soil N, P, C and pH persist over 40-80 years of forest growth on agricultural soils", *Forest Ecology and Management*, 225, pp.74-81.

Galbraith, J. M., 2004, International Committee for the Classification of Anthropogenic Soils (ICOMANTH) Circular Letter no.5. Circular letter, USDA-NRCS.

Hayes, S.M., Root, R. A., Perdrial, N., Maier, R. M., Chorover, J., 2014. "Surficial weathering of iron sulfide mine tailings under semi-arid climate", *Geochim. Cosmochim. Acta*, 141, pp.240-257.

Jenny, H., 1941, *Factors of Soil Formation*, New York: McGraw-Hill, p.281.

Oldeman, L. R., Hakkeling, R. T. A. and Sombroek, W. G., 1991, *World Map of the Status of Human Induced Soil Degradation: An Explanatory Note*, Wageningen, the Netherlands: International Soil Reference and Information Centre, p.34.

Park, S. J., 2002, "Land use, soil management and soil resilience", In R.Lal (ed.), *Encyclopedia of Soil Science*, New York: Marcel Dekker, pp.1133-1138.

Park, S. J. and Vlek, P. L. G., 2002, "Soil-landscape analysis as a tool for sustainable land resource management in developing countries", *The Geographical Journal of Korea*, 36, pp.31-49.

Ponting, C., 1991, *A Green History of the World: The environment and the Collapse of Great Civilizations*, Penguin Books, p.431.

Rossiter D. G., 2005, Proposal for a new reference group for the World Reference Base for Soil Resources (WRB) 2006: the Technosols (http://www.itc.nl/~rossiter/research/suitma/ UrbWRB2006v2.pdf).

Scalenghe, R., Ferraris, S., 2009, "The First Forty Years of a Technosol", *Pedosphere*, 19(1), pp.40-52.

Scheyer, J. M. and Hipple, K. W., 2005, *Urban Soil Primer*, USDA-NRCS (http://soils.usda.gov/use).

Simonson, R. W., 1959, "Outline of general theory of soil genesis", *Proceedings of Soil Science Society of America*, 23, pp.152-156.

Soil Survey Staff, 2003, *Keys to Soil Taxonomy*, USDA-NRCS, Washington D.C., p.332.

Vernon G. and Dale, T., 1974, *Topsoil and Civilization*, Norman: University of Oklahoma Press, p.292.

더 읽을 거리

David R. Montgomery, 2010, *Dirt: The Erosion of Civilizations, With a New Preface*, University of California Press.

··· 이 책은 문명의 흥망과 토양생산과의 관계를 여러 사례를 통해 주의 깊게 기술하고, 나아가 현대의 급격한 도시화의 경향과 토양의 지속가능성에 대한 고찰을 주로 다루고 있다.

Ellis, S. and Mellor, A., 1995, *Soils and Environment*, Routledge.

··· 토양의 형성과 분포, 그리고 이용을 지리학적 관점에서 기술한 토양지리학 개론서이다. 기존의 농업적인 관점에서 쓰였던 많은 토양학 교과서와는 달리, 지리학적인 관점에서 토양의 형성과 이용을 설명하고 있다.

Craul, P. J., 1999, *Urban Soils: Applications and Practices*, John Wiley & Sons.

··· 도시토양의 특징과 관리방안을 정리한 종합서이다. 조경학의 관점에서 도시토양을 관리하기 위한 적절한 방법들을 포함하고 있어, 실무에 대한 지침서로 사용될 수 있을 것이다.

Scheyer, J. M. and Hipple, K. W., 2005, *Urban Soil Primer,* USDA-NRCS(http://soils.usda.gov/use).

··· 도시토양에 대한 일반적인 내용과 관리방안에 대한 개략서이다. 도시토양의 중요성을 환기시키며, 서로 다른 도시기능에서 적용 가능한 토양관리에 대해 정리하고 있다.

주요어 도시토양, 인위토양, 토양오염, 토양형성작용, 토양복원

제29장

도시와 수문

장희준

1. 도시수문 연구의 중요성

필자가 어린 시절에 살던 동네 한가운데에는 자그마한 실개천이 흐르고 있었다. 동네 아이들과 함께 종이배를 띄우고 가재를 잡으며 놀던 추억이 담긴 개천이다. 이 개천은 평상시에는 발만 잠길 정도로 수위가 낮았지만, 장마철 비가 집중적으로 내릴 때는 하도의 형상을 알아볼 수 없을 정도로 물살이 빨랐다. 돌이켜 보건대 상류 야산으로부터 모이는 물의 양이 제법 되는 하천이었던 것 같다. 아마도 1970년대 말로 기억된다. 동네 사람들은 하천 측방의 침식을 방지하고 길도 넓히는 차원에서 하천을 복개하기 시작하였다. 그러던 이다음 해 마을에 집중호우가 내렸다. 복개천은 넘치는 물의 양을 감당하지 못하였던지 그만 마을 어귀의 저지대에서 터지고 말았다. 다행히 필자의 집은 동네 상류의 끄트머리에 있어 피해가 없었지만, 동네 초입의 집들은 침수되었다. 이 일화는 비록 작은 규모에서 나타나는 현상이지만, 인간이 토지피복을 바꾸고 하천형상을 바꿀 때 어떠한 일이 나타날 수 있는지를 단편적으로 알려 주는 예라고 할 수 있다. 1980년대 이후 서울에서 중랑천의 범람이 잦아진 현상도 상류지역의 대규모 택지개발(예를 들면, 상계지구)로 불투수율의 증가와 배후습지의 감소로 인한 현상으로 풀이된다. 지난 2005년 미국 루이지애나주 뉴올리언스시나 2017년 텍사스주 휴스턴시에서 발생하였던 대규모 홍수재해도 하천의 직강화, 배후습지의 개간 등 인위적인 요인이 상당 부분 차지하는 것으로 학자들은 해석하고 있다

(Travis, 2005; Zhang et al., 2018).

이렇듯 도시화는 인구증가를 초래하고 불투수층으로 덮인 지역의 비율을 증가시킨다. 인구증가는 생활용수를 비롯한 각종 물의 소비를 증가시키며, 오염물질 부하량을 증가시킬 수 있다. 아울러 콘크리트나 아스팔트로 포장된 지역의 비율이 높아짐에 따라 강우 시 유량이 빠르게 증가하며, 토양으로 침투되는 물의 양이 줄어들어 건기 시 지하수위가 줄어드는 등 각종 수문환경의 변화를 야기한다. 또한 개발지역에서 하수관거가 신설되거나 확장되면서 자연하도가 직선화되거나 사라지는 현상이 빈번히 발생하고, 범람원 내의 저지대에까지 주택, 건물, 기타 도로시설 등이 건설됨으로써 홍수 위험도도 증가한다. 하지만 도시화 발달 정도나 하천복원 및 관리 여부에 따라 도시수문현상은 매우 다양하게 나타날 수 있다. 이와 같이 도시화는 하천 수문환경의 변화를 가져올 뿐만 아니라, 인간거주지에도 직접적으로 영향을 줄 수 있기 때문에 도시의 지속가능성(sustainability)을 위해서는 도시수문현상에 대한 올바른 이해와 관리가 반드시 필요하다. 더욱이 이미 도시화의 비율이 전 세계적으로 절반을 넘어서고 국내에서는 90%를 넘었으므로, 앞으로도 도시수문에 대한 연구는 더욱 중요시될 전망이다.

2. 도시수문현상의 이해

1) 수문 연구의 주요 개념들

도시의 수문현상에 대한 연구는 수문학적 제반 개념을 도시환경에 적용하는 연구로서, 응용수문학의 한 분야라고 볼 수 있다. 따라서 수문현상에 대한 일반적인 개념을 이해하는 것이 중요하다. 먼저 〈그림 1〉에서 제시된 바와 같이, 물순환(hydrological cycle) 모형은 지구에서 물이 대기 중의 수증기, 강수(강우, precipitation), 지표수, 지하수, 증발산(evapotranspiration) 과정을 거치며 순환하는 과정을 나타낸다. 이러한 물순환 모형은 시공간적으로 변하는 물의 분포특성을 파악하는 데 중요하다. 유역분지의 물순환 과정에서 다른 지역으로부터 물의 유입이 없다고 가정할 때, 유역 수문 시스템의 주요 입력분은 강수이며 주요 출력분은 유출(runoff)과 증발산이다. 유출이란 식물이나 건물 등에 의해 차단(interception)되지 않은 강수의 일부분이 지표상의 각종 수로에 도달하여 하천수를 형성하는 현상을 말한다. 즉 인간의 간섭이 없다고 가정할 때 유역분지 내 유출량(Q)은 강수(P)와 증발산(ET)의 차이로써 추정할 수 있다. 따라서 비가 많이 내

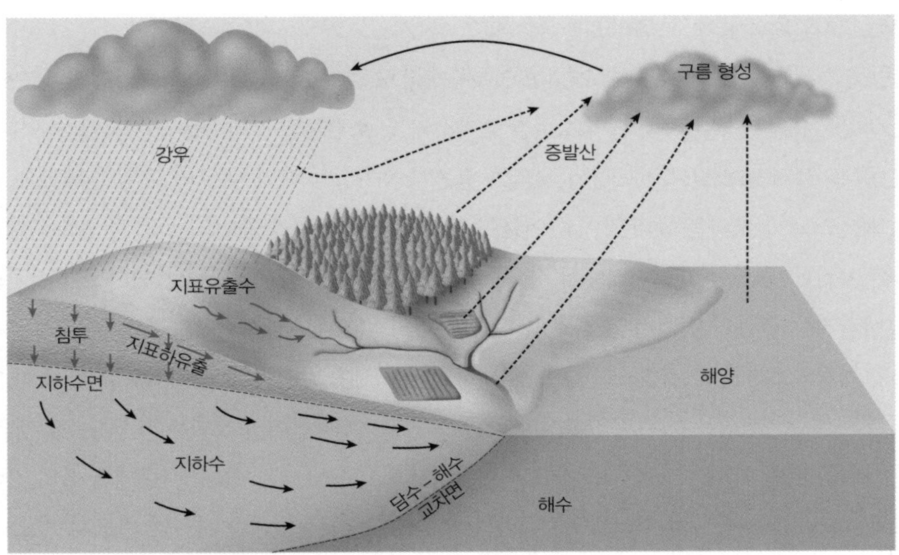

그림 1. 물순환 모형

출처: www.vadose.net/basic3.htm

리는 아마존강 같은 열대우림지역에서는 유출량이 많으며, 건조한 사막지역에서는 유출량이 적다. 유출량을 표시하기 위해서는 단위시간당 어느 정도 부피의 물이 흘러가는가(m^3/sec)를 측정하며, 유출률(runoff rate) 혹은 유량(discharge)이란 용어를 쓴다.

총 유출은 통상 직접유출(direct runoff)과 기저유출(baseflow)로 구분된다. 직접유출은 강우 시 비교적 짧은 시간 안에 하천으로 흘러 들어가는 유출 부분을 가리키며, 이는 다시 지표 위를 흐르는 지표유출수(surface runoff), 토양 속을 침투하여 지표에 가까운 상부토층을 통해 흘러 단기간 내에 하천으로 유출되는 지표하유출수(prompt subsurface runoff) 및 하천이나 호수 등의 물 위에 직접 떨어지는 수로상 강수(channel precipitation)로 구성된다. 기저유출은 비가 오기 전 건천후 시 유출(dry–weather flow)을 말하며, 시간적으로 지체된 지표하유출수와 지하수 유출(groundwater flow)을 합한 개념이다.

2) 도시화에 의한 수문환경의 변화

도시화는 도시의 수문환경에 직간접적으로 영향을 미친다. 직접적으로 미치는 영향은 토지피복의 변화로 인한 불침투지역의 증대 및 우수저류 능력의 저하, 지표면 조도의 감소현상 등을 들 수 있다. 이에 따라 도시유역에서는 강우 시 유출량이 자연유역에 비해 늘어나는 경향이 있다. 한편 간접적으로 미치는 영향은 인구증가에 따른 산업 및 생활 용수량의 증가를 통한 총 유출량의 증가 및 수질오염, 도시의 기온상승을 통한 상승기류의 형성 및 증발산량의 증대, 도시에서 배출되는 연기, 배기가스 등에 의한 강수 응결핵(precipitation nuclei)의 증대를 통한 강수현상의 변화 등을 들 수 있다. 일례로 미국 북동부 해안가 대도시지역에서 주말에 소나기가 많이 내리는 이유는 주중의 과다한 교통량에서 발생하는 분진 등 응결핵이 대기 중에 집적된 결과로 해석하고 있다(Cerveny and Balling, 1998).

(1) 토지피복 변화에 따른 도시유출의 변화

토지피복이 산림이나 초지, 밭 등에서 택지나 도로, 주차장 등으로 바뀌면, 빗물이 침투하기 어렵게 되어 하천유역의 우수저류력이 크게 떨어진다. 즉 산림이나 초지에서는 지엽·고엽 퇴적층 등에 다량의 빗물이 저류되고, 밭지역에서는 이랑 사이나 경토층 안에 빗물이 저장될 수 있지만, 도시유역에서는 이 같은 저류지역이 현저히 감소하여 자연유역과는 그 양과 형태가 상당히 차이가 난다. 논이 있는 지역에서 도시화가 진행될 때 직접유출과 총 유출은 상대적으로 크게 증가하지 않을 수 있다고 한다(Kim et al., 2005). 도시지역은 또한 지표면의 평탄화 작업, 하천의 직강화, 배수로나 하수도 벽의 정비로 인해 빗물의 유하저항요소인 표면 조도계수(粗度係數)를 감소시킨다. 일례로 구릉의 산림지가 택지화되면 사면의 조도는 1/100로 감소된다. 이에 따라 강

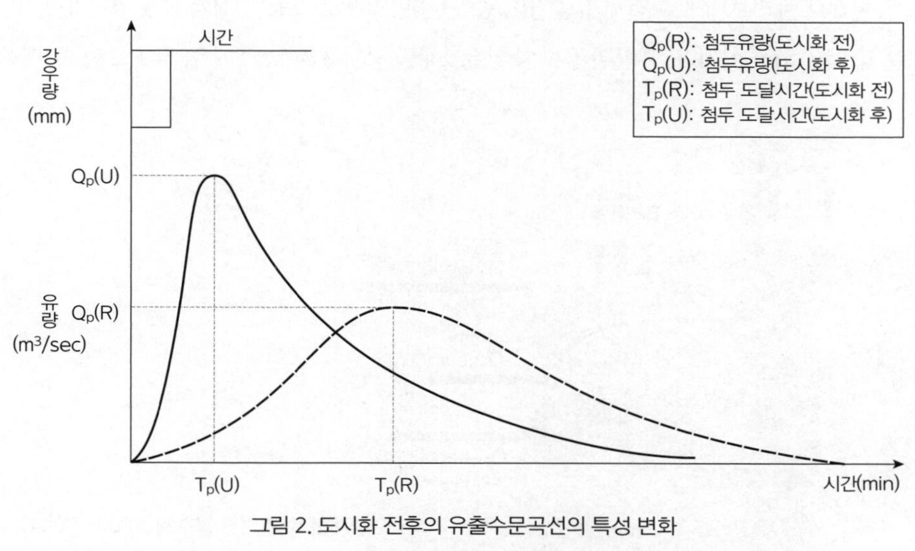

그림 2. 도시화 전후의 유출수문곡선의 특성 변화

출처: 이홍래 외, 1997.

우량 대비 유출량(유출률)이 증가하고 유역에 내린 비가 빨리 하천에 도달하며 최대유량도 증가한다. 〈그림 2〉는 이러한 도시화에 따른, 시간과 유량 간의 관계를 표시한 유출수문곡선(runoff hydrograph)의 변화를 나타내고 있다. 도시화 이전에 비해 첨두유량 도달시간(T_p)은 줄어들고, 첨두유량(Q_p)은 증가함을 알 수 있다.

(2) 각종 용수의 증가

도시의 발달은 인구증가와 아울러 각종 공공기능 및 산업기능의 유치를 초래한다. 이에 따라 각 부문에서 필요로 하는 물의 양이 증가한다. 즉 대도시에서 필요한 물의 양은 가정 생활용수뿐만 아니라 상업시설, 교육 및 의료 등 공공용수를 포함한다. 아울러 도시민들의 1인당 물 이용량은 비도시지역 거주민에 비해 늘어나는 경향이 있다. 이는 도시민들이 도로나 정원에 물을 주고 스포츠(수영) 및 여가시설(공원)을 즐기면서 물을 많이 이용하기 때문이다. 미국 서부지역 4개 도시민의 용수이용 패턴을 분석한 연구에 따르면(Chang et al., 2017), 가구당 물 이용량은 거주지 밀도 및 사회경제적 요인과 밀접한 관련이 있어, 향후 도시계획은 이러한 요인을 반영함을 시사하였다. 이와 같이 도시유역에서는 해당 유역에 내린 강수로는 필요한 용수의 양을 충당하지 못하므로 주변지역이나 원격지에서 물을 끌어들이는 것이 통상적이다. 일례로 미국 서부의 대도시지역에 필요한 물의 상당 부분은 콜로라도강에서 수입되며, 서울 대도시지역의 대부분 용수는 팔당댐 상류에서 유입된다. 결국 도시유역에서는 이와 같이 수입된 물을 이용한 후, 상당 부분을 다시 하천으로 돌려보내므로 전체 유출량이 증가한다. 일례로 서울시 청계천 유역의 연간 총 강우량은 약 1,500mm이지만, 유입된 용수의 양은 2배를 넘는 3,740mm에 이른다(그림 3). 아울러

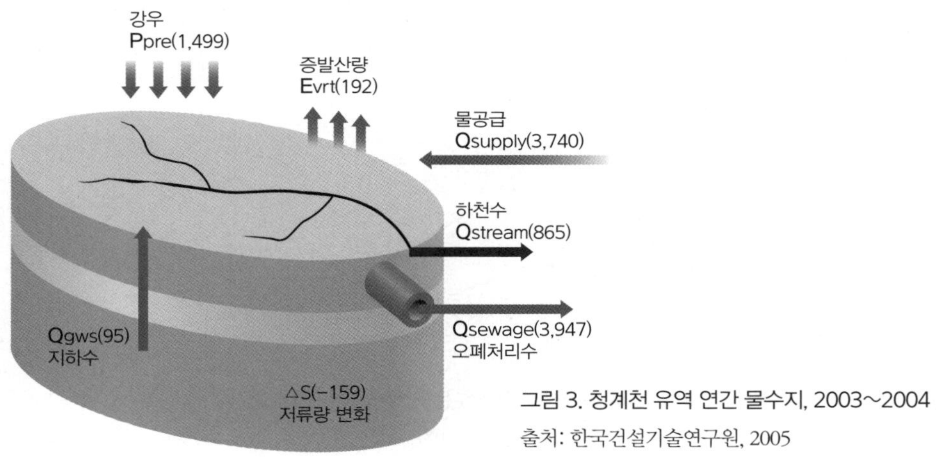

그림 3. 청계천 유역 연간 물수지, 2003~2004

출처: 한국건설기술연구원, 2005

도시유역에서는 부족한 용수를 지하수로 충당하기도 하여 지하수위가 낮아지기도 한다. 서울 대도시지역에서는 근교지역과 지하철 노선이 지나는 구간에서 지하수의 과도한 이용으로 지하수위가 현저히 낮게 나타났으며(Lee et al., 2005), 아시아 대도시지역에서도 비슷하게 지하수 이용과 비례하여 지반침하가 나타나고 있다(Hutabarat and Ilyas, 2017).

(3) 수질오염 문제

도시유역은 많은 물자를 소비한 결과의 부산물로 다량의 오염물질이 배출된다. 자동차 배기가스나 살충제 등에는 여러 가지 독성물질이 있는데, 이들은 도시유역의 표토에 잔류하여 비가 올 때 씻겨 내려가 결국 하천을 오염시킨다. 즉 적절한 하수처리시설이 없을 경우, 도시발달에 따라 수질오염은 증가한다. 우리나라 대도시 하천에서 지난 1970년대와 1980년대 수질이 날로 악화되어 갔던 것은 이러한 각종 생활오폐수, 산업폐수의 증가에 기인한다. 아울러 하수종말처리장에서 배출되는 물은 비록 오염물질은 상당 부분 걸러졌지만, 수온은 자연상태와 비교하였을 때 차이가 나므로 하천생태계에 영향을 미칠 수 있다. 아울러 하수처리는 결국 오염을 액체상태에서 다른 형태(고체나 기체)로 이전시키므로 그 효율성에 의문이 제기되고 있다(Harremoes, 2001). 한편 최근에는 각종 환경수질 규제의 강화로 점오염원(point source)에 대해서는 많은 개선이 이루어졌지만, 수질오염에서 오염원을 추적하기 힘든 비점오염원(nonpoint source)의 개선은 많이 미흡한 실정이다. 막대한 비용의 하수종말처리장이 건설되었음에도 불구하고 서울을 관통하는 한강 본류와 지류에서 지난 1990년대와 2000년대 초까지 뚜렷한 수질개선현상이 나타나지 않은 것은 이와 같이 수질오염이 점오염원의 처리만으로는 해결되지 못함을 시사한다(Chang, 2008). 하지만 최근 하천복원에 힘입어 안양천 및 양재천 등 도시하천에서 수질개선이 나타나고 있다(Hong et al., 2018; Mainali and Chang, 2018).

3. 도시수문 연구의 발달사 및 주요 이론

1) 도시유역 유출현상에 대한 연구

(1) 합리식

근대의 도시수문에 대한 효시적인 연구는 19세기 중반 아일랜드의 학자인 멀배니(Mulvany,

1850)가 강우와 유량에 대한 관계를 유역관점에서 고찰한 데서 비롯된다. 그의 논문에서 합리식(rational method)이 제시되었으며, 현재에도 대부분의 수문학 교과서에는 합리식이 빠지지 않고 등장한다. 이는 이 방법이 간단하면서도 응용가치가 많음을 시사한다. 합리식은 우리나라에서도 주택단지 개발계획에서 가장 많이 이용한 모형이기도 하다. 합리식은 유역 내 발생한 강우강도(rainfall intensity)와 첨두유량(Q_p) 간의 관계를 경험적으로 나타낸 것이다.

$$Q_p=0.2778CIA \quad \text{식 (1)}$$

여기서 Q_p=첨두유량(CMS), I=강우강도(mm/hr), A=유역면적(km^2), C=유역의 유출특성을 대표하는 유출계수이다. 강우강도와 유역면적은 실측자료를 통해 쉽게 구할 수 있지만, 유출계수 C의 값은 유역면적의 크기나 유역의 토양, 지형, 토지피복 상태에 따라 매우 상이한 값을 가질 수 있다. 〈표 1〉은 미국토목학회(ASCE)에서 추천하고 있는 평균 유출계수값이며, 재현기간(recurrence interval)에 따라 C의 값을 조정하고 있다.

이와 같이 합리식은 시공간적으로 똑같은 강우강도가 적용된다고 가정하므로 1제곱마일(2.6km^2) 이하 소규모 지역의 토지피복 변화에 따른 유출량 변화를 신속하게 추정하는 데 알맞다. 하지만 똑같은 강우강도라도 강우 총량이나 토양의 수분함유 정도에 따라 유출량이 달라질 수 있는데, 합리식은 이러한 조건들을 무시한다. 이러한 기본 전제조건들은 합리식의 이용을 제한하는 단점으로 작용한다.

표 1. 합리식에서 이용되는 유출계수값

토지피복 상태	유출계수
상업지구	
다운타운	0.7-0.95
근린지구	0.5-0.7
주택	
단독주택	0.3-0.5
연립, 다세대 주택	0.4-0.75
교외지역 주택	0.25-0.4
아파트	0.5-0.7
산업지구	
경공업	0.5-0.8
중공업	0.6-0.9
포장지역(아스팔트나 콘크리트, 벽돌)	0.7-0.95
지붕	0.75-0.95
잔디	
모래토	0.05-0.20*
점토	0.15-0.33*

* 잔디 경사도에 따라 유출계수값이 달라질 수 있음.
출처: ASCE, 1982.

(2) SCS 방법

미국농무부 산하 토양보전국 SCS(U.S. Soil Conservation Service, 1986)에서 개발한 방법으로 첨두홍수량 산정을 위해 이용해 왔다. SCS 방법도 토지피복 상태에 따라 불투수율이 다르고, 이에 따라 유출량이 결정된다는 점에서는 합리식과 크게 차이가 없다. 하지만 강우 중 침투에 의한 손실을 제외한 실제 유출에 기여하는 유효강우량(effective precipitation)이란 개념을 도입하고, 동일 유역에서도 토양의 수분함량 정도에 따라 유출량이 달라진다고 가정한다는 점이 다르다. SCS 방법의 주요 가정은 토양의 가능 최대 수분보유량(S)에 대한 실제 침투량(F)의 비율이 초기손실을 제외한 유역의 총 우량($P-I_a$)에 대한 직접유출량(Q)의 비율과 같다는 점이다.

$$F/S=Q/(P-I_a) \quad \text{식 (2)}$$

여기서 실제 침투량(F)은 초기손실을 제외한 유역의 총 강우량에서 직접유출량을 뺀 것과 같다.

$$F=(P-I_a)-Q \quad \text{식 (3)}$$

식 (3)을 식 (2)에 대입하여 Q에 대해 정리하면,

$$Q=(P-I_a)^2/[(P-I_a)+S] \quad \text{식 (4)}$$

여기서 미지수 S와 I_a를 알면 Q를 추정할 수 있다. 경험적으로 $I_a=0.2S$의 관계가 성립하므로 식

표 2. 도시유역의 유출곡선지수(평균 수분상태)

피복상태		평균 불투수율(%)	토양형			
			A	B	C	D
개활지(잔디, 공원, 골프장, 묘지 등)	나쁜 상태(피복률 50% 이하)		68	79	86	89
	보통 상태(피복률 50~70%)		49	69	79	84
	양호한 상태(피복률 75% 이상)		39	61	74	80
불투수지역	포장된 주차장, 지붕, 접근로					
도로와 길	포장된 곡선길과 우수거		98	98	98	98
	포장길, 배수로		83	89	92	93
	자갈길		76	85	89	91
	흙길		72	82	87	89
도시지역	상업 및 사무실 지역	85	89	92	94	95
	공업지역	72	81	88	91	93
주거지역	150평 이하	65	77	85	90	95
	300평	38	61	75	83	97
	400평	30	57	72	81	86
	600평	25	54	70	80	85
	1,220평	20	51	68	79	84
	1,440평	12	46	65	77	82
개발 중인 도시지역			77	86	91	94

출처: U.S. Soil Conservation Service, 1986; 한국수자원학회, 2000.

(4)는 다시 아래와 같이 정리된다.

$$Q=(P-0.2S)^2/(P+0.8S) \quad \text{식 (5)}$$

여기서 $S=1000/CN-10$

CN은 유출곡선지수(runoff Curve Number)라 하며, 토양형, 식생, 토지이용, 재배양식, 선행수분상태 등에 따라 결정된다. 〈표 2〉는 도시지역에서 수문토양형(hydrologic soil groups)에 CN값이 달라짐을 나타내고 있으며, CN값은 침투율이 낮을수록(D형), 토지피복도가 높을수록 커짐을 알 수 있다. 즉 CN값이 커짐에 따라 S가 작아지므로 Q는 많아진다. 한편, CN값은 토양의 수분상태에 따라 각기 다른 값을 가지므로 건기나 우기 시 유출량이 다르게 나타날 수 있는 장점이 있다. 상기한 합리식이나 SCS 방법은 관측된 유출자료가 없을 경우, 유역의 지질 및 토지이용 등의 특성을 고려하여 유출량을 추정하는 방법으로 국내에서 두루 이용되고 있다.

(3) SWMM

1970년대 유출수문학에 대한 관심이 고조되면서 유출 해석을 위한 여러 가지 모델이 만들어졌다. 이 중 대표적인 모델이 1971년 미국환경부(U.S. Environmental Protection Agency)에서 개발된 SWMM(Storm Water Management Model)으로서, 이 모델은 지표면 유출, 저류, 우수유출의 처리시설뿐만 아니라 수질도 파악할 수 있도록 고안되었다. 이 모델을 통해 집수구역 전체의 유량과 오염부하량뿐만 아니라, 각 지점에 대해서도 결과를 도출할 수 있다. 또한 SWMM은 단일 강우뿐만 아니라 연속적인 강우현상에 대한 모의가 가능하다. SWMM을 이용하는 데 필요한 입력자료는 강우에 관한 자료와 유역특성에 대한 자료[유역면적, 소유역의 폭, 매닝(Manning) 조도계수, 침투율]뿐만 아니라, 도시유역의 특성을 반영하는 하수관거에 대한 자료(하수관의 길

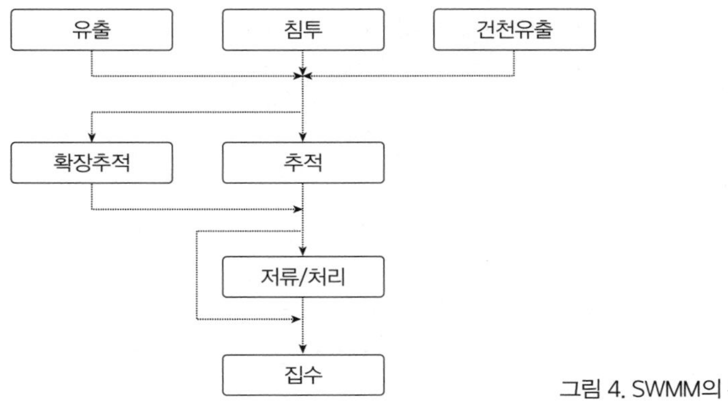

그림 4. SWMM의 주요 구성

이, 경사, 파이프 단면적 등)도 필요하다. 현재 SWMM의 여러 가지 후속 모델은 GIS와 결합되어 현재에도 상당 부분 이용되고 있으며(Smith et al., 2005), 국내에서도 토지이용 변화에 따른 유출량 및 수질변화 연구에 이용되었다(Ha et al., 2003). SWMM을 포함한 기존의 여러 도시유출 모델에 대한 비교는 벡(Beck, 2005)의 연구를 참고할 수 있다. 또한 최근 SWMM 모델은 저영향 개발(low impact development)이나 녹색 인프라(Green infrastructure)의 영향을 모의할 수 있는 기능을 겸비하고 있다(Baek et al., 2015; Song et al., 2018).

2) 도시지역 수질오염에 대한 연구

도시화가 수질에 미친 영향은 대기 중에 배출된 오염물질이 강우에 섞여 지표로 돌아와 하천수를 오염시키는 경우, 하천양안의 지형이나 식생변화로 인한 수질변화, 유량의 변화에 따른 하천의 수질변화 등 여러 가지로 나누어 고찰할 수 있는데, 여기에서는 유량변화의 영향만으로 한정하기로 한다. 도시화에 의한 하천수질 및 생태계의 변화에 대한 보다 자세한 내용은 폴과 메이어(Paul and Mayer, 2001)와 월시 외(Walsh et al., 2005)의 연구를 참조하기 바란다.

도시유역의 수질오염에 대한 연구는 비도시지역에서 개발된 토사유출–유량 관계나 오염물질–유량 관계 모형에 의존하고 있으며, 일반적으로 많이 이용되는 공식은 다음과 같다.

$$C=aQ^b \qquad \text{식 (6)}$$

C=오염물질 농도, Q=유량, a=상수, b=지수

유량의 증가에 따른 오염물질의 농도증감을 통해 오염물질의 원천을 파악할 수 있다. 일반적으로 부유물질이나 인의 농도가 유량과 양의 상관관계(양의 b값)를 가지는 것은, 유량이 증가할 때 토양유실과 함께 지표 위에 있던 부유물질이나 인 등이 함께 이동하기 때문이다. 한편 질소 농도는 유량과 음의 상관관계를 나타내는데(음의 b값), 이는 토양에 축적된 질소가 지하수를 통해 배출되는 경우가 많기 때문이다.

한편 수문곡선에서 유량이 증가하는 단계와 후퇴하는 단계에서 같은 유량이라도 오염물질의 농도가 다르게 나타날 수 있는데, 이를 이력(履歷)현상(hysteresis)이라고 한다. 예를 들어 도심유역에서 분진에 의한 중금속 등은 지표면에 축적되어 있는 경우가 많으므로 강우의 초기단계에서 많이 씻겨 내려간다. 이에 따라 같은 유량이라도 수문곡선의 초기단계에서 농도가 높으며, 후기단계에서는 농도가 낮게 나타난다. 이 같은 현상을 일컬어 초기세척효과(first–flush effect)라

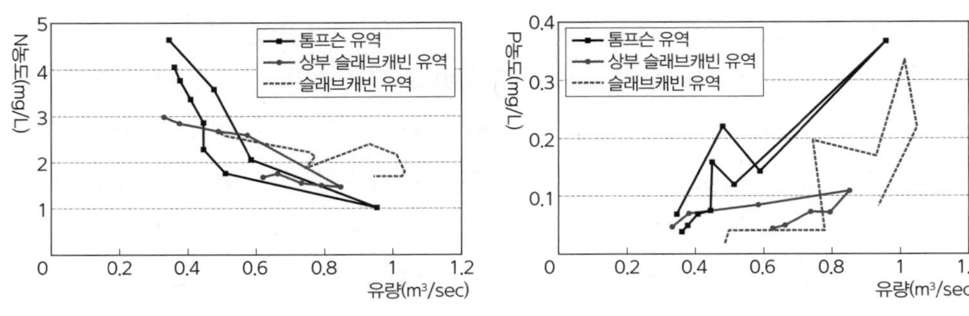

그림 5. 미국 중부 펜실베이니아 유역에서 겨울 강우 시 질소와 인 농도의 변화 양상

고 한다. 이와 반대로 수문곡선의 초기단계에서 오염물질의 농도가 급속히 낮아지고 이후 유량이 감소함에 따라 농도가 다시 증가하는 희석효과(dilution effect)도 나타난다. 〈그림 5〉에서 보는 바와 같이 질소(N)는 희석효과를 나타내지만 인(P)은 초기세척효과를 나타내고 있다. 아울러 이러한 현상은 도시화의 진행정도에 따라 각각 다르게 나타날 수 있다. 도시유역에서는 모두 초기 농도가 높았으며, 이력현상의 영향이 뚜렷이 나타났다. 이는 도시적 토지이용이 초지나 산림에 비해 토양에 서식하는 미생물이 적거나 영양염류(nutrients)를 고정(immobilize)시킬 수 있는 자연적 프로세스가 미비하여 이들 영양염류를 보유할 수 있는 능력이 적기 때문이다(Brett et al., 2005).

이와 같이 유출 시 오염물질의 농도가 많이 변화하므로, 수질모델에 필요한 단일값을 부여하기 위해 유량가중평균농도(event mean concentration, EMC)를 이용한다(U.S. Environmental Protection Agency, 1983). EMC는 유출 시 배출된 총 오염물질의 질량을 전체 유출량으로 나눈 값이다.

한편 이러한 유량과 오염물질 농도와의 관계는 도시화의 발달과도 밀접한 관련이 있다. 예를 들어 부유물질(suspended solid)의 양은 도시화의 초기단계에서는 건설현장에서 많은 토사가 유출되어 증가하지만, 도시화가 진전된 후기단계에서는 오히려 줄어들 수 있다. 한편 농촌적 토지이용이 도시적 토지이용으로 변하면 영양염류의 양이 초기에는 줄어들지만 가구별 합성비료 이용량이 늘어나면 강수 시 질소나 인의 농도가 다시 늘어날 수 있다.

3) 도시수문 연구의 주요 쟁점

도시유역에서 나타나는 수문 프로세스를 비도시지역과 비교할 때 가장 큰 차이점은 그 과정이 작은 시공간적 규모에서 나타난다는 점이다. 일례로 미국 포틀랜드의 대도시지역에서 도시화가 진행되는 유역의 유출특성을 파악한 연구에 의하면, 도시화는 연 총 유출량이나 연 최대 유출량을 증가시키지 않았지만, 단일 강우사상에 따른 일 유출량이나 시간대별 유출량에 영향을 미치는 것으로 보고되었다(Chang, 2007). 아울러 유출량은 도시화의 진행정도에 따라 달라질 수 있다. 오래된 도시에서는 포장도로에 금이 가거나 수도관 파이프 등이 노화되고 보수유지가 원활하지 않으면 직접유출량이 감소하거나 유실되는 물의 양이 많아져 지하수위가 낮아지지 않을 수도 있다. 따라서 도시화 역사에 따른 토지피복의 불투수율을 정확히 계산하는 것이 쟁점으로 남아 있다(Redfern et al., 2016).

또한 도시유역은 비도시지역에 비해 유역 내 토지이용이 매우 복잡하여 수분함량이나 증발산량, 침투수율 등이 유역 내에서 매우 다양하게 나타날 수 있다. 이에 따라 도시 내의 생물지화학적 순환(biogeochemical cycle)도 비도시지역과는 달리 매우 복잡한 양상을 나타낼 수 있다. 이는 도시의 수문현상을 이해하는 데 도시생태계 해석에 도입되고 있는 소구획토(patch)의 개념이 유용하게 쓰일 수 있음을 시사한다(Kearns et al., 2005). 아울러 수문현상을 올바르게 이해하기 위해서는 비교적 상세한 강우나 토양 침투율 등의 관측자료가 필요함을 시사한다. 이에 따라 관측망이 희박한 지역에서는 최근 레이더를 이용해 강우를 측정하는 방법이 이용되고 있다(Einfalt et al., 2004; Fletcher et al., 2013). 이렇게 도시의 수문현상은 도시의 위치적·장소적·역사적 특성에 따라 매우 복잡한 양상을 나타낼 수 있으므로 다규모 차원에서 시공간적인 변화를 감지하는 것이 필요하다.

4. 도시수문에 대한 최근 연구동향 및 전망

최근 도시수문 연구의 동향은 방법론적인 측면과 내용적인 측면의 두 가지로 대별할 수 있다. 먼저 방법론적인 측면을 보면, 레이다, GIS, 위성사진, 인공지능 등이 활발히 이용되고 있다. 이러한 기법을 통해 도시강우를 보다 정확히 예측하여 침수지역을 사전에 예보하거나(금호준 외, 2018), 토지피복 상태나 변화를 추출하여 유량이나 수질과의 상관관계를 고찰하거나(유재현 외, 2018), 도시화의 패턴과 범위에 따른 비점오염원 연구(Carle et al., 2005)가 수행되었다. 아울러 GIS로부터 수문 모델의 입력 데이터나 파라미터를 자동적으로 추출하는 방법이 고안되었으며, 이를 통해 토지이용과 기후변화로 인한 도시수문현상의 변화를 예측하는 연구가 활발히 진행되

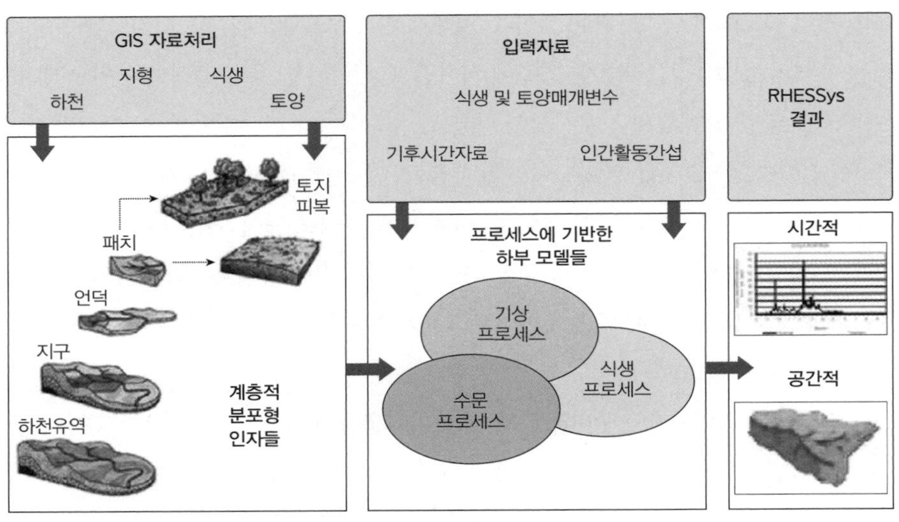

그림 6. RHESS 모델

출처: http://fiesta.bren.ucsb.edu/~rhessys/about/about.html

고 있다(Franczyk and Chang, 2009; Kong et al., 2017). 또한 이러한 기술의 발달에 힘입어 유역분지를 다규모(multiscale)로 구분하여 프로세스를 구명하는 방법도 도입되고 있다. 즉 하천 유역 내에서 개별 수문현상에 따라 시공간적으로 영향을 미치는 범위가 차이 날 수 있으므로, 이를 고려하여 보다 정교한 수문현상을 모델화하고자 하는 시도이다. 이는 도시유역이 균질하지 않고 매우 상이한 토지이용의 모자이크로 구성되어 있다는 점에서도 적합하다고 할 수 있다. 이에 대한 대표적인 예로는 미국 노스캐롤라이나 대학과 샌디에이고 주립대학에서 개발된 RHESS (Regional Hydro-Ecological Simulation System) 모델이다(Band et al., 2000). 이 모델은 북아메리카, 서유럽 산림지역뿐만 아니라 대도시지역에 적용되어 그 가치를 인정받고 있다(그림 6). 또한 최근에는 인공지능을 이용하여 인공신경망을 통해 도달시간 산출(Yoon et al., 2018) 및 수질현상(Fatehi et al., 2015)을 파악하려는 시도가 엿보이고 있다.

내용적인 측면에서는 도시화에 의한 수중생태의 변화 연구(Beasley and Kneale, 2002)와 빗물을 활용하는 연구, 수질·수문 관리를 함께 연구하는 통합적인 연구가 활발해지고 있다. 아울러 물윤리(water ethics)적 관점에서 도시지역 내 물배분의 형평성이나 수질오염현상의 차이를 구명하고자 하는 접근법도 돋보인다(Harremoes, 2002; De Stefano and Lopez-Gunn, 2012). 이러한 동향은 아마도 최근 전 세계적으로 늘어나고 있는 지속가능한 도시개발 및 하천복원과 깊은 상관관계가 있는 듯하다. 하천 수중생태계의 악화는 결국 잠재적 물이용을 줄여 도시의 지

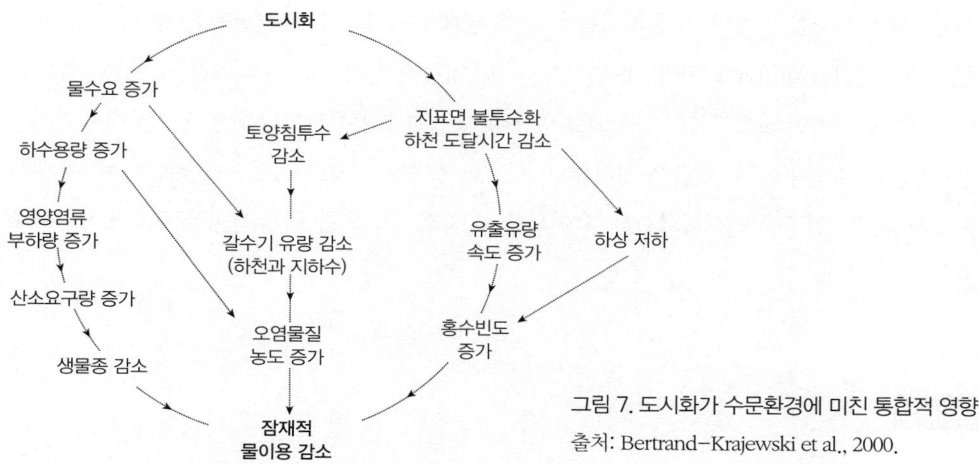

그림 7. 도시화가 수문환경에 미친 통합적 영향
출처: Bertrand-Krajewski et al., 2000.

속가능성을 저해할 수 있기 때문이다(그림 7).

빗물이용(rainwater utilization)에 관한 연구는 도시용수를 원활히 공급하고 강우 시 유출을 줄인다는 차원에서 시작되었다. 최근 우리나라에서도 활발히 연구가 진행되고 있는 분야이며, 미국 포틀랜드 대도시지역의 실험적 사례에 의하면 빗물 재활용은 물절약을 유도하며 하수처리를 포함한 궁극적인 환경비용을 줄일 수 있다고 한다. 빗물 재활용에 대한 연구는 앞으로 기후변화에 따라 극한적 수문 상황이 발생할 가능성이 많아지고 있으므로 더욱 활성화될 전망이다(Campisano et al., 2017). 또한 녹색 인프라 도입을 통해 첨두유출량을 줄이고 수질을 개선하여 쇠락한 도심지역을 개선하려는 시도가 나타나고 있다(Baker et al., 2019). 이러한 복합적인 수문현상을 종합적으로 해석하기 위해 최근 수문학자, 지형학자, 생태학자, 경제학자들이 함께 모여 도시의 수문현상을 학제적으로 연구하는 경향이 활성화되고 있다(Nilsson et al., 2003). 또한 도시의 물 관리자나 이용자들이 함께 계획에 참여하여 지속가능한 지시자(indicators)를 개발하고 투명한 물관리를 할 수 있는 모델도 개발되고 있다(Beck, 2005; Renouf et al., 2017). 이러한 분위기는 결국 응용적인 면과 이론적인 면이 함께 병행되어야만 도시의 수문문제를 올바로 해결하고 도시의 지속가능성을 충족시킬 수 있음을 시사한다(Andrieu and Chocat, 2004).

상기한 최근 도시수문학의 연구동향은 전체 과학계의 최근 패러다임과 무관하지 않다. 과거에는 글로벌한 모델을 통해 국지적인 현상을 설명하여 일반성을 도출하려는 경향이 많았지만, 최근 국지적인 것의 중요성이 대두되고 국지성과 글로벌한 현상이 어떻게 상호작용하는가에 많은 연구의 관심이 모아지고 있다. 컴퓨터 기술(예를 들면, 인공지능과 GIS를 이용한 수문 모델)의 발달로 방대한 자료를 신속히 가공 처리할 수 있게 됨에 따라 복잡한 수문현상을 계층적으로 파악하는 것이 한결 용이하게 되었다. 아울러 최근 지속가능한 성장 논의에서 인간 시스템과 환경 시스템 간의 복합적인 상호작용이 중시되고 있으며, 복잡한 도시수문현상을 연구하는 데서도 이들 시스템을 따로 연구할 수 없음을 시사한다. 이러한 경향은 앞으로도 지속될 전망이며, 이에 따라 도시수문학 연구에 인문사회과학, 자연과학, 공학적 마인드를 두루 겸비한 인재가 요구되고 있다.

참고문헌

금호준 · 김현일 · 한건연, 2018, "강우자료와 연계한 도시 침수지역의 사전 영향예보", 『한국지리정보학회지』, 21, pp.76–92.

유재현 · 김계현 · 박용길 · 이기훈 · 김성준 · 정충길, 2018, "하천 건천화 평가를 위한 GIS 기반의 시계열 공간자료 활용에 관한 연구", 『한국지리정보학회지』, 21, pp.50–63.

이홍래 · 이종원 · 한경신 · 조원철 · 김경덕 · 이정우 · 정참삼 · 김태순 · 고연우, 1997, 『홍수피해 예방을 위한 우수유출량 저감방안 활용 지침서』, 한국건설기술연구원.

한국건설기술연구원, 2005, 『청계천 복원공사 모니터링 및 물순환 해석 기술 적용』, http://cheonggye.water.re.kr/

한국수자원학회, 2000, 『하천설계기준』, 한국수자원학회.

American Society of Civil Engineers, 1982, *Design and Construction of Sanitary and Storm Sewers*, ASCE-WPCF Manual 9, ASCE, New York.

Andrieu, H. and Chocat, B., 2004, "Introduction to the special issue on urban hydrology", *Journal of Hydrology*, 99, pp.163-165.

Baker, A., Brenneman, E., Chang, H., McPhilips, L., Matsler, M., 2019, "Spatial Analysis of Landscape and Sociodemographic Factors Associated with Green Stormwater Infrastructure Distribution in Baltimore, Maryland and Portland, Oregon", *Science of the Total Environment*, 664, pp.461-474.

Band, L. E., Tague, C. L., Brun, S. E., Tenebaum, D. E., Fernandes. R. A., 2000, "Modeling watersheds as spatial object hierarchies: Structure and Dynamics", *Transactions in GIS*, 4, pp.181-196.

Beasley, G. and Kneale, P., 2002, "Reviewing the impact of metals and PAHs on macro invertebrates in urban watercourses", *Progress in Physical Geography*, 26, pp.236-270.

Baek, S.-S., Choi, D.-H., Jung, J.-W., Lee, H.-J., Lee, H., Yoon, K.-S., and Cho, K. H., 2015, "Optimizing low impact development (LID) for stormwater runoff treatment in urban area, Korea: experimental and modeling approach", *Water Research*, 86, pp.122-131.

Beck, M. B., 2005, "Vulnerability of water quality in intensively developing urban watersheds", *Environmental*

Modelling & Software, 20, pp.381-400.

Bertrand-Krajewski, J. L., Barraud, S. and Chocat, B., 2000, "Need for improved methodologies and measurements for sustainable management of urban water systems", *Environmental Impact Assessment Review*, 20, pp.323-331.

Brett, M. T., Arhonditsis, G. B., Mueller, S. E., Hartley, D. M., Frodge, J. D., Funke, D. E., 2005, "Non-point-source impacts on stream nutrient concentrations along a forest to urban gradient", *Environmental Management*, 35, pp.330-342.

Campisano, A., Butler, D., Ward, S., Burns, M. J., Friedler, E., DeBusk, K., Fisher-Jeffes, L. N., Ghisi, E., Rahman, A., Furumai, H. and Han, M., 2017. "Urban rainwater harvesting systems: Research, implementation and future perspectives", *Water Research*, 115, pp.195-209.

Carle, M. V., Halpin, P. N. and Stow, C. A., 2005, "Patterns of watershed urbanization and impacts on water quality", *Journal of the American Water Resources Association*, 41, pp.693-708.

Cerveny, R. S. and Balling, R. C., 1998, "Weekly cycles of air pollutants, precipitation and tropical cyclones in the coastal NW Atlantic region", *Nature*, 394, pp.561-563.

Chang, H., 2007, "Comparative Streamflow Characteristics in Urbanizing Basins of the Portland Metropolitan Area, USA", *Hydrological Processes*, 21, pp.211-222.

Chang, H., 2008, "Spatial analysis of water quality trends in the Han River basin, South Korea", *Water Research*, 42, pp.3285-3304.

Chang, H. and Carlson, T. N., 2004, "Patterns of phosphorus and nitrate concentrations in small central Pennsylvania Streams", *The Pennsylvania Geographer*, 42, pp.61-74.

Chang, H., Bonnette, M., Stoker, P., Crow-Miller, B., Wentz, E., 2017, "Determinants of single family residential water use across scales in four western US cities", *Science of the Total Environment*, 596/597, pp.451-464.

De Stefano, L. and Lopez-Gunn, E., 2012, "Unauthorized groundwater use: institutional, social and ethical considerations", *Water Policy*, 14, pp.147-160.

Einfalt, T., Arnbjerg-Nielsen, K., Golz, C., Jensen, N. E., Quirmbach, M., Vaes, G., Vieux, B., 2004, "Towards a roadmap for use of radar rainfall data in urban drainage", *Journal of Hydrology*, 299, pp.186-202.

Fatehi, I., Amiri, B. J., Alizadeh, A. and Adamowski, J., 2015, "Modeling the relationship between catchment attributes and in-stream water quality", *Water Resources Management*, 29, pp.5055-5072.

Fletcher, T. D., Andrieu, H. and Hamel, P., 2013, "Understanding, management and modelling of urban hydrology and its consequences for receiving waters: A state of the art", *Advances in water resources*, 51, pp.261-279.

Franczyk, J. and Chang, H., 2009, "The effects of climate change and urbanization on the runoff of the Rock Creek basin in the Portland metropolitan area, Oregon, USA", *Hydrological Processes: An International Journal*, 23, pp.805-815.

Gremillion, P., Gonyeau, A. and Wanielista, M., 2000, "Application of alternative hydrograph separation models to detect changes in flow paths in a watershed undergoing urban development", *Hydrological Processes*,

14, pp.1485-1501.

Ha, S. R., Park, S. Y. and Park, D. H., 2003, "Estimation of urban runoff and water quality using remote sensing and artificial intelligence", *Water Science and Technology*, 47, pp.319-325.

Harremoes, P., 2001, "Technological outlook for the future of urban water quantity and quality management", Proceeding of UNESCO Conference: Frontiers of Urban Water Management: Deadlock or Hope, Paris.

Harremoes, P., 2002, "Water ethics-a substitute for over-regulation of a scarce resource", *Water Science and Technology*, 45, pp.113-124.

Hong, C, Chang, H. and Chung, E., 2018, "Resident perceptions of urban stream restoration and water quality in South Korea", *River Research and Applications*, 34, pp.481-492.

Hutabarat, L. E. and Ilyas, T., 2017, "Mapping of Land Subsidence Induced by Groundwater Extraction in Urban Areas as Basic Data for Sustainability Countermeasures", *International Journal of Technology*, 8(6), pp.1001-1011.

Kearns, F. R., Kelly, N. M., Carter, J. L., Resh, V. H., 2005, "A method for the use of landscape metrics in freshwater research and management", *Landscape Ecology*, 20, pp.113-125.

Kim, R. H., Lee, S., Lee, J. H., Kim, Y. M., Suh, J. Y., 2005, "Developing technologies for rainwater utilization in urbanized area", *Environmental Technology*, 26, pp.401-410.

Kong, F., Ban, Y., Yin, H., James, P. and Dronova, I., 2017, "Modeling stormwater management at the city district level in response to changes in land use and low impact development", *Environmental modelling & software*, 95, pp.132-142.

Lee, J. Y., Choi, M. J., Kim, Y. Y., Lee, K. K., 2005, "Evaluation of hydrologic data obtained from a local groundwater monitoring network in a metropolitan city, Korea", *Hydrological Processes*, 19, pp.2525-2537.

Mainali, J. and Chang, H., 2018, "Landscape and Anthropogenic Factors Affecting Spatial Patterns of Water Quality Trends in a Large River basin, South Korea", *Journal of Hydrology*, 56, pp.24-40.

Mulvany, T. J., 1850, "On the use of self registering rain and flood gauges", *Transactions, Institute of Civil Engineers*, 4, pp.1-8.

Nilsson, C., Pizzuto, J. E., Moglen, G. E., Palmer, M. A., Stanley, E. H., Bockstael, N. E., Thompson, L. C., 2003, "Ecological forecasting and the urbanization of stream ecosystems: Challenges for economists, hydrologists, geomorphologists, and ecologists", *Ecosystems*, 6, pp.659-674.

Paul, M. J. and Meyer, J. L., 2001, "Streams in the urban landscape", *Annual Review of Ecology and Systematics*, 32, pp.333-365.

Redfern, T. W., Macdonald, N., Kjeldsen, T. R., Miller, J. D., Reynard, N., 2016, "Current understanding of hydrological processes on common urban surfaces", *Progress in Physical Geography*, 40, pp.699-713.

Renouf, M. A., Serrao-Neumann, S., Kenway, S. J., Morgan, E. A. and Choy, D. L., 2017, "Urban water metabolism indicators derived from a water mass balance–Bridging the gap between visions and performance assessment of urban water resource management", *Water research*, 122, pp.669-677.

Smith, D., Li, J. and Banting, D., 2005, "A PCSWMM/GIS-based water balance model for the Reesor Creek watershed", *Atmospheric Research*, 77, pp.388-406.

The Regional Hydro-Ecological System Modeling, 2005, available at http://geography.sdsu.edu/Research/Projects/RHESSYS.

Song, J. Y., Jung, S. and Sog, Y. H., 2018, "Derivation of design and planning parameters for permeable pavement using Water Management Analysis Module", *Journal of Korea Water Resource Association*, 51, pp.491-501.

Travis, J., 2005, "Hurricane Katrina-Scientists' fears come true as hurricane floods New Orleans", *Science*, 309, pp.1656-1659.

Walsh, C. J., Roy, A. H., Feminella, J. W., Cottingham, P. D., Groffman, P. M., Morgan, R. P., 2005, "The urban stream syndrome: current knowledge and the search for a cure", *Journal of the North American Benthological Society*, 24, pp.706-723.

U.S. Environmental Protection Agency, 1983, *Results of the Nationwide Urban Runoff Program: Volume I-final report*, U.S. Environmental Protection Agency, PB84-185552, Washington D.C..

U.S. Soil Conservation Service, 1986, *Urban hydrology for small watersheds*, Technical release no.55, Washington D.C., U.S. Soil Conservation Service.

Yoon, E., Park, J., Lee, J., Shin, H, 2018, "Reliability evaluations of time of concentration using artificial neural network model -focusing on Oncheoncheon basin", *Journal of Korea Water Resource Association*, 51, pp.71-80.

Zhang, W., Villarini, G., Vecchi, G. A. and Smith, J. A., 2018, "Urbanization exacerbated the rainfall and flooding caused by hurricane Harvey in Houston", *Nature*, 563, pp.384-388.

더 읽을 거리

Dunne, T. and Leopold, L. B., 1978, *Water in Environmental Planning*, San Francisco: W. H. Freeman and Company.

···› 약 1세대 전에 출간된 책이지만 수자원 분야 연구에서 바이블이라고 할 정도로 여러 가지 수문현상에 대한 상세한 이론과 설명을 담고 있다.

Fletcher, T. D., Andrieu, H. and Hamel, P., 2013. "Understanding, management and modelling of urban hydrology and its consequences for receiving waters: A state of the art", *Advances in water resources*, 51, pp.261-279.

···› 도시강우, 수문현상, 우수관리 등의 내용을 정리한 리뷰 논문으로 도시수문현상을 이해하고 모델하는 데 이용되고 있는 최신 기술 및 기법을 소개하고, 기후변화에 대비한 도시수문계획의 중요성을 피력하였다.

Lazaro, T. R., 1990, *Urban hydrology: A multidisciplinary perspective*, Lancaster: Technomic Pub. Co.

···› 도시유역에서 나타나는 다양한 수문현상을 비도시유역과 비교 기술한 책으로 학제적 접근방법이 돋보

인다.

Novotny, V., 2002, *Water Quality: Diffusion Pollution and Watershed Management*, Hoboken, NJ: Wiley.

⋯› 수질오염의 원천 및 프로세스에 대해 기술한 책으로, 특히 도시유역에서 나타날 수 있는 비점오염원에 대한 상세한 이론과 사례 연구를 담고 있다.

Paul, M. J. and Meyer, J. L., 2001, “Steams in the urban landscape”, *Annual Review of Ecology and Systematics*, 32, pp.333-365.

⋯› 도시하천에서 나타날 수 있는 수질오염과 수중생태계의 변화를 수문적·지형적·생태적 관점에서 종합적으로 리뷰한 논문이다.

Redfern, T. W., Macdonald, N., Kjeldsen, T. R., Miller, J. D., Reynard, N., 2016. “Current understanding of hydrological processes on common urban surfaces”, *Progress in Physical Geography*, 40, pp.699-713.

⋯› 최근 도시수문 연구의 동향을 정리한 논문으로, 도시의 토지피복 상태가 도시발달에 따라 변하므로 침투, 유출량도 달라질 수 있음을 제기하였다. 아울러 기존 도시수문 모델의 한계를 언급하면서 변화하는 피복 상태를 반영하는 수문 모델의 개발을 제시하였다.

주요어 도시수문, 도시 물순환, 도시수질, 도시하천, 하천 복원, 불투층, 토지이용, 기후변화

제30장

도시와 생태계

박정재

1. 들어가면서

도시화가 진행되면서 생활이 점점 편리해지고 있다. 그러나 복잡한 도시 속에서 정신적으로도 풍요로운 삶을 영위하는 것은 쉬운 일이 아니다. 그래서일까. 직장 출근의 불편함을 무릅쓰고 답답한 도시를 떠나 도시 외곽으로 이주하려는 이들이나 휴가 때만 되면 교통체증도 아랑곳하지 않고 산과 바다로 향하는 이들은 도시 속에서 즐길 수 없는 자연을 찾아 떠나는 수고로움을 아끼지 않는다. 자연의 '자연스러움'은 도시의 삭막한 생활로 피폐해진 사람들에게 큰 위안이다.

상반되는 성격의 도시와 자연이 공존하는 것이 가능할까? 도시 속의 대기, 지형, 토양, 하천 등은 과거 도시화의 진전과 더불어 상당 부분 훼손되었다. 우리나라의 서울도 심각할 정도의 오염으로 몸살을 앓고 있다. 하지만 최근에 도시와 자연의 상존 가능성을 보여 준 사례들이 세계 곳곳에서 보인다. 생태도시로의 탈바꿈은 훼손된 도시 자연환경을 되살릴 수 있는 최선의 방안으로 전 세계에서 주목을 받고 있다.

복원과정에서 문화·역사 관련 인사들과 환경전문가들의 많은 우려를 사긴 했지만, 청계천은 이제 서울 시민들에게 소중한 공간으로 자리 잡았다. 청계천에 대한 시민들의 호응은 그들이 그동안 얼마나 도시 속의 자연공간을 원했는지를 반증한다. 생활이 보다 여유로워지고 풍족해지면서, 과거 빠른 성장 추구로 인해 도외시되었던 정신적인 안락 및 휴식의 중요성을 도시민들은 점차 강하게 느끼고 있다. 이는 도시 속의 자연을 확보하려는 움직임으로 나타나 현재 여러 곳에서 녹지 및 하천 복원이 이루어졌거나 또는 이루어질 예정이다. 유럽 국가들은 말할 것도 없고 가까운 이웃 일본도 도시 내 생태복원에 오래전부터 많은 노력을 기울여 왔다. 우리나라가 최근 들어 도시 속 생태복원에 힘을 쓰고 있는 것은 환영받을 만하나 그 시기가 비교적 늦은 것이 아쉽다.

이 글에서는 생태복원과 그에 따른 생태도시로의 전환에 대해 대략적으로 다룰 것이다. 우선 도시생태계(urban ecosystem)의 개념을 살펴보고 도시화 및 산업화로 파괴된 도시의 자연을 복원해야 하는 이유를 찾아본다. 그리고 도시생태를 복원하는 데 가장 기본이 되는 생태 네트워크 개념과 그것의 구축 결과 바람직스러운 지속가능한 생태도시의 모습을 지니게 된 몇몇 도시들을 간략히 소개한다.

2. 도시생태계

도시생태계는 인공적인 요소와 자연적인 요소를 모두 갖춘 하나의 커다란 시스템이며, 인간의 사회구조와 경제활동이 자연과 상호관계를 맺으면서 나타나는 실체이다(김준호, 1997). 도시와 주거 그리고 그것들을 지원해 주는 여러 요소들이 하나의 커다란 복합체를 구성하면 이를 도시생태계라 부를 수 있으며, 생태계의 일반적 기능들을 그 안에서 찾아볼 수 있다(한국도시연구소, 1998). 도시를 하나의 생태계로 생각하고 자연생태계에서 흔히 볼 수 있는 천이(succession)의 과정을 도시생태계에 대입시켜 보자.

천이의 시작은 식생의 정착이다. 버려진 농지를 한번 예로 들어 보자. 바람에 쉽게 운반되는 작고 가벼운 씨앗을 퍼트리는 식생이 버려진 농지에 먼저 정착할 가능성이 높다. 그리고 그 식생들이 농지에서 얼마나 가까이 있었는가에 따라 정착속도는 달라진다. 사람이 이주할 때도 이와 유사하다. 이주민들의 속성(씨앗의 무게)과 함께 원주거지의 위치(식생의 근접정도)가 중요하다. 한편, 씨앗이 농지에 도달한 것과 그 씨앗의 식생이 그 농지에 정착할 수 있느냐는 별개의 문제이다. 버려진 농지환경에 적응 가능한 식생인지의 여부가 중요할 것이다. 이러한 문제는 인간의 이주 시에도 비슷하게 나타난다. 과거의 경험과 문화 등이 새로운 이주지역에서의 삶에 도움이 된다면 잘 살아갈 수 있겠지만, 그렇지 않다면 어려움을 겪을 수밖에 없다.

식생이 잘 자라기 위해서는 물과 영양분(질소, 인, 칼륨, 칼슘, 마그네슘 등)이 꼭 필요하다. 그 중 하나라도 부족하면 식생의 성장이 더뎌진다. 도시도 마찬가지로 성장에 필요한 인프라를 구축할 때나 산업과 무역을 신장시키려 할 때 자원이 필요하다. 단, 도시로 자원을 가져오는 것은 언제든 가능하다. 이는 영양분을 스스로 제어할 수 없는 자연생태계와는 다른 점이다. 식생의 성장에 필수불가결한 영양소인 질소는 다른 영양소와는 달리 토양광물에 흡착되어 식물이 섭취할 수 있는 상태로 존재하지 않는다. 질소는 보통 토양유기물이나 공기 중에 존재하게 되는데, 질소고정을 하는 박테리아를 뿌리에 지니고 있는 콩과식물을 제외하고는 대부분의 식물이 척박한 땅에서 질소 확보에 어려움을 겪는다. 그래서 천이의 초기에는 질소고정식물들이 개척종으로 들어서는 경우가 많다. 이와 유사하게 핵심 자원이나 기술을 가진 도시들은 그렇지 못한 도시들보다 초기 성장속도가 빠를 수밖에 없다. 여기서 식물의 뿌리에 서식하는 박테리아는 도시의 초기 사업체들이 고용하는 사원들에 비유될 수 있다.

토양은 식생의 발달에서 가장 큰 영향을 미치는 환경요소이다. 초기에 척박했던 토양이 영양분이 풍부한 토양으로 변화하는 과정에는 여러 토양미생물(박테리아, 진균류)과 지렁이 같은 토양생물의 역할이 필수적이다. 도시의 발달에서도 각기 다른 분야의 수많은 일꾼들에 의해 건설되는 인프라가 중요한 기반이 된다는 점에서 유사점이 존재한다. 자연생태계에서는 토양미생물들에 의해 자원의 재활용(recycling)이 일어난다. 토양미생물이 생물의 사체를 분해하면 염기 같은 영양분들이 토양으로 재투입된다. 많은 도시들이 재활용의 중요성을 알고 폐기물의 100% 재활용을 목표로 꾸준한 노력을 하고 있다. 하지만 아직까지는 평균적으로 버려지는 것들의 20%만 재활용이 이루어지는 형편이며, 거의 100% 재활용되는 자연생태계와는 차이가 크다.

시간이 흐르면서 자연생태계에서는 천이가 진행된다. 예를 들어, 초기 천이 때 주로 정착하게 되는 일년생 풀들은 다년생 풀들에 밀려 점차 설자리를 잃게 되고, 천이의 진행이 계속되면 다년생 풀들도 수목 식생에 자리를 넘겨주게 마련이다. 이는 개척종들과 점차 시간이 흐른 후 경쟁력을 갖는 종들의 특성 차이에 의한 것인데, 생태학 교과서에서는 이러한 특성을 각각 r전략과 k전략으로 나누어 설명하고 있다(Odum, 1953). 도시발전 초기에 흥하던 업체들이 도시가 안정 궤도에 오른 후에도 계속 번성하는 경우는 드물다. 한편, 천이과정에서 종들 간에 경쟁이 주로 나타나지만, 서로에게 도움이 되는 경우도 자주 관찰된다. 질소고정식물인 클로버가 토양에 질소를 공급함으로써 다른 풀들의 정착과 성장을 돕게 되는 경우가 그 한 예라고 할 수 있을 것이다. 마찬가지로 도시의 인간사회에서도 사람들 간의 도움이 중요하며, 도시의 발달을 이끄는 원동력이 된다. 천이가 충분히 진행된 후에는 초기단계에서 볼 수 없었던 종들이 새로 정착하여 종다양성이 높아지는 것을 관찰할 수 있다. 인간사회에서도 이주민들은 도시의 다양성 증진과 도시사회의 발달에 중요한 역할을 담당한다(Bradshaw, 2003).

지금까지 살펴본 바와 같이 자연생태계와 도시생태계는 비슷한 점을 꽤 많이 갖고 있다. 하지만 이 두 시스템은 근본적인 차이점도 갖는다. 자연생태계에서는, 기후변화와 같은 외부의 힘이 시스템의 회복력을 초과하지 않는 한 음의 피드백(negative feedback)이 지속적으로 일어나면서 안정이 유지된다. 반면 인간이 창출한 도시생태계의 경우, 인간이 끊임없는 노력과 주의를 기울여 인위적으로 안정상태를 유지시켜야 한다. 당연히 많은 시간과 돈이 들어갈 것이다. 그럼 자연생태계가 갖는 고효율의 안정성을 도시생태계는 가질 수 없는 것일까? 우리는 여기서 생태도시라는 개념을 생각해 볼 필요가 있다. 도시를 하나의 커다란 유기체로 보는 것이다. 마치 자연생태계가 굴러가듯이 자연스럽고 다양하면서도 안정성을 갖는 도시가 바로 생태도시이다. 생태도시에서는 인간과 환경의 조화로운 공존이 가능하다. 이러한 생태도시로 가는 첫 단계가 바로 산업화와 도시화에 의해 파괴된 도심 속의 자연을 복원하는 일이다.

3. 도시 내 생태복원

우리나라의 여러 대도시들은 기존에 있던 녹지의 많은 부분을 이미 오래전에 잃었다. 자연녹지가 줄어들면 생물의 서식지, 종수, 개체수가 감소되어 건강한 자연의 유지가 어렵게 된다. 그나마 얼마 남지 않은 농지와 임야는 분리되어 무질서하게 분포하고 있다. 도시 내의 고립된 녹지 분포로 인해 종간의 유전자 교환이 어려워 급속하게 변화하고 있는 주위 환경변화에 적응을 못하고 도태하는 생물들이 속출한다. 도시화로 인한 하천과 대기의 오염 또한 생물의 성장에 나쁜 영향을 미치고 있다. 도시의 자연생태계에서는 경쟁력이 떨어진 종의 소멸이 빈번하고 생물종의 다양성은 감소하고 있다. 인간은 자연에게서 받는 혜택을 스스로 포기하고 있는 셈이다. 도시 내 생태파괴는 생물종의 절멸만을 의미하는 것이 아니다. 가파른 성장과 도시화에 지친 인간들이 정신적으로 재충전할 수 있고 마음 편히 기댈 수 있는 자연을 잃어버리는 것을 의미한다.

생태복원은 자연적이거나 인위적인 간섭에 의해 훼손된 자연생태계를 훼손 이전으로 되돌리려 하는 노력을 의미한다. 도시생태복원은 지금까지의 성장 및 효율성 증대 위주의 정책에 희생된 도시 내 자연을 최대한 개발 이전의 모습에 가까운 방향으로 되돌리려는 노력이다. 도시생태복원은 도시 안에 녹지를 늘리는 것만으로는 부족하다. 일차적으로 녹지를 늘려 자연을 직접적으로 복원시키는 방법 이외에 도시 속 자연에 최소한의 피해만 입히는 도시정책을 마련하는 것도 필요하다(김선희, 2001). 그 한 예로 여러 생태도시에서 볼 수 있는 도시기능의 집중 전략을 들 수 있다. 즉 도시기능을 한곳에 집중시키면 여분의 지역에는 친자연적 환경을 구축할 수 있게 되어 보다 넓은 자연보전지역을 확보할 수 있다. 브라질의 생태도시 쿠리치바에서는 인구밀집지역이 시내 주요 도로를 따라 놓여 있는 반면, 녹지와 공원은 외곽지역에 위치한다.

도시생태복원을 위해서는 우선적으로 환경개선 능력을 보유한 식물을 잘 이용하여야 한다. 하지만 단기간에 녹지공간을 구축하려는 조급함은 금물이다. 식생이 자연스러운 천이과정을 거쳐 극상(climax)으로 도달하도록 장기간의 계획을 세우는 것이 바람직하다(김남춘, 1998). 이는 자연의 흐름을 존중한다는 것을 의미한다. 도시 속의 자연도 일반적으로 생각하는 자연생태계의 천이과정을 겪어야만 보다 안정된 상태에 이를 수 있다. 천이과정을 통해 도시 속의 자연생태계

그림 1. 스코틀랜드 핀드혼 생태마을의 지붕녹화 주택

그림 2. 오스트레일리아 시드니 원센트럴 공원 건물의 벽면 녹화 모습

는 복잡해지며 도시 내 생태적소(ecological niche)의 다양성 또한 증가한다. 녹지복원 시에는 주어진 환경조건에 잘 적응하는 식물을 찾는 것이 중요한데, 여타 식물의 생육을 방해하거나 지나치게 우점하는 식물은 좋지 않다. 도시 내에는 녹지를 복원할 만한 공간이 항상 부족하게 마련이다. 최근에는 건축물의 옥상이나 벽면 같은 작은 공간들이 녹지복원의 대상으로 각광 받고 있다(이은희, 2001)(그림 1, 그림 2).

우리나라의 경우 2005년 10월에 마무리되어 대중에 모습을 드러낸 청계천이 대표적인 도시생태복원 사례이다(그림 3). 과거 청계천은 오물과 흙으로 뒤덮인 서울 하층민의 집결지로 매우 불결하고 복잡한 곳이었다. 보기 흉한 도심의 치부를 감춘다는 의미 외에 도심의 도로사정을 개선시키려는 차원에서 1970년대에 청계천은 콘크리트로 덮이게 되었다. 오랜 기간 동안 복개된 상태로 남아 있던 청계천은 도시 내의 자연생태를 복원하려는 움직임에 힘입어 다시 자연생태하천으로 되살아나게 되었다. 도심을 가로지르는 하천이 도시 자연생태의 건강성을 보여 주는 지표인 동시에 치수기능도 있다는 사실이 알려졌기 때문이다. 청계천의 복원이 서울의 문화와 역사를 회복한다는 의미도 지니지만, 무엇보다도 도심 하천복원의 주목적은 자연과 인간 중심의 친환경적인 도시공간을 확보한다는 것에 있을 것이다. 청계천의 복원으로 시민과 직장인들이 도심으로 산책을 나와 자연경관을 즐기는 것이 가능해졌다. 도심으로 들어오는 자동차가 외곽도로를 이용하게 되면서 도심의 대기환경도 개선되었다. 또한 열섬현상으로 높아진 도심의 온도가 청계

그림 3. 복원된 청계천의 모습

천의 복원으로 낮아지고 있다는 보도도 접할 수 있다.

4. 생태 네트워크

생태 네트워크란 도시 곳곳에 자리 잡고 있는 녹지들의 연결을 의미한다. 비오토프(biotope)인 녹지들을 연결하여 훼손된 도시생태계의 회복을 꾀한다. 비오토프는 생물의 서식공간으로 그 속에 살고 있는 생명체까지 함께 다룬다. 도시에서는 자연이 소실되거나 축소 혹은 연결의 단절이 계속되면서 여러 동식물들의 서식처가 고립된다. 도시화 및 산업화가 우선되어 자연의 파괴가 두드러지는 도시에서는 자연의 보전에 보다 힘쓸 필요가 있다. 도시 내 많은 생물들이 멸종하면서 생물종 다양성의 감소에 대한 우려가 커지고 있는 현시점에서 도시에 생물이 서식할 수 있도록 공간을 재조정하는 것은 생태복원에서 중요할 것이다. 여기서 공간만 재조정해서는 충분하지 않다. 유전자의 고립을 해소할 수 있는 방안으로 비오토프를 연결할 수 있는 통로를 마련하는 것 또한 중요하다. 생태 네트워크란 말은 이러한 통로의 중요성이 대두되면서 사람들의 입에 오르내리기 시작하였다(Simberloff and Cox, 1987).

도시에서 생물의 종수를 유지하고 더 나아가 그 수를 늘리기 위해서는 생물의 공급원인 비오토프를 많이 조성하고, 그것들을 서로 연결하여 생물의 이동공간을 안전하게 확보하는 것이 필수적이다. 바람직한 비오토프의 형태를 살펴보자(그림 4). 첫째, 가능하면 넓은 것이 좋다. 고차소비자(올빼미나 삵 등)가 생존해 나갈 수 있는 면적을 기준으로 삼는다. 넓은 비오토프에서는 생물종의 다양성이 높아지고 유지될 수 있다. 둘째, 같은 면적이라면 분리된 모양보다 하나로 통합된 모양이 좋다. 서식공간이 여러 개로 분할되면, 생활에 넓은 지역이 필요한 종들은 생존율이 떨어진다. 셋째, 어쩔 수 없이 분할하는 경우라도 가능하면 근접하게 분포시킨다. 왜냐하면 하나의 비오토프에서 종이 소멸하더라도 비오토프가 서로 인접해 있으면 가까운 비오토프로부터 종 공급이 빠르고 수월하게 이루어질 수 있기 때문이다. 넷째, 선상으로 길게 이어지는 형태보다는 서로 모여 있는 형태가 좋다. 비오토프들이 서로 모여 있으면 당연히 종의 교류가 원활히 이루어질 수 있다. 반면, 선상으로 길게 늘어지면 양쪽 끝에 위치한 비오토프의 종들은 거리의 제약으로 유전자 교류가 어렵다. 다섯째, 선상 배치를 꼭 해야만 하는 경우에는 생태통로를 조성하여 연결한다. 여섯째, 비오토프의 형태로는 원형이 바람직하다. 원형의 비오토프에서는 내부에서의 상호 거리가 짧아지고 외부로부터의 간섭도 적어진다. 이상의 여섯 가지 바람직한 비오토프

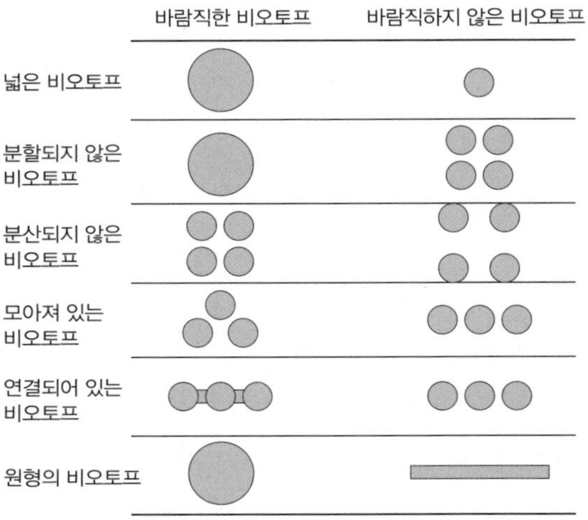

	바람직한 비오토프	바람직하지 않은 비오토프
넓은 비오토프		
분할되지 않은 비오토프		
분산되지 않은 비오토프		
모아져 있는 비오토프		
연결되어 있는 비오토프		
원형의 비오토프		

그림 4. 바람직한 비오토프와 바람직하지 않은 비오토프

의 형태를 종합해 보면, 고차소비자가 서식할 수 있을 정도의 크기를 가진 원형 비오토프들을 가까운 위치에 조성하여 생태통로로 서로 연결하는 것이 좋다는 논지로 귀결된다(Diamond, 1975; 일본도시녹화개발기술기구, 2002). 그러나 비오토프의 바람직한 형태를 도시에서 구현하기란 쉽지 않은 일이다. 도시에서는 고차소비자가 생활할 수 있을 정도의 크기를 갖춘 자연생태계를 확보하는 것은 불가능할 때가 많다. 따라서 확실한 이동통로를 통해 유기적으로 연결되는 생태계의 일부로 편입되는 것이 보다 현실적일 수 있다.

훌륭한 생태 네트워크를 갖추려면 우선 비오토프가 되는 양질의 녹지공간을 많이 확보하는 것이 중요할 것이다. 녹지공간을 확보한 후에는 생물종들의 서식에 나쁜 영향을 주지 않도록 환경을 보전하는 노력을 게을리해서는 안 된다. 숲에서는 벌채를 금하고 다양하게 식재를 하여 경관의 다양성 향상을 꾀한다. 숲이나 초지로 종들을 도입할 때에는 기존 식생과의 조화를 염두에 두어야 한다. 하도의 경우 자연하천과 흡사하게 재조성하여 풍부한 서식공간을 제공하고, 가능하면 많은 종류의 식물들을 하천변에 심어 여러 동물을 위한 다양한 서식지로서의 역할도 담당하게 한다. 녹지의 생태기능은 비오토프의 크기를 확대하고 그 모양을 보다 효율적으로 바꾸면 강화된다. 이미 앞에서 언급했듯이, 비오토프 간 생태통로를 확실히 확보하는 것도 생태적 기능 향상에 필수적이다. 도로 건설로 단절된 동물의 이동경로를 인위적으로 확보하여 동물종 간 교류를 유도한다. 또한 도시화로 인해 분리된 식생의 연결을 위해 녹지도로를 조성한다(Miller et al., 2015)(그림 5). 도심의 공원은 동물의 이동경로 혹은 녹지도로의 거점 및 징검다리 역할을 할 수 있다. 지역주민 간의 협력을 통해 공원의 생태적 기능을 확대하면 도시생태계의 종다양성 유지

그림 5. 캐나다 밴프 국립공원 인근 고속도로의 녹지다리

에 많은 도움이 될 것이다. 최근에는 도시 내의 공간 부족으로 대규모 녹지복원이 사실상 어려우므로 빌딩 등 건축물의 옥상을 최대한 이용할 필요가 있다. 이러한 옥상 녹지들은 조류와 곤충류의 네트워크상 거점이 되어 소규모의 비오토프 역할을 수행할 수 있다. 또한 건축물의 벽면이라든지 학교 등의 교정도 충분히 생태통로 역할을 담당할 수 있으므로 관심을 가질 만하다.

5. 생태도시

유럽의 몇몇 도시는 일찍이 환경과의 공생을 시도하였다. 자가용보다는 대중교통수단을 이용하도록 유도하였고, 재활용과 에너지 절약의 필요성을 강조하는 환경교육에 힘썼다. 각고의 노력 끝에 지속가능한 도시로 탈바꿈한 사례들은 우리에게 많은 것을 시사한다(Beatley, 2000). 1992년 브라질 리우데자네이루에서는 지구 환경보전 문제를 협의하기 위해 리우회의가 개최되었다. 생태도시란 말은 여기서 새롭게 대두된 개념이다. 환경적으로 건전하고 지속가능한 개발(Environmentally Sound and Sustainable Development, ESSD)을 시도하여 도시지역의 환경문제를 해소하고, 환경보전과 개발을 적절히 조화하는 것이 생태도시의 목표이다. 여기에서는 독일의 베를린, 프라이부르크, 일본의 기타큐슈, 콜롬비아의 가비오타스, 브라질의 쿠리치바 등의 사례를 통해 생태도시에 대해 알아보고자 한다.

동서독 통일 이전 동독 베를린의 주거지역은 열악한 경제상황 탓에 보수가 제대로 이루어지지 않아 위험한 곳이 많았다. 1990년대 초 베를린시는 주택들의 개량에 그치는 것이 아니라 주거지역을 새롭게 재탄생시키는 프로젝트를 추진한다. 대규모 프로젝트이기는 했지만 그들이 기존의 건축물을 헐고 재건축을 시도한 것은 아니었다. 자원절약 차원에서 기존의 건물을 그대로 이용하려 노력하였다. 주택을 보수한 다음에는 단열에 신경 써서 에너지 효율을 높이고 무공해인 태양에너지를 사용하였다. 건축자재는 생태적인 측면을 염두에 두고 골랐다. 삭막한 콘크리트만 존재했던 아파트에 풀과 나무로 아름다운 정원을 조성하여, 거주민들은 보다 안락하고 정신적으로 편안한 분위기를 누릴 수 있게 되었다. 아파트 중앙에는 빗물을 모아 연못을 만들었다. 사람들이 많이 통행하는 쇼핑센터나 지하철역 같은 곳은 아파트 중앙에 위치시켜 근접성을 높였다. 또한 자전거도로를 설계하여 주민들이 자전거를 무공해 교통수단 혹은 여가활용의 수단으로 이용하도록 유도하였다.

독일의 프라이부르크는 세계적으로 알려진 생태도시이다. 프라이부르크가 생태도시가 될 수 있었던 배경에는 무엇보다 주민들의 자발적인 노력이 있었다. 핵발전소가 자기들의 도시에 건설되는 것을 반대한 주민들이 새로운 에너지 대안을 제시한 것이다. 시의회는 우선 정부건물이나 정부가 판매한 토지에 올리는 건물의 경우 저에너지소비형으로 짓도록 하는 정책을 시행하였다. 저에너지소비형 건물은 처음에 짓는 비용이 만만치 않다. 하지만 장기적으로 보았을 때 에너지 절약에 따른 생활비 절감효과가 크며 오염물질의 방출량도 적다. 프라이부르크에서는 시간대에 따라 전기료에 차이를 둔다. 사람들이 전기를 많이 이용하는 피크타임에는 전기료가 비싸다. 그리고 기본요금도 없애 에너지 절약의 혜택을 늘렸다. 전기를 헤프게 쓰는 사람은 그만큼 전기료를 많이 부담하여야 했다. 자체적인 전력회사를 건립해 외부에서 수입하는 에너지의 양을 줄였다. 이로 인해 보다 경제적인 에너지 사용이 가능하게 되었다. 프라이부르크는 쓰레기 소각을 반대한다. 쓰레기 소각 때 나오는 다이옥신이 문제를 일으킬 뿐 아니라 비용도 비싸기 때문이다. 그들은 쓰레기 줄이기 운동을 펼치는 동시에 쓰레기를 소각이 아닌 생물공학적 방법으로 처리하여 환경에 미치는 영향을 최소화하고 있다. 또한 프라이부르크는 1991년부터 모든 대중교통수단을 횟수에 상관없이 마음껏 이용할 수 있는 패스를 도입하여 주민들의 대중교통 이용률을 높였다. 이뿐 아니라 자전거 이용률도 꾸준히 증가하고 있어, 자동차 매연에 따른 환경 훼손으로 골치를 앓고 있는 여러 도시들의 관심을 끌고 있다(김해창, 2003).

1960년대에 중화학공장에서 나온 오염물질로 엄청난 환경재앙을 겪었던 기타큐슈시는 기업과 주민 그리고 시당국이 서로 타협하여 공해문제를 슬기롭게 극복한 대표적인 도시로 꼽힌다. 기타큐슈시가 추진한 에코타운 사업의 최종 목표는 폐기물을 100% 리사이클링하는 것이다. 이 도시에서는 대학과 기업의 공조 속에 환경 관련 연구가 활발하게 진행되고 있으며, 시당국은 지원을 아끼지 않고 있다. 지속적인 연구개발을 토대로 다양한 리사이클 시설을 운영하여 산업화된 도시의 환경문제를 해결하고 있다. 다른 도시나 기업으로부터 폐기물 처리의 위탁까지 받고 있는 상황이다. 이러한 시설들은 도시의 환경문제 해결에 도움이 되고 있을 뿐만 아니라 주민들의 일자리 창출에도 크게 기여하고 있다. 기타큐슈시의 성공적 변신은 환경산업도 제조업에 밀리지 않을 정도의 경쟁력을 갖고 있다는 것을 여실히 보여 주고 있는 대표적인 사례라 할 수 있다.

콜롬비아의 가비오타스는 사바나 식생이 자라는 불모의 열대평원에 과학자와 엔지니어들이 새로이 만든 자급자족 도시이다. 도시라 하기에는 규모가 너무 작아서 실험적 공동체라고 칭하는 것이 적절할 것 같다. 하지만 리사이클링 산업으로 오염물질 제로의 목표를 달성했다는 사실만으로도 모범사례로 언급될 만한 자격은 충분히 갖추었다고 생각한다. 거주민들은 깨끗한 물을 지하에서 끌어올릴 수 있는 수동펌프, 태양에너지를 이용하는 주택, 풍차 등 다양한 환경친화적 생활방식을 찾아내어 이용하였다. 또한 그들은 이곳의 황폐한 땅에서 살아남을 수 있는 온두라스 소나무를 대량으로 식재하였고, 소나무의 송진을 다양한 용도로 활용하였다. 한편, 소나무 밑에 그동안 볼 수 없었던 여러 종류의 열대 수종들이 들어서서 불모지였던 이 지역에 광범위한 숲이 조성되는 부수적인 효과도 따라왔다. 이 숲은 거주민들이 자급자족 생활을 누리는 데 중요한 역할을 담당하고 있다(웨이즈만, 2008).

브라질의 도시 쿠리치바는 이곳을 소개하는 많은 책들 덕분에 우리에게 이미 대표적인 생태도시로 깊게 인식되어 있는 곳이다. 하지만 처음부터 자연과 조화를 이루는 생태도시는 아니었다. 쿠리치바는 브라질의 여타 도시와 마찬가지로 1950년대의 급속한 인구증가로 도시생태계의 훼손문제가 심각했던 곳이다. 생태도시로의 전환에는 1971년에 시장으로 임명된 자이미 레르네르(Jaime Lerner)의 역할이 크게 작용하였다. 그는 서민들의 적극적인 지지를 이끌어 낼 수 있는 서민 위주의 도시환경정책을 수행하였다. 우선 자동차보다 사람을 우선시하는 보행자 도로망을 건설하였다. 또한 비용이 많이 드는 지하철 건설을 포기하고 버스를 지하철처럼 연결시키는 정책을 마련하여 적은 비용으로 주민들이 어디든지 갈 수 있는 대중교통 체계를 수립하였다. 버스요금에도 차등을 두어 저소득층은 요금을 덜 낸다. 홍수를 통제하고 수자원을 보호하기 위해 공원과 녹지를 늘렸는데, 가급적 사람들의 주거공간 가까이에 조성하여 주민들이 자발적인 보호에 나서도록 유도하였다. 또한 공원 생태계가 오랜 기간 건강하게 유지될 수 있도록 다양한 종류의 나무와 풀을 대량으로 심었다(그림 6). 쿠리치바시에서는 쓰레기 재활용을 위해, 재활용이 가능

그림 6. 쿠리치바 도심 인근의 바리구이 공원

한 쓰레기를 내놓는 주민들에게는 음식물을 제공하는 정책을 쓰고 있다. 사소해 보이는 정책이지만 쓰레기 처리문제에 취약한 빈민지역의 환경개선에 나름의 효과를 보고 있다고 한다(박용남, 2009).

앞에서 열거한 여러 생태도시들은 서로 많은 공통점을 갖고 있다. 무엇보다도 거주민들이 생태도시로의 전환에 대해 적극적인 지지를 아끼지 않았다는 사실이 중요한 성공요인으로 보인다. 그리고 에너지 절약에 많은 노력을 기울이고 있으며, 자원 재활용을 통한 비용 절감과 오염물질 배출량 감소에도 힘을 쏟고 있다는 것을 알 수 있다. 생태도시의 성공사례들이 우리에게 시사하는 바는 명확하다. 점점 악화되는 환경문제의 심각성을 고려할 때 이러한 생태도시들을 마냥 부러워만 하고 있을 여유는 없다. 지금부터라도 도시와 자연 그리고 사람이 함께 어우러질 수 있는 지속가능한 도시를 목표로 함께 노력해야 하지 않을까?

6. 나오면서

도시는 하나의 커다란 생태계에 비유될 수 있으며 자연생태계와 일면 비슷한 점이 있다. 도시를 구성하고 있는 여러 가지 것들이 유기적으로 조화를 이루어 맡은 역할을 잘 수행해야 도시가 지속적으로 굴러갈 수 있기 때문이다. 하지만 도시는 인간이 만들어 낸 것이고, 여기저기서 터져

나오는 문제해결을 위해 인간이 지속적으로 개입하지 않으면 무너질 수 있다는 것이 자연과 다르다. 반면, 자연은 오히려 인간의 개입 없이 있는 그대로 두면 안정상태를 유지한다. 도시가 자연생태계와 같이 안정적으로 자연스럽게 돌아가려면 가급적 도시 내에서 자연이 많은 부분을 차지하고 있어야 함은 분명한 사실이다. 도시를 구성하고 있는 녹지나 하천들이 과거 성장 위주의 도시화와 산업화로 너무나 많이 훼손되었다. 훼손된 자연의 복구가 거의 불가능하다고 보일 때도 있었지만, 과학기술의 발달은 또한 우리에게 자연의 회복 가능성을 열어 주었고, 서구의 많은 도시들은 생태복원에 심혈을 기울이고 있다.

우리나라에서도 도시 내의 녹지를 복원하고 도시하천을 자연하천과 비슷하게 조성하려는 시도들이 최근 들어 자주 눈에 띄고 있다. 이러한 노력에 의해 복원된 녹지나 하천은 삶에 지친 도시민들에게 자연의 활기를 불어넣어 주며 여가활용 공간으로도 활용된다. 꾸준한 생태복원을 통한 생태도시로의 전환이 궁극적으로 나아갈 방향이라면 정부 및 시당국의 노력만으로는 부족하다. 시민들의 자발적인 참여가 필요할 것이다. 정부는 시민들의 지지를 바탕으로 보다 적극적으로 정책을 추진할 수 있다. 도시생태계의 회복을 위해서는 생태 네트워크의 효율적 구축이 필수적이다. 대규모 비오토프를 여럿 확보한 후 그것들을 서로 촘촘히 연결한다. 다수의 비오토프로 구성된 녹지 네트워크가 성공적으로 조성된다면 그야말로 도시와 자연이 조화를 이룬 공간을 창출할 수 있다. 튼튼한 생태 네트워크가 지속적으로 유지될 수 있을 때 도시의 동식물 개체수는 증가할 것이며, 종다양성은 보전될 것이다. 예전에는 도심에서 볼 수 없던 동식물들도 생태 네트워크를 통해 유입된다. 시민들은 자연을 보다 가까이에서 즐길 수 있다. 이러한 도시 내 생태 네트워크를 기반으로 시민들이 에너지 절약, 폐기물의 재활용, 대중교통수단의 이용 등 자연친화적인 생활방식을 체화하면, 지속가능한 생태도시로의 길은 열리게 될 것이다.

참고문헌

김남춘, 1998, "경관훼손지의 생태적 복구방안에 관한 연구", 『한국환경복원녹화기술학회지』, 1(1), pp.28-44.
김선희, 2001, "지속가능한 도시개발전략", 시민환경연구소 편, 『생태도시로 가는 길』, 도요새.
김준호, 1997, "도시생태계의 정의와 범위", 『한국환경생태학회지』, 11, pp.217-223.
김해창, 2003, 『환경 수도, 프라이부르크에서 배운다: 에너지자립 생태도시로 가는 길』, 이후.
박용남, 2009, 『꿈의 도시 꾸리찌바(재미와 장난이 만든 생태도시 이야기)』, 녹색평론사.
웨이즈만, 2008, 『가비오따쓰: 세상을 다시 창조하는 마을』, 랜덤하우스코리아.
이은희, 2001, "녹색도시 공간을 위한 건축물 녹화", 환경정의시민연대 엮음, 『생태도시의 이해』, 다락방.

일본도시녹화기술개발기구 엮음, 2002, 『도시 생태네트워크 계획』, 시그마프레스.

한국도시연구소, 1998, 『생태도시론』, 박영사.

Beatley, T., 2000, *Green urbanism: learning from European cities*, Island Press.

Bradshaw, A. D., 2003, "Natural ecosystems in cities: A model for cities as ecosystems", in Berkowitz, A. R., Nilon, C. H. and Hollweg, K.S.(eds.), *Understanding urban ecosystems*, New York: Springer-Verlag.

Diamond, J. M., 1975, "The island dilemma: lessons of modern biogeographic studies for the design of natural reserves", *Biological Conservation*, 7, pp.129-146.

Marrs, R. H., Roberts, R. D., Skeffington, R. A., and Bradshaw, A. D., 1983, "Nitrogen and the development of ecosystems", in Lee, J. A., McNeill, L. S. and Rorison, I. H. (eds.), *Nitrogen as an ecological factor*, Oxford: Blackwell.

Miller, R. W. Hauer, R. J., and Werner, L. P., 2015, *Urban Forestry: Planning and Managing Urban Greenspaces*, Waveland Press.

Odum, E. P., 1953, *Fundamentals of ecology*, Philadelphia, PA: W. B. Saunders.

Simberloff, D. and Cox, J., 1987, "Consequences and Costs of Conservation Corridors", *Conservation Biology*, 1, pp.63-71.

더 읽을 거리

Forman, T., 2014, *Urban Ecology: Science of Cities*, Cambridge Univeristy Press.

···› 저자는 도시 내에 존재하는 자연의 힘을 강조한다. 자연생태계에서 작동하는 여러 이론들을 도시에 적용하는 방식을 통해 자연과 인간 모두에게 도움이 될 수 있는 도시생태계를 구현하고자 한다. 대학(원)생과 전문가들을 위한 책이다.

박용남, 2009, 『꿈의 도시 꾸리찌바(재미와 장난이 만든 생태도시 이야기)』, 녹색평론사.

···› 평소 생태도시에 관심이 많았던 저자가 세계적인 생태도시 꾸리찌바('쿠리치바'의 이전 표기)에 체류하면서 얻은 경험을 토대로 일반인에게 생태도시를 소개하는 책이다.

환경정의시민연대, 2001, 『생태도시의 이해』, 다락방.

···› 환경정의시민연대의 생태도시포럼에 발표된 논문들을 모은 책으로 크게 세 부분으로 구성되어 있다. 생태적으로 지속가능한 도시를 만들기 위한 여러 계획 및 정책을 제시하고 있다.

주요어 생태도시, 생태 네트워크, 생태복원, 지속가능

제31장

도시와 생태계서비스

김일권

1. 도시생태계와 주민들의 삶

도시는 인공구조물로 덮여 있는 좁은 의미의 도시 인프라뿐 아니라 공원, 호수와 같이 다양한 형태의 자연생태계들이 함께 존재하는 복합적인 형태의 생태계이다. 도시의 인간 활동을 지원하기 위해 구축된 도시 인프라는 도시와 주민들의 삶을 위해 필요하지만, 이로 인해 다양한 부작용이 나타난다. 한 예로 도시의 운송수단과 도로망은 인간 활동의 반경을 넓히고 이동시간을 단축시켜 사람들의 삶의 편의성을 증대시킨다. 하지만 자동차의 운행으로 발생하는 매연과 소음은 도로 주변에 거주하는 사람들의 건강에 악영향을 끼친다. 아스팔트로 포장된 도로는 태양복사에너지를 흡수하여 도시열섬효과를 증대시키며, 불투수면을 증가시켜 여름철 집중강우 시 강우와 오염물질의 유출이 증대되면서 수량과 수질에 악영향을 미친다. 반면, 도시 내에 존재하는 자연생태계는 도시 주민들의 삶에 필요한 다양한 편익을 제공하고 있다. 도시의 가로수와 완충녹지는 자동차에서 발생되는 오염물질을 정화시키는 동시에 소음의 발생을 감소시킨다. 또한 도시공원에 조성된 자연초지와 산림은 복사열이 낮을 뿐 아니라, 식생의 광합성과 증산작용을 통해 태양빛을 흡수하여 기온을 저감시킨다. 또한 식생피복과 토양은 집중강우 시 발생하는 강우를 흡수하여 유량을 줄임으로써 홍수에 의한 위험을 감소시킨다. 공원, 하천, 도시숲과 같은 도시 내 자연자원은 사람들에게 여가와 휴식을 위한 공간을 제공하며 교육과 문화의 장소로 활용되기도 한다. 이와 같이 도시 주민들은 생태계로부터 다양한 편익을 제공받고 있다.

2. 생태계서비스의 개요

생태계서비스(ecosystem services)는 생태계가 인간사회에 제공하는 다양한 편익으로, 인간사회의 행복을 위해 필요한 서비스를 의미한다. 1970년대에 생태계와 인간의 삶의 관계를 고려한 연구들이 시작되면서 도입된 생태계서비스의 개념은 1990년대의 지속가능한 발전논의에서 점차 중요하게 고려되기 시작하였다(Gómez-Baggethun et al., 2010). 이후 새천년생태계서비스평가(Millenium Ecosystem Assessment, MA)의 2005년 보고서에서 생태계서비스의 개념과 유형을 정립하고, 이를 정책의제로 제시하면서 생태계서비스에 대한 논의가 확장되기 시작하였다. MA는 생태계서비스를 인간이 생태계로부터 얻는 편익으로 정의하면서 이를 공급(provision), 조절(regulating), 문화(cultural), 지지(supporting) 서비스의 네 가지 유형으로 구분하였다(그림 1).

공급서비스는 유전자원, 식량, 담수, 연료 등 생태계가 공급하는 모든 물질생산으로 얻는 편익을 의미한다. 조절서비스는 생태계의 프로세스에 의해 기후, 수자원, 질병, 재해 등이 조절되어 얻어지는 편익을 의미한다. 문화서비스는 영적 가치, 인식 증진, 여가 및 심미적 기능들과 같이

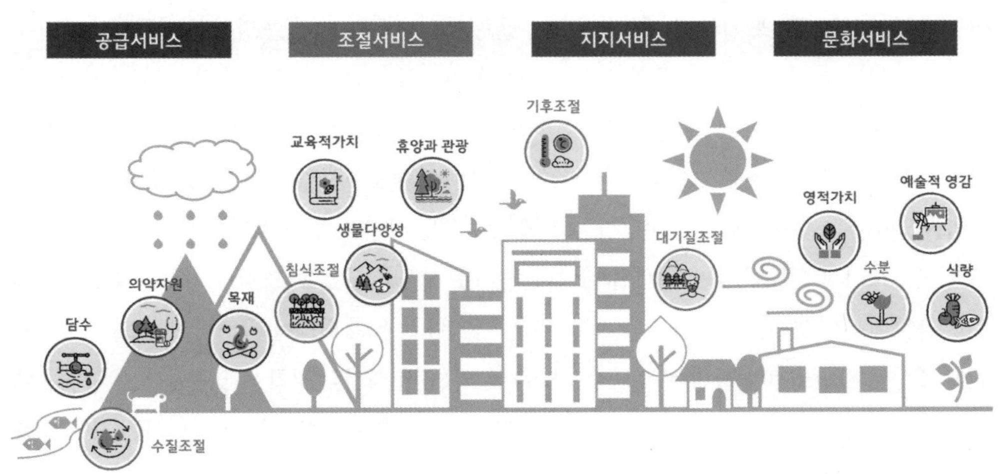

그림 1. 도시생태계가 제공하는 생태계서비스의 유형

출처: 국립생태원, 2019에서 수정함.

생태계를 통해 얻어지는 비물질적 편익을 의미한다. 지지서비스는 다른 생태계서비스들을 제공하는 데 필요한 서비스로서 생물서식지, 유전자 풀의 제공, 바이오매스 생산, 영양소 순환, 물순환 등이 포함된다. 각각의 생태계서비스는 생태계의 생물리적 구조에 의해 결정되어 인간사회에 제공된다. 생물다양성의 경제학(The Economics of Ecosystems and Biodiversity, TEEB)은 이러한 생태계로부터 제공되는 생태계서비스가 인간사회의 복지에 이르는 과정을 캐스케이드 모형(Cascade model)을 이용하여 구조화하였다(그림 2). 자연생태계와 인간사회는 상호작용을 하는 하나의 시스템으로, 생태계가 제공하는 다양한 생태계서비스들은 인간사회의 복지에 영향을 미친다.

생태계의 생물리적 구조는 생태계가 가지고 있는 고유한 특성들과 생태계 내에 존재하는 생물과 비생물요소들의 상호작용이 나타나는 하나의 망을 의미한다. 이러한 생태계의 생물리적인 구조는 특성, 과정 간의 상호작용을 통해 생태계 기능이 나타나며, 이는 생태계서비스를 제공할 수 있는 생태계의 역량(capacity)으로 여겨진다. 생태기능들이 인간사회의 복지 향상에 기여하는 경우, 이를 생태계서비스라 한다. 생태계서비스가 인간사회의 사회경제적인 복지를 증진시키는 편익을 발생시키는 경우, 인간사회는 이러한 편익에 사회경제적 가치를 부여한다. 예를 들어, 도시숲이라는 하나의 생태계에 존재하는 식생피복 구조는 잎과 뿌리를 통해 강우를 흡수하여 유량 흐름의 속도를 감소시킨다. 유량의 속도가 감소하면서 홍수의 발생 가능성이 감소하는 홍수조절 서비스가 제공되어 사람들과 거주지의 안전유지에 기여한다. 인간사회는 홍수조절에 따른 재해로부터 보호되는 부분을 경제적 가격으로 환산하여 가치를 부여하게 된다.

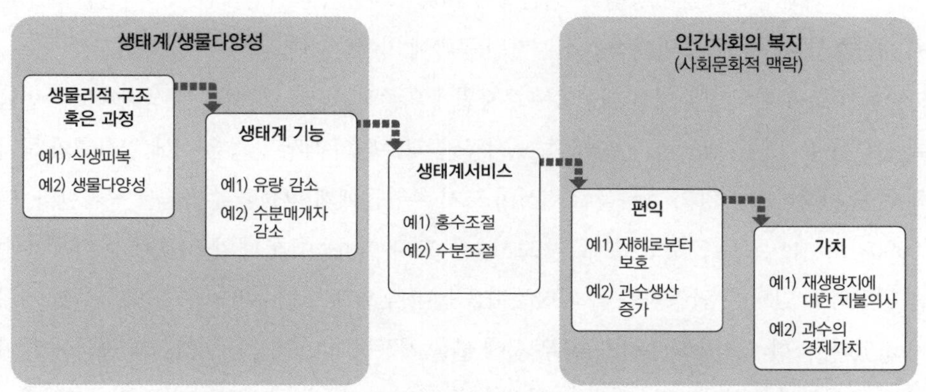

그림 2. 생태계과정으로부터 기능, 서비스, 혜택, 가치로의 전환 모형

출처: TEEB, 2010; 안소은, 2013에서 부분적으로 수정함.

3. 도시생태계서비스

도시생태계는 대기 정화, 소음 감소, 열섬 감소, 지표면 유출의 완화와 같이 도시 주민들의 건강과 안전에 직접적인 영향을 주는 다양한 생태계서비스들을 제공한다. 좁은 의미로 도시생태계는 인공구조물과 피복으로 제한되기도 하지만, 도시는 일반적으로 인위적으로 설정된 행정구역의 범위(boundary) 안에 존재하는 다양한 생태계들이 복합적으로 나타나는 생태계이다. 도시라는 복합생태계에서 제공되는 다양한 생태계서비스들에 대해 파악하도록 한다.

1) 공급서비스

식량생산은 생태계가 도시 주민들이 삶의 유지에 필요한 다양한 식량자원을 공급하는 서비스이다. 도시의 식량생산은 도시 외곽, 건물의 옥상, 정원이나 텃밭, 커뮤니티 정원 등에서 이루어지는 도시농업을 통해 제공된다. 도시 농경지는 도시의 주민들에게 신선한 농산물을 안정적으로 제공한다. 비록 도시농업의 생산물은 도시 주민의 전체 수요와 비교하면 매우 작은 부분에 불과하며, 식량의 많은 부분은 국내외의 도시 외부지역에서 공급되는 식량물에 의존한다. 하지만 다양한 외부요인들에 의해 발생되는 식량공급의 유동성을 줄여 주고 안정적인 식량자원을 확보할 수 있기 때문에 도시농업은 도시 주민들의 삶을 유지하는 데 매우 중요하다(Barthel and Isendahl, 2013). 과거 쿠바는 소비에트연합의 식량지원 감소와 자연재해로 인한 농작물의 피해가 발생하자 도시농업을 적극적으로 장려하였고, 그 결과 하바나에서 소비되는 농산물의 80% 이상을 도시농업을 통해 공급하였다(장준호 · 김은옥, 2010). 도시농업은 안정적인 식량자원을 확보함으로써 식량자급률을 높이고 안정적인 식량자원 공급에 기여하였다.

도시는 주로 하천의 상류에서 제공되는 수자원에 의존하지만, 도시 내부의 생태계도 주민들의 삶에 필요한 수자원을 공급한다. 도시숲, 도시공원, 과수원의 식생은 강우 시에 잎사귀와 줄기를 통해 물을 저장하고 유량의 흐름을 조절하여 도시 주민들에게 필요한 수자원을 공급한다. 면적이 5000만m^2에 이르는 프랑크푸르트의 도시숲은 도시 주민들에게 매일 60,000m^2 이상의 수자원을 공급하고 있으며, 안정적인 물 저장능력을 높이기 위해 활엽수의 비중을 증가시킬 계획을 가지고 있다. 또한 도시논과 둠벙도 강우 시에 물을 저장하여 안정적인 수자원의 공급에 기여하는데, 농촌진흥청에 의하면 1ha의 논은 연간 2,944톤의 지하수를 생산하는 것으로 나타났다.

2) 조절서비스

도시의 그린인프라는 대기에 존재하는 열을 흡수하고, 태양복사에 의해 발생하는 지표면과 대기의 온도 상승을 조절하여 도시열섬현상을 완화시킨다. 국립산림과학원(2005)에 따르면, 도시의 교통섬은 평균 4.5℃, 나무그늘과 가로수는 2.3~2.7℃만큼 지표면의 온도를 낮추는 효과가 있다. 또한 도시숲은 주변지역에 비해 평균기온이 3~7℃ 낮고, 평균습도를 9~23℃ 증가시켜서 기온을 조절한다(국립산림과학원, 2017). 또한 도시의 하천과 호수는 여름에는 열을 흡수하는 반면, 겨울에는 열을 방출하여 도시온도를 조절한다. 도시논에서 자라는 벼는 광합성작용을 수행하여 이산화탄소를 흡수하고, 논의 물이 증발하면서 대기의 열을 흡수하여 도시의 기온을 조절한다.

도시의 식생은 교통, 건설과 같이 인간 활동으로 인해 발생하는 소음을 저감시킨다. 서울의 경우 도로에 인접한 주거지역에서는 낮에는 68dB(데시벨), 밤에는 66dB의 소음이 발생하여 도시 주민들의 신체와 정신건강에 악영향을 미친다. 도시의 토양과 식생은 발생하는 음파를 흡수하거나 반사 혹은 굴절시켜 소음을 완화시키는데, 완화수준은 식생의 밀도, 직경, 수종에 따라 다르게 나타난다(Pathak et al., 2008). 국립산림과학원(2005)에 따르면, 도로변의 가로수들은 자동차 소음의 75%를 차단하며, 도시숲의 수목들은 평균 10dB의 소음을 감소시키는 것으로 나타났다.

사람들이 밀집되어 거주하는 도시는 교통, 산업생산, 난방, 폐기물 처리과정에서 대기오염 물질을 발생시켜 환경의 질과 주민들의 건강(호흡기와 심혈관질환)에 심각한 문제를 발생시킨다. 식생의 잎은 이러한 과정에서 발생하는 오존, 이산화황(SO_2), 이산화질소(NO_2), 일산화탄소(CO) 등을 흡수함으로써 대기의 질을 개선시킨다. 산림의 밀도와 수목의 종류에 따라 흡수량에 차이가 존재하지만, 대구의 도시숲 1ha는 대기 내 이산화황을 연간 24kg 흡수하고, 이산화질소는 연간 52kg 정도 흡수하였다(국립산림과학원, 2017). 산림은 도시 주민들의 삶에 심각한 영향을 미치는 미세먼지(Particulate Matter, PM)를 흡수하여 사람들의 삶의 질을 향상시킨다. 미세먼지는 1급 발암물질로서 사람들의 몸속에 들어올 경우 천식, 호흡기, 심혈관질환 같은 건강문제뿐 아니라 산업시설의 운영에도 악영향을 미친다. 도시숲의 나무 한 그루는 이산화탄소를 흡수하는 과정에서 미세먼지를 흡수하거나 잎에 흡착시켜 연간 35.7g의 미세먼지를 흡수함으로써 대기질을 개선시킨다(국립산림과학원, 2017).

도시는 화석연료의 소비가 많고 인공피복의 비율이 높기 때문에 기후변화에 취약하다. 도시숲은 광합성작용을 통해 이산화탄소를 흡수하고 탄소를 배출하여 기후변화의 영향을 완화시킨다.

잎면적이 1,600m^{2}인 느티나무 한 그루는 연간 2.5톤의 이산화탄소를 흡수하며 1.8톤의 산소를 방출하는데, 이는 성인 7명이 1년간 소모하는 산소의 양과 비슷하다(국립산림과학원, 2017). 식물의 광합성작용으로 흡수된 이산화탄소는 식물체를 형성하는 유기탄소가 생성되어 토양에 저장되며, 미생물에 의한 분해과정에서는 유기탄소가 이산화탄소가 되어 대기 중에 방출되는데, 흡수량이 방출량보다 커질 경우 토양에 탄소가 축적된다. 서울시 도시녹지의 토양탄소 저장량 평가결과는 수종과 입지에 따라 10.12~46.73tC/ha로 평가된다(국립산림과학원, 2010).

기후변화는 극단적인 기상현상의 발생빈도를 증가시켜 재해의 위험성과 강도를 높이기 때문에 재해에 취약한 도시에 큰 위협이 되고 있다. 해안도시들의 경우 맹그로브나 산호와 같은 생태계가 버퍼(buffer)의 역할을 하면서 해일에 의한 피해를 감소시킨다. 2004년에 발생한 동남아시아 쓰나미 발생 시 맹그로브숲 배후지역의 4%만 피해를 입은 반면, 해안 식생이 존재하지 않은 지역들은 62%가 피해를 입었다(Danielson et al., 2005). 또한 해안가에 조성하는 방재림은 파도에 의한 해안선 침식을 방지하고, 바다에서 불어오는 바람에 의한 풍해의 강도를 경감시킨다. 해안 방재림의 방풍효과에 대한 모의실험에 따르면, 파고는 21.5%가 감소하고 유속은 4.7%까지 감소하는 것으로 나타났다(국립산림과학원, 2016). 도시의 개발에 따른 인공피복으로의 변화로 지표 불투수면이 증가하여, 지표면 유출량과 홍수의 위험이 증가하는 상황에서 식생의 잎사귀와 줄기는 물을 흡수하여 강수 시 발생하는 지표면 유출을 조절함으로써 홍수와 산사태의 위험을 감소시킨다.

식생은 유량의 흐름을 조절하는 동시에 오염물질을 정화하여 수질을 개선시킨다. 생태계의 다양한 구성요소들이 오염물질을 희석·흡수하거나 화학물질을 재조성하여 정화시킨다. 습지는 인간 활동으로 발생되는 폐수를 정화하는 대표적인 생태계이다. 공주시에 조성된 인공습지를 모니터링한 결과, 습지는 총 부유물질의 63~79%, 질소의 38~54%, 인의 54%, 중금속의 32~81%를 정화하는 것으로 나타났다(Alihan et al., 2017). 또한 도시하천의 수변구역에 위치한 식생 완충지대는 하천으로 유입되는 오염물질과 유기물을 정화하여 수질오염을 방지한다.

수분조절은 도시생태계의 유지와 작물 생산에 필수적인 서비스이지만, 도시개발로 인해 수분조절의 매개체 역할을 하는 곤충들이 서식지 손실과 파편화로 위협을 받고 있다. 도시에 존재하는 다양한 형태의 녹지는 생물을 위한 서식지를 제공함으로써 수분조절을 유지시킨다. 샌프란시스코의 도시공원 간 비교에서 자연화된 지역이 넓을수록 벌의 분포도가 높게 나타났다(Mc-Frederick and LeBuhn, 2006). 도시의 녹지는 꿀벌의 자연서식처 역할뿐 아니라, 인위적으로 양봉농업을 수행하는 공간으로 활용되기도 한다. 파리와 밀라노의 경우 도시공원에 설치된 양봉

시설이 꿀 생산과 생태계에 필요한 수분조절서비스를 공급하고 있다.

3) 지지서비스

도시개발에 따라 서식지가 파괴되고 파편화되는 상황에서 도시의 녹지공간은 동식물을 위한 서식지를 제공함으로써 생물다양성을 유지시킨다. 이러한 안정적인 서식지 확보와 생물다양성의 유지는 수분작용과 해충조절에 기여한다. 또한 도시의 자연생태계를 반영하여 잘 설계된 옥상정원은 도시의 인위적인 토지이용에 의해 서식지가 파괴된 동식물에게 서식지와 이동통로를 제공한다. 국내에서도 부천시청사에 조성된 옥상정원에서는 흰뺨검둥오리가 서식하는 모습이 발견되기도 하였다. 도시지역에 조성되는 생태공원은 도시화로 서식지를 잃어버린 동물들에게 대체서식지를 제공하는 피난처가 된다. 1999년에 조성된 서울의 길동자연생태공원은 기존의 도시자연공원에 인공저습지를 조성하고 연결통로와 자연관찰학습로를 설치하였다. 고라니, 오색딱따구리, 족제비 등의 다양한 야생동식물에게 서식지를 제공하고 있으며, 2010년에는 반딧불이의 자연서식지를 복원하였다. 또한 도시논은 개구리, 물방개 등 도시환경에서 서식하기 어려운 동물에게 서식지를 제공하여 생물다양성 유지에 기여한다.

4) 문화서비스

도시의 생활과 업무 환경은 주민들에게 스트레스를 주기 때문에 도시생태계가 제공하는 여가서비스는 도시 주민들의 휴식과 재충전을 위해 매우 중요하다. 도시의 여가서비스는 주로 인공요소와 자연요소가 결합된 도시공원에서 제공된다. 도시숲과 같은 자연생태계는 도로와 교통시설, 안전시설과 같은 적절한 인공 인프라가 조성되어야 사람들에게 편익을 제공하기 용이하다. 도시 내 자연생태계 요소들과의 조화를 고려하여 조성된 편의시설과 체육시설은 주민들이 다양한 여가활동을 수행하는 공간으로 활용된다. 특히 소득수준과 교육수준이 낮은 취약계층에게 공원은 여가와 공동체 활동을 위한 장소를 제공한다(윤정미 · 최막중, 2014). 도시농지도 노년층이 텃밭에서 작물을 생산하고 여가활동과 공동체를 형성하기 위한 공간을 제공한다. 유럽을 중심으로 확대되는 도시농경지 유형인 커뮤니티 가든(community garden)은 도시 내 버려진 땅을 활용하여 지역주민들이 함께 농작물을 생산하며 다양한 커뮤니티 활동을 하는 공간이다. 독일 쾰른의 노이란드 쾰른(Neuland Köln) 클럽은 남부지역의 버려진 땅을 개간하고, 녹지와 농경지를 조성하여 농작물 장터, 각종 이벤트 등을 개최함으로써 지역구성원들을 위한 여가공간으로 변모시켰다(박유미, 2016).

도시의 자연생태계는 심미적인 가치를 제공하여 주민들의 스트레스를 줄여 주며 정신적인 건강을 증진시킨다. 숲을 바라보는 것 자체로도 스트레스 호르몬인 코르티솔(cortisol) 농도가 15.8% 감소하며, 혈압도 2.1% 낮아지는 효과가 있다(국립산림과학원, 2005). 도시숲이 있는 지역에서 근무하는 사람들에게 도시숲은 스트레스를 해소하고 심리적인 편익을 제공함으로써 직무 스트레스를 완화시킨다(국립산림과학원, 2003). 도시숲에서의 휴식은 업무공간과 다른 환경에서 시간을 보내면서 긍정적인 마인드를 제공하여 심리적으로 스트레스를 극복할 능력을 고취시킨다. 또한 숲과 나무의 존재는 심미적인 아름다움과 쾌적함을 제공하여 직장생활과 업무에

표 1. 도시의 대표적인 생태계서비스의 정리

유형	서비스	내용
공급	식량생산	도시와 외곽 농경지에서 작물을 생산하여 식량을 공급하는 서비스
	담수 공급	생태계가 강우 시 수자원을 저장하여 주민들에게 담수를 제공하는 서비스
조절	온도조절	하천, 호수, 식생이 열을 흡수하여 열섬현상을 완화하며, 겨울에는 열을 방출하여 도시온도를 조절하는 서비스
	소음 감소	식생과 토양이 음파를 흡수하고 전달방향을 바꿔 소음을 저감시키는 서비스
	대기오염 조절	도시의 식생이 대기오염 물질과 미세먼지를 흡수하고 입에 흡착하여 대기의 질을 개선시키는 서비스
	기후조절	식생의 광합성을 통해 온실가스를 흡수하고, 식물체의 성장을 통해 토양 내 유기탄소가 생성되어 기후조절을 완화하는 서비스
	재해조절	식생이 강우 시 물을 흡수하고 바람의 영향을 감소시켜 재해의 피해를 경감시키는 서비스
	수질조절	식생과 습지가 오염물질을 희석 및 흡수하고, 하천 주변의 식생 완충지대가 하천으로 유입되는 오염물질을 정화하여 수질을 개선시키는 서비스
	수분조절	도시 녹지와 농경지가 동식물에게 서식지를 제공하여 곤충에 의한 수분작용을 조절하는 서비스
지지	서식지 제공	도시의 녹지와 논이 동식물을 위한 서식처를 제공하여 생물다양성을 유지시켜 다양한 생태계 서비스 공급을 지지하는 서비스
문화	여가	도시 녹지와 농경지, 커뮤니티 가든이 주민들과 지역공동체을 위한 여가휴식 공간을 제공하는 서비스
	심미적 가치	도시의 자연생태계가 제공하는 경관적 아름다움을 통해 사람들의 스트레스가 감소하고 심리적인 안정을 제공하는 서비스
	장소가치	녹지와 자연생태계가 존재하는 특정한 장소에 대해 주민들이 가치를 부여하여 장소에 대한 유대감을 제공하는 서비스
	교육	자연생태계를 이용한 생태교육과 체험교육을 통해 사람들의 환경에 대한 인식이 증가하는 서비스

출처: Gómez-Baggethum et al., 2013.

대한 만족도를 높일 수 있다. 또한 녹지와 자연경관이 가지는 매력도는 주민들의 거주지를 결정하는 데 영향을 미친다.

도시의 생태계는 장소가치(place value)를 형성하는 데 기여한다. 장소가치는 장소에 인위적으로 부여된 가치로서, 특정한 장소와 그 주변 공간에 대해 감정적인 유대감을 보이는 경우에 나타난다(Andersson et al., 2007). 학교 내의 숲은 학생들에게 상징적인 가치를 부여하여 학생들의 긍지와 자랑을 높여 애교심을 증대시킨다(국립산림과학원, 2003).

다양한 형태의 도시생태계는 생태환경을 위한 교육의 장소를 제공하며, 도시경관과 자연생태경관을 연결시킴으로써 사람들의 환경에 대한 인식 증진에 기여한다(Gómez-Baggethum et al., 2013). 대전정부종합청사에서 진행되는 '도시숲 감성체험'과 같은 교육프로그램은 다양한 교육과 체험 프로그램을 통해 자연생태계에 대한 인식을 증진시킨다. 도시농지에서 진행되는 농업체험교육은 어린이들에게 체험형 교육을 통해 농업과 환경에 대한 인식을 증진시키며 정서교육의 효과도 있다. 서울시에서 운영하는 갈현도시농업체험원은 주민들에게 텃밭을 분양하여 작물생산뿐 아니라 어린이들의 교육을 위한 장소로 활용되고 있다.

4. 도시생태계서비스의 가치평가

생태계서비스의 가치평가는 생태계서비스가 인간에게 제공하는 편익에 대한 가치화 과정을 통해 사람들에게 생태계서비스와 그 편익에 대한 이해를 증대시키고 정책과정에 활용하기 위해 수행된다. 생태계서비스의 가치는 생물리적·경제적·사회문화적·건강가치적·환경정의적·보험적 가치로 구분된다(Gómez-Baggethun et al., 2013).

생물리적 가치는 각 서비스를 반영하는 다양한 지표들을 이용하여 평가되며, 일반적인 생태계서비스 정량평가로 인식된다. 예를 들어, 식량공급서비스는 작물생산량을 이용하고, 기후조절은 연간 탄소흡수량을 통해 평가되는 것과 같이 생태계서비스의 특성을 반영할 수 있는 다양한 지표들을 이용하여 평가가 수행된다. 도시의 온도조절서비스를 엽면적지수(leaf area index, LAI)를 이용하여 평가하거나, 김성훈 외(2018)는 안산시 산림의 연간 CO_2 흡수량을 계산하여 기후조절서비스를 평가하였다. 토지피복도의 산림지역을 기준으로 평가한 결과에 따르면, 안산시의 산림은 연간 40,696톤의 CO_2를 흡수하는 것으로 나타났다.

생태계서비스의 경제적 가치평가는 생태계서비스를 화폐단위로 환산하여 평가하는 것으로,

일반대중에게 생태계서비스의 가치를 설명하는 데 용이하게 활용된다. 코스탄자 외(Costanza et al., 1997)가 지구의 생태계서비스에 대한 경제적 가치를 평가한 이후 그 중요성이 인식되었듯이, 경제적 가치로 생태계서비스를 평가하는 방법은 대중에게 생태계서비스에 대한 이해를 돕는 데 용이하게 사용된다. 경제가치평가 방법 가운데 시장가격법(market price)은 수요와 공급 사이의 균형을 통해 결정되는 시장가격을 이용하는 방법이다. 이러한 접근법은 시장이 존재하는 일부 서비스들에 대해서만 평가가 가능하다. 서울시의 7만m^2 규모의 도시숲은 연간 93톤의 이산화탄소를 흡수한다. 이산화탄소의 경우 온실가스배출권거래소에서 거래되는 탄소배출권(2018년 4월 기준가격)의 가격을 적용하여 경제적 가치를 평가하면, 약 362만 원의 경제적 가치를 가지는 것으로 나타났다. 대체비용법(replacement cost method)을 이용한 가치평가는 생태계서비스를 인공적으로 공급하기 위해 필요한 대체비용을 산정하여 가치를 평가하는 방법이다. 예를 들어, 도시숲의 대기조절서비스의 가치를 평가하기 위해 대기오염 물질을 인위적으로 정화하는 데 필요한 비용을 산출하는 것이다. 짐과 첸(Jim and Chen, 2006)은 대체비용법을 이용하여 베이징 도시숲의 이산화황 정화효과가 470만 달러에 이르는 것으로 평가하였다. 또한 서울에 조성된 4개의 도시숲(7ha 규모)의 미세먼지 흡수효과를 공기청정기 가동시간으로 환산한 결과, 공기청정기의 가동 감소에 따른 경제적 효과가 6억 5000만 원에 이르렀다. 회피비용법(avoided cost method)은 생태계서비스를 인위적으로 제공받기 위해 필요한 시설 등을 조성하는 데 필요한 비용을 의미한다. 차파로와 테라다스(Chaparro and Terradas, 2009)는 바르셀로나 도시숲의 손실에 따라 감소하는 온도조절서비스를 안정적으로 제공하기 위해 필요한 에너지 소모비용으로 온도조절서비스를 평가한 결과, 그 가치는 110만 유로로 평가되었다. 조건부가치평가법(contingent valuation method)은 설문조사를 이용하여 생태계서비스에 대한 사람들의 지불의사나 손실에 대한 보상수용 의사의 금액을 산정하는 방법이다. 북한산 둘레길은 북한산을 이용하는 사람들이 수평적 이동을 통해 여가활동을 하기 위한 편의성과 북한산의 심미적 기능을 통한 편익을 제공해 주는데, 주민들을 대상으로 이에 대한 지불의사를 평가한 결과 1가구당 1,279원이 산정되었다(황조희·유승훈, 2012).

사회·문화적 가치는 생태계서비스의 가치를 사회·문화적인 측면에서 평가하는 방법이다. 사람들이 가지는 생태계서비스에 대한 사회·문화적 가치는 태도와 행동에 영향을 미치지만, 이를 정량적으로 평가하는 방법에는 한계가 있다. 이는 주로 인식 증진, 감성과 영성의 증진, 심미적 경험과 같이 비물질적인 편익을 평가하는 방법이다(MA, 2005). 런던 도시공원의 지역주민 방문 패턴과 지역공동체 내에서의 커뮤니케이션 수준을 비교한 결과, 도시공원이 지역주민들에게 여가공간을 제공함으로써 사회적 유대감 증진에 기여한다고 평가되었다(Kaźmierczak, 2013).

건강가치는 생태계서비스가 인간의 건강에 기여하는 가치를 평가하는 것이다. 예를 들어, 도시숲은 도시 온도 상승을 억제하고 오염물질을 감소시켜 지역주민들의 건강을 개선시킨다. 또한 도시공원은 방문객들의 스트레스를 줄여 주고 휴식과 여가를 위한 공간을 제공하여 육체와 정신 건강에 긍정적인 영향을 미친다. 독일 도시숲의 건강증진 효과에 대한 주민인식 조사결과 73%의 방문자들이 도시숲이 건강증진에 기여한다고 평가하였다(이주형 · Burger–Arndt, 2011). 도시숲의 건강증진 효과는 사람들이 개인적으로 체감할 뿐만 아니라 정량적인 조사결과로도 입증된다. 뉴욕의 경우, 녹지밀도가 높은 지역에 거주하는 어린이들의 천식 발병비율이 녹지밀도가 낮은 지역의 아이들보다 249% 낮게 나타났다(Lovasi et al., 2008).

도시생태계서비스에 영향을 미치는 인간사회의 활동결과는 활동의 주체가 되는 사람들뿐 아니라 그 주변 사람들과 다른 지역 사람들의 생태계서비스에도 영향을 미친다. 생태계서비스의 환경정의적 가치는 환경오염을 야기하는 집단과 이로 인해 생태계서비스의 영향을 받는 집단 간의 균형을 통해 환경정의를 구현하는 것이다. 또한 환경정의적 가치는 모든 사람들이 동등하게 생태계서비스의 편익을 누릴 수 있느냐에 대한 문제이기도 하다. 환경적의적 가치평가는 불균형의 정도를 평가하는 것으로 가능하다. 카비스치 외(Kabisch et al., 2014)는 베를린 구역 내 이민자비율이 높은 도심 주변지역이 외곽지대에 비해 녹지비율이 어느 정도인지 지니계수(gini co–efficient)를 이용하여 분포상의 불균형을 평가하였다.

보험적 가치는 도시의 회복탄력성을 증진시키고 기후변화에 대한 적응력을 높이는 데 중요한 역할을 수행하는 도시의 그린인프라와 생태계서비스의 가치를 의미한다. 앞서 기술된 쿠바의 도시농업과 같이, 예상치 못하는 사회경제 및 자연환경 변화의 충격이 도시에서 제공하는 생태계서비스를 통해 완화되는 부분에 가치를 부여하는 것이다. 워커 외(Walker et al., 2010)는 현재가치의 소비흐름을 고려하여 지속가능성을 평가하는 포괄적 부(inclusive wealth)를 이용하여 동남부 오스트레일리아의 생태자원의 지속가능성과 회복탄력성을 평가하였다.

5. 생태계서비스와 도시계획

생태계서비스 가치평가는 정책결정자들이 도시계획 및 설계와 관련된 의사결정 과정에서 중요한 정보들을 제공한다. 생태계서비스가 가지는 가치가 도시정책과 관련된 의사결정자에게 중요하게 인식될 경우, 생태계서비스 주요 관리지역의 선정이나 생태계서비스 증진과 복원이 도시계획에서 점차 중요하게 고려될 수 있다. 생태계서비스에 대한 인식과 가치평가 결과는 정책을 위한 기초자료로 활용되고 정책과 관련된 의사결정자들에게 영향을 미쳐 정책에 반영된다. 특히 생태계서비스는 고유의 공간분포 특징을 가지며, 다른 서비스 항목들과 상관관계를 가진다. 그러므로 지역생태계서비스 관리정책을 수립하기 위해서는 생태계서비스의 다양한 공간분포 특징들을 파악하는 것이 필요하다.

1) 도시생태계의 다기능성

도시의 자연생태계는 다양한 구성요소들의 구조와 과정을 통해 여러 종류의 생태계서비스를 동시에 제공하는 다기능성(multifunctionality)의 특징을 가진다. 생태계의 다기능성은 산림 내 수목의 생장활동 과정에서 광합성작용을 통해 이산화탄소를 흡수하는 동시에 뿌리가 토양과 물의 이동을 억제하여 침식과 홍수의 위험성을 줄여 주는 서비스가 동시에 제공되는 것처럼 다양한 생태계서비스들이 동시에 나타나는 것을 의미한다.

도시숲은 대기오염 물질의 흡수, 온도저감, 공기순환 및 바람생성을 통해 다양한 생태계서비스를 제공한다(그림 3). 또한 도시논은 주민들에게 쌀과 같은 식량자원을 제공하는 동시에, 물을 저장하고 홍수피해를 저감하는 조절서비스를 제공한다. 이처럼 도시 내에 존재하는 다양한 생태계는 특성에 맞게 여러 종류의 생태계서비스를 제공한다.

그림 3. 도시숲이 제공하는 다양한 생태계서비스

출처: 산림청

여러 생태계서비스가 동시에 나타나는 도시생태계에서는 각각의 생태계서비스 사이에서 트레이드오프와 시너지의 관계도 나타난다. 생태계서비스의 시너지는 특정한 생태계서비스의 증가가 다른 생태계서비스의 증가와 함께 나타나는 것이며, 트레이드오프는 특정한 생태계서비스의 증가가 다른 생태계서비스의 감소와 함께 나타나는 것을 의미한다. 예를 들어, 현재 농경지에 조성되는 도시숲은 숲이 제공하는 다양한 생태계서비스들이 동시에 증가하는 시너지를 발생시키지만, 농경지의 손실에 의해 식량생산서비스가 약화될 수 있다. 또한 지역주민들의 문화서비스 편익을 향상시키기 위해 자연식생지역에 도시공원을 조성하는 경우, 문화서비스는 향상되지만 자연식생인 상태에서 제공되던 조절 및 지지 서비스들이 감소할 수 있다. 그러므로 생태계서비스를 고려한 도시계획을 수행하기 위해서는 하나의 특정한 생태계서비스만을 고려하는 것이 아니라 여러 생태계서비스에 미치는 영향을 고려해야 한다.

생태계서비스들 사이의 상관관계는 생태계서비스 핫스팟(hotspot)을 파악하는 데 활용될 수 있다. 생태계서비스 핫스팟은 단일 생태계서비스를 주변지역보다 높은 수준으로 제공하거나, 여러 종류의 생태계서비스를 주변지역보다 높게 제공하는 지점 혹은 지역을 의미한다(Schröter and Remme, 2016). 여러 종류의 생태계서비스가 나타나는 핫스팟 지점에서는 생태계서비스들 사이의 시너지가 높게 나타난다. 도시지역의 경우 도시숲과 같은 산림지역이 다양한 조절서비스나 지지서비스 항목들이 높게 나타나며, 문화서비스를 제공하는 공간으로 활용되기 때문에 생태계서비스 핫스팟 지점들로 평가된다. 이들 핫스팟 지점들은 도시의 생태계서비스를 안정적으로 공급하는 지점이기 때문에 우선적으로 관리되어야 한다.

2) 생태계서비스의 공간분포

생태계서비스를 고려한 도시계획과 설계를 위해서는 생태계서비스가 공급과 수요의 공간분포의 차이에 의해 발생하는 공급지역과 편익지역의 불일치가 나타나는 특성을 이해해야 한다(그림 4). 도시의 생태계서비스들은 도심이나 주민들이 주로 생활하는 공간에서 제공되기보다는 도시의 외곽이나 주변지역에서 발생하는 경우가 많다. 도시 주민들이 이용하는 생활용수는 도시보다는 도시 외곽이나 상류지역 하천의 수문학적 과정을 통해 주민들에게 제공된다. 또한 도시 내에서도 서비스의 공급과 편익지역의 차이가 나타난다. 예를 들어, 도시녹지가 제공하는 소음조절서비스의 경우 서비스가 제공되는 장소와 편익을 받는 사람들이 존재하는 장소가 유사하게 나타나지만, 도시숲의 탄소조절이나 수분작용은 그 주변지역에도 편익을 제공한다. 도시숲도 인근 주민들뿐만이 아니라 주변지역에 거주하는 주민들도 방문하기 때문에 서비스로 인해 편익을 얻는 지역의 공간적 범위가 넓다.

생태계서비스의 공간분포적인 특성은 손실과정에서도 동일하게 나타나며, 개발사업에 의한 생태계서비스 영향도 공간적으로 차이가 나타난다. 특히 생태계서비스의 공급수준이 높은 지역들에서의 생태계서비스 손실은 주변지역에 미치는 영향이 크게 나타난다. 생태계서비스의 악화

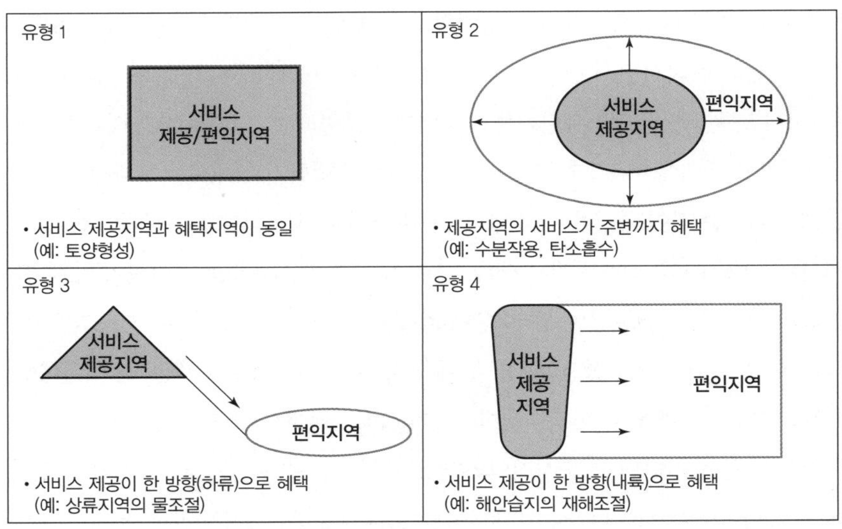

그림 4. 생태계서비스의 제공(supply)지역과 편익(benefit)지역의 공간분포

출처: Fisher et al., 2009에서 수정함.

는 사람들의 편익을 직접적으로 감소시키기 때문에 다양한 이해당사자들 사이에서 갈등을 야기하며, 환경정의와 불균형의 문제를 발생시킨다. 그러므로 생태계서비스 관리정책은 편익이 다르게 나타나는 공간분포의 분포특성을 고려하여 수립되어야 한다.

3) 도시 토지이용과 생태계서비스의 변화

도시의 인간 활동에 따른 토지이용의 변화는 도시생태계의 공간구조를 변화시켜 생태계서비스의 공급에 영향을 미친다(Alberti, 2005). 다양한 요인들에 의해 영향을 받아 나타나는 도시 토지이용의 복잡성은 불확실성을 내포하기 때문에 도시계획과 정책의사 결정 과정에서는 토지이용의 변화에 따라 예상되는 생태계서비스를 고려해야 한다. 인간사회의 정치경제적 요인이나 자연생태계에서 발생하는 기후변화와 같은 다양한 압력요인들은 생태계를 직간접적으로 변화시킨다. 기후변화는 직접적으로 생태계에 영향을 미치는 반면, 인간사회의 사회경제적 요인들은 토지관리에 영향을 미치며 생태계의 구조와 기능을 변화시킨다. 이처럼 토지이용은 인간의 의사결정이 자연생태계에 직접적으로 영향을 미치기 때문에 생태계서비스에 영향을 미치는 가장 중요한 요인으로 간주된다.

개발이 진행 중인 도시의 양적인 성장은 산림의 훼손을 발생시키고, 하천 수변구역의 생태계

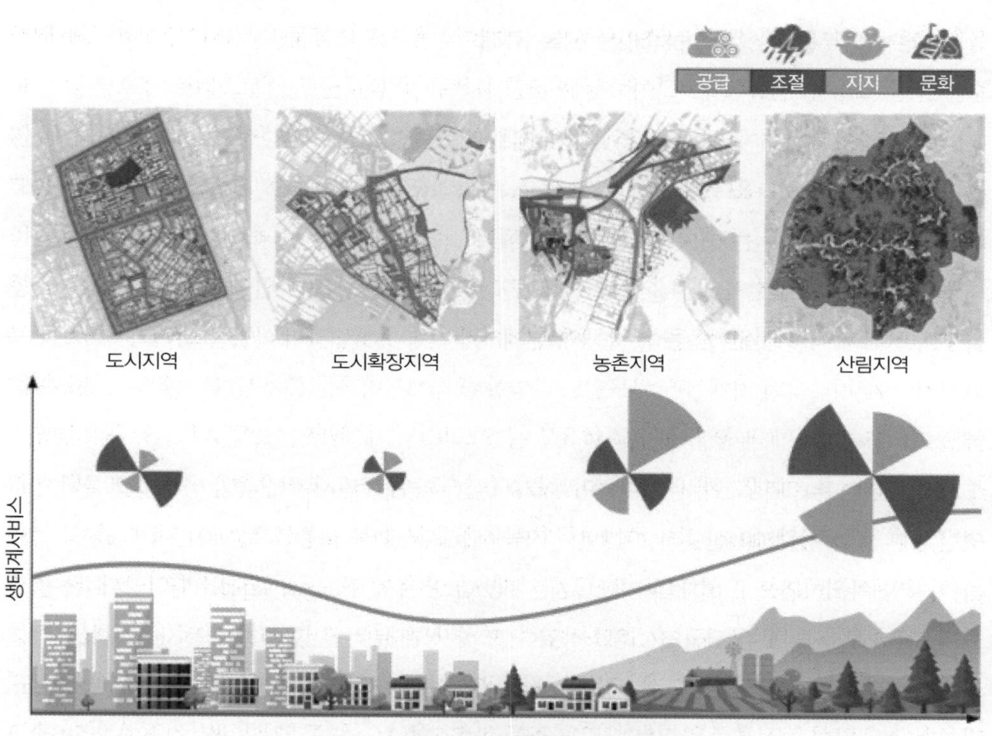

그림 5. 도시화에 따른 생태계서비스의 변화

출처: 국립생태원, 2018

손실을 발생시켜 생태계서비스의 공급을 저하시킨다. 특히 새롭게 도시가 조성되는 지역들은 외곽의 농경지가 시가지 및 나지지역으로 바뀌면서 생태계서비스가 매우 낮게 제공된다. 도시화가 아직 진행되지 않은 농촌지역은 대부분의 토지들이 논과 밭으로 이용되면서 작물생산과 같은 공급서비스가 높게 나타난다. 도시 외곽의 산림지역은 인공구조물의 비율이 낮고, 대부분의 피복이 수목으로 덮여 있다. 산림지역은 공급서비스(목재, 약용자원 등), 조절서비스(식생의 잎과 뿌리에 의한 대기조절, 기후조절, 재해조절 등), 지지서비스(다양한 동식물의 서식지), 문화서비스(산림에 의한 휴양, 여가)가 모두 높게 제공된다(그림 5). 그러나 도시화가 지속될 경우, 시가지의 확장으로 인해 외곽의 농촌과 산림지역의 면적이 감소하게 되며, 이는 생태계서비스의 공급량을 감소시킨다. 인구가 증가하고 도시지역이 확장되면서 나타나는 생태계서비스의 손실은 도시 주민들이 받는 생태계서비스의 편익 감소로 이어지고, 주민들의 삶의 질에도 영향을 미친다. 그러므로 도시지역의 토지이용 혹은 공간계획은 토지이용이 생태계서비스에 미치는 영향을 염두에 두어야 한다.

4) 생태계 복원과 생태계서비스 회복 사례

환경문제와 토지 및 자연자원의 남용이 문제로 제기되면서 서구를 중심으로 많은 도시들이 다양한 생태 인프라 구축을 통해 생태계서비스를 안정적으로 공급하기 위한 노력들이 이루어지고 있다. 지역생태계 복원은 도시의 내부와 외곽에서 공원, 정원, 공원묘지, 도시숲, 옥상정원의 증대와 습지, 하천과 호수의 복원을 통해 진행되고 있다. 생태계 복원사업들은 지역의 자연생태계를 복구하여 동식물에게 서식처를 제공하고, 자연생태계가 제공하는 다양한 생태계서비스를 증가시킨다. 우리나라의 청계천 복원사업도 다양한 생태계서비스를 증가시키는 많은 사례들을 통해 보고되고 있다.

도심에 위치한 고가도로에서 발생하는 대기오염과 악취로 인해 주민들의 인상을 찌푸리게 하였던 청계천 일대는 2003년부터 2005년까지 약 6km의 구간이 하천과 녹지로 복원되었다. 그 결과 청계천 복원사업으로 일대의 미세먼지는 60ug/m^{3}에서 55ug/m^{3}로 감소되었고, 여름철 도심 온도는 주변지역보다 평균 3℃ 감소하였다. 또한 청계천 복원 후 하천과 녹지 경계가 다양한 동식물에게 서식처를 제공하면서 도심의 생물다양성이 증가하였다. 2003년 복원 전 98종에 불과하던 청계천의 동식물종은 2010년 828종으로 증가하였으며, 특히 식물상(62종에서 510종으로 증가)과 육상곤충(15종에서 248종으로 증가)이 큰 폭으로 증가하였다. 또한 청계천은 하루에 64,000명이 방문하여 도심에서 휴식을 취하는 공간으로 변모하였고, 사람들이 도심지역 내에 존재하는 청계천을 방문할 경우 심리적 치유효과가 증대하는 것으로 나타났다(김정호 외, 2013). 이처럼 청계천 복원 사례는 도심지역의 생태계서비스를 증대시켜 도시 주민들의 편익을 향상시켰다.

선유도공원도 성공적인 도시생태계 복원사례로 평가된다. 선유도공원은 1970년대에 식수공급을 위해 세워진 선유정수장이 수질오염으로 인해 2000년에 폐쇄된 뒤에 조성되었다. 선유정수장 지역은 북한산을 뒤로하는 입지적인 조망과 정수장이었던 선유도의 이야기를 유지하는 방향으로 설계되어, 2002년 재활용 생태공원으로 변신하였다. 선유도공원은 방문객들이 물의 중요성을 체험할 수 있는 생태교육 장소로 수생식물원과 같은 다양한 체험 및 놀이시설들이 운영되고 있다. 기존의 정수시설을 대체하는 식물 중심의 자연친화적인 하수처리 시스템을 운영하여 수질을 개선하고 있다. 생태공원으로 운영되고, 다양한 식물들이 자라게 되면서 두꺼비와 참개구리 같은 동물들에게도 서식처를 제공하고 있다.

또한 최근에 안산시에서 진행되는 도시숲 프로젝트도 지역 생태계서비스의 향상에 기여하고 있다. 안산은 과거 시화반월공단에서 발생하는 대기오염과 시화호의 수질오염 문제로 인해 주민들의 삶의 여건이 악화되고 도시 이미지의 저하 문제가 발생하였다. 안산의 도시숲 조성사업은 지역 이미지를 제고시키고 생태도시로서의 변모를 위해 시작되어, 2016년에는 1인당 녹지면적을 9.02m^2까지 증대시켰다. 이러한 도시숲 육성정책의 결과 안산시는 2016년 폭염특보 발생일수가 29일로 경기도 31개의 시군 가운데 가장 적게 나타났으며, 2015년과 비교해 볼 때 다른 지방자치단체의 증가폭보다 낮은 수준으로 증가하여, 기온조절서비스의 편익을 받는 것으로 나타났다. 향후 2030년까지 1인당 녹지면적을 15m^2 수준까지 증가시키는 것을 목표로 도시숲 사업을 지속하고 있어 그 효과가 기대된다.

참고문헌

국립산림과학원, 2003, "도시숲이 직장인에게 미치는 영향 및 학교숲의 편익", 국립산림과학원 연구보고서, 87p.

국립산림과학원, 2005, "도시숲의 생태적 가치, 국립산림과학원 연구보고서", 05-09, 38p.

국립산림과학원, 2010, "도시녹지 온실가스 인벤토리-서울시를 대상으로", 국립산림과학원 연구보고서, 10-19, 93p.

국립산림과학원, 2016, "해안방재림 효과분석 및 조성기술 개발", 국립산림과학원 연구보고서, 16-09, 29p.

국립산림과학원, 2017, "The lungs of the city, urban forest", 국립산림과학원, 64p.

국립생태원, 2018, 『생태계서비스 평가지도』, 30p.

국립생태원, 2019, 『환경정책 이행을 위한 생태계서비스』, 46p.

김성훈 · 김일권 · 전배석 · 권혁수, 2018, "산림의 CO2 흡수량 평가를 통한 통계 및 공간자료의 활용성 검토-안산시를 대상으로", 『환경영향평가』, 27(2), pp.124-138.

김정호 · 이선영 · 윤용한, 2013, "도시지역내 하천경관이 대학생의 기분개선에 미치는 영향", 『서울도시연구』, 14(1), pp.169-182.

박유미, 2016, "독일의 지속가능한 도시농업", 『세계농업』, 191.

안소은, 2013, "의사결정지원을 위한 생태계서비스의 정의와 분류", 『환경정책연구』, 12(2), pp.3-16.

윤정미 · 최막중, 2014, "도시 오픈스페이스가 옥외 여가활동에 미치는 영향-전체 주민과 노인을 대상으로", 『한국조경학회지』, 42(4), pp.21-29.

이주형 · Burger-Arndt, R., 2011, "독일 도시숲의 이용실태와 치유기능에 대한 인식조사", 『한국산림휴양학회지』, 15(3), pp.81-89.

장준호 · 김은옥, 2010, "도시농업관련 프로그램의 현황 및 활성화 방안에 관한 연구", 『지역사회발전학회논문집』, 35(2), pp.61-70.

한국농촌경제연구원, 2012, "도시농업의 다원적 기능과 활성화 방안 연구", 31p.

한국수자원공사, 2013, "소양강댐이 국가 및 지역에 미치는 사회 경제적 편익산정에 대한 연구", 248p.

황조희 · 유승훈, 2012, "조건부 가치측정법을 이용한 북한산 둘레길 조성의 경제적 편익 추정", 28(3), pp.141–160.

Alberti, M., 2005, "The effects of urban patterns on ecosystem function", *International Regional Science Review,* 28(2), pp.168-192.

Alihan, J. C., Maniquiz-Redillas, M., Choi, J., Flores, P. E., Kim, L. H., 2017, "Characteristics and fate of stormwater runoff pollutant in constructed wetlands", *Journal of Wetlands Research,* 19(1), pp.37-44.

Andersson, E., Barthel, S. and Ahrné, K., 2007, "Measuring social-ecological dynamics benhind the generation of ecosystem services", *Ecological Applications,* 17(5), pp.1267-1278.

Barthel, S. and Isendahl, C., 2013, "Urban gardens, agriculture, and water management: sources of resilience for long-term food security in cities", *Ecological Economics*, 86, pp.224-234.

Chaparro, L. and Terradas, J., 2009, "Ecological services of urban forest in Barcelona", *Institut Municipal de Parcs i Jardins Ajuntament de Barcelona,* Àrea de Medi Ambient, pp.1-96.

Costanza, R., d'Arge, R., de Groot, R., Farber, S., Grasso, M., Hannon, B., Limburg, K., Naeem, S., O'Neill, R. V., Paruelo, J., Raskin, R. G., Sutton, P., van den Belt, M., 1997, "The value of the world's ecosystem services and natural capital", *nature*, 387, pp.253-260.

Danielson, F., Sørenson, M. K., Olwing, M. F., Selvam, V., Parish, F., Burgess, N. D., Hiraishi, T., Karungagran, V. M., Rasmussen, M. S., Hansen, L. B., Quarto, A., Suryadoputra, N., 2005, "The Asian Tsunami: a protective role for coastal vegetation", *Science*, 310, p.643.

Fisher, B., Turner, R. K. and Morling, P., 2009, "Defining and classifying ecosystem services for decision making", *Ecological Economics*, 68, pp.643-653.

Gómez-Baggethun, E., de Groot, R., Lomas, P. L., Montes, C., 2010, "The history of ecosystem services in economic theory and practice: from early notions to markets and payment schemes", *Ecological Economics*, 69, pp.1209-1218.

Gómez-Baggethun, E., Gren, A., Barton, Langemeyer, J., McPhearson, T., O'Farrell, P., Andersson, E., Hamstead, Z., Kremer, P., 2013, "Urban ecosystem services", In Elmqvist, T., Fragkias, M., Goodness, J., Güneralp, B., Marcotullio, P. J., McDonald, R. I., Parnell, S., Schewenius, M., Sendstad, M., Seto, K. C., Wilkinson, C., 2013, *Urbanization, biodiversity and ecosystem services: challenges and opportunities*, Dordrecht: Springer, pp.175-251.

Jim, C. Y. and Chen, W. Y., 2009, "Ecosystem services and valuation of urban forests in China", *Cities*, 26, pp.187-194.

Kabisch, N. and Haase, D., 2014, "Green justice or just green? provision of urban green spaces in Berlin", *Germany*, 122, pp.129-139.

Kaźmierczak, A., 2013, "The contribution of local parks to neighborhood social ties", *Landscape and Urban Planning,* 109, pp.31-44.

Lovasi, G. S., Quinn, J. W., Neckerman, K. M., Perzanowski, M. S., Rundle, A., 2008, "Children living in areas with more street trees have lower prevalence of asthma", *Journal of Epidemiol Community Health*, 62(7), pp.647-649.

MA, 2005, "Millennium ecosystem assessment: ecosystems and human well-being: synthesis", Washington, D.C.: Island Press.

McFredercik, Q. and LeBuhn, G., 2006, "Are urban parks refuges for bumble bess Bombus spp.(Hymenoptera: Apidae)?", *Biological Conservation*, 129, pp.372-382.

Pathak, V., Tripathi, B. and Mishra, V. K., 2008, "Dynamics of traffic noise in a tropical city Varanasi and its abatement through vegetation", *Environmental Monitoring and Assessment*, 146, pp.67-75.

Schröter, M. and Remme, R. P., 2016, "Spatial prioritization for conserving ecosystem services: comparing hot-spots with heuristic optimization", *Landscape Ecology*, 31, pp.431-450.

TEEB, 2010, The economics of ecosystems and biodiversity ecological and economic foundation. Edited by Pushpam Kumar, Earthscan, London and Washington.

Walker, B., Pearson, L., Harris, M., Maler, K. G., Li, C. Z., Biggs, R., Baynes, T., 2010, "Incorporating resilience in the assessment of inclusive wealth: an example from South East Australia", *Environmental and Resources Economics*, 45(2), pp.183-202.

더 읽을 거리

Elmquvist, T., Fragkias, M., Goodness, J., Güneralp, B., Marcotullio, P. J., McDonald, R. I., Parnell, S., Schewenius, M., Sendstad, M., Seto, K. C., Wilkinson, C., 2013, *Urbanization, Biodiversity and Ecosystem Services: Challenges and Opportunities*, Springer.

⋯▸ 옴니버스 형태로 구성된 이 책은 도시화와 생태계서비스에 대한 전반적인 이해와 함께 도시와 지역에서의 생태계서비스 정량평가와 가치평가에 대한 다양한 사례들을 제시한다. 또한 현재 세계 도시들의 현안과 생태계서비스들을 연결하여 생태계서비스를 고려한 환경관리정책의 필요성을 제시하고 있다.

TEEB-The Ecnomics of Ecosystems and Biodiversity, 2011, *TEEB Manual for Cities-Ecosystem Services in Urban Management* (한글제목–TEEB 도시를 위한 안내서: 도시관리 관점에서의 생태계서비스), www.teebweb.org

⋯▸ 생태계서비스에 대한 개념적 설명과 함께 도시의 다양한 문제와 수요를 생물다양성과 생태계서비스의 측면에서 접근한 안내서의 한글 번역판으로, 도시의 정책과 의사결정 과정에 생태계서비스와 생물다양성을 연결하기 위한 방향성을 제시하고 있다.

주요어 생태계서비스, 가치평가, 다기능성, 트레이프오프와 시너지, 토지이용, 공간계획

개정판

도시해석

초판 1쇄 발행 2006년 3월 31일
초판 5쇄 발행 2011년 9월 19일
개정판 1쇄 발행 2019년 6월 24일
개정판 2쇄 발행 2024년 9월 12일

엮은이 손정렬·박수진

펴낸이 김선기
펴낸곳 (주)푸른길
출판등록 1996년 4월 12일 제16-1292호
주소 (08377) 서울시 구로구 디지털로 33길 48 대륭포스트타워 7차 1008호
전화 02-523-2907, 6942-9570-2
팩스 02-523-2951
이메일 purungilbook@naver.com
홈페이지 www.purungil.co.kr

ISBN 978-89-6291-805-2 93980